2025

全国一级注册建筑师资格考试辅导教材

建筑设计（知识题）精讲精练

土注公社　**组编**

王晨军　黄汉杰　**主编**

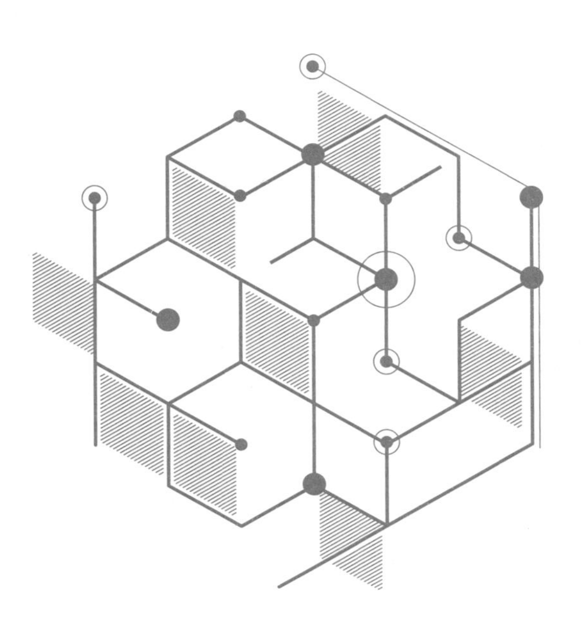

中国电力出版社
CHINA ELECTRIC POWER PRESS

内 容 提 要

本书根据全国一级注册建筑师资格考试2021年新大纲，对新大纲中《建筑设计》（知识题）进行了梳理，包括建筑设计原理、中国建筑史、外国古代建筑史、外国近现代建筑史、城市规划原理、建筑设计标准及规范共六章。除依据新大纲编写外，还依据自2022年起发布实施的强制性工程建设规范，如《民用建筑通用规范》《建筑防火通用规范》等，强调了备考的时效性。

本书通过思维导图、考情分析、考点精讲与典型例题的复习架构帮助考生更好地通过考试。另外，本书配有电子版题库，考生可根据复习进度按章节扫码学习。

本书可供参加2025年全国一级注册建筑师资格考试的考生使用。

图书在版编目（CIP）数据

建筑设计（知识题）精讲精练 / 土注公社组编；王晨军，黄汉杰主编. —北京：中国电力出版社，2025.1
2025全国一级注册建筑师资格考试辅导教材
ISBN 978-7-5198-8559-5

Ⅰ. ①建… Ⅱ. ①土…②王…③黄… Ⅲ. ①建筑设计–资格考试–自学参考资料 Ⅳ. ①TU2

中国国家版本馆CIP数据核字（2024）第015456号

出版发行：中国电力出版社
地　　址：北京市东城区北京站西街19号（邮政编码100005）
网　　址：http://www.cepp.sgcc.com.cn
责任编辑：杨淑玲（010-63412602）
责任校对：黄　蓓　常燕昆
装帧设计：张俊霞
责任印制：杨晓东

印　　刷：三河市航远印刷有限公司
版　　次：2025年1月第一版
印　　次：2025年1月北京第一次印刷
开　　本：787毫米×1092毫米　16开本
印　　张：27.75
字　　数：686千字
定　　价：99.00元

前　　言

一、本书编写的依据与目的

为加强新时期建筑师队伍建设，推动注册建筑师职业资格考试改革，2021年住房和城乡建设部职业资格注册中心发布了新大纲文件，将原来九门科目合并成六门科目，这是自2002年修改大纲之后新的一次重大调整。自1995年11月首次在全国进行注册建筑师考试以来，至今已经进行了27次（1996年、2002年、2015年、2016年各停考一次），2022年因疫情影响，考试举行了两次。2023年与2024年举行新大纲（六门）考试。

旧大纲中的《建筑设计》（知识题）、《建筑材料与构造》（知识题）、《建筑经济施工与设计业务管理》（知识题）、《建筑方案设计》（作图题）4 个科目保持不变；旧大纲中的《设计前期与场地设计》（知识题）、《场地设计》（作图题）2 个科目整合为新大纲的《设计前期与场地设计》（知识题）科目；旧大纲中的《建筑结构》（知识题）、《建筑物理与建筑设备》（知识题）、《建筑技术设计》（作图题）3 个科目整合为新大纲的《建筑结构、建筑物理与设备》（知识题）科目。

为了帮助考生准备2025年的考试，土注公社一级注册建筑师备考教研组对新大纲《建筑设计》（知识题）的考点进行了梳理，以2024年与2023年新大纲《建筑设计》（知识题）的考试真题（全卷题目总数改为100题）以及2020年至2022年旧大纲《建筑设计》（知识题）的历年真题（全卷题目总数为120题）为纲，结合现行规范和标准以及相关考试参考书目进行编写。

二、新旧考试大纲对比及试卷分值分布说明

2024年试卷共100题，每题1分，其中1～20题为建筑设计原理题，21题～50题为建筑历史与理论题（其中外国建筑史15题，中国建筑史15题），51题～70题为城市规划与设计题，71～100题为建筑设计规范、标准题。新旧考试大纲对比见表1。

表1　　新旧考试大纲对比

考试内容	旧大纲（2002年版）	新大纲（2021年版）	两版大纲对比
建筑设计原理	系统掌握建筑设计的各项基础理论、公共和居住建筑设计原理；掌握建筑类别、等级的划分及各阶段的设计深度要求；掌握技术经济综合评价标准；理解建筑与室内外环境、建筑与技术、建筑与人的行为方式的关系	系统掌握建筑设计基础理论、公共和居住建筑设计原理；掌握建筑类别、等级的划分及各阶段的设计程序及深度要求；熟悉建筑与环境、建筑与技术、建筑与人的行为方式的关系；了解绿色建筑的设计理论和相关知识；了解既有建筑改造的设计原则与方法	本章在2024年新大纲考试中占比20%（20分/100分）。从新大纲和老大纲的对比，可以看出新大纲取消了对技术经济综合评价标准的掌握，增加了对绿色建筑和既有建筑改造的考查，这两部分内容也是近年来以及未来建筑的发展趋势，也是近几年考试考查

续表

考试内容	旧大纲（2002 年版）	新大纲（2021 年版）	两版大纲对比
建筑设计原理			的重点之一。对 2024 年考试题分析并结合往年真题可知，主要的考查点集中在：① 公共建筑设计原理；② 居住建筑设计原理；③ 室内设计原理；④ 绿色、生态可持续建筑。考生需要重点掌握以上四大方面的相关知识
建筑历史与理论	了解中外建筑历史的发展规律与发展趋势；了解中外各个历史时期的古代建筑与园林的主要特征和技术成就；了解现代建筑的发展过程、理论、主要代表人物及其作品；了解历史文化遗产保护的基本原则	了解中外城市、建筑历史发展进程及规律；了解古代中外建筑与园林的主要特征和技术成就；了解近现代建筑的发展过程、理论、主要代表人物及其作品；了解历史建筑保护的基本原则与方法	本章在 2024 年新大纲考试中占比分别为：中国建筑史 15%（15 分/100 分）；外国建筑史 15%（15 分/100 分，其中外国古代建筑史 4 分，外国近现代建筑史 11 分）。从新大纲和老大纲的对比，可以看出新旧大纲基本无明显变化。对 2024 年考试试题分析并结合以往年真题可知，主要考查的重点与旧大纲时期基本一致，中国建筑史的考查重点为城市建设、民居与聚落、宗教建筑、园林与风景建设、古代木构建筑的特征与详部演变和中国的世界自然遗产与文化遗产。外国建筑史的考查重点为古罗马时期、欧洲中世纪时期、意大利文艺时期、巴洛克时期、近代建筑理论、后现代建筑理论
城市规划与设计	了解城市规划、城市设计、居住区规划、环境景观及可持续性发展建筑设计的基本理论和设计知识	了解城市规划、城市设计和居住区规划设计的基础理论和相关知识；了解城市生态与可持续发展的基本理念；了解城市规划、城市设计和居住区规划设计经典案例；了解景观设计的基础理论和相关知识	本章在 2024 年新大纲考试中占比为 20%（20 分/100 分）。从新老大纲的对比可以看出新大纲的核心考点基本不变，增加了对城市规划、城市设计和居住区规划设计经典案例的了解，这部分内容在往年的考试中也曾有考查，总体来看新旧大纲基本一致。对 2024 年考试题分析并结合以往年真题可知，本章需要重点关注复习的内容有城市规划理论与城乡规划体系、居住区规划、城市设计、景观设计，同时对近年来较为热门的国土空间规划需要有一定的掌握

续表

考试内容	旧大纲（2002年版）	新大纲（2021年版）	两版大纲对比
建筑设计规范、标准	掌握各类建筑设计的标准、规范和法规	掌握国家和行业现行建筑设计规范、标准；掌握安全、绿色和可持续发展的设计与技术要求	本章在2024年新大纲考试中占比为30%（30分/100分）。从新旧大纲的对比可以看出新旧大纲的要求基本一致，新大纲对安全、绿色和可持续发展的设计与技术要求做了强调，所以在复习过程中要增加对消防安全、绿色和可持续发展的设计与技术要求的关注。此外，对2024年考试试题分析并结合往年真题可知，对于《民用建筑设计统一标准》《无障碍设计规范》《建筑设计防火规范》《中小学校设计规范》《人民防空地下室设计规范》等应重点掌握，同时对于自2022年起发布实施的强制性工程建设规范，如《民用建筑通用规范》《建筑防火通用规范》《建筑与市政工程无障碍通用规范》《建筑节能与可再生能源利用通用规范》《宿舍、旅馆建筑项目规范》《建筑环境通用规范》《既有建筑维护与改造通用规范》等新规范也应重点关注

三、本书的使用说明

本书的章节结构由“思维导图”“考情分析”“考点精讲与典型习题”这三部分构成。

“思维导图”：帮助考生对整个章节建立起系统框架，找到知识点之间的联系。

“考情分析”：帮助考生找到考试重点与命题方向，以便复习时有的放矢，提高学习效率。

“考点精讲与典型习题”：将重要的知识点与考点浓缩进对应章节中，所涉及关键词都用彩色字区分，让考生在复习过程中更易抓到重点。本书将近5年真题涉及知识点都标注在了正文中，例如：【2023】表示此知识点在2023年出过题。

需要特别提到的，本书对于高频考点，用★数目来表示，★数目越多表示考点出现的频率越高。另外文中为了方便考生索引真题题号，都特别标注了如【2021-10】这样的记号，表示2021年的第10题。

考点精讲中主要收录2020—2024年的真题位置，典型习题中选取的试题均为2020—2024年真题。2019年及以前的试题因年份久远，仅精选了个别典型题目。

本书基于2024年真题整理了《建筑设计》（知识题）的模拟试卷供考生可复习使用，考生可通过微信公众号搜索“土注公社”—“土注题库”免费领取，同时也可以通过该公众号获取更多备考资源。

因近年很多通用规范颁布实施，把相关强制性条文集中到一本规范中，对于原规范中的强制性条文全部废止。但有些条文在新规范中无替代性条文，只是废止其强制性，为了保证考点的完整性，本书保留了相关废止条文，在条文号后统一加▲标记，以示区分。

四、各章节编者

第一章　建筑设计原理（黄瑞杰、王晨军、李馨）

第二章　中国建筑史（许菁琳、王晨军、李馨）

第三章　外国古代建筑史（王晨军、萧稳航、钟水永）

第四章　外国近现代建筑史（王晨军、耿政、钟水永）

第五章　城市规划原理（邢敏、王晨军、徐逸凡）

第六章　建筑设计标准及规范（黄汉杰、王晨军、李馨）

本书在编写过程中得到了陈磊、黄盛海、柯代源、陈乾奋等土注公社成员大力支持与帮助，在此一并表示感谢。

由于时间仓促，本书在编写过程中难免有疏漏之处，恳请读者指正，有关本书的任何疑问、意见和建议，请加入交流群微信群进行沟通和交流。

预祝考生们顺利通过考试！

土注公社|一级注册建筑师备考教研组

2024 年 12 月于厦门

备考复习
交流微信群

免费规范
讲解视频

目　录

前言

第一章　建筑设计原理 …… 1

第一节　公共建筑设计原理 …… 2

考点 1：建筑设计总方针【★★】 …… 2

考点 2：公共建筑的总体环境布局【★★★★】 …… 3

考点 3：公共建筑的功能关系与空间组合【★★★★★】 …… 4

考点 4：公共建筑的造型艺术【★★★】 …… 8

考点 5：公共建筑的技术与经济问题【★★★】 …… 9

第二节　居住建筑设计原理 …… 11

考点 6：住宅套型设计【★★★】 …… 11

考点 7：住宅建筑类型的特点与设计【★★★★】 …… 15

考点 8：其他居住建筑设计【★★★】 …… 17

第三节　建筑空间形式 …… 18

考点 9：建筑功能的形式性【★★★★★】 …… 18

考点 10：形式美的原则【★★】 …… 20

第四节　室内设计原理 …… 22

考点 11：室内设计基本概念【★★★★★】 …… 22

考点 12：室内环境与质量控制【★★】 …… 24

考点 13：室内设计原则【★★★★】 …… 27

第五节　建筑色彩知识 …… 28

考点 14：色彩的基础知识【★★★】 …… 28

考点 15：色彩的认知【★★★★★】 …… 29

第六节　生态可持续建筑 …… 31

考点 16：绿色建筑的定义与评价【★★★】 …… 31

考点 17：绿色建筑的生态策略【★★★★★】 …… 33

考点 18：节能建筑和太阳能建筑【★★★】 …… 34

考点 19：提高资源效率的建筑设计原则【★★★】 …… 36

考点 20：零碳建筑【★★★】 …… 38

第七节　环境心理学 …… 39

考点 21　环境认知心理【★★★】 …… 39

考点 22　环境活动心理【★★★】 …… 40

第二章　中国建筑史 …… 42
第一节　中国古代建筑特征 …… 43
考点 1：木构架的特色【★★★★】 …… 43
考点 2：工官制度【★】 …… 45
第二节　古代建筑发展概况 …… 45
考点 3：原始社会时期【★★】 …… 45
考点 4：奴隶社会时期【★★】 …… 46
考点 5：封建社会前期【★★】 …… 47
考点 6：封建社会中期【★★】 …… 49
考点 7：封建社会后期（元、明、清）【★★★】 …… 51
第三节　城市建设 …… 52
考点 8：中国古代的城市规划思想【★★★】 …… 52
考点 9：城市建设的四个阶段【★★★】 …… 53
考点 10：各个朝代的都城建设【★★★★★】 …… 55
考点 11：地方城市的建设【★★★】 …… 59
第四节　民居与聚落 …… 60
考点 12：住宅型制演变【★】 …… 60
考点 13：住宅构筑类型【★★★★★】 …… 61
考点 14：各地民居实例【★★★】 …… 64
第五节　宫殿、坛庙和陵墓 …… 68
考点 15：宫殿【★★★】 …… 68
考点 16：坛庙【★★】 …… 70
考点 17：陵墓【★】 …… 71
第六节　宗教建筑 …… 71
考点 18：佛寺【★★★】 …… 71
考点 19：佛塔【★★★】 …… 74
考点 20：道教和伊斯兰教【★】 …… 78
第七节　园林与风景建设 …… 78
考点 21：中国园林的发展【★】 …… 78
考点 22：明清皇家园林【★★★】 …… 79
考点 23：明清江南私家园林【★★★★】 …… 80
第八节　古代木构建筑的特征与详部演变 …… 84
考点 24：大木作【★★★★】 …… 84
考点 25：屋顶【★★★★】 …… 88
考点 26：小木作、色彩与装饰【★★★】 …… 89
考点 27：清式建筑做法【★★】 …… 91
第九节　近现代中国建筑 …… 91
考点 28：近代中国建筑（1840—1949 年）【★★★★】 …… 91

考点 29：现代中国建筑（1949 年至今）【★★★】 …… 95
第十节　世界自然遗产与文化遗产 …… 97
考点 30：中国的世界自然遗产与文化遗产【★★★★★】 …… 97
第三章　外国古代建筑史 …… 100
第一节　古埃及和古西亚建筑 …… 101
考点 1：古埃及建筑【★★】 …… 101
考点 2：古西亚建筑【★】 …… 103
第二节　爱琴文化时期建筑与古希腊建筑 …… 104
考点 3：爱琴文化时期建筑【★】 …… 104
考点 4：古希腊建筑【★★★★】 …… 104
第三节　古罗马建筑 …… 107
考点 5：古罗马建筑艺术【★★★★】 …… 107
考点 6：古罗马建筑类型【★★★★】 …… 108
第四节　欧洲中世纪建筑 …… 110
考点 7：拜占庭建筑【★★★】 …… 110
考点 8：早期基督教建筑【★】 …… 111
考点 9：罗曼建筑【★★★】 …… 111
考点 10：哥特式教堂建筑【★★★★★】 …… 112
考点 11：西班牙伊斯兰建筑【★】 …… 114
第五节　意大利文艺复兴建筑 …… 115
考点 12：文艺复兴早期建筑——以佛罗伦萨为中心【★★★】 …… 115
考点 13：文艺复兴盛期建筑——以罗马为中心【★★】 …… 116
考点 14：文艺复兴晚期建筑——以维晋察为中心【★★★★★】 …… 117
考点 15：纪念碑——圣彼得大教堂【★★★】 …… 118
考点 16：文艺复兴城市广场与园林【★★★】 …… 118
第六节　巴洛克建筑 …… 120
考点 17：巴洛克教堂建筑【★★】 …… 120
考点 18：巴洛克城市广场【★★★】 …… 121
第七节　法国古典主义和洛可可建筑 …… 122
考点 19：法国古典主义教堂建筑与广场【★★】 …… 122
考点 20：洛可可时期建筑与广场【★★】 …… 123
第八节　亚洲与美洲建筑 …… 124
考点 21：亚洲封建社会建筑【★】 …… 124
考点 22：美洲建筑【★】 …… 125
第九节　外国古代建筑史中的理论著作 …… 126
考点 23：理论著作【★】 …… 126
第四章　外国近现代建筑史 …… 128
第一节　18 世纪下半叶至 19 世纪上半叶欧洲与美国的建筑 …… 129

考点 1：18 世纪下半叶至 19 世纪上半叶建筑风格流派【★★★】……129
考点 2：新技术与新材料的出现【★★】……131
考点 3：园林与城市理论实践【★】……132
第二节　19 世纪下半叶至 20 世纪初对新建筑的探索……133
考点 4：工艺美术运动【★】……133
考点 5：新艺术运动【★★★】……134
考点 6：奥地利、荷兰与芬兰的建筑理论及实践【★】……135
考点 7：芝加哥学派【★★】……136
考点 8：德意志制造联盟【★】……137
第三节　两次世界大战之间的新建筑运动……138
考点 9：建筑探新运动【★★★】……138
考点 10：格罗皮乌斯与“包豪斯”学派【★★★】……139
考点 11：勒·柯布西耶【★★★★★】……140
考点 12：密斯·范·德·罗【★★★★】……142
考点 13：赖特及其有机建筑【★★★】……144
考点 14：阿尔托【★★★】……146
考点 15：路易斯·康【★★★】……146
第四节　二战后的城市建设与建筑活动……147
考点 16：二战后的建筑概况【★★】……147
考点 17：战后的城市规划【★★★】……148
考点 18：高层建筑、大跨度建筑与建筑的工业化发展【★】……149
第五节　战后现代主义建筑的发展……152
考点 19：理性主义【★】……152
考点 20：粗野主义【★★★】……152
考点 21：技术精美主义【★】……153
考点 22：典雅主义【★】……154
考点 23：高技派【★★★】……156
考点 24：人情化与地域性【★★】……157
考点 25：第三世界国家的探索【★】……157
考点 26：个性与象征【★★★】……158
第六节　现代主义之后的建筑思潮……159
考点 27：后现代主义【★★★】……159
考点 28：新理性主义【★】……161
考点 29：新地域主义【★】……162
考点 30：解构主义【★★★】……163
考点 31：新现代主义【★】……165
考点 32：高技派的新发展【★】……166
考点 33：简约设计【★】……167
考点 34：日本现当代建筑发展【★】……168

考点 35：历届普利兹克奖得主（2010—2023 年）……169
第五章　城市规划原理……171
第一节　城市规划思想与理论发展……172
考点 1：西方古代城市规划概况【★★】……172
考点 2：西方近现代城市规划概况【★★★★】……174
考点 3：城乡规划学科的新发展【★★★】……179
第二节　国土空间规划的工作内容……180
考点 4：关于建立国土空间规划体系并监督实施的若干意见【★★★】……180
考点 5：国土空间规划的调查研究与基础资料【★★★】……182
考点 6：城市七线【★★★】……184
第三节　城市用地……186
考点 7：用地分类【★★】……186
考点 8：规划建设用地标准【★★★】……187
考点 9：城市用地条件分析与适用性评价【★★★】……188
第四节　城市总体布局……189
考点 10：城市用地布局规划……189
考点 11：城市绿地系统规划【★★★】……190
考点 12：城市交通规划【★★】……191
第五节　防灾避难……192
考点 13：防灾避难的分类与设置要求【★★★★】……192
第六节　居住区规划……193
考点 14：居住区重要概念与技术经济指标【★★★】……193
考点 15：居住建筑规划基本要求、规模与结构模式【★★★】……194
考点 16：基本规定【★★★★】……195
考点 17：配套设施【★★★】……198
考点 18：道路【★★★】……199
考点 19：技术指标与用地面积计算方法【★★★】……200
第七节　城市设计……201
考点 20：城市设计基本原理【★★★★★】……201
考点 21：城市设计理论【★★★★★】……205
考点 22：城市地图及城市广场【★★★★★】……210
第八节　景观设计……212
考点 23：景观设计理论【★★】……212
考点 24：经典景观案例【★★★】……215
考点 25：棕地再生【★★★】……217
考点 26：城市水系规划【★★★】……219
第九节　历史文化名城名镇名村保护……220
考点 27：《历史文化名城名镇名村保护条例》……220

考点 28：《历史文化名城保护规划标准》……222
第六章　建筑设计标准及规范……225
第一节　建筑设计通用标准及规范……226
考点 1：《民用建筑通用规范》（GB 55031—2022）【★★★★】……226
考点 2：《民用建筑设计统一标准》（GB 50352—2019）【★★★★★】……230
考点 3：《建筑与市政工程无障碍通用规范》（GB 55019—2021）【★★★★★】……244
考点 4：《无障碍设计规范》（GB 50763—2012）【★★★★】……251
第二节　建筑设计专项标准及规范……258
考点 5：《车库建筑设计规范》（JGJ 100—2015）【★★★★】……258
考点 6：《人民防空地下室设计规范》（GB 50038—2005，2023 年版）【★★★★★】……262
考点 7：《住宅设计规范》（GB 50096—2011）【★★★】……279
考点 8：《托儿所、幼儿园建筑设计规范》（JGJ 39—2016，2019 年版）【★★★】……284
考点 9：《中小学校设计规范》（GB 50099—2011）【★★★★】……288
考点 10：《宿舍、旅馆建筑项目规范》（GB 55025—2022）【★★★】……294
考点 11：《宿舍建筑设计规范》（JGJ 36—2016）【★★★】……296
考点 12：《旅馆建筑设计规范》（JGJ 62—2014）【★★★】……299
考点 13：《剧场建筑设计规范》（JGJ 57—2016）【★★★】……300
考点 14：《电影院建筑设计规范》（JGJ 58—2008）【★★★】……304
考点 15：《博物馆建筑设计规范》（JGJ 66—2015）【★★★】……306
考点 16：《展览建筑设计规范》（JGJ 218—2010）【★】……308
考点 17：《图书馆建筑设计规范》（JGJ 38—2015）【★★★】……310
考点 18：《文化馆建筑设计规范》（JGJ/T 41—2014）【★】……311
考点 19：《体育建筑设计规范》（JGJ 31—2003）【★】……312
考点 20：《办公建筑设计标准》（JGJ/T 67—2019）【★★★】……314
考点 21：《饮食建筑设计标准》（JGJ 64—2017）【★★★】……318
考点 22：《商店建筑设计规范》（JGJ 48—2014）【★】……320
考点 23：《综合医院建筑设计规范》（GB 51039—2014）【★★】……322
考点 24：《老年人照料设施建筑设计标准》（JGJ 450—2018）【★★★】……324
考点 25：《物流建筑设计规范》（GB 51157—2016）【★★】……329
考点 26：《既有建筑维护与改造通用规范》（GB 55022—2021）【★】……330
第三节　建筑设计防火标准及规范……333
考点 27：《建筑防火通用规范》（GB 55037—2022）【★★★★★】……333
考点 28：《建筑设计防火规范》（GB 50016—2014，2018 年版）【★★★★★】……352
考点 29：《建筑内部装修设计防火规范》（GB 50222—2017）【★★】……376
考点 30：《汽车库、修车库、停车场设计防火规范》（GB 50067—2014）【★★★】……377
第四节　建筑设计绿建、节能和环保标准及规范……381
考点 31：《建筑节能与可再生能源利用通用规范》（GB 55015—2021）【★★★★】……381
考点 32：《公共建筑节能设计标准》（GB 50189—2015）【★★★】……385

考点 33：《民用建筑热工设计规范》（GB 50176—2016）【★】……389
考点 34：《绿色建筑评价标准》（GB/T 50378—2019，2024 年版）【★★★★】……391
考点 35：《绿色校园评价标准》（GB/T 51356—2019）【★★】……397
考点 36：《建筑环境通用规范》（GB 55016—2021）【★★★】……398
考点 37：《建筑采光设计标准》（GB 50033—2013）【★★】……406
考点 38：《民用建筑工程室内环境污染控制标准》（GB 50325—2020）【★★】……408
考点 39：《民用建筑太阳能热水系统应用技术标准》（GB 50364—2018）【★★】……409
考点 40：《近零能耗建筑技术标准》（GB/T 51350—2019）【★★】……410
考点 41：《民用建筑绿色设计规范》（JGJ/T 229—2010）【★★】……411
考点 42：《严寒和寒冷地区居住建筑节能设计标准》（JGJ 26—2018）【★★】……412
第五节　其他建筑设计标准及规范……413
考点 43：《装配式建筑评价标准》（GB 51129—2017）【★】……413
考点 44：《装配式住宅建筑设计标准》（JGJ/T 398—2017）【★★】……414
考点 45：《铝合金门窗》（GB/T 8478—2020）【★】……415
考点 46：《建筑幕墙、门窗通用技术条件》（GB/T 31433—2015）【★】……415
考点 47：《玻璃幕墙光热性能》（GB/T 18091—2015）【★】……416
考点 48：《安全标志及其使用导则》（GB 2894—2008）【★】……416
考点 49：《建筑地面工程防滑技术规程》（JGJ/T 331—2014）【★★】……418
考点 50：《电动汽车分散充电设施工程技术标准》（GB/T 51313—2018）【★】……419
考点 51：《建筑玻璃应用技术规程》（JGJ 113—2015）【★★★】……420
考点 52：《房屋建筑制图统一标准》（GB/T 50001—2017）【★】……422
考点 53：《建筑工程设计文件编制深度规定》（2016 年版）【★★】……422
考点 54：《建筑日照计算参数标准》（GB/T 50947—2014）【★★】……425
参考文献……427

第一章　建筑设计原理

思维导图

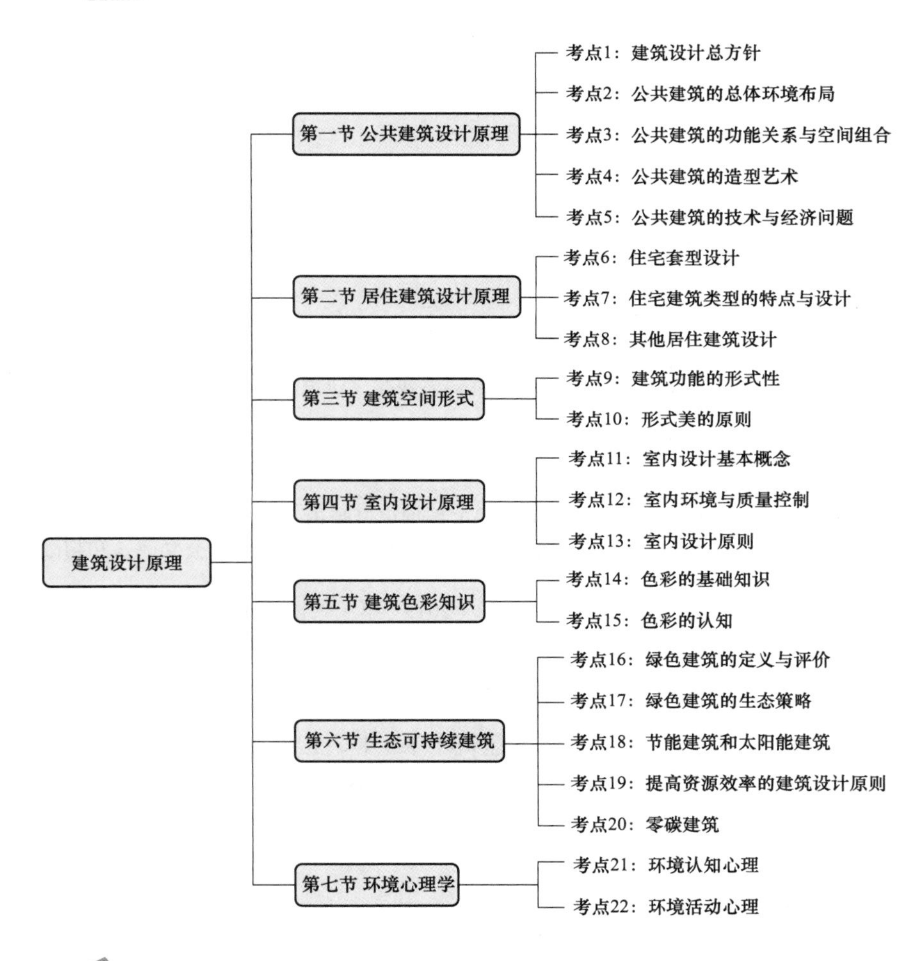

考情分析

节名	近5年考试分值统计					
	2024年	2023年	2022年12月	2022年5月	2021年	2020年
第一节　公共建筑设计原理	8	4	3	5	5	7
第二节　居住建筑设计原理	4	3	3	6	6	1
第三节　建筑空间形式	2	5	2	2	3	1

续表

节名	近5年考试分值统计					
	2024年	2023年	2022年12月	2022年5月	2021年	2020年
第四节　室内设计原理	1	2	4	4	3	2
第五节　建筑色彩知识	0	0	2	0	1	2
第六节　生态可持续建筑	3	4	7	4	5	4
第七节　环境心理学	2	1	1	1	0	4
总计	20	19	22	22	23	21

考点精讲与典型习题

第一节　公共建筑设计原理

考点1：建筑设计总方针【★★】

国外	公元前1世纪，罗马的建筑理论家维特鲁威在《建筑十书》中，指出建筑应具备三个基本要求，即实用、坚固、美观【2021】
国内	我国20世纪50年代制定的建筑方针是“实用、经济、在可能的条件下注意美观”，改革开放后改为“实用、经济、美观”。 《中共中央 国务院关于进一步加强城市规划建设管理工作的若干意见》提出建筑八字方针“适用、经济、绿色、美观”，防止片面追求建筑外观形象，强化公共建筑和超限高层建筑设计管理。 《民用建筑设计统一标准》（GB 50352—2019）第一条也明确提出这八字方针。1.0.1 为使民用建筑符合适用、经济、绿色、美观的建筑方针，满足安全、卫生、环保等基本要求，统一各类民用建筑的通用设计要求，制定本标准【2022（5）、2021】

1.1-1［2021-01］下列关于维特鲁威在《建筑十书》中，提出了建筑的哪三个原则？（　　）

A. 坚固、实用、美观　　B. 经济、实用、美观

C. 经济、实用、坚固　　D. 经济、坚固、美观

答案：A

解析：罗马的建筑理论家维特鲁威在《建筑十书》提出的建筑三原则是坚固、实用、美观。

1.1-2［2021-111］依据《中共中央 国务院关于进一步加强城市规划建设管理工作的若干意见》可知，目前我国建筑设计的方针是（　　）。

A. 节地、节能、节水、节材和保护环境　　B. 适用、经济、安全、卫生和环境保护

C. 适用、经济、绿色、美观　　D. 适用、经济、在可能条件下美观

答案：C

解析：《中共中央 国务院关于进一步加强城市规划建设管理工作的若干意见》提出建筑八字方针“适用、经济、绿色、美观”，防止片面追求建筑外观形象，强化公共建筑和超限高层建筑设计管理。

考点 2：公共建筑的总体环境布局【★★★★】

公共建筑的概念	公共建筑包含办公建筑（包括写字楼、政府部门办公室等），商业建筑（如商场、金融建筑等），旅游建筑（如酒店、娱乐场所等），科教文卫建筑（包括文化、教育科研、医疗、卫生、体育建筑等），通信建筑（如邮电、通信、广播用房等）以及交通运输类建筑（如机场、高速公路、铁路、桥梁等）。《民用建筑设计统一标准》中定义公共建筑是供人们进行各种公共活动的建筑。高层住宅、大跨度工业建筑、水电站、农宅、地下厂房和仓库等不属于公共建筑【2022（12）】
基本组成	在建筑室外空间环境设计时，我们需要考虑公共建筑的内在元素与外在元素，内在元素包括建筑的功能、经济造价及建筑的美观问题等，而外在元素包括建筑所属城市的位置、周边的环境关系、区位地段等。 在设计过程中，我们常常强化建筑的内在元素，忽视了外在元素的重要性。诺利地图的表达，将建筑的外部环境系统的呈现出来，强调了外在元素与内在元素具有同等的重要地位，如图 1.1-1 所示。诺利地图将城市表现为一个具有清晰界定的建筑实体与空间虚体的系统，阴影部分是建筑，白色部分是外部元素，这样的表达，城市开敞空间被建筑实体勾勒出来【2019】 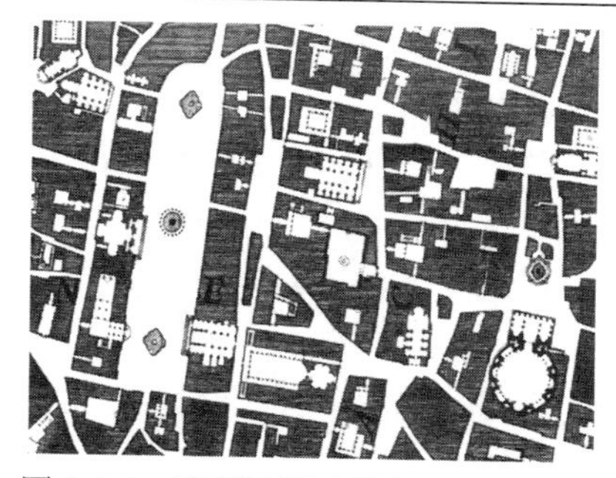 图 1.1-1　诺利地图中外部元素的表达
群体空间组合	公共建筑的群体空间组合一般分为两种。根据公共建筑的建筑性质、地形特点等特定条件，第一种采用分散式布局。第二种采用集中式布局【2020】
	考试会结合实际案例进行辨析单元式、网络式、轴线式、庭院式四种形式。考生可根据平面图分析，单元式的空间组织（图 1.1-2）一般比较单一独立，形式上不重复；网络式的空间组织（图 1.1-3）一般通过横平竖直的方格网道路组织建筑之间的关系，局部出现放射性道路；轴线式的空间组织（图 1.1-4）强调纵深性的空间关系，一般在某一轴线上发展空间关系；庭院式的空间组织（图 1.1-5）强调建筑之间的围合形成建筑庭院。 例如我国北京故宫的总体布局，为了体现封建统治阶级等级，在室外空间中，创造了严谨对称的建筑空间环境，采用了轴线式和庭院式相结合的环境设计【2019】  图 1.1-2　单元式   图 1.1-3　网络式  图 1.1-4　轴线式  图 1.1-5　庭院式

1.1-3［2019-3］图 1.1-6 所示建筑群中，其平面采用哪种空间组织形式？（　　）

A. 单元式和网格式　　B. 轴线式和网格式

C. 庭院式和网格式　　D. 轴线式和庭院式

答案：D

解析：根据题目图 1.1-6 可知，建筑在南北向形成纵深，是轴线式建筑的表达方式；每一进的建筑又围合庭院，是庭院式建筑的表达方式。

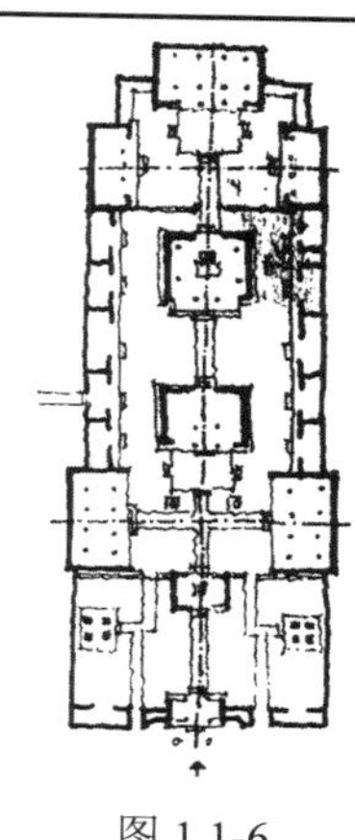

图 1.1-6

1.1-4［2019-4］根据图 1.1-7 可知，图底关系一般用于分析（　　）。

A. 建筑实体与外部空间　　B. 建筑内部空间

C. 建筑功能空间　　D. 城市机动车交通组织

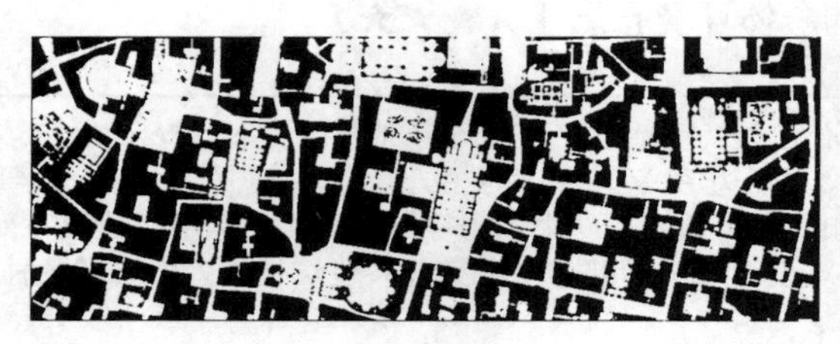

图 1.1-7

答案：A

解析：图 1.1-7 为诺利地图，黑色部分为环境，白色部分为建筑，图底关系用于分析建筑实体与外部空间的关系。

1.1-5［2018-15］ 下列建筑中，哪一个建筑采用的是非群体组合空间形式？（　　）

A. 凡尔赛宫　　　　B. 美国白宫

C. 北京故宫　　　　D. 阿尔罕布拉宫

答案：B

解析：选项 B 美国白宫是单栋建筑，各选项具体图片如图 1.1-8 所示。

凡尔赛宫

美国白宫

北京故宫

阿尔罕布拉宫

图 1.1-8

考点 3：公共建筑的功能关系与空间组合【★★★★★】

关于公共建筑的功能分析，我们需要先从建筑与室外环境的关系开始讨论，结合人流疏散和空间构成，对建筑进行功能分区，了解公共建筑公共性的功能关系与空间组合问题

空间构成	公共建筑空间的分为主要使用部分、次要使用部分（辅助部分）和交通联系部分。以学校建筑为例，主要使用部分为教室、实验室、教师办公室等，次要使用部分为食堂、仓库、厕所等，交通联系部分分为水平交通（过道、通廊）、垂直交通（楼梯、电梯、坡道）、枢纽交通（门厅，过厅）三种空间形式【2023】
功能分区	把空间按不同的功能要求进行分类，合并相似类型的空间，从主与次、内与外、闹与静、公与私等角度分类，做到功能分区明确、联系方便。以学校建筑为例，可以分为学生教学活动区、教师办公区、后勤辅助区等【2022】
人流疏散	不同类型的公共建筑，人流疏散分为平面和立体两种方式。另外公共建筑的人流疏散问题，有连续性的疏散（如医院、旅馆、商店）、集中性的疏散（如影剧院、体育馆、会堂）、兼有连续和集中性的疏散（如展览馆、铁路客运站、学校）【2024、2023、2022、2020】

空间组合	（1）分隔性空间组合：有内廊式（如单内廊式的宿舍、双内廊式高层办公）、外廊式（如单外廊式中学教室、双外廊式医院）【2019】分隔性空间组合形式如图 1.1-9 所示。 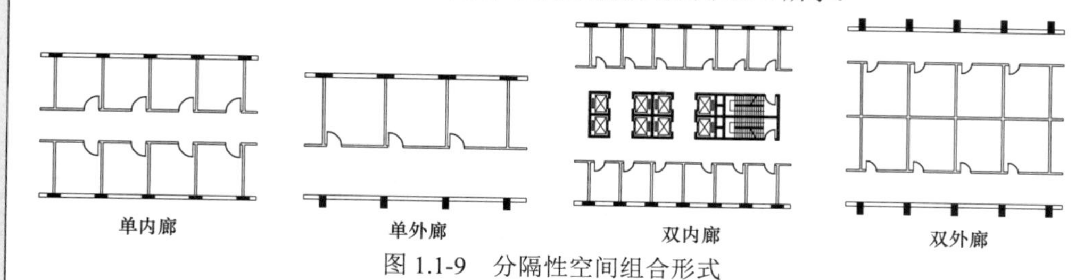 图 1.1-9　分隔性空间组合形式 （2）连续性空间组合：有串联式、放射式、串联兼通道式、串联兼放射式、综合性大厅。具体分析如下：【2022（12）、2021、2019】 1）串联式：【2021、2020】空间组合基本形式如图 1.1-10、图 1.1-11 所示。 优点：流线具有方向性，对于建筑平面流线组织较为简洁明了，使用者在行走中流线不会交叉重复。 缺点：活动流线不灵活，需按设计者组织的流线行进。 2）放射式：空间组合形式如图 1.1-12 和图 1.1-13 所示。【2023】 优点：各个空间围绕中央的交通枢纽进行布置。流线简单紧凑，使用灵活，各个空间可以单独开放或关闭。 缺点：枢纽空间中的流线不够明确，容易造成交叉重复。 3）串联兼通道式：空间组合形式如图 1.1-14 所示。【2019】 优点：各个空间既可直接贯穿连通，又可经过通道联系各个空间。各空间既可以连续，又有单独使用。 缺点：在布局中易加大面积、增加造价、占地偏多等特点。 4）串联兼放射式：空间组合形式如图 1.1-15 所示。 优点：各个空间围绕交通枢纽布置，使用者既可以从枢纽空间通往各个周边空间，又可沿着走道或过厅直接穿行。空间兼备串联、放射与通道相联系的优点。 缺点：处理不当易使枢纽空间的采光通风产生不良的后果，也易造成参观路线不够明确。 5）综合性大厅：组合形式如图 1.1-16 和图 1.1-17 所示。 优点：把空间和人流活动皆组合在综合性的大型空间之中，使用机动灵活，可根据使用功能要求重新分割空间。这里需要提到，随着当代办公模式的改变，许多公司会采用开放式办公模式，一般采用大进深空间的布局方式，一方面可以有效利用办公室各种办公设备，另一方面可以提升办公效率。 缺点：需要人工照明和机械通风
图例	各种空间组合举例如图 1.1-10～图 1.1-17 所示 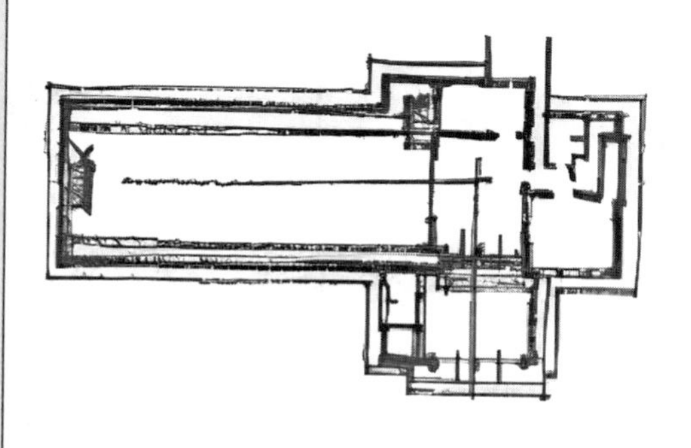 图 1.1-10　串联式空间组合示例 1 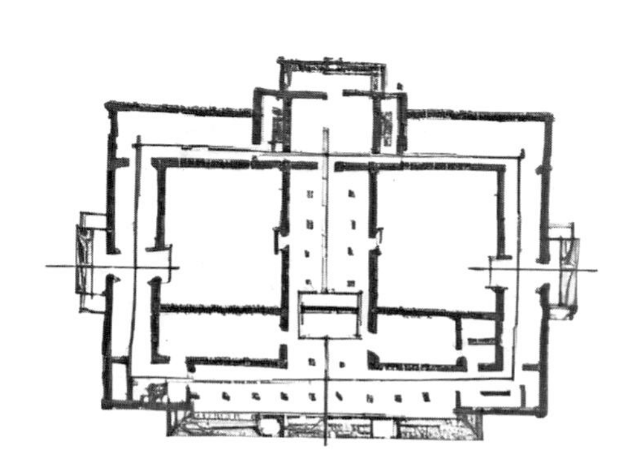 图 1.1-11　串联式空间组合示例 2

<table>
<tr><td>图例</td><td>
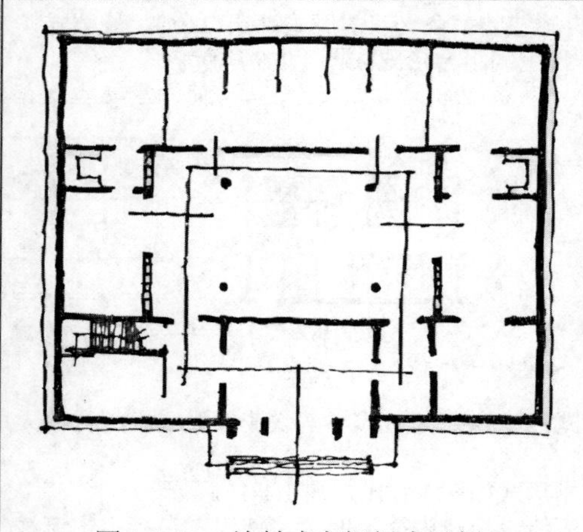
图 1.1-12　放射式空间组合示例 1
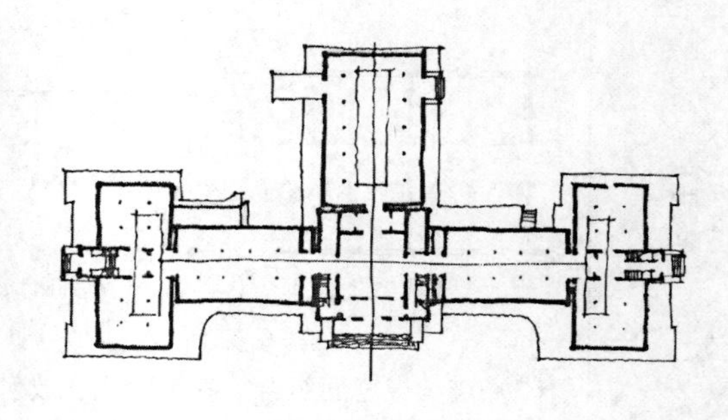
图 1.1-13　放射式空间组合示例 2
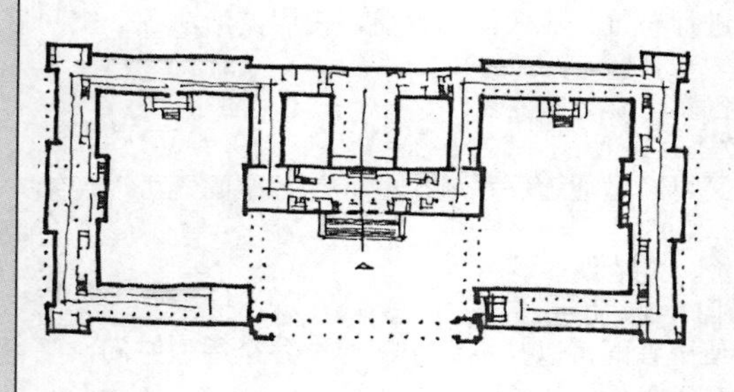
图 1.1-14　串联兼通道空间组合示例
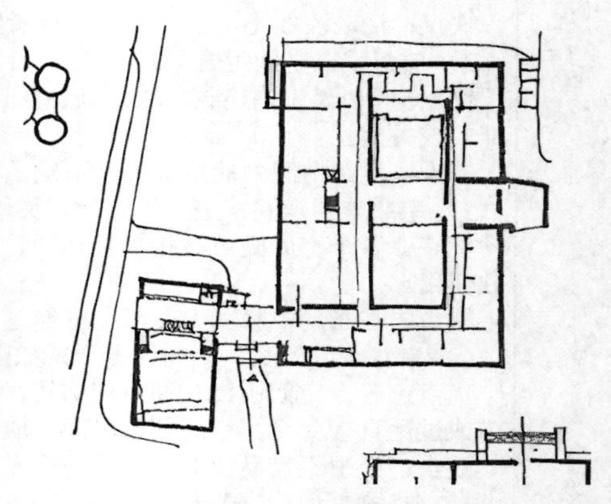
图 1.1-15　串联兼放射空间组合示例
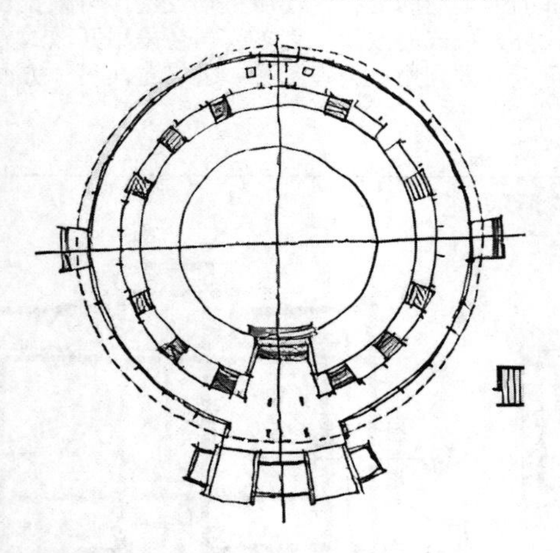
图 1.1-16　综合性大厅示例 1
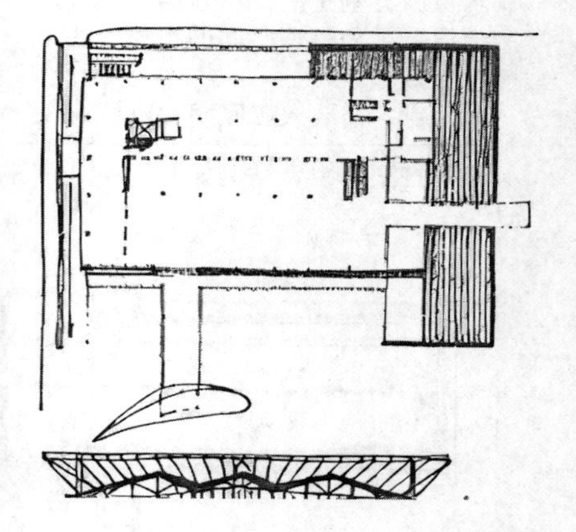
图 1.1-17　综合性大厅示例 2
</td></tr>
<tr><td>灰空间</td><td>建筑空间有内、外之分，人们常常用有无屋顶当作区分内、外部空间的标志。日本建筑师芦原义信在《外部空间设计》一书中也是用这种方法来区分。除了内外空间还有之间的过渡空间，称为“灰空间”，即是有顶盖无围合的空间【2022（5）】</td></tr>
</table>

1.1-6［2024-6］火车站和体育馆人流集散的说法正确的是（　　）。

A. 火车站人流量比体育馆少

B. 火车站是立体人流，体育馆是平面人流

C. 火车站是单向人流，体育馆是双向人流

D. 火车站是连续人流，体育馆是集中人流

答案：D

解析：公共建筑的人流疏散，有连续性的（医院、商店、旅馆）、集中性的（影剧院、会堂、体育馆）、兼有连续和集中性的（展览馆、学校、铁路客运站）。铁路客运站有时也看成连续人流。

1.1-7［2023-13］如图 1.1-18 所示的博物馆平面空间组合方式是（　　）。

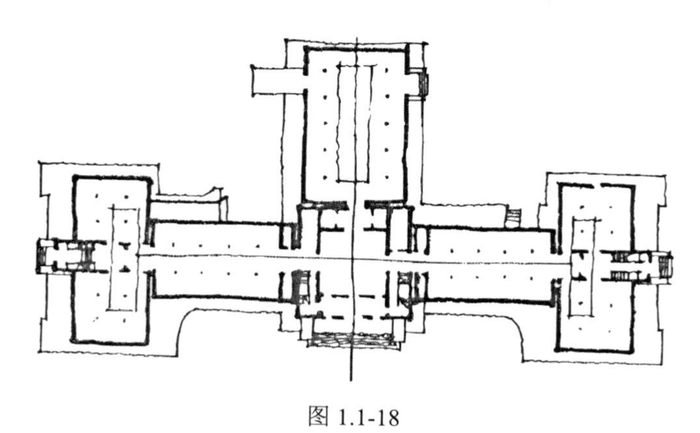

图 1.1-18

A. 串联式

B. 放射式

C. 串联加通道式

D. 综合大厅式

答案：B

解析：图中为北京自然博物馆，各个陈列空间围绕中央的交通枢纽进行布置，属于放射式。

1.1-8［2022（12）-7］在公共建筑中，下列属于连续性空间的建筑类型是（　　）。

A. 游泳馆、体育馆

B. 歌剧院、影剧院

C. 博物馆、陈列馆

D. 医院、学校

答案：C

解析：详见考点 3。

1.1-9［2019-11］根据下图所示，适合办公人员沟通交流的布局方式是（　　）。

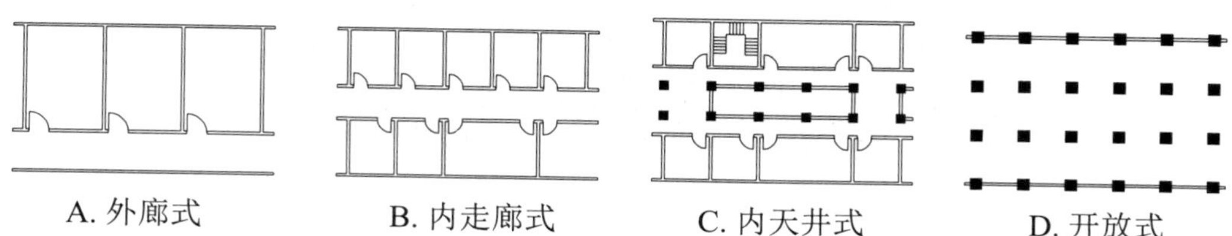

答案：D

解析：开放式有利于办公人员沟通交流。

考点 4：公共建筑的造型艺术【★★★】

"埏埴以为器，当其无，有器之用。凿户牖以为室，当其无，有室之用。是故有之以为利，无之以为用"。这段文字精辟地论述了空间与实体的辩证关系。此段文字出自春秋时期老子的《道德经》，精辟地论述了空间与实体的辩证关系【2017】。公共建筑的造型艺术问题，首要分析的是建筑实体和空间的关系，并运用一定的构图技法进行创作。造型艺术包括了室内空间艺术和室外环境艺术等因素

造型艺术	公共建筑造型艺术需要考虑形式的多样统一，这受到当时社会审美的影响，也还包括民族形式、地域文化以及形式美规律等影响，没有一定的标准答案
室内空间	公共建筑室内空间艺术，涉及的问题主要是空间形式与比例尺度的关系、空间的围透划分与序列导向等。以西班牙巴塞罗那博览会德国馆为例，室内八根钢柱、几片玻璃隔墙、轻盈的屋顶，围中有透、透中有围，创造出流动性的空间【2022】。再比如美国古根海姆美术馆展览厅，通过自上而下的螺旋形坡道，围合了垂直的敞开空间，强调垂直交通组织了展览空间，体现了良好的空间尺度关系【2021】
室外空间	公共建筑的外部环境与内部空间互为依存，不可分割。构图中应注意两者的主要与从属关系，体现对比与协调、均衡与稳定、节奏与韵律等方面的关系【2024、2022（12）、2020】
案例	考试中会结合实际案例，考查设计者的形式设计手法，比如哪些建筑使用三角形造型元素，哪些使用扭转造型，哪些使用圆形、方形等。如果题目中出现实例照片，考生比较容易答对，但另一种考题方式直接给出建筑名称，难度较大，考生可能不知道建筑的具体形象，因此在备考中需要收集一些近年著名建筑才容易作对试题

1.1-10［2024-1］建筑造型中采用"均衡"手法获得的心理感受是（　　）。

A. 完整感　　B. 尺度感

C. 稳定感　　D. 节奏感

答案：C

解析：均衡与稳定是与重力有联系的审美观念。稳定：建筑物的稳定则给人以安全可靠、坚如磐石的效果。均衡：建筑物的均衡给人以安定、平稳的感觉。

1.1-11［2022（5）-3］如图 1.1-19 所示，关于密斯设计的巴塞罗那德国馆，其特点描述错误的是（　　）。

A. 流动空间　　B. 钢柱承重

C. 采用钢铁、玻璃等建筑材料　　D. 石墙承重

图 1.1-19

答案：D

解析：巴塞罗那德国馆采用钢柱承重，玻璃隔墙作为分隔打造流动空间。

1.1-12［2022（12）-1］ 下列建筑中，以圆柱和球体组合建筑形体的是（　　）。

A. 埃及金字塔　　　　B. 华盛顿国家美术馆东馆

C. 水晶宫　　　　D. 罗马万神庙

答案： D

解析： 罗马万神庙是圆柱和球体组合形体，四个选项如图 1.1-20 所示。

埃及金字塔

华盛顿国家美术馆东馆

水晶宫

罗马万神庙

图 1.1-20

1.1-13［2020-2］ 下列贝聿铭设计的建筑中，哪个建筑没有采用三角形的造型元素？（　　）

A. 中国银行（香港）大楼　　　　B. 美国国家美术馆

C. 北京香山饭店　　　　D. 北京西单中国银行

答案： C

解析： 北京香山饭店没有使用三角形造型，四个选项如图 1.1-21 所示。

中国银行（香港）大楼

美国国家美术馆

北京香山饭店

北京西单中国银行

图 1.1-21

考点 5：公共建筑的技术与经济问题【★★★】

公共建筑中的工程技术是构成建筑空间与体形的骨架和基础，而同时，工程技术本身也需要消耗大量的建筑材料和施工费用，故选择技术形式时，既要满足功能要求，美观要求，又要符合经济原则	
公共建筑与结构	公共建筑设计中，常用的三种结构形式为砌体结构、框架结构、空间结构 （1）砌体结构：一般以砌体承重（如砖、石等）与钢筋混凝土梁板体系。跨度不大，层数不高，适用于多层的学校、办公、医院等建筑。为了使墙体传力合理，在有楼层的建筑中，上下承重墙应尽量对齐，门窗洞口的大小也应有一定的限制。此外，还应尽量避免小房间压在大房间上，出现承重墙落空的弊病。【2021】 （2）框架结构：建筑受力由梁板柱传递给基础地基，空间处理灵活，跨度较大，适用于高层或空间组合比较复杂的建筑。 （3）空间结构：主要为大跨度结构，一般有桁架结构、网架结构、悬索结构、肋架拱结构、薄壳结构、薄膜结构等形式，如图 1.1-22～图 1.1-27 所示【2020】

续表

<table>
<tr><td>公共建筑与结构</td><td>
图 1.1-22　桁架结构

图 1.1-23　网架结构

图 1.1-24　悬索结构

图 1.1-25　肋架拱结构

图 1.1-26　薄壳结构

图 1.1-27　薄膜结构</td></tr>
<tr><td>建筑结构</td><td>结构支承系统是建筑物的结构受力系统以及保证结构稳定的系统。结构支承系统是不可变动的部分，构件布局合理，有足够的强度和刚度，并方便力的传递，使结构变形控制在规范允许的范围内。
围护和分隔系统是建筑物中起围合和分隔空间的界面作用的系统，考虑安装时与其周边构件连接的可能性及稳定问题</td></tr>
<tr><td>建筑设备</td><td>设备系统如电力、电信、照明、给排水、供暖、通风、空调、消防等系统。需要建筑提供主要设备的安置空间，有些管道可能需要穿越主体结构或是其他构件，会形成相应的附加荷载，需要提供支承</td></tr>
<tr><td>公共建筑经济</td><td>节约用地、控制造价，不应为了过于追求造型铺张浪费，也不应过度追求低标准而影响建筑质量。评价建筑设计是否经济，需要从多方面综合考虑，其中涉及建筑用地、建筑面积、建筑体积结构形式、设备类型、装修构造等方面的问题。
节约指标很多，考试中会关注建筑面积和体积的关系，计算和控制建筑的有效体积系数（有效空间体积/建筑体积）、使用面积系数（使用面积/建筑面积）、结构面积系数（结构面积/建筑面积）等【2022、2019】</td></tr>
</table>

1.1-14［2021-16］关于混合结构的公共建筑设计的说法错误的是（　　）。

A. 承重墙的布置应当均匀，应符合规范

B. 围护结构门洞大小应有一定的限制

C. 楼层上下承重墙应尽量对齐，避免大空间压到小空间上

D. 墙体的高度和厚度应在合理允许范围之内

答案：C

解析：选项 C 中，应尽量避免小房间压在大房间上，防止出现承重墙落空。

1.1-15［2020-49］图 1.1-28 所示建筑物中，其的结构形式从左到右分别是（　　）。

A. 薄壳结构，薄壳结构，肋架拱结构　　B. 空间网架结构，薄壳结构，肋架拱结构

C. 薄壳结构，肋架拱结构，薄壳结构　　D. 肋架拱结构，薄壳结构，薄壳结构

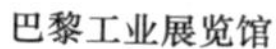
巴黎工业展览馆

罗马小体育馆

悉尼歌剧院

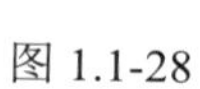
图 1.1-28

答案：A

解析：巴黎工业展览馆和罗马小体育馆采用薄壳结构，悉尼歌剧院采用肋架拱结构。

1.1-16［2019-24］下列关于评价建筑面积指标经济性，下列说法正确的是（　　）。

A. 有效面积越大，越经济

B. 结构面积越大，越经济

C. 交通面积越大，越经济

D. 用地面积越大，越经济

答案：A

解析：有效面积越大，结构面积、交通面积、用地面积越小，越经济。

第二节　居住建筑设计原理

考点 6：住宅套型设计【★★★】

概念	户型是根据住户家庭人口构成（人口规模、代际数和家庭结构）的不同而划分的住户类型。 套型是指为满足不同户型住户的生活居住需要而设计的不同类型的居住空间
家庭人口构成	家庭人口结构根据住户人口规模、户代际数、家庭人口结构可分为单身户、夫妻户（一对夫妻）、核心户（一对夫妻和其未婚子女）、主干户（一对夫妻和其一对已婚子女）、联合户（一对夫妻和其多对已婚子女）及其他户
住宅各功能空间	住宅功能空间可归纳划分为居住、厨卫、交通及其他三大部分。 （1）居住空间：居住空间可分为卧室、起居室、工作学习区、就餐区等；各居住空间，应把握好房间平面尺寸、家具尺寸和人体活动尺寸，合理布置家具。 （2）厨卫空间：厨房和卫生间，需要合理解决各类设备之间的空间占空问题，注意防水问题。 （3）交通及其他辅助空间：交通联系（过道，门厅，户内楼梯等）、储藏空间、室外空间（阳台、露台，内庭院）、其他设施（晾晒、垃圾处理）。 一套住宅需提供不同的功能空间，满足住户的各种使用需要。这些功能空间可归纳划分为居住、厨卫、交通及其他三大部分。 （1）居住空间：居住空间是一套住宅的主体空间，根据不同居住对象的活动需要和不同的套型标准，可以划分为卧室、起居室、工作学习区、就餐区等；各居住空间，应把握好房间平面尺寸、家具尺寸和人体活动尺寸，合理布置家具。而在平面大小一定的情况下，层高的把握成为主要因素，层高的选择受容积和建筑经济的影响较大。【2021】 （2）厨卫空间：厨卫空间是住宅功能空间的辅助部分又是核心部分，它对住宅的功能与质量起着关键作用。厨卫布置应合理高效。【2022（5）、2021】 （3）交通及其他辅助空间：这部分空间又可细分为几个部分，交通空间（过道、门厅、户内楼梯等）、储藏空间、室外空间（阳台、露台、内庭院）、其他空间（晾晒、垃圾处理）

功能分区	按照《住宅建筑设计原理》，住宅户内功能分区包括公私分区、动静分区、洁污分区、合理分室；合理分室又分为生理分室（与家庭成员的性别、年龄、人数、辈分、婚姻关系等因素有关）和功能分室（把不同的功能空间分离，避免互相干扰，提高使用质量），如图 1.2-1 和图 1.2-2 所示【2024、2022（12）、2019】

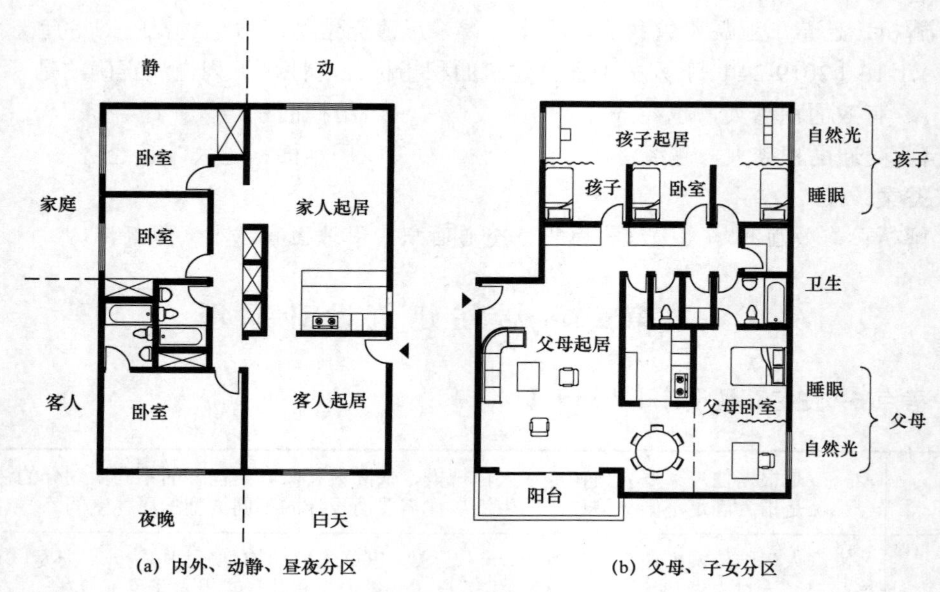

(a) 内外、动静、昼夜分区　　(b) 父母、子女分区

图 1.2-1　动静分区

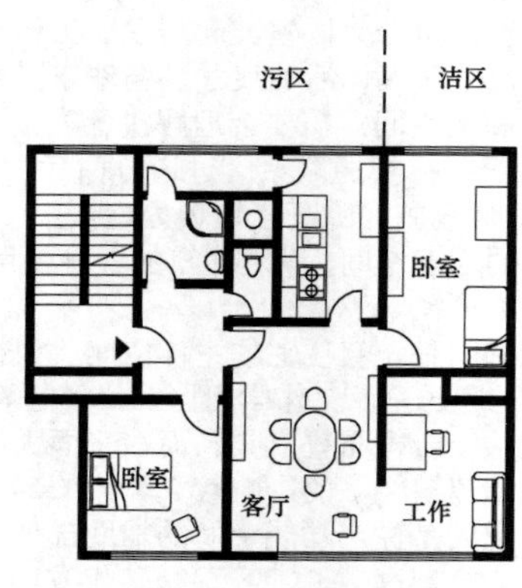

图 1.2-2　洁污分区

套型朝向及通风组织	朝向及通风组织的合理与否是评价套内空间组合质量的一个重要标准。单朝向套型（北方地区避免北向，南方地区避免西向）、每套有相对或相邻两个朝向、利用平面凹凸及设置内天井来组织朝向及通风，如图 1.2-3～图 1.2-9 所示【2023、2020、2019】 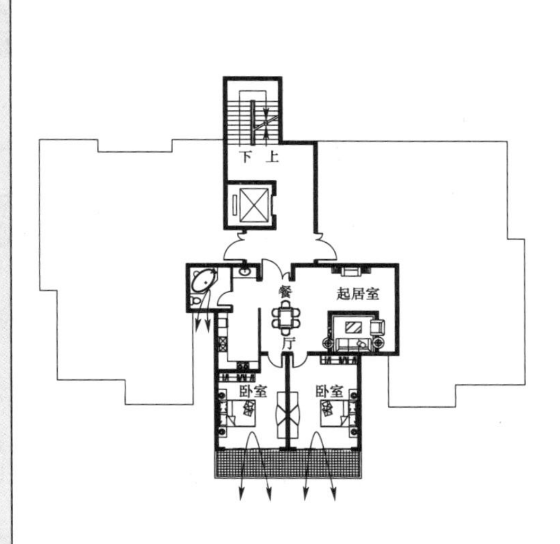 图 1.2-3　单朝向的通风情况 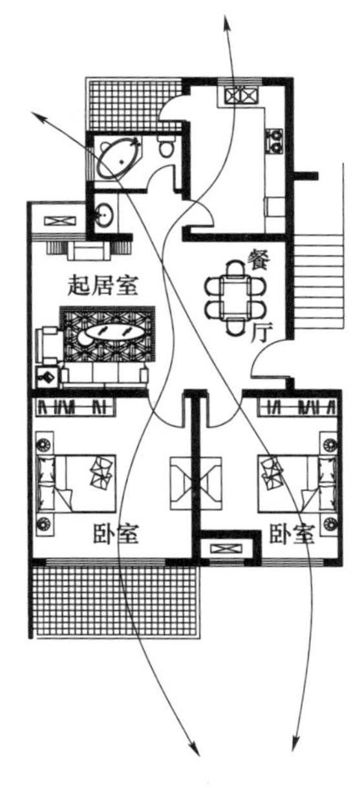 图 1.2-4　双朝向套型主要房间与厨房形成一个通风系统 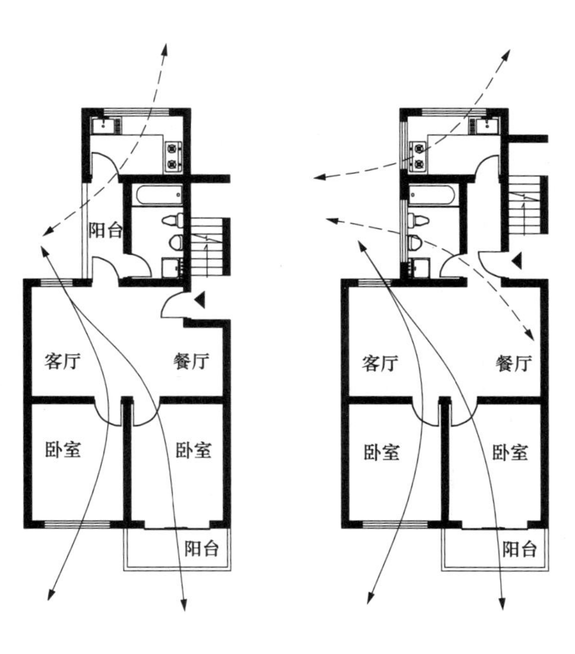 图 1.2-5　利用平面凹凸组织对角通风 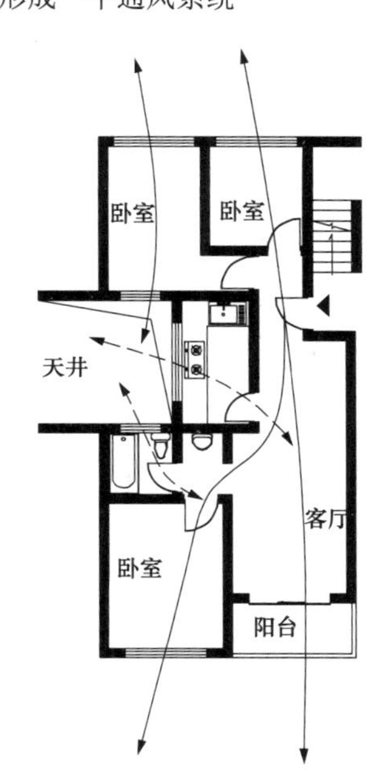 图 1.2-6　利用天井组织通风

续表

<table>
<tr><td>套型朝向及通风组织</td><td>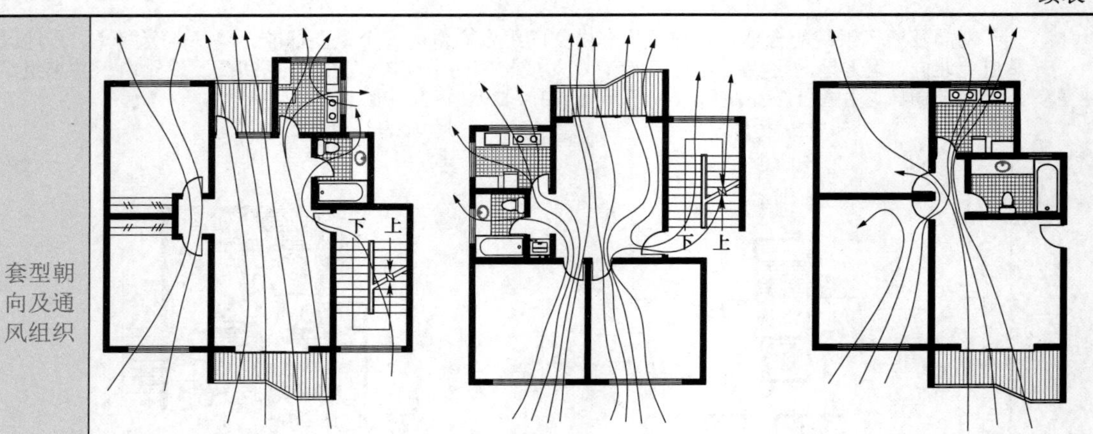

图 1.2-7　形成贯通的住宅平面通风路线　　图 1.2-8　敞厅的通风路线　　图 1.2-9　通风气流的“缩颈”的现象
注：居室前后组合时，如在横墙上开门会形成气流转折和“缩颈”的现象，对通风较为不利【2022（12）、2022（5）】</td></tr>
<tr><td>套型的空间组织</td><td>套型的空间组织有以下几种：餐室厨房型（DK 型）、小方厅型（B・D 型）、起居型（LBD 型）、起居和餐厨合一型（LDK 型）、三维空间组合型。起居型（LBD 型）又可分为以下三种：仅将起居与睡眠分离（L・BD 型），将起居、用餐、睡眠均分离（L・B・D 型），将睡眠独立，起居、用餐合一（B・LD 型）。【2019】
三维空间组合型：指套内的各功能空间不限在同一平面内布置，目前主要形式有变层高住宅、复式住宅和跃层住宅等</td></tr>
</table>

1.2-1［2024-12］住宅户内功能分区不包括（　　）。

A. 生理分区　　B. 公私分区　　C. 动静分区　　D. 洁污分区

答案：A

解析：住宅户内功能分区主要有公私分区、动静分区、洁污分区。合理分室主要有生理分室、功能分室。所以选项 A 不正确。

1.2-2［2022（5）-7］炎热地区不利于组织住宅套型内部通风平面是（　　）。

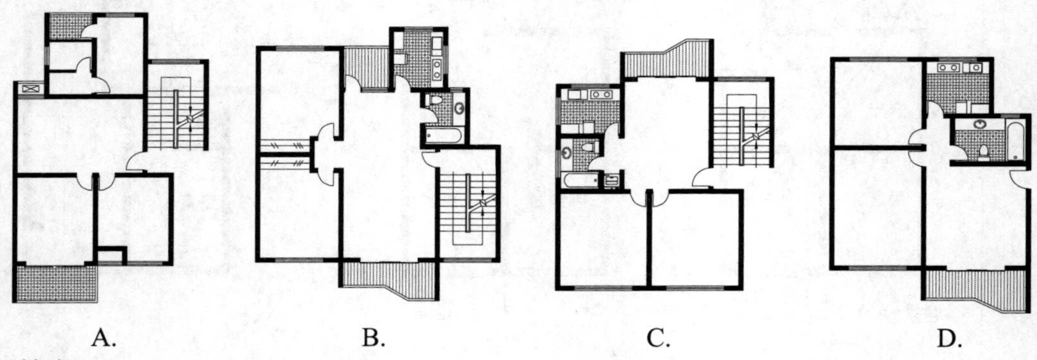

A.　　B.　　C.　　D.

答案：D

解析：选项 D 横向遮挡，会形成气流“缩颈”现象，对通风不利。

1.2-3［2022（12）-26］下列关于居住空间公私分区说法错误的是（　　）。

A. 楼梯间室外走道公共空间
B. 客厅餐厅半公共空间
C. 次卧书房半私密空间
D. 主卧卫生间私密空间

答案：C

解析：次卧和书房属于私密空间。

1.2-4［2019-13］下列住宅套型中，最不利于烹饪油烟隔离的餐厅与厨房组合关系是（　　）。

A. 餐厅、厨房独立式
B. 餐厅厨房一体化（开放式）
C. 餐厅、厨房并联式（有门分隔）
D. 餐厅、厨房串联式（有门分隔）

答案：B

解析：厨房是产生油烟、水蒸气、一氧化碳等有害物质的场所，餐厅厨房一体化（开放式）最不利于烹饪油烟隔离。

1.2-5［2022（5）-10］下列卫生间设计中，淋浴和如厕互不干扰的模式是（　　）。

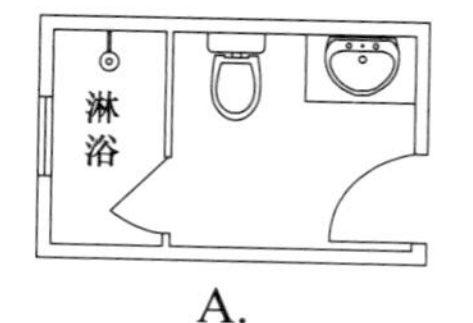

A.

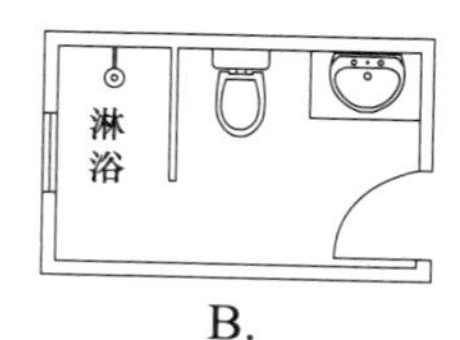

B.

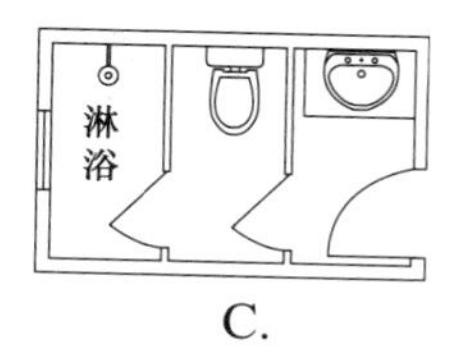

C.

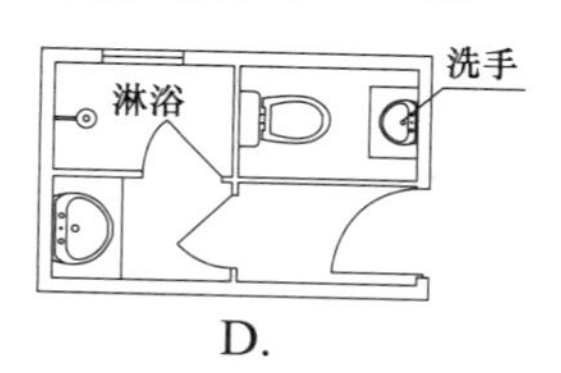

D.

答案：D

解析：选项 D 可以实现淋浴和如厕同时使用，互不干扰。

考点 7：住宅建筑类型的特点与设计【★★★★】

<table>
<tr><td rowspan="3">按层数划分的住宅设计</td><td>低层住宅一般指 1～3 层的住宅建筑。其优点是楼层低，较接近自然，生活便利；缺点是建设经济性差，特别是别墅不节地，近几年建设政策中已经不再批准建设别墅项目。【2021、2019】
低层住宅一般有两种组合方式，分为水平组合（如独立式住宅、并联式住宅、联排式住宅等）与垂直组合（在垂直方向上进行重复或悬挑叠加）</td></tr>
<tr><td>多层住宅指 4～6 层的住宅建筑，借助于公共楼梯来解决垂直交通，以水平的公共走廊来组织各户</td></tr>
<tr><td>高层住宅，指建筑高度大于 27m 的住宅建筑。高层住宅以垂直交通为主，通过电梯、楼梯组织起来。平面类型有多种，常见有单元式、塔式和通廊式。
（1）单元式（板式）：由多个住宅单元组合而成一栋建筑，组合方式有多种变化，一般有矩形、十字形、Y 形、T 形等。组合灵活，私密性强，一般一个单元只设一部楼电梯，楼梯在屋顶连通。
（2）塔式：各户环绕垂直交通枢纽布置，一般每层为 4～8 户，平面紧凑，容积率高，但私密性较差。
（3）通廊式：一般有跃廊式、外廊式、内廊式几种形式，均是通过共同的廊道作为水平的交通通道，来与垂直的交通核连接。需要特别提到的是勒・柯布西耶设计的法国马赛公寓，每三层一个单元，中间有一个公共走廊，既最大限度地减少了交通面积，增大了使用率，每一户又形成了跃层，丰富了空间层次【2023、2021】</td></tr>
<tr><td>山地建筑</td><td>山地建筑考虑与场地的关系，一般来说垂直于等高线布置的建筑，土方量较小，通风采光及排水处理较平行于等高线布置容易解决，但与道路结合较困难。垂直于等高线布置的建筑会采取错层处理，错层的多少可随地形而异，并考虑由此形成室外景观。根据地形的需要，在布局范围下面加设一层，称为掉层【2024】</td></tr>
</table>

建筑节能	寒冷地区和炎热地区住宅设计主要差异在规划布局、住宅节能设计、住宅套型设计等方面，需要特别考虑建筑节能的因素，比如严寒和寒冷地区住宅规划布局时，应避免选址在山谷、洼地、沟底等凹地里，争取日照，避免季风干扰，同时建立“气候防护单元”。【2017】 建筑物本身节能的角度考虑节能设计，应该从控制住宅建筑的体形系数，扩大南向得热面的面积，控制窗墙比，重视门、窗户节能，选择优化的新型节能围护体系，加强冷桥节点保温技术措施，加强住栋公共空间的防寒保温以及合理组织套内空间等诸方面加强综合节能设计。在选择体量设计时，应加大建筑的栋进深，提高层数，使体量加大，使节能效果显著【2024】
适应性与可变性	住宅的适应性是指为了解决结构寿命过长与功能需求变化的矛盾，住宅实体空间的用途具有多种可能性，可以适应各种不同的住户居住。住宅的可变性是指住宅空间具有一定的可改性，随着时间的推进，住户可以根据自己变化发展的需要去改变住宅的空间。如何提高住宅的适应性与可变性，应结合时代的发展与使用者年龄结构变化来考虑【2022、2021】

1.2-6［2024-13］对提高住宅节能特征影响最小的因素是（　　）。

A. 住宅体形系数　　B. 住宅朝向

C. 住宅内隔墙体热阻值　　D. 外墙窗墙比

答案：C

解析：内隔墙的热阻值对于住宅节能影响最小。

1.2-7［2023-7］勒·柯布西耶设计的法国马赛公寓在住宅形式上属于（　　）。

A. 内廊式住宅

B. 外廊式住宅

C. 内廊跃层式住宅

D. 外廊跃层式住宅

答案：C

解析：马赛公寓每三层一个单元，其平面和剖面如图 1.2-10 所示。

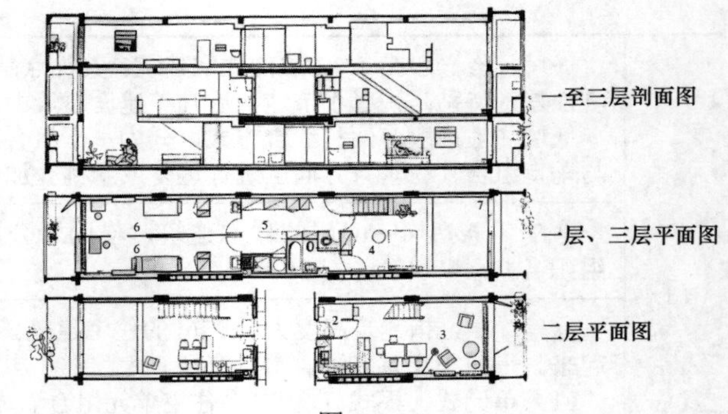

图 1.2-10

1.2-8［2021-18］提高住宅适应性是为了解决（　　）。

A. 收入水准的提高与住宅性能变化的矛盾

B. 家庭人口增长与住宅面积固定的矛盾

C. 结构寿命过长与功能需求变化的矛盾

D. 住宅政策变化与住宅性能要求的矛盾

答案：C

解析：提高住宅适应性是为了解决结构寿命过长与功能需求变化的矛盾。

考点 8：其他居住建筑设计【★★★】

<table>
<tr><td colspan="2">其他居住建筑，是区别于一般的家庭式商品房住宅之外的具有特殊功能或适合特殊人群的居住建筑，比如适老化住宅、保障性住宅、工业化住宅等</td></tr>
<tr><td>适老化住宅设计</td><td>适老化住宅：指为老年人打造的适宜居住的住宅，具有适应老年人生理、心理和行动特征的特点。
根据《城市居家适老化改造指导手册》（2023 年），适老化住宅设计应该包括以下几个方面：【2022（12）、2022（5）、2021】
（1）建筑设计：应有良好的朝向，尽量朝南、自然采光通风。建筑出入口，走道，电梯，楼梯，卫生间等应满足无障碍设计要求。
（2）安全设施：室内应有防跌倒防滑措施，设置护角栏杆扶手，颜色标识等。老年人一般视力较差，楼梯踏步前沿采用鲜亮颜色标识可以提醒老年人上楼梯时不会踩错踩空。【2023】
（3）室内布局：卧室应设在房间中央位置，卫生间位置及距离应方便使用，厨房应设计开放式或半开放式，同时卧室应配置电话、电视等设备。
（4）家具摆放：家具摆放应该合理，以方便老年人使用。例如床铺应该设置在离地面稍高的位置，这样老年人起床和入睡都会更加方便。
（5）照明设施：应该具有良好的亮度和色彩温度，以方便老年人辨认物品。同时，在房间中应该设置软装饰品，例如窗帘、地毯等</td></tr>
<tr><td>保障性住宅设计</td><td>保障性住房设计，选择经济适用、耐久、安全合理、环保的建筑材料与技术，满足人民群众住房基本需求，保障居住的舒适性和安全性【2022】。平面布局应合理紧凑，减少公摊面积。外形设计应简洁美观，内部材料应健康环保。坚固耐用和安全保障，构造设计合理，生态保护和资源节约，建设环保低碳、绿色、可持续的住宅</td></tr>
<tr><td rowspan="3">工业化住宅设计</td><td>工业化住宅：是采用工业化的建造方式大批量生产的住宅产品，建造方式主要有两种：【2022】一是构配件定型生产的装配施工方式，按照统一标准定型设计，在工厂中成批生产各种构件，然后运到工地，以机械化的方法装配成房屋；另外一种是工具模板定型的现场浇筑施工方式，采用工具式模板在现场以高度机械化的方法施工，代替繁重的手工劳动</td></tr>
<tr><td>工业化住宅主要有框架轻板建筑、盒子建筑、大模板建筑、滑模建筑等类型</td></tr>
<tr><td>SAR 研究会是由几位荷兰建筑师创办的一个建筑师研究会。他们提出了将住宅的设计和建造分为两个部分—支撑体和可分体（或填充体）的设想。支撑体住宅，其支撑体柱梁地面结构部分具有百年以上的长期耐久性，住宅内部的分隔墙、地板、厨卫及各类管线等填充体，可进行各种型号的标准化生产，然后在室内装配在使用中还可根据需要而及时更新和改造。【2022（12）】
发展支撑体住宅可以延长住宅寿命，节能节地节材节水，减少环境污染，还可以发挥住宅空间的可改造性，建造集舒适性、安全性和耐久性为一体</td></tr>
</table>

1.2-9［2022（5）-11］关于保障性住房的设计原则错误的是（　　）。

A. 在条件紧张的时候，可以降低住宅设计标准

B. 外形应简洁美观，减少凹凸、转折，外门窗洞口不宜过大，降低体形系数及窗墙比

C. 充分考虑节地、节能，根据地块条件宜选择多户型的多单元的或通廊式等经济合理的居住平面类型

D. 平面布局应合理紧凑，降低套外交通空间、减少公共空间的公摊面积，提高使用面积系数

答案：A

解析：保障性住房应满足国家和地方法律法规，不应降低设计标准。

1.2-10［2022（12）-11］关于适老化住宅的设计因素中不包括（　　）。

A. 居家时间　　B. 卫生间卧室的距离

C. 卧室到厨房的距离　　D. 居室通风日照

答案： C

解析： 老年人居家时间长，卧室宜布置在卫生间附近。充足的自然光有利于老年人钙的吸收，紫外线也可以给房间进行消毒。卧室到厨房的距离不是适老化住宅设计因素。

1.2-11［2022（5）-12］关于工业化住宅"部品"的说法错误的是（　　）。

A. 可现场组装并有独立使用功能　　B. 作为结构不可从建筑中独立出来

C. 标准化、系列化生产　　D. 工业化产品

答案： B

解析： 工业化住宅的结构系统与建筑系统可独立。

第三节　建筑空间形式

考点 9：建筑功能的形式性【★★★★★】

建筑中的"功能"，即是建筑本身的目的和使用要求。而"建筑形式"则是由空间、体形、轮廓、虚实、凹凸、色彩、质地、装饰等要素集合而形成的复杂概念。建筑空间形式必须适合于功能要求【2022（12）、2022（5）、2021】

序列空间	先后功能次序明确，比如车船航空旅客站等交通空间；或在某些特定流线的博物馆、展览馆中出现，比如中国国家博物馆中根据时间布展的展览空间。形式如图 1.3-1（a）所示
并列空间	各空间的功能相同或近似，彼此没有直接的依存关系，包括线形、放射形、网格形、聚散形，各使用空间之间没有直接的联系，一般借用走道来联系。既保证各空间的安静不受干扰，又能连成一体。这种空间特点适合于宿舍、办公楼、学校、医院疗养院等建筑的功能联系特点，形式如图 1.3-1（b）所示
主从空间	以体量巨大的主体空间为中心，其他附属或辅助空间围绕其四周布置，如孟加拉国国民议会厅，主从关系特别分明，但主从空间关系紧密。形式如图 1.3-1（c）所示
流动空间	创造了一种流动的、贯通的、隔而不离的空间形式，如密斯在西班牙设计的巴塞罗那德国馆，形式如图 1.3-1（d）所示
图例	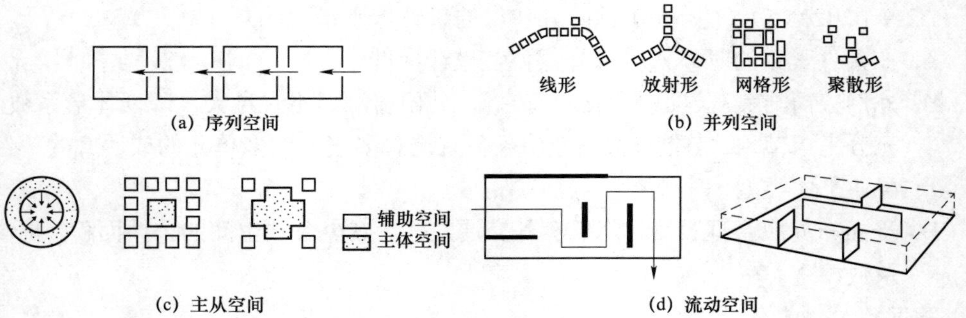 (a) 序列空间；线形　放射形　网格形　聚散形 (b) 并列空间；辅助空间　主体空间 (c) 主从空间；(d) 流动空间；图 1.3-1　空间组合形式示意

1.3-1［2023-5］下列建筑中，采用序列式的设计手法是（　　）。

A. 商场　　B. 展览　　C. 酒店　　D. 教学楼

答案： B

解析： 展览建筑有固定的观展流线，对应序列空间。

1.3-2［2023-12］如图 1.3-2 所示，路易斯·康设计的理查德医学研究所大楼采取的空间组织方式是（　　）。

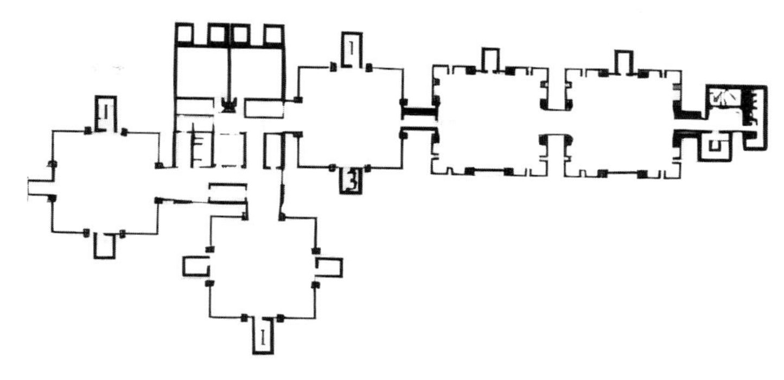

图 1.3-2

A. 轴线对称式　　B. 庭院式　　C. 网络式　　D. 单元式

答案： D

解析： 理查德医学研究所大楼强调空间单元的解体，功能单元的结构独立，属于单元式。

1.3-3［2022(5)-2］如图 1.3-3 所示，该建筑平面表达了什么样的设计原理？（　　）

A. 串联空间组织

B. 并联空间组织

C. 主从空间组织

D. 单元式空间组织

答案： C

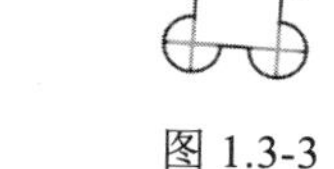

图 1.3-3

解析： 孟加拉国达卡议会大厦主体建筑分为八个外围区和一个中央区，核心的议会厅外环绕功能性空间。环绕型的布局模式是对新政府核心地位的隐喻，而厚重的混凝土，则是权力的象征。

1.3-4［2022(12)-5］下列选址中，表示主从关系的是（　　）。

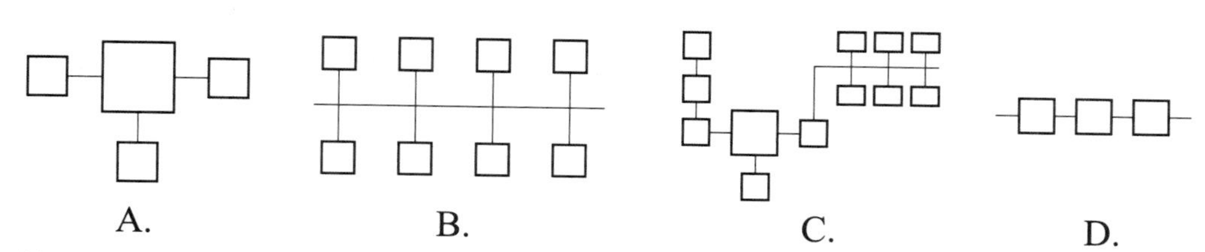

答案： A

解析： 主从关系是由于空间大小或者功能的重要性等原因，会有主要与次要的不同区分。

在空间组织中，常体现为大空间居中，小空间或附属空间围绕其展开。

考点 10：形式美的原则【★★】

原则	形式美的原则，即“多样统一”，在统一中求变化，在变化中求统一，强调有秩序的变化，有韵律的变化
形式美的五大规律	（1）以简单的几何形状求统一：简单的几何形状容易让人记住，并引起人在认知上的美感，形成整体感。 （2）主从与重点：在一个有机统一整体中，各组成部分有重点与一般的差别，人们通过对比记住重点部分。 （3）均衡与稳定：有静态均衡和动态均衡，和均衡相关联的是稳定，人们容易在均衡稳定的形式上找到安全感。 （4）对比与微差：变化可以让人们感受到动力，而不会觉得无聊沉闷。对比与微差研究的是如何利用这些差异性来求得建筑形式上的完美统一。当然，对比和微差只限于同一性质的差异之间。 （5）韵律与节奏：韵律美包括连续韵律、渐变韵律、起伏韵律、交错韵律等
比例与尺度	比例所研究的是物体长、宽、高三个方向量度之间关系的问题。和谐的比例可以产生美感。需要特别提到勒·柯布西耶在现代建筑中提出的“模度”体系，如图 1.3-4 所示。他把比例和人体尺度结合起来，并将毕达哥拉斯学派发现了“黄金分割”规律（1:1.618 的“黄金比”）结合当时工业化建设尺寸需求进行设计，比如马赛公寓，勒·柯布西耶在建筑设计中将“模度”体系运用到马赛公寓的细部尺寸中【2019】 尺度所研究的是建筑物的整体或局部给人感觉上的大小印象和其真实大小之间的关系问题。尺度指的不是要素真实尺寸的大小，而是指要素给人感觉上的大小印象和其真实大小之间的关系【2023】。使用透视方法及削减手法，使形体变得丰富或强调特殊的意义。例如罗马坎皮多里奥广场是米开朗基罗用透视手法表现，由于场地狭小，建筑的围合采用梯形（图 1.3-5），让参观者因透视角度的变化，感受到元老院离自己的距离更远了【2021】 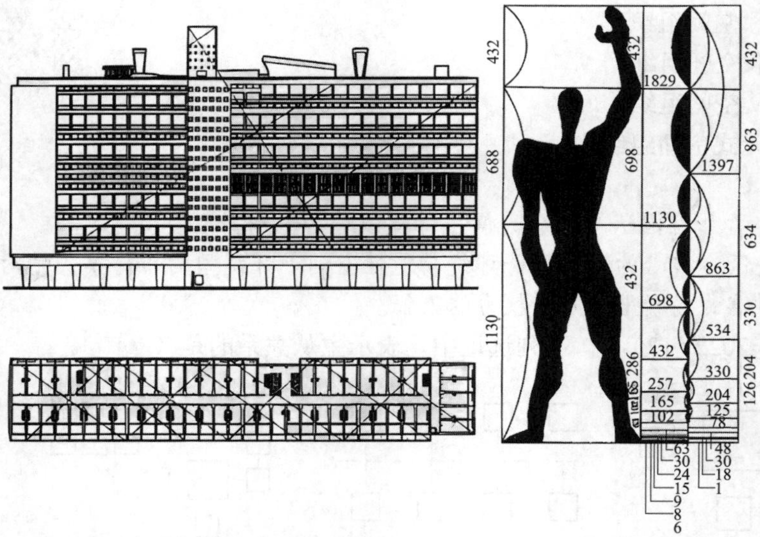 (a) 马赛公寓立面图与平面图　(b) “模度”体系 图 1.3-4　勒·柯布西耶的“模度”体系与马赛公寓

续表

比例与尺度	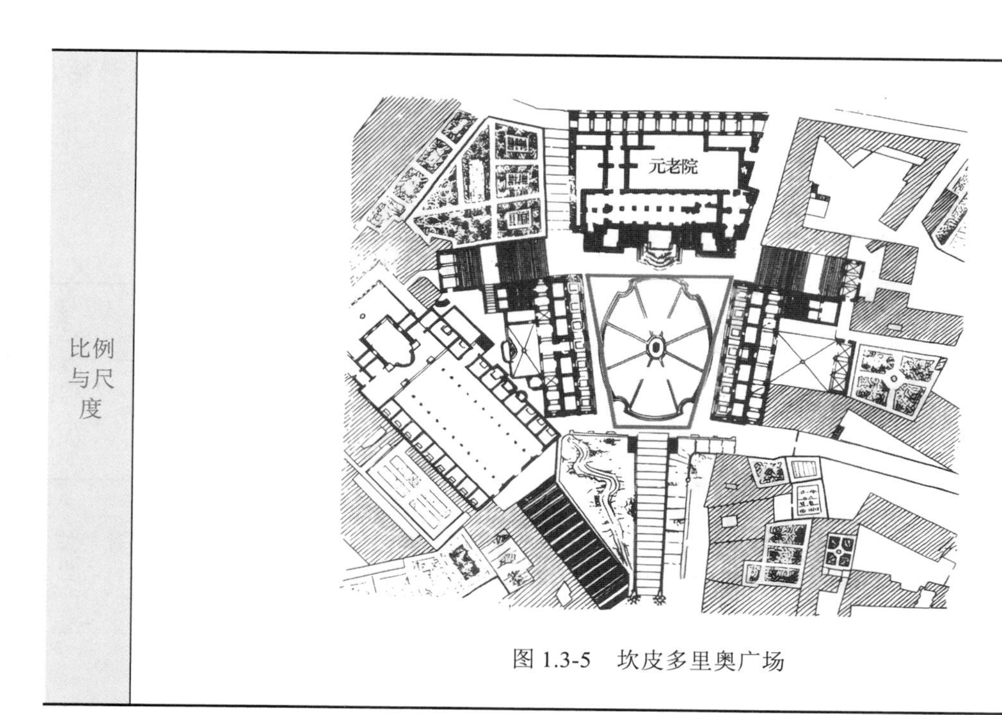 图 1.3-5　坎皮多里奥广场

1.3-5［2023-3］下列关于建筑“尺度”的含义说法正确的是（　　）。

A. 建筑实际尺寸

B. 建筑各要素空间的关系

C. 人体尺寸与建筑尺寸的关系

D. 建筑要素给人类感觉上的大小印象与其真实大小的关系

答案： D

解析： 详见考点 10。

1.3-6［2023-11］下列在建筑利用透视原理产生错觉的设计手法错误的是（　　）。

A. 利用连续柱廊柱间距递减加强空间的深远感

B. 降低高层建筑顶层高度以避免建筑顶部缩小感

C. 降低顶棚和窗台的高度来改变空间的尺度感

D. 夸大室内某些部件的尺度造成特殊的空间体验

答案： B

解析： 选项 B 应为加大高层建筑顶层的高度以避免建筑顶部缩小感。

1.3-7［2019-2］勒·柯布西耶把比例和人体尺度结合在一起，提出独特的（　　）。

A.“模度”体系　　B. 相似要素

C. 原始体形　　D. 黄金比例

答案： A

解析：“模度”是勒·柯布西耶从人体尺度出发，选定下垂手臂、脐、头顶、上伸手臂四个部位为控制点，与地面距离分别为 86cm、113cm、183cm、226cm。这些数值之间存在着两种关系：一是黄金比率关系；另一个是上伸手臂高恰为脐高的两倍，即 226cm 和 113cm。“模度”不但具备“黄金分割”的完美比例和精确的度量数据，也同时满足了对人体的适应性。

第四节 室内设计原理

考点 11：室内设计基本概念【★★★★★】

<table>
<tr><td colspan="3">室内设计是指运用一定的物质技术手段与经济能力，根据对象所处的特定环境，对内部空间进行创造与组织，形成安全、卫生、舒适、优美、生态的内部环境，满足人们对物质与精神生活的需要</td></tr>
<tr><td>影响因素</td><td colspan="2">室内设计依附于建筑空间，是与建筑设计同步产生的，两者的发展息息相关，关系密切。室内设计的演化与两大因素有关：一是地理因素，包括地形、地貌、水文、气候等；二是文化因素，包括政治、经济、技术、宗教和风俗习惯等</td></tr>
<tr><td rowspan="2">室内设计</td><td colspan="2">主要特征有内外空间一体化、布局灵活化、陈设多样化、构件装饰化、图案象征化。
演化：从原始时期到新中国成立，中国传统室内设计经历了漫长的演化史，每个时期都有其独特风格，而到了 20 世纪 90 年代，室内设计开始步入高潮，在风格上更强调国际化、现代化，也更注重人性化和个性化【2022（5）、2020、2019】</td></tr>
<tr><td>陕西民居：锅台与土炕连为一体的窑内布置，温湿度稳定，节约能源，空间组织虽受很大限制，但空间处理也可以很丰富</td><td>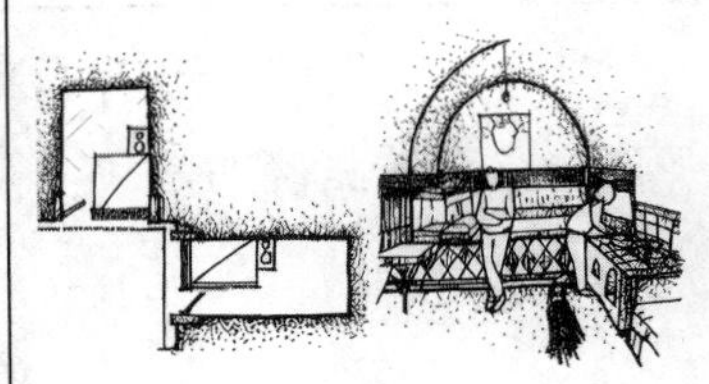  </td></tr>
<tr><td rowspan="2">中国传统室内设计</td><td>北京民居：对称式平面，内部宽敞开阔，封闭式的外观，有很强的私密性，院内有重点地进行装饰</td><td>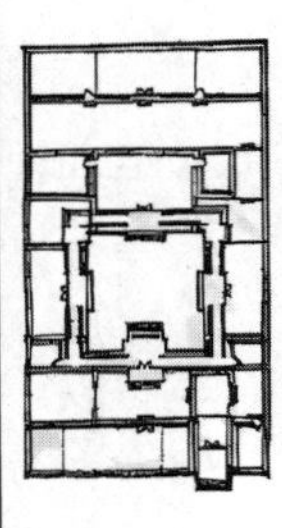  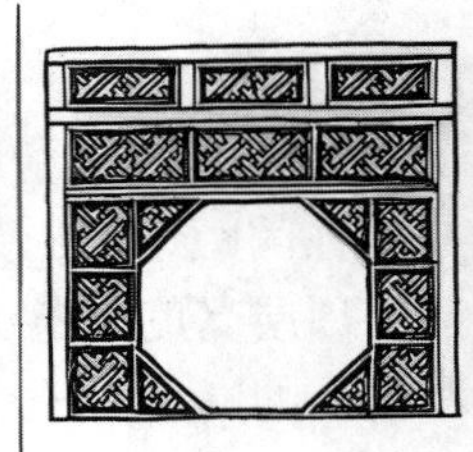 </td></tr>
<tr><td>新疆民居：室内有重点地进行装饰装修，着重施工在主体建筑。礼拜寺朝西，其他房间一律不讲究朝向</td><td>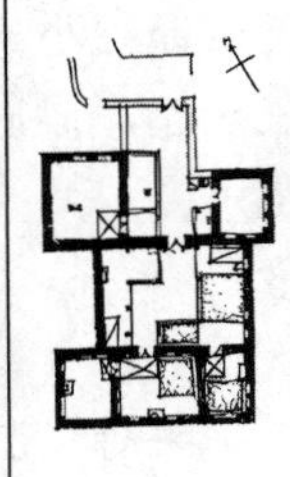   </td></tr>
</table>

中国传统室内设计	西藏民居：一般都有经堂和供佛设施，室内空间布局紧凑，造型严整，室内中央有柱，家具围绕柱子布置	 
西方室内设计	15～16 世纪，文艺复兴运动开始在建筑室内设计上产生了很大影响。从文艺复兴的相对节制的装饰到巴洛克时期装饰的发展（出现了很多弧线，利用数学上的发展来表达当时对宇宙的理解）、再到洛可可时期的矫揉造作（强调人性上的欲望，过度的装饰表达房屋主人的财力）【2020】	
	到了 20 世纪初期，现代主义建筑运动兴起，才使室内设计从单纯装饰的束缚中解脱出来，认识到室内单纯装饰的局限性。现代主义强调简洁，比如包豪斯风格、新艺术风格等。1957 年，美国室内设计师学会成立，标志着室内设计学科的确立	
	20 世纪 50～60 年代，现代建筑从形式的单一化逐渐演变成形式的多样化。美国建筑师路易斯·康的"服务空间-被服务空间"理论强调了建筑装饰的多样性可能，在空间主体不变的条件下，装饰提供了可变性，形式不仅仅追随功能，还要用形式把功能表现出来，同时把结构和构造转变成了一种装饰。 在美国，引领现代主义室内设计的三个主要学派：格罗皮乌斯领导下的哈佛学派、密斯指引下的国际式风格，以及克兰布鲁克艺术学院的所谓"匡溪学派"	
程序	室内设计的过程可分为以下六个阶段，即：设计准备阶段、方案设计阶段、深化设计（初步设计）阶段、施工图设计阶段、现场配合阶段、评价阶段【2019】	

1.4-1［2022（5）-18］ 下列关于中国传统民居室内装饰的说法错误的是（　　）。

A. 浙江正房和厢房向内院开门　　B. 徽州室内采用木雕、石雕

C. 西北窑洞采用大量精美砖雕　　D. 北京民居室内装饰简洁大方

答案： C

解析： 窑洞是中国西北黄土高原上特有的传统民居形式，具有十分浓厚的中国民俗风情和乡土气息，没有砖雕装饰。

1.4-2［2020-16］ 下列图示中，室内装修属于洛可可风格的是（　　）。

A.

B.

C.

D.

答案： D

解析： 选项 A 是包豪斯风格，选项 B 是新艺术风格，选项 C 是巴洛克风格。

考点 12：室内环境与质量控制【★★】

室内空间环境要素	室内空间环境要素包括家具、陈设、绿化、标志等，除了实用功能外，还有组织空间、丰富空间和营造宜人环境的作用。家具国际风格出现于 20 世纪 20～30 年代，是由风格派和包豪斯付诸实践而形成的。其代表性作品有密斯·凡·德·罗 1929 年为巴塞罗那世界博览会德国馆设计的“巴塞罗那椅”与勒·柯布西耶设计的可以转动的靠背扶手椅【2023、2021】
新艺术运动	力图创造工业时代精神的简化装饰，模仿自然界生长繁盛的草木形状和曲线 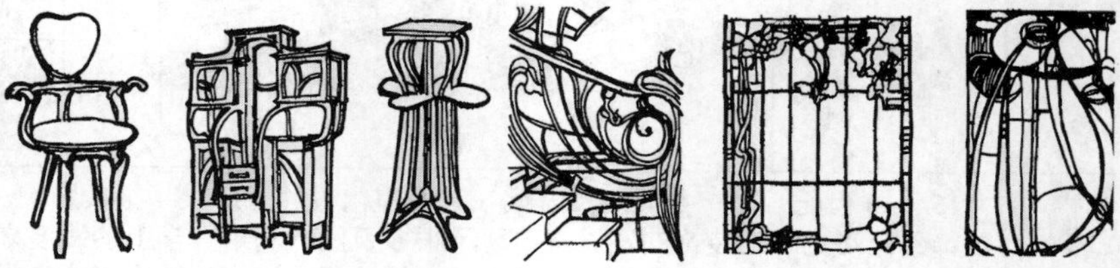
近代	国际式：强调形式与功能的统一，反对繁杂的装饰，并重视室内设计的合理性 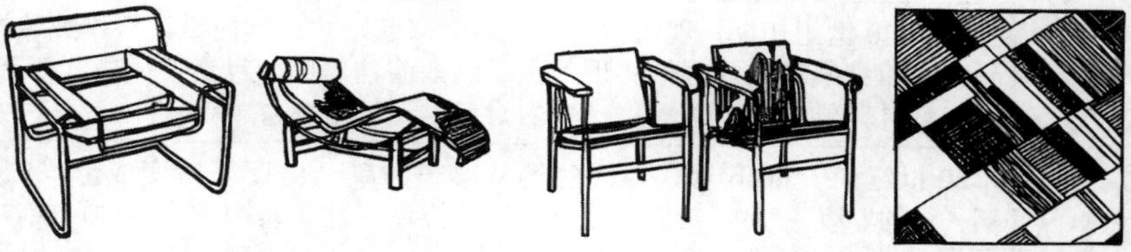
	极简主义：在简洁的室内空间，运用现代的材料和简洁抽象的形体语言传达时代的精神趋向 
	白色派：大量用白色作为设计基调色彩，纯净文雅、坚持简洁的几何形式，整体上不用装饰细部 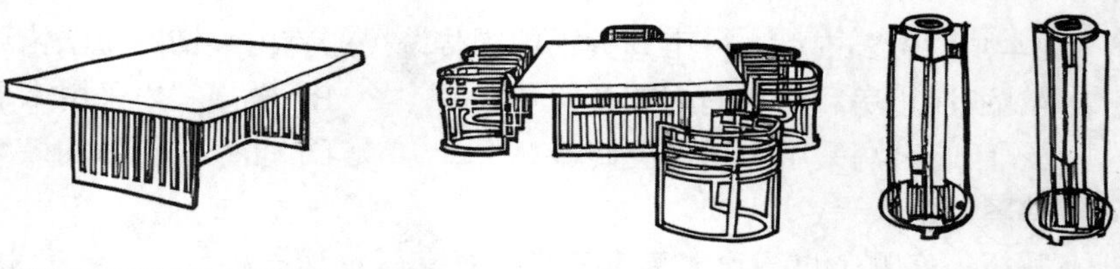
当代	菲利普·斯塔克：设计风格个性突出，造型奇特，线条简洁，表达一种享受生活愉悦情感 
	扎哈·哈迪德：富于动感和现代气息，运用空间和几何结构，超出现实思维模式的室内空间 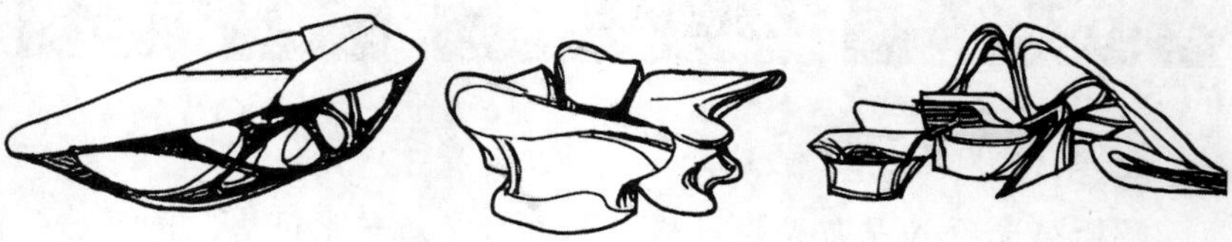

当代	妹岛和世：虚无、白、无边的空旷，冥想、半透明、暧昧、无性、没有明确的边缘	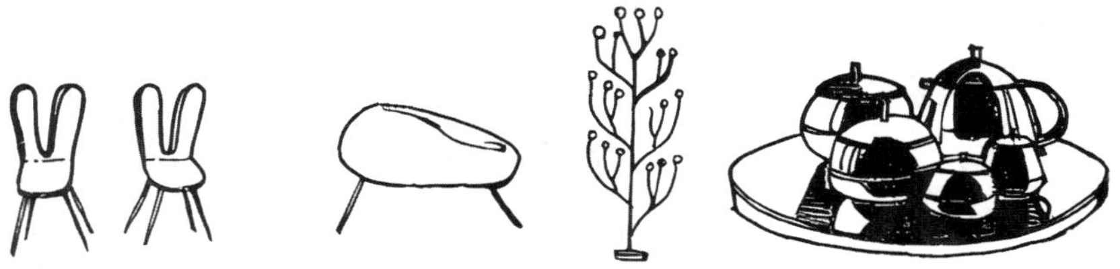
家具尺寸	家具尺寸详见图 1.4-1。【2022（5）】 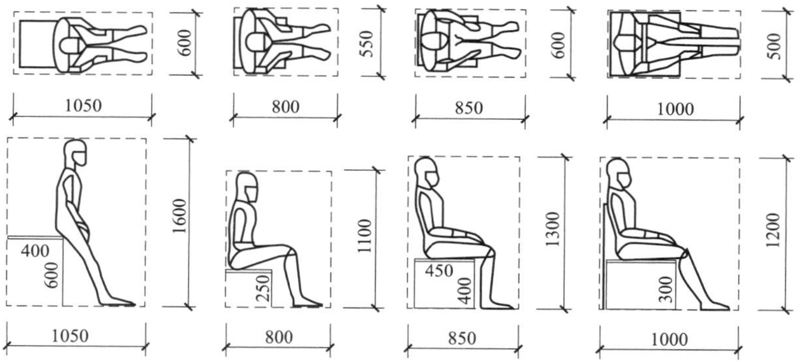 (a) 高凳　(b) 矮凳　(c) 工作椅　(d) 休息椅 图 1.4-1　家具尺寸	
室内的光学要求	室内光线包括自然采光和人工照明。 室内照明设计不仅应满足最基本的功能要求，即满足照度值、照度均匀度的要求，还应满足眩光控制、色彩与阴影表现、室内各表面亮度比、照度稳定性等照明质量要求。还应考虑不同的照明设计所创造出的光环境对人的心理产生不同的影响，比如开敞感、轻松感、私密感等【2023、2021、2019】	
材料与构造	（1）材料选择主要考虑室内空间特性（公共性、私密性）和材料性能（保温、吸声、隔声、防火、防水等），以及材料的特性（色彩、光泽、质地等）。【2024、2022（12）、2019】 （2）构造设计要注意“安全可靠、坚固适用；造型美观、具有特色；造价合适、便于施工；考虑工业化、装配化”	

1.4-3［2024-14］适合儿童室内活动空间的地面材质是（　　）。

A. 羊毛地毯　　B. 实木地板

C. 磨光花岗石　　D. 陶瓷地砖

答案： B

解析： 活动室、寝室、多功能活动室等幼儿使用的房间应做暖性、有弹性的地面，儿童使用的通道地面应采用防滑材料。天然实木地板具有隔潮、隔声、保温发暖、冬暖夏凉、弹性强、脚感舒服等诸多优点。

1.4-4［2023-10］以下家具是阿尔瓦·阿尔托设计的是（　　）。

A. B. C. D.

答案：C

解析：阿尔瓦·阿尔托家具设计的另一个杰出贡献是层压胶合板设计的悬挑椅，是继钢结构悬挑椅之后，改为木质材料设计与制作悬挑椅的第一个成功案例。阿尔瓦·阿尔托发明的鸭掌结构接点，用于台面与脚端的接合，既有现代家具的简约，又有传统手工艺的精美。

1.4-5［2023-15］如图1.4-2所示，下列所示展览空间，展品和窗口之间夹角θ的作用是（　　）。

A. 让自然光线在室内更均匀

B. 控制光线强度

C. 给展品提供足够背景

D. 防止眩光

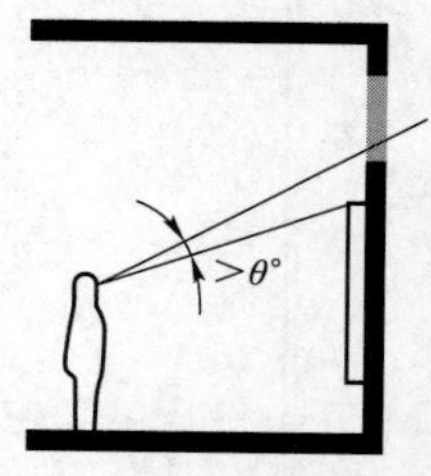

图1.4-2

答案：D

解析：展品和窗口之间夹角$\theta>14°$，可以防止眩光。

1.4-6［2022(5)-15］同时适用于我国男女办公人员使用的坐具高度是（　　）。

A. 340mm　　B. 410mm　　C. 450mm　　D. 500mm

答案：B

解析：坐具的理想高度是坐好后，大腿应与地面平行。我国成年人膝盖窝到地面平均高度410mm。

1.4-7［2022(5)-16］根据下列四幅图所示经典家具及装饰纹样判断，其共同所属艺术风格是（　　）。

 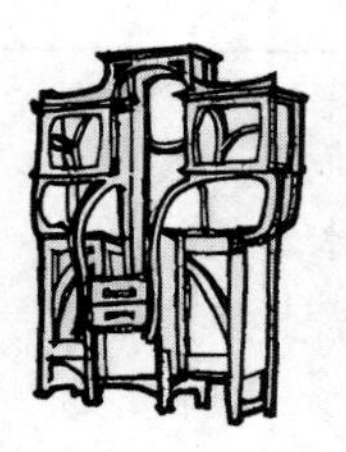  

A. 新艺术运动　　B. 折中主义　　C. 风格派　　D. 巴洛克

答案：A

解析：依据《建筑设计资料集1》(第三版)第576页，新艺术运动力图创造工业时代精神的简化装饰，模仿自然界生长繁盛的草木形状和曲线。

考点 13：室内设计原则【★★★★】

空间原则	在室内设计中，如何限定空间和组织空间，就成为首要的问题。 （1）空间的限定：手法有设立、围合、覆盖、凸起、下沉、悬架和质地变化等。【2019】 （2）空间的组织：处理方式有以廊为主的组合方式、以厅为主的组合方式、套间形式的组合方式和以某一大型空间为主体的组合方式。 （3）要利用界面和部件的设计改善空间感：如强化界面的水平划分使空间更舒展；强化界面的垂直划分减弱空间的压抑感；使用粗糙的材料和大花图案，可以增加空间的亲切感；使用光洁材料和小花图案，可以使空间显得开敞，从而减少空间的狭窄感【2021】
形式美的原则	主要包含以下几个方面：均衡与稳定，韵律与节奏，对比与微差，重点与一般
界面及部件设计原则	建筑内部空间是由界面围合而成的，位于空间顶部的平顶和吊顶等称为顶界面，位于空间下部的楼地面等称为底界面，位于空间四周的墙、隔断与柱廊等称为侧界面。建筑中的楼梯、围栏、窗棂等是一些相对独立的部分，常称为部件。【2022（12）】 界面与视觉感受：室内界面在线性划分、花饰大小、色调深浅、材料质感等方面的变化，都会造成视觉上的不同效果。如图 1.4-3 所示。【2022（5）】 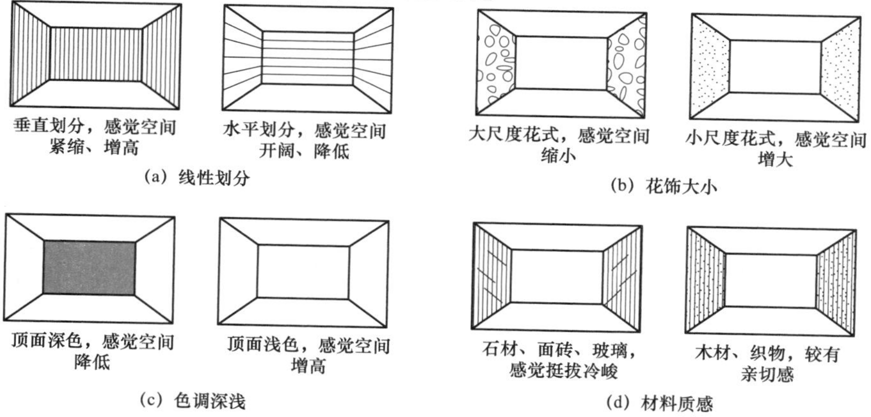 垂直划分，感觉空间紧缩、增高　水平划分，感觉空间开阔、降低 （a）线性划分 大尺度花式，感觉空间缩小　小尺度花式，感觉空间增大 （b）花饰大小 顶面深色，感觉空间降低　顶面浅色，感觉空间增高 （c）色调深浅 石材、面砖、玻璃，感觉挺拔冷峻　木材、织物，较有亲切感 （d）材料质感 图 1.4-3　界面处理与视觉感受示意
侧界面的装饰设计	在中国古代，罩是一种常用的侧界面装饰，如图 1.4-4 所示【2022（12）】 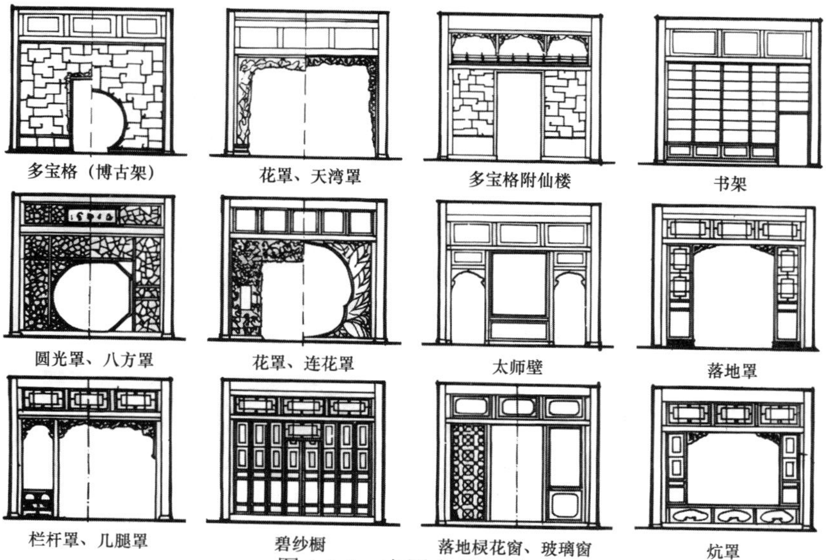 多宝格（博古架）　花罩、天湾罩　多宝格附仙楼　书架 圆光罩、八方罩　花罩、连花罩　太师壁　落地罩 栏杆罩、几腿罩　碧纱橱　落地棂花窗、玻璃窗　炕罩 图 1.4-4　中国古代的罩

续表

设计评价原则	设计领域的评价主要指使用前的方案评价和使用后的效果评价。评价的原则主要有功能原则、美学原则、技术经济原则、人性化原则、生态可持续原则、继承与创新原则等

1.4-8［2022（5）-17］如图 1.4-5 所示，下列关于界面与视觉感受的说法，正确的是（　　）。

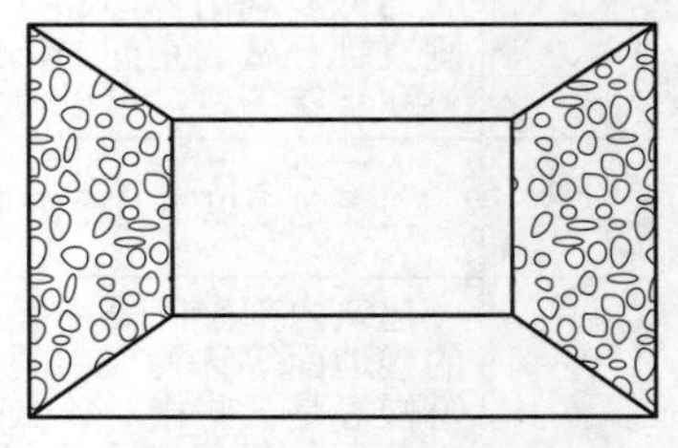

图 1.4-5

A. 大尺度花式，感觉空间缩小

B. 小尺度花式，感觉空间缩小

C. 大尺度花式，感觉空间缩大

D. 花式图案大小与空间感觉无关

答案：A

解析：大尺度花式会让人感觉空间缩小，小尺度花式会让人感觉空间扩大。

1.4-9［2022（12）-15］如图 1.4-6 所示，我国古代建筑中两种隔断装饰同属于（　　）。

图 1.4-6

A. 几腿罩　　B. 栏杆罩　　C. 落地罩　　D. 八角罩

答案：C

解析：落地罩是古建筑内檐装修木雕花罩的一种。凡从地上一直到梁（或枋）的花罩都可称为落地罩。

1.4-10［2021-21］关于室内设计的空间界面处理的说法错误的是（　　）。

A. 垂直划分感觉空间紧缩增高　　B. 大尺度花饰感觉空间增大

C. 水平划分感觉空间开阔降低　　D. 木材、织物较光滑石材有亲切感

答案：B

解析：依据《室内设计原理》第 157 页可知，使用光洁和小花图案，可以使空间显得开敞。

第五节　建筑色彩知识

考点 14：色彩的基础知识【★★★】

光与色彩	色彩是人眼所看见的光色和物色现象的产物，以电磁波的形式引起的视觉，其中可见光只是整个电磁波中 380～780nm 的很小一部分（$1nm=10^{-9}m$）。所有色彩都是由可见光谱中不同波长的光波组成的

续表

<table>
<tr><td>光色与物色</td><td>色彩的三原色分为光色的三原色（红、绿、蓝）及物色的三原色（也称颜料三原色，包括黄色、品红和青色。两个光色原色的混合色与一个物色的原色相同，例如红+绿=黄，绿+蓝=青。两个物色原色的混合色与一个光色的原色相同，例如青+黄=绿，青+品红=蓝，如图 1.5-1 所示。

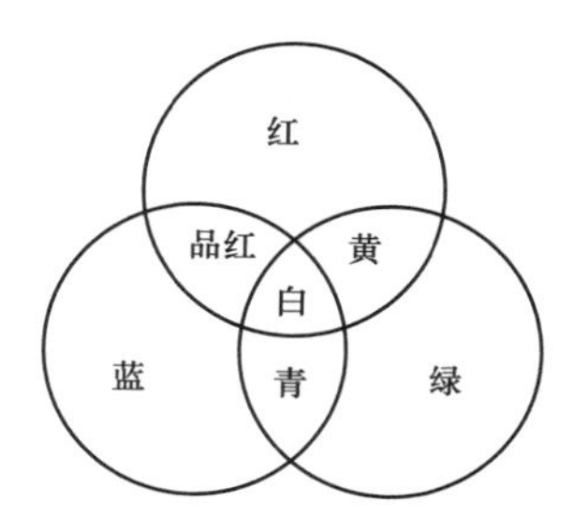

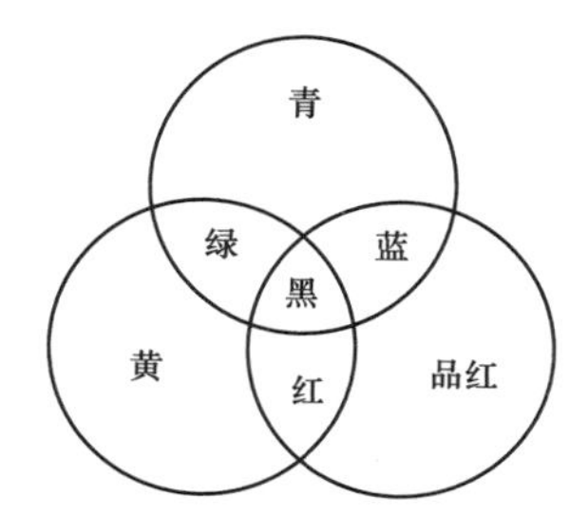

图 1.5-1　原色的混合色

（1）光色的混合称为加色混合。两个光色混合时，其色相在二色之间，明度是二色的明度之和，彩度弱于二色中的强色。红加上蓝加上绿等量混合时为白色。
（2）颜色的混合称为减色混合。当两个颜色混合时，其色相在二色之间，明度低于二色，彩度不一定减弱。颜料中的青加上黄加上品红等量混合时为黑色或灰色</td></tr>
<tr><td>色彩三要素</td><td>用明度（V）、色相（H）、彩度（C）的物理量来衡量色彩。【2018】
（1）明度：色彩的深浅或明暗程度称为明度。各种有色物体由于它们的反射光量的区别而产生颜色的明暗强弱。红黄蓝的明度由高到低排序为：黄＞红＞蓝。【2020】
（2）色相：红、橙、黄、绿、青、蓝、紫等色调称为色相。
（3）彩度：色彩的纯度或鲜艳程度称为彩度</td></tr>
<tr><td>色彩系统与色卡</td><td>色彩系统一般可以分为以下两类：
（1）以色度学理论为基础的表色系统。如美国的孟塞尔颜色系统、CIE 颜色系统、中国 CNCS 色彩系统等。
（2）以应用为目的的各种实物的色卡体系。如德国的 RAL 工业标准色彩体系、日本的 DIC 色彩体系等</td></tr>
</table>

1.5-1［2020-18］下列红黄蓝的明度由高到低排序正确的是（　　）。

A. 黄＞红＞蓝　　B. 蓝＞红＞黄　　C. 蓝＞黄＞红　　D. 红＞黄＞蓝

答案：A

解析：详见考点 14。

1.5-2［2018-5］色彩的三属性包括明度、彩度和（　　）。

A. 对比度　　B. 醒目度　　C. 饱和度　　D. 色相

答案：D

解析：色彩的三属性包括明度、彩度和色相。

考点 15：色彩的认知【★★★★★】

色彩能表达丰富的情感，人们试图概括各种不同颜色的特殊表情，并结合不同的文化背景进行联想。不同的色彩并置时，会给人带来不同的主观感受【2022（12）】

续表

<table>
<tr><td>色彩对比</td><td>（1）同时对比——同时看到两种色彩时所产生的对比。例如光渗现象，当一块色彩的明度高于背景，或与冷色背景互补时，这块色彩有扩大感，反之则有缩小感。
（2）连续对比——先看了某种颜色，然后接着看另外一种颜色时产生的对比。例如补色残像现象，在注视一个色彩图形一段时间之后，忽然移视其他背景，即出现一个同样形状的补色图形，例如黄色与紫色互为补色，红色和绿色互为补色，这种现象在室内色彩设计时，应尽量避免或加以利用。比如在医院手术室里为了避免医生在高照度下注视血色过久而产生的补色残像，宜采用淡青绿色为室内背景。
（3）明度对比——两个明暗不同的色彩放置在一起时，明的更明，暗的更暗。
（4）彩度对比——两个强弱不同的色彩放置在一起时，强的更强，弱的更弱</td></tr>
<tr><td>温度感</td><td>色彩本身是没有温度的，但是由于人们根据自身的生活经验所产生的联想。比如暖色系中的红黄橙色，人们联想到阳光、火焰，就会感觉到暖和、炙热。冷色系中的蓝青绿，人们会联想到大海、绿荫、夜空，感到凉爽，冷静。【2022（12）、2021】
但色彩的冷暖不是绝对的而是相对的，各种色彩都有冷暖倾向。比如当绿色偏蓝色，变为蓝绿色时产生冷的感觉；当绿色偏黄色，变为黄绿色时产生温暖的感觉；当紫与橙并列，紫就倾向于冷色，而当紫与青并列，紫又倾向于暖色。【2020、2019】</td></tr>
<tr><td>空间感</td><td>设计师常利用色彩的距离感来调整建筑物的尺度感和距离感。一般高明度的暖色系感觉凸出扩大，称之为前进色或凸出色；反之低明度冷色系使人感觉后退缩小，称之为后褪色或远感色。如白和黄的明度最高，凸出感也最强，青和紫的明度最低，后退感最显著</td></tr>
<tr><td>重量感</td><td>色彩的重量感是从人的心理感觉上来讲的，如白色让人感到轻柔飘逸，而黑色使人联想厚重感。色彩的重量感以明度的影响最大，一般是暗色感觉重而明色感觉轻。同时彩度强的暖色感觉重，彩度弱的冷色感觉轻</td></tr>
<tr><td>诱目性</td><td>具有诱目性的色彩，从较远处能明显地识别出来。建筑色彩的诱目性主要受其色相的影响，同时也取决于其与背景色之间的关系。
物体色的诱目性是红色＞橙色与黄色；光色的诱目性顺序是红＞青＞黄＞绿＞白</td></tr>
<tr><td>疲劳感</td><td>色彩的彩度越强，对人的刺激越大，就越易使人疲劳。一般暖色系的色彩，疲劳感较冷色系的色彩大，绿色则不显著。若很多色相在一起，明度差或彩度差较大时，易使人感觉疲劳</td></tr>
<tr><td>安全色</td><td>安全色规定为红、蓝、黄、绿四种颜色，表达安全信息含义的颜色，能使人迅速发现或分辨安全标志和提醒注意，以防发生事故。各代表的意义如下：
（1）红色：禁止、停止、防火和危险。
（2）蓝色：指令、必须遵守的规定。
（3）黄色：警告、注意。
（4）绿色：提示、安全状态、通行</td></tr>
<tr><td>色彩与生理</td><td>色彩与生理效应见表 1.5-1。
表 1.5-1　　色彩与生理效应
<table>
<tr><th>颜色</th><th>生理效应</th><th>色彩治疗</th></tr>
<tr><td>红色</td><td>对心脏、循环系统和肾上腺具有刺激作用；会使人的脉搏加快、血压升高、呼吸急促；会提升机体力量和耐力</td><td>缓解血脉失调和贫血</td></tr>
<tr><td>粉色</td><td>相对于红色，给人带来的刺激更柔和，能使人的肌肉得到放松</td><td>安定情绪，缓解抑郁</td></tr>
<tr><td>绿色</td><td>具有降低眼压、改善肌肉运动能力的作用。但长时间在绿色环境中，会影响胃液分泌、食欲减退</td><td>镇静神经，解除眼疲劳</td></tr>
<tr><td>橙色</td><td>对腹腔神经、免疫系统、肺和胰腺具有刺激作用；能帮助促进食物的消化和吸收</td><td>肺、肾病</td></tr>
<tr><td>黄色</td><td>对大脑和神经系统具有刺激作用；能促进肌肉神经活跃；可缓解如感冒、过敏等疾病症状</td><td>提高脑部机能，缓解胃、胰腺和肝脏病</td></tr>
<tr><td>蓝色</td><td>对咽部和甲状腺具有刺激作用；可帮助降低血压，使人的脉搏减缓；使大脑得到放松。但如果人长时间处于蓝色的环境中会产生忧郁的情绪</td><td>缓解甲状腺和喉部疾病</td></tr>
<tr><td>靛青</td><td>靛青光线能够净化和杀菌；可抑制饥饿感</td><td>减少视力混乱</td></tr>
</table></td></tr>
</table>

1.5-3［2022（12）-18］下列关于色彩感知的说法错误的是（　　）。

A. 同面积的冷色比暖色的面积大

B. 同面积的明亮色彩比灰暗色彩的面积大

C. 暖色是前进色，冷色是后褪色

D. 明亮色彩看起来比深沉色彩距离近

答案：A

解析：同面积的暖色比冷色的面积大。

1.5-4［2021-23］下列关于生理效应的词语，可以与蓝色产生关联是（　　）。

A. 热烈、奔放

B. 冷静、深邃

C. 辉煌、明亮

D. 放松、柔和

答案：B

解析：看到蓝青绿色，就联想到大海、绿荫、夜空，感到凉爽、冷静、深邃。

1.5-5［2020-17］下列关于色彩“冷”“暖”感觉的说法中错误的是（　　）。

A. 紫色比橙色暖

B. 青色比黄色冷

C. 红色比黄色暖

D. 蓝色比绿色冷

答案：A

解析：紫色是冷色系，橙色是暖色系。

1.5-6［2019-19］下列关于色彩温度感的描述错误的是（　　）。

A. 紫色与橙色并列时紫色倾向于暖色

B. 紫色与青色并列时紫色倾向于暖色

C. 红色与绿色并列时红色倾向于暖色

D. 蓝色与绿色并列时蓝色倾向于冷色

答案：A

解析：紫色比橙色更偏冷。

第六节　生态可持续建筑

考点16：绿色建筑的定义与评价【★★★】

<table>
<tr><td>定义</td><td>根据《绿色建筑评价标准》（GB/T 50378—2019，2024年版）相关规定。
2.0.1　绿色建筑：在全寿命期内，节约资源、保护环境、减少污染，为人们提供健康、适用、高效的使用空间，最大限度地实现人与自然和谐共生的高质量建筑</td></tr>
<tr><td>绿色建筑评价标准【2020】</td><td>3.2.1　绿色建筑评价指标体系应由安全耐久、健康舒适、生活便利、资源节约、环境宜居5类指标组成，且每类指标均包括控制项和评分项；评价指标体系还统一设置加分项。【2023、2020】
3.2.4　绿色建筑评价的分值设定应符合表3.2.4的规定（表1.6-1）。</td></tr>
</table>

表1.6-1　绿色建筑评价分值

	控制项基础分值（Q_0）	评分项满分值					加分项满分值（Q_A）
		安全耐久（Q_1）	健康舒适（Q_2）	生活便利（Q_3）	资源节约（Q_4）	环境宜居（Q_5）	
预评价	400	100	100	70	200	100	100
评价	400	100	100	100	200	100	100

续表

绿色建筑评价标准【2020】	3.2.5　绿色建筑评价的总得分应按下式进行计算： $$Q=(Q_0+Q_1+Q_2+Q_3+Q_4+Q_5+Q_A)/10$$ 式中：Q_0为控制项基础分值，当满足所有控制项的要求时取400分；Q_1～Q_5分别为评价指标体系5类指标（安全耐久、健康舒适、生活便利、资源节约、环境宜居）评分项得分；Q_A为提高与创新加分项得分。 3.2.6　绿色建筑等级应按由低到高分为基本级、一星级、二星级、三星级4个等级。 3.2.7　当满足全部控制项要求时，绿色建筑等级应为基本级 3.1.2　绿色建筑评价应在建筑工程竣工后进行。 3.1.3　申请评价方应对参评建筑进行全寿命期技术和经济分析，选用适宜技术、设备和材料，对规划、设计、施工、运行阶段进行全过程控制，并应在评价时提交相应分析、测试报告和相关文件。申请评价方应对所提交资料的真实性和完整性负责。 3.1.4　评价机构应对申请评价方提交的分析、测试报告和相关文件进行审查，出具评价报告，确定等级
	根据《绿色建筑评价标准》（GB/T 50378—2019，2024年版）第9.2.1条～第9.2.10条整理，绿色建筑加分项有：【2022】 （1）采取措施进一步降低建筑供暖空调系统的能耗。 （2）采用适宜地区特色的建筑风貌设计，因地制宜传承地域建筑文化。 （3）应用建筑信息模型BIM技术。 （4）利用废弃场地和旧建筑。 （5）采用工业化结构体系和建筑构件。 （6）进行建筑碳排放计算分析，采取措施降低单位建筑面积碳排放强度

1.6-1［2023-20］下列不属于绿色建筑评价内容的是（　　）。

A. 节地及外部环境　　B. 室内物理环境质量

C. 建筑的运营管理　　D. 建筑造型艺术风格

答案：D

解析：绿色建筑评价指标体系由安全耐久、健康舒适、生活便利、资源节约、环境宜居5类指标组成。不包含建筑的造型艺术风格。

1.6-2［2022（5）-30］下列不属于绿色建筑评价指标体系“加分项”的内容是（　　）。

A. 采用工业化结构体系和建筑构件　　B. 采用参数化设计方法生成独特空间形式

C. 应用建筑信息模型（BIM）技术　　D. 利用废弃场地和旧建筑

答案：B

解析：采用参数化设计方法生成独特空间形式是新兴设计方法，和绿色建筑无关。

1.6-3［2020-90］下列关于绿色建筑评价，正确的是（　　）。

A. 绿色建筑划分为一星、二星、三星

B. 绿色建筑评价在建筑施工图完成后进行

C. 绿色建筑评价指标体系应由健康舒适、安全耐久、生活便利、资源节约、环境宜居指标组成

D. 每类指标只包括评分项

答案：C

解析：依据《绿色建筑评价标准》（GB/T 50378—2019，2024年版）第3.1.2条，绿色建

筑评价应在建筑工程竣工后进行。第 3.2.1 条，绿色建筑评价指标体系应由安全耐久、健康舒适、生活便利、资源节约、环境宜居 5 类指标组成，且每类指标均包括控制项和评分项；评价指标体系还统一设置加分项。第 3.2.6 条，绿色建筑划分应为基本级、一星级、二星级、三星级 4 个等级。

考点 17：绿色建筑的生态策略【★★★★★】

绿色建筑的生态策略设计主要包括主动式设计和被动式设计。主动式设计即通过集成技术手段实现绿色建筑的功能。被动式设计是在适应地域气候和利用自然环境的同时，通过建筑物本身的设计，来控制能量、光、空气等的流动来获得舒适的室内环境的设计方法，并用机械设施和技术手段补充不足部分。【2020】

从系统角度分析绿色建筑的生态策略，可概括为能源系统、植物系统、水系统、风环境系统、光环境系统、声环境系统、道路交通系统的策略【2022（12）】

能源系统	绿色建筑能源策略，一般是通过建筑智能控制手段，针对气候环境、资源利用、能源效率和环境保护四个方面，充分利用和开发新的材料与构造技术，主要有以下几点：充分利用自然采光、充分利用自然通风、智能化遮阳系统、设置热量收集系统、采取降温隔热措施、太阳能发电材料的应用、利用热压原理促进空气流通等【2023】
植物系统	绿色建筑植物系统的生态策略设计更多的是侧重于规划阶段的功能组织和单体建筑式的设计方法。 在绿色建筑系统功能分区的基础上，首先对植物系统进行组织，为建筑系统提供良好的场地环境，然后对建筑的外围护结构进行植物系统配置与设计，进一步实现建筑的节能与环保，并提供更多的生态服务功能、景观效益和可能的游憩空间，最后还可以借助室内环绿化与植物配置，最大限度地发挥绿色建筑系统的服务功能
水系统	绿色建筑要实现节水目标，就需要提高水资源利用率，即将废水、雨水回用，增添必要的储存和处理设施，采用水资源循环利用模式，形成“降雨—渗透/调蓄—蒸发—降雨”的自然水循环【2023】
风环境系统	城市规划和建筑设计时都要考虑风的影响，避免建筑群体布局出现对人不利的风速以及街巷风和高楼风。建筑朝向选择应当考虑主导风向因素，在夏季合理利用主导风向来组织自然通风，在冬季避开不利的风向，减少建筑围护结构的散热以及门窗的冷风渗透
光环境系统	绿色建筑光环境的生态策略，包含三个方面：保护环境、节约能源和促进健康。 具体可遵循以下原则：① 充分利用天然采光；② 采用绿色节能照明设备；③ 积极采用被动式建筑光环境设计措施
声环境系统	绿色建筑声环境包括有效利用自然声，通过现代科技手段，营造出亲近自然、舒适健康的声环境，声环境生态策略有以下几个要点：① 利用自然声；② 合理运用电声；③ 利用组织功能分区；④ 适应地域、地形、地貌特点；⑤ 利用绿化降噪
城市热岛效应	城市热岛效应是指城市因大量的人工发热、建筑物和道路等高蓄热体及绿地减少等因素，造成城市“高温化”。城市中的气温明显高于外围郊区的现象。在冬季最为明显，夜间也比白天明显。增加城市绿化面积，增加透水路面，减少能耗等措施可缓解城市热岛效应【2022（12）、2021、2019】

1.6-4［2022（12）-29］ 下列关于绿色建筑设计的做法错误的是（　　）。

A. 卫生间用节水设施　　B. 减少化石的使用

C. 合理利用自然采光　　D. 避免使用废弃污染的用地

答案： D

解析： 应合理利用废弃污染的用地。

1.6-5［2022（12）-30］不属于减少城市热岛效应的措施（　　）。

A. 外墙绿化　　B. 利用规划形成城市风廊

C. 沥青路面替换水泥路面　　D. 利用被动式减少能耗

答案：C

解析：透水地坪路面能有效降低城市热岛效应。一般城市地表有 35%～50%是道路，通常是灰色的水泥路面或黑色的沥青路面，这些路面在吸热后变成巨大的发热体。

1.6-6［2021-29］下列关于形成城市热岛效应的因素不包括（　　）。

A. 城市生活中居民车辆产生的废气

B. 城市建设的硬质地面对城市受热下垫面的影响

C. 居民生活用能的释放

D. 人工湖、人工河道等水利设施的兴建

答案：D

解析：城市热岛效应是指城市因大量的人工发热、建筑物和道路等高蓄热体及绿地减少等因素，造成城市“高温化”，城市中的气温明显高于外围郊区的现象，不包括水利设施的兴建。

1.6-7［2020-30］下列不属于被动式建筑设计的是（　　）。

A. 利用封闭阳台形成温室效应　　B. 可调节遮阳构件

C. 增加保温厚度　　D. 利用大规模太阳能电网并连接城市电网

答案：D

解析：被动式建筑节能技术是指以非机械电气设备干预手段实现建筑能耗降低的节能技术，具体指在建筑规划设计中通过对建筑朝向的合理布置、遮阳的设置、建筑围护结构的保温隔热技术、有利于自然通风的建筑开口设计等实现建筑需要的采暖、空调、通风等能耗的降低。

考点 18：节能建筑和太阳能建筑【★★★】

节能建筑是开发利用可持续能源和有效用能。节能建筑在技术处理上有两种处理方式，一种是加强围护结构的绝热性能，另一种是利用太阳能。太阳能是一种典型的可持续能源，具有清洁、安全、长期性的特点。

太阳能建筑：指经过良好的设计，达到优化利用太阳能效果的建筑。以供暖为主的太阳能建筑可分为主动系统和被动系统两大类

主动系统太阳能建筑	主动式供暖系统主要由集热器、储热物质、管道以及散热器等组成。系统的循环动力由水泵或风机提供。这种系统初期投资较大，单纯采暖时较少采用，可用于提供热水或兼作采暖系统
被动系统太阳能建筑	被动系统的特点是，将建筑物的全部或局部作为集热器，同时又作为储热器和散热器，无须管道和风机、水泵。被动式系统又分为直接得热系统和间接得热系统两大类。 （1）直接得热系统。最简单的得热方式就是利用向阳的玻璃窗直接得到太阳辐射热。可用绝热窗帘调整热损失或减少进热。 （2）间接得热系统，目前一般有以下四种类型： 1）特朗伯集热墙：其构造特点是，在建筑物向阳面设 400mm 厚的混凝土集热墙，墙的向阳面涂以深色涂层，以加强吸热。墙的上下设可开关的通风口，构成主要的集热器、储热器和散热器。为保证集热效果及保护墙面不受室外环境侵污，在集热墙外 80mm 处再安装玻璃或其他透明材料，以构成空气间层。【2022（12）】

被动系统太阳能建筑	2）水墙：水的比热较混凝土大得多，利用此特点以其取代混凝土作储热体。但其储热性能不如混凝土稳定，因水具有对流传热的性能，会将所吸收的太阳辐射热较快地传到墙体内表面，造成室温较大波动。 3）充水墙（载水墙）：向混凝土墙的空腔内充水，利用水的储热容量大和固体材料无对流传热两方面的集热优势。 4）毗连日光间或温室：既可提高主要空间的使用效果，又可大幅减少房屋的热损失；此外，日光间或温室还可以构成良好的生态环境，因而具有较好的推广前景
直接受益式被动式太阳房	根据《全国民用建筑工程设计技术措施·建筑节能专篇》，直接受益式被动式太阳房宜符合下列要求：① 建筑外形应规则，以正方形或接近正方形的矩形为宜。② 室内净高不宜大于 2.9m。南向房间的进深不宜超过净高的 1.5 倍，且集热面积与房间面积之比大于或等于 30%
场地与规划设计	（1）场地设计应充分利用场地地形、地表水体、植被和微气候等资源，或通过改造场地地形地貌，调节场地微气候。 （2）以采暖为主地区的被动式太阳能建筑规划应符合下列规定：【2021】 1）当仅采用被动式太阳能集热部件供暖时，集热部件在冬至日应有 4h 以上日照。 2）宜在建筑冬季主导风向一侧设置挡风屏障。 （3）以降温为主地区的被动式太阳能建筑规划应符合下列规定： 1）建筑应朝向夏季主导风向，充分利用自然通风。 2）应利用道路、景观通廊等措施引导夏季通风，满足夏季被动式降温的要求

1.6-8［2024-18］关于被动式太阳房的描述不正确的是（　　）。

A. 建筑形体要规则　　B. 净高不小于 2.9m

C. 南向的进深不大于净高的 1.5 倍　　D. 集热面大于或等于平面面积的 30%

答案： B

解析： 见考点 18，室内净高不宜大于 2.9m，选项 B 错误。

1.6-9［2022（12）-28］识图题：图 1.6-1 采用的太阳能技术是（　　）。

A. 太阳能发电技术　　B. 太阳能热水技术

C. 太阳能光伏技术　　D. 太阳能采暖墙技术

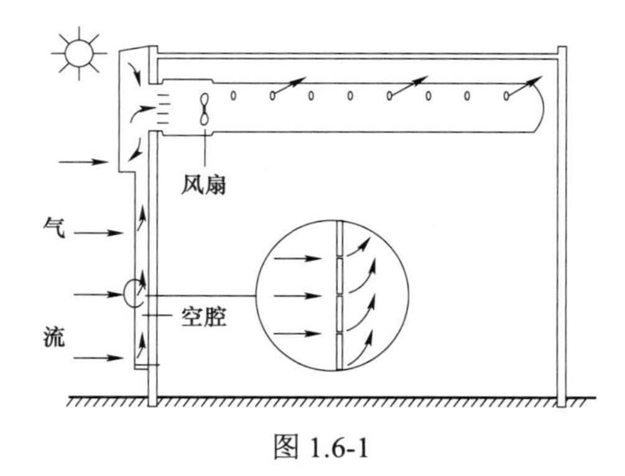

图 1.6-1

答案： D

解析： 太阳能墙是一种采用简单结构，利用太阳能取暖的墙体。

1.6-10［2021-5］下列关于被动式太阳能建筑的说法错误的是（　　）。

A. 以采暖为主的地区，宜在建筑冬季主导风向一侧设置挡风屏障

B. 以采暖为主的地区，当仅采用被动式太阳能集热部件供暖时，集热部件在冬至日应有 2h 以上日照

C. 以降温为主的地区，建筑应朝向夏季主导风向

D. 以降温为主的地区，应采用道路、景观通廊等措施引导夏季通风

答案：B

解析：集热部件在冬至日应有 4h 以上日照，详见考点 18。

考点 19：提高资源效率的建筑设计原则【★★★】

建筑对资源消耗巨大，提高资源利用效率是未来建筑的发展趋势。在建筑领域，提高资源效能主要包括节能、节地、节水、节材、节工、节时以及低碳减排等措施【2022（12）】

绿色建材

绿色建材，应符合下面两方面性质的其中之一：【2024、2022（12）、2021、2019】

（1）可再利用材料：在不改变所回收物质形态的前提下进行材料的直接再利用，或经过再组合、再修复后再利用的材料。

（2）可再循环材料：对无法进行再利用的材料通过改变物质形态，生成另一种材料，实现多次循环利用的材料。各种常见绿色建材及其代表性材料见表 1.6-2。

表 1.6-2　各种常见绿色建材及其代表性材料

绿色建材	代表性材料
绿色混凝土	吸声混凝土，植被混凝土，透水性混凝土
绿色乡土材料	麦秸秆、石膏蔗渣板、稻壳板、生土建筑（黏土砖不行）
可再循环材料	钢材、铜材、铝合金型材、玻璃、石膏制品、木材
可再利用材料	砌块、砖石、板材、木地板、木制品、钢材、钢筋
利废材料	利用建筑废弃物再生骨料；使用工业废弃物、农作物秸秆、建筑垃圾、淤泥为原料
速生的材料及其制品	从栽种到收获周期不到 10 年的材料，包括木、竹等
本地的建筑材料	500km 以内生产的建筑材料重量占建筑材料总重量的比例应大于 60%
无需外加饰面层的材料	清水混凝土、清水砌块、饰面石膏板
预拌	现浇混凝土应采用预拌混凝土，建筑砂浆应采用预拌砂浆
高强	混凝土：① 400MPa 级及以上强度等级钢筋；② 竖向承重结构 C50 钢结构：① Q345 及以上高强钢材；② 螺栓连接；③ 免支撑的楼屋面板

绿色能源

（1）可再生能源是指风能、太阳能、水能、生物质能、地热能等非化石能源，是清洁能源。【2021、2019】

（2）生物能源是指以农林废物资源、工业废物资源、城市垃圾资源为原料，添加木炭粉、黏合油剂、助燃剂等添加剂复合而成，包括沼气、生物制氢、生物柴油和燃料乙醇等【2022（12）】

建筑维护结构

建筑冬季采暖室内外的失热量与室内外温差、散热面积，以及散热时间成正比，而与围护结构的总热阻成反比。在建筑节能设计时可通过调整围护结构的材料，来调整总体热阻，从而达到节能效果

建筑平面形式的节能

建筑平面形式的节能设计，主要通过以下几个系数来体现：

（1）建筑体形系数：体形系数越小越有利于节能。从建筑平面形式看，圆形最有利于节能，正方形也是良好的节能型平面，而长宽比大的是耗能型平面。【2022（12）、2022（5）、2020】

建筑平面形式的节能	（2）太阳能建筑的体形系数：应该考虑方向性，即应当分析不同方向的外围面积与建筑体积的比值与建筑节能的关系。同时需考虑建筑的主要使用时间。 （3）建筑容积系数：即考虑建筑物的散热外表面积与建筑的内部容积的比值。建筑容积等于建筑体积减去围护结构体积。在体形系数相等的情况下，容积系数大的使用空间小、围护结构体积大，也就是使用面积小，结构面积大，构造方案欠佳【2023、2022（5）】
建筑群体布局的节能	（1）在面积与体积相同的情况下，分散布置的建筑外墙面积是集中布置的建筑外墙面积的3倍，因而两种布置的建筑能耗比也是3:1。 （2）分散布置的建筑，人流、物流路线较长，交通运输的能耗较大。而集中布置的建筑在用地、耗材和造价等方面均低于分散布置的建筑。 （3）两种布置方案在噪声控制和自然通风组织上的差别并不明显，但集中布置建筑占地少，可以争取较大的绿地面积，污染性能源消耗少，对环境的污染也小，所以集中布置有利于环保

1.6-11［2023-8］严寒寒冷地区，以下无法改善建筑节能的措施是（　　）。

A. 加大建筑进深

B. 加大体形系数

C. 减少开窗洞口面积

D. 增强窗口气密性

答案： B

解析： 体形系数越小越有利于节能。严寒寒冷地区建筑设计重点是减小体形系数，也就是减小外表面积与体积的比值，减少热量散失。

1.6-12［2022（5）-27］下列建筑平面中，最适合严寒地区的是（　　）。

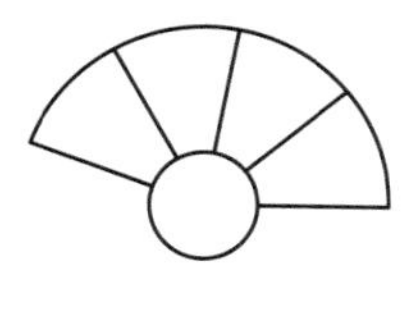

A.

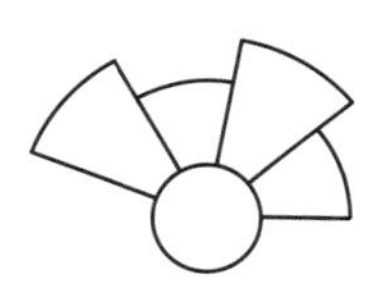

B.

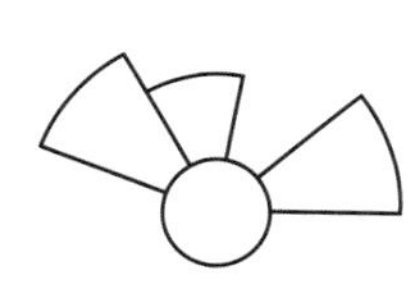

C.

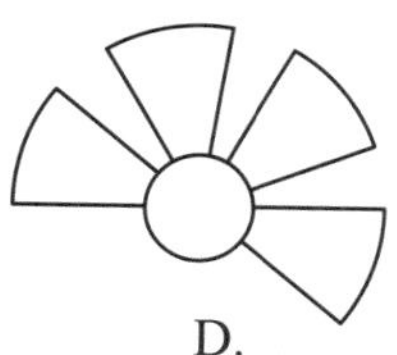

D.

答案： A

解析： 严寒地区体形系数越小，散热越少，越节能。

1.6-13［2022（12）-27］下列属于生物能的是（　　）。

A. 沼气

B. 太阳

C. 潮汐

D. 重力

答案： A

解析： 生物能源是指以农林废物资源、工业废物资源、城市垃圾资源为原料，添加木炭粉、黏合油剂、助燃剂等添加剂复合而成，包括沼气、生物制氢、生物柴油和燃料乙醇等。

1.6-14［2024-20、2021-30］下列材料全部属于绿色建材的是（　　）。

A. 玻璃，钢材，石材

B. 钢材，黏土砖，生土

C. 钢材，木材，生土

D. 木材，混凝土，石材

答案： C

解析： 混凝土、石材、黏土砖是难再生与循环的材料。

考点 20：零碳建筑【★★★】

零碳建筑定义	零碳建筑又称净零碳建筑（Zero Carbon Buildings，ZCB）是在建筑全寿命期内，通过减少碳排放和增加碳汇实现建筑的零碳排放。 零碳建筑除了强调建筑围护结构的被动式节能设计外，将建筑能源需求转向太阳能、风能、浅层地热能、生物质能等可再生能源，为人类、建筑与环境和谐共生找到最佳的解决方案
中国“双碳”目标	为避免温室气体过快增长对生态系统的威胁，各国约定协作减排温室气体，中国由此提出“双碳”目标，即中国二氧化碳排放力争于 2030 年前达到峰值，努力争取 2060 年前实现碳中和。【2022（12）】 零碳建筑是绿色建筑的进一步拓展，是“双碳”目标的建筑举措【2021】
建筑碳排放计算标准	建筑物碳排放计算应以单栋建筑或建筑群为计算对象。建筑物碳排放计算应根据不同需求按阶段进行计算，并可将分段计算结果累计为建筑全生命期碳排放。建筑碳排放量应按《建筑碳排放计算标准》（GB/T 51366—2019）提供的方法和数据进行计算。 建筑碳排放计算一般分为以下几个阶段： （1）运行阶段碳排放计算。建筑运行阶段碳排放计算范围应包括暖通空调、生活热水、照明及电梯、可再生能源、建筑碳汇系统在建筑运行期间的碳排放量。此阶段的碳排放是绿色建筑全生命周期中的主要部分。【2019】 （2）建造及拆除阶段碳排放计算。 1）建筑建造阶段的碳排放应包括完成各分部分项工程施工产生的碳排放和各项措施项目实施过程产生的碳排放。 2）建筑拆除阶段的碳排放应包括人工拆除和使用小型机具机械拆除使用的机械设备消耗的各种能源动力产生的碳排放。 （3）建材生产及运输阶段碳排放计算。建材生产及运输阶段碳排放计算应包括建筑主体结构材料、建筑围护结构材料、建筑构件和部品等，纳入计算的主要建筑材料的确定应符合下列规定： 1）所选主要建筑材料的总重量不应低于建筑中所耗建材总重量的 95%。 2）当符合本条第 1 款的规定时，重量比小于 0.1%的建筑材料可不计算

1.6-15［2019-29］在绿色建筑全寿命周期中，碳排放主要在（　　）。

A. 建筑材料运输过程　　B. 建筑施工过程

C. 建筑使用过程　　D. 建筑拆除过程

答案：C

解析：碳排放主要在建筑使用过程。

1.6-16［2022（12）-23］依据中共中央国务院印发的《关于完整准确全面贯彻新发展理念做好碳达峰碳中和工作的意见》，我国目标实现碳中和的年份是（　　）。

A. 2040　　B. 2050　　C. 2060　　D. 2070

答案：C

解析：我国力争 2030 年前实现碳达峰，2060 年前实现碳中和。

1.6-17［2021-28］关于“低碳”的概念，正确是（　　）。

A. 减少对煤炭的使用，减少二氧化碳的浓度

B. 降低室内二氧化碳的浓度，提高空气质量

C. 减少二氧化碳的排放，降低温室效应

D. 减少含碳材料的使用

答案：C

解析：“低碳”的概念是减少二氧化碳的排放。

第七节　环 境 心 理 学

考点 21　环境认知心理【★★★】

格式塔知觉理论	格式塔心理学诞生于 1912 年，兴起于德国，是现代西方心理学主要流派之一，根据其原意为完形心理学完形即整体的意思。认为整体不等于部分之和，意识不等于感觉元素的集合，行为不等于反射弧的循环。 对于建筑设计行业中的主要运用是“图底关系”。所谓图底关系是指人们在观察范围时，会把部分要素突出作为图形，而把其余部分作为背景的视觉直觉方式，根据《环境心理学》，易形成图形的主要条件是：① 小面积比大面积易成图形；② 水平和垂直形态比斜向形态易成图形；③ 对称形态易成图形；④ 封闭形态比开放形态易成图形；⑤ 单个的凸出形态比凹入形态易成图形；⑥ 动态比静态的对象易成图形；⑦ 整体性强的易成图形；⑧ 奇异的或与众不同的易成图形；⑨ 有明确意义的形态易成图形。 环境中某一形态的要素一旦被感知为图形，它就会取得对背景的支配地位，使整个形态构图形成对比、主次和等级。反之，缺乏图底之分的环境易造成消极的视觉效果。“图底关系”是对比、主次和等级关系，而非渗透【2017】
环境认知	环境认知是指研究人如何识别和理解环境，包括环境意向、找路寻址、距离判断、场所命名、空间定向、找路寻址等。人能在记忆中重现客观事物的形象，具体空间环境的意向称为“认知地图”
	（1）城市认知地图：【2024、2022（12）】 根据凯文·林奇的《城市意象》，书中最先对波士顿、洛杉矶和泽西市三个城市的居民认知地图进行了研究，他提出了组成城市认知地图的五种基本要素： 1）路径：行进的道路，如大街大道、步行街、公路、铁路、河流等连续而带有方向性的通道，其他要素均沿路径分布。 2）标志：具有明显视觉特征而又充分可见的参照物，是引人注意的目标。标志可以是日月星辰、山川、岛屿、大树、堆石，也可以是人工建筑物或构筑物。 3）节点：观察者可进入的具有战略地位的焦点，如广场、车站、交叉路口、道路的起点和终点、码头等人流集散处。 4）区域：二维平面要素，具有共性的特定的空间范围，如公园、旧城、金融区、少数族群聚集区，观察者从心理上有“进入”其中的感觉，因为具有某些共同的能够被识别的特征。这些特征通常从内部可以确认，从外部也能看到并可用来作为参照。 5）边界：不同区域之间的分界线，包括河岸、路堑、城墙、高速路等难以穿越的障碍，也包括示意性的可穿越的界线。 （2）认知距离： 认知距离，是关注人怎样在头脑中判断并记住距离的长短。尺度反映了人与自身周围环境的相互作用，会影响对距离的判断，可以作为一种使场所“小中见大”的设计手法。 （3）空间定向： 要了解不同场所在空间中的位置，并从某一场所前往另一场所，就要建立定向系统，包括位置感、方向感和距离感。影响定向系统的因素主要有：文化差异、自然环境特征、物质环境中的具体因素。 人在空间中的定向和找路策略主要由三个主因子组成：以自我为中心进行定向、非自我中心的定向策略、依靠基本方位有关的知识
环境的场所感	场所感，指人对日常生活中所接触的各类场所的体验，是生理、心理、社会文化和价值观念等多种因素综合后的产物。场所感主要包含三个维度：场所依赖、场所认同、场所依恋。而影响场所感的因素，主要有场所尺度、场所的物质特点及其改变、场所的历史基因、体验者在场时间的长短、社会文化差异等。场所感体现了人与场所在心理、行为、社会、文化和精神等方面的关系，是人类体验的重要组成部分

1.7-1［2024-17］凯文·林奇《城市意象》五要素的说法错误的是（　　）。

A. 区域可以从内部确认，无法从外部识别

B. 路径包括围墙、海岸线及铁路线等分割

C. 边界包括道路、隧道或铁路线

D. 标志指能远处看见的金色穹顶、塔或远山

答案：A

解析：区域是二维平面要素，观察者从心理上有“进入”其中的感觉，因为具有某些共同的能够被识别的特征。这些特征通常从内部可以确认，从外部也能看到并可用来作为参照，选项A错误。

1.7-2［2020-63］凯文·林奇在《城市意向》中采用的分析方法是（　　）。

A. 图底关系　　B. 认知地图　　C. 空间句法　　D. 价值评估

答案：B

解析：凯文·林奇在《城市意向》中采用的分析方法是认知地图。

1.7-3［2018-75］小区识别性与归属感是由以下哪一项引起的？（　　）

A. 场所特征　　B. 方便舒适　　C. 卫生安全　　D. 生态景观

答案：A

解析：场所与特征是居住环境具备识别性和归属感的两个重要因素。

考点22　环境活动心理【★★★】

需求层次论	美国著名心理学家马斯洛在“需求层次论”中，将人类生活需求分成五个层次：生理需求、安全需求、社交需求、尊重需求和自我实现需求。生理需要是低级需要，包括对食物、水分、空气、睡眠、性的需要等；安全需要是指人们需要稳定、安全、受到保护、有秩序、能免除恐惧和焦虑等；社交需要是指一个人要求与其他人建立感情的联系或关系；尊重需求使人相信自己的力量和价值，使得自己更有能力，更有创造力；自我实现需求是指人们追求实现自己的能力或者潜能，并使之完善化
三种行为和活动	居民的居住行为活动基本上可以概括成三种类型：必要性活动、自发性活动以及社会性活动。必要性活动是指各种条件下都会发生的必要性活动包括了那些多少有点不由自主地活动，如上学、上班、购物等。自发性活动只有在适宜的户外条件下只有在人们有参与的意愿，并且在时间、地点允许的情况下才会产生，包括了散步、驻足观望有趣的事情以及坐下来晒太阳等。社会性活动是指在公共空间中有赖于他人参与的各种活动，包括儿童游戏，互相打招呼、交谈以及最广泛的社会活动
个人空间与人际距离	当个人空间受到干扰和侵犯时，就会引起焦虑和不安，个人空间会影响人与人交往时的人际距离。个人空间和人际关系，实质上属于同一范畴，只是侧重点有所不同：个人空间研究源自心理学，强调自身的感受；人际距离研究源自人类学，关注人际交往时出现的现象
	霍尔将人际距离概括为四种情况，每一种又可分为近距离与远距离。【2024、2023、2022】 ① 密切距离：0～0.45m，小于个人空间，可以互相体验到对方的气味和辐射热。 ② 个人距离：0.45～1.20m，“远距离”与个人空间基本一致，可用“一臂长”来形容这一距离。 ③ 社会距离：1.20～3.60m，随着距离增大，彼此声音转为正常水平，办公室距离属于社交距离。 ④ 公共距离：3.6～7.6m 或更远的距离，这是演员或政治家与公众正规接触时所用的距离

续表

外部空间中的行为习性	与特定群体和特定时空相联系的、长期重复出现的行为模式或倾向，经过社会和文化的认同，即成为特定环境中的行为习性。外部空间中的行为习性，根据其主要倾向分类可分为以下几个方面：【2020】 ① 动作性行为习性：有些行为习性的动作倾向明显，几乎是下意识做出的动作反应，归因于本能和生态知觉。比如抄近路、逆时针转向、依靠性等。 ② 体验性行为习性：体验性行为习性涉及多种心理过程和社会文化因素，最终表现为某种行为倾向。比如以下行为：看人也为人所看、围观、安静和凝神。 ③ 认知性行为习性：靠左侧（右侧）通行、归巢性和兜圈子行为、当代探索性行为。 ④ 行为习性的差异：情境差异、群体差异、文化和亚文化差异
可防御空间	建筑师和城市规划师奥斯卡·纽曼，在其 1972 年的著作《可防御空间：通过城市设计预防犯罪》中，提出“可防御空间”的概念。 纽曼指出，防御空间是一种可以抑制居住环境中犯罪的模型。后来他将想法扩展到城市居民区。他认为，可以设计这些区域的物理环境，通过影响居民和潜在犯罪者的行为来降低犯罪水平，更具体地说，可以创建住宅区的物理布局，允许居民更好地控制这些地区，还可以阻止潜在犯罪分子在这些区域实施犯罪。他的理论和设计原则中有四个关键概念：地域性、监视、图像和环境【2020】

1.7-4［2024-16、2022（5）-26］关于人际距离中，社会距离是（　　）。

A. 0.45～0.9m　　B. 0.9～1.5m　　C. 1.2～3.6m　　D. 2.5～4.5m

答案：C

解析：人际距离可分为：密切距离（0～0.45m）、个人距离（0.45～1.20m）、社会距离（1.20～3.60m）和公共距离（3.60～7.60m）。

1.7-5［2023-19］办公环境中的人际距离是（　　）。

A. 亲密距离　　B. 个人距离　　C. 社交距离　　D. 公共距离

答案：C

解析：办公环境属于社交环境，故应为社交距离。

1.7-6［2020-78］下列行为中，哪一项不属于行为性行为习性（　　）。

A. 抄近路　　B. 逆时针转向　　C. 围观　　D. 依靠性

答案：C

解析：见考点 22。

1.7-7［2020-24］关于纽曼可防卫空间的理论，其内容不包括（　　）。

A. 形成有助于防卫空间的领域　　B. 安装监控

C. 形成有利于安全防卫建筑空间　　D. 改善社区的社会环境

答案：B

解析：纽曼可防卫空间是通过自然监视而非安装监控。

第二章　中国建筑史

思维导图

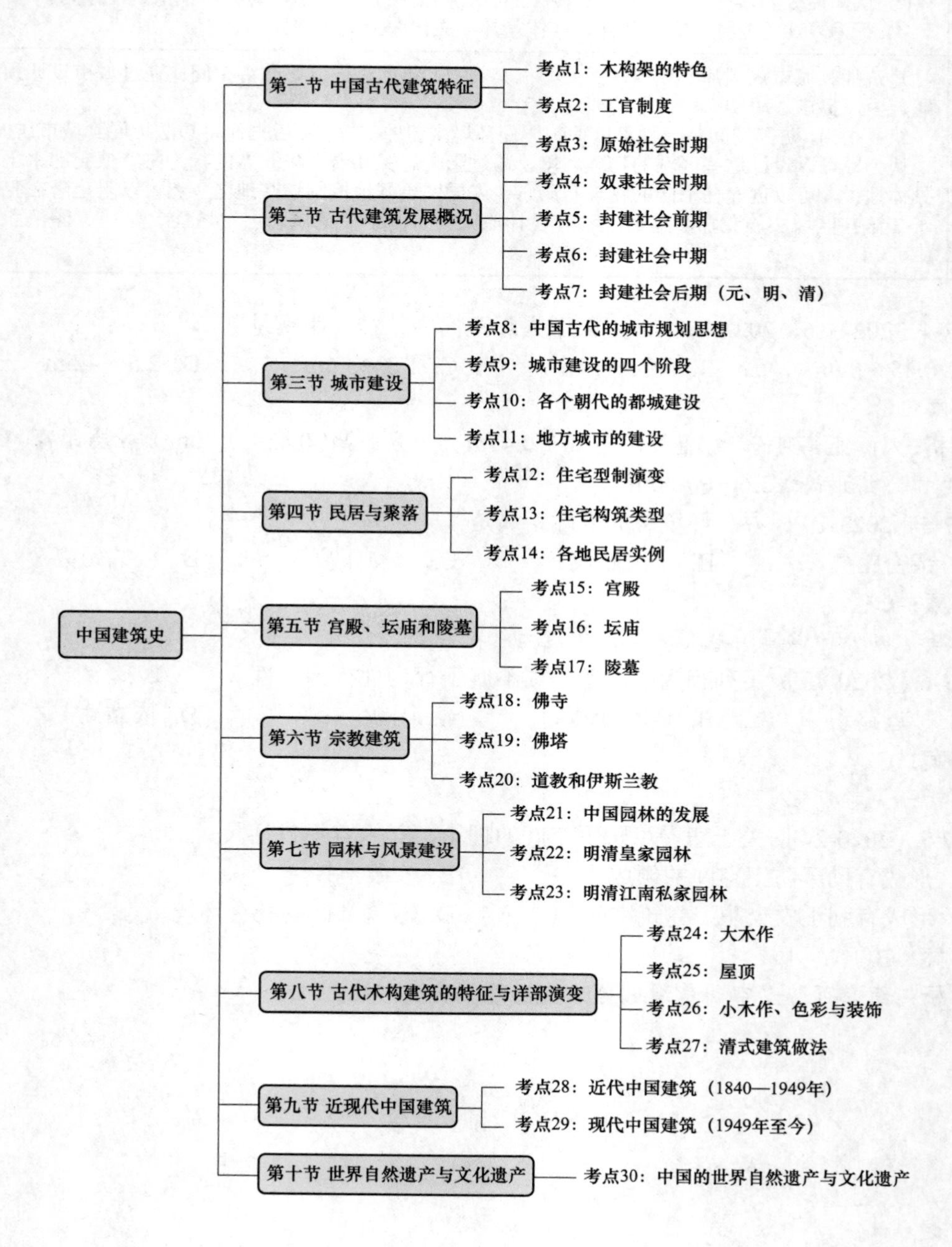
中国建筑史
第一节 中国古代建筑特征
考点1：木构架的特色
考点2：工官制度
第二节 古代建筑发展概况
考点3：原始社会时期
考点4：奴隶社会时期
考点5：封建社会前期
考点6：封建社会中期
考点7：封建社会后期（元、明、清）
第三节 城市建设
考点8：中国古代的城市规划思想
考点9：城市建设的四个阶段
考点10：各个朝代的都城建设
考点11：地方城市的建设
第四节 民居与聚落
考点12：住宅型制演变
考点13：住宅构筑类型
考点14：各地民居实例
第五节 宫殿、坛庙和陵墓
考点15：宫殿
考点16：坛庙
考点17：陵墓
第六节 宗教建筑
考点18：佛寺
考点19：佛塔
考点20：道教和伊斯兰教
第七节 园林与风景建设
考点21：中国园林的发展
考点22：明清皇家园林
考点23：明清江南私家园林
第八节 古代木构建筑的特征与详部演变
考点24：大木作
考点25：屋顶
考点26：小木作、色彩与装饰
考点27：清式建筑做法
第九节 近现代中国建筑
考点28：近代中国建筑（1840—1949年）
考点29：现代中国建筑（1949年至今）
第十节 世界自然遗产与文化遗产
考点30：中国的世界自然遗产与文化遗产

考情分析

节名	近5年考试分值统计					
	2024年	2023年	2022年12月	2022年5月	2021年	2020年
第一节　中国古代建筑特征	2	1	0	0	1	0
第二节　古代建筑发展概况	1	0	0	1	0	1
第三节　城市建设	3	3	1	5	3	2
第四节　民居与聚落	1	1	3	2	3	2
第五节　宫殿、坛庙和陵墓	0	0	1	0	1	1
第六节　宗教建筑	2	0	4	2	2	4
第七节　园林与风景建设	1	2	1	3	2	2
第八节　古代木构建筑的特征与详部演变	0	1	3	1	2	3
第九节　近现代中国建筑	0	1	2	3	2	1
第十节　世界自然遗产与文化遗产	3	3	2	3	2	4
合计	13	12	17	20	18	20

考点精讲与典型习题

第一节　中国古代建筑特征

考点1：木构架的特色【★★★★】

概述	1. 木架建筑的优势是：① 取材方便；② 适应性强；③ 有较强的抗震性能；④ 施工速度快；⑤ 便于修缮、搬迁。 2. 我国木构建筑的结构体系主要有穿斗式与抬梁式两种（少数地区使用井干式结构）【2023】
木构建筑结构体系	1. 穿斗式（或称“串逗”式）木构架的特点是：用穿枋把柱子串联起来，形成一榀榀的房架；檩条直接搁置在柱头上；在沿檩条方向，再用斗枋把柱子串联起来。由此形成了一个整体框架。穿斗式木构架用料小，整体性强，但柱子排列密，只有当室内空间尺度不大时（如居室、杂屋）才能使用（图2.1-1）。【2021】 2. 抬梁式木构架的特点是：柱上搁置梁头，梁头上搁置檩条，梁上再用矮柱支起较短的梁，如此层叠而上。当柱上采用斗拱时，则梁头搁置于斗拱上。这种木构架可采用跨度较大的梁，以减少柱子的数量，取得室内较大的空间（图2.1-2）。【2019、2013】 3. 井干式结构以圆木或矩形、六角形木料平行向上层层叠置，在转角处木料端部交叉咬合，形成房屋四壁，壁上立矮柱承脊檩构成房屋（图2.1-3）

续表

穿斗式与抬梁式

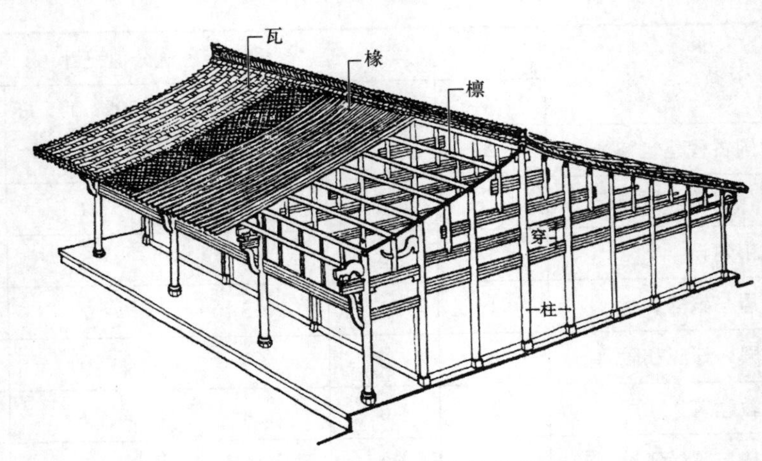

图 2.1-1　穿斗式木构架示意图

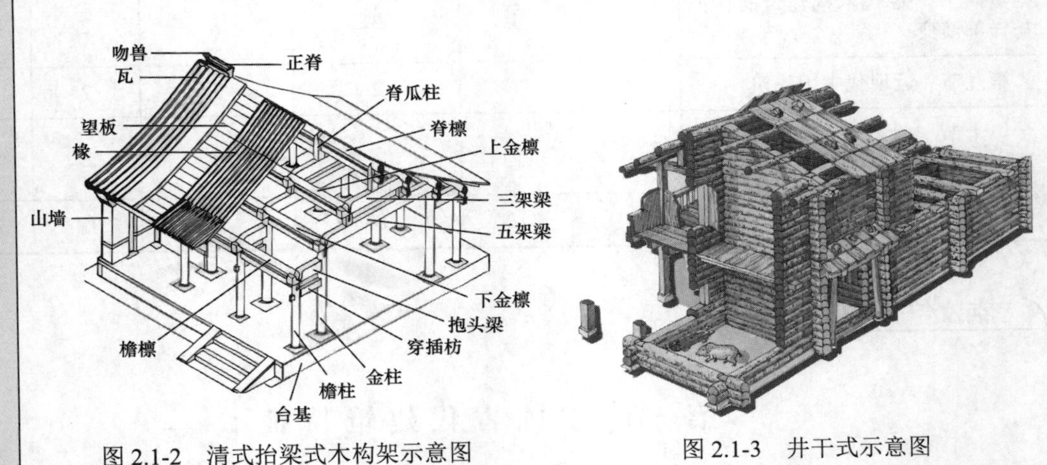

图 2.1-2　清式抬梁式木构架示意图

图 2.1-3　井干式示意图

注：图 2.1-1、图 2.1-2 摘自《中国古代建筑史》。

2.1-1［2023-26］我国古代最主要的两种木构体系是（　　）。

A. 穿斗式和干阑式　　B. 抬梁式和井干式

C. 穿斗式和抬梁式　　D. 井干式和穿斗式

答案：C

解析：我国木构建筑的结构体系主要有穿斗式与抬梁式两种，两种形式基本是在汉朝确定下来的。

2.1-2［2019-31］在我国古代，应用于北方地区官式建筑的主要结构体系是（　　）。

A. 干阑式　　B. 抬梁式　　C. 穿斗式　　D. 井干式

答案：B

解析：抬梁式木构架可采用跨度较大的梁，以减少柱子的数量，取得室内较大的空间，所以多用于北方地区及宫殿、庙宇等规模较大的建筑。

考点 2：工官制度【★】

工官制度	1. 工官是城市建设和建筑营造的具体掌管者和实施者。 （1）自周至汉，国家的最高工官称为“司空”。 （2）汉代以后，司空成了一个不做实际工作的高位空衔，代之而起的是“将作”。 （3）隋代开始在中央政府设立“工部”，其职务范围比“将作”广泛得多。 （4）明清两朝均不设“将作监”，而在工部设“营缮司”，负责朝廷各项工程的营建。 2. 历史上曾出现过不少有作为的“工官”。【2012】 （1）隋代宇文恺曾主持规划修建了隋大兴城和洛阳城，考证“明堂”并著有《明堂图说》等书。他还用 1/100 比例制作“明堂”的图样和木模型。 （2）宋代李诫编修了《营造法式》一书。 （3）明代蒯祥、徐杲等工匠出身的工官，组织修建陵寝、寺庙及河堤工程

第二节 古代建筑发展概况

考点 3：原始社会时期【★★】

原始社会房屋类型	我国氏族社会具有代表性的房屋遗址主要有两种：干阑式建筑和木骨泥墙房屋
干阑式建筑	长江流域多水地区由巢居发展而来的干阑式建筑，它的代表是浙江余姚河姆渡遗址，也是目前已知的最早采用榫卯技术（图 2.2.1 和图 2.2-2）【2020】 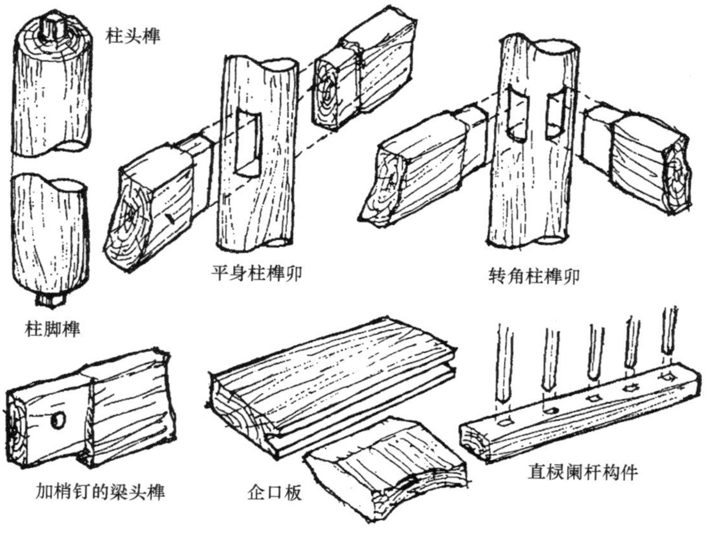 图 2.2-1 浙江余姚河姆渡村遗址房屋榫卯

续表

干阑式建筑	 图 2.2-2　浙江余姚河姆渡村遗址房屋复原
木骨泥墙房屋	黄河流域由穴居发展而来的木骨泥墙房屋，它的代表是西安半坡村，半坡村遗址属于新时期时代仰韶文化遗址

2.2-1［2020-6］目前我国已知最早采用榫卯技术建构房屋的实例是（　　）。

A. 浙江余姚河姆渡遗址　　B. 西安半坡遗址

C. 陕西临潼仰韶文化遗址　　D. 河南偃师二里头遗址

答案：A

解析：浙江余姚河姆渡村发现的建筑遗址距今约六七千年，这是我国目前已知的最早采用榫卯技术构筑木结构房屋的一个实例。

考点 4：奴隶社会时期【★★】

夏	河南偃师二里头遗址是夏末都城，是我国最早的规模较大的木架夯土和庭院实例
西周	1. 我国已知最早、最严整的四合院遗址是陕西岐山凤雏村西周遗址。【2022（5）】 2. 瓦的发明是西周在建筑上的突出成就，使西周建筑从"茅茨土阶"的简陋状态进入了比较高级的阶段
春秋	1. 建筑上的重要发展是瓦的普遍使用和出现了作为诸侯宫室用的高台建筑（或称台榭）。 2. 在凤翔秦雍城遗址中，还出土了砖以及质地坚硬、表面有花纹的空心砖（两者均属青灰色砖），说明中国早在春秋时期已经开始了用砖的历史

2.2-2［2022（5）-31］目前我国已知最早、最完整的四合院遗址是（　　）。

A. 湖北黄陂遗址　　B. 河南安阳小屯村殷墟宫殿遗址

C. 陕西岐山凤雏村西周遗址　　D. 河南偃师二里头一号宫殿遗址

答案：C

解析：我国已知最早、最完整的四合院遗址是陕西岐山凤雏西周遗址。河南偃师二里头是我国最早的规模较大的木架夯土和庭院实例。

考点 5：封建社会前期【★★】

战国	1. 筒瓦和板瓦在宫殿建筑上广泛使用，同时出现了装修用的砖。 2. 战国木结构榫卯制作精确，主要有燕尾榫、搭边榫。 3. 古代长城始建于战国期间
秦	秦统一全国后，扩建原有长城，连成三千多公里的防御线，现在所留砖筑长城系明代遗物
汉	1. 木架建筑渐趋成熟，砖石建筑和拱券结构有了很大发展。根据当时的画像砖、画像石、明器陶屋等间接资料来看，抬梁式和穿斗式两种主要木结构已经形成。 2. 在汉代已普遍使用斗拱，其结构作用较为明显——为了保护土墙、木构架和房屋的基础，而用向外挑出的斗拱承托屋檐，使屋檐伸出到足够的深度。 3. 屋顶的形式最普遍的是悬山顶和庑殿顶，歇山与囤顶也开始应用。 4. 我国的石建筑发展主要是在两汉。 （1）石建筑首先体现在石墓上，石拱券墓及石梁板墓在各地都有发现，其中建于东汉末年至三国间的山东沂南石墓，系梁、柱和板构成，石面有精美的雕刻，是我国古代石墓中有代表性的一例（图 2.2-3）。 （2）其次有地面的石建筑，如贵族、官僚的墓阙、墓祠、墓表以及石兽、石碑等遗物，著名的有四川雅安东汉益州太守高颐墓石阙和石辟邪（图 2.2-4） 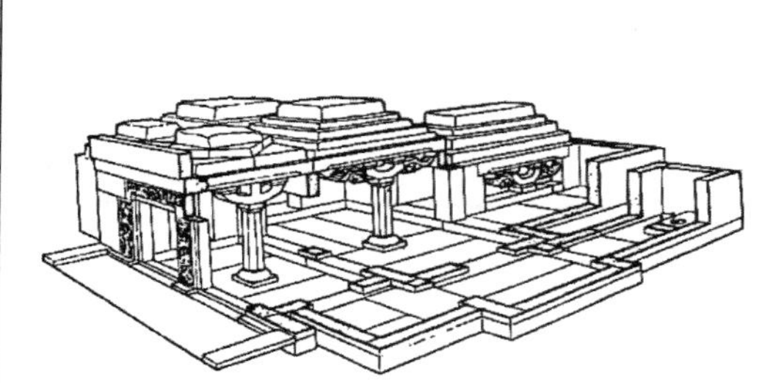 图 2.2-3　山东沂南汉代石墓  图 2.2-4　高颐墓石阙西阙立面
三国魏晋南北朝	1. 佛教在东汉初传入中国，但佛教兴盛、具有灿烂的佛教建筑和艺术的时期是在魏晋南北朝，当时兴建了大量寺院、佛塔和石窟，出现了高层佛塔。 2. 初期佛寺布局仍以塔为主要崇拜对象，置于佛寺中央，而以佛殿为辅，置于塔后。 3. 北魏统治者崇佛，建都平城（山西大同）时，就大兴佛寺，开凿云冈石窟。迁都洛阳后，又在洛阳开凿龙门石窟。 4. 北魏佛寺以洛阳的永宁寺为最大，是当时最宏伟的一座木塔，平面为方形，共 9 层。 5. 北魏时所建造的河南登封嵩岳寺砖塔，是我国现存最早的佛塔，是密檐式塔。 6. 石窟寺是在山崖上开凿出来的窟洞型佛寺，如 3 世纪起开凿的新疆克孜尔石窟，创于 366 年的甘肃敦煌莫高窟。后来各地石窟相继出现，其中著名的有山西大同云冈石窟、河南洛阳龙门石窟、山西太原天龙山石窟。

三国 魏晋 南北朝	7. 石窟可以分为三种： （1）塔院型，即以塔为窟的中心（将窟中支撑窟顶的中心柱刻成佛塔形象），和初期佛寺以塔为中心是同一概念，这种窟在大同云冈石窟中较多。 （2）佛殿型【2020】，窟中以佛像为主要内容，相当于一般寺庙中的佛殿，这类石窟较普遍。 （3）僧院型，主要供僧众打坐修行之用，其布置为窟中置佛像，周围凿小窟若干，每小窟供一僧打坐。 8. 我国自然山水式风景园林在秦汉时开始兴起，到魏晋南北朝时期有重大的发展。【2022（5）】 9. 在石刻方面，南京郊区一批南朝陵墓的石辟邪、石麒麟、石墓表和石窟中的雕刻艺术，如江苏南京梁萧景墓墓表（图 2.2-5）以及河北定兴北齐石柱（图 2.2-6） 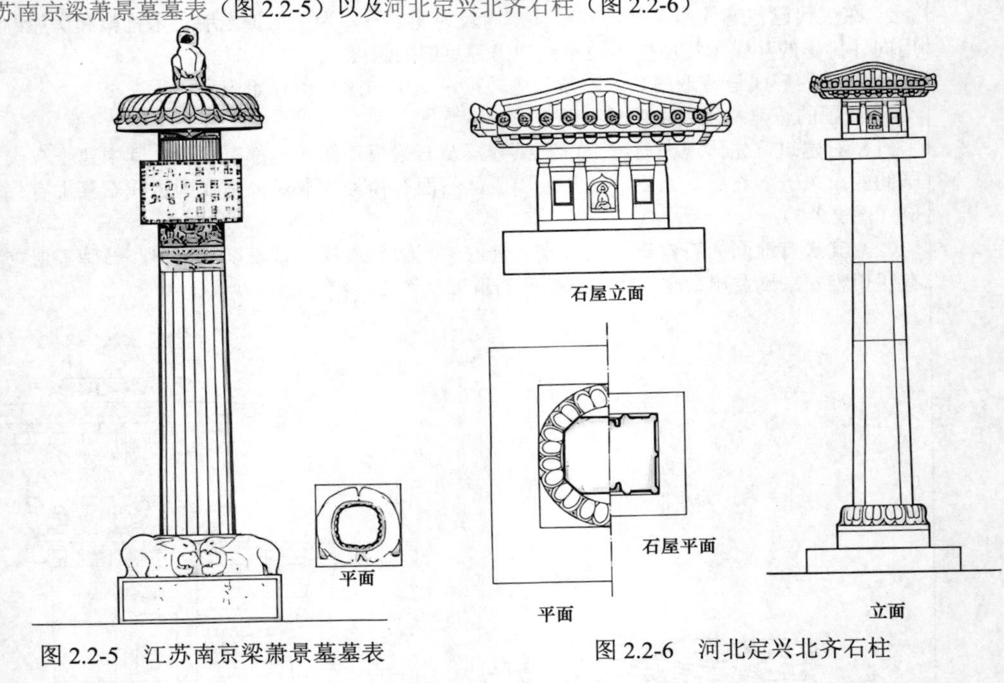 图 2.2-5　江苏南京梁萧景墓墓表　　图 2.2-6　河北定兴北齐石柱

注：图 2.2-3～图 2.2-6 摘自刘敦桢《中国古代建筑史》。

2.2-3［2022（5）-55］我国自然山水风景园林的奠基时期是在哪个时期？（　　）

A. 秦朝　　B. 汉代　　C. 隋朝　　D. 东晋和南朝

答案：D

解析：我国自然山水式风景园林在秦汉时开始兴起，到魏晋南北朝时期有重大的发展，因此魏晋南北朝时期是我国自然山水风景园林的奠基时期。

2.2-4［2020-32］以佛像为主要内容的石窟类型属于（　　）。

A. 塔院型　　B. 佛殿型　　C. 僧院型　　D. 佛院型

答案：B

解析：从建筑功能布局上看，石窟可以分为三种形式：一是塔院型，即以塔为窟的中心；二是佛殿型，石窟中以佛像为主要内容，相当于一般寺庙中的佛殿；三是僧院型。主要僧众打坐修行之用，其布置为石窟中置佛像。

考点 6：封建社会中期【★★】

<table>
<tr>
<td>隋</td>
<td>
1. 兴建都城。隋文帝时所建的大兴城和隋炀帝时所建的东都洛阳城，并开南北大运河、修长城等。其中大兴城是我国古代规模最大的城市。
2. 建筑物有著名的河北赵县安济桥（图 2.2-7）【2011】。它是世界上最早出现的敞肩拱桥（或称空腹拱桥），负责建造此桥的匠人是李春

图 2.2-7　河北赵县安济桥
</td>
</tr>
<tr>
<td>唐</td>
<td>
1. 规模宏大，规划严整。唐朝首都长安是当时世界最宏大繁荣的城市，它的规划是我国古代都城中最为严整的，不仅影响了渤海国东京城，而且还影响了日本平城京（在今奈良市）和后来的平安京（在今京都市）。
2. 木建筑解决了大面积、大体量的技术问题，并已定型化。
（1）大明宫麟德殿，面阔 11 间。
（2）从现存的唐代后期五台山南禅寺正殿（现存最早的唐代木建筑）和佛光寺大殿来看，当时木架结构——特别是斗拱部分，构件形式及用料都已规格化。
3. 砖石建筑进一步发展，主要是佛塔采用砖石构筑者增多，唐时砖石塔有楼阁式、密檐式与单层塔三种。
（1）楼阁式砖塔系由楼阁式木塔演变而来，如西安大雁塔（图 2.2-8）。
（2）密檐塔平面多作方形，外轮廓柔和，与嵩岳寺塔相似，砖檐多用叠涩法砌成，如河南登封法王寺塔、西安小雁塔（图 2.2-9）等。
（3）单层塔多作为僧人墓塔，规模小，数量多，如河南登封会善寺净藏禅师、山西平顺海会院明惠大师塔（图 2.2-10）等。唐时砖石塔的外形，已开始朝仿木建筑的方向发展。
4. 建筑艺术加工的真实和成熟。唐代建筑艺术加工和结构统一，斗拱的结构职能极其鲜明，数量少，出挑深远【2019、2014】

图 2.2.8　陕西西安小雁塔

图 2.2.9　陕西西安大雁塔

图 2.2.10　山西平顺海会院明惠塔立面
</td>
</tr>
</table>

续表

宋	1. 城市结构和布局起了根本变化。唐以前的封建都城实行夜禁和里坊制度，到了宋朝，里坊制被突破，拆除坊墙，临街设肆，沿街建房。 2. 木架建筑采用了古典的模数制。由李诫编写的《营造法式》中规定，把“材”作为造屋的尺度标准，即将木架建筑的用料尺寸分成八等。在《营造法式》之前，还有都料喻皓所著的《木经》。喻皓是中国古代著名工匠，设计建造了开封开宝寺塔。 3. 砖石建筑的水平达到新的高度。 （1）这时的砖石建筑主要仍是佛塔，其次是桥梁。 （2）宋塔的特点是：木塔已经较少采用，绝大多数是砖石塔。宋代砖石塔的特点是发展八角形平面（少数用方形、六角形）的可供登临远眺的楼阁式塔。 （3）砖石塔中最高的是河北定县开元寺料敌塔，高达 84m（图 2.2-11）。 （4）河南开封祐国寺塔，则是在砖砌塔身外面加砌了一层褐色琉璃面砖作外皮，是我国现存最早的琉璃塔。 （5）福建泉州开元寺东西两座石塔，用石料仿木建筑形式，是我国规模最大的石塔（图 2.2-12） 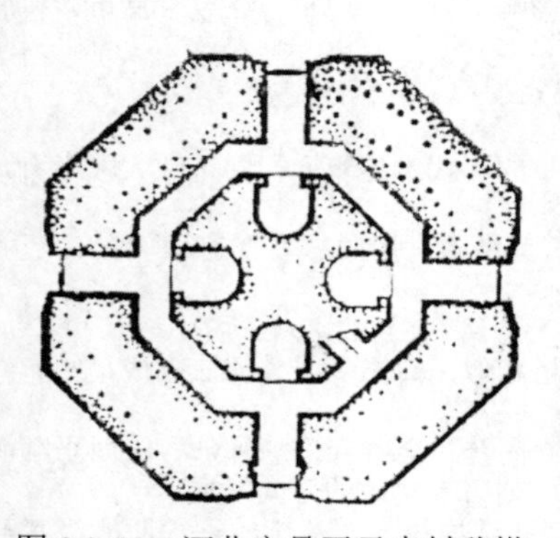  图 2.2-11　河北定县开元寺料敌塔  图 2.2-12　泉州开元寺东西石塔
辽	辽代留下的山西应县佛宫寺释迦塔，是我国唯一的木塔，是古代木构高层建筑的实例

2.2-5［2019-37］下列四项中哪一项属于唐代建筑的典型特征？（　　）

A. 斗拱结构职能鲜明、数量少，出檐深远

B. 屋顶出挑大，组合复杂

C. 木架采用各种彩画，色彩华丽

D. 大量采用格子门窗，装饰效果强

答案：A

解析：唐代建筑的典型特征：斗拱结构职能鲜明、数量少，出檐深远；其余三项都是宋朝的建筑特征，宋以后斗拱的结构机能减弱，装饰性增强。

考点 7：封建社会后期（元、明、清）【★★★】

元	1. 内地也出现了藏传佛教寺院，如由尼泊尔工匠阿尼哥设计建造的北京妙应寺白塔。【2022（12）】 2. 木架建筑方面，仍是继承宋、金的传统，但在规模与质量上都逊于两宋，许多构件被简化了，例如： （1）在祠庙殿宇中大胆抽去若干柱子（即所谓"减柱法"），或取消室内斗拱，使柱与梁直接连接。 （2）斗拱用料减小。 （3）不用梭柱、月梁，而用直柱、直梁。 （4）即使用草栿做法或弯料做梁架也不加天花等。 3. 目前保存的元代木建筑有数十处，以山西洪洞的广胜下寺和山西永济永乐宫为代表。 （1）广胜下寺正殿是元朝重要佛教建筑遗迹（图 2.2-13 和图 2.2-14），正殿柱列布置采用减柱法【2022（12）】。 （2）永乐宫是当时的一座重要道观，3 座殿内都有壁画，是我国元代壁画的典范。 注： 梭柱：柱子上下两端（或仅上端）收小，如梭形。 月梁：南方地区的木结构建筑中多将梁稍加弯曲，形如月亮，故称之为月梁。 草栿：宋代的古建筑室内如果没做天花板，人在里面全部都能直接看见，就叫彻上明造，如果做了天花板（称平棋或者平闇），那么天花板之下，人在室内能直接看到的梁就叫明栿；被天花板遮挡，看不到的梁就叫草栿，草栿因为看不到，一般就会加工就比较简单粗糙 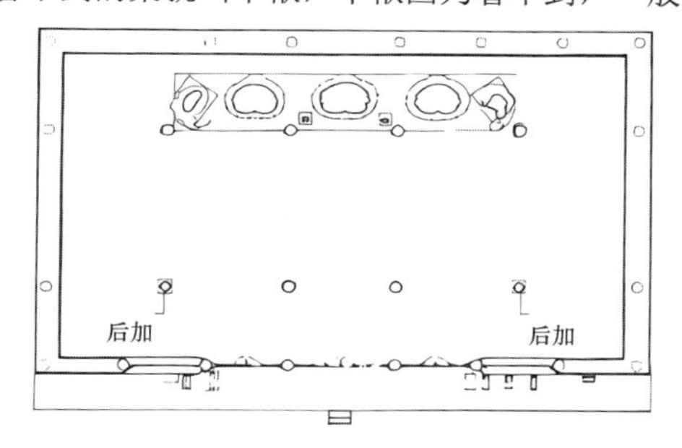 图 2.2.13　广胜下寺大殿平面 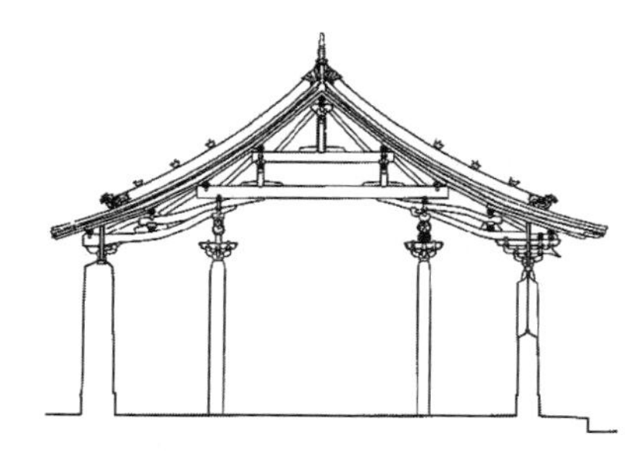 图 2.2.14　广胜下寺大殿剖面
明	1. 砖已普遍用于民居砌墙。 （1）明代大量应用空斗墙，推动了砖墙的普及，同时又为硬山建筑的发展创造了条件。 （2）随着砖的发展，出现了全部用砖拱砌成的建筑物—无梁殿，多用作为防火建筑，如佛寺的藏经楼、皇室的档案库等。 2. 琉璃面砖、琉璃瓦的质量提高了，应用更加广泛。 3. 木结构方面，经过元代的简化，到明代形成了新的定型的木构架： （1）斗拱的结构作用减小，梁柱构架的整体性加强，构件卷杀简化，原来作为斜梁用的昂，也成为纯装饰的构件。 （2）为了简化施工，在官式建筑中，宋代那种向四角逐柱升高形成"生起"以及檐柱柱头向内倾斜形成"侧脚"的程度有所减弱。【2021】 （3）木工行业出现了术书《鲁班营造正式》，记录了明代民间房舍、家具等方面一些有价值的资料。 4. 官式建筑的装修、彩画、装饰日趋定型化，如门窗、隔扇、天花等都已基本定型。彩画以旋子彩画为主要类型
清	1. 园林达到了极盛期。康熙在北京西北郊兴建畅春园，在承德兴建避暑山庄。 2. 藏传佛教建筑兴盛。 3. 简化单体设计，提高群体与装修设计水平。 （1）官方颁行的工部《工程做法》将清朝官式建筑以官方规范的形式固定下来。 （2）清代宫廷建筑的设计和预算是由"样式房"和"算房"承担。 （3）在样式房供役时间最长的当推雷氏家族，人称"样式雷"。 4. 建筑技艺仍有所创新，乾隆年间从国外引进了玻璃

第三节 城 市 建 设

考点8：中国古代的城市规划思想【★★★】

规划思想	都城选址	1. 历朝对于都城的选址都很重视，如春秋时吴王阖闾委派伍子胥“相土尝水”，建造阖闾大城（今苏州）。 2. 六条原则：① 近水利而避水患（首要原则）；② 防卫性好；③ 交通通畅，供应有保障；④ 注意小气候；⑤ 理想的景观模式；⑥ 有良好的环境主体
	城郭设置	古代都城为了保护统治者的安全，有城与郭的设置。从春秋一直到明清，各朝的都城都有城郭之制。【2019】 1. 所谓“筑城以卫君，造郭以守民”，二者的职能很明确：城，是保护国君的；郭，是看管人民的。 2. 各个朝代赋予城、郭的名称不一：或称子城、罗城；或称内城、外城；或称阙城、国城，名异而实一。 3. 一般京城有三道城墙：宫城（大内、紫禁城）；皇城或内城；外城（郭）。 4. 筑城的办法，夏商时期已出现了版筑夯土城墙，东晋以后，渐有用砖包夯土墙的例子，明代砖的产量增加，开始普及砖城墙。 5. 为了加强城门的防御能力，许多城市设有二道以上城门，形成“瓮城”。 6. 城墙每隔一定间距突出矩形墩台，以利防守者从侧面射击攻城的敌人，这种墩台称为敌台或马面
	道路系统	城市道路系统绝大多数采取以南北向为主的方格网布置，这是由建筑物的南向布置延伸出来的
	都城绿化	我国古代对都城绿化很重视，北方以槐、榆为多，南方则柳、槐并用，唐长安街道两侧槐树是成行排列的，所以当时人称之为“槐衙”
	城市规划	中国古代城市规划强调：整体观念和长远发展；强调人工环境与自然环境的和谐；强调严格有序的城市等级制度
规划著作		1. 虽然至今尚未发现有专门论述规划和建设城市的中国古代书籍，但有许多理论和学说散见于《周礼》《商君书》《管子》和《墨子》等政治、伦理和经史书中。 2. 召公和周公相土勘测定址，进行了有目的、有计划、有步骤的城市建设，这是中国历史上第一次有明确记载的城市规划事件，成书于春秋战国之际的《周礼·考工记》记述了关于周代王城建设的空间布局。【2010】 3. 因为出现了《管子》和《孙子兵法》等论著，在思想上丰富了战国时代城市规划的创造。 （1）《管子》中，已有关于居民点选址要求的记载：“高勿近阜而水用足，低勿近水而沟防省”。 （2）《管子》认为“因天材，就地利，故城郭不必中规矩，道路不必中准绳”，从思想上完全打破了《周礼》单一模式的束缚。 （3）对于城市内部的空间布局，《管子》认为应采用功能分区的制度，以发展城市的商业和手工业。 （4）《管子》是中国古代城市规划思想发展史上革命性著作，它的意义在于打破了城市单一的周制布局模式，从城市功能出发，建立了理性思维和自然环境和谐的准则其影响极为深远。【2022（5）】 4. 《商君书》则更多地从城乡关系、区域经济和交通布局的角度对城市的发展以及城市管理制度等问题进行了阐述，开创了我国古代区域城镇关系研究的先例。 5.“日中为市，致天下之民，聚之天下之货，交易而退，各得其所”是《易经·系辞》记载的关于当时古人货物贸易的行为活动

2.3-1［2022（5）-64］以下古代文献中，反映了理性思维与自然环境结合的造城理念的是（ ）。

A.“筑城以卫君，造郭以守民”

B.“匠人营国，方九里，旁三门”

C.“士之仕也，犹农夫之耕也”

D.“因天材，就地利，故城郭不必中规矩，道路不必中准绳”

答案：D

解析：“因天材，就地利，故城郭不必中规矩，道路不必中准绳”（见于《管子》）反映了理性思维与自然环境结合的造城理念。

2.3-2［2020-72］“因天材，就地利，故城郭不必中规矩，道路不必中准绳”的思想见于下列（　　）文献中。

A.《周礼》　　B.《商君书》　　C.《管子》　　D.《墨子》

答案：C

解析：建城市需要凭借天然和地利资源优势，不必过于拘泥（见于《管子·乘马》）。

考点 9：城市建设的四个阶段【★★★】

概述	1. 各时期的城市形态大致可以分为四个阶段：城市初生期、里坊制确立期、里坊制极盛期、开放式街市期。 2. 中国古代的城市规划思想受到占统治地位的儒家思想的深刻影响。 （1）除了严谨、中心轴线对称规划布局外，还大量可见“天人合一”思想的影响，体现的是人与自然和谐共存的观念 （2）大量的城市规划布局中，充分考虑了当地地质、地理、地貌的特点，城墙不一定是方的，轴线不一定是一条直线，自由的外在形式下面是富于哲理内在联系
城市初生期	1. 城市初生期相当于原始社会晚期和夏、商、周三代，商代开始出现了我国城市的雏形。 2. 商代早期建设了河南偃师商城，中期建设了位于今天郑州的商城和位于今天湖北的盘龙城，以及位于今天安阳的殷墟等都城
里坊制确立期	1. 城市形态发展的第二阶段是里坊制确立期，相当于春秋至汉。铁器时代的到来、封建制的建立、地方势力的崛起，促成了中国历史上第一个城市发展高潮。 2. 新的城市管理和布置模式产生了：把全城分割为若干封闭的“里”作为居住区，商业与手工业则限制在一些定时开闭的“市”中。“里”和“市”都环以高墙。 3. 战国时成书的《周礼·考工记》记载的“匠人营国，方九里，旁三门，国中九经九纬，经涂九轨，左祖右社，面朝后市，市朝一夫”，被认为是当时诸侯国都城规划的记录，这是中国古代城市规划思想最早形成的时代。【2022（5）】 4.《周礼·考工记》记述的关于周代王城建设的制度： （1）是按封建等级而规定的城市用地、道路宽度、城门数目、城墙高度的差别。 （2）其城市布局是皇城居中，社会等级分明。 （3）其城市规划思想，体现了以儒家为代表的维护礼制、皇权至上的理念。 （4）关于王城规划，其中凸显中国古代建筑共性特点的部位是城门数量
里坊制极盛期	1. 城市形态发展的第三阶段是里坊制极盛期，相当于三国至唐。 2. 三国时的曹魏都城——邺（图 2.3-1）开创了一种布局规则严整、功能分区明确的里坊制城市格局：平面呈长方形，宫殿位于城北居中，全城做棋盘式分割，居民与市场纳入这些棋盘格中组成“里”（“里”在北魏以后又称“坊”）。【2021】

续表

<table>
<tr><td>里坊制极盛期</td><td>3. 三国期间，吴国国都原位于今天的镇江，后按诸葛亮军事战略建议迁都，选址于金陵。金陵城市用地依自然地势发展以石头山、长江险要为界，依托玄武湖防御，皇宫位于城市南北的中轴上，重要建筑以此对称布局。“形胜”是对周礼制城市空间规划思想的重要发展，金陵是周礼制城市规划思想与自然结合理念思想综合的典范
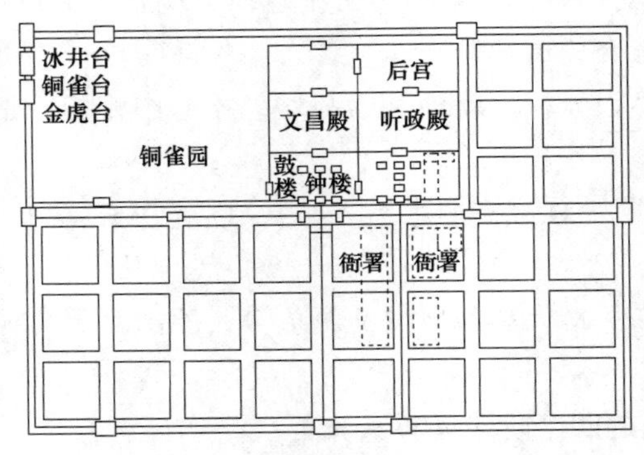

图 2.3-1　魏邺城平面推想图</td></tr>
<tr><td>开放式街市期</td><td>1. 城市形态发展的第四阶段是开放式街市期，相当于宋代以后的城市模式，北宋都城汴梁取消了夜禁和里坊制。
2. 元代出现了中国历史上另一个全部按城市规划修建的都城——元大都。城市布局更强调中轴线对称，在很多方面体现了《周礼·考工记》上记载的王城的空间布局制度</td></tr>
</table>

2.3-3［2022（5）-32］如图 2.3-2 所示，反映了我国古代都城理想布局，出自下列哪本典籍？（　　）

A.《战国策》　　B.《中庸》　　C.《礼记》　　D.《考工记》

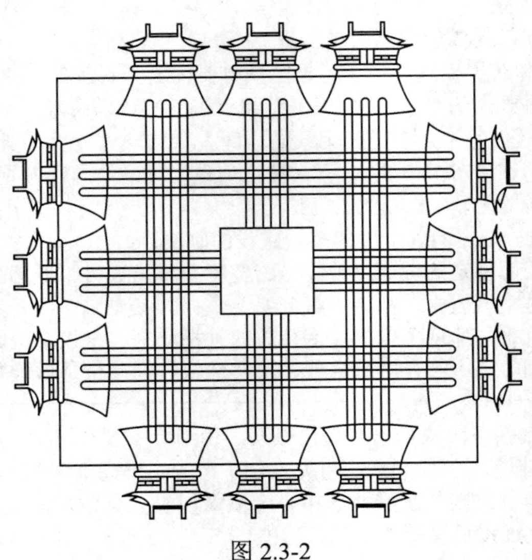

图 2.3-2

答案：D

解析：出自《周礼·考工记》“匠人营国，方九里，旁三门。国中九经九纬，经涂九轨。左祖右社，面朝后市。市朝一夫。”

2.3-4［2021-61］下列哪部典籍的出现，标志着中国古代城市规划思想开始形成？（　　）

A.《梦溪笔谈》　　B.《营造法式》

C.《园冶》　　D.《周礼·考工记》

答案：D

解析：《周礼·考工记》标志着中国古代城市规划思想开始形成。

考点10：各个朝代的都城建设【★★★★★】

汉长安	汉长安是在秦咸阳原有的离宫——兴乐宫的基础上建立起来的（图 2.3-3）。至隋代建大兴城，汉城遂废【2023】
北魏洛阳	洛阳是我国五大古都之一，五大古都分别是：西安、洛阳、开封、南京、北京。近年增加杭州、安阳，合称七大古都（图 2.3-4）
南朝建康	整个建康城按地形布置的结果形成了不规则的布局（图 2.3-5）
隋大兴（唐长安）与洛阳	（1）建于公元 7 世纪的隋唐长安城，是由宇文恺负责制定规划的。整个城市布局严整，分区明确，充分体现了以宫城为中心，“官民不相参”和便于管制的指导思想。 （2）里坊制在唐长安得到进一步发展。在长安城建成后不久，新建的另一都城东都洛阳，也由宇文恺制定规划，其规划思想与长安相似（图 2.3-6）
宋东京	（1）宋张择端《清明上河图》中描绘了汴梁城（也称汴京城今开封）汴河中运输繁忙的景象（图 2.3-7）。北宋东京的桥梁以东水门外汴河上的虹桥最为特殊，是用木材做成的拱形桥身，桥下无柱，有利于舟船通行，《清明上河图》即绘有此桥。【2024】 （2）宋代孟元老的笔记体散记文《东京梦华录》是一本追述北宋都城东京开封府城市风貌的著作，是研究北宋都市社会生活、经济文化的一部极其重要的历史文献古籍
元大都	（1）元大都城市布局的特点可归结为：三套方城、宫城居中、中轴对称的布局（图 2.3-8），用建筑环境加以烘托，达到其为政治服务的目的。 （2）规则的宫殿与不规则的苑囿有机结合。 （3）完善的上、下水道
明清北京	北京全城有一条全长约 7.5km 的中轴线贯穿南北，轴线以外城的南门永定门作为起点，经过内城的南门正阳门、皇城【2021】的天安门、端门以及紫禁城的午门，然后穿过大小六座门七座殿，出神武门越过景山中峰和地安门而正于北端的鼓楼和钟楼（图 2.3-9）

续表

明南京	南京以独特的不规则城市布局而在中国都城建设史上占有重要的地位，南京城内三大区域的功能划分：城东是皇城区；城南是居民和商业区；城西北是军事区。南京宫殿围有四重城墙：宫城、皇城、都城、外郭（图 2.3-10）【2024】
图例	图 2.3-3　汉长安城平面【2023】 图 2.3-4　北魏洛阳平面推想图 图 2.3-5　南朝建康平面推想图 图 2.3-6　唐长安复原图【2023】 图 2.3-7　北宋东京城平面推想图【2023】 图 2.3-8　元大都平面复原图【2023】

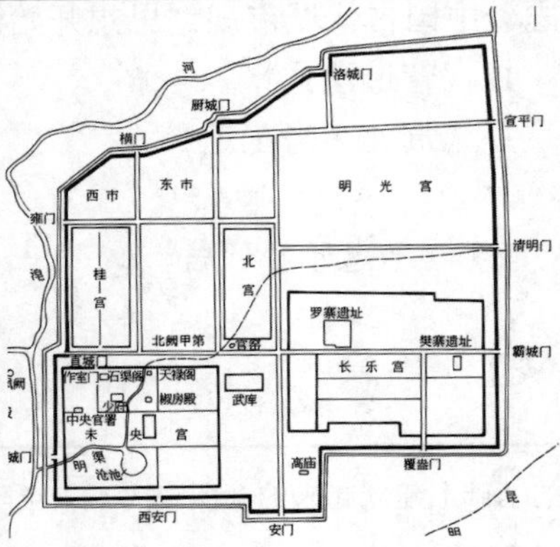

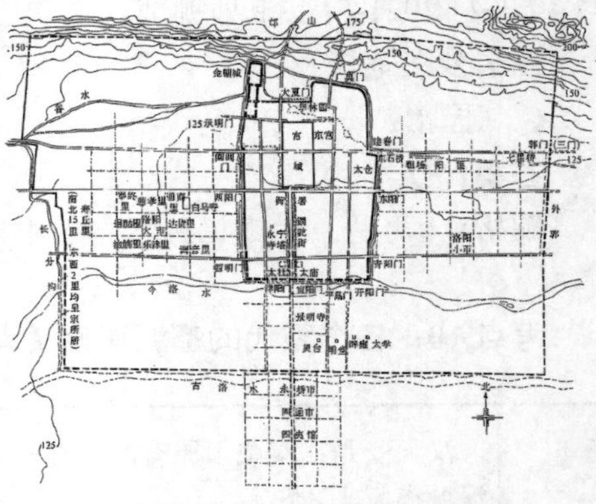

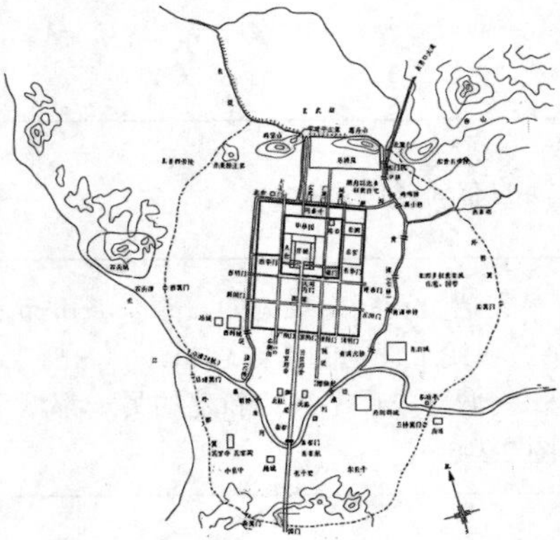

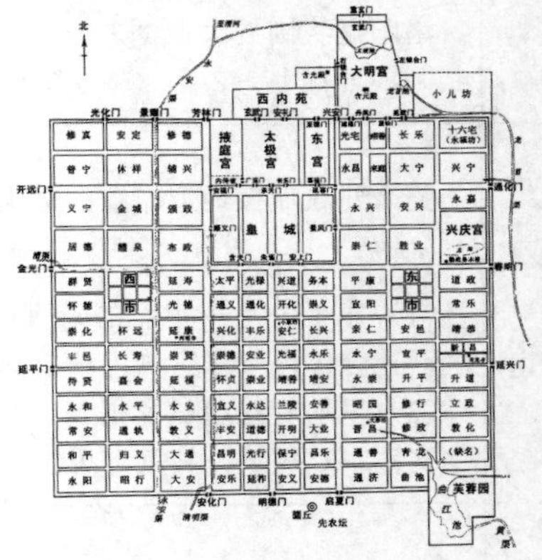

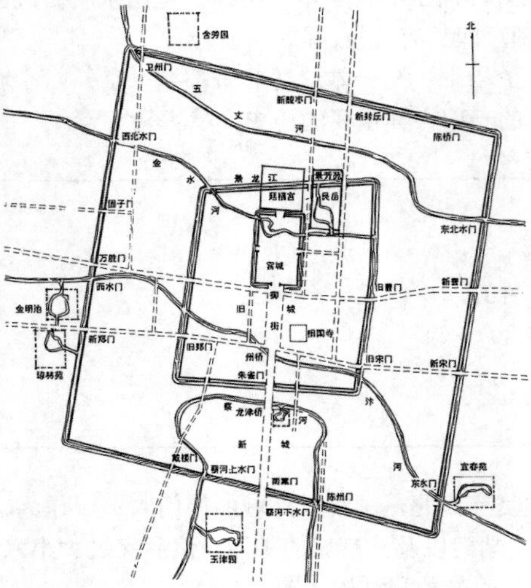

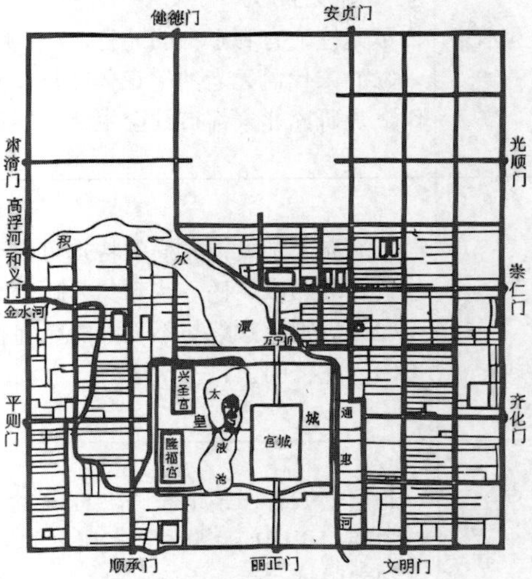

图例	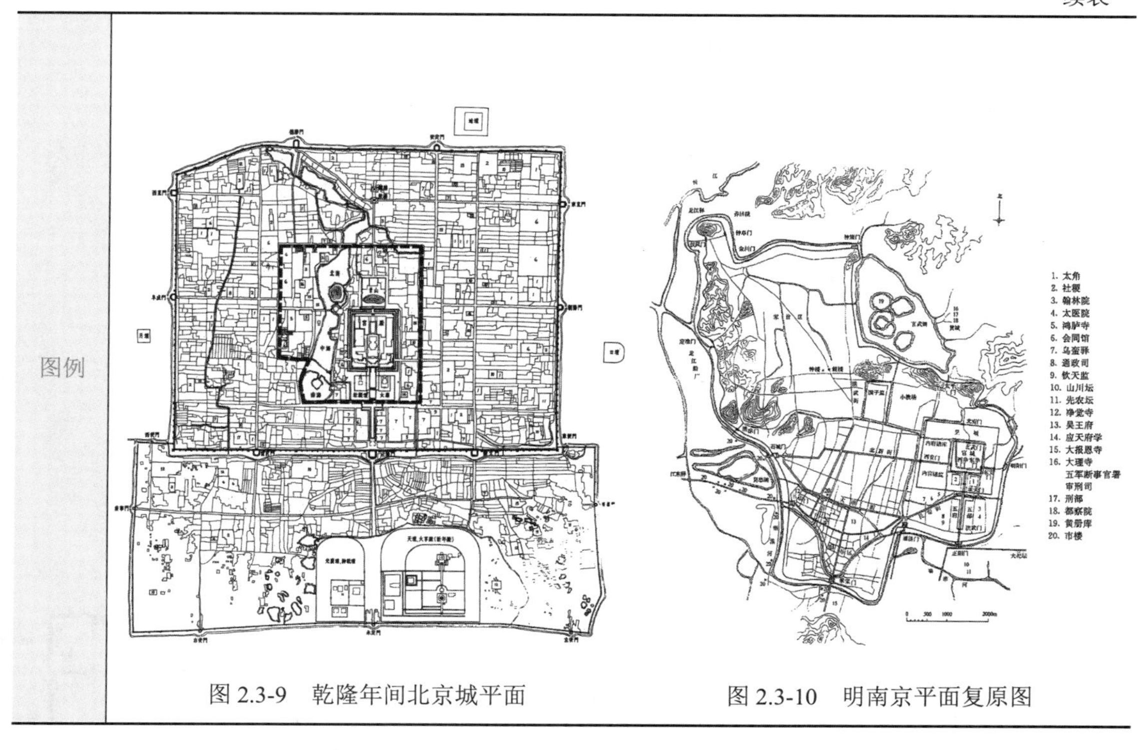 图 2.3-9 乾隆年间北京城平面　　图 2.3-10 明南京平面复原图

2.3-5［2024-21］张择端的清明上河图描绘的古代城市是（　　）。

A. 建康　　B. 汴京

C. 临安　　D. 平安

答案： B

解析：《清明上河图》描绘了北宋宣和年间世界上最大的城市汴京（汴梁）（今河南开封）的繁盛热闹，画卷以全景式的构图，细致而真实地记录了城乡、街市、水道间的形形色色。

2.3-6［2024-22］关于明南京城的说法错误的是（　　）。

A. 城南为居民与商业区　　B. 城墙依自然环境而建

C. 皇城区位于城市中央　　D. 宫殿区围有四层城墙

答案： C

解析： 城东是皇城区，选项 C 不正确。

2.3-7［2023-21］图 2.3-11 所示古代城市平面从左到右依次是（　　）。

A. 汉长安、唐长安、元大都、宋东京

B. 唐长安、汉长安、元大都、宋东京

C. 汉长安、宋东京、元大都、唐长安

D. 汉长安、宋东京、唐长安、元大都

答案： D

解析： 见考点 10 配图。

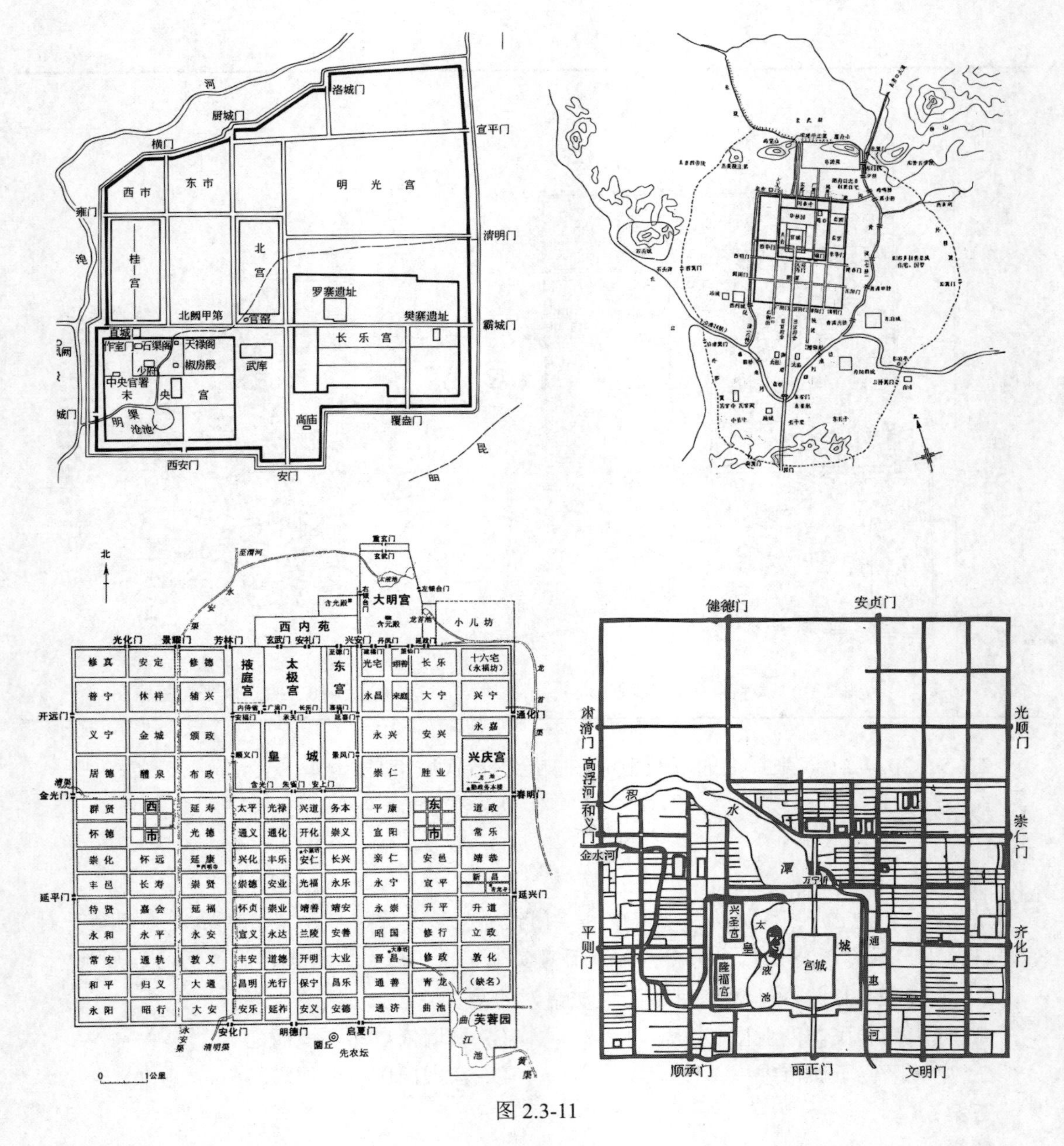

图 2.3-11

2.3-8［2023-23］关于古代城市布局的说法错误的是（　　）。

A. 南朝建康城的不规则布局是因为地形的原因

B. 隋大兴城的革新之处是在于把官府与居民市场分开

C. 唐长安是在汉长安的基础上扩建而来的

D. 古代城市里坊制有严格的居住和商业区分

答案： C

解析： 汉长安是在秦咸阳原有的离宫-兴乐宫的基础上建立起来的，至隋代建大兴城，汉城遂废。唐长安是在隋长安基础上扩建的。

考点 11：地方城市的建设【★★★】

地方城市的建设【2021】	1. 地方城市的其他基础设施主要包括以下四个方面： （1）防御工程。 （2）水利工程。 （3）道路与下水道。 （4）邮驿设施。 2. 城市的布局，由于地理条件的不同而各有差异。 （1）南宋时苏州称平江，是经济上和军事上都很重要的城市。 （2）现在还保存的绍定二年所刻平江图碑，相当准确地表现了南宋时苏州城的平面布置。图碑保存了最早的街巷制城市的平面图，是研究中国古代城市自里坊制向街巷制发展的重要史料（图 2.3-12） 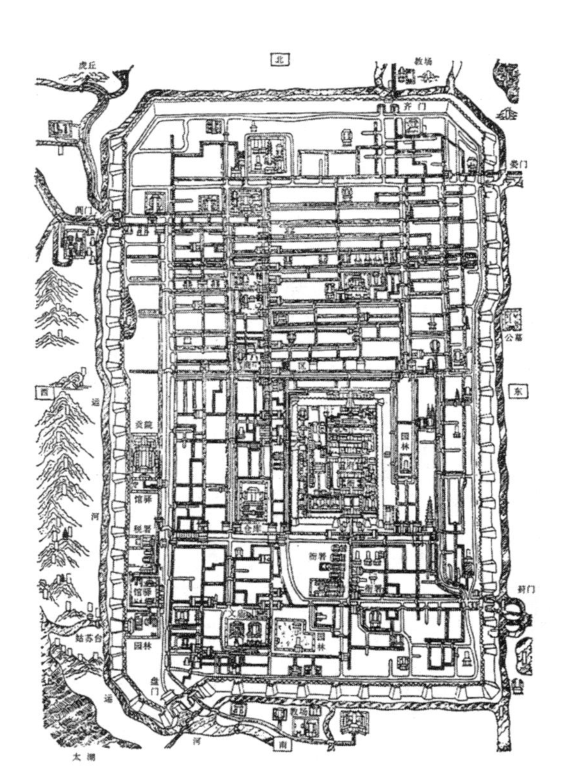 图 2.3-12　南宋平江府图

2.3-9［2021-35］下列中国古代城市规划布局中，最具街巷制特征的是（　　）。

A. 三国邺城　　B. 隋唐长安

C. 南宋平江　　D. 元大都

答案：C

解析：平江府图碑，指刻有南宋绍定二年（1229）平江府城（今苏州）平面图的石碑。图碑保存了最早的街巷制城市的平面图，是研究中国古代城市自里坊制向街巷制发展的重要史料。

第四节 民 居 与 聚 落

考点 12：住宅型制演变【★】

春秋时期	春秋时期士大夫住宅由庭院组成（图 2.4-1）：① 入口有屋 3 间，明间为门，左右次间为塾；② 门内为庭院，上方为堂，既为生活起居之用，又是会见宾客、举行仪式的地方；③ 堂左右为厢；④ 堂后为寝
汉代	1. 汉代住宅形制，一种是继承传统的庭院式（图 2.4-2）。 2. 另一种是创建新制——坞壁（图 2.4-3），即平地建坞，围墙环绕，前后开门，坞内建望楼，四隅建角楼，略如城制
隋唐五代	1. 隋唐五代，住宅仍常用直棂窗回廊绕成庭院（图 2.4-4）。 2. 唐代住宅没有实物遗留下来，只能从敦煌壁画和其他绘画中得到一些旁证，总结为：① 回廊四合院，房屋围绕而成的四合院。② 简单三合院，多数住宅具有明显中轴线和左右对称布局，是当时住宅比较普遍的布局手法。③ 这个时期的官僚贵族在住宅后部或者宅旁掘池造山，建造山池院或者较大的园林
宋代	宋代里坊制解体，城市结构和布局起了根本变化，城市住宅形制亦呈多样化。 1. 平面十分自由，有院子闭合、院前设门的，有沿街开店、后屋为宅的（图 2.4-5），有两座或三座横列的房屋中间联以穿堂呈工字形的等。 2. 宋院落周围为了增加居住面积，多以廊屋代替回廊，前大门进入后以照壁相隔，形成标准的四合院。 3. 南宋江南住宅庭院园林化，依山就水建宅筑园
元代	元代住宅还有用工字形平面构成主屋的（图 2.4-6）
明代	1. 明清时期著名的晋商、徽商积累了大量的财富，至今在山西襄汾、安徽徽州分布着大量的明代民居。 2. 徽州明代住宅的特点是：① 多楼房，楼上、下分间常不一致；② 重点部位多以木雕装饰；③ 楼层表面铺方砖，利于防火、隔声
图例	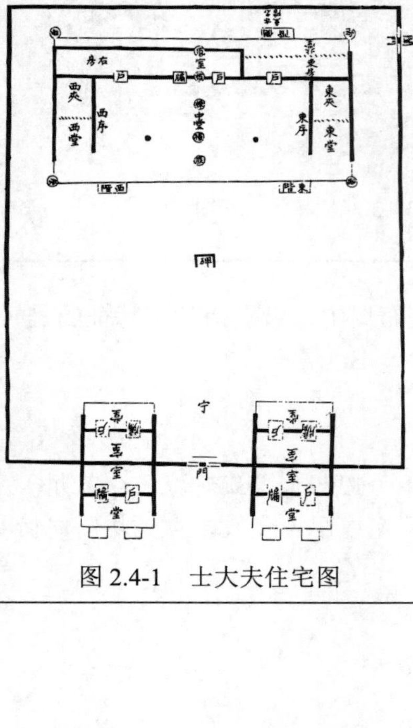 图 2.4-1　士大夫住宅图 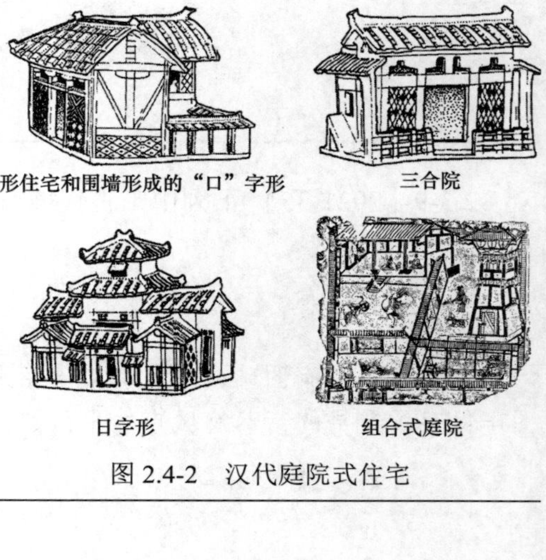 L形住宅和围墙形成的“口”字形　三合院　日字形　组合式庭院 图 2.4-2　汉代庭院式住宅

续表

<table>
<tr><td>图例</td><td>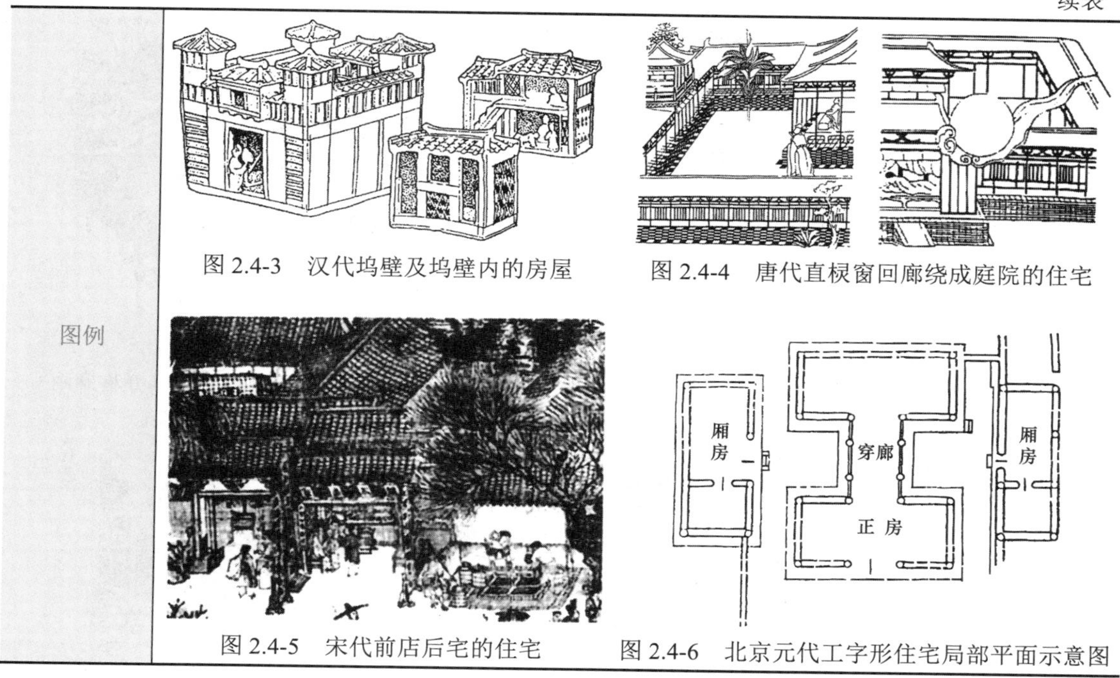

图 2.4-3　汉代坞壁及坞壁内的房屋
图 2.4-4　唐代直棂窗回廊绕成庭院的住宅
图 2.4-5　宋代前店后宅的住宅
图 2.4-6　北京元代工字形住宅局部平面示意图</td></tr>
</table>

考点 13：住宅构筑类型【★★★★★】

抬梁式	北方多用抬梁式，其中以北京四合院正房为代表（图 2.4-7）
穿斗式	南方多用穿斗式（图 2.4-8），如云南白族住宅的主体部分；彝族住宅构架用穿斗而不落地，形成木拱架【2021】
混合式	在皖南、江浙、江西一带住宅中，山墙边贴用穿斗式，以较密集的柱梁横向穿插结合，辅以墙体，增强抗风性能；明间为使空间开敞、庄重，为抬梁、穿斗混合式（图 2.4-9）
干阑式	1. 竹木构干阑式主要分布地：广西、海南、贵州、四川等各少数民族。【2021】 2. 干阑式建筑以竹、木梁柱架起房屋为主要特征，分布在潮湿的山区或者水域，特征是底层架空，利于防水和防虫毒蛇害，楼上住人（图 2.4-10，图 2.4-11）【2021】
井干式	木构井干式主要分布地：东北、云南等林区（图 2.4-12，图 2.3-13）【2021】
砖墙承重式	砖墙承重式主要分布地：山西、河北、河南、陕西（图 2.4-14）
图例	图 2.4-7　北京四合院正房抬梁式 图 2.4-8　云南白族住宅穿斗式

续表

图例	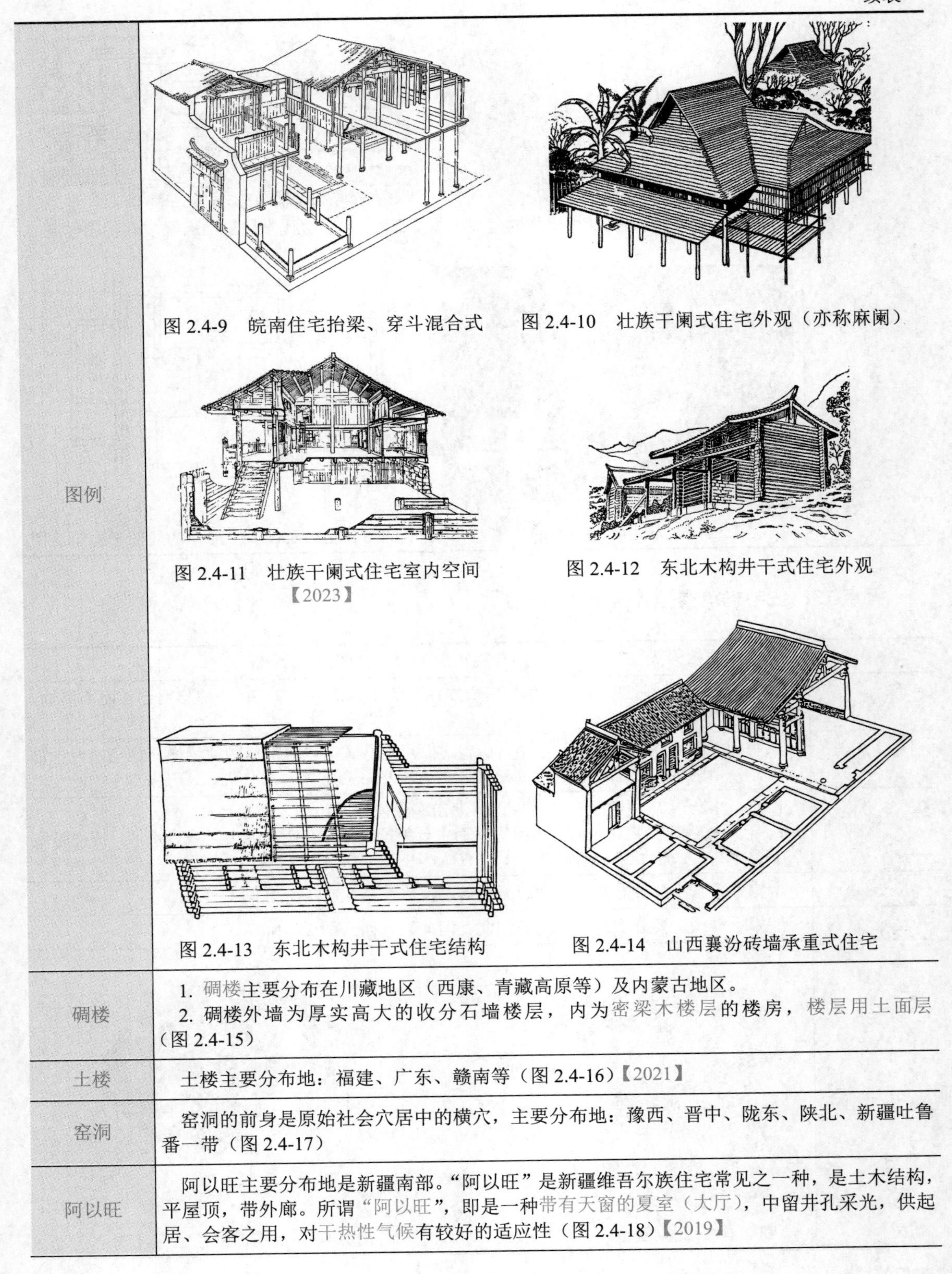 图 2.4-9　皖南住宅抬梁、穿斗混合式 图 2.4-10　壮族干阑式住宅外观（亦称麻阑） 图 2.4-11　壮族干阑式住宅室内空间【2023】 图 2.4-12　东北木构井干式住宅外观 图 2.4-13　东北木构井干式住宅结构 图 2.4-14　山西襄汾砖墙承重式住宅
碉楼	1. 碉楼主要分布在川藏地区（西康、青藏高原等）及内蒙古地区。 2. 碉楼外墙为厚实高大的收分石墙楼层，内为密梁木楼层的楼房，楼层用土面层（图 2.4-15）
土楼	土楼主要分布地：福建、广东、赣南等（图 2.4-16）【2021】
窑洞	窑洞的前身是原始社会穴居中的横穴，主要分布地：豫西、晋中、陇东、陕北、新疆吐鲁番一带（图 2.4-17）
阿以旺	阿以旺主要分布地是新疆南部。“阿以旺”是新疆维吾尔族住宅常见之一种，是土木结构，平屋顶，带外廊。所谓“阿以旺”，即是一种带有天窗的夏室（大厅），中留井孔采光，供起居、会客之用，对干热性气候有较好的适应性（图 2.4-18）【2019】

续表

毡包	毡包主要分布地：内蒙古、新疆（图 2.4-19）
综合	实际上一幢完整的住宅，往往是多重构筑方式共同完成的。 1. 如云南一颗印住宅（图 2.4-20），以地盘和外观方整如印为特征，住宅外围用厚实的土坯砖或夯土筑成，或用外砖内土，称为“金包银”。“印”内的房屋梁架则主要是穿斗式。 2. 碉楼、土楼、“阿以旺”住宅也都是土木并用
图例	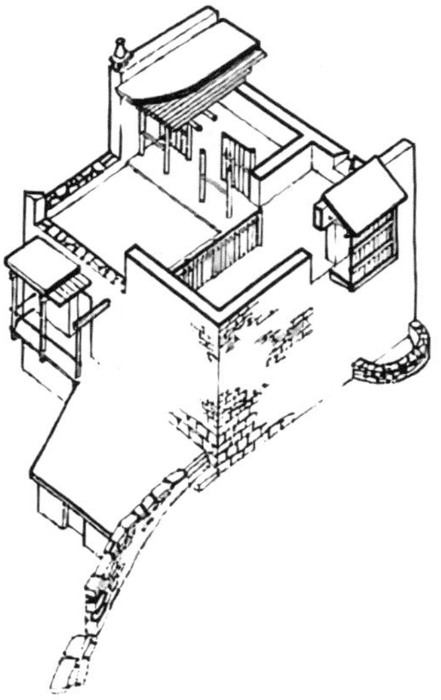 图 2.4-15　川藏碉楼 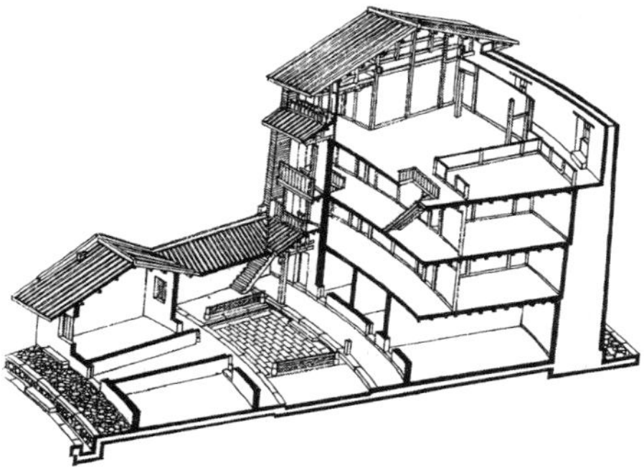 图 2.4-16　福建夯土而筑的客家土楼 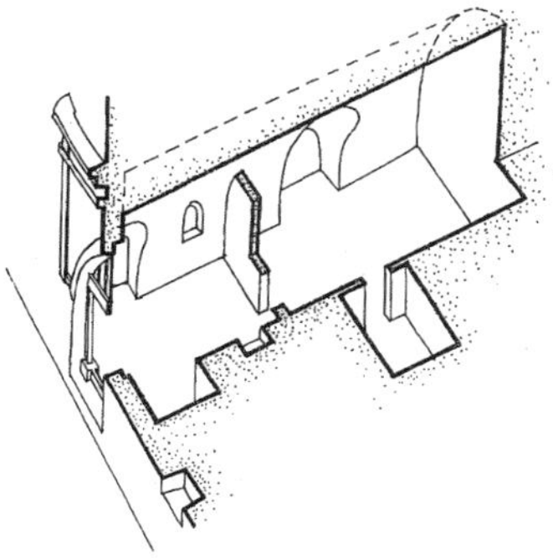 图 2.4-17　窑洞天然土起拱示意图 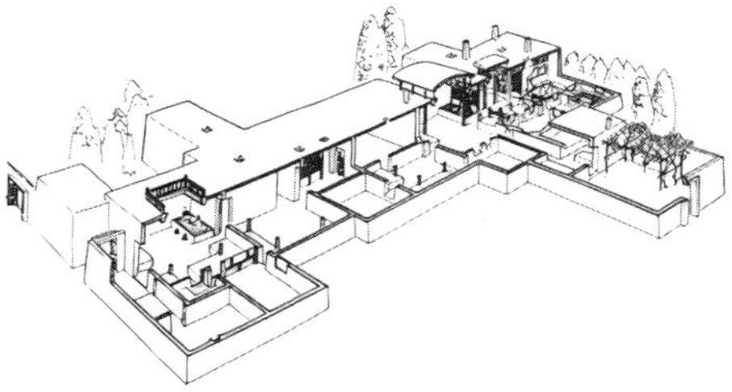 图 2.4-18　新疆“阿以旺” 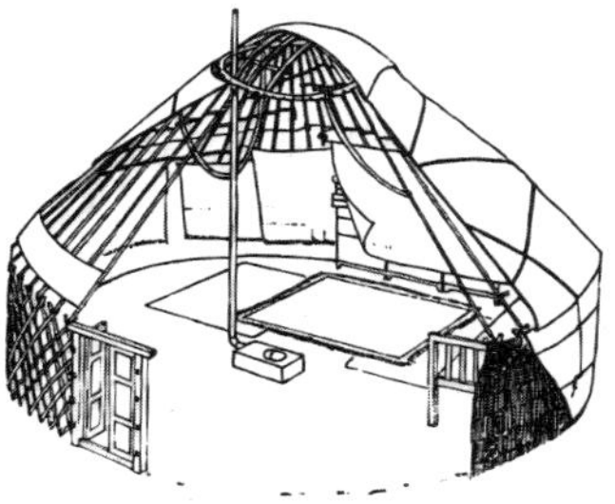 图 2.4-19　内蒙古毡包 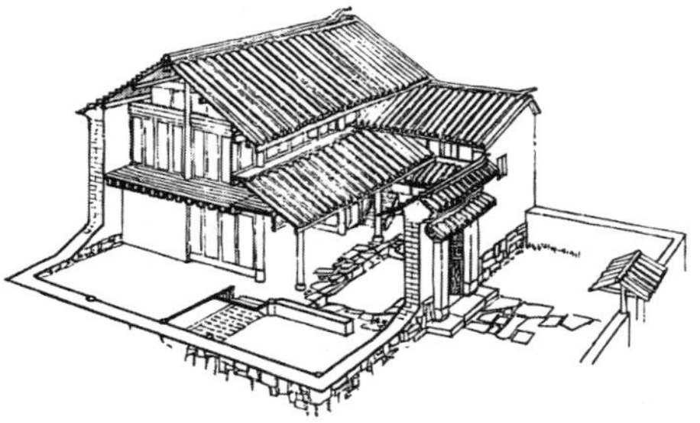 图 2.4-20　云南昆明一颗印住宅

2.4-1［2023-28］图 2.4-21 所示的民居是（　　）。

A. 云南一颗印住宅　B. 四川穿斗式住宅

C. 江苏天井式住宅　D. 广西干阑式住宅

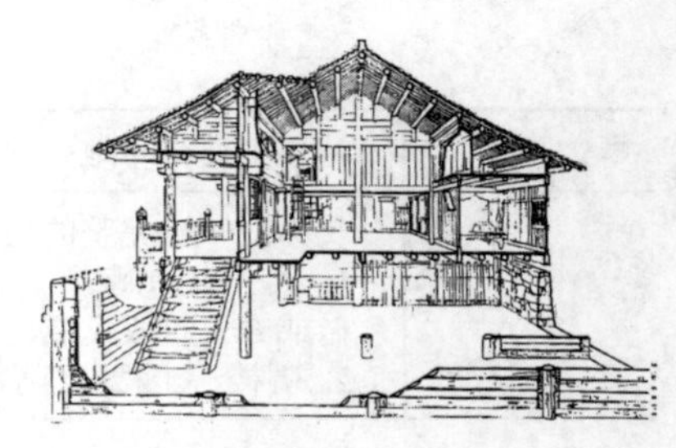
图 2.4-21

答案：D

解析：见考点 13 及图 2.4-11。

2.4-2［2022（5）-53］下列四幅民居图片，其结构形式从左到右分别是（　　）。

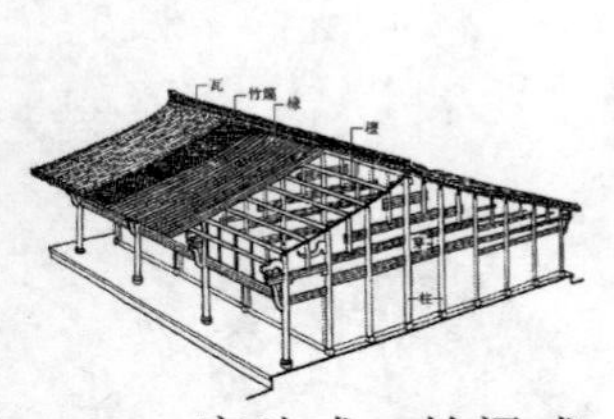
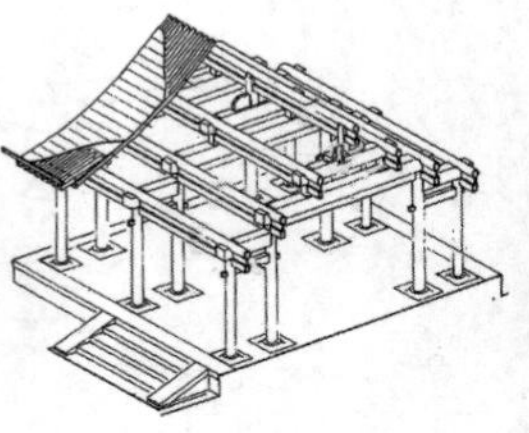
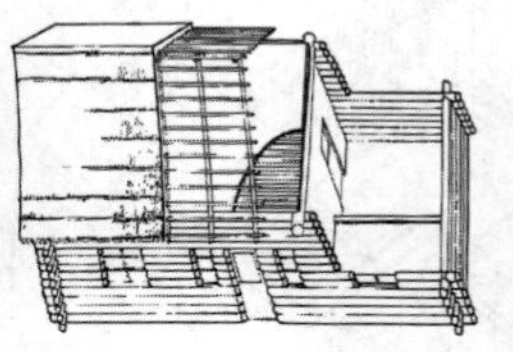
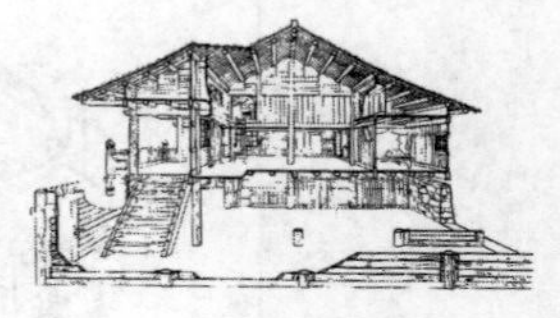

A. 穿斗式、抬梁式、井干式、干阑式　　B. 抬梁式、穿斗式、干阑式、井干式

C. 抬梁式、穿斗式、井干式、干阑式　　D. 井干式、穿斗式、抬梁式、干阑式

答案：A

解析：参见图 2.2-1、图 2.4-7、图 2.4-13 和图 2.4-11 可知，其结构形式从左到右分别是：穿斗式、抬梁式、井干式、干阑式。

2.4-3［2021-25］下列哪种民居形式适合湿热环境？（　　）

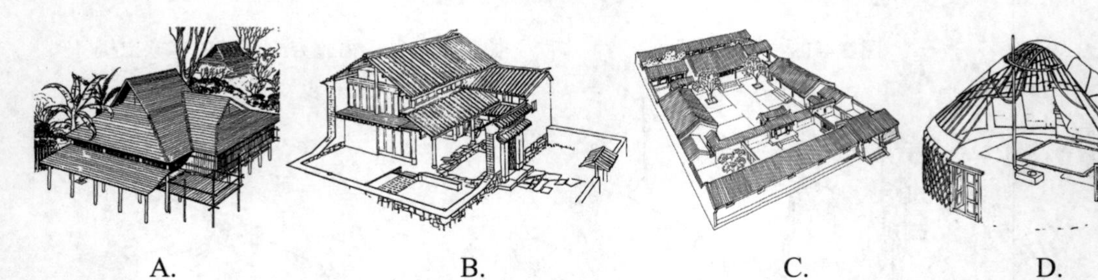

答案：A

解析：选项 A 为干阑式，适合湿热环境。选项 B 为云南一颗印，选项 C 为北京四合院，选项 D 为内蒙古毡包。

考点 14：各地民居实例【★★★】

北京四合院	1. 北京四合院是北方地区院落式住宅的典型。其平面布局以院为特征，根据主人的地位及基地情况，有两进院、三进院、四进院或五进院几种（图 2.4-22）。 2. 整个四合院中轴对称，等级分明（图 2.4-23）。 3. 以最常见的三进院的北京四合院为例： （1）前院较浅，以倒座为主，主要用作门房、客房、客厅；大门在倒座以东、宅之巽位（东南隅），靠近大门的一间多用于门房或男仆居室；大门以东的小院为塾；倒座西部小院内设厕所。【2019】 （2）内院正北是正房，也称上房、北房或主房，是全宅地位和规模最大者，为长辈起居处；内院两侧为东、西厢房，为晚辈起居处。

北京四合院	（3）正房两侧较为低矮的房屋叫耳房，由耳房、厢房山墙和院墙所组成的窄小空间称为"露地"，常被作为杂物院使用，连接和包抄垂花门、厢房和正房的为抄手游廊。 （4）后院的后罩房居宅院的最北部，布置厨、厕、储藏、仆役住房等。 （5）垂花门是内宅的门，位于轴线上，亦为划分内外院空间的建筑要素，其高度和华丽程度取决于主人社会地位
江苏吴县天井式住宅	吴县东山秋官第尊让堂为明代建筑，平面呈倒"凸"字形（图 2.4-24）
福建永定客家土楼	1. 土楼的布局特点有： （1）以祠堂为中心。 （2）无论是圆楼、方楼、弧形楼，均中轴对称，保持北方四合院的传统格局性质。 （3）基本居住模式是单元式住宅。 2. 客家土楼出于防卫需求，夯土筑外墙高大厚实，福建永定一带土楼墙一般厚达 1～1.5m。【2019】 3. 客家土楼的建造技术主要有： （1）土筑外墙高大厚实。 （2）地处南方，注意防晒。 （3）在建筑物内部，采用活动式屏门、隔扇，空间开敞、通透，有利空气流通。 （4）外环楼层开箭窗，呈梯形，外小内大，既利防卫，又宜人居住。 （5）选址注重风水，并保留北方住宅坐北朝南的习惯，宅基"负阴抱阳"，但主入口不得朝北。靠近河流或水塘，但忌讳背水。 4. 永定客家土楼，堪称客家住宅的典型，永定土楼分为圆楼和方楼两种： （1）圆楼以承启楼为例（图 2.4-25，图 2.4-26），布局上共有 4 环：中心为大厅，建祠堂；内一圈为平房；底层用作厨房、畜圈、杂用，不住人；二楼储藏，一、二楼层对外不开窗，三、四层为卧室。 （2）永定土楼方楼的杰出建筑为遗经楼（图 2.4-27）
河南窑洞	1. 窑洞主要有三种：① 开敞式靠崖窑；② 下沉式窑院（地坑院）；③ 砖砌的锢窑。无论哪种窑洞，均以向土层方向求得空间、少占覆地为原则，以拱券为结构特征。 2. 窑洞的优点是冬暖夏凉、防火隔声、经济适用、少占农田等，缺点是潮湿、阴暗、空气不流通、施工周期长等【2021】
	开敞式靠崖窑：位于巩县康店村中的明清"康百万庄园"窑群、是我国黄土高原地区规模最大的靠崖窑住宅群
	下沉式窑院：下沉式窑院是在平地下挖竖穴成院，再由院内四壁开挖窑洞（图 2.4-28）
	砖砌的锢窑：锢窑实际上是在地面上用土坯或砖石所砌筑的拱顶房屋，上面做平之后，还可以再建木构房屋，在布局上仍以四合院式为主，一如地面住宅。此式豫西、晋中较多
藏族民居	1. 藏族住宅山地多为楼居，一般分三层：底层为畜生房及储存草料的地方；二层为居住层，大间用作起居、卧室、厨房，小间用作储藏或楼梯间；三层有晒台用以晾晒谷物，有经堂、晒廊及厕所。 2. 藏族是善于表现美的民族，对于居所的装饰十分讲究。藏民居室内墙壁上方多绘以吉祥图案，客厅的内壁则绘蓝、绿、红三色，寓意蓝天、土地和大海
云南民居	1."三坊一照壁""四合五天井"是云南白族的住宅布局。广西、贵州等壮、侗族地区各少数民族的住宅采用竹、木构干阑式。

云南民居	2. 白族建筑的特点是： （1）通常采用中原殿阁造型，飞檐翘角，但多用石灰塑成或砖瓦垒砌。除大门瓦檐裙板和门槅花饰部分用木结构外，余以砖瓦结构为主大理石头多； （2）白族民居大都就地取材，广泛采用石头为主要建筑材料。木质部分凿榫卯眼相结合，与砖瓦部分错落有致，精巧严谨（图 2.4-29）【2019】
徽派民居	徽派民居以天井组织采光、通风、排水等功能，近代徽商传统民宅屋面为单向坡屋面，坡向内院，寓意四水归堂，雨水内排（图 2.4-30）
侗族民居	鼓楼与风雨桥是我国侗族的民居特有的建筑形式（图 2.4-31）
江苏水乡民居	江南民居注重屋脊脊饰，为了打破正房屋脊平直的状态，采用分三段处理的方式，脊端部轻巧起翘，即升起做法（图 2.4-32）
山西民居	华北山西民居屋顶为双坡顶，雨水一部分排向院内，一部分排向院外（图 2.4-33）
陕西窑洞民居	陕西窑洞民居大多是依山而建，在天然土壁上水平向里凿土挖洞，施工简便，而且冬暖夏凉（图 2.4-34）
湖南吊脚楼	1. 吊脚楼多依山靠河就势而建，讲究朝向。 2. 吊脚楼属于干阑式建筑，但与一般所指干栏有所不同。干阑应该全部都悬空的，所以称吊脚楼为半干阑式建筑。 3. 吊脚楼一般分为三层：底层都用作家畜和家禽的栏圈，以及用来搁置农具杂物等东西；中层住人，正中间为堂屋，板壁上安放有祖宗圣灵的神龛。神圣的家庭祭祖活动就在堂屋进行，左右侧房作为卧室和客房；三楼多用来存放粮食和种子（图 2.4-35）
图例	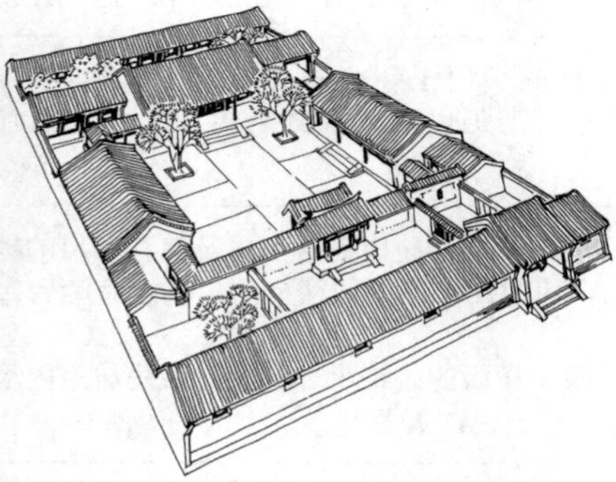 图 2.4-22　北京典型三进院四合院鸟瞰图 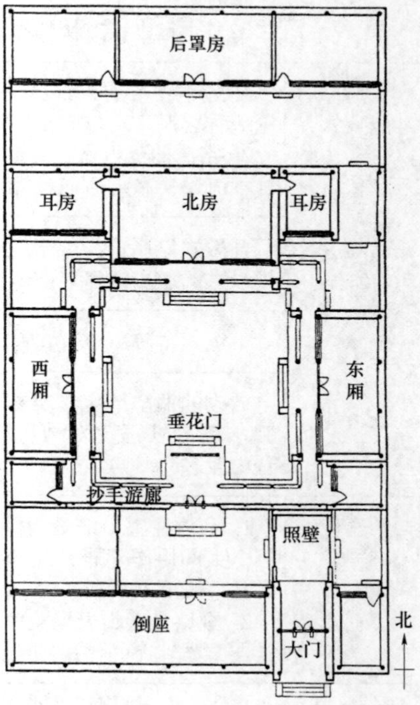 图 2.4-23　北京标准三进院四合院平面

图例

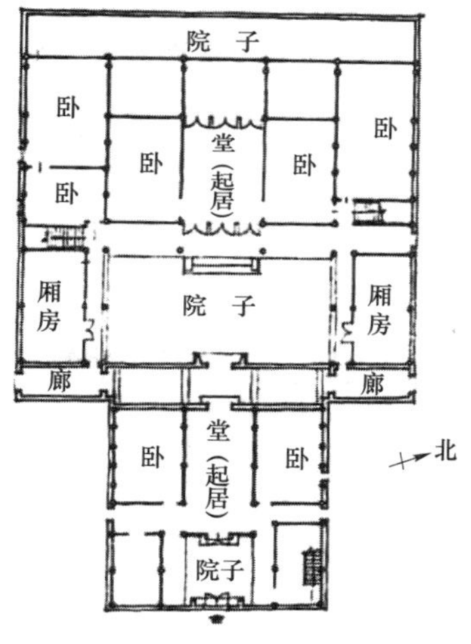

图 2.4-24　江苏吴县东山尊让堂一层平面图

图 2.4-25　福建永定客家圆楼

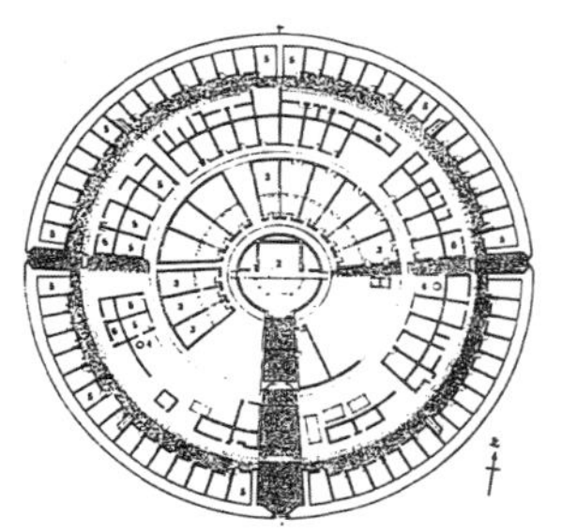

图 2.4-26　福建永定客家圆楼承启楼平面图

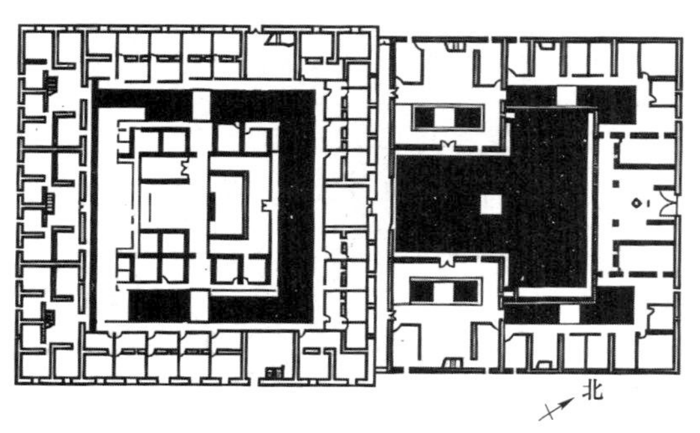

图 2.4-27　福建永定客家方楼遗经楼平面

图 2.4-28　河南地坑院

图 2.4-29　云南白族民居

图 2.4-30　安徽宏村民居

图 2.4-31　广西侗族风雨桥

图 2.4-32　江苏苏南水乡民居

图 2.4-33　山西民居

续表

图例	 图 2.4-34　陕西窑洞民居  图 2.4-35　湖南吊脚楼

2.4-4［2022(5)-54］以下对福建土楼的叙述中，说法错误的是（　　）。

A. 以水塘为中心

B. 轴线对称式

C. 采用单元式布局

D. 采用传统合院布置

答案：A

解析：福建土楼以宗祠为中心。

2.4-5［2019-53］图 2.4-36 所示的北京传统四合院中，常用作客房的房间是（　　）。

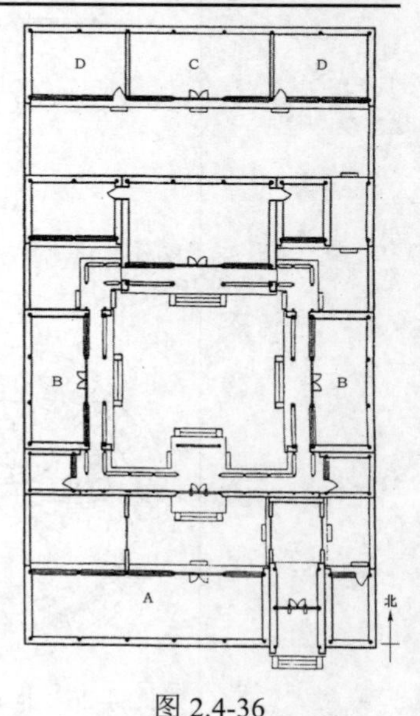

图 2.4-36

答案：A

解析：客房布置在外院，选项 A 是倒座为客房，选项 B 是东西厢房为晚辈起居，选项 C 是后罩房为厨房，选项 D 为储藏或仆役住房。

第五节　宫殿、坛庙和陵墓

考点 15：宫殿【★★★】

宫殿建筑发展的四个阶段	中国古代宫殿建筑的发展大致有四个阶段： 1.“茅茨土阶”的原始阶段。 2. 盛行高台宫室的阶段。陕西岐山凤雏村西周早期的宫室遗址出土了瓦，春秋战国时瓦才广泛用于宫殿。与此同时，各诸侯国竞相建造高台宫室。 3. 宏伟的前殿和宫苑相结合的阶段，秦统一中国后，在咸阳建造了规模空前的宫殿。 4. 纵向布置“三朝”的阶段。商周以后，天子宫室都有处理政务的前朝和生活居住的后寝两大部分。隋文帝营建新都大兴宫，开始纵向布列“三朝”。明初宫殿除“三朝五门”之外，按周礼“左祖右社”，在宫城之前东西两侧置太庙及社稷坛
唐长安大明宫	1. 外朝三殿：含元殿为大朝，宣政殿为治朝，紫宸殿为燕朝。含元殿为大明宫的正殿。 2. 内廷部分以太液池为中心，据发掘，太液池西侧的麟德殿平面进深 17 间，面阔 11 间、面积约 $5000m^2$，规模宏大（图 2.5-1）

唐长安大明宫	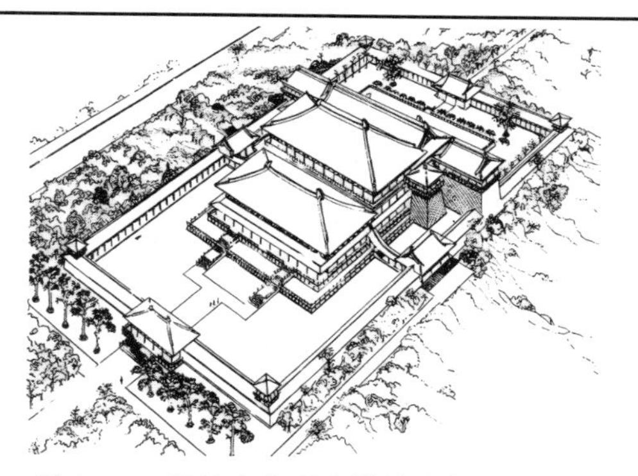 图 2.5-1　唐长安大明宫麟德殿复原想象图
明清北京宫殿	1. 宫城称为紫禁城周围有护城河环绕，以角楼与护城河为边界【2019】。城墙四面辟门：南面正门为午门，北面神武门，东、西分别为东华门和西华门。 2. 宫城内部仍分外朝、内廷两大部分。外朝包括三殿、文华殿、武英殿三区。外朝三殿分别是：太和殿、中和殿、保和殿。这三座殿宇共立于白石台基上【2019】，其中太和殿用重檐庑殿顶，面阔 11 开间，进深 5 间，采用和玺彩画。中和殿用攒尖顶，保和殿用重檐歇山顶（图 2.5-2）。 3. 北京明故宫的五门，分别指的是大明门、天安门、端门、午门、太和门。 清朝的五门是天安门、端门、午门、太和门、乾清门。 4. 北京故宫从大清门起经过 6 个封闭庭院而后到达主殿：天安门形成第一个建筑高潮；午门以其丰富的轮廓和宏伟的体量形成第二个高潮；太和殿达到了全局的最高潮。 5. 屋顶按重檐、庑殿、歇山、攒尖、悬山、硬山的等级次序使用：午门、太和殿、乾清宫用重檐庑殿，天安门、太和门、保和殿用重檐歇山，其余殿宇相应降低级别。【2021】 6. 在中国古代，使用色彩也有等级限制，金、朱、黄最高贵，用于帝王、贵族的宫室；青、绿次之，百官第宅可用；黑、灰最下，庶民庐舍只用这类色调 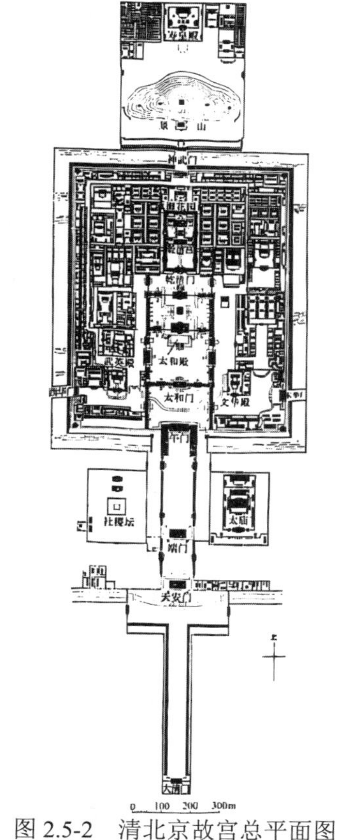 图 2.5-2　清北京故宫总平面图

2.5-1［2022（12）-32］下列关于中国古代宫殿建筑发展的四个主要阶段，排序正确的是（　　）。

A. 茅茨土阶—纵向三朝—前殿后宫—高台宫室

B. 茅茨土阶—前殿后宫—纵向三朝—高台宫室

C. 茅茨土阶—纵向三朝—高台宫室—前殿后宫

D. 茅茨土阶—高台宫室—前殿后宫—纵向三朝

答案：D

解析：中国古代宫殿建筑的发展大致有四个阶段：①“茅茨土阶”的原始阶段。②盛行高台宫室的阶段。③宏伟的前殿和宫苑相结合的阶段。④纵向布置“三朝”的阶段。

2.5-2［2021-3］北京天安门城楼、故宫太和殿，故宫乾清宫的屋顶形式分别是（　　）。

A. 歇山顶，庑殿顶，攒尖顶　　　　B. 歇山顶，庑殿顶，庑殿顶

C. 硬山顶，庑殿顶，攒尖顶　　　　D. 歇山顶，庑殿顶，悬山顶

答案：B

解析：北京天安门城楼为歇山顶；故宫太和殿和故宫乾清宫均为庑殿顶。

考点 16：坛庙【★★】

类型	坛庙主要有三类： 1. 祭祀自然神 （1）天地、日月、社稷、先农等由皇帝亲祭。 （2）天坛是祭天，地坛是祭日，日坛是祭日，月坛是祭月。 （3）社稷坛祭土地之神。 （4）先农坛是皇帝祭神农之处。 （5）五岳、五镇是山神，四海、四渎是水神。 （6）中国古代还有一种称为“明堂”的重要建筑物，其用途是皇帝祭天，配祀祖宗，朝会诸侯，颁布政令等，是朝廷举行最高等级的祀典和朝会的场所。 2. 祭祀祖先，帝王祖庙称太庙，臣下称家庙或祠堂。 3. 先贤祠庙，如孔子庙、诸葛武侯祠、关帝庙等
北京天坛	嘉靖时，天地分祭，立天、地、日、月之坛于四郊。 （1）天坛上圜丘与大祀殿分立而建于其南。 （2）大享殿三层屋檐用三色琉璃：上层蓝色象征天，中层黄色象征地，下层绿色象征万物。清乾隆时将大享殿三檐改为色青琉璃，更名祈年殿。祈年殿与圜丘之间有一条 30m 宽的甬道相连
北京社稷坛	1. 北京社稷坛有 3 层，上铺五色土，象征东、西、南、北、中天下五方之土都归皇帝所有。 2. 五色土按方位铺成区形平面，东方青龙位用青土，西方白虎位用白土，南方朱雀位用赤土，北方玄武位用黑土，中心部分用黄土【2019】
太原晋祠	1. 太原晋祠主殿称圣母殿，建于北宋年间，是宋代所留殿宇中最大的一座，殿身 5 间，副阶周匝（图 2.5-3），所以立面成为面阔 7 间的重檐（图 2.5-4，图 2.5-5）。 2. 晋祠圣母殿，内柱将平面划分为大小不等的两个区域，符合宋《营造法式》所谓的“单槽”划分方式（图 2.5-6）
图例	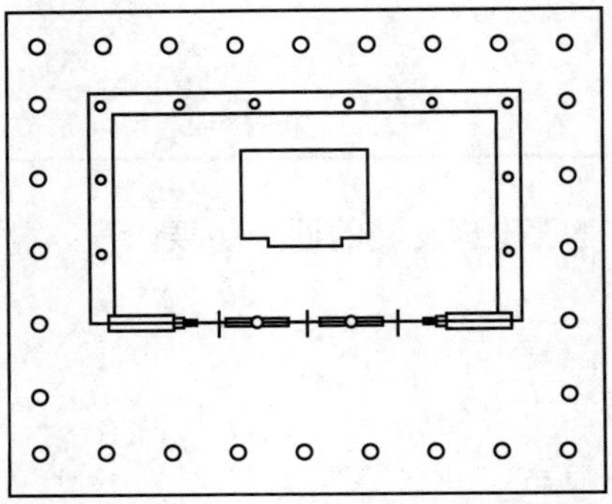 图 2.5-3　山西太原晋祠圣母殿平面图 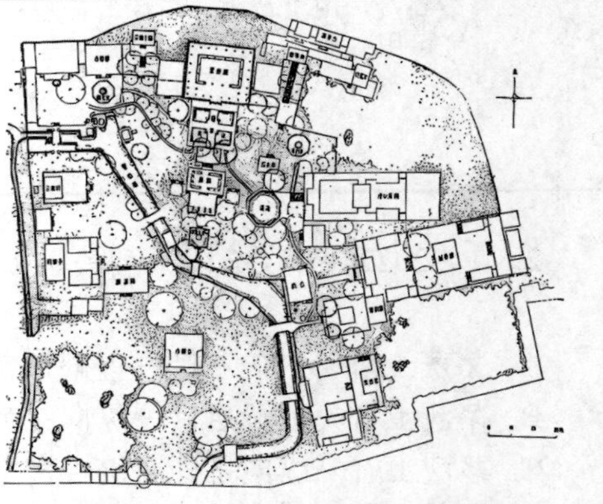 图 2.5-4　山西太原晋祠平面图

续表

图例	 图 2.5-5　山西太原晋祠圣母殿	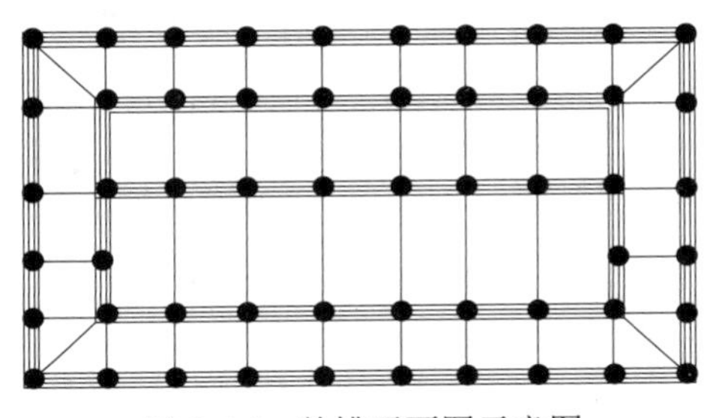 图 2.5-6　单槽平面图示意图

2.5-3［2020-37］北京社稷坛铺五色土，每种颜色分别对应东南西北中一个方位，这五个颜色依次是（　　）。

A. 东青、西白、南赤、北黑、中黄　　B. 东白、西青、南赤、北黑、中黄

C. 东白、西青、南赤、北黄、中黑　　D. 东青、西白、南黑、北赤、中黄

答案：A

解析：东方青龙用青土，西方白虎用白土，南方朱雀用赤土，北方玄武用黑土，中心部分用黄土。

考点 17：陵墓【★】

陵墓	1. 秦始皇开创了中国封建社会帝王埋葬规制和陵园布局的先例。 2. 秦始皇营骊山陵，大崇坟台。汉因秦制，帝陵方形锥体陵台，称为“方上”，四面有门阙和陵墙。 3. 明代地下宫殿上起圆形坟称宝顶，以适应南方多雨的地理气候，便于雨水下流不致浸润墓穴，且用墙垣包绕，称为宝城。地面陵体完成由方形土台、土山向圆形人工构筑物之技术和形象上的转变。 4. 明孝陵在南京钟山南麓，开曲折自然式神道之先河，并始建宝城宝顶

第六节　宗　教　建　筑

考点 18：佛寺【★★★】

佛教概说	1. 佛教大约在东汉初期即已正式传来中国。最早见于我国史籍的佛教建筑，是明帝时建于洛阳的白马寺。当时寺院布局仍按印度及西域式样，即以佛塔为中心之方形庭院平面，这种类型的寺庙还有北魏洛阳的永宁寺等。 2. 佛教在两晋、南北朝时曾得到很大发展，并建造了大量的寺院、石窟和佛塔。那时佛寺布局有： （1）“前塔后殿”的布局，突出佛塔。 （2）“以前厅为佛殿，后堂为讲堂”的布局，起源于南北朝时期的“舍宅为寺”。 3. 隋、唐、五代至宋，是中国佛教的另一大发展时期。

佛教概说	（1）这时殿堂逐渐成为全寺的中心，而佛塔则退居到后面或一侧，自成另区塔院；或建作双塔（最早之例见于南朝），矗立于大殿或寺门之前。 （2）唐代晚期密宗盛行，产生了石幢，此外，钟楼的设置，在晚唐时一般位于寺院南北轴线的东侧。大概到明代中叶，才在其西侧建立鼓楼，并将二者移至寺前的山门附近。 4. 我国大多数地区的佛教，通称汉传佛教。其建筑小的称庵（或用居女尼）、堂、院，大的称寺。 5. 明、清时期以四大名山为佛教圣地，这就是山西五台山（文殊菩萨道场）、四川峨眉山（普贤菩萨道场）、安徽九华山（地藏菩萨道场）、浙江普陀山（观音菩萨道场）。【2021】 6. 我国佛寺划分为以佛塔为主和以佛殿为主的两大类型
山西五台佛光寺大殿	1. 五台山在唐代已是我国的佛教中心之一，佛光寺大殿是我国现存最大的唐代木建筑。佛光寺大殿面阔七间，进深八架椽（清称九檩），单檐四阿顶（清称庑殿顶）（图 2.6-1～图 2.6-3）。 2. 大殿建在低矮的砖台基上，平面柱网由内、外二圈柱组成，这种形式在宋《营造法式》中称为“殿堂”结构中的“金箱斗底槽”（图 2.6-4）。檐柱有“侧脚”（平面上各檐柱柱头向内倾斜）及生起（立面上，檐柱自中央当心间向两侧逐间升高）
图例	 图 2.6-1　山西五台佛光寺大殿立面 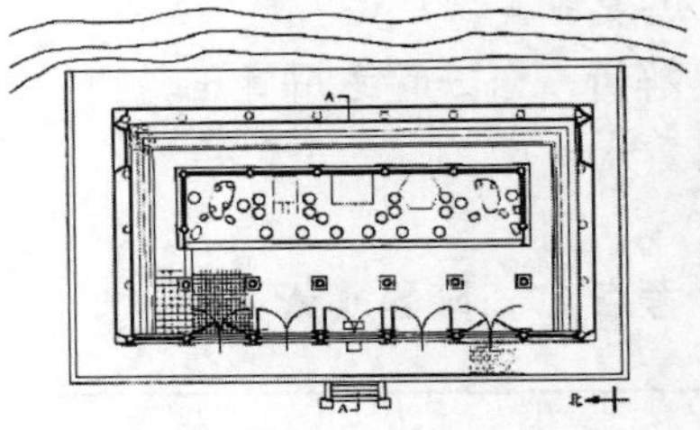 图 2.6-2　山西五台佛光寺大殿平面 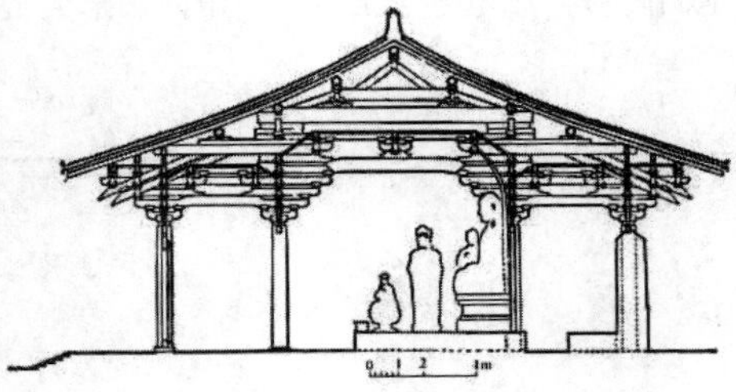 图 2.6-3　山西五台佛光寺大殿剖面 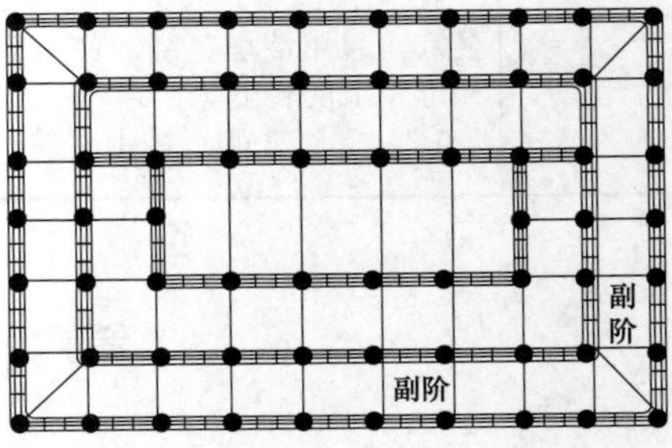 图 2.6-4　金箱斗底槽平面示意图
河北正定隆兴寺	此寺始建于隋，其中，摩尼殿建于北宋，四面正中都出龟头屋，转轮藏殿是建于北宋的 2 层楼阁式建筑
天津蓟县（今蓟州区）独乐寺	1. 相传始建于唐，是现存中国最古老的木构楼阁建筑，现存辽代建筑尚有山门及观音阁二处（图 2.6-5，图 2.6-6）。 2. 山门单檐四阿顶（即四坡顶，清代称庑殿顶），平面有中柱一列，“分心槽”式样。 3. 观音阁外观 2 层，内部 3 层，中间有一夹层，平面为“金厢斗底槽”式样，柱子仅端部有卷杀，并有侧脚。上、下层柱的交接采用叉柱造的构造方式【2019】（图 2.6-7）

续表

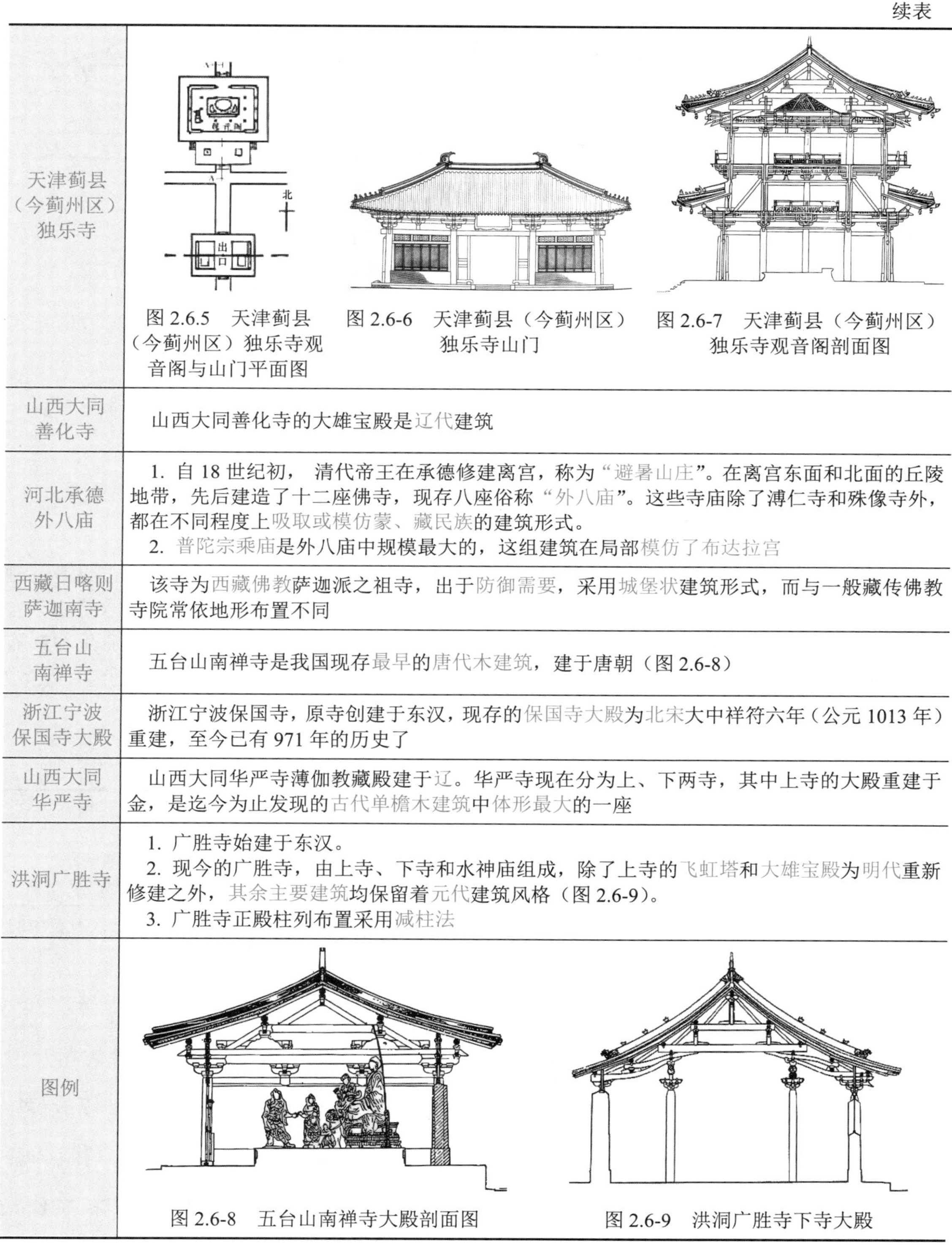

天津蓟县（今蓟州区）独乐寺	图 2.6.5 天津蓟县（今蓟州区）独乐寺观音阁与山门平面图；图 2.6-6 天津蓟县（今蓟州区）独乐寺山门；图 2.6-7 天津蓟县（今蓟州区）独乐寺观音阁剖面图
山西大同善化寺	山西大同善化寺的大雄宝殿是辽代建筑
河北承德外八庙	1. 自 18 世纪初， 清代帝王在承德修建离宫，称为“避暑山庄”。在离宫东面和北面的丘陵地带，先后建造了十二座佛寺，现存八座俗称“外八庙”。这些寺庙除了溥仁寺和殊像寺外，都在不同程度上吸取或模仿蒙、藏民族的建筑形式。 2. 普陀宗乘庙是外八庙中规模最大的，这组建筑在局部模仿了布达拉宫
西藏日喀则萨迦南寺	该寺为西藏佛教萨迦派之祖寺，出于防御需要，采用城堡状建筑形式，而与一般藏传佛教寺院常依地形布置不同
五台山南禅寺	五台山南禅寺是我国现存最早的唐代木建筑，建于唐朝（图 2.6-8）
浙江宁波保国寺大殿	浙江宁波保国寺，原寺创建于东汉，现存的保国寺大殿为北宋大中祥符六年（公元 1013 年）重建，至今已有 971 年的历史了
山西大同华严寺	山西大同华严寺薄伽教藏殿建于辽。华严寺现在分为上、下两寺，其中上寺的大殿重建于金，是迄今为止发现的古代单檐木建筑中体形最大的一座
洪洞广胜寺	1. 广胜寺始建于东汉。 2. 现今的广胜寺，由上寺、下寺和水神庙组成，除了上寺的飞虹塔和大雄宝殿为明代重新修建之外，其余主要建筑均保留着元代建筑风格（图 2.6-9）。 3. 广胜寺正殿柱列布置采用减柱法
图例	图 2.6-8 五台山南禅寺大殿剖面图；图 2.6-9 洪洞广胜寺下寺大殿

2.6-1［2022（5）-35］ 图 2.6-10 所示建筑剖面从左至右分别是（　　）。

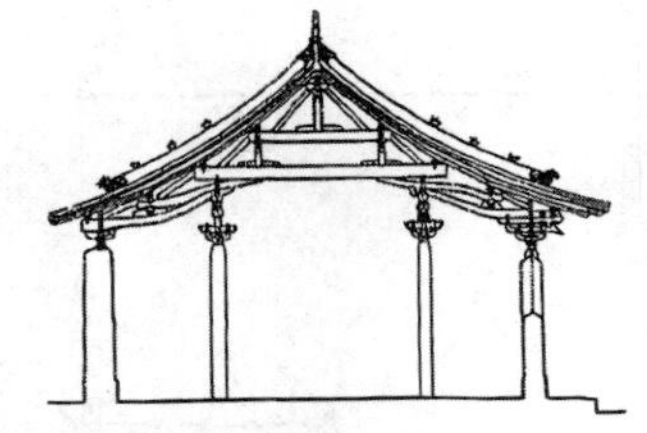
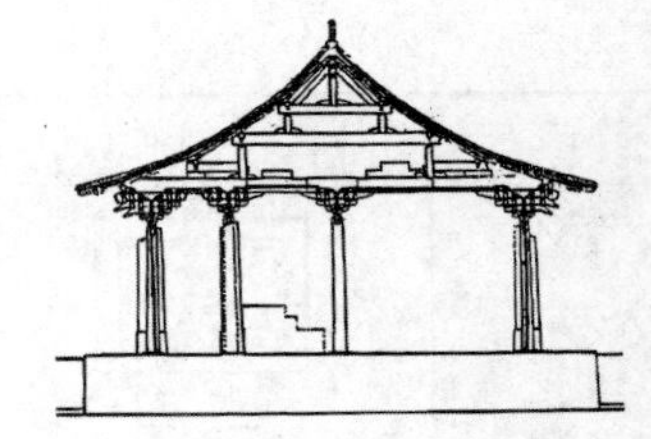

图 2.6-10

A. 山西五台山南禅寺大殿、河北正定摩尼殿、山西芮城永乐宫

B. 山西五台山佛光寺大殿、山西洪洞广胜寺、山西芮城永乐宫

C. 山西五台山南禅寺大殿、河北正定摩尼殿、山西洪洞广胜寺

D. 山西五台山佛光寺大殿、山西芮城永乐宫、山西洪洞广胜寺

答案：B

解析：从左到右依次是山西五台山佛光寺大殿、山西洪洞广胜寺、山西芮城永乐宫。

2.6-2［2022（12）-35］ 下列中国古代建筑中，采用了减柱造的是（　　）。

A. 河北正定隆兴寺摩尼殿　　B. 山西洪洞广胜寺正殿

C. 佛光寺大殿　　D. 南禅寺大殿

答案：B

解析：《中国建筑史》（第七版）P48：减柱法虽然由于没有科学根据而失败，但也是一种革新的尝试。目前保存的元代木建筑有数十处，可以山西洪洞的广胜下寺和山西永济永乐宫（因原址建水库，已迁至芮城）为代表。广胜下寺正殿是元朝重要佛教建筑遗迹，正殿柱列布置采用减柱法。

考点 19：佛塔【★★★】

概说	1. 我国的佛塔在类型上大致可分为大乘佛教的楼阁式塔、密檐塔、单层塔、喇嘛塔和金刚宝座塔，以及小乘佛教的佛塔几类。 2. 早期楼阁式木塔和仿木的砖石塔只用一层塔壁结构，刚度不足，后来改用双层塔壁。 3. 木塔实例以辽山西应县佛宫寺释迦塔为早，砖塔以五代江苏苏州虎丘云岩寺塔最先
阁楼式佛塔	1. 楼阁式塔是仿我国传统的多层木构架建筑的，是我国佛塔中的主流。山西大同云冈石窟中的石刻塔柱，展现了北魏时的楼阁式塔。 2. 山西应县佛宫寺释迦塔（图 2.6-11，图 2.6-12）。 （1）山西应县佛宫寺释迦塔建于辽清宁二年（1056 年），是国内现存唯一最古与最完整之木塔，也是现存最高的木构楼阁建筑。 （2）应县木塔属于“前塔后殿”的布局，底层平面檐柱外设有回廊、即《营造法式》所谓的“副阶周匝”。各楼层间的平座暗层，柱梁间的斜向支撑，使得塔的刚度有很大的改善。 （3）内、外柱的排列，又如佛光寺大殿的“金厢斗底槽”，这种结构手法和独乐寺观音阁基本一致。 3. 江苏苏州虎丘云岩寺塔（图 2.6-13）。 苏州虎丘云岩寺塔全部由砖石砌造，但塔的外形完全模仿楼阁式木塔，底层原有副阶周匝已毁。 4. 福建泉州开元寺双石塔（图 2.6-14）。 福建泉州开元寺双石塔创建于唐末五代之际，南宋时期全部改为石建，东塔名镇国塔，高 48m；西塔称仁寿塔，高 44m。 5. 南京报恩寺琉璃塔。 南京报恩寺琉璃塔始建于明永乐十年，底层建有回廊（即宋代的“副阶周匝”）

图例	
图例	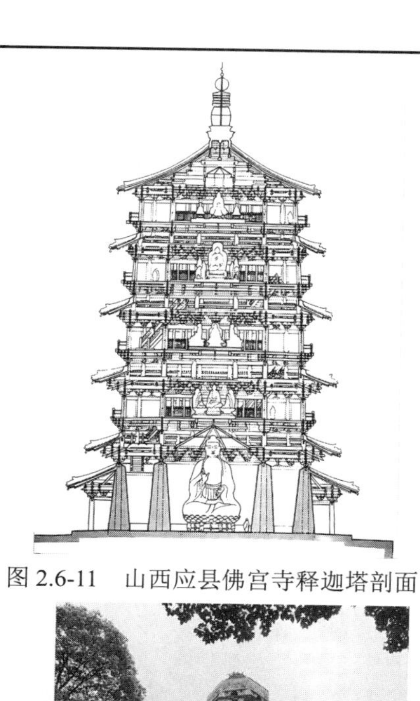 图 2.6-11　山西应县佛宫寺释迦塔剖面  图 2.6-12　山西应县佛宫寺释迦塔  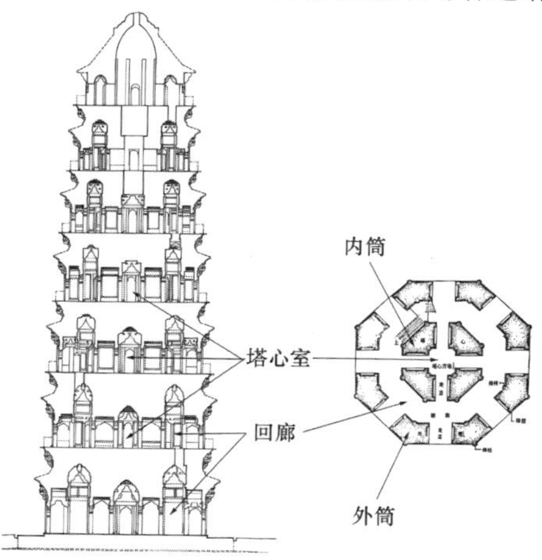 图 2.6-13　江苏苏州虎丘云岩寺塔   图 2.6-14　福建泉州开元寺仁寿塔

续表

<table>
<tr><td>密檐塔</td><td>1. 密檐塔底层较高，上施密檐 5～15 层（一般 7～13 层，用单数），建塔材料一般用砖、石。这类塔在我国最早的实例是北魏的河南登封嵩岳寺塔。
2. 河南登封嵩岳寺塔（图 2.6-15）。
河南登封嵩岳寺塔是我国现存最古老的密檐式砖塔，建于北魏，塔平面为 12 边形，是我国塔中的孤例。
3. 陕西西安荐福寺小雁塔（图 2.6-16）。
小雁塔建于唐代，原有 15 层，现存 13 层，高 43.4m</td></tr>
<tr><td>单层塔</td><td>1. 河南登封会善寺净藏禅师墓塔（图 2.6-17）。
河南登封会善寺净藏禅师墓塔建于唐代，是国内已知最早的八角形塔，全由砖砌。
2. 平顺海会院明慧塔（图 2.6-18）</td></tr>
<tr><td>喇嘛塔</td><td>北京妙应寺白塔（图 2.6-19）建于元代，是尼泊尔著名工匠阿尼哥的作品，属于藏传佛教</td></tr>
<tr><td>金刚宝座塔</td><td>北京正觉寺塔（图 2.6-20）创建于明永乐间，是我国金刚宝座塔这类佛塔的最典型实例，它是在由须弥座和 5 层佛龛组成的矩形平面高台上，再建 5 座密檐方塔</td></tr>
<tr><td>图例</td><td>
图 2.6-15　河南登封嵩岳寺塔

图 2.6-16　陕西西安荐福寺小雁塔

图 2.6-17　河南登封会善寺净藏禅师墓塔

图 2.6-18　平顺海会院明慧塔</td></tr>
</table>

续表

图例	 图 2.6-19　北京妙应寺白塔	 图 2.6-20　北京正觉寺塔

2.6-3［2022（12）-36］ 下列关于应县木塔的 4 个描述中，哪一项是错误的？（　　）

A. 外观 5 层，有 4 个暗层

B. 楼阁式，内外两层柱，形成双筒结构

C. 平面八边形，采用宋制双槽，副阶周匝

D. 建于辽，最古老完整

答案：C

解析：在应县城内，又称应州塔，建于辽清宁二年（1056 年），是国内现存唯一最古与最完整之木塔。塔位于寺南北中轴线上的山门与大殿之间，属于“前塔后殿”的布局。塔建在方形及八角形的 2 层砖台基上，塔身平面也是八角形，底径 30m；高 9 层（外观 5 层，暗层 4 层），67.31m。底层的内、外二圈柱都包砌在厚达 1m 的土坯墙内，檐柱外设有回廊、即《营造法式》所谓的“副阶周匝”。而内、外柱的排列，又如佛光寺大殿的“金厢斗底槽”。

2.6-4［2022（12）-37］ 如下图所示的 4 组建筑中，哪一项是喇嘛塔？（　　）

A. 云南景洪飞龙塔　B. 妙应寺白塔　C. 登封嵩岳寺塔　D. 净藏禅师塔

答案：B

解析：从左到右的建筑分别是云南景洪飞龙塔是傣族佛塔，妙应寺白塔是喇嘛塔，登封嵩岳寺塔是密檐塔，净藏禅师塔是单层塔。

考点 20：道教和伊斯兰教【★】

概说	目前保存较完整的早期道观，以建于元代中期的山西芮城县永乐宫为代表。道教的圣地，最著名的有江西龙虎山、江苏茅山、湖北武当山和山东崂山
山西芮城永乐宫	山西芮城永乐宫是元朝道教建筑的典型，其中三清殿是宫中主殿，平面中减柱甚多，仅余中央三间的中柱和后内柱（图 2.6-21，图 2.6-22）
伊斯兰教建筑	伊斯兰教约在唐代就已自西亚传入中国，我国第一座清真寺是唐代的广州怀圣寺
图例	图 2.6-21　山西芮城永乐宫三清殿正立面　　图 2.6-22　山西芮城永乐宫三清殿侧立面

第七节　园林与风景建设

考点 21：中国园林的发展【★】

汉末至南北朝时期	东晋和南朝起着决定性的作用，是我国自然式山水风景园林的奠基时期【2022（5）】
唐宋至明清时期	唐宋至明清则是在自然式山水风景园林的基础上的进一步继承与发展，其主要表现有四个方面：理景的普及化、园林功能生活化、造园要素密集化、造园手法精致化
唐朝前后特点	唐以前前期园林审美比较质朴、粗放。唐宋时期，随着山水诗文、山水画的发展，山水审美也更深入，"诗情画意"的发展推动造园风格趋于精美。概言之，前期比较朴素，后期趋于精致
影响中国园林的思想	中国园林既受道家思想影响，也受儒家思想影响。 （1）儒者造园理景的指导思想仍是入世的，和道家出世的思想有所不同，所以唐宋以后的园林日趋世俗化，园中充满居住、待客、宴乐、读书、礼拜道佛等世俗生活内容。 （2）日本禅味甚浓的庭园风格迥然各异，其根本原因就在日本庭园受佛教思想影响较深，而中国古代社会后期园林受儒家思想影响较多
奇石审美标准	在悠久的奇石审美文化中，人们总结出了"瘦、透、漏、皱"四大审美标准。瘦，指石材苗条，呈迎风玉立之态；透，指石纹贯通剔透笼络；漏，指大孔小穴，贯穿相套，有八面玲珑之感；皱，指石面褶皱起伏，千姿百态

2.7-1［2017-095］下列选项中，中国传统园林的主要景观要素是（　　）。

A. 建筑　　B. 建筑群空间　　C. 植物　　D. 山水

答案：D

解析：我国古代园林，以再现自然山水为特点，是人工模山范水创造的第二自然，它由山、水、花木、建筑四个重要部分组成。此外，还有起点睛作用的匾额、楹联、刻石，对这些基本要素的分析和理解是造园的核心。

考点 22：明清皇家园林【★★★】

明清皇家园林	清代帝苑的内涵一般有两大部分：一部分是居住和朝见的宫室；另一部分是供游乐的园林
北京明、清三海	三海分别是北海、中海和南海，其中北海面积最大，北海东岸和北岸还有濠濮间、画舫斋和静心斋三组幽曲封闭的小景区，形成园中园（图 2.7-1）
河北承德避暑山庄	1. 承德避暑山庄虽是宫室殿宇，但都用卷棚屋顶、素筒板瓦，不施琉璃，风格较北京淡雅，景色则多仿江南名胜，整个园区共有大小建筑风景点 80 余处，集民间园林之大成。 2. 园区可分为湖区、平原区与山岭区三大部分，景色则多仿江南名胜，如“芝径云堤”仿杭州西湖、“烟雨楼”仿嘉兴南湖烟雨楼，是一处园中园，“文园狮子林”仿苏州狮子林、“金山”仿镇江金山寺等。 3. 远借园外东北两面的外八庙风景，也是此园成功之处
清漪园（颐和园）	1. 颐和园沿后湖两岸原有临水的苏州街，是仿照苏州街道市肆的意趣，沿后湖东去，尽端有一处小景区“谐趣园”，仿无锡寄畅园手法【2023、2019】，和北海静心斋一样，同是清代苑囿中成功的园中之园。 2. 昆明湖东岸是一道拦水长堤。湖中又筑堤一道，仿杭州西湖苏堤建桥 6 座。 3. 佛香阁为重檐攒尖顶，是全园制高点。 4. 颐和园体现了古代一池三山的园林思想，即中国古代山水园池中置岛的造园手法与园林布局，这种手法对日本的园林建设也产生了较大的影响
圆明园	1. 乾隆时期是清代园林兴作的极盛期，圆明园（图 2.7-2）仿建江南名园，在园的东侧建长春园【2021】，园中建一欧式园林，内有巴洛克式宫殿、喷泉和修剪造型的植物配置。 2. 现存圆明园西洋建筑残迹位于长春园北界【2021】，是我国首次仿建的一座欧式园林，由西方传教士意大利人郎世宁和法国人蒋友仁设计监修，中国匠师建造。 3. 乾隆十六年秋季建成第一座西洋水法（喷泉）工程—谐奇趣，乾隆四十八年最终添建高台大殿—远瀛观
图例	图 2.7-1　北京北海平面 图 2.7-2　圆明园平面

2.7-2［2023-30］北京颐和园中的谐趣园参照的是哪个江南园林？（　　）

A. 无锡寄畅园　　B. 苏州拙政园　　C. 扬州个园　　D. 吴江退思园

答案： A

解析： 颐和园沿后湖两岸原有临水的苏州街，是仿照苏州街道市肆的意趣，沿后湖东去，尽端有一处小景区“谐趣园”，仿无锡寄畅园手法，和北海静心斋一样，同是清代苑囿中成功的园中之园。

2.7-3［2022（12）-55］ 清代皇家园林中某些景点模仿江南园林和名胜风景，其中颐和园中的湖面模仿了下列哪个园林？（　　）

A. 扬州瘦西湖　B. 杭州西湖　C. 南京莫愁湖　D. 南京玄武湖

答案：B

解析：《中国建筑史》P203：昆明湖东岸是一道拦水长堤。湖中又筑堤一道，仿杭州西湖苏堤建桥6座，此堤将湖面划为东、西两部分，东面湖中设南湖岛，以十七孔桥与东堤相连，西面湖中又有小岛2处。这一带湖面处理虽欲写仿西湖，但周围无层叠的山岭为屏障，终因缺乏层次而显得空旷平淡。

2.7-4［2021-55］ 现存圆明园西洋建筑残迹原属于哪座清代皇家园林？（　　）

A. 畅春园　B. 长春园　C. 绮春园　D. 万春园

答案：B

解析：清朝皇帝为了追求多方面的乐趣，在长春园北界还引进了一处欧式园林建筑，俗称“西洋楼”，由谐奇趣、线法桥、万花阵、养雀笼、方外观、海晏堂、远瀛观、大水法、观水法、线法山和线法墙等十余个建筑和庭园组成。于乾隆十二年（1747年）开始筹划，至二十四年（1759年）基本建成。由西方传教士郎世宁、蒋友仁、王致诚等设计指导，中国匠师建造。建筑形式是欧洲文艺复兴后期“巴洛克”风格。

考点23：明清江南私家园林【★★★★】

发展历程	1. 东晋、南朝建都金陵后，掀起了江南第一次造园高潮。 2. 明清时，私家园林有了很大发展，江南则以南京、苏州、扬州、杭州一带为多。 3. 明代计成在总结实践经验的基础上，著成《园冶》一书，是我国古代最系统的园林艺术论著，书中对造园艺术的精妙总结有虽由人作，宛自天开。 4. 清代李渔著有《闲情偶寄》，张涟、李渔对堆叠假山则有独到的见解。 5. 南京瞻园、无锡寄畅园、苏州拙政园和留园并称为“江南四大名园”
设计原则与手法	私家园林基本设计原则与手法有： （1）园林布局：主题多样、隔而不塞、欲扬先抑、曲折萦回、尺度得当、余意不尽、远借邻借。 （2）水面处理：园无水则不活。 （3）叠山置石：造假山必须像真山，迄今江南各地所遗明清假山佳作极少，能称之为艺术品者更少，仅苏州环秀山庄湖石假山、常熟燕园黄石假山、苏州耦园黄石假山等少数几处而已。 （4）建筑营构：中国传统园林以山水为景观主体，建筑在其中只起配角作用。私家园林建筑以厅堂为主，《园冶》因此有“凡园圃立基，定厅堂为主”之说
厅堂式样	在苏州，厅堂式样除常见的一般厅堂外，还有：四面厅（四面设落地窗，利于四面观景）；鸳鸯厅［室内分隔为空间相等的南北两部分，南面宜冬，北面宜夏（图2.7-3）］；花篮厅［室内减去二内柱，代之以虚柱，柱头雕成花篮式样（图2.7-4）］；扁作厅［其进深可分为三部：廊轩、内四界、后双步（图2.7-5）］【2019】；楼厅（楼上为居室，楼下装修成厅的格局）；画舫斋是一种特殊的园林建筑，它的原型是江舟。宋时，欧阳修在官邸利用七间房在山墙上开门，正面仅开窗，取名“画舫斋”（图2.7-6）

厅堂式样	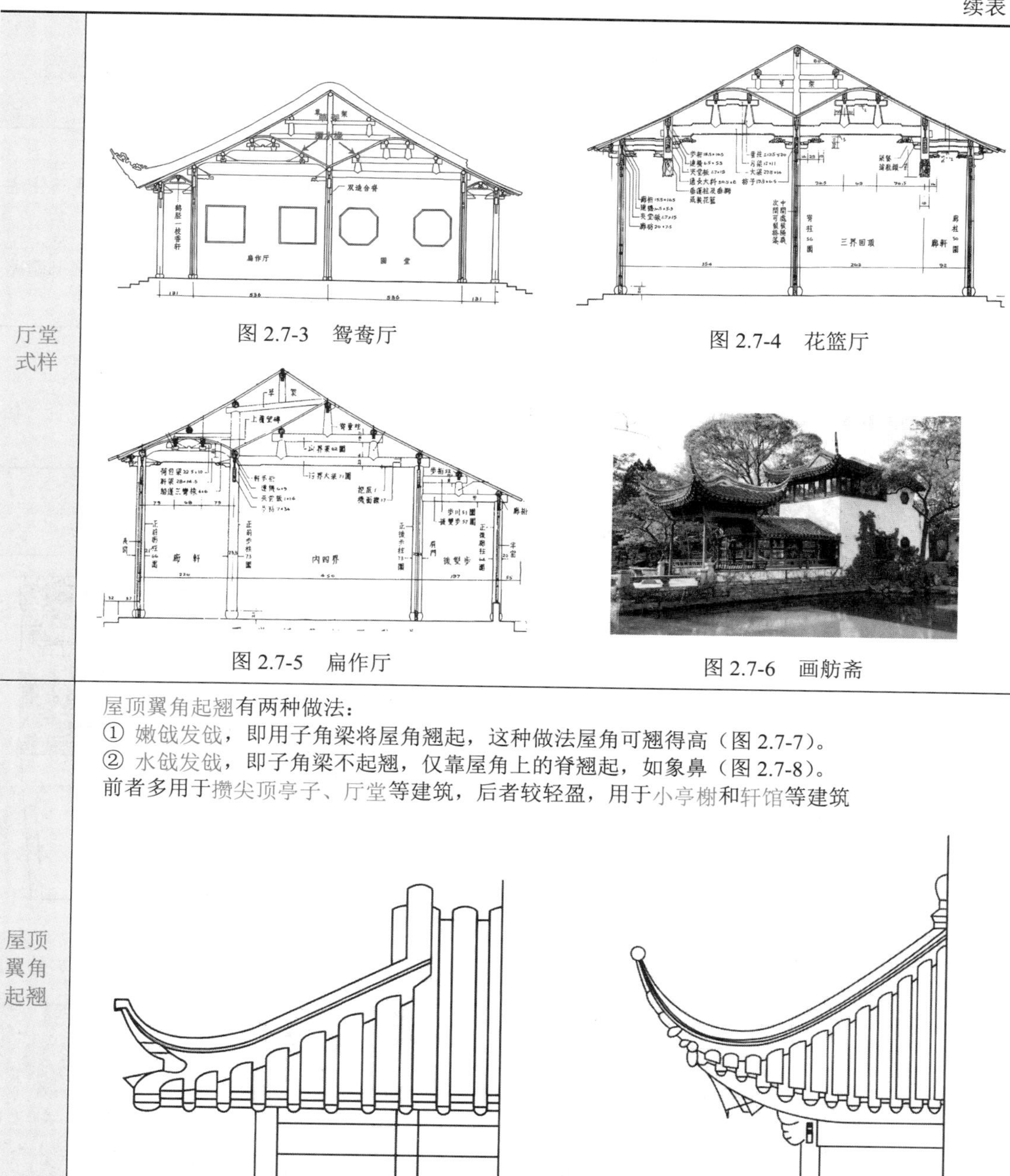 图 2.7-3　鸳鸯厅 图 2.7-4　花篮厅 图 2.7-5　扁作厅 图 2.7-6　画舫斋
屋顶翼角起翘	屋顶翼角起翘有两种做法： ① 嫩戗发戗，即用子角梁将屋角翘起，这种做法屋角可翘得高（图 2.7-7）。 ② 水戗发戗，即子角梁不起翘，仅靠屋角上的脊翘起，如象鼻（图 2.7-8）。 前者多用于攒尖顶亭子、厅堂等建筑，后者较轻盈，用于小亭榭和轩馆等建筑 图 2.7-7　水戗发戗 图 2.7-8　嫩戗发戗
寄畅园	江苏无锡—寄畅园： 1. 寄畅园初建于明代，西靠惠山，东南有锡山，泉水充沛，自然环境幽美。【2021】 2. 在园景布置上很好地利用了这些特点组织借景，如可在丛树空隙中看见锡山上的龙光塔【2019】，将园外景色借入园内；从水池东面向西望又可看到惠山耸立在园内假山的后面，增加了园内的深度（图 2.7-9）

续表

留园	江苏苏州—留园： 1. 留园原是明朝嘉靖年间的园林。假山为叠山名手周秉忠所筑（图 2.7-10）。【2021、2019】 2. 留园中的冠云峰在苏州各园湖石峰中尺度最高
拙政园	江苏苏州—拙政园： 1. 拙政园始建于明代正德年间，各种建筑物较集中地分布在园南面靠近住宅一侧，以便与住宅联系。 2. 其中远香堂是中部主体建筑，居中心位置，它的周围环绕着几组建筑庭院：花厅玉兰堂，位于西南端；西南隅有小沧浪水院；东南隅有枇杷园和海棠春坞；西北隅池中见山楼与长廊柳荫路曲组成一个以山石花木为中心的廊院等（图 2.7-11）【2021】
退思园	江苏吴江—退思园： 1. 退思园位于江苏吴江市同里镇，始建于清朝，参与建园者为同里人袁龙。 2. 主体建筑为书楼“坐春望月楼”，按传统习惯，楼作六开间，楼前院内依西墙建三间小斋，仿画舫前、中、后三舱之意（图 2.7-12）
个园	江苏扬州个园： 个园建于清嘉庆年间，是扬州园林代表，以四季假山而闻名于世（图 2.7-13）【2024】
图例	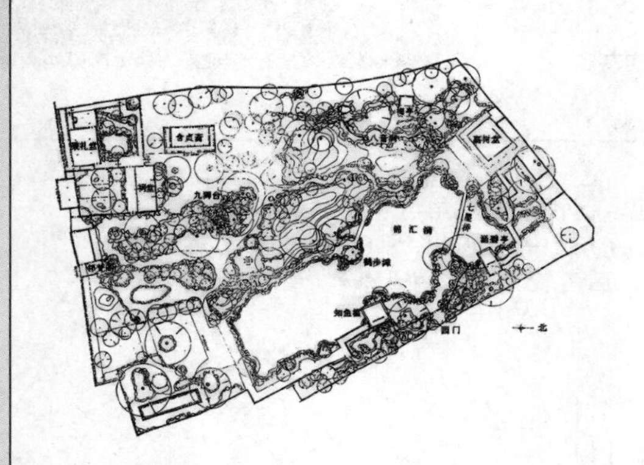 图 2.7-9　江苏无锡寄畅园平面 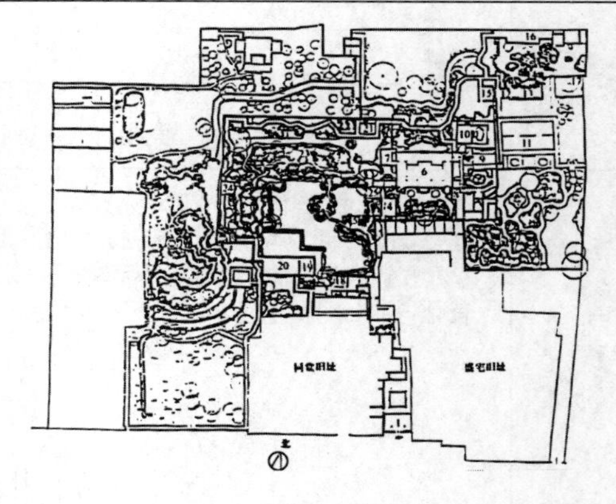 图 2.7-10　江苏苏州留园平面 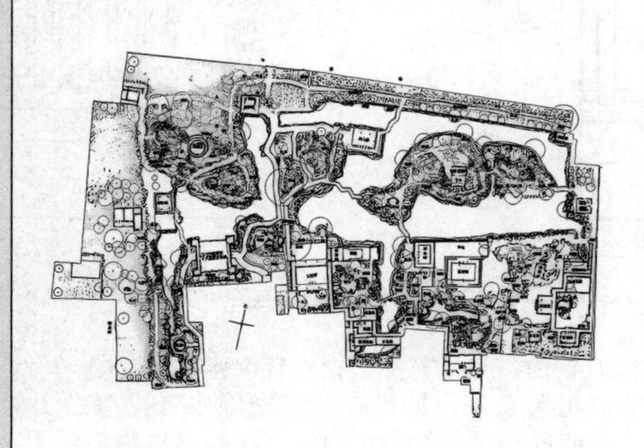 图 2.7-11　江苏苏州拙政园平面 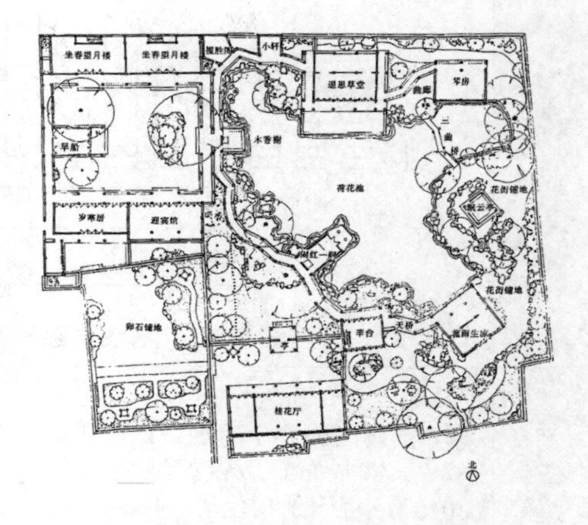 图 2.7-12　江苏吴江退思园平面

续表

图例	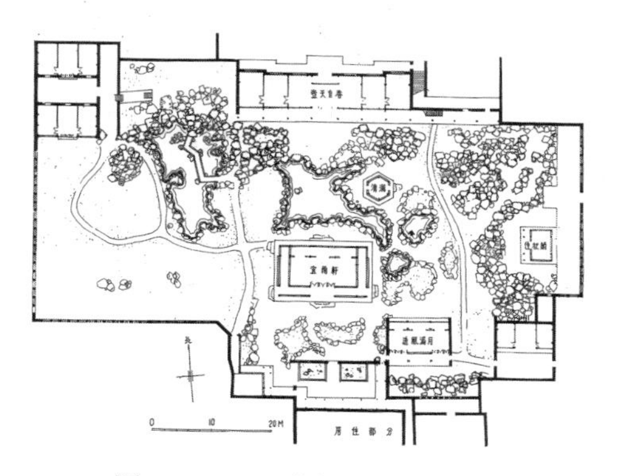 图 2.7-13　江苏扬州个园平面
造景手法	1. 借景：让一个空间变大最直接的办法，就是“借”空间——将远处的、旁边的都收纳到自己的庭院里，故而，庭院仿佛就有了目之所及那么大的范围。 2. 框景：从某种意义上可以算是借景的一种，因为它把相邻的景观借到了这边的空间里。但它的特别之处就在于它能使视线集中，既能突出主景，又能增加景观层次与景深。 园林的每一处门、窗、洞、树，都可以成为生活中的“画框”，比如经典的“月洞门”，只要能起到下一个景观的小小“预告”作用，勾起游人的兴趣和好奇心，它就已经是一个成功的框景了。 3. 漏景：漏景是框景的一种更“朦胧”的表达方式。漏景的漏窗往往会有花纹，并不是完全的空洞，这样看到的景观是若隐若现的，漏景的媒介叫作“虚隔物”，这种虚隔物包括花窗、栅栏隔扇等。 4. 夹景：是指通过左右两侧景物，如树丛、树干、土山、建筑物等加以屏障，从而形成左右遮挡的狭长空间，以此汇聚观赏者的视线，使景视空间定向延伸到焦点景观。 5. 对景：所谓对景，就是“我把你作为景，你也把我作为景”。对景常运用于在场地空间受限、角度受限、无景可借之时，利用相对的景物作为互相的景观。对景可分为正对与互对。 6. 障景：障景是小空间常用的手法，这种手法顾名思义，就是不让你看到后面的景观。照壁、隔墙、屏风、帘子，以至盆栽、山石、幕布、水池等皆可作障景。 7. 添景：当远方自然景观或人文景观，近处也没有过渡景观时，眺望时就缺乏空间层次。如果在中间或近处有乔木或花卉作中间或近处的过渡景，这乔木或花卉便是添景

2.7-5［2024-30］以四季假山闻名于世的园林是（　　）。

A. 苏州留园　　B. 南京瞻园　　C. 上海豫园　　D. 扬州个园

答案：D

解析：四季假山，是指个园中开辟的四个形态逼真的假山区，因分别以春、夏、秋、冬命名而被称为四季假山。

2.7-6［2023-29］苏州拙政园将北寺塔纳入园中的理景手法为（　　）。

A. 框景　　B. 对景　　C. 借景　　D. 补景

答案：C

解析：将远处的、旁边的北寺塔都收纳到苏州拙政园的庭院里，故而，苏州拙政园庭院仿佛就有了目之所及那么大的范围。

2.7-7［2021-56］图 2.7-14 所示的明清时期私家园林从左到右依次是（　　）。

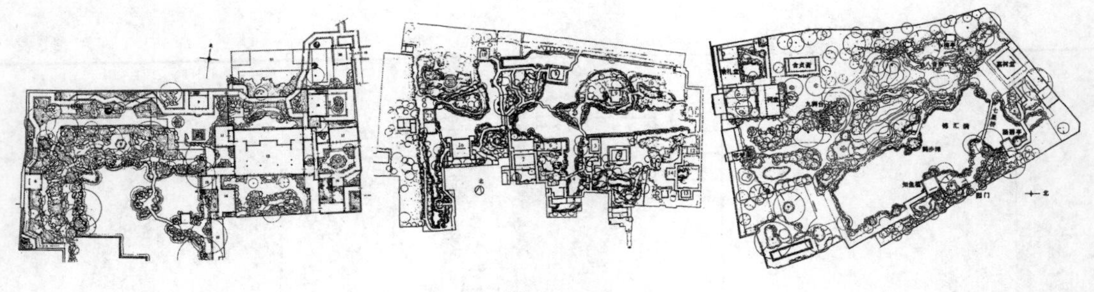

图 2.7-14

A. 留园 拙政园 寄畅园　　B. 留园 寄畅园 拙政园

C. 拙政园 留园 寄畅园　　D. 拙政园 寄畅园 留园

答案：A

解析：通过记忆负空间来解题。

第八节　古代木构建筑的特征与详部演变

考点 24：大木作【★★★★】

<table>
<tr><td>概说</td><td>1. 大木作是我国木构架建筑的主要结构部分，由柱、梁、枋、檩等组成。同时又是木建筑比例尺度和形体外观的重要决定因素。
2. 建筑中各开间的名称因位置不同而异，正中一间称为明间（宋称当心间），其左、右侧的称次间，再外的称梢间，最外的称尽间或末间；九开间及以上的建筑则增加次间数（图 2.8-1）
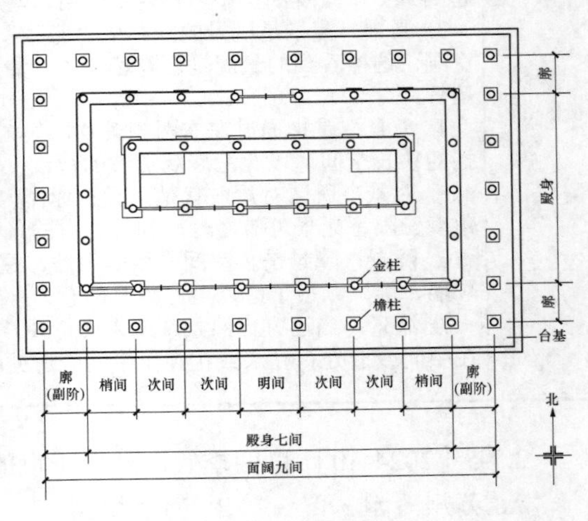

图 2.8-1　传统建筑开间</td></tr>
<tr><td>柱</td><td>1. 梭柱：河北定兴北齐义慈惠石柱上端的建筑，雕刻了我国现知最早的梭柱形象。《营造法式》中已有梭柱做法，规定将柱身依高度等分为三，上段有收杀，中、下二段平直（图 2.8-2）。
2. 生起：宋、辽建筑的檐柱由当心间向二端升高，因此檐口呈一缓和曲线，这在《营造法式》中称为“生起”。宋《营造法式》规定，次间柱升高 2 寸，以下依次递增 2 寸（图 2.8-3）。
3. 侧脚：为了使建筑有较好的稳定性，宋代建筑规定外檐柱在前、后檐均向内倾斜柱高的 10/1000，在两山向内倾斜 8/1000，而角柱则两个方向都有倾斜。这种做法在《营造法式》中称为“侧脚”（图 2.8-4）【2021】。元代建筑如山西芮城永乐宫三清殿尚保留这种做法，到明、清则已大多不用。</td></tr>
</table>

柱

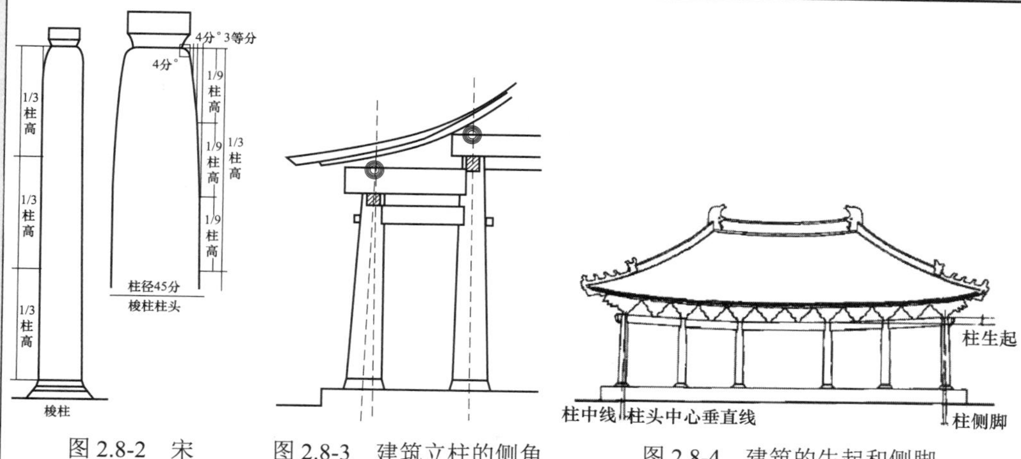

图 2.8-2　宋《营造法式》梭柱

图 2.8-3　建筑立柱的侧角

图 2.8-4　建筑的生起和侧脚

4. 柱网（图 2.8-5）：

（1）山西五台唐佛光寺大殿使用“金厢斗底槽”式内、外二圈柱。

（2）以内柱将平面划分为大小不等的两区或三区的。

前者如山西太原晋祠圣母殿（宋）、朔县崇福寺观音殿（金），在《营造法式》中称为“单槽”。后者如西安唐大明宫含元殿遗址和北京清故宫太和殿，《营造法式》中称为“双槽”。

（3）在门屋建筑中，用中柱一列将平面等分的，在《营造法式》中称为“分心斗底槽”（分心槽），例如天津蓟县（今蓟州区）独乐寺山门（辽）。

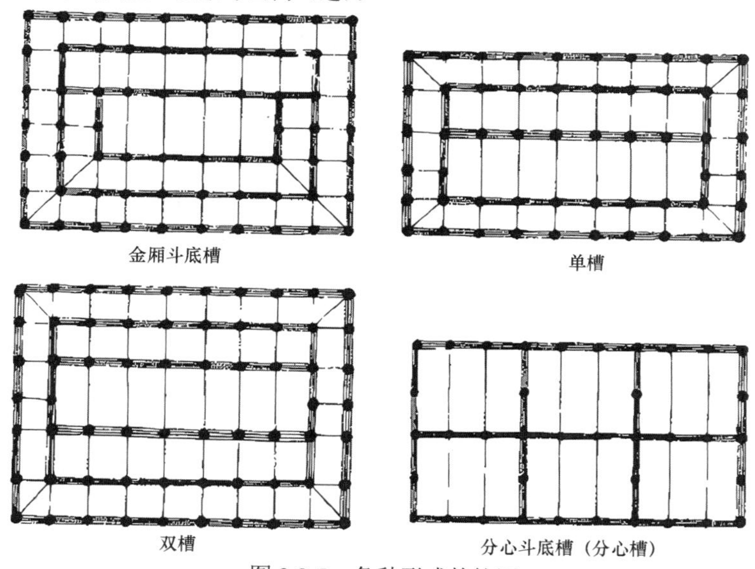

图 2.8-5　各种形式的柱网

5. 移柱和减柱：

（1）宋、辽、金、元建筑中，常将若干内柱移位，可称为“移柱造”（图 2.8-6）。如山西大同华严上寺金代的大雄宝殿，其中央五间前后檐的内柱都向内移一椽长度。

（2）减少部分内柱，可称为“减柱造”（图 2.8-7）。如山西五台佛光寺金代所建的文殊殿。

（3）在许多情况下，移柱和减柱同时使用。如山西大同善化寺三圣殿。这些做法，在明、清建筑中已不使用。

续表

柱	图 2.8-6　移柱造 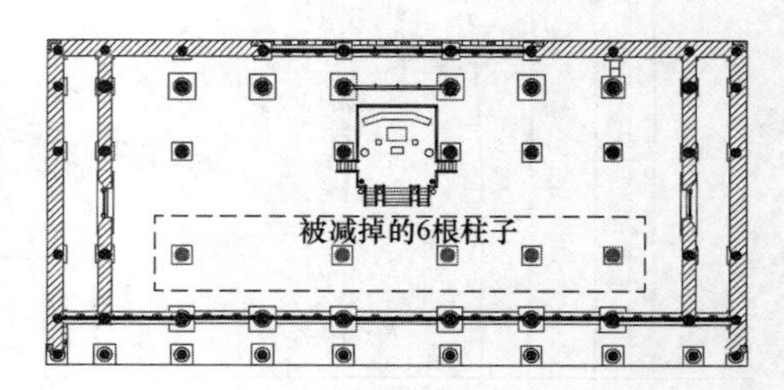 图 2.8-7　减柱造 6. 在建筑主体以外另加一圈回廊的，《营造法式》称为“副阶周匝”
枋	1. 额枋（宋称阑额）。 额枋是柱上联络与承重的水平构件。南北朝及以前大多置于柱顶，隋、唐以后才移到柱间，阑额之名首见于宋代。唐代阑额断面高宽比约 2:1，宋、金阑额断面比例约为 3:2，明、清额枋断面近于 1:1。 2. 平板枋（宋称普拍枋）。 平板枋平置于阑额之上，是用以承托斗拱的构件。 3. 雀替（宋称绰幕枋）。 雀替是置于梁枋下与柱相交处的短木，可以缩短梁枋的净跨距离
斗拱	1. 斗拱是我国木构架建筑特有的结构构件，此外，它还作为封建社会森严等级制度的象征。其作用是在柱子上伸出悬臂梁承托出檐部分的重量，主要由水平放置的方形斗、升和矩形的栱以及斜置的昂组成。 2. 斗拱在宋代也称“铺作”；在清代称“斗科”或“斗拱”；在江南则称“牌科”。 3. 宋代的材分制。 （1）“材”“栔”，都是宋代建筑中的计量单位。 （2）宋《营造法式》建立的模式制称为“材分制”，它以斗拱中栱的截面（高度）——“材”作为模数的基本单位【2019】。 （3）单材上加“栔”，谓之“足材”，如华栱和丁头栱均为足材。有了材、栔、分基本单位，就可以将其他构件用统一的权衡尺度。 4. 宋代对各种栱的长度、卷杀等已有详细规定，将“材”的高度划分为 15 分，宽度为 10 分，作为建筑尺度的衡量标准，再将上、下栱间距离称为“栔”，高 6 分，宽 4 分，单材上加“栔”，谓之“足材”，高 21 分（图 2.8-8）。 5. 宋《营造法式》中，按建筑等级将斗拱用材分为八等，清式以坐斗斗口宽度为标准，分为十一等，斗拱用材总的趋势是由大变小。 6. 昂是斗拱中斜置的构件，起杠杆作用。 图 2.8-8　单材和足材 7. 翘或昂自坐斗出跳，清代以踩计（宋以铺作计）。 出一跳叫三踩（宋称四铺作），出两跳叫五踩（宋称五铺作）。 8. 唐宋以前，斗拱的结构作用十分明显，斗拱发展到宋代已经成熟，到了元朝斗拱机能开始减弱，明清时期斗拱更小，以装饰为主。 9. 斗拱的演变趋势是：由大而小、由简而繁、由雄壮而纤巧、由结构的而装饰的、由真结构的而假刻的、分布由疏朗而繁密（图 2.8-9）【2021】

续表

斗拱	唐代斗拱　宋代斗拱　清代斗拱 图 2.8-9　唐代、宋代与清代斗拱对比
屋架	1. 举架（宋称举折）。 （1）举是指屋架的高度，常按建筑的进深和屋面的材料而定。在计算屋架举高时，由于各檩升高的幅度不一致，所以求得的屋面横断面坡度不是一根直线，而是若干折线组成的，这就是“折”。 （2）“举势”指屋面坡度。 2. 推山与收山。 （1）推山是庑殿（宋称四阿）建筑处理屋顶的一种特殊手法。由于立面上的需要将正脊向两端推出，从而四条垂脊由 45° 斜直线变为柔和曲线。 （2）收山是歇山（宋称九脊殿）屋顶两侧山花自山面檐柱中线向内收进的做法，其目的是使屋顶不过于庞大

2.8-1［2023-27］我国以“材”作为造屋尺度标准的典籍是（　　）。

A. 宋《营造法式》　　B. 明《鲁班营造正式》

C. 清《工程做法》　　D. 近代《营造法原》

答案： A

解析： 宋《营造法式》建立的模式制称为“材分制”，它以斗拱中栱的截面（高度）——“材”作为模数的基本单位。

2.8-2［2021-32］中国古代木构建筑外檐柱及角柱在前、后檐及两山处向内倾斜的做法称为（　　）。

A. 生起　　B. 侧脚

C. 举折　　D. 推山

答案： B

解析： 侧脚：为了使建筑有较好的稳定性，宋代建筑规定外檐柱在前后檐均向内倾斜柱高的 10/1000，在两山向内倾斜 8/1000，而角柱则两个方向都有倾斜。

2.8-3［2019-36］根据宋代《营造法式》，规定作为建筑尺度标准的是（　　）。

A. 间　　B. 材

C. 斗口　　D. 斗拱

答案： B

解析： 以拱的高度——“材”作为模数。

考点 25：屋顶【★★★★】

<table>
<tr><td>中国古代单体建筑屋顶式样</td><td>1. 屋顶的形式多样，被称为中国建筑的“第五立面”（图 2.8-10）。
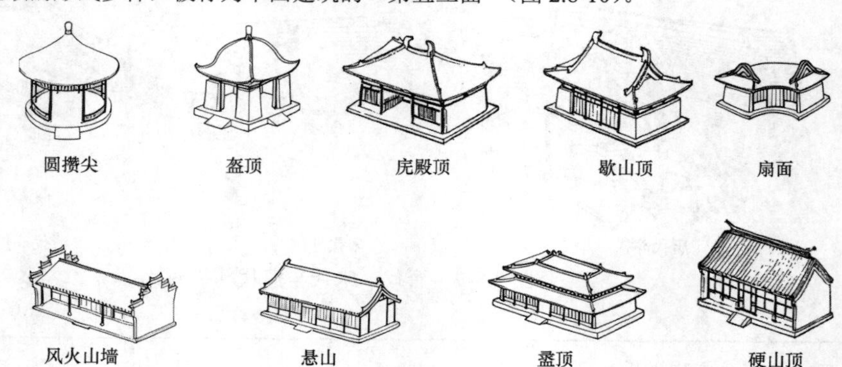

图 2.8-10　中国古代单体建筑屋顶式样
2. 屋顶形式有硬山、悬山、歇山、庑殿、攒尖、十字脊、盝顶、重檐等。【2019】
（1）庑殿（宋称四阿顶）。庑殿的出现先于歇山，后来成为古代建筑中最高级的屋顶式样。一般用于皇宫、庙宇中最主要的大殿，可用单檐，特别隆重的用重檐。
（2）歇山（宋称九脊殿）。它是由两坡顶加周围廊形成的屋面式样，歇山的等级仅次于庑殿。两建筑作丁字相交的，其插入部分称为“抱厦”（或“龟头屋”）
（3）悬山。悬山是两坡顶的一种，特点是屋檐两端悬伸在山墙以外（又称为挑山或出山）。两坡的悬山顶，宋时称“两厦”“不厦两头造”。
（4）硬山。硬山也是两坡顶的一种，但屋面不悬出山墙之外。
（5）攒尖（宋称斗尖）。攒尖多用于面积不太大的建筑屋顶，如塔、亭、阁等。特点是屋面较陡，无正脊，而以数条垂脊交合于顶部，其上再覆以宝顶。
（6）单坡。单坡多用于较简单或辅助性建筑，常附于围墙或建筑的侧面。
（7）平顶。在我国华北、西北与西藏一带，由于雨量很少，建筑屋面常采用平顶。但在它四周加短檐，称为盝顶的屋面，则始见于宋画。
3. 屋顶形式尊卑等级顺序是：重檐庑殿、重檐歇山、重檐攒尖、单檐庑殿、单檐歇山、单檐攒尖、悬山、硬山</td></tr>
<tr><td>屋脊装饰</td><td>1. 正脊两端构件——晋始用鸱尾，唐鸱尾，宋鸱尾、龙尾、鱼尾，元鸱吻，明、清吻兽。
2. 仙人走兽——《大清会典》规定顺序为骑凤仙人、龙、凤、狮子、天马、海马、狻猊、押鱼、獬豸、斗牛、行什。走兽共九只，出列时必须为奇数，只有太和殿例外，加了一只“行什”，共十只</td></tr>
</table>

2.8-4［2020-31］下列选项中屋顶等级从高到低排序正确的是（　　）。

A. 庑殿、歇山、悬山、硬山　　B. 歇山、悬山、硬山、庑殿

C. 悬山、硬山、庑殿、歇山　　D. 庑殿、歇山、硬山、悬山

答案：A

解析：庑殿＞歇山＞悬山＞硬山。

2.8-5［2019-32］图 2.8-11 所示五种中国传统建筑的屋顶从左到右依次是（　　）。

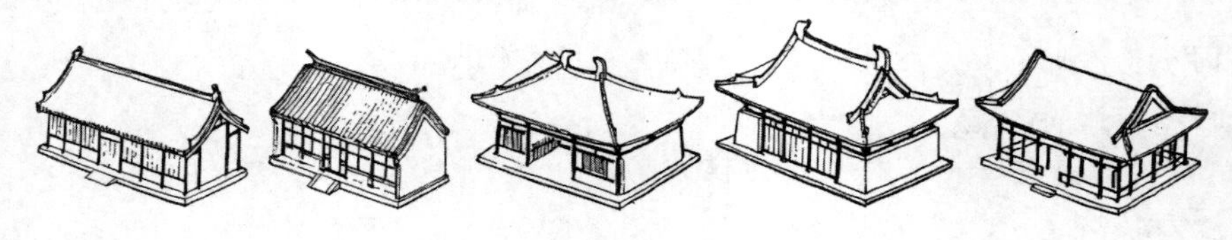

图 2.8-11

A. 硬山、悬山、庑殿、歇山、卷棚　　　B. 悬山、硬山、歇山、庑殿、卷棚
C. 悬山、硬山、庑殿、歇山、卷棚　　　D. 硬山、卷棚、悬山、庑殿、歇山

答案：A

解析：不悬挑——硬山；悬挑——悬山；推山——庑殿；收山——歇山；曲线——卷棚。

考点 26：小木作、色彩与装饰【★★★】

小木作	1. 装修，在宋代称为小木作。 2. 小木作包含门、窗、隔扇、栏杆、天花、藻井、卷棚、家具、陈设等。 3. 六朝以前人们大多采用“席地而坐”的方式，因此一般家具都较低矮。北方十六国时期，增加了垂足而坐的高坐具——方凳、圆凳、椅子等，到了宋以后废弃席坐。 4. 明代家具的水平最高，造型注意适应人的使用，外观美观大方、简洁而不使用过多的装饰等等。清代家具更注意装饰，线脚较多，外观较华丽
色彩	建筑色彩的等级：清代以黄色为最尊贵，以下次序是赤、绿、青、蓝、黑、灰
雕刻	1. 依形式有浮雕和圆雕，依材料有石、砖、木等。 2. 宋代对雕刻则按其起伏高低，分为剔地起突（高浮雕）、压地隐起华（浅浮雕）、减地平钑（线刻）和素平四种
窗花	古人用窗来引景、借景、对景和框景，起到移步换景的作用。同时，为了美观与彰显身份地位，会在门窗之上做文章，其中的棂格、雕刻等各种纹样装饰或独立或组合，形成形式繁杂、栩栩如生的图案（图 2.8-12） 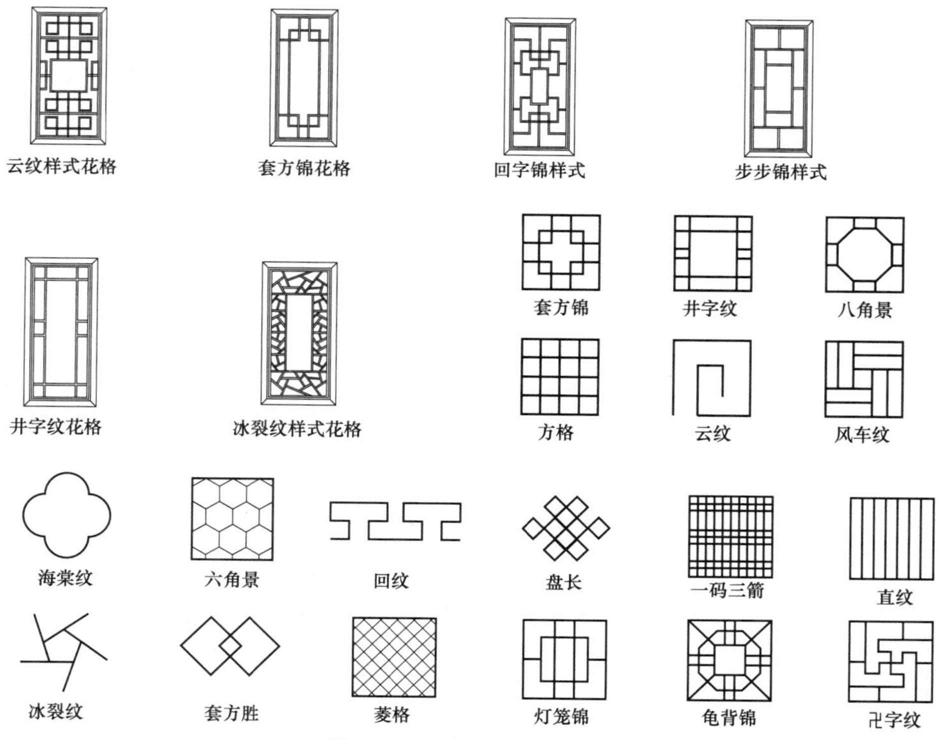 云纹样式花格　套方锦花格　回字锦样式　步步锦样式 井字纹花格　冰裂纹样式花格　套方锦　井字纹　八角景　方格　云纹　风车纹 海棠纹　六角景　回纹　盘长　一码三箭　直纹 冰裂纹　套方胜　菱格　灯笼锦　龟背锦　卍字纹 图 2.8-12　中国传统窗花图纹

<table>
<tr><td>罩</td><td>中国古代，罩是一种常用的侧界面装饰，如图 2.8-13 所示
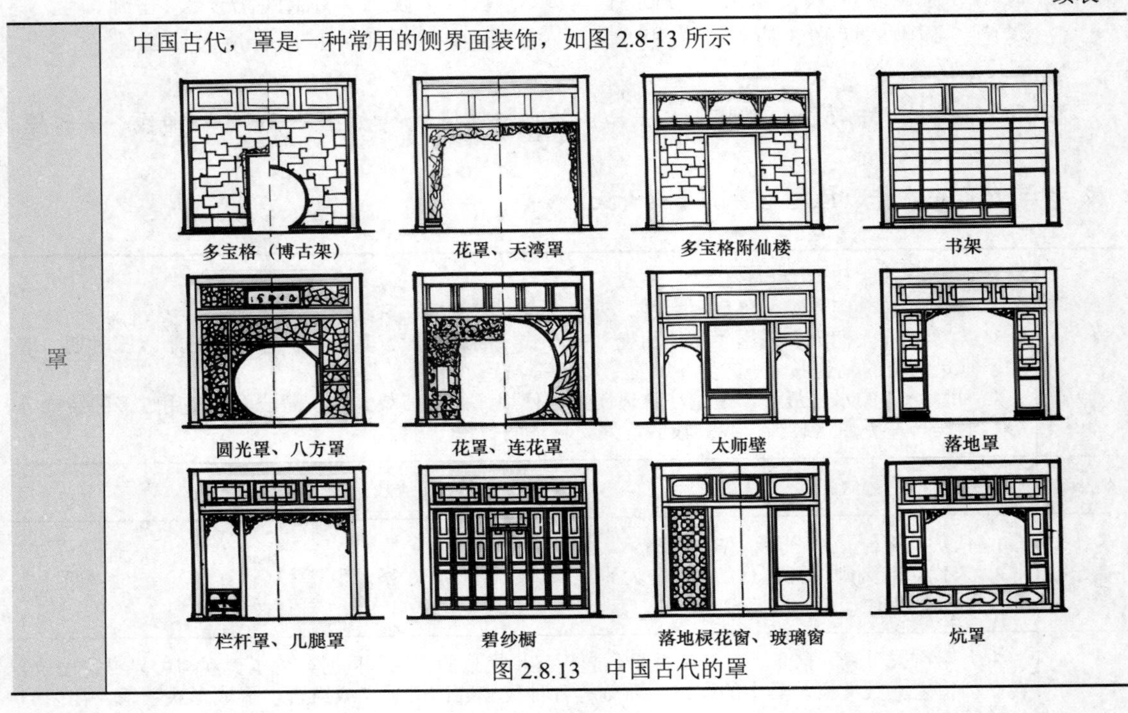

图 2.8.13　中国古代的罩</td></tr>
</table>

2.8-6［2022（12）-4］以下四幅图中，中国传统窗户图纹“步步锦”样式是哪一个？（　　）

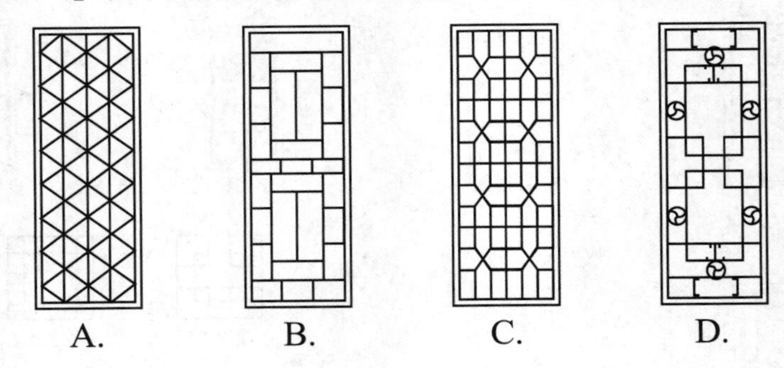

答案：B

解析：选项 A 为六方棂花，选项 B 为步步锦，选项 C 为龟背锦，选项 D 为套方灯笼锦。

2.8-7［2022（12）-15］如图 2.8-14 所示，我国古代建筑中这两种隔断装饰同属于（　　）。

A. 几腿罩

B. 栏杆罩

C. 落地罩

D. 八角罩

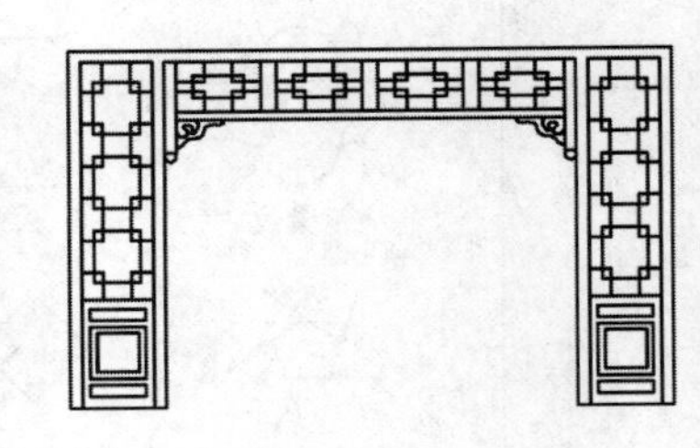

图 2.8-14

答案：C

解析：落地罩是古建筑内檐装修木雕花罩的一种。凡从地上一直到梁（或枋）的花罩都可称为落地罩。

考点 27：清式建筑做法【★★】

大木作	1. 清式建筑做法有清工部颁布的《工部工程做法则例》和梁思成的《清式营造则例》。 2. 清式大木做法可分为大木大式和大木小式两类。使用斗拱的大木大式建筑有时又称为殿式建筑，一般用于宫殿、官署、庙宇、府邸中的主要殿堂。大木小式建筑用于上述建筑的次要房屋和一般民居，建筑尺度以明间面阔及檐柱径为标准。 3. 在大式建筑中用斗口宽度作建筑及构件尺度的计量标准，单材的高、宽比为 14:10，足材为 20:10。 4. 高台或楼层用斗拱、枋子、铺板等挑出，以利登临眺望，此结构层称为平坐【2010】
彩画作	清代彩画的造型与分类主要表现在梁、枋上，常用的有和玺、旋子、苏式三大类【2020、2013】 1. 和玺彩画是最高级的，仅用于宫殿、坛庙的主殿、堂、门，主要特点是以龙为装饰母题。 2. 旋子彩画在等级上仅次于和玺彩画，它应用的范围很广，如一般的官衙、庙宇主殿和宫殿、坛庙的次要殿堂等处，主要特点是在藻头内使用了带卷涡纹的花瓣，即所谓的旋子。 3. 苏式彩画起源于苏州，一般用于住宅的房堂、园林、亭榭、门廊，主要特点是以花鸟鱼虫、人物故事为主题

2.8-8［2020-53］梁思成撰写的解读清代官式建筑做法和特点的著作是（　　）。

A.《清工部工程做法》　　B.《清式营造则例》

C.《清工部工程做法则例》　　D.《清式营造法》

答案：B

解析：《清式营造则例》是中国建筑学家梁思成在 30 年代初研究清工部颁布的《清工部工程做法则例》的成果。

第九节　近现代中国建筑

考点 28：近代中国建筑（1840—1949 年）【★★★★】

近代中国建筑的四个阶段	1. 萌芽期（1840 年—19 世纪末） 从 1840 年鸦片战争开始，中国进入半殖民地半封建社会，建筑进展缓慢。 2. 初始期（19 世纪末—20 世纪初） （1）1923 年，苏州工业专门学校设立建筑科，迈出了中国人创办建筑学教育的第一步。 （2）20 世纪 20 年代以后，行政、会堂建筑主要是国民党政府在南京、上海等地建造的各部办公楼、市府大楼和大会堂等，基本上都由中国建筑师设计，外观大多采用了“中国固有形式”，其实质是折中主义。 （3）许多大学校园都是由外国建筑师规划设计的。美国建筑师墨菲（H·K·Murphy）就先后参与了北京清华学校、福建协和大学、长沙湘雅医学院、南京金陵女子大学等多所大学的规划、设计。 3. 繁盛期（20 世纪初—1937 年） （1）从 1927 到 1937 年，达到了近代建筑活动的繁盛期。1929 年中山陵建筑建成，标志着中国建筑师规划设计的大型建筑组群的诞生。 （2）盛行于美国的“装饰艺术”的新潮风格传入中国，上海最为集中。上海的外国建筑师设计的工程，如公和洋行设计的沙逊大厦、匈牙利籍建筑师邬达克设计的国际饭店、大光明电影院。 4. 衰落期（1937—1949 年） 从 1937 到 1949 年，中国陷入了持续 12 年之久的战争状态，建筑活动很少。继圣约翰大学建筑系 1942 年实施包豪斯教学体系之后，梁思成于 1947 年在清华大学营建系实施“体形环境”设计的教学体系

续表

建筑制度、建筑教育与建筑设计机构	1. 中国近代建筑教育，由两个渠道组成：一是国内兴办建筑科、建筑系；二是到欧美和日本留学。国内的建筑学科是建筑留学生回国后才正式开办的。 2. 在这些留学的学校中，美国的宾夕法尼亚大学建筑系影响最大，宾夕法尼亚大学建筑系的主持人保罗·克芮，深造于巴黎美术学院，对杨廷宝、梁思成等宾大中国留学生影响很大。【2013】 3. 中国三个最早的建筑系分别是中央大学建筑科、东北大学工学院建筑系和北平大学艺术学建筑系。 4. 中国建筑师自己开办设计事务所，始于 20 世纪 10 年代初。其中以杨廷宝为建筑设计主要负责人的基泰工程司【2019】和华盖建筑事务所（建筑师赵深、陈植、童寯）的影响最大。 5. 中国营造学社是近代中国最重要的建筑学术研究团体。 （1）学社成立于 1930 年，由创办人朱启钤任社长【2012】。梁思成、刘敦桢分任学社法式部和文献部主任，对中国建筑史学的开创做出了突出的贡献【2014】。抗日战争期间，学社内迁昆明和四川南溪县李庄，1946 年停办。 （2）进行大量古建筑实例的调查、测绘、研究工作，拟定了重要古建筑的修缮、复原计划，搜集、整理了重要的古建筑文献资料，出版了《中国营造学社汇刊》学术刊物
建筑形式与建筑思潮	1. 洋式建筑：折中主义基调。 （1）从风格上看，近代中国的洋式建筑，早期流行的是一种被称为“殖民地式”的“外廊样式”。这种建筑形式以带有外廊为主要特征。如上海早期苏州河畔的德国领事馆、天津早期的法国领事馆、中国台湾高雄的英国领事馆以及北京东交民巷使馆区的英国使馆武官楼等。外廊样式被称为“中国近代建筑的原点”。 （2）紧随外廊样式之后，各种欧洲古典式建筑也在上海等地陆续涌现。这是当时西方盛行的折中主义建筑的一个表现。 （3）西方折中主义有两种形态：一种是在不同类型建筑中采用不同的历史风格，如上海汇丰银行（前期）为文艺复兴式（图 2.9-1）、上海江海关（中期）为仿英国市政厅的哥特式、天津德国领事馆为日耳曼民居式（图 2.9-2）、上海华俄道胜银行为法国古典主义式、上海汇丰银行和天津汇丰银行均为新古典主义式等。另一种是在同一幢建筑上，混用希腊古典、罗马古典、文艺复兴古典、巴洛克、法国古典主义等各种风格式样和艺术构件，形成单幢建筑的折中主义面貌，如天津劝业场（图 2.9-3）、天津华俄道胜银行、南京中央大学大礼堂（图 2.9-4）等。 （4）进入 1930 年代后，在上海、天津、南京等地，折中主义建筑风格逐渐为“装饰艺术”和“国际式”所接替。 2. 传统复兴：三种设计模式。 （1）以 1925 年南京中山陵设计竞赛为标志，中国建筑师开始了传统复兴的建筑设计活动。【2019】 （2）获南京中山陵（图 2.9-5）设计竞赛头奖的是吕彦直的方案，他还主持设计了广州中山纪念堂（图 2.9-6），都是富有中华民族特色的大型建筑组群，是我国近代建筑中融汇东西方建筑技术与艺术的代表作，在建筑界产生了深远的影响，被称作中国“近现代建筑的奠基人”。【2021】 传统复兴风在“中国式”的处理上差别很大。当时针对这些建筑的不同形式，大体上把它概括为三种设计模式：第一种是被视为仿古做法的“宫殿式”；第二种是被视为折中做法的“混合式”；第三种是被视为新潮做法的“以装饰为特征的现代式”。 （1）宫殿式。这类建筑尽力保持中国古典建筑的体量权衡和整体轮廓，保持台基、屋身、屋顶的“三分”构成，屋身尽量维持梁柱额枋的开间形象和比例关系，整个建筑没有超越古典建筑的基本体形，保持着整套传统造型构件和装饰细部。如国民党党史史料陈列馆、中山陵藏经楼、南京中央博物院（图 2.9-7）和上海市政府大厦（图 2.9-8）都属于这一类。【2023】 （2）混合式。这类建筑突破中国古典建筑的体量权衡和整体轮廓，不拘泥于台基、屋身、屋顶的三段式构成，建筑体形由功能空间确定，外观呈现西洋式的基本体量与大屋顶等能表达中国式特征的附加部件的综合。

续表

<table>
<tr><td>建筑形式与建筑思潮</td><td>如董大西设计的上海市图书馆、博物馆可算是这类折中主义形态的中国式建筑的典型表现。【2021】
有一些作品处于宫殿式与混合式的中介形态，如吕彦直设计的中山陵祭堂和广州中山纪念堂。
（3）装饰型。这类建筑在新建筑的体量基础上，适当装点中国式的装饰细部。这样的装饰细部，作为一种民族特色的标志符号出现。如南京的中央医院、外交部办公楼、国民大会堂，北京的交通银行、仁立地毯公司，上海的江湾体育场、江湾体育馆、中国银行（图 2.9-9）等</td></tr>
<tr><td>图例</td><td>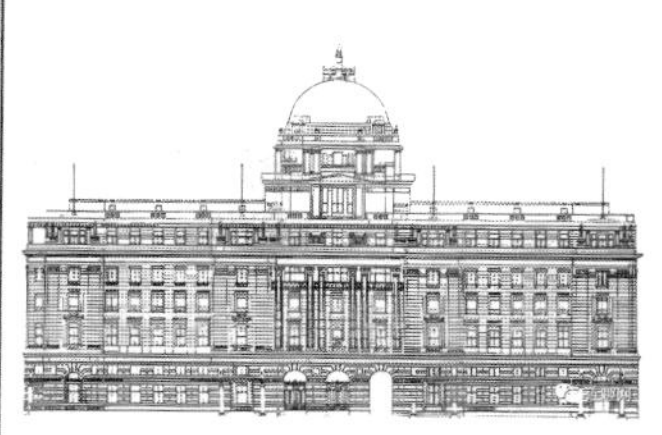
图 2.9-1　上海汇丰银行立面图

图 2.9-2　天津德国领事馆

图 2.9-3　天津劝业场

图 2.9-4　南京中央大学大礼堂

图 2.9-5　南京中山陵

图 2.9-6　广州中山纪念堂

图 2.9-7　南京中央博物院

图 2.9-8　上海市政府大厦

图 2.9-9　中国银行总行大楼</td></tr>
<tr><td>现代建筑的发展</td><td>现代建筑：多渠道起步。
（1）新艺术建筑风格，以哈尔滨最为集中。如哈尔滨火车站（图 2.9-10）、哈尔滨中东铁路管理局大楼，以及同期或随后陆续建造的铁路旅馆、铁路技术学校、商务学校、铁路局级官员住宅、莫斯科商场、道里秋林公司等一大批建筑，都是新艺术风格的建筑。
（2）1925 年，“装饰艺术”展在巴黎万国博览会举行，这种样式美国人称之为“Art-Deco”，是一种向国际式过渡的形式。它的主要特点是体形简洁、明快，阶梯形的体块组合，流线型的圆弧转角，横竖线条的墙面划分和几何图案的浮雕装饰。
（3）装饰艺术风格很快也进入中国，如公和洋行设计的沙逊大厦（图 2.9-11）、河滨公寓、都城饭店、汉弥尔登饭店，英商业广地产公司建筑部设计的百老汇大厦，邬达克设计的大光明电影院、国际饭店（图 2.9-12）等</td></tr>
</table>

续表

图例	 图 2.9-10 哈尔滨火车站	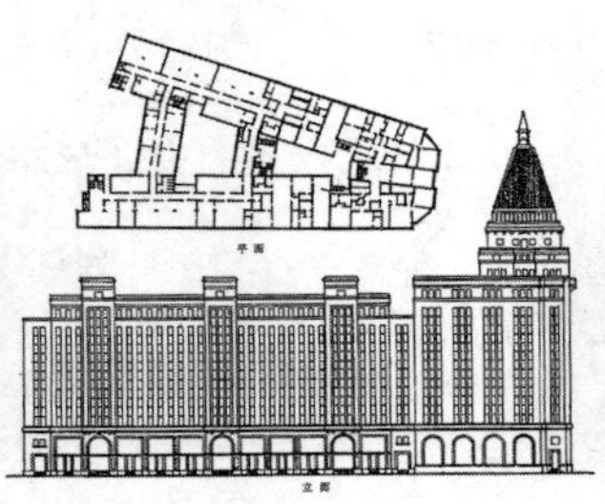 图 2.9-11 上海沙逊大厦	 图 2.9-12 国际饭店

2.9-1［2023-37］下图所示建筑中，不属于宫殿式的是（　　）。

A. 原南京中央博物院

B. 广州中山纪念堂

C. 原南京国民党党史史料陈列馆

D. 原上海市政府大厦

答案：B

解析：宫殿式尽力保持中国古典建筑的体量权衡和整体轮廓，保持台基、屋身、屋顶的"三分"构成，屋身尽量维持梁柱额枋的开间形象和比例关系，整个建筑没有超越古典建筑的基本体形，保持着整套传统造型构件和装饰细部。如南京的谭延闿墓祭堂、国民党党史史料陈列馆、中山陵藏经楼、南京中央博物院和上海市政府大厦都属于这一类。

2.9-2［2022（12）-47］下列是中国建筑师主持的近代中国事务所的是（　　）。

A. 基泰工程司　　B. 义品工程司

C. 永和工程司　　D. 景明工程司

答案：A

解析：《中国建筑史》P394：基泰工程司是中国建筑师事务所中首屈一指的，以杨廷宝为建筑设计主要负责人。1920 年基泰初设于天津，后分布于北平、上海、南京、重庆、香港、台北。业务重心开始在华北、东北地区，1930 年代后转向上海、南京一带。

考点 29：现代中国建筑（1949 年至今）【★★★】

<table>
<tr><td>城市规划</td><td>新首都的最初构想：
在首都规划的核心问题上，即对行政中心区的位置，形成了“城内派”与“城外派”两种意见。
1.“城内派”主要以苏联专家为代表，主张设于旧城区内。
2.“城外派”主要以部分中国专家为代表，主张离开旧城新建行政中心，即设于月坛至公主坟之间地段。这就是中国现代城市规划史上著名的“梁陈方案”，1950 年由梁思成和陈占祥提出</td></tr>
<tr><td>国庆工程</td><td>国庆工程（十大建筑）是对中华人民共和国成立 10 周年前在北京兴建的一系列大型项目的俗称，分别是人民大会堂、中国革命及历史博物馆、军事博物馆、农业展览馆、民族文化宫（图 2.9-13）、北京火车站、工人体育馆、钓鱼台国宾馆、华侨饭店、民族饭店 10 座

图 2.9-13　民族文化宫</td></tr>
<tr><td>开放时期的作品与潮流</td><td>1. 北京香山饭店（图 2.9-14）。北京香山饭店由美国建筑师贝聿铭设计。
2. 北京长城饭店（图 2.9-15）。开始了大片镜面玻璃幕墙映照古都北京的做法。
3. 山东曲阜阙里宾舍（图 2.9-16）。由中国建筑师戴念慈设计，更钟情于对中国特色的再探索

图 2.9-14　北京香山饭店

图 2.9-15　北京长城饭店

图 2.9-16　山东曲阜阙里宾舍</td></tr>
<tr><td>新世纪的建筑</td><td>1. 上海金茂大厦（图 2.9-17）由美国 SOM 事务所设计。
2. 北京国家大剧院（图 2.9-18）。北京国家大剧院设计师为法国建筑师保罗・安德鲁。
3. 北京奥运会主体育场“鸟巢”（图 2.9-19）。“鸟巢”设计师是瑞士建筑师雅克・赫尔佐格和皮埃尔・德梅隆。
4. CCTV（中央电视台）大楼（图 2.9-20）。设计师是荷兰的库哈斯（图 2.9-21）。
5. 广州大剧院（图 2.9-22）。由扎哈・哈迪德设计，扎哈・哈迪德还设计了北京银河 SOHO（图 2.9-23）。
6. 上海环球金融中心（图 2.9-24）。上海环球金融中心设计师是美国 KPF 建筑师事务所。
7. 2010 年上海世博会中国馆（图 2.9-25）。2010 年上海世博会中国馆由中国建筑师何镜堂设计

图 2.9-17　上海金茂大厦</td></tr>
</table>

续表

<table>
<tr><td>新世纪的建筑</td><td>

图 2.9-18　北京国家大剧院

图 2.9-19　北京奥运会主体育场“鸟巢”

图 2.9-20　CCTV（中央电视台）大楼

图 2.9-21　深圳证券交易所

图 2.9-22　广州大剧院

图 2.9-23　北京银河 SOHO

图 2.9-24　上海环球金融中心

图 2.9-25　2010 年上海世博会中国馆
</td></tr>
<tr><td>建筑学会及其活动</td><td>1. 国际建筑师协会是由联合国教科文组织协调，于 1948 年在瑞士洛桑成立的由不同国家建筑师组织参加的非政府组织 UIA，会址设在巴黎。【2014】
2. 国际建筑师协会（UIA）1999 年在北京召开了第 20 届世界建筑师大会，大会通过了由吴良镛起草撰写的纲领性文件《北京宪章》。大会的主题是：“面向 21 世纪的建筑学”。本次大会的主要任务是总结 20 世纪世界建筑的经验，探索 21 世纪世界建筑发展的方向</td></tr>
</table>

第十节 世界自然遗产与文化遗产

考点30：中国的世界自然遗产与文化遗产【★★★★★】

中国历史文化名城类型	国家级历史文化名城按性质、特点来分类，可分为：① 古都类（北京、西安）；② 传统城市风貌类（平遥、韩城）；③ 风景名胜类（承德、桂林）；④ 民族及地方特色类（拉萨、丽江）；⑤ 近代史迹类（上海、延安）、⑥ 海外交通、边防、手工业等特殊类（泉州、张掖）；⑦ 一般古迹类（济南、襄樊）七大类历史文化名城。【2019】
历史文化名城保护	1. 历史文化遗产是不可再生、不可替代的宝贵资源。我国历史文化遗产保护经历了历史文化名城、历史文化街区、文物保护单位三个阶段。【2021】 2. 1982年颁布了《中华人民共和国文物保护法》。 《中华人民共和国文物保护法》第二十一条：【2022（12）】 ① 国有不可移动文物由使用人负责修缮、保养；非国有不可移动文物由所有人负责修缮、保养。 ② 非国有不可移动文物有损毁危险，所有人不具备修缮能力的，当地人民政府应当给予帮助；所有人具备修缮能力而拒不依法履行修缮义务的，县级以上人民政府可以给予抢救修缮，所需费用由所有人负担。 ③ 对文物保护单位进行修缮，应当根据文物保护单位的级别报相应的文物行政部门批准；对未核定为文物保护单位的不可移动文物进行修缮，应当报登记的县级人民政府文物行政部门批准。 ④ 文物保护单位的修缮、迁移、重建，由取得文物保护工程资质证书的单位承担。 ⑤ 对不可移动文物进行修缮、保养、迁移，必须遵守不改变文物原状的原则。 3. 2008年颁布了《历史文化名城名镇名村保护条例》。 《历史文化名城名镇名村保护条例》第三十二条 城市、县人民政府应当对历史建筑设置保护标志，建立历史建筑档案。 历史建筑档案应当包括下列内容： （一）建筑艺术特征、历史特征、建设年代及稀有程度。 （二）建筑的有关技术资料。 （三）建筑的使用现状和权属变化情况。 （四）建筑的修缮、装饰装修过程中形成的文字、图纸、图片、影像等资料。 （五）建筑的测绘信息记录和相关资料。 文化古迹保护规划实施主体是文物主管部门。各地要建立由主管领导牵头的文物工作协调机制，地方各级人民政府相关部门和单位要认真履行依法承担的保护文物职责。在有关行政许可和行政审批项目中，发展改革、财政、住房城乡建设、国土资源、文物等部门要加强协调配合。 根据《历史文化名城保护规划标准》（GB/T 50357—2018）相关规定。 3.5.1 历史城区内应积极改善市政基础设施，与用地布局、道路交通组织等统筹协调，并应符合下列规定： 2 对现状已存在的大型市政设施，应进行统筹优化，提出调整措施；历史城区内不应保留污水处理厂、固体废弃物处理厂（场）、区域锅炉房、高压输气与输油管线和储气与储油设施等环境敏感型设施；不宜保留枢纽变电站、大中型垃圾转运站、高压配气调压站、通信枢纽局等设施。【2023】 3 历史城区内不应新设置区域性大型市政基础设施站点，直接为历史城区服务的新增市政设施站点宜布置在历史城区周边地带
历史文化街区保护	根据《历史文化名城保护规划标准》（GB/T 50357—2018） 4.1.2 历史文化街区保护规划应确定保护的目标和原则，严格保护历史风貌，维持整体空间尺度，对街区内的历史街巷和外围景观提出具体的保护要求。【2023】 4.1.3 历史文化街区保护规划应达到详细规划深度要求。历史文化街区保护规划应对保护范围内的建筑物、构筑物提出分类保护与整治要求。对核心保护范围应提出建筑的高度、体量、风格、色彩、材质等具体控制要求和措施，并应保护历史风貌特征。建设控制地带应与核心保护范围的风貌协调，至少应提出建筑高度、体量、色彩等控制要求

续表

<table>
<tr>
<td>中国文物古迹保护准则</td>
<td>《中国文物古迹保护准则》适用对象统称为文物古迹。它是指人类在历史上创造或遗留的具有价值的不可移动的实物遗存，包括古文化遗址、古墓葬、古建筑、石窟寺、石刻、近现代史迹及代表性建筑、历史文化名城、名镇、名村和其中的附属文物；文化景观、文化线路、遗产运河等类型的遗产也属于文物古迹的范畴。
保护原则包括：不改变原状；真实性；完整性；最低限度干预；保护文化传统；使用恰当的保护技术；防灾减灾。【2024】
第 3 条　文物古迹的价值包括历史价值、艺术价值、科学价值以及社会价值和文化价值。
社会价值包含了记忆、情感、教育等内容，文化价值包含了文化多样性、文化传统的延续及非物质文化遗产要素等相关内容。文化景观、文化线路、遗产运河等文物古迹还可能涉及相关自然要素的价值【2024、2023】
第 26 条　加固是直接作用于文物古迹本体，消除褪变或损坏的措施。加固是针对防护无法解决的问题而采取的措施，如灌浆、勾缝或增强结构强度以避免文物古迹的结构或构成部分褪变损坏。加固措施应根据评估，消除文物古迹结构存在的隐患，并确保不损害文物古迹本体【2024】</td>
</tr>
<tr>
<td>中国世界文化遗产名录</td>
<td>1. 世界遗产分为世界文化遗产、世界文化与自然双重遗产、世界自然遗产 3 类。
2. 中国世界文化遗产和自然遗产名录，截至 2022 年底共计 56 处（表 2.10-1）

表 2.10-1　　中国世界文化遗产和自然遗产名录
<table>
<tr><th>类型</th><th>名录</th></tr>
<tr><td>文化遗产（33 处）</td><td>长城、明清皇宫（北京故宫、沈阳故宫）、秦始皇陵及兵马俑坑、敦煌莫高窟、周口店北京猿人遗址、河北承德避暑山庄及周围寺庙、山东曲阜孔庙孔林和孔府、湖北武当山古建筑群、西藏布达拉宫历史建筑群（含罗布林卡和大昭寺）、云南丽江古城、山西平遥古城、苏州古典园林、颐和园、北京天坛、重庆大足石刻、明清皇家陵寝、安徽皖南古村落（西递、宏村）、洛阳龙门石窟、四川都江堰及青城山、山西云冈石窟、中国高句丽王城王陵及贵族墓葬、澳门历史城区、河南安阳殷墟、广东开平碉楼与村落、福建土楼、河南登封“天地之中”历史建筑群、内蒙古元上都遗址、大运河、丝绸之路（长安—天山廊道的路网）、土司遗址、厦门鼓浪屿、良渚古城遗址、泉州宋元中国的世界海洋商贸中心</td></tr>
<tr><td>自然遗产（14 处）</td><td>四川九寨沟风景名胜区、四川黄龙风景名胜区、湖南武陵源风景名胜区、云南“三江并流”、四川大熊猫栖息地、中国南方喀斯特、江西三清山、中国丹霞、云南澄江帽天山化石地、新疆天山、神农架、可可西里、梵净山、黄（渤）海候鸟栖息地（第一期）</td></tr>
<tr><td>文化与自然双遗产（4 处）</td><td>山东泰山、安徽黄山、四川峨眉山—乐山、福建武夷山</td></tr>
<tr><td>文化景观（5 处）</td><td>江西庐山、山西五台山、杭州西湖、云南红河哈尼梯田、广西左江花山岩画</td></tr>
</table>
</td>
</tr>
</table>

2.10-1［2024-49］下列关于文物保护原则的说法错误的是（　　）。

A. 不改变原状　　B. 真实性、完整性

C. 采用最先进的科学技术　　D. 防灾减灾

答案：C

解析：《中国文物古迹保护准则》，保护原则包括：不改变原状；真实性；完整性；最低限度干预；保护文化传统；使用恰当的保护技术；防灾减灾。

2.10-2［2024-50］文物修复针对防护无法解决的问题而采取的措施，如灌浆、勾缝或增强结构强度以避免文物古迹的结构或构成部分蜕变损坏的措施是（　　）。

A. 修缮　　B. 保养　　C. 加固　　D. 整治

答案：C

解析：依据《中国文物古迹保护准则》第26条。

2.10-3［2023-48］根据《中国文物古迹保护准则》，中国文物古迹保护的价值包括（　　）。

A. 历史价值、科学价值、艺术价值、文化价值、社会价值

B. 历史价值、技术价值、学术价值、文化价值、经济价值

C. 历史价值、科学价值、学术价值、人文价值、社会价值

D. 历史价值、技术价值、艺术价值、人文价值、经济价值

答案：A

解析：详见考点30。

2.10-4［2023-66］下列关于历史城区保护的说法错误的是（　　）。

A. 划定历史建筑群、历史地段和文物古迹的保护界限

B. 确定建筑高度分区，进行高度控制

C. 鼓励采用公共交通并满足非机动车和行人出行

D. 增设污水和固体废弃物处理厂等市政基础设施

答案：D

解析：根据《历史文化名城保护规划标准》（GB/T 50357—2018）第3.5.1条。

2.10-5［2022（12）-60］根据《中华人民共和国文物保护法》，以下关于文物保护说法正确的是（　　）。

A. 国有不可移动文物由文物管理部门负责修缮、保养

B. 非国有不可移动文物由所有人负责修缮、保养

C. 文物保护单位的修缮、迁移、重建，由取得建筑资质证书的单位承担

D. 对不可移动文物进行修缮、保养、迁移，可以改变文物原状

答案：B

解析：《中华人民共和国文物保护法》第二十一条　国有不可移动文物由使用人负责修缮、保养；非国有不可移动文物由所有人负责修缮、保养。非国有不可移动文物有损毁危险，所有人不具备修缮能力的，当地人民政府应当给予帮助；所有人具备修缮能力而拒不依法履行修缮义务的，县级以上人民政府可以给予抢救修缮，所需费用由所有人负担。对文物保护单位进行修缮，应当根据文物保护单位的级别报相应的文物行政部门批准；对未核定为文物保护单位的不可移动文物进行修缮，应当报登记的县级人民政府文物行政部门批准。文物保护单位的修缮、迁移、重建，由取得文物保护工程资质证书的单位承担。对不可移动文物进行修缮、保养、迁移，必须遵守不改变文物原状的原则。

2.10-6［2021-60］历史文化遗产保护的三个阶段是（　　）。

A. 历史文化名城，历史文化街区，文物保护单位

B. 历史文化名城，历史文化街区，文物建筑

C. 历史文化街区，历史建筑，文物建筑

D. 历史文化街区，历史建筑，世界文化遗产

答案：A

解析：历史文化遗产保护的三个阶段：名城、街区、文保单位。

第三章　外国古代建筑史

第三章　外国
古代建筑史

思维导图

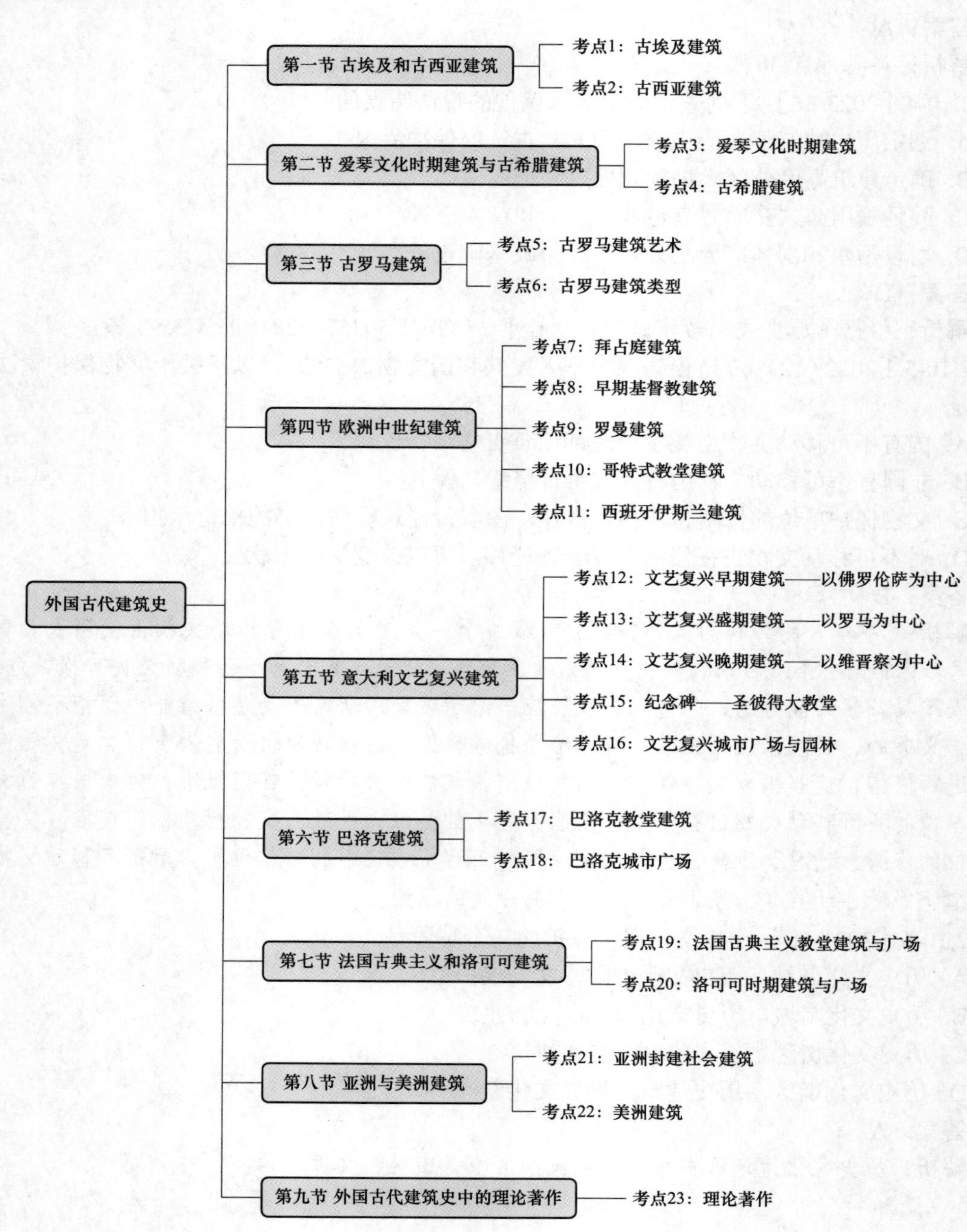
外国古代建筑史
第一节 古埃及和古西亚建筑
考点1：古埃及建筑
考点2：古西亚建筑
第二节 爱琴文化时期建筑与古希腊建筑
考点3：爱琴文化时期建筑
考点4：古希腊建筑
第三节 古罗马建筑
考点5：古罗马建筑艺术
考点6：古罗马建筑类型
第四节 欧洲中世纪建筑
考点7：拜占庭建筑
考点8：早期基督教建筑
考点9：罗曼建筑
考点10：哥特式教堂建筑
考点11：西班牙伊斯兰建筑
第五节 意大利文艺复兴建筑
考点12：文艺复兴早期建筑——以佛罗伦萨为中心
考点13：文艺复兴盛期建筑——以罗马为中心
考点14：文艺复兴晚期建筑——以维晋察为中心
考点15：纪念碑——圣彼得大教堂
考点16：文艺复兴城市广场与园林
第六节 巴洛克建筑
考点17：巴洛克教堂建筑
考点18：巴洛克城市广场
第七节 法国古典主义和洛可可建筑
考点19：法国古典主义教堂建筑与广场
考点20：洛可可时期建筑与广场
第八节 亚洲与美洲建筑
考点21：亚洲封建社会建筑
考点22：美洲建筑
第九节 外国古代建筑史中的理论著作
考点23：理论著作

考情分析

节名	近5年考试分值统计					
	2024年	2023年	2022年12月	2022年5月	2021年	2020年
第一节　古埃及和古西亚建筑	1	0	0	2	0	0
第二节　爱琴文化时期建筑与古希腊建筑	1	0	1	0	2	0
第三节　古罗马建筑	1	3	4	0	1	2
第四节　欧洲中世纪建筑	0	2	1	2	1	2
第五节　意大利文艺复兴建筑	1	1	1	0	3	2
第六节　巴洛克建筑	0	0	1	1	1	1
第七节　法国古典主义和洛可可建筑	0	1	1	0	0	1
第八节　亚洲与美洲建筑	0	0	0	0	0	0
第九节　外国古代建筑史中的理论著作	0	0	0	0	0	0
总计	4	7	9	5	8	8

第一节　古埃及和古西亚建筑

考点1：古埃及建筑【★★】

主要时期与代表类型	古埃及建筑共有四个主要时期，分别是： （1）古王国时期，代表建筑物的类型是金字塔。 （2）中王国时期，代表建筑物的类型有（由外部自然景观为主）和庙宇（在内部举行神秘的宗教仪式）。 （3）新王国时期，代表建筑物的类型是太阳神庙。 （4）希腊化时期，出现了新的类型、形制和样式
古王国时期	玛斯塔巴属于陵墓的一种，在地下有宽大的墓室，地上用砖砌筑长方形的台子，作为祭祀的厅堂，如图3.1-1所示。之后的萨卡拉的昭赛尔金字塔，在形式上类似多层玛斯塔巴的叠加，如图3.1-2所示
	吉萨金字塔群，这个群体是古埃及金字塔最成熟的代表。目前保留下来比较完整的是吉萨金字塔（图3.1-3）和狮身人面像（图3.1-4）。其中胡夫金字塔高146.6m，底边长230.35m，其高度为吉萨金字塔群中最高的【2022（5）】。哈夫拉金字塔高143.5m，底边长215.25m。门卡乌拉金字塔高66.4m，底边长108.04m
中王国时期	中王国时期古埃及首都迁都底比斯，陵墓受到当地地形原因（该地区峡谷窄狭，两侧悬崖峭壁），由古王国的金字塔模式改变为结合山岩凿窟建造陵墓，用梁柱结构建造宽敞的内部空间。代表建筑是曼都赫特普三世墓（图3.1-5）和哈特什帕苏墓（图3.1-6）

续表

新王国时期	新王国时期，太阳神庙代替陵墓成为皇帝崇拜的纪念性建筑物。太阳神庙的特点之一是在其门前增加了一两对作为太阳神标志的方尖碑【2019】。其中规模最大的是卡纳克和鲁克索两处的阿蒙神庙（卢克索阿蒙神庙见图 3.1-7）。 需要提到新王国时期的阿布辛波神庙（图 3.1-8），正面完全从峭壁上凿出，正面呈梯形，凿出 4 座 20m 高的拉姆西斯二世的坐像。在 1964 年开始至 1968 年，因兴建阿斯旺水坝而整体迁移至高出河床水位 60 余米的后山上，是世界文物建筑保护方式的成功尝试
希腊化时期	亚历山大东征，将希腊文化传遍欧洲区域与西亚区域，此时古埃及艺术趋向模仿希腊的样式。最具代表性的建筑是伊息丝神庙（图 3.1-9）。主体还是传统古典样式的，但在它第一道大门和第二道大门之间，东侧有个很长的敞廊，西侧有一座叫玛米西的小庙，形制是希腊神庙的围廊式
图例	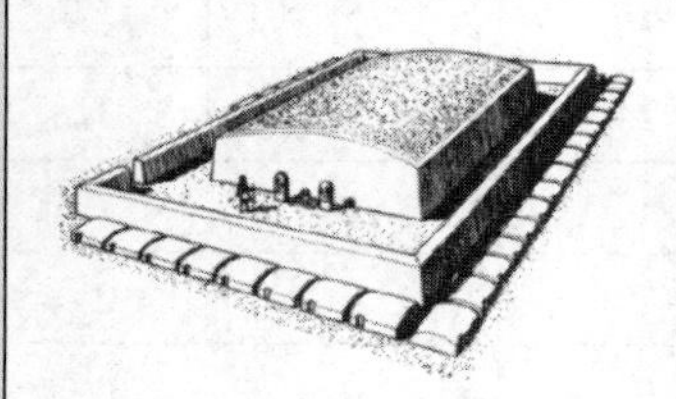 图 3.1-1　玛斯塔巴  图 3.1-2　昭赛尔金字塔  图 3.1-3　吉萨金字塔群鸟瞰  图 3.1-4　狮身人面像  图 3.1-5　曼都赫特普三世墓  图 3.1-6　哈特什帕苏墓  图 3.1-7　卢克索阿蒙神庙  图 3.1-8　阿布辛波神庙  图 3.1-9　伊息丝神庙

3.1-1［2022（5）-37］在吉萨金字塔群中，高度最高的金字塔是（　　）。

A. 昭赛尔金字塔　　B. 胡夫金字塔　　C. 哈夫拉金字塔　　D. 孟卡拉金字塔

答案：B

解析：胡夫金字塔高 146.6m，底边长 230.35m，其高度为吉萨金字塔群中最高的。

3.1-2［2019-43］方尖碑最早出现在哪个国家？（　　）

A. 埃及　　B. 希腊　　C. 罗马　　D. 巴比伦

答案：A

解析：古埃及时期太阳神庙的特点之一是在其门前增加了一两对作为太阳神标志的方尖碑。

考点 2：古西亚建筑【★】

建筑技术	古西亚已经出现券拱技术，但因为当时的技术水平不发达，砖的产量不高，没有得到广泛的发展，只用于一些建筑（如住宅、宫殿、庙宇等）的门洞上发券。另外，此时的两河下游在生产砖的过程中发明了琉璃砖贴面，防水性能好，色泽美丽且原材料获取方便，逐渐成了该地区使用广泛的饰面材料【2022（5）】
代表建筑	山岳台（图 3.1-10），一种用土坯砌筑或夯土而成的高台，自下而上逐层缩小，有坡道或者阶梯逐层通达台顶，顶上有神堂，跟当时的祭祀有关，也可能作为观星的星象台使用【2012】
	新巴比伦城属于世界古代七大奇迹之一，其中最重要的建筑物是城北的伊什达城门（图 3.1-11），大量使用琉璃砖贴面，色彩辉煌华丽。 （注：根据古代欧洲历史书籍的记载，世界古代的七大奇迹是：①埃及吉萨金字塔；②奥林匹亚宙斯巨像；③阿尔忒弥斯神庙；④摩索拉斯基陵墓；⑤亚历山大灯塔；⑥巴比伦空中花园；⑦罗德岛太阳神巨像）
	帕赛玻里斯王宫遗址在伊朗（图 3.1-12），是当时的仪典中心，造在用精凿的方块石依山筑起的平台上，宫殿大体分成三区，北部是两个典仪性的大殿，东南是财库，西南是后宫，最著名的空间是中部的百柱厅，因有 100 根大石柱得名【2024】
图例	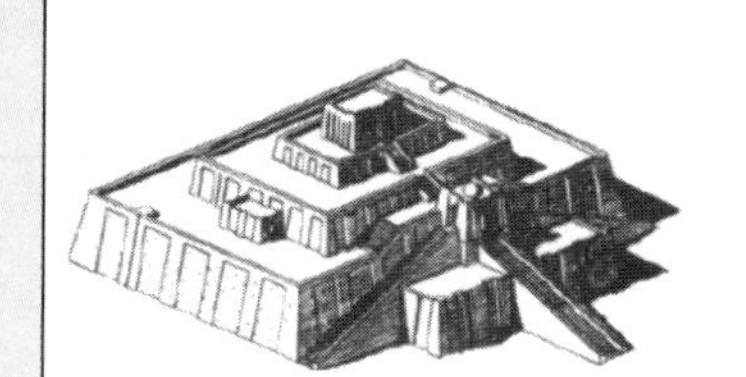 图 3.1-10　山岳台  图 3.1-11　新巴比伦城城门  图 3.1-12　帕赛玻里斯王宫平面图

3.1-3［2024-31］图 3.1-13 所示的建筑是（　　）。

A. 萨艮二世王宫　　B. 克诺索斯王宫

C. 帕赛玻里斯王宫　D. 迈锡尼卫城

答案： C

解析： 见考点 2 分析。

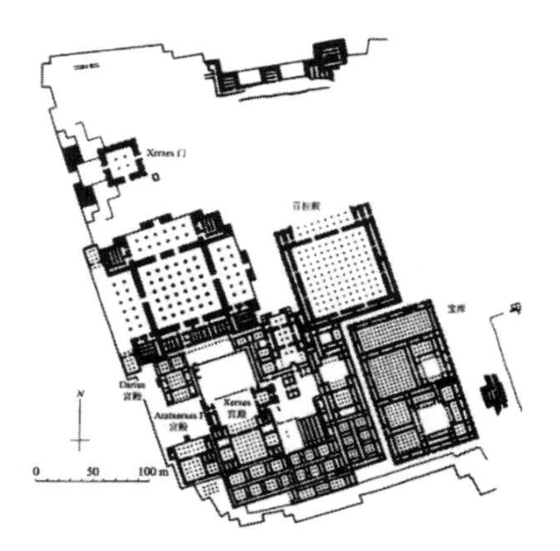

图 3.1-13

3.1-4［2022（5）-38］最早采用琉璃砖保护和装饰墙面并形成相应艺术传统的地区是（　　）。

A. 古埃及　　　　B. 两河流域

C. 古希腊　　　　D. 小亚细亚

答案： B

解析： 大约在公元前 3000 年，两河下游在生产砖的过程中发明了琉璃砖。

第二节　爱琴文化时期建筑与古希腊建筑

考点 3：爱琴文化时期建筑【★】

<table>
<tr><td rowspan="2">代表建筑</td><td>克诺索斯宫位于克里特岛（图 3.2-1）。整个建筑群中没有神庙，建筑功能以世俗性功能为主，包括住宅、宫殿、别墅、旅舍、公共浴室等。需要提到，克诺索斯宫殿里的柱子特点是上粗下细</td></tr>
<tr><td>迈锡尼卫城群位于迈锡尼（图 3.2-2），目前基本已毁坏，剩下卫城城墙上的“狮子门”，在过梁上有一个叠涩券，大致呈正三角形，使梁不必承重。券里放置一块石板，浮雕着一对相向而立的狮子，保护着中央一根象征宫殿的柱子</td></tr>
<tr><td>图例</td><td>
图 3.2-1　克诺索斯宫殿内院

图 3.2-2　迈锡尼狮子门</td></tr>
</table>

考点 4：古希腊建筑【★★★★】

古希腊柱式

古希腊有三种柱式，分别为多立克柱式、爱奥尼柱式和科林斯柱式。在西方古典三段式柱式中，柱式通常由柱子（柱础、柱身、柱头）和檐部（额枋、檐壁、檐口）两大部分组成。【2017】各部分之间和柱距均以柱身底部直径为模数形成一定的比例关系。

古希腊柱式设计上规律性和形式上的数比关系，实则是一种对于理性的追求。希腊人的价值体系不是围绕着某个独裁者或某个不可知晓的神灵，而是围绕人身并体现了人体美的观念，并不是一种神秘主义精神的体现。【2017】

古希腊柱式，不仅仅适用于庙宇、公共建筑，也用于住宅、纪念碑等。【2013】

关于这三种柱式的特点详见表 3.2-1。【2022（12）】

表 3.2-1　　古希腊柱式

项目	多立克柱式（图 3.2-3）	爱奥尼柱式（图 3.2-4）	科林斯柱式（图 3.2-5）
起源	意大利、西西里一带	小亚细亚地区	（暂无明确文献）
比例	粗壮	细长	与爱奥尼柱式类似
开间	较小	较宽	与爱奥尼柱式类似
柱头	简洁的倒圆锥台	圆形涡卷	花篮形，使用植物形态，如忍冬草
柱身	有尖棱角的凹槽，柱身的收分和卷杀较明显	带有小圆面的凹槽，柱身的收分和卷杀不明显	与爱奥尼柱式类似

续表

古希腊柱式	续表 见下表及图

续表

项目	多立克柱式（图 3.2-3）	爱奥尼柱式（图 3.2-4）	科林斯柱式（图 3.2-5）
柱础	没有柱础，直接立在台基上	柱础较为复杂组合	与爱奥尼柱式类似
檐部	较为厚重，线脚较小，多为直面	较薄，使用多种复合线脚	没有固定的形式，运用广泛
装饰雕刻	高浮雕，甚至圆雕，强调体积	薄浮雕，强调线条	与爱奥尼柱式类似
总体风格	力求刚劲、质朴有力的男性形象	秀美华丽的女性形象	少女形象

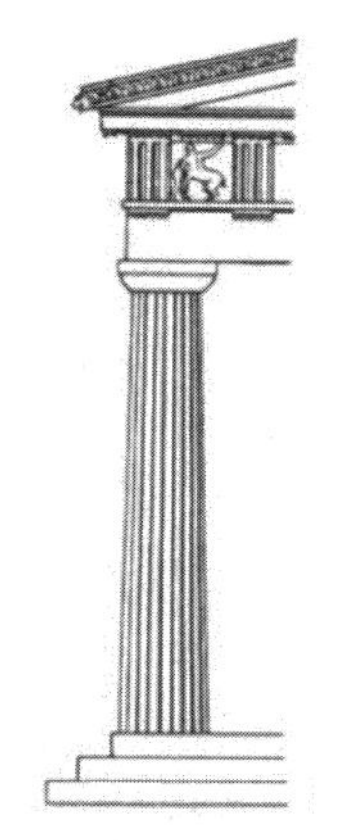

图 3.2-3　多立克柱式

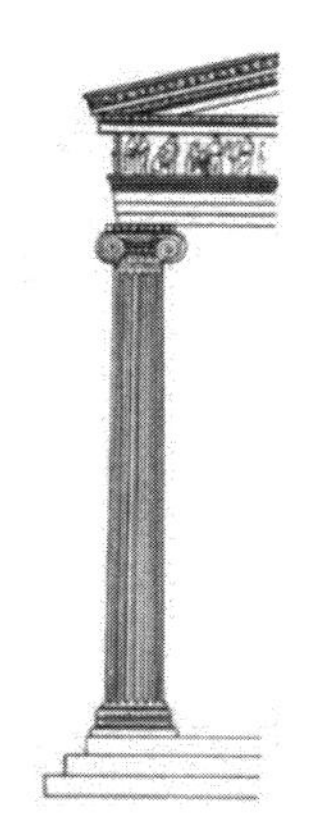

图 3.2-4　爱奥尼柱式

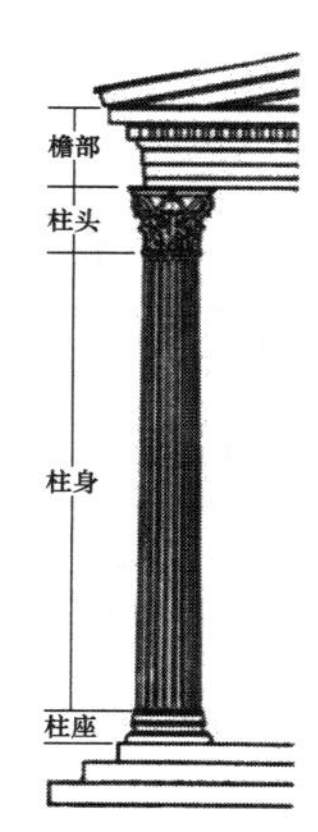

图 3.2-5　科林斯柱式

代表建筑

雅典卫城（图 3.2-6）是古希腊圣地建筑群、庙宇、柱式和雕刻的最高水平。整个卫城在雅典城中央的上岗上，山顶大致平坦。整体布局采用自由活泼的布局方式（注：当代的建筑学界认为自由活泼的布局中存在着某种几何比例关系），雅典娜神像位于卫城的构图中心，雅典卫城平面图见图 3.2-7。【2021】

山门是卫城唯一的入口，在卫城的西端，山门是多立克式的，前后柱廊各有 6 根柱子。内部沿中央道路的两侧，各有 3 根爱奥尼式柱子，其剖面见图 3.2-8。这种在多立克式建筑中使用了爱奥尼式柱子，这是雅典卫城上首创的。胜利神庙位于山门旁边是爱奥尼式的，前后各 4 根柱子，但柱子较为粗壮。

帕提农神庙处于卫城的最高处，是希腊本土最大的多立克式庙宇，是卫城上唯一的围廊式庙宇，其平面图见图 3.2-9。整个建筑用白色大理石砌成。帕提农神庙代表着古希腊多立克柱式建筑的最高成就，从广场看帕提农神庙见图 3.2-10。需要提到帕提农神庙在设计中运用了视觉矫正法。通过测绘得知，帕提农神庙的额枋和台基都是中央隆起的曲线，短边隆起 7cm，长边隆起 11cm，通过视差矫正，使庙宇显得更加稳定，也更加丰满有生气。【2014】

伊瑞克提翁是古典盛期爱奥尼柱式的建筑代表，平面见图 3.2-11。它用爱奥尼柱式对比帕提农神庙的多立克柱式，用不对称、复合的形体对比帕提农对称神庙的长方体。另外需要提到伊瑞克提翁使用了女神柱像（图 3.2-12）。【2022（12）、2021】

集中式建筑物是希腊时期建筑新的形制，它们的代表是雅典的奖杯亭（图 3.2-13）和小亚细亚哈利克纳苏的莫索列姆陵墓（图 3.2-14）

续表

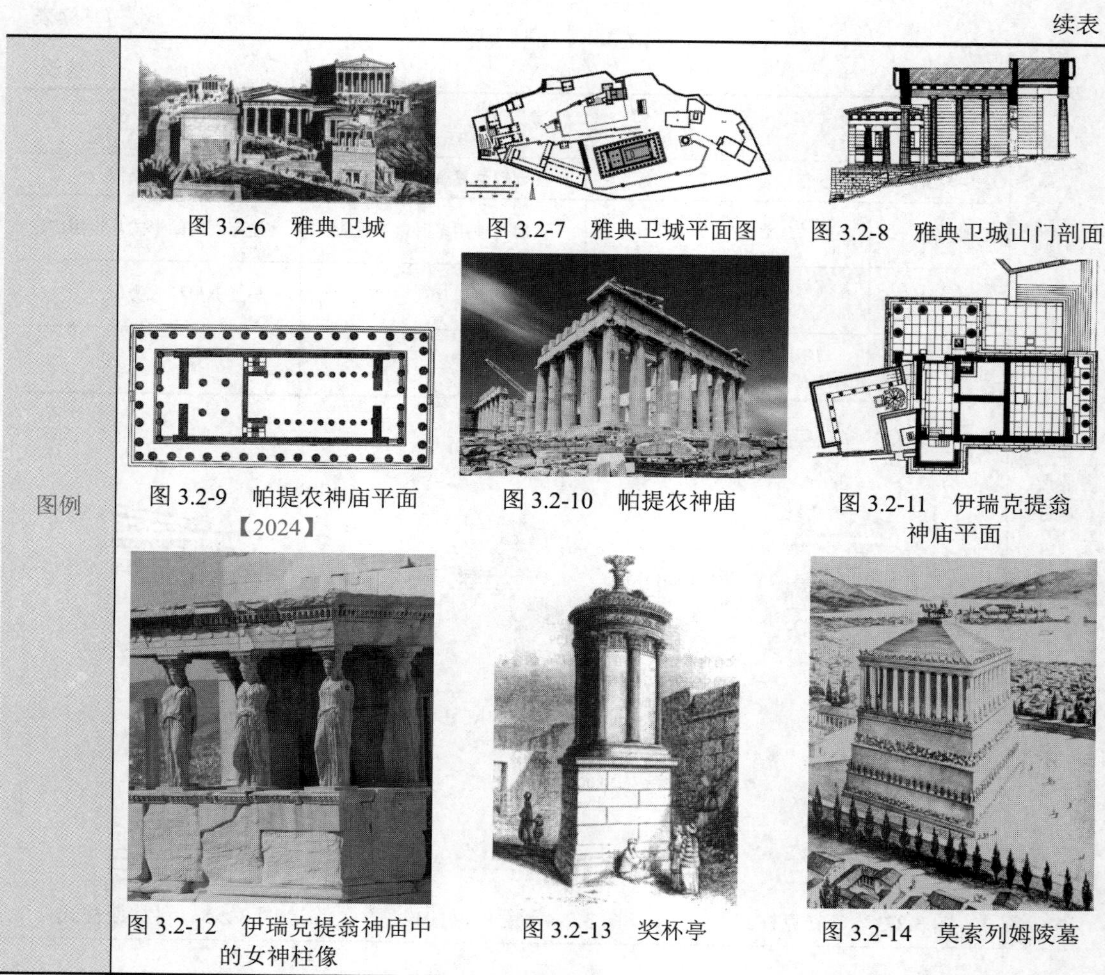

图例

图 3.2-6 雅典卫城

图 3.2-7 雅典卫城平面图

图 3.2-8 雅典卫城山门剖面

图 3.2-9 帕提农神庙平面【2024】

图 3.2-10 帕提农神庙

图 3.2-11 伊瑞克提翁神庙平面

图 3.2-12 伊瑞克提翁神庙中的女神柱像

图 3.2-13 奖杯亭

图 3.2-14 莫索列姆陵墓

3.2-1［2022（12）-2］关于多立克柱式或爱奥尼柱式的说法正确的是（　　）。

A. 多立克柱式比例粗壮，开间大

B. 爱奥尼柱式檐部较重

C. 多立克柱头是正立的圆锥台

D. 爱奥尼柱式的装饰浮雕是薄浮雕

答案：D

解析：多立克柱式体现了刚劲雄健的性格，其比例粗壮，开间较小，檐部比较重，柱头是简单而刚挺的倒立圆锥台，选项 A 和选项 C 错误。爱奥尼柱式体现了清秀柔美的性格，其比例修长，开间比较宽，檐部比较轻，选项 B 错误。爱奥尼柱式的装饰浮雕是薄浮雕，强调线条，选项 D 正确。

3.2-2［2022（12）-3］下列关于雅典卫城的说法正确的是（　　）。

A. 位于雅典城的郊外的山岗

B. 山门朝东

C. 雅典娜像是建筑群内部构图中心

D. 采用对称布局

答案：C

解析：卫城在雅典城中央一个不大的孤立的山冈上，选项 A 错误。雅典卫城发展了民间自然神圣地自由活泼的布局方式，建筑物的安排顺应地势，选项 D 错误。山门位于卫城唯一的入口，陡峭的西端，选项 B 错误。雅典娜的铜像是建筑群内部构图的中心，选项 C 正确。

第三节 古罗马建筑

考点 5：古罗马建筑艺术【★★★★】

<table>
<tr><td>建造技术</td><td colspan="2">1. 天然混凝土的使用促进了罗马券拱结构的发展，这对欧洲建筑的贡献巨大。建筑物的拱顶做法：先筑一系列发券，再于其之上架设石板，这样把一个拱顶区分为承重和围护两部分，从而大大减轻拱顶荷载，并且把荷载集中到券上以摆脱连续的承重墙。这是早期的肋架拱，发源于古罗马时期。
2. 十字拱的出现，摆脱承重墙，解放内部空间，便于开侧窗，有利于大型建筑物内部的采光。
3. 拱顶体系的广泛运用，让罗马的大型建筑获得了开阔的内部空间，并初步形成了轴线的内部空间序列。
4. 在生产技术上，木桁架的技术也大有发展，这时候的古罗马人会使用了简单的起重运输装置，主要的动滑轮组合装了铰的活动臂起重架。
5. 古罗马已经有了用长流水冲走秽物的公共厕所</td></tr>
<tr><td rowspan="2">罗马五柱式</td><td>罗马柱式的发展</td><td>为了解决柱式与罗马建筑的矛盾，古罗马对柱式做了新的发展。
1. 用柱式去装饰拱券结构来解决柱式同券拱结构的矛盾，因此产生了券柱式的组合和连续券。券柱式中柱在建筑立面上仅作为城中外墙的装饰而存在，连续券将券脚直接落于柱式之上，上面垫一小段檐部，适用于很轻的结构。【2021】
2. 对叠柱式底层采用塔斯干柱式或新的罗马式多立克柱式，二层采用爱奥尼柱式，三层采用科林斯柱式，四层（如有）采用科林斯的壁柱来解决柱式与多层建筑物的矛盾，统一了立面构图。【2023、2017】
3. 巨柱式，用一个柱式贯穿二层或三层，这种做法能突破水平分划的限制，同叠柱式合用，可以突出重点，但缺点是尺度失真，巴尔贝克的太阳神庙内部就使用了巨柱式。
4. 对柱式添加细节，如用一组线脚来代替另一个线脚，用复合线脚代替简单线脚且增加雕饰，来解决柱式和罗马建筑巨大体积之间的矛盾。柱式到了罗马时代，多数已经不是结构构件，而是一种装饰品</td></tr>
<tr><td>罗马五柱式</td><td>在继承了希腊的三柱式基础上，罗马人创造了塔司干柱式，柱式相对希腊柱式更简单，柱身无凹槽【2017】。古罗马五柱式包括塔斯干柱式、多立克柱式、爱奥尼柱式、科林斯柱式和混合柱式。实例图详见图 3.3-1。【2023、2020、2018】 
(a) 塔斯干柱式　(b) 多立克柱式　(c) 爱奥尼柱式　(d) 科林斯柱式　(e) 混合柱式
图 3.3-1　古罗马五柱式</td></tr>
</table>

3.3-1［2023-02］下列四种柱式中，罗马人增加的柱式为（　　）。

A. 塔斯干柱式　　B. 爱奥尼柱式　　C. 多立克柱式　　D. 科林斯柱式

答案：A

解析：古罗马柱式有塔斯干柱式、多立克柱式、爱奥尼柱式、科林斯柱式和混合柱式，相比于古希腊的多立克柱式、爱奥尼柱式和科林斯柱式，增加了塔斯干柱式和混合柱式，因此选项 A 符合题意。

3.3-2［2023-31］古罗马为解决柱式与多层建筑间的矛盾采用构图的形式是（　　）

A. 券柱式　　B. 连续式　　C. 叠柱式　　D. 罗马柱式

答案：C

解析：见考点 5。

3.3-3［2021-37］关于古罗马柱式的说法错误的是（　　）

A. 券柱式中柱在建筑立面中仅作为承重墙外的装饰存在

B. 叠柱式在多层建筑各层采用相同柱式，统一了立面构图

C. 连续券将券脚直接落于柱式之上，其间用一小段檐部相连

D. 巨柱式在建筑构图上突破了水平划分的限制，但尺度失调

答案：B

解析：对叠柱式底层采用塔斯干柱式或新的罗马式多立克柱式，二层采用爱奥尼柱式，三层采用科林斯柱式，四层（如有）采用科林斯的壁柱来解决柱式与多层建筑物的矛盾。在多层建筑各层采用不同柱式，统一了立面构图。

考点 6：古罗马建筑类型【★★★★】

凯旋门	凯旋门是为了炫耀战争的胜利而建造的。其典型形制为方正的立面，高高的基座和女儿墙，单开间或三开间的券柱式【2020】，中央卷洞高大宽阔，两侧的开间较小，卷洞较矮，上面设有浮雕。比较有代表性的凯旋门有罗马城里的替度斯凯旋门、赛维鲁斯凯旋门和君士坦丁凯旋门（图 3.3-2）
广场	从共和时期到帝国时期，罗马先后造了许多广场。以恺撒广场、奥古斯都广场和图拉真广场最具代表性。需要特别提到图拉真广场（图 3.3-3），这是罗马帝国广场群中最宏大的。在平面上呈轴线对称，且纵深为多层次布局，广场的尽端是古罗马最大的巴西利卡——乌尔比亚巴西利卡。在巴西利亚边上的院子里，立着一根记功柱，柱子为多立克式，柱头上立着图拉真的全身像，之后欧洲就开始流行这种以单根柱子作为纪念柱的做法，这是欧洲流行的纪念柱的早期代表
剧场	马采鲁斯剧场，观众席最大直径为 130m，可容纳 10 000～14 000 人，立面简洁典雅
斗兽场	罗马斗兽场（图 3.3-4）是古罗马时期最重要的代表建筑之一，平面是椭圆形。在大角斗场可以看到典型的三种柱式，从下至上分别是多立克柱式、爱奥尼克柱式和科林斯柱式，这样重复使用的一个构图母体，特别夸大了建筑的宏伟尺度。斗兽场集中反映了古罗马多层连续券柱式的艺术成就
庙宇	万神庙平面呈圆形，是单一空间、集中式构图的建筑物代表，它也是罗马穹顶技术的最高代表。万神庙平面是圆形的，穹顶直径达 43.3m，顶端高度也是 43.3m。穹顶的材料有混凝土和砖，厚度越往上越小，在穹顶内面做五圈深深的凹格，每圈 28 个。【2022（12）】混凝土用浮石做骨料。万神庙平面图见图 3.3-5，剖面图见图 3.3-6
公共浴场	公共浴场为了满足罗马市民的生活需求而建，代表作是罗马城里的卡拉卡拉浴场和戴克利提乌姆浴场，是古罗马内部空间艺术中最突出的成就【2022（12）】

续表

宫殿	罗马时期的宫殿以罗马的阿德良离宫（图 3.3-7）和斯巴拉多的戴克利提乌姆宫为代表。阿德良离宫（也称哈德良离宫）位于两条河流的交汇点上，地势复杂，修成几个平面以安置各组建筑群。相互关系中略有几条轴线，建筑群包含了罗马城内所有的建筑类型与空间形式
图例	 图 3.3-2　君士坦丁凯旋门 图 3.3-3　图拉真广场  图 3.3-4　大角斗场 图 3.3-5　万神庙平面 图 3.3-6　万神庙剖面  图 3.3-7　阿德良离宫

3.3-4［2022（12）-38］古罗马公共建筑内部空间艺术成就突出的是（　　）。

A. 角斗场　　B. 神庙　　C. 公共浴场　　D. 剧场

答案： C

解析： 大型公共浴场是古罗马建筑空前的成就，特别是内部空间艺术成就十分突出，对 18 世纪以后欧洲的大型公共建筑的内部空间组织有很大的影响。

3.3-5［2022（12）-39］关于古罗马万神庙的说法错误的是（　　）。

A. 主殿平面呈圆形，是单一空间与集中式构图的代表

B. 穹顶直径达 43.3m 为同时期中跨度最大

C. 穹顶材料主要采用混凝土和砖，厚度越往上越小

D. 穹顶内壁光滑无凹凸，反应当时精湛的施工技术

答案： D

解析： 古罗马万神庙在穹顶内面做五圈深深的凹格，每圈 28 个，选项 D 错误。

3.3-6［2020-38］图 3.3-8 中凯旋门是什么柱式？（　　）

A. 肋架拱　　B. 巨柱式

C. 券柱式　　D. 混合柱式

答案： C

解析： 凯旋门是为了炫耀战争的胜利而建造的。其典型形制为方正的立面，高高的基座和女儿墙，单开间或三开间的券柱式，中央卷洞高大宽阔，两侧的开间较小，卷洞较矮，上面设有浮雕。

图 3.3-8

第四节　欧洲中世纪建筑

考点 7：拜占庭建筑【★★★】

建筑艺术与技术	结构	拜占庭时期的建筑中，穹顶是集中式建筑最重要的空间形式表达，其穹顶技术和集中式形制是在波斯和西亚的经验上发展起来的。【2024、2020】 需要特别提到拜占庭时期的帆拱（图 3.4-1），水平切口和 4 个发券之间所余下的 4 个角上的球面三角形部分，称为帆拱，创造性地解决了在方形平面上使用穹顶结构和建筑形式之间的承接过渡问题【2017】（注：其形式特别像把一个西瓜先切一半反扣着，然后四边再竖向各切一刀）
	装饰	由于大面积使用玻璃马赛克和粉画，拜占庭教堂内部的色彩非常富丽。另外在建筑的很多部位用石头砌筑形成石雕，在石头上面做雕刻装饰，题材以几何图案或程式化的植物为主。拜占庭建筑富于装饰的根本原因是受到了伊斯兰建筑的影响
平面形式	拜占庭时期出现了希腊十字式的建筑平面，其形式是指教堂中央的穹顶和它四面的筒形拱成等臂的十字	
建筑实例	圣马可教堂	意大利威尼斯的圣马可教堂，其平面就是希腊十字形制的代表，如图 3.4-2 所示，圣马可教堂是中央大穹顶和四面 4 个小穹顶，都用鼓座高举，以中央的为最大最高，在外观上显现出一簇 5 个穹顶，如图 3.4-3 所示
	圣索菲亚大教堂	土耳其首都君士坦丁堡（现名伊斯坦布尔）的圣索菲亚大教堂是拜占庭时期重要的代表建筑【2023、2019】。圣索菲亚大教堂在结构体系、内部空间、灿烂的色彩三个方面有着突出的成就【2022（5）】。特别需要关注起屋顶的部分使用了帆拱【2017】。圣索菲亚大教堂的平面与剖面如图 3.4-4 所示，室内图如图 3.3-5 所示，鸟瞰效果如图 3.4-6 所示
图例	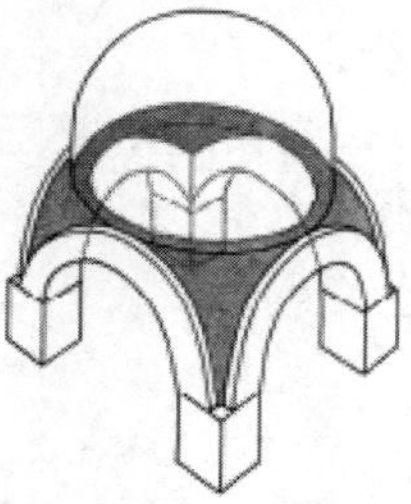 图 3.4-1　帆拱示意图 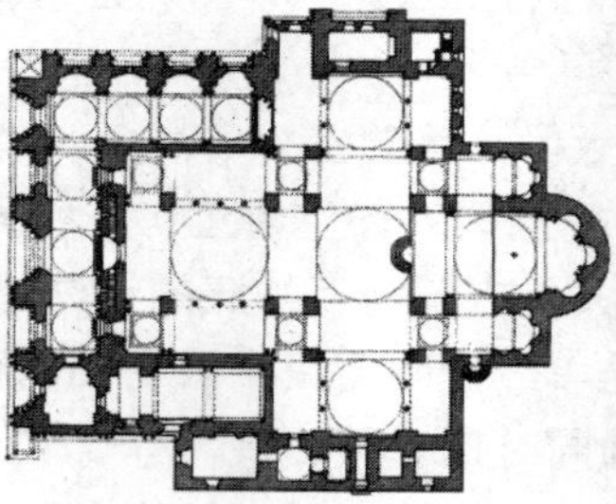 图 3.4-2　圣马可教堂剖面  图 3.4-3　圣马可教堂外观	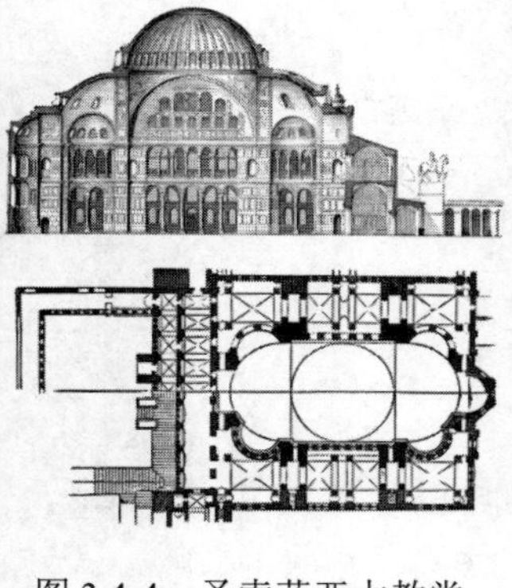 图 3.4-4　圣索菲亚大教堂平面和剖面  图 3.4-5　圣索菲亚大教堂室内  图 3.4-6　圣索菲亚大教堂鸟瞰

3.4-1［2023-32］如图 3.4-7 所示，圣索菲亚大教堂的建筑风格是（　　）。

A. 古罗马　　B. 拜占庭　　C. 罗马风　　D. 古希腊

答案：B

解析：圣索菲亚大教堂是拜占庭风格的典型代表。

图 3.4-7

3.4-2［2020-5］拜占庭建筑的结构特点是（　　）。

A. 飞扶壁　　B. 十字拱　　C. 帆拱　　D. 骨架券

答案：C

解析：帆拱是拜占庭建筑的结构特点。

考点 8：早期基督教建筑【★】

巴西利卡	巴西利卡是长方形的大厅，早期主要用于基督教的仪式功能空间。纵向的几排柱子把它分为几长条空间，中央的比较宽，是中厅，两侧的窄一点，是侧廊。中厅比侧廊高很多，可以利用高差在两侧开高窗，如图 3.4-8 所示
拉丁十字	拉丁十字式平面被西欧的天主教堂认为最正统的空间形制，从平面上看，像是一个平放的十字架，在平面上纵轴比横轴长很多，从而为了适应天主教堂在仪式上的需求，横轴给圣品人专用，纵轴供朝拜人使用。以圣塞南主教堂平面为例，其教堂平面即为拉丁十字式，见图 3.4-9。需要将天主教堂拉丁十字和东欧正教的希腊十字进行对比，希腊十字式平面在两个轴方向上长度相同
建筑实例	早期典型的例子是罗马城里的圣约翰教堂和罗马城外的圣保罗教堂。图 3.4-10 所示为圣保罗教堂内景，可以看到巴西利卡的进深感
图例	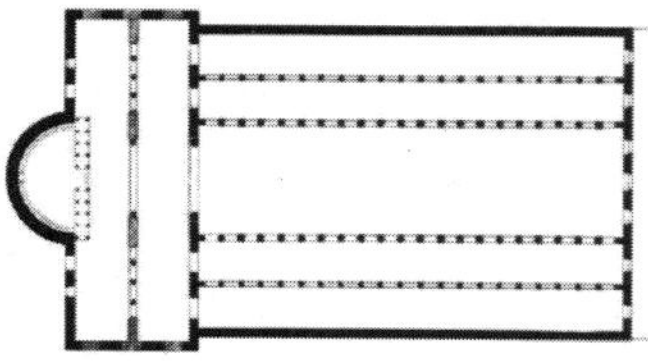 图 3.4-8　巴西利卡平面 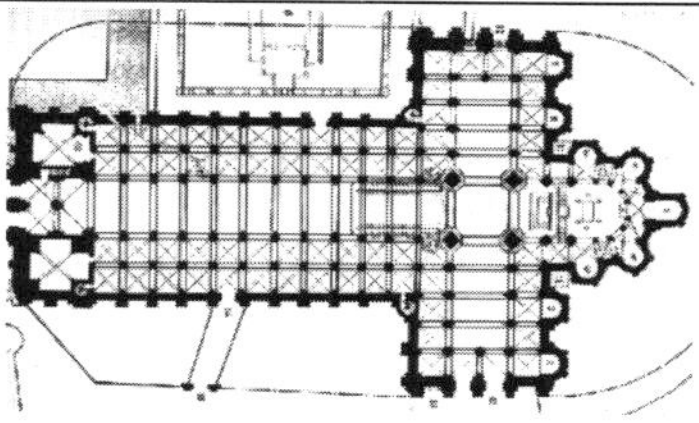　图 3.4-9　拉丁十字平面 　图 3.4-10　圣保罗教堂内景

考点 9：罗曼建筑【★★★】

概念	10 世纪之后的建筑称为罗曼建筑，即“罗马式”或者是“像罗马时期建筑的建筑”
结构技术	在法国东部还有一些教堂逐间覆盖横向的筒形拱（图 3.4-11），用来减轻外墙的负担，增加室内高度，同时便于开窗。在意大利北部首先开始使用了起源于古罗马时代的十字拱（图 3.4-12），在筒形拱的基础上发展出来，形成了两个方向上的进深感
代表建筑	比萨主教堂是拉丁十字式的平面形式，有 4 条侧廊。中厅屋顶用木桁架，侧廊用十字拱。正立面暴露山墙两坡，有 4 层空券廊作装饰，见图 3.4-13，是意大利罗曼风格的典型手法【2020】
图例	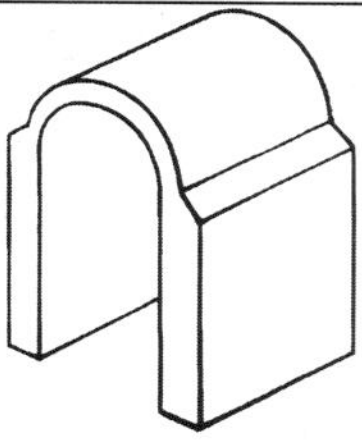 图 3.4-11　筒形拱 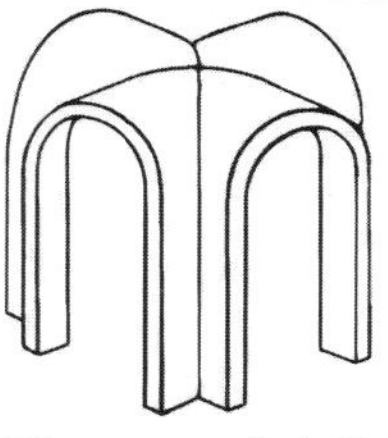　图 3.4-12　十字拱 　图 3.4-13　比萨主教堂及钟塔

3.4-3［2020-40］以下四个选项中，哪一个教堂不属于哥特式风格？（　　）

A. 巴黎圣母院　　B. 比萨主教堂　　C. 乌尔姆主教堂　　D. 米拉大教堂

答案： B

解析： 比萨主教堂属于罗马风时期建筑。

3.4-4［2019-38］以下四个选项中，哪个建筑是罗曼风格？（　　）

A.

B.

C.

D.

答案： D

解析： 选项A为法国韩斯主教堂；选项B为法国巴黎圣母院；选项C为意大利米兰大教堂；选项D为意大利比萨主教堂。选项A、B、C均为哥特式建筑，选项D为罗马风（罗曼）建筑。

考点10：哥特式教堂建筑【★★★★★】

结构（图3.4-14）	骨架券	骨架券作为拱顶的承重构件，让十字拱成了框架式的，这样填充围护部分就减薄了，拱顶重量大大减轻，垂直承重的墩子也可以变细了一点【2022（5）】。需要提到因为使用了两圆心的尖券和尖拱，十字拱顶的对角线骨架券不必高于四边的，成排连续的十字拱不致逐间隆起	 图3.4-14　哥特教堂的框架结构示意图 ①—飞扶壁；②—骨架券；③—尖券
	飞扶壁	骨架券把拱顶荷载集中到每间十字拱的4角，因而可以用独立的飞券在两侧凌空越过侧廊上方，在中厅每间十字拱将力传给飞扶壁，用来抵住屋顶传下来的侧推力。需注意，十字拱的横纵各跨度并不一定相等【2022（12）】	
	尖券和尖拱	使用两圆心的尖券和尖拱。尖券和尖拱的侧推力比较小，有利于减轻结构，同时可以将不同跨度的拱券统一成相同的高度【2021、2017】	
伟大成就原因	哥特教堂的结构体系是中世纪工匠们的伟大成就，获得成就主要是工匠进一步提高了专业化水平，特别是石匠中产生了类专业化的建筑师和工程师，对建筑水平的提高起着重要作用（主要原因不是教会的需求和王室的支持，也不归功于罗马建筑技术的传承）		

续表

代表建筑	法国	哥特式教堂初成于法国巴黎北区王室的圣德尼教堂，在夏特尔主教堂（图 3.4-15）配套成型（夏特尔主教堂是早期哥特式教堂的典范）成熟的代表是巴黎圣母院（图 3.4-16），最繁荣时期的作品有韩斯主教堂（图 3.4-17）、亚眠主教堂（法国“辉煌式”哥特教堂的代表，见图 3.4-18）等，需要提到的是巴黎圣母院的平面形制是拉丁十字式的
	德国	德国的哥特式教堂的代表为科隆主教堂（图 3.4-19）和乌尔姆主教堂（图 3.4-20）。科隆主教堂是一对钟塔，高度为 152m，是哥特式教堂中最高的。其主教堂是欧洲最大的哥特主教堂之一。乌尔姆主教堂是单塔式的，因为很多中世纪的教堂都因为建造时间过长，加上很多建造主持人的更换，导致立面上不断变化修改的痕迹，双塔有的只建了一半，有的因为战争倒塌，也有两个塔使用了两种风格形式
	英国	英国的主教堂的正厅进深很长，通常有两个横厅，钟塔只有一个，东端很简单，大多是方的。例如索尔兹伯里主教堂（图 3.4-21）和威斯敏斯特大教堂（图 3.4-22）
	意大利	意大利北部的哥特式主教堂，侧廊的高度接近于中厅的，也是广厅式。结构方法比较保守，常用木桁架。例如意大利最大的米兰主教堂（图 3.4-23）
	西班牙	在西班牙，大量的伊斯兰建筑手法掺入到哥特建筑中去，形成了特殊的风格，叫作穆达迦风格，它的特点是使用马蹄形券、镂空的石窗棂、大面积的几何图案或其他花纹。代表建筑是伯各斯主教堂、督莱多主教堂等
图例		 图 3.4-15　夏特尔主教堂  图 3.4-16　巴黎圣母院  图 3.4-17　韩斯主教堂  图 3.4-18　亚眠主教堂  图 3.4-19　科隆主教堂  图 3.4-20　乌尔姆主教堂  图 3.4-21　索尔兹伯里主教堂  图 3.4-22　威斯敏斯特大教堂  图 3.4-23　意大利米兰主教堂

3.4-5［2023-33］ 图 3.4-24 所示教堂，从左到右依次是（　　）。

图 3.4-24

A. 英国林肯大教堂、法国巴黎圣母院、德国乌尔姆主教堂、德国科隆大教堂
B. 法国韩斯大教堂、法国巴黎圣母院、德国科隆大教堂、法国夏特尔大教堂
C. 法国巴黎圣母院、英国林肯大教堂、德国科隆大教堂、法国夏特尔大教堂
D. 英国林肯大教堂、法国韩斯大教堂、德国乌尔姆主教堂、德国科隆大教堂

答案：B

解析：识图题。详见图 3.4-17、图 3.4-16、图 3.4-19、图 3.4-15。

3.4-6［2021-38］ 哥特式教堂采用双圆心尖券构造是为了（　　）。

A. 减小侧推力　　B. 方便施工　　C. 增加结构重量　　D. 增加建筑整体高度

答案：A

解析：尖券肋架拱可使不同拱跨的拱顶等高，并减少侧推力。

考点 11：西班牙伊斯兰建筑【★】

建筑特点	伊斯兰教建筑的共同点：①清真寺和住宅的形制大致相似；②喜欢大面积的满铺表面装饰，题材和手法也都相似；③普遍使用拱券结构，拱券的样式富有装饰感④都设有塔且顶上有小亭【2013】	
代表建筑	哥多瓦的大清真寺	哥多瓦的大清真寺是伊斯兰世界最大的清真寺之一，如图 3.4-25 所示。内部的柱子是罗马古典式的，在柱头和顶棚之间，重叠着两层发券，上层的略小于半圆，下层的是马蹄形的，都用白色石头和红砖交替砌成，是埃及和北非的典型做法
	阿尔罕布拉宫	建筑群位于西班牙格兰纳达，是摩尔人在西班牙建的伊斯兰建筑，伊斯兰世界中保存得比较好的一所宫殿。在一个地势险要的小山上，沿墙耸立起十几座高高低低的方塔。内部宫殿以两个互相垂直的长方形院子为中心。南北向的叫柘榴院，以举行朝觐仪式为主，比较肃穆，如图 3.4-26 所示。东西向的叫狮子院，是后妃们住的地方，比较奢华，如图 3.4-27 所示【2010】
图例	图 3.4-25　哥多瓦大清真寺内部 图 3.4-26　柘榴院 图 3.4-27　狮子院	

3.4-7［2013-39］ 下列对伊斯兰建筑特点的描述错误的是（　　）。

A. 清真寺的形制与住宅形制完全不同

B. 大面积的表面装饰且题材和手法一样

C. 普遍使用拱券结构且拱券的样式富有装饰性

D. 都设有塔且顶上有小亭

答案： A

解析： 见考点 11，清真寺和住宅的形制大致相似。

第五节　意大利文艺复兴建筑

考点 12：文艺复兴早期建筑——以佛罗伦萨为中心【★★★】

代表建筑	佛罗伦萨主教堂的穹顶	意大利文艺复兴建筑史开始的标志是佛罗伦萨主教堂的穹顶，如图 3.5-1 所示。设计人是伯鲁乃列斯基（注：佛罗伦萨主教堂的墙身主体，在中世纪晚期就已经建好了，穹顶并非和主体同时完工）【2024、2019】
	佛罗伦萨巴齐礼拜堂	佛罗伦萨巴齐礼拜堂是 15 世纪前半叶早期文艺复兴很有代表性的建筑物，在结构、空间组合、外部体形和风格等方面都有创新，设计人是伯鲁乃列斯基。建筑形制借鉴了拜占庭的空间特色。正中一个帆拱式穹顶，左右各有一段筒形拱，同大穹顶一起覆盖一间长方形的大厅，后面一个小穹顶，覆盖着圣坛，如图 3.5-2 所示
	佛罗伦萨育婴院	佛罗伦萨的育婴院是一座四合院，正面向安农齐阿广场的一侧展开长长的券廊，通过灰空间将城市空间过渡到室内空间，连续券直接架在科林斯式的柱子上，非常轻快、明朗。立面的构图明确简洁，比例匀称，尺度宜人，如图 3.5-3 所示。设计人是伯鲁乃列斯基
	美狄奇府邸	美狄奇府邸的外立面仿照中世纪佛罗伦萨老市政厅，如图 3.5-4 所示，建筑使用粗糙的大石块砌筑，风格威严高傲。设计人是米开罗佐【2020】
	法尔尼斯府邸	小桑迦洛设计的罗马的法尔尼斯府邸，是封闭的四合院，有很强的纵轴线和次要的横轴线，纵轴线的起点是门厅，它采用了巴西利卡的形制，如图 3.5-5 所示【2017】
图例	图 3.5-1　佛罗伦萨主教堂穹顶　图 3.5-2　佛罗伦萨巴齐礼拜堂　图 3.5-3　佛罗伦萨育婴院 图 3.5-4　美狄奇府邸	 图 3.5-5　法尔尼斯府邸

3.5-1［2024-34］ 关于佛罗伦萨教堂穹顶正确的是（　　）。

A. 由伯拉孟特主持设计　　B. 单层结构以减轻自重

C. 采用双圆心骨肋架结构　　D. 与主体同时修建完成

答案：C

解析：伯鲁乃列斯基主持设计，选项 A 不正确，建筑穹顶轮廓采用矢形的，大致是双圆心的，用骨架券结构，穹顶分里外两层，中间是空的。选项 B 不正确，选项 C 正确。穹顶并非于主体同时完工，选项 D 不正确。

3.5-2［2020-43］ 以下四个建筑中，哪个不是伯鲁乃列斯基的作品？（　　）

A. 穹顶大教堂　　B. 巴齐礼拜堂　　C. 育婴院　　D. 美狄奇府邸

答案：D

解析：美狄奇府邸是米开罗佐的作品。

考点 13：文艺复兴盛期建筑——以罗马为中心【★★】

设计手法	文艺复兴时期，建筑师们开始使用"聚向焦点"的理论，西方透视法的使用和发展从文艺复兴时期开始，对建筑设计产生了深远的影响【2022（12）】	
代表建筑	坦比哀多	罗马的坦比哀多是集中式的圆形建筑（注：集中式建筑也可以理解为向心性建筑），神堂的外墙周围一圈多立克式柱廊，共 16 根柱子，地下有墓室，如图 3.5-6 所示。设计者是伯拉孟特
	劳仑齐阿纳图书馆	劳仑齐阿纳图书馆正中设计了一个大理石的台阶，设计手法大胆，尺度超出了楼梯在人在使用范围的尺寸，形式变化且具有装饰性，如图 3.5-7 所示。设计者是米开基琪罗，死后由瓦萨里接替
	圣马可图书馆	圣马可图书馆位于威尼斯总督府对面圣马可小广场南侧，两层下层有敞廊，供广场的公共活动使用，二层有一个大厅是阅览室，如图 3.5-8 所示。为了同总督府调和，也为了同威尼斯城市风格调和，图书馆的立面整个是上下两层 21 间连续的券柱式设计人是珊索维诺
图例	 图 3.5-6　坦比哀多 　图 3.5-7　劳仑齐阿纳图书馆 　图 3.5-8　圣马可图书馆	

3.5-3［2022（12）-041］ 西方透视法对建筑设计产生影响的时期是（　　）。

A. 拜占庭时期　　B. 欧洲中世纪时期　　C. 文艺复兴时期　　D. 法国古典主义时期

答案：C

解析：详见考点 13。

考点 14：文艺复兴晚期建筑——以维晋察为中心【★★★★★】

手法主义	16 世纪下半叶，意大利文艺复兴晚期建筑中出现了形式主义的潮流。一种倾向是泥古不化，教条主义地崇拜古代，另一种倾向是追求新颖尖巧这后一种倾向，由于其爱好新异的手法而被称为“手法主义”	
代表建筑	维晋察的巴西利卡	帕拉迪奥委托改造一座巴西利卡的中央大厅，功能上增设了楼层，并在上下层都增加了外廊。外立面上通过帕拉迪奥母题的设计手法协调建筑与广场的尺度关系，帕拉迪奥这种大胆的创新，在每间中央按适当比例发一个券，而把券脚落在两棵独立的小柱子上，见图 3.5-9。需要特别提到“帕拉迪奥母题”，如图 3.5-10 所示，每个开间里有了 3 个小开间，两个方的夹着一个发券的，而以发券的为主。在设计上，大柱子尺度与城市空间协调，小柱子与建筑内部尺度呼应，这种两套尺度又通过比例关系统一在建筑的立面中，这是一种构图上的重要创造
	圆厅别墅	帕拉迪奥在维晋察郊外一个庄园中央的高地上设计的建筑。四周房间依纵横两个轴线对称布置，结合文艺复兴时期的比例关系，将平面方形和中庭的圆形合理地结合在一起，如图 3.5-11 所示
	奥林匹克剧场	这是一个室内剧场，把观众席做成半个椭圆形的，以代替半圆。最重要的创举是在室内通过透视学将舞台布景完美的与建筑结合在一起。设计者是帕拉迪奥
图例	图 3.5-9　维晋察的巴西利卡　　图 3.5-10　帕拉迪奥母题　　图 3.5-11　圆厅别墅	

3.5-4［2023-34］图 3.5-12 所示的维晋察的巴西利卡所采用的构图通常被称为（　　）。

A. 帕拉第奥母题　　B. 维晋察母题

C. 券柱式构图　　D. 连续券构图

答案：A

解析：维晋察的巴西利卡所采用的构图是柱式构图的重要创造，圣马可图书馆的二楼立面和巴齐礼拜堂内部侧墙，也都采用过，但比例及细部做法以这个巴西利卡的为最成熟，以致得名为“帕拉第奥母题”。

图 3.5-12

3.5-5［2019-39］图 3.5-13 所示，维晋察巴西利卡（Vicenza Basilica）采用的构图通常被称为（　　）。

A. 帕拉迪奥母题　　B. 维晋察母题

C. 券柱式构图　　D. 连续券构图

答案：A

解析：帕拉迪奥在维晋察设计的巴西利卡采用了帕拉迪奥母题。

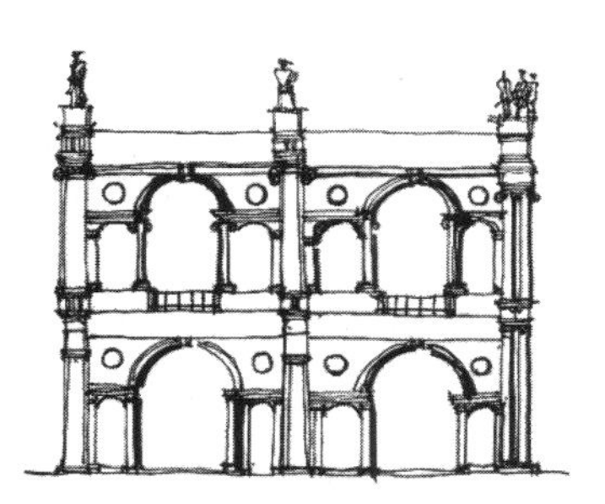

图 3.5-13

考点 15：纪念碑——圣彼得大教堂【★★★】

<table>
<tr><td>代表建筑</td><td>意大利文艺复兴最伟大的建筑是罗马教廷的圣彼得大教堂，如图 3.5-14 所示。现位于梵蒂冈，它集中了 16 世纪意大利建筑、结构和施工的最高成就。100 多年间，罗马最优秀的建筑大师们都曾经主持过圣彼得大教堂的设计和施工，包括伯拉孟特、拉斐尔、米开朗基罗、玛丹纳等。
在这么多版设计中，米开朗基罗设计的平面形式最能表达宗教教义，如图 3.5-15 所示，他抛弃了拉丁十字形制，基本上恢复了伯拉孟特设计的平面。集中式的形制比拉丁十字式的在外形上完整得多，纪念性也更强，体积构图的重要性远远超过立面构图。但最终建成的建筑是教皇命令建筑师玛丹纳【2010】在原来的集中式希腊十字之前又加了一段 3 跨的巴西利卡式的大厅。于是，圣彼得大教堂的内部空间和外部形体的完整性都受到严重的破坏。从广场角度看建筑，因为透视角度原因，弱化了穹顶该有的尺寸，如图 3.5-16 所示。圣彼得大教堂遭到损害，标志着意大利文艺复兴建筑的结束</td></tr>
<tr><td>图例</td><td>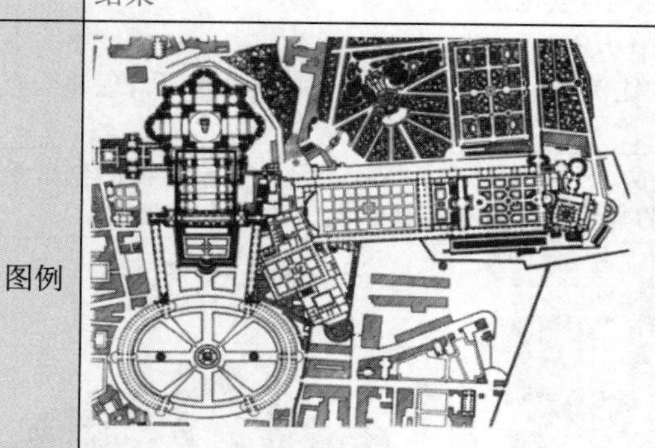
图 3.5-14　圣彼得大教堂及梵蒂冈宫总平面
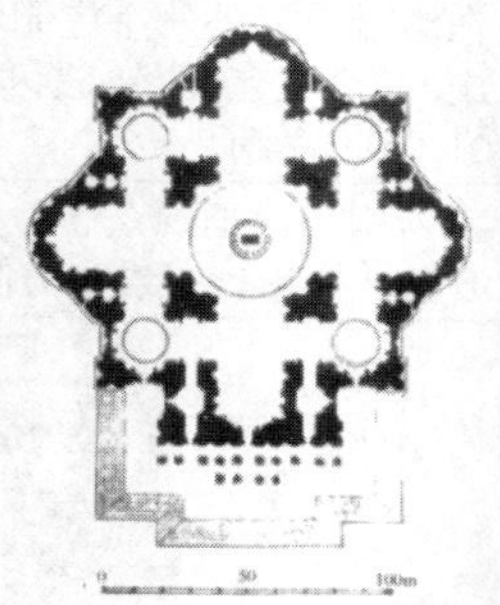
图 3.5-15　米开朗基罗设计的圣彼得大教堂平面

图 3.5-16　圣彼得大教堂正面</td></tr>
</table>

考点 16：文艺复兴城市广场与园林【★★★】

<table>
<tr><td rowspan="3">代表广场</td><td>安农齐阿广场</td><td>佛罗伦萨的安农齐阿广场是早期的，最完整的广场。它是矩形的，三面是开阔的券廊，它们尺度宜人，风格平易，因此广场显得很亲切。周边的建筑有安农齐阿教堂、伯鲁乃列斯基设计的育婴院和一所修道院</td></tr>
<tr><td>卡比多山市政广场</td><td>为了保护周边的古罗马的遗迹，米开朗基罗把罗马卡比多山市政广场（图 3.5-17）面向西北，背对旧区。米开朗基罗把广场正面的元老院（后来的市政厅）的正面改为背面，把背面作为正面，在前面加了大台阶，并用雕像和水池把它装饰起来，米开朗基罗的设计改造了右侧档案馆的立面，需要特别这个设计中的梯形空间，让元老院在视觉上看起来更远了，增加了空间尺度，另外在广场铺地上使用了椭圆形，也是当时创造性的设计。卡比多市政广场开启了欧洲历史文化古城保护-古城新发展区与文物古迹保护区分开的通用做法实例【2010】</td></tr>
<tr><td>威尼斯圣马可广场</td><td>威尼斯的圣马可广场被拿破仑誉为“欧洲最美的客厅”，基本上是在文艺复兴时期完成的，平面包括大广场和小广场两部分，如图 3.5-18 所示。大广场东西向，位置偏北，小广场南北向，连接大广场和大运河口。大广场的东端是 11 世纪的拜占庭式的圣马可主教堂。同这个主要广场相垂直，是总督府（图 3.5-19）和圣马可图书馆（图 3.5-20）之间的小广场。总督府紧挨着圣马可主教堂（图 3.5-21），图书馆连接着新市政大厦。小广场和大广场相交的地方，图书馆和新市政厅之间的拐角上，斜对着主教堂，有一座方形的红砖砌筑的高塔。总督府横向轴线与圣马可教堂纵向轴线是错位布置的。【2021、2019】
威尼斯总督府曾经几度改建，原来是一座拜占庭建筑，墙面处理和尖券、火焰券有着强烈的伊斯兰建筑风格，圆窗内十字花则为哥特风格，并没有出现巴洛克风格【2013】</td></tr>
</table>

续表

代表园林	以园林为主的花园别墅在意大利文艺复兴时期大为流行，布局是传统的多层台地式，有明确的轴线，花圃、林木及房屋等都对称布置，大厅在轴线的一端，主要路径是直的，构成几何形，一般交叉点有小广场，点缀着柱廊、喷泉等【2010】
图例	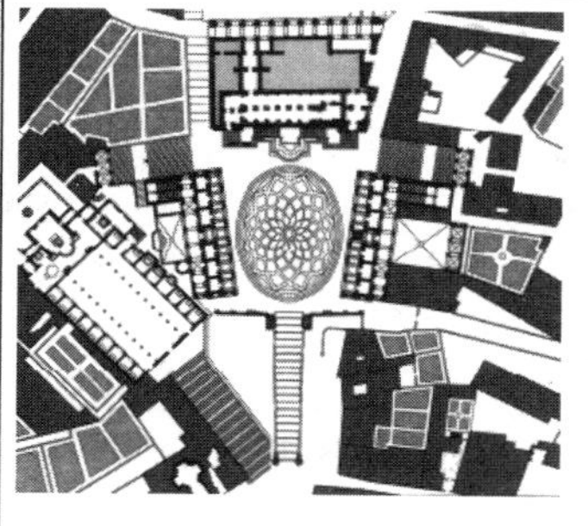 图 3.5-17　卡比多山市政广场平面 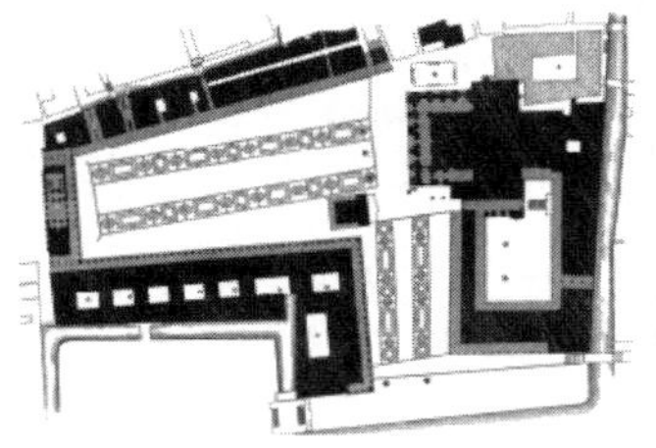 图 3.5-18　圣马可广场平面  图 3.5-19　威尼斯总督府  图 3.5-20　圣马可图书馆  图 3.5-21　圣马可教堂

3.5-6［2021-2］关于意大利威尼斯圣马克广场的说法错误的是（　　）。

A. 广场呈 L 形，朝向大海以两个石柱限定空间

B. 钟楼位于转角处，俯瞰整个广场

C. 总督府与圣马克教堂正对轴线布置

D. 总督府以拱券为母题

答案：C

解析：总督府紧挨着圣马可主教堂，图书馆连接着新市政大厦，因此选项 C 错误。

3.5-7［2019-70］下图四个广场中，哪一个是意大利威尼斯圣马可广场？（　　）

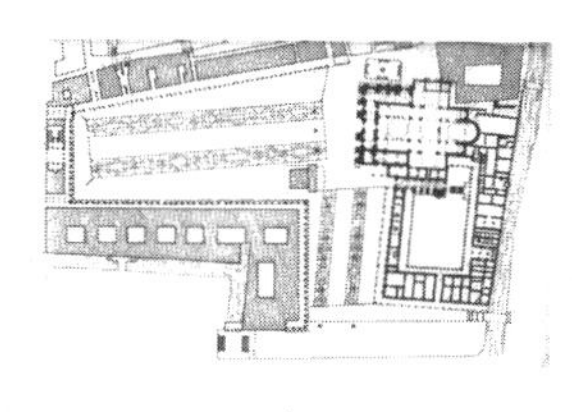

A.

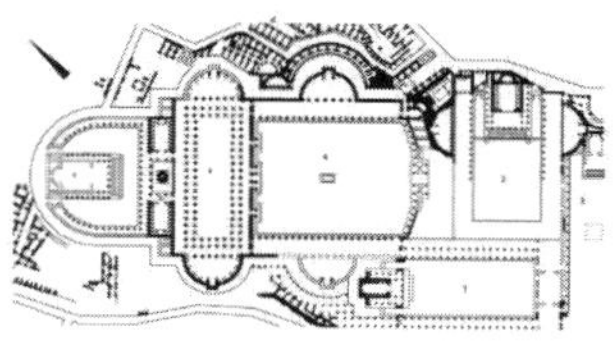

B.

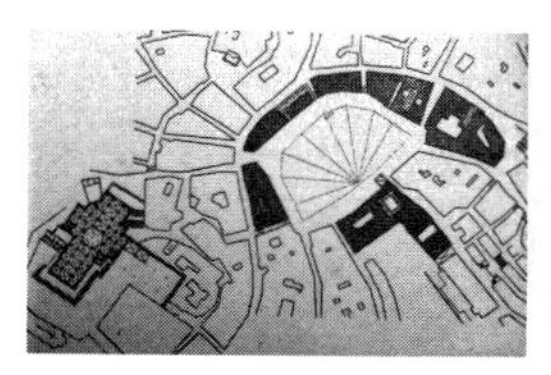

C.

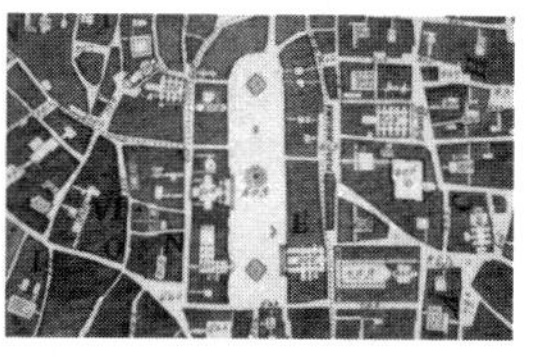

D.

答案：A

解析：选项 A 为圣马可广场，选项 B 为图拉真广场，选项 C 为锡耶纳中心广场，选项 D 为罗马那沃纳广场。

第六节　巴 洛 克 建 筑

考点 17：巴洛克教堂建筑【★★】

类别	名称	内容
主要特征		1. 炫耀财富：大量使用贵重的材料，充满了装饰。 2. 追求新奇：建筑师们标新立异，使用前所未见的建筑形象和手法【2018】。比如强调建筑实体与建筑空间的动态性，打破建筑、雕塑与绘画之间的界限，追求强烈的体积和光影变化，采用非理性的组合改变传统结构逻辑，结合透视学的发展取得与传统不一样的视觉效果。制造建筑的动态，不稳定，空间流动。 3. 趋向自然：装饰中增加了自然题材
代表建筑	罗马耶稣会教堂	维尼奥拉设计的罗马耶稣会祖堂是早期巴洛克的代表，平面使用拉丁十字式，并改造其中建筑内部的功能，如图 3.6-1 所示
	罗马圣卡罗教堂	罗马圣卡罗教堂是晚期巴洛克式教堂的代表作，见图 3.6-2，立面上的中央一间凸出，左右两面凹进，均用曲线，形成一个波浪形的曲面。在平面上最重要的使用了椭圆形曲线，见图 3.6-3。看似建筑的动态性和不稳定性的空间流动的背后，是严谨的数学逻辑的支撑。设计者是波洛米尼（他说过一句很有名的话：他只效法三位老师，这就是自然、古代和米开朗琪罗）【2020】
图例		图 3.6-1　罗马耶稣会祖堂　图 3.6-2　圣卡罗教堂　图 3.6-3　圣卡罗教堂平面

3.6-1［2022（5）-42］关于巴洛克建筑的特点说法错误的是（　　）。

A. 材料丰富　B. 追求新奇　C. 趋向自然　D. 雅致的风格

答案：D

解析：巴洛克建筑的主要特征：炫耀财富、追求新奇、趋向自然。

3.6-2［2020-42］下列哪座教堂是巴洛克风格的建筑？（　　）

A. 巴黎恩瓦立德新教堂　B. 威尼斯圣马可教堂

C. 罗马圣卡罗教堂　D. 巴黎歌剧院

答案：C

解析：巴黎恩瓦立德新教堂是古典主义建筑；威尼斯圣马可教堂是文艺复兴建筑；罗马圣卡罗教堂是晚期巴洛克式教堂的代表作；巴黎歌剧院是折中主义建筑。

3.6-3［2018-3］有关巴洛克建筑的特征描述错误的是（　　）

A. 外形自由　B. 追求动态　C. 装饰豪华　D. 功能合理规则

答案：D

解析：巴洛克建筑的主要特征：炫耀财富、追求新奇、趋向自然。

考点 18：巴洛克城市广场【★★★】

代表建筑	圣彼得教堂前广场	罗马圣彼得教堂前广场是伯尼尼在巴洛克时期的代表作，见图 3.6-4【2022（12）】。广场呈椭圆形，中间树立了方尖碑，椭圆形广场和教堂之间再用一个梯形广场相接，平面见图 3.6-5。两个广场都被柱廊包围，柱廊有 4 排粗重的塔斯干式柱子，利用视觉矫正，柱子都使用了微椭圆形，让人们在广场上看柱子时是正圆形
	纳沃那广场	纳沃那广场呈长圆形，虽是集中式的，但左右有钟塔，使立面展开。广场中央的一座喷泉，名叫“四河喷泉”，也是伯尼尼设计制作的，如图 3.6-6 所示
	波波洛广场	冯纳勒尔开辟了 3 条笔直的道路通向波波洛城门，它们的中轴线在城门之里相交，在交点上安置了一个方尖碑，以方尖碑为中心形成了长圆形的广场，被称为波波洛广场，如图 3.6-7 所示
	西班牙大台阶	西班牙大台阶位于罗马，连接高差很大的两条相邻的干道，平面像只大花瓶。137 步台阶上端有一座双塔高耸的圣三一教堂，下端有一个船形大喷泉，如图 3.6-8 所示
图例	 图 3.6-4　圣彼得教堂前广场 图 3.6-5　圣彼得教堂前广场平面  图 3.6-6　纳沃那广场 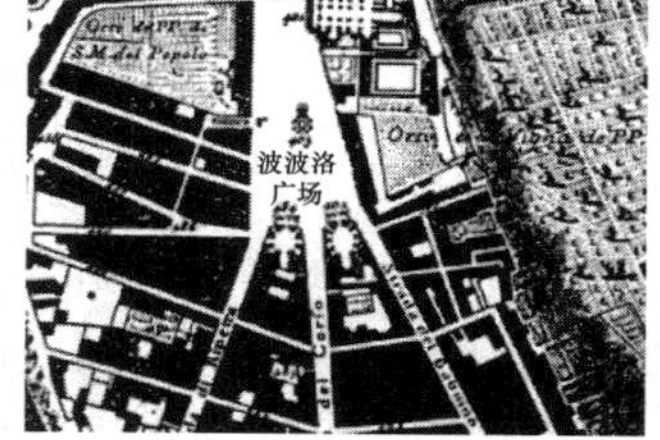 图 3.6-7　波波洛广场平面  图 3.6-8　西班牙大台阶	

3.6-4［2022（12）-42］罗马圣彼得教堂前广场体现的设计时期是（　　）。

A. 文艺复兴　　B. 巴洛克　　C. 古典主义　　D. 古典复兴

答案：B

解析：罗马圣彼得教堂前广场是伯尼尼在巴洛克时期的代表作。

3.6-5［2017-6］下列城市广场中，采用椭圆形平面的是（　　）。

A. 梵蒂冈圣彼得堡大教堂前广场　　B. 锡耶纳坎波广场

C. 罗马卡比多山市政广场　　D. 威尼斯圣马可广场

答案：A

解析：梵蒂冈圣彼得广场采用椭圆形平面，其他平面如图 3.6-9 所示。

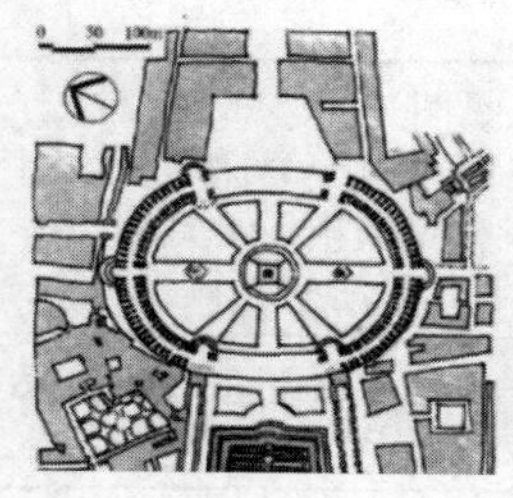

梵蒂冈圣彼得堡大教堂

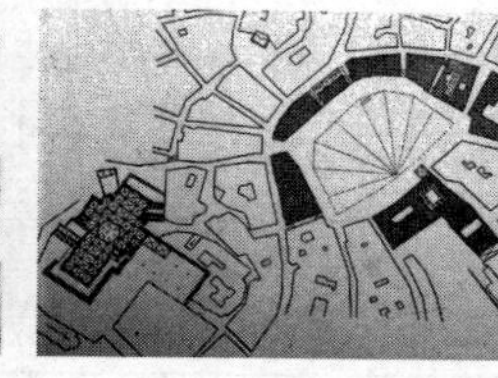

锡耶纳坎波广场

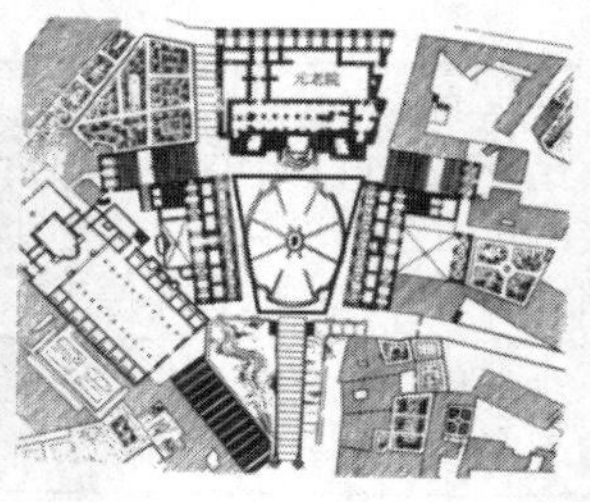

罗马坎皮多里奥广场

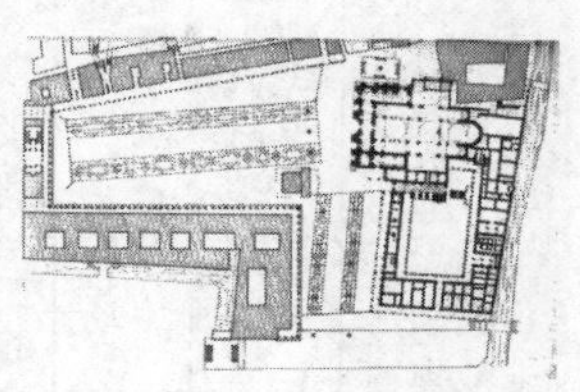

佛罗伦萨市政府广场

图 3.6-9

第七节　法国古典主义和洛可可建筑

考点 19：法国古典主义教堂建筑与广场【★★】

主要特征	1. 建筑风格表现出对于对称的追求，注重建筑物的整体性和统一性。建筑物的正面通常以中轴线为基准，左右对称布局，立面上的装饰元素也是对称的，这样使建筑物看起来稳重而庄严。 2. 对比例的重视。所有建筑元素，如柱子、窗户、门等都经过精确的计算和设计，以保持和谐的比例关系。这种精确的比例使建筑物看起来非常均衡和美观。 3. 建筑物的各个部分通常都是互相呼应和相互衬托的，以形成一个完整而和谐的整体	
代表建筑	枫丹白露宫	枫丹白露宫曾是拿破仑 1804 年加冕登基的皇宫，之后，圣路易国王对枫丹白露宫进行了扩建（图 3.7-1）【2017】
	卢浮宫东立面	由弗・勒伏，勒・勃亨和克・彼洛设计改造卢浮宫东立面，这是一个典型的古典主义建筑作品，完整地体现了古典主义的各项原则（图 3.7-2）。底层是底座，中段是两层高的巨柱式柱子，在上面是檐部和女儿墙。主体是由双柱形成的空柱廊，简洁干练，层次丰富。中央和两端各有凸出部分，将立面分五段，主轴线很明确
	凡尔赛宫	凡尔赛宫是法国绝对君权最重要的纪念碑，它不仅是君主的宫殿，而且是法国国家的中心（图 3.7-3）【2022（12）】。于・阿・孟莎担任凡尔赛的主要建筑师。 17 世纪 60 年代初，由勒诺特亥负责开始在兴建大园林。中轴东西长达 3km，是府邸中轴的延长。有一条横轴和几条次轴，紧靠宫殿西面的是几何形花坛和水池，它们的西边是由树木包围起来的一些独立的景点，叫小林园，再西面是大林园，有一个十字形的大水渠。中轴贯穿这三部分。园里布满雕像和喷泉【2023】
	恩瓦立德教堂	于・阿・孟莎设计的恩瓦立德新教堂是第一个完全的古典主义教堂建筑，也是 17 世纪最完整的古典主义纪念物之一（图 3.7-4）
代表广场	旺道姆广场	旺道姆广场，是于・阿・孟莎设计的（图 3.7-5）。平面长方形，四角抹去，短边的正中开一条短街。正几何形的、封闭的形状
教育	欧洲最早的法国建筑学院——巴黎美术学院是在古典主义时期设立的，在这些学院里形成了欧洲建筑教育的传统	

图例	 图 3.7-1 枫丹白露宫内景  图 3.7-2 卢浮宫东立面 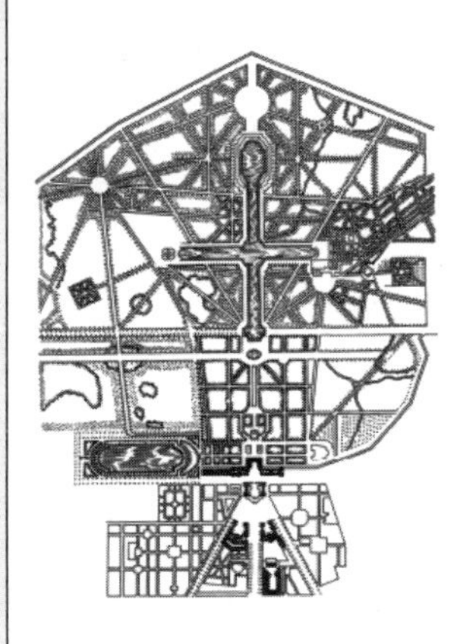 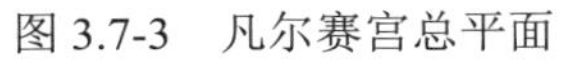 图 3.7-3 凡尔赛宫总平面  图 3.7-4 恩瓦立德新教堂  图 3.7-5 旺道姆广场

3.7-1［2023-35］图 3.7-6 所示属于是哪一种西方园林风格？（　　）

A. 古典主义园林　　B. 文艺复兴园林

C. 台地式园林　　D. 风景式园林

答案：A

解析：凡尔赛宫是 17～18 世纪法国艺术和技术成就的集中体现者，是典型的古典主义建筑作品。

图 3.7-6

3.7-2［2022(12)-54］凡尔赛宫总图的风格是（　　）。

A. 巴洛克　　B. 古典主义

C. 文艺复兴　　D. 洛可可

答案：B

解析：见上题。

考点 20：洛可可时期建筑与广场【★★】

代表建筑	建筑上，洛可可风格主要表现在室内装饰上，总体室内装饰烦琐，柔媚温软、细腻纤巧的风格。在建筑物外部表现比较少【2020】。与巴洛克风格不同，洛可可风格在室内排斥一切建筑母体，装饰题材有了自然主义倾向，构图使用非对称形式。洛可可装饰的代表作是巴黎苏俾士府邸的客厅（图 3.7-7），它的设计者是勃夫杭

续表

代表广场	南锡广场群	中心广场群是由三个广场串联组成的，北头是横向的长圆形的王室广场，南头是长方形的路易十五广场，中间由一个狭长的跑马广场连接，建筑物按纵轴线对称排列，如图 3.7-8 所示
	巴黎调和广场	广场位于赛纳河北岸，东邻丢勒里花园，西接爱丽舍大道，南面沿河，在这样的环境中，迦贝里爱尔设计了一个完全开敞的广场，别开生面，如图 3.7-9 所示
图例	图 3.7-7　洛可可室内装饰　图 3.7-8　南锡广场群　图 3.7-9　巴黎调和广场	

3.7-3［2020-16］下列图示中室内装修属于洛可可风格的是（　　）。

A.　　B.　　C.　　D.

答案：D

解析：建筑上，洛可可风格主要表现在室内装饰上，总体室内装饰烦琐。选项 A 是包豪斯风格，选项 B 是新艺术风格，选项 C 是巴洛克风格。

第八节　亚洲与美洲建筑

考点 21：亚洲封建社会建筑【★】

印度	泰姬陵	印度伊斯兰建筑的极盛时期在 16 世纪中叶到 17 世纪中叶，该时期最杰出的建筑物是泰姬陵。它是蒙古人统治下的莫卧儿王朝修建的伊斯兰风格建筑【2013】，也是世界建筑史中最美丽的作品之一。早在 14～15 世纪，以中亚和伊朗的集中式陵墓为蓝本，印度发展了自己的纪念性陵墓建筑的形制，但比起它的先型来，要更复杂，如图 3.8-1 所示
东南亚	吴哥窟	柬埔寨庙宇的作品是吴哥窟，即吴哥寺。吴哥窟坐东朝西，其装饰浮雕丰富多彩，艺术水平很高，主要刻在回廊内壁，也布满廊柱、窗楣、栏杆、基座等处。吴哥窟不但是杰出的纪念性建筑，也是雕刻艺术的宝库，如图 3.8-2 所示【2014】
日本	枯山水	日本庭园艺术，最有名的代表是枯山水。代表庭院是京都府龙安寺方丈南庭和大仙院方丈北庭和东庭，如图 3.8-3 所示。从 14 世纪下半叶到 17 世纪，这种写意庭院达到了极盛时期【2010】

续表

日本	法隆寺	日本现存最古老的木构建筑，金堂内供奉铜铸三世佛，是日本最古老的佛像，法隆寺塔5层，底层至四层平面3间见方，第五层两间。塔内有中心柱，由地平直贯宝顶，见图3.8-4
	凤凰堂	京都府平等院凤凰堂（图 3.8-5），是阿弥陀堂中最杰出的建筑物之一。它的形制是“寝殿造”的，建筑朝东，一正两厢，以廊相连，三面环水。正殿面阔3间，进深2间，歇山顶。四周加一圈廊子，正面5间，侧面4 间，因此形成了腰檐。整个平面像一只展翅的鸟，因而得名为凤凰堂，并在正脊两端立铜铸的金凤凰
	金阁寺	金阁寺，原名鹿苑寺，上下3层，第一层为法水院，第二层为潮音洞，第三层为究竟顶。上两层满贴金箔，十分奢华，因此得名为金阁，如图3.8-6所示
图例	 图3.8-1　泰姬陵 　　图3.8-2　吴哥窟 　　图3.8-3　枯山水  图3.8-4　法隆寺五重塔 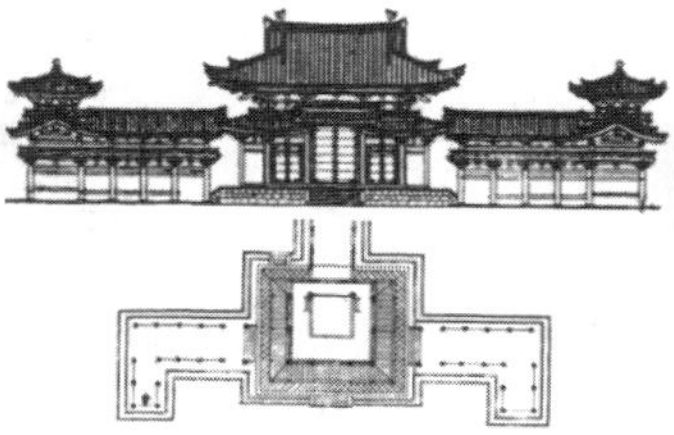　　图3.8-5　凤凰堂平面和立面 　　图3.8-6　金阁寺	

3.8-1［2014-22］柬埔寨的吴哥窟属于（　　）。

A. 王宫　　B. 别墅　　C. 园林　　D. 庙宇

答案：D

解析：详见考点21。

考点22：美洲建筑【★】

玛雅	帕伦克	建筑群里的公共性和祭祀性建筑的台阶渐渐发展成多层的金字塔，顶上一个小平台，造两座或三座庙宇殿堂。帕伦克的帕卡儿陵通常在正面有一道或两道台阶通上塔顶；台阶陡峭，攀登艰险，见图3.8-7
	蒂卡尔	蒂卡尔城位于现今危地马拉的热带雨林之中，曾是玛雅的政治经济中心之一，也是祭祀太阳神的圣城。它们的中心是一个长方形的大草地广场，称为“心脏”。广场东侧是“一号”的金字塔，因为雄伟挺拔，精神奕奕，像一匹蹲踞着的豹子，所以也被叫作“美洲豹”金字塔，其复原图见3.8-8【2013、2010】

续表

玛雅	陶蒂瓦坎	陶蒂瓦坎曾是玛雅文化的中心之一，陶蒂瓦坎的神殿中最恢宏壮观，最有标志性意义的，是太阳金字塔和月亮金字塔，尤其以太阳金字塔为最高大，如图 3.8-9 所示【2011】
阿兹特克亚	特诺奇蒂特兰	阿兹特克建筑成就主要集中在 15 世纪建造的首都特诺奇蒂特兰。城廓大体呈圆形，十字形的大路把它分为四块，沿路是水渠。金字塔式的庙有数十座，“大庙”是其中的主要庙宇。金字塔有 4 级，正面，也就是西面，有两道宽阔的台阶，直达塔顶。顶上与台阶相对有两座并列的庙，一座供城市之神，一座供水土之神，见图 3.8-10
印加	马丘比丘	印加人在战略要地筑造大量城堡，最著名的是马丘比丘。马丘比丘也是太阳神的圣地之一。马丘比丘的意思就是“山巅的城堡”，地势极其险峻、复杂，如图 3.8-11 所示【2011】
	昌昌	秘鲁和玻利维亚交界处有一个奇穆王国，极盛时期政治文化中心在昌昌城，如图 3.8-12 所示
图例	 图 3.8-7　帕伦克宫中建筑 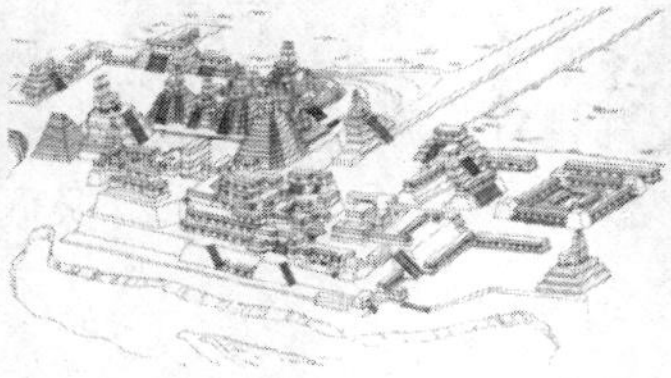 图 3.8-8　蒂卡尔城复原鸟瞰  图 3.8-9　太阳金字塔  图 3.8-10　特诺奇蒂特兰庙宇  图 3.8-11　马丘比丘  图 3.8-12　昌昌城遗址	

第九节　外国古代建筑史中的理论著作

考点 23：理论著作【★】

古罗马时期	《建筑十书》	《建筑十书》是由维特鲁威撰写，系统地总结了希腊和早期罗马建筑的实践经验，并且全面阐述了城市规划和各类建筑设计的基本原理。书中指出：“一切建筑物都应当恰如其分地考虑到坚固耐久、便利实用、美丽悦目”，即强调“坚固、适用、美观”的建筑方针【2021】
文艺复兴时期	《论建筑》	意大利文艺复兴时期最重要的理论著作，作者是阿尔伯蒂，出版早，体系完备，成就相当高
	《建筑四书》	作者帕拉迪奥，1570 年出版
	《五种柱式规范》	作者维尼奥拉，1562 年出版

3.9-1［2021-11］古罗马的维特鲁威提出的建筑三原则是（　　）。

A. 适用、经济、美观　　B. 材料、结构、建造

C. 比例、尺度、柱式　　D. 适用、坚固、美观

答案：D

解析：见考点 23。

第四章 外国近现代建筑史

第四章 外国近现代建筑史

思维导图

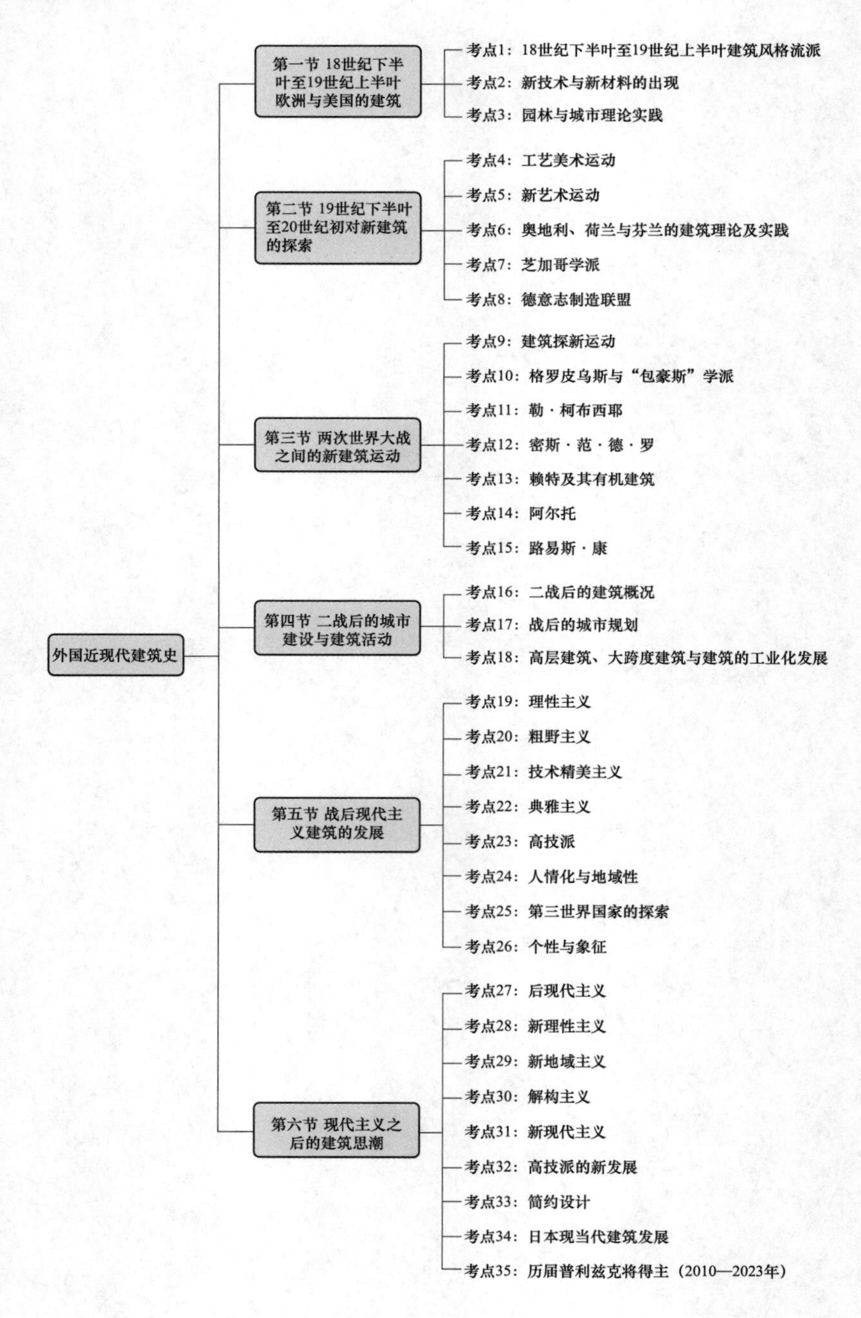

考情分析

节名	近5年考试分值统计					
	2024年	2023年	2022年12月	2022年5月	2021年	2020年
第一节　18世纪下半叶至19世纪上半叶欧洲与美国的建筑	1	1	1	2	2	2
第二节　19世纪下半叶至20世纪初对新建筑的探索	3	1	3	2	2	2
第三节　两次世界大战之间的新建筑运动	3	5	0	3	6	3
第四节　战后的城市建设与建筑活动	1	0	2	1	0	0
第五节　战后现代主义建筑的发展	1	2	1	2	4	0
第六节　现代主义之后的建筑思潮	2	2	3	1	0	3
总计	11	11	10	11	14	10

考点精讲与典型习题

第一节　18世纪下半叶至19世纪上半叶欧洲与美国的建筑

考点1：18世纪下半叶至19世纪上半叶建筑风格流派【★★★】

资产阶级革命时期	英国	圣保罗大教堂是英国国教的中心教堂，英国王室建筑师克里斯道弗·仑设计的拉丁十字式的教堂。为了和穹顶取得构图上的均衡，不得不在西立面加了一对塔，以致形成了哥特式的立面风格。圣保罗大教堂体现了唯理主义的世界观，是科学和技术的巨大进步，最终成了英国资产阶级革命的纪念碑
古典主义复兴	概述	古典复兴是指在建筑史上是指18世纪60年代到19世纪末在欧美盛行的仿古典的建筑形式。部雷和勒杜是这个时期重要的建筑师代表。部雷最有代表性的作品是伟人博物馆方案和牛顿纪念碑方案，后者是一个巨球形的建筑，因体量过大而没有实现。勒杜设计的项目有巴黎维莱特关卡和勒·桑戴关卡等
	法国	法国有两种样式比较突出。一种是罗马复兴样式，案例是巴黎万神庙（图4.1-1），建筑最重要成就之一是结构空前地轻、墙薄、柱子细，结构的科学性明显有了进步，被称为法国资产阶级革命时期启蒙主义的主要体现，设计者是苏夫洛【2022（12）】。维尼翁设计的军功庙（图4.1-2）也是罗马复兴样式的作品。 另一种是“帝国式”风格，如雄狮凯旋门（图4.1-3），此类建筑的特点是仿造罗马帝国时期建筑式样，外观上的雄伟壮丽，内部则常常吸取东方的各种装饰或洛可可的手法，因此形成所谓的“帝国式”风格
	英国	英国此时盛行希腊复兴样式，因1816年展出了希腊雅典大批遗物之后，在英国形成了希腊复兴的高潮。这类建筑的典型例子如爱丁堡中学、不列颠博物馆（图4.1-4）等。此时在英国的罗马复兴并不活跃，代表建筑有英格兰银行

续表

古典主义复兴	德国	德国的古典复兴以希腊复兴为主，著名的柏林勃兰登堡门，还有申克尔设计的柏林宫廷剧院（图 4.1-5）及柏林老博物馆都是希腊复兴建筑的代表作
	美国	此时的美国盛行罗马复兴样式和希腊复兴样式，采用希腊、罗马的古典建筑去表现“民主”“自由”“光荣和独立”。美国国会大厦（图 4.1-6）是罗马复兴的例子，在费城建造的宾夕法尼亚银行和弗吉尼亚州会议大厦是希腊复兴的例子
浪漫主义复兴	概述	从 19 世纪 30 年代到 70 年代，英国掀起对“东方情调”的向往，浪漫主义建筑以哥特风格为主，故又称哥特复兴【2013】。不仅用于教堂，包括学校与其他世俗性建筑在内的很多公共建筑都出现了哥特复兴倾向
	英国	代表作品是英国国会大厦（图 4.1-7），采用的是亨利第五时期的哥特垂直式，原因是亨利第五曾一度征服法国，欲以这种风格来象征民族的胜利【2014】
折衷主义	概述	折衷主义是 19 世纪上半叶兴起的创作思潮，折衷主义越过古典复兴与浪漫主义在建筑样式上的局限，任意选择与模仿历史上的各种风格，把它们组合成各种式样，所以也称之为“集仿主义”
	作品	代表作品包括法国的巴黎歌剧院（图 4.1-8）和巴黎的圣心教堂（图 4.1-9），前者立面是意大利晚期的巴洛克风格，并掺杂了烦琐的洛可可雕饰，后者是兼具罗马及拜占庭风格的折衷主义建筑【2024、2021】
图例		 图 4.1-1　巴黎万神庙  图 4.1-2　军功庙  图 4.1-3　雄狮凯旋门  图 4.1-4　不列颠博物馆  图 4.1-5　柏林宫廷剧院  图 4.1-6　美国国会大厦  图 4.1-7　英国国会大厦  图 4.1-8　巴黎歌剧院  图 4.1-9　圣心教堂

4.1-1［2023-36］下列四个选项中，属于浪漫主义建筑的是（　　）。

A. 英国伦敦英国国会大厦 B. 法国巴黎万神庙 C. 德国柏林歌剧院 D. 法国巴黎歌剧院

答案：A

解析：选项 A 英国国会大厦是浪漫主义建筑作品，选项 B 法国巴黎万神庙和选项 C 德国柏林歌剧院是古典复兴时期作品，选项 D 法国巴黎歌剧院是折衷主义时期作品。

4.1-2［2022（12）-43］以下建筑中，属于西方古典复兴案例的是（　　）。

A. 巴黎万神庙　　B. 威尼斯圣马可广场

C. 罗马圣彼得大教堂　　D. 巴黎恩瓦立德教堂

答案：A

解析：选项 A 巴黎万神庙是古典复兴的案例，选项 B 威尼斯圣马可广场属于文艺复兴时期的案例，选项 C 罗马圣彼得大教堂属于文艺复兴后期的案例，选项 D 巴黎恩瓦立德教堂是法国古典主义时期的案例。

4.1-3［2021-50］下列四个选项中，属于折衷主义风格的是（　　）。

A. 美国国会大厦　　B. 巴黎圣心教堂

C. 巴黎万神庙　　D. 柏林宫廷剧院

答案：B

解析：巴黎的圣心教堂是位于法国巴黎的天主教圣殿，坐落于巴黎北部的蒙马特高地上，为兼具罗马及拜占庭风格的折衷主义建筑；美国国会大厦、巴黎万神庙与柏林宫廷剧院属于古典复兴。

4.1-4［2020-44］巴黎圣心教堂是由哪两种风格混合而成的？（　　）

A. 巴洛克与洛可可　　B. 罗马风与巴洛克

C. 拜占庭与罗马时期　　D. 巴洛克与拜占庭

答案：C

解析：见考点 1 分析。

考点 2：新技术与新材料的出现【★★】

传统尝试	拉布鲁斯特反对学院派拘泥于古典规范，建议用新结构与新材料来创造新的建筑形式。1843—1850 年他在巴黎建造的圣吉纳维夫图书馆（图 4.1-10），钢、石与玻璃材料在这里得到了有机的配合
创新尝试	1851 年为英国伦敦世界博览会而建造的“水晶宫”展览馆（图 4.1-11），开辟了建筑形式与预制装配技术的新纪元。设计师帕克斯顿采用了装配花房的办法来完成玻璃铁构架的庞大外壳【2014】 1889 年法国巴黎世界博览会是新技术和新材料发展的顶峰。主要以高度最高的埃菲尔铁塔（图 4.1-12）与跨度最大的机械馆为中心【2022（5）】

续表

<table>
<tr><td>图例</td><td>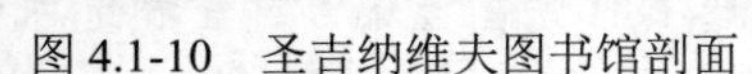
图 4.1-10　圣吉纳维夫图书馆剖面</td><td>
图 4.1-11 “水晶宫”展览馆</td><td>
图 4.1-12　埃菲尔铁塔</td></tr>
</table>

4.1-5［2022（5）-45］以下建筑中哪个是 19 世纪的新技术、新材料在建筑中的运用代表？（　　）

A. 巴黎埃菲尔铁塔　　　　　　B. 维也纳邮政储蓄银行

C. 阿姆斯特丹证券交易所　　　D. 赫尔辛基火车站

答案：A

解析：1889 年在法国巴黎世界博览会是新技术和新材料发展的顶峰，在这次博览会上，主要以高度最高的埃菲尔铁塔与跨度最大的机械馆为中心。

考点 3：园林与城市理论实践【★】

<table>
<tr><td rowspan="2">园林理论</td><td colspan="2">欧洲的园林有两大类：一种起源于意大利发展于法国的园林，以几何构图为基础（意大利的园林，多依地形作多层台地，有中轴而不突出；法国的，多在平地展开，中轴极强，成为艺术中心）；另一类为英国式园林，选择天然的草地、树林、池沼，以牧歌式的田园风光为特点【2020】</td></tr>
<tr><td colspan="2">18 世纪下半叶，欧洲掀起了对“东方情调”的向往，建筑师钱伯斯为王家设计了中国式的丘园（图 4.1-13），丘园是受到中国传统园林影响下的风景式花园【2021】。在钱伯斯的影响下，陆续有一些英国人研习中国园林，很快在英国传开</td></tr>
<tr><td rowspan="4">城市探索</td><td>空想社会主义</td><td>欧文提出了一个“新协和村”的示意方案，想通过“空想社会主义”理论实践自己的理想，动用他自己的大部分财产来创设共产村，但最终以失败告终</td></tr>
<tr><td>田园城市</td><td>霍华德于著述《明天：一条引向真正改革的和平道路》（1902 年再版时书名改为《明日的田园城市》），揭示工业化条件下的城市与理想的居住条件之间的矛盾以及大城市与接触自然之间的矛盾，提出了“田园城市”的设想方案，如图 4.1-14 所示。具体理论分析见第五章考点 2</td></tr>
<tr><td>工业城市</td><td>法国青年建筑师加尼埃从大工业的发展需要出发，提出了“工业城市”的规划设想。他把“工业城市”的要素进行了明确的功能划分。具体理论分析见第五章考点 2</td></tr>
<tr><td>带形城市</td><td>西班牙工程师索里亚提出了“带形城市”理论。他提出城市发展应依赖交通运输线成带状延伸，使城市既接近自然又便利交通。具体理论分析见第五章考点 2</td></tr>
</table>

续表

<table>
<tr>
<td>图例</td>
<td>

图 4.1-13　丘园
</td>
<td>
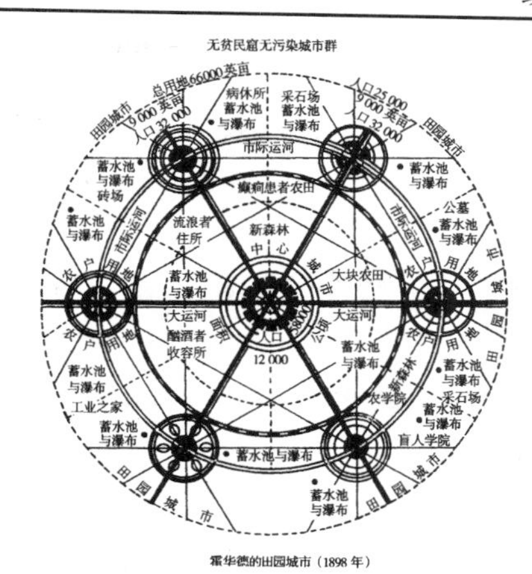

图 4.1-14　田园城市理论
</td>
</tr>
</table>

4.1-6［2021-41］下列四个选项中，19 世纪空想社会主义者欧文提出的城市规划模型是（　　）。

A. 新协和村　　　B. 田园城市　　　C. 广亩城市　　　D. 阳光城市

答案：A

解析：欧文是 19 世纪伟大的空想社会主义者之一。1817 年欧文根据他的社会理想，提出了一个“新协和村”的方案。1825 年欧文为实践自己的理想，动用他自己的大部分财产来创设共产村，但最终以失败告终。

4.1-7［2020-55］对于欧洲园林的描述错误的是（　　）。

A. 法国园林以几何造型为特征

B. 英国园林以田园风光为特征

C. 英国近代造园艺术受中国园林的影响

D. 法国园林突出台地地形的特征

答案：D

解析：意大利园林，多依地形作多层台地，有中轴而不突出；法国园林，多在平地展开，中轴极强，成为艺术中心。

第二节　19 世纪下半叶至 20 世纪初对新建筑的探索

考点 4：工艺美术运动【★】

理论	19 世纪 50 年代在英国的“工艺美术运动”，赞扬手工艺制品的艺术效果、制作者与成品的情感交流与自然材料的美。代表人是罗斯金和莫里斯
代表作	1859—1860 年由建筑师韦布建造的“红屋”就是“工艺美术运动”的代表作。“红屋”是莫里斯的住宅，建筑用本地产的红砖建造，不加粉刷，大胆摒弃了传统的贴面装饰，表现出材料本身的质感【2024】

4.2-1［2024-37］下列关于红屋（图 4.2-1）的说法错误的是（　　）。

A. 是“新艺术运动”的代表作

B. 由韦布设计

C. 用本地产的红砖建造

D. 将功能、材料与艺术造型结合

答案：A

解析：红屋是“工艺美术运动”的代表作，选项 A 不正确。

图 4.2-1

考点 5：新艺术运动【★★★】

<table>
<tr><td>理论</td><td colspan="2">19 世纪 80 年代始于比利时布鲁塞尔的新艺术运动，在绘画与装饰主题上喜用自然界生长繁盛的草木形状的线条，运用在建筑墙面、家具、栏杆及窗棂等。由于铁便于制作各种曲线，因此在建筑装饰中大量应用铁构件，包括铁梁柱【2023、2022（12）、2022（5）】</td></tr>
<tr><td rowspan="4">代表作</td><td>比利时</td><td>新艺术派的建筑特征主要表现在室内，外形保持了砖石建筑的格局，一般比较简洁。有时用了一些曲线或弧形墙面使之不致单调。典型的例子：布鲁塞尔都灵路 12 号住宅，（图 4.2-2）和费尔德设计的德国魏玛艺术学校等</td></tr>
<tr><td>德国</td><td>奥尔布里希设计的路德维希展览馆（图 4.2-3），其外观简洁，主要入口是一个圆拱形的大门，大门周围布满了植物图案的装饰</td></tr>
<tr><td>英国</td><td>麦金托什设计的格拉斯哥艺术学校图书馆（图 4.2-4），部分反映了建筑功能同新艺术造型手法上的有机联系，当时的维也纳学派与分离派也受到他的影响</td></tr>
<tr><td>西班牙</td><td>高迪以浪漫主义的幻想使塑性的艺术形式渗透到三度建筑空间中去，还吸取了东方伊斯兰的韵味和欧洲哥特式建筑结构的特点，独创了具有隐喻性的塑性造型。西班牙巴塞罗那的米拉公寓（图 4.2-5）、巴特罗公寓（图 4.2-6）、圣家族大教堂（图 4.2-7）【2021】</td></tr>
<tr><td>图例
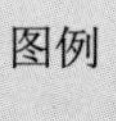</td><td colspan="2">
图 4.2-2　都灵路 12 号住宅内部

图 4.2-3　路德维希展览馆

图 4.2-4　格拉斯哥艺术学校图书馆

图 4.2-5　米拉公寓

图 4.2-6　巴特罗公寓

图 4.2-7　圣家族大教堂</td></tr>
</table>

4.2-2［2023-38、2022（12）-44］法国比利时“新艺术运动”的革新主要体现在（　　）。

A. 建筑空间　　B. 建筑材料

C. 建筑装饰　　D. 建筑结构

答案：C

解析：新艺术运动在绘画与装饰主题上喜用自然界生长繁盛的草木形状的线条，于是建筑墙面、家具、栏杆及窗棂等也莫不如此。由于铁便于制作各种曲线，因此在建筑装饰中大量应用铁构件，包括铁梁柱。因此新艺术运动主要革新体现在建筑装饰。

4.2-3［2021-42］图 4.2-8 所示建筑属于哪个近代建筑运动思潮？（　　）

A. 新艺术运动　　B. 新装饰艺术运动

C. 艺术与工艺运动　　D. 有机建筑运动

图 4.2-8

答案：A

解析：图 4.2-2 所示建筑为高迪设计的米拉公寓，该建筑是新艺术运动的代表。

考点 6：奥地利、荷兰与芬兰的建筑理论及实践【★】

<table>
<tr><td rowspan="3">奥地利</td><td>维也纳学派</td><td>在新艺术运动的影响下，奥地利形成了以瓦格纳为首的维也纳学派。代表作品是维也纳的地下铁道车站和维也纳的邮政储蓄银行（图 4.2-9）</td></tr>
<tr><td>“分离派”</td><td>维也纳学派中的一部分人员成立了“分离派”，宣称要和过去的传统决裂。代表人是奥尔布里希和霍夫曼。奥尔布里希在维也纳建的分离派展览馆（图 4.2-10），主张造型简洁，常是大片的墙和简单的立方体，只有局部集中装饰</td></tr>
<tr><td>阿道夫·洛斯</td><td>洛斯反对装饰，反对把建筑列入艺术范畴。他主张建筑以实用与舒适为主，认为建筑“不是依靠装饰而是以形体自身之美为美”，甚至把装饰与罪恶等同起来【2022（12）】。代表作品是 1910 年在维也纳建造的斯坦纳住宅（图 4.2-11）</td></tr>
<tr><td>荷兰</td><td colspan="2">伯尔拉赫提倡“净化”建筑，主张建筑应简洁明快及表现材料的质感，声明要寻找一种真实的，能够表达时代的建筑。代表作品是阿姆斯特丹证券交易所（图 4.2-12）</td></tr>
<tr><td>芬兰</td><td colspan="2">沙里宁设计的赫尔辛基火车站（图 4.2-13），其简洁的体形、灵活的空间组合，为芬兰现代建筑的发展开辟了道路</td></tr>
<tr><td>图例</td><td colspan="2">图 4.2-9　维也纳邮政储蓄银行　图 4.2-10　维也纳分离派展览馆　图 4.2-11　斯坦纳住宅</td></tr>
</table>

<table>
<tr><td>图例</td><td>
图 4.2-12 阿姆斯特丹证券交易所</td><td>
图 4.2-13 赫尔辛基火车站</td></tr>
</table>

4.2-4［2022（12）-45］以下哪个建筑师提出了“装饰就是罪恶”？（ ）

A. 老沙里宁　　B. 伯尔拉赫　　C. 瓦格纳　　D. 阿道夫·洛斯

答案：D

解析：洛斯反对装饰，反对把建筑列入艺术范畴。他主张建筑以实用与舒适为主，认为建筑“不是依靠装饰而是以形体自身之美为美”，甚至把装饰与罪恶等同起来。

考点 7：芝加哥学派【★★】

<table>
<tr><td>理论</td><td colspan="2">19 世纪 70 年代，在美国兴起了芝加哥学派，它是现代建筑在美国的奠基者。重要贡献是在工程技术上创造了高层金属框架结构和箱形基础，在建筑设计上肯定了功能和形式之间的密切关系。它在建筑造型上趋向简洁、明快与适用的独特风格【2024、2022（12）】
芝加哥学派突出了功能在建筑设计中的主要地位，明确了结构应利于功能的发展和功能与形式的主从关系，既摆脱了折衷主义的形式羁绊，也为现代建筑摸索了道路。芝加哥学派探讨了新技术在高层建筑中的应用，使建筑艺术反映了新技术的特点，简洁的立面符合于新时代工业化的精神。沙利文突出了建筑功能，并提出了“形式随从功能”的口号【2022（5）、2020】</td></tr>
<tr><td>代表建筑</td><td colspan="2">詹尼设计了芝加哥家庭保险公司（图 4.2-14）的 10 层框架建筑，但立面尚没有完全摆脱古典的外衣，显得比较沉重。沙利文设计了芝加哥 C.P.S.百货公司大厦（图 4.2-15），立面采用了典型的由“芝加哥式窗”组成的网格形构图。至于装饰只在重点的部位</td></tr>
<tr><td>图例</td><td>
图 4.2-14 芝加哥家庭保险公司</td><td>
图 4.2-15 芝加哥 C.P.S.百货公司大厦</td></tr>
</table>

4.2-5［2024-39］下列哪个不属于芝加哥学派的重要贡献？（　　）

A. 创造了高层金属框架结构和箱形基础

B. 肯定了功能和形式之间的密切关系

C. 建筑造型上趋向简洁、明快与适用的独特风格

D. 提倡高层低密度的城市住区空间

答案：D

解析：见考点 7，芝加哥学派没有在“提倡高层低密度的城市住区空间”角度上做出讨论。

4.2-6［2022（5)-46］下列选项中，芝加哥学派的代表人物是（　　）。

A. 沙里宁　　B. 沙利文　　C. 詹尼　　D. 赖特

答案：B

解析：芝加哥学派创始人是詹尼，代表人物是沙利文。

4.2-7［2022（12)-46］下列关于芝加哥学派的说法错误的是（　　）。

A. 创造了金属框架结构和箱形基础　　B. 属于折中主义

C. 简洁明快的造型　　D. 肯定了功能和形式之间的密切关系

答案：B

解析：它的重要贡献是在工程技术上创造了高层金属框架结构和箱形基础，和在建筑设计上肯定了功能和形式之间的密切关系。它在建筑造型上趋向简洁、明快与适用的独特风格，使它很快便在市中心市区占有统治地位，并接二连三地建造起来，因此选项 B 错误。

考点 8：德意志制造联盟【★】

理论	19 世纪末，德国的工业水平迅速发展，为了使德国的商品能够在国外市场上和英国抗衡，1907 年出现了“德意志制造联盟”，其目的在于提高工业制品的质量以求达到国际水平	
代表人	贝伦斯和格罗皮乌斯	
代表建筑	透平机车间	贝伦斯在柏林为德国通用电气公司设计的透平机制造车间与机械车间(图 4.2-16)，造型简洁，摒弃了任何附加的装饰，成为现代建筑的先行者。它在现代建筑史上称之为第一座真正的“现代建筑”
	法古斯工厂	格罗皮乌斯和 A.迈尔于 1911 年设计的在阿尔费尔德的法古斯工厂（图 4.2-17），是在贝伦斯建筑思想启发下的新发展。设计的主要手法包括：① 非对称的构图；② 简洁整齐的墙面；③ 没有挑檐的平屋顶；④ 大面积的玻璃墙；⑤ 取消柱子的建筑转角处理。【2019】法古斯工厂是格罗皮乌斯早期的一个重要成就，也是第一次世界大战前最先进的一座工业建筑
	德意志制造联盟展览会办公楼	1914 年，德意志制造联盟在科隆举行展览会，展览会中格罗皮乌斯设计的展览会办公楼（图 4.2-18）。全部采用平屋顶，结构构件的外露、材料质感的对比、内外空间的沟通，这些设计手法在当时全部是新的，都被后来的现代建筑所借鉴
图例	图 4.2-16　透平机制造车间 图 4.2-17　法古斯工厂 图 4.2-18　德意志制造联盟展览会办公楼	

4.2-8［2019-50］ 下列关于法古斯工厂的立面说法错误的是（　　）。

A. 转角无立柱　　B. 对称构图

C. 无挑檐　　D. 外立面光滑

答案：B

解析：见考点 8。

第三节　两次世界大战之间的新建筑运动

考点 9：建筑探新运动【★★★】

表现主义派	表现派建筑师认为艺术的任务在于表现个人的主观感受和体验，主张革新，反对复古，但他们是用一种新的表面的处理手法去替代旧的建筑样式，同建筑技术与功能的发展没有直接的关系。代表作品是门德尔松设计的德国爱因斯坦天文台（图 4.3-1）【2022（5）、2020】
风格派	“风格派”又被称为“新造型主义派”或“要素主义派”。荷兰一些青年艺术家认为最好的艺术就是基本几何形象的组合和构图，代表人包括蒙德里安、范·陶斯堡、范顿吉罗、奥德、里特弗尔德等，代表建筑是荷兰乌得勒支的一所住宅（图 4.3-2）。简单的立方体，不加装饰的板片、横竖线条和大片玻璃穿插组成的建筑，是风格派画家蒙德里安的绘画的立体化【2024、2020】
构成主义派	俄国青年艺术家们把抽象几何形体组成的空间当作绘画和雕刻的内容，其作品（包括雕塑）像是工程结构物，被称为构成主义派。代表人是马列维奇、塔特林等。代表作是塔特林设计的第三国际纪念塔（图 4.3-3），倡导的“各种物质材料的文化”的构成主义理论的一个实验，最终未能实现【2023、2021】
图例	 图 4.3-1　爱因斯坦天文台  图 4.3-2　乌得勒支住宅  图 4.3-3　第三国际纪念塔

4.3-1［2024-36］ 如图 4.3-4 所示施罗德住宅是 20 世纪初期什么流派的代表作？（　　）

A. 风格派　　B. 构成派

C. 表现派　　D. 立体主义

答案：A

解析：施罗德住宅是一栋用轻灵的手法表现出明晰的建筑主题的别墅，是荷兰风格派艺术在建筑领域最典型的表现。

图 4.3-4

4.3-2［2023-39、2021-43］图 4.3-5 所示的建筑风格属于（　　）。

A. 功能主义　　B. 构成主义

C. 表现主义　　D. 未来主义

答案：B

解析：塔特林设计的第三国际纪念塔将“把纯艺术形式和实用融为一体”，是构成主义派的代表作品。

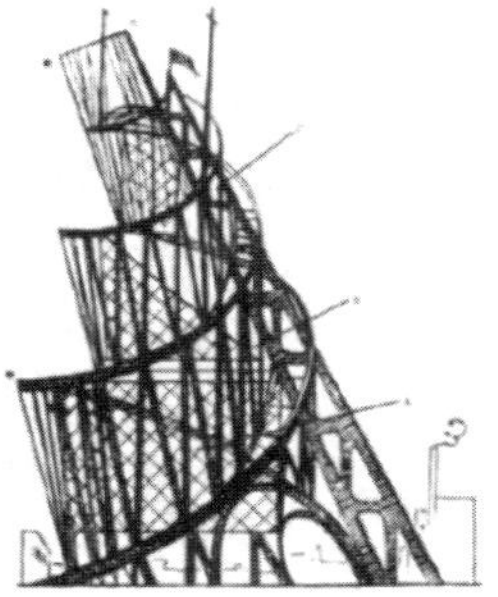

图 4.3-5

4.3-3［2022(5)-47、2020-45］爱因斯坦天文台建筑风格是（　　）。

A. 构成主义　　B. 表现主义

C. 风格派　　D. 未来主义

答案：B

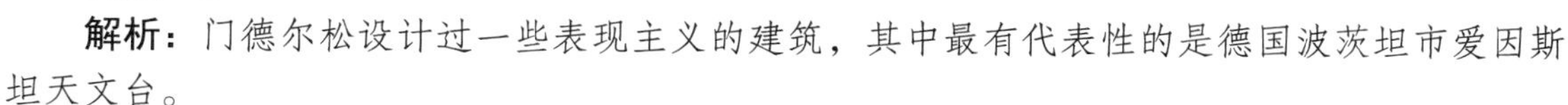

解析：门德尔松设计过一些表现主义的建筑，其中最有代表性的是德国波茨坦市爱因斯坦天文台。

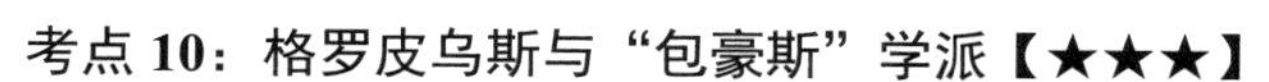

考点 10：格罗皮乌斯与“包豪斯”学派【★★★】

格罗皮乌斯		格罗皮乌斯被公认为现代建筑派的奠基者和领导人之一，现代建筑史上一位十分重要的建筑革新家，并于第二次世界大战后被推崇为四位现代建筑大师之一（包括格罗皮乌斯、勒·柯布西耶、密斯·范·德·罗、赖特，也有观点将阿尔瓦·阿尔托与前面四位合称为“五大师”）
包豪斯教学理念		1. 将重视建筑的使用功能作为建筑设计的出发点，注重建筑使用时的方便和效率，提高建筑设计的科学性。【2021】 2. 注意发挥新型建筑材料和建筑结构的性能特点。 3. 努力用最少的人力、物力、财力建造房屋，把建筑的经济性提到重要的高度。 4. 主张创造现代建筑新风格，坚决反对套用历史上的建筑样式。强调建筑形式与内容的一致性，主张灵活自由地处理建筑造型，突破传统的建筑构图格式。 5. 认为建筑空间是建筑的主角，建筑空间比建筑平面或立面更重要。强调建筑艺术处理的重点应该从平面和立面构图转到空间和体量的总体构图方面，并且在处理立体构图时考虑到人观察建筑过程中的时间因素，产生了“空间—时间”的建筑构图理论。 6. 废弃表面外加的建筑装饰，认为建筑美的基础在于建筑处理的合理性和逻辑性
建筑实践	包豪斯新校舍	包豪斯的建筑风格最有代表性是包豪斯新校舍（鸟瞰图见图 4.3-6，标准层平面见图 4.3-7，实景见图 4.3-8）。把建筑物的实用功能作为建筑设计的出发点【2022（5）】；采用灵活的不规则的构图手法；按照现代建筑材料和结构的特点，运用建筑本身的要素取得建筑艺术效果。 格罗皮乌斯按照各部分的功能性质，把整座建筑大体上分为三个部分。第一部分是包豪斯的教学用房，主要是各科的工艺车间。第二部分是包豪斯的生活用房，包括学生宿舍、饭厅、礼堂及厨房等。第三部分是职业学校，它是一个 4 层的小楼
建筑理论		1. 格罗皮乌斯在《工业化社会中的建筑师》中写道：“在一个逐渐发展的过程中，旧的手工建造房屋的过程正在转变为把工厂制造的工业化建筑部件运到工地上加以装配的过程”。 2. 格罗皮乌斯在《全面建筑观》中指出：“现代建筑不是老树上的分枝，而是从根上长出上来的新株”；“建筑没有终极，只有不断地变革”；“美的观念随着思想和技术的进步而改变”；“对于充分文明的生活来说，人类心灵上美的满足比起解决物质上的舒适要求是同等的甚至是更加地重要”【2022（5）】

续表

图例	 图 4.3-6　包豪斯新校舍鸟瞰　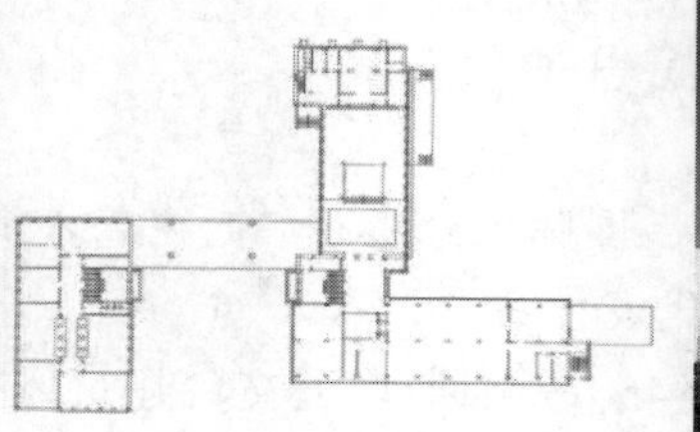 图 4.3-7　包豪斯新校舍平面　 图 4.3-8　包豪斯新校舍实景

4.3-4［2022（5）-48］下列关于格罗皮乌斯的设计理念说法错误的是（　　）。

A. 强调实用性

B. 反对建筑工业化

C. 建筑没有终极，只有不断地变革

D. 人们灵魂上的满足是和物质的满足同样重要

答案：B

解析：格罗皮乌斯在《工业化社会中的建筑师》中写道："在一个逐渐发展的过程中，旧的手工建造房屋的过程正在转变为把工厂制造的工业化建筑部件运到工地上加以装配的过程"，故选项 B 错误。

4.3-5［2021-44］下列关于现代主义建筑思想的说法正确的是（　　）。

A. 重使用方便和效率轻形式构图　　B. 重材料与结构性能轻经济成本

C. 重风格创新轻传统样式　　D. 重建筑空间轻建筑形体

答案：C

解析：见考点 10。

考点 11：勒・柯布西耶【★★★★★】

建筑理论	"新建筑五个特点"	勒・柯布西耶提出了"新建筑五个特点"，这五点分别是：① 底层的独立支柱（房屋的主要使用部分放在二层以上，下面全部或部分地腾空，留出独立的支柱）；② 屋顶花园；③ 自由的平面；④ 横向长窗；⑤ 自由的立面【2023、2021、2020】
	《走向新建筑》	勒・柯布西耶提倡要创造新时代的新建筑，主张建筑走工业化的道路，他甚至把住房比作机器，并且要求建筑师向工程师的理性学习【2020】。理论包括：① 关于住宅的观点："住房是居住的机器"；② 主张建筑走工业化的道路："规模宏大的工业必须从事建筑活动，在大规模生产的基础上制造房屋的构件"；③ 在建筑设计方法上："平面是由内到外的开始，外部是内部的结果"；④ 在建筑形式上："原始的形体是美的形体，因为它使我们能清晰地辨识"；⑤ 强调建筑的艺术性："建筑艺术超出实用的需要，建筑艺术是造型的东西"。 勒・柯布西耶的这些观点表明他既是理性主义者，同时又是浪漫主义者。总的看来，他在前期表现出更多理性主义，后期表现出更多的浪漫主义【2018】
	多米诺体系	1914 年，勒・柯布西耶首次提出了多米诺体系：一个简单、纯粹、完整的建造体系。勒・柯布西耶构思了一个以钢筋混凝土柱作为承重构件，并完全独立于住宅平面，只承载楼板和作为交通体的楼梯，柱子、楼板、楼梯都是由标准的构件组装而成，如图 4.3-9 所示【2024、2021】

续表

建筑实践	萨伏伊别墅	萨伏伊别墅，钢筋混凝土结构。勒·柯布西耶所说的“新建筑五个特点”在这个别墅中都运用上，萨体形采用简单的几何形体。柱子是细长的圆柱体，窗子是简单的横向长方形，建筑的室内和室外都没有装饰线脚。其平面图如图 4.3-10 所示，室外实景图如图 4.3-11 所示，室内实景图如图 4.3-12 所示【2024】
	拉图雷特修道院	法国拉图雷特修道院是勒·柯布西耶后期的代表作之一，坐落在山丘斜坡上，由四个建筑体块围合出一块矩形的区域，实景图如图 4.3-13 所示【2023】
图例		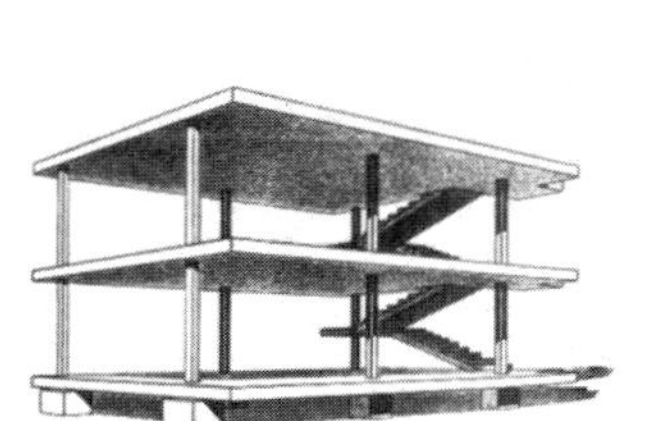 图 4.3-9　多米诺体系示意图　图 4.3-10　萨伏伊别墅平面　 图 4.3-11　萨伏伊别墅室外　 图 4.3-12　萨伏伊别墅室内　 图 4.3-13　拉图雷特修道院

4.3-6［2024-40］关于多米诺体系的说法错误的是（　　）。

A. 由格罗皮乌斯提出

B. 打破了原有的古典建筑形式

C. 用柱承重取代了承重墙结构

D. 可以随意划分室内空间，室内空间连通流动

答案：A

解析：勒·柯布西耶提出的多米诺体系，选项 A 不正确。

4.3-7［2023-41、2021-45］勒·柯布西耶提出的新建筑五点是（　　）。

A. 底层独立支柱、屋顶花园、自由平面、横向长窗、自由立面

B. 底层架高、屋顶绿化、横向长窗、自由平面、流动空间

C. 框架结构、屋顶绿化、横向长窗、自由平面、自由立面

D. 框架结构、流动空间、横向长窗，自由平面、自由立面

答案：A

解析：见考点 11。

4.3-8［2023-46］下列建筑中，哪个是勒·柯布西耶的作品？（　　）

A. 美国萨尔克生物研究所

B. 美国耶鲁建筑与艺术大楼

C. 孟加拉国达卡国际会议中心

D. 法国圣玛丽拉图雷特修道院

答案：D

解析：法国圣玛丽拉图雷特修道院是勒·柯布西耶后期的代表作之一。

4.3-9［2021-5］图 4.3-14 所示的建筑体系，表现的是（　　）。

A. 柯布西耶多米诺体系

B. 风格派的时空构成

C. 包豪斯的时空构成

D. 柯布西耶的雪铁龙住宅

答案：A

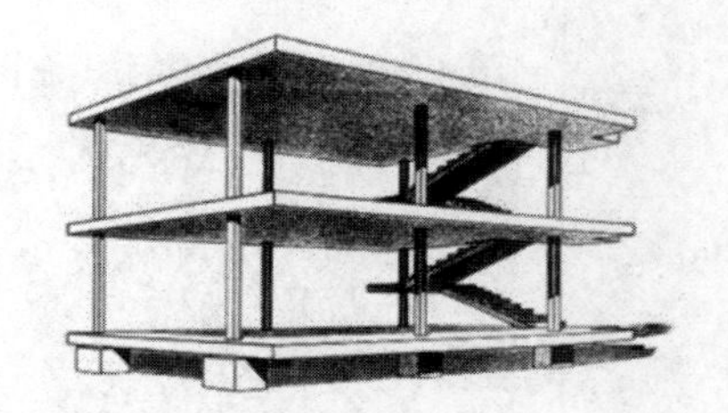
图 4.3-14

解析：1914 年，勒·柯布西耶首次提出了多米诺体系，构思了一个以钢筋混凝土柱作为承重构件，并完全独立于住宅平面，只承载楼板和作为交通体的楼梯，柱子、楼板、楼梯都是由标准的构件组装而成。

4.3-10［2020-48］关于柯布西耶《走向新建筑》的说法错误的是（　　）。

A. 主张住宅是建筑的机器

B. 主张工业化建造房屋

C. 主张工程师像建筑师学习，结构适应建筑形式

D. 主张适应时代，反对折衷主义

答案：C

解析：勒·柯布西耶提倡要创造新时代的新建筑，主张建筑走工业化的道路，他甚至把住房比作机器，并且要求建筑师向工程师的理性学习，故选项 C 错误。

考点 12：密斯·范·德·罗【★★★★】

建筑理论	建筑工业化	密斯在《建造方法的工业化》中说道："建筑方法的工业化是当前建筑师和营造商的关键问题。一旦在这方面取得成功，我们的社会、经济、技术甚至艺术的问题都会容易解决"
	"少即是多"	密斯提出了"少就是多"（Less is More）的建筑处理原则，在巴塞罗那博览会德国馆得到了充分的体现【2019】

续表

<table>
<tr><td rowspan="2">建筑实践</td><td>巴塞罗那博览会德国馆</td><td>巴塞罗那世界博览会德国馆是密斯重要的建筑代表作（图 4.3-15～图 4.3-17），建筑立在一片不高的基座上面，主厅部分有 8 根十字形断面的钢柱，屋顶为一块很薄的屋顶板，隔墙有玻璃和大理石两种类型。巴塞罗那博览会德国馆以其灵活多变的空间布局、新颖的体形构图和简洁的细部处理获得了成功。它是一件无实用要求的纯建筑艺术作品【2022（5）】
在这个建筑中体现了密斯很重要的建筑理念“流动空间”，室内形成了一些既分隔又连通的半封闭半开敞的空间，室内各部分之间，室内和室外之间相互穿插，没有明确的分界</td></tr>
<tr><td>图根德哈特住宅</td><td>密斯·范·德·罗把他在巴塞罗那展览馆中的建筑手法运用于图根德哈特住宅之中，采用了和巴塞罗那展览馆类似的流动空间，如图 4.3-18 所示</td></tr>
<tr><td>图例</td><td colspan="2">
图 4.3-15　巴塞罗那博览会德国馆外观
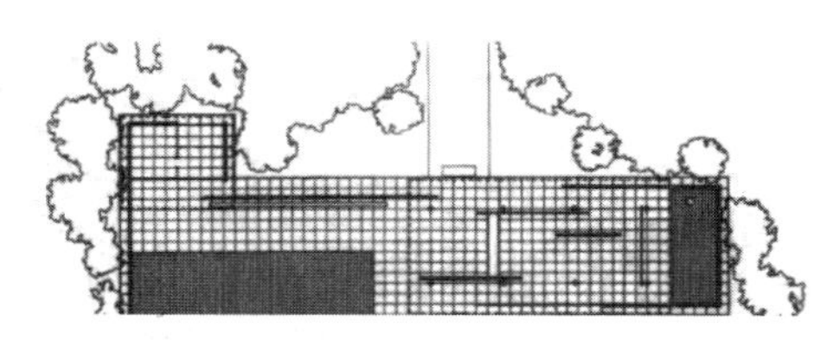
图 4.3-16　巴塞罗那博览会德国馆平面

图 4.3-17　巴塞罗那博览会德国馆室内

图 4.3-18　图根德哈特住宅</td></tr>
</table>

4.3-11［2023-40］巴塞罗那博览会德国馆代表的设计概念是（　　）。

A. 流动空间　　B. 全面空间　　C. 模数构图　　D. 纯净形式

答案：A

解析：巴塞罗那博览会德国馆是现代建筑中流动空间的一个典型。密斯的后期设计理念推崇全面空间。

4.3-12［2022（5）-3］关于密斯巴塞罗那德国馆的特点说法错误的是（　　）。

A. 流动空间　　B. 钢柱承重

C. 采用钢铁、玻璃等建筑材料　　D. 石墙承重

答案：D

解析：巴塞罗那德国馆采用钢柱承重，玻璃隔墙作为分隔打造流动空间。

4.3-13［2019-7］“少就是多”言论出自哪位建筑师？（　　）

A. 莱特　　B. 格罗皮乌斯

C. 密斯·凡·德·罗　　D. 柯布西耶

答案：C

解析：1928 年，密斯曾提出了著名的“少就是多”的建筑处理原则。

考点 13：赖特及其有机建筑【★★★】

建筑理论	草原式住宅	赖特在美国中部地区地方农舍的自由布局基础上，融合了浪漫主义的想象力创造了富于田园诗意的“草原式住宅”。后来赖特提倡的“有机建筑”，便是这一概念的发展。【2024、2020】 草原式住宅的平面常作成十字形，以壁炉为中心，起居室、书房都围绕着壁炉布置，卧室一般放在楼上。室内空间尽量做到既分隔又连成一片，并根据不同的需要有着不同的层高；体形构图的基本形式是高低不同的墙垣、坡度平缓的屋面、深远的挑檐和层层叠叠的水平阳台所组成的水平线条，显得很有层次。外部材料多表现为砖石的本色，与自然很协调；内部也以表现材料的自然本色与结构为特征，由于它以砖木结构为主【2018、2017】
	有机建筑论	赖特对建筑工业化不感兴趣，提出了有机建筑的概念【2023】。赖特认为，自然界是有机的，建筑师应该从自然中得到启示，房屋应当像植物一样，是“地面上一个基本的和谐的要素，从属于自然环境，从地里长出来，迎着太阳。”
建筑实践	罗伯茨住宅	建筑平面是草原式住宅惯用的十字形，如图 4.3-19 所示，大火炉在它的中央，外形上互相穿插的水平屋檐【2021、2020】
	罗比住宅	罗比住宅的平面根据地形布置成长方形，如图 4.3-20 所示，特点是强调层层的水平阳台和花台。它的造型对后来城市花园住宅的设计有深远的影响
	拉金公司办公楼	纽约州布法罗市的拉金公司大楼是一座砖墙面的多层办公楼，如图 4.3-21 所示。建筑楼梯间布置在四角，入口门厅和厕所等布置在突出于主体之外的一个建筑体量之内，中间是整块的办公面积。它是一个适合于办公的实用建筑
	流水别墅	赖特设计的流水别墅如图 4.3-22 所示，建筑采用钢筋混凝土结构，在建筑的外形上最突出的是几道横墙和几条竖向的石墙组成横竖交错的构图，最成功的地方是与周围自然风景紧密结合
	约翰逊公司总部	约翰逊公司总部是低层建筑，办公厅部分用了钢丝网水泥的蘑菇形圆柱，中心是空的，由下而上逐渐增粗，到顶上扩大成一片圆板，如图 4.3-23 所示
	西塔里埃森	西塔里埃森坐落在沙漠中，是一组单层的建筑群，其中包括工作室、作坊等。粗糙的乱石墙体有的呈菱形或三角形、没有油饰的木料和白色的帆布板错综复杂地组织在一起，如图 4.3-24 所示
	古根海姆博物馆	古根海姆博物馆坐落在纽约第五号大街上，如图 4.3-25～图 4.3-27 所示，主楼是一个白色钢筋混凝土螺旋形建筑，里面是一个高约 30m 的圆筒形空间，周围有盘旋而上的螺旋形坡道。大厅内的光线主要来自上面的玻璃圆顶【2021】（注：此建筑的建筑空间很精彩，但因为不断螺旋向下的坡道作为展览空间，让展览挂画成为了难题，学术界认为这不是一座成功的博物馆建筑）
图例	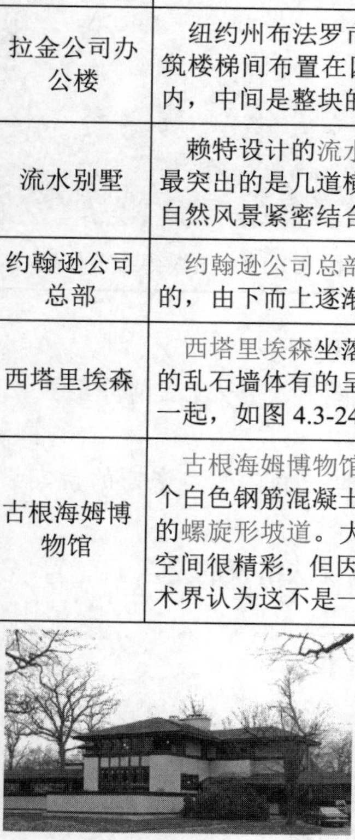	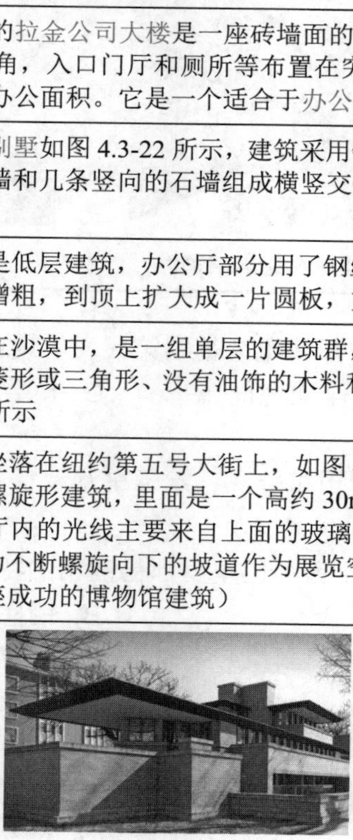 图 4.3-19　罗伯茨住宅外观 图 4.3-20　罗比住宅外观 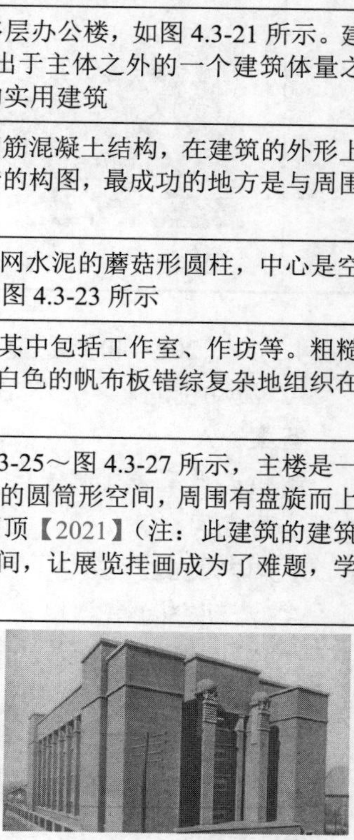 图 4.3-21　拉金公司办公楼

续表

图例	 图 4.3-22　流水别墅 图 4.3-23　约翰逊公司总部  图 4.3-24　西塔里埃森 图 4.3-25　古根海姆博物馆  图 4.3-26　古根海姆博物馆剖面  图 4.3-27　古根海姆博物馆平面

4.3-14［2023-42］ 下列选项中，提有机建筑理论的建筑师是（　　）。

A. 阿尔托　　B. 任重　　C. 赖特　　D. 高迪

答案： C

解析： 有机建筑论是赖特提出来的。

4.3-15［2021-6］ 下列关于赖特的罗伯茨住宅的说法错误的是（　　）。

A. 草原风格　　B. 以壁炉为中心

C. 采用一字形平面　　D. 屋檐出挑深远

答案： C

解析： 罗伯茨住宅是赖特设计的小住宅中最优美的作品之一。建筑平面是草原式住宅惯用的十字形，大火炉在它的中央。外形上互相穿插的水平屋檐，深深的阴影落在门窗与粉墙上，衬托出一幅生动活泼的图景，因此选项 C 错误。

4.3-16［2021-7］ 下列采用螺旋观展流线的美术馆是（　　）。

A. 巴黎卢浮宫博物馆　　B. 纽约古根海姆博物馆

C. 斯图加特博物馆新馆　　D. 中国国家博物馆

答案： B

解析： 古根海姆博物馆坐落在纽约第五号大街上，主楼是一个很大的白色钢筋混凝土螺旋形建筑，里面是一个高约 30m 的圆筒形空间，周围有盘旋而上的螺旋形坡道。

4.3-17［2020-47］ 下列关于莱特的草原式住宅的描述正确的是（　　）。

A. 使用当地传统样式　　B. 空间划分根据功能进行严格分隔

C. 采用大坡度的屋顶和深远的挑檐　　D. 多采用十字平面及以壁炉为中心布局

答案： D

解析： 草原式住宅融合了浪漫主义，草原式住宅的平面常作成十字形，以壁炉为中心，室内空间尽量做到既分隔又连成一片，体形构图的基本形式是高低不同的墙垣、坡度平缓的屋面、深远的挑檐和层层叠叠的水平阳台与花台所组成的水平线条，因此选项 D 正确。

考点 14：阿尔托【★★★】

介绍	芬兰建筑师阿尔托的作品兼有欧洲现代派的理性和美国有机建筑的诗意，更强调对“人的使用”。特别擅长再室内设计中运用木材。【2012】阿尔托在有些观点上被认为现代建筑的第五位大师，与“四大师”齐名	
建筑实践	帕米欧结核病疗养院	米欧结核病疗养院奠定了阿尔托在现代建筑中的地位，实景如图 4.3-28 所示，平面图如图 4.3-29 所示【2024、2021】
	维堡市立图书馆	维堡市立图书馆采用钢筋混凝土结构，外部处理很简洁，在使用上与造型上像是一座功能主义的作品，如图 4.3-30 所示【2021】
	玛丽亚别墅	玛丽亚别墅地处茂密的树丛之中，建筑形体由几个规则的几何形块体组成，但非常突出地在几个重点部位上点缀了几个自由曲线形的形体【2021】
图例	 图 4.3-28　帕米欧结核病疗养院 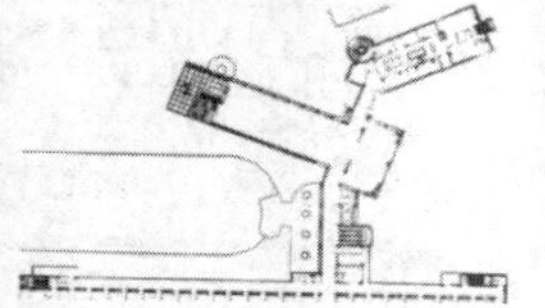 图 4.3-29　帕米欧结核病疗养院平面	 图 4.3-30　维堡市立图书馆

4.3-18［2021-47］下列选项中，哪项不是阿尔瓦·阿尔托的作品？（　　）

A. 巴黎大学瑞士学生宿舍　　B. 帕米欧肺病疗养院

C. 维堡市立图书馆　　D. 玛丽亚别墅

答案：A

解析：巴黎大学瑞士学生宿舍由勒·柯布西耶设计；帕米欧肺病疗养院、维堡市立图书馆和玛丽亚别墅均为阿尔托设计。

考点 15：路易斯·康【★★★】

介绍	路易斯·康认为盲目崇拜技术和程式化设计会使建筑缺乏立面特征，主张每个建筑题目必须有特殊的约束性。他的作品坚实厚重，不表露结构功能，开创了新的流派。他在设计中成功地运用了光线的变化，是建筑设计中光影运用的开拓者。有的设计中他将空间区分为“服务的”和“被服务的”，把不同用途的空间性质进行解析、组合、体现秩序，突破了学院派建筑设计从轴线、空间序列和透视效果入手的陈规。 他认为“设计的关键在于灵感，灵感产生形式，形式启发设计”
建筑实践	他的作品包括理查德医学研究中心（图 4.3-31）、达卡国际会议中心（图 4.3-32）、索尔克生物研究中心（图 4.3-33）、埃克塞特学院图书馆等【2022（12）】
图例	 图 4.3-31　理查德医学研究中心  图 4.3-32　达卡国际会议中心  图 4.3-33　索尔克生物研究中心

4.3-19［2022（12）-049］下列哪个建筑不是路易斯·康设计所设计的？（　　）

A. 达卡国际会议中心　　B. 昌迪加尔行政中心

C. 理查德医学院研究楼　　D. 埃克塞特学院图书馆

答案：B

解析：见考点 15，昌迪加尔行政中心为勒·柯布西耶作品。

第四节　二战后的城市建设与建筑活动

考点 16：二战后的建筑概况【★★】

西欧	二战后德国的建筑开始趋向现代化，如柏林的爱乐音乐厅、巴伐利亚发动机厂的办公楼(图 4.4-1)等，既重理性而在形式上又颇具特色的。此时意大利的建设倾向于理性的分析和建造技术，在实践上，罗马的火车站和米兰的贝拉斯加塔楼（图 4.4-2）是代表性建筑
美国	二战后在美国兴起了典雅主义之风，路易斯·康设计索尔克生物研究学院就是这一时期的代表（图 4.4-3）
巴西	受美国与西欧的影响极深，形式上实现现代化，但由于工业基础较差，在造型上则倾向于在严谨之中寻求奇特。奥斯卡·尼迈耶尔设计的巴西利亚总统府（图 4.4-4）就是一个典型的案例
日本	日本战后建筑发展分恢复期（1945—1950 年）、成长期（1950—1960 年）和发展期（1960 年以后）。代表作有丹下健三设计的广岛和平中心纪念馆与纪念券门（图 4.4-5）、前川国男设计的京都文化会馆与东京文化纪念会馆（图 4.4-6）、黑川纪章在东京设计的中银仓体大楼（图 4.4-7）等。中银仓体大楼是当时新陈代谢派关于“永恒还是临时”的一次宣言【2022（12）】
图例	图 4.4-1　巴伐利亚发动机厂的办公楼　图 4.4-2　贝拉斯加塔办公楼　图 4.4-3　索尔克生物研究学院　图 4.4-4　巴西利亚总统府  图 4.4-5　广岛和平中心纪念馆与纪念券门  图 4.4-6　东京文化纪念馆  图 4.4-7　中银仓体大楼

4.4-1［2022（12）-50］关于东京中银舱体大楼的说法错误的是（　　）。

A. 是新陈代谢派的作品　　B. 采用了装配式建筑

C. 由丹下健三设计　　D. 与山梨文化会馆风格倾向相同

答案：C

解析：1972 年黑川纪章在东京设计了中银仓体大楼，是当时新陈代谢派关于"永恒还是临时"的一次宣言。

考点 17：战后的城市规划【★★★】

20 世纪 50 年代		20 世纪 50 年代，各国经济获得恢复和迅速发展，该时期以印度的昌迪加尔和巴西的巴西利亚最为典型。巴西利亚总体规划（图 4.4-8）采用了巴西建筑师科斯塔的竞赛获选方案，平面形状犹如向后掠翼的飞机，以此象征国家在新技术时代的腾飞。机头有国会、总统府和最高法院三足鼎立的三权广场【2022（12）】
20 世纪 60 年代		20 世纪 60 年代城市建设以巴黎的德方斯副中心规划（图 4.4-9）最著名，根据大巴黎长远规划，打破巴黎城的聚焦式结构，城市向塞纳河下游发展，以形成带形城市。德方斯副中心正位于市区沿塞纳河向西北方向发展的必经之地，因而于 1965 年开始建设德方斯副中心，以分散巴黎中心经济职能的过于聚集
对未来城市的设想	插入式城市	阿基格拉姆派建筑师库克设计的一种插入式城市（图 4.4-10）。这是一幢建筑在已有交通设施和其他各种市政设施上面的网状构架，上可插入形似插座似的房屋或构筑物。可以轮流地每 20 年在构架插座上由起重设备拔掉一批和插上一批【2019】
	行走式城市	赫隆设计了行走式城市（图 4.4-11）。它是一种模拟生物形态的金属巨型构筑物，下面有可伸缩的可步行的"腿"，可在汽垫上移动
	海上城市	美国建筑师富勒设想的海上城市（图 4.4-12）有 20 层高，可漂浮于 6～9m 深的港湾或海边，与陆上有桥连通，这是一个四面体，呈上小下大的锥形
	仿生城市	索拉里起以植物生态形象作为城市规划结构的模型，取名仿生城市（图 4.4-13）。它用一些巨型结构，把城市各组成要素如居住区、商业区、无害工业企业、街道、广场、公园绿地等里里外外，层层叠叠地密置于此庞然大物中【2022（5）】
图例 		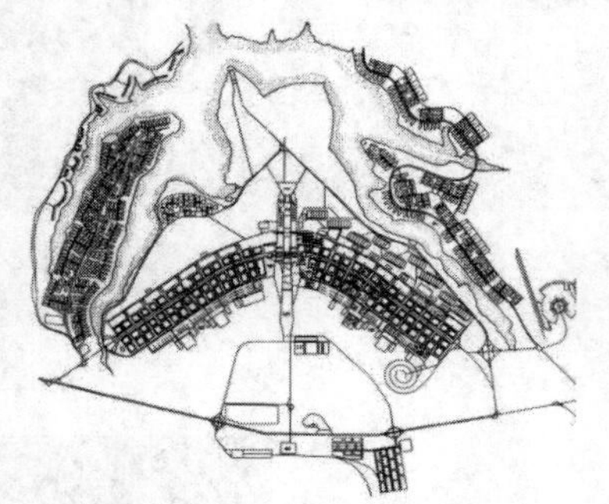 图 4.4-8　巴西利亚总平面图  图 4.4-9　德方斯副中心规划  图 4.4-10　插入式城市设想图  图 4.4-11　行走式城市设想图

续表

图例	 图 4.4-12 海上城市设想图	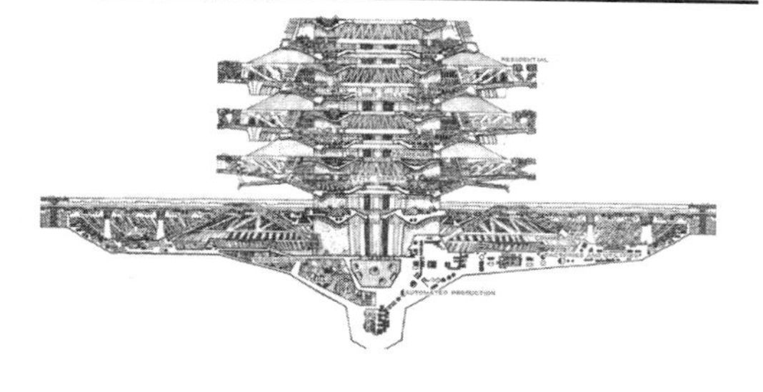 图 4.4-13 仿生城市设想图

4.4-2［2022（5）-49］索拉里的未来城市图（图 4.4-14）表达的是（　　）。

A. 空间城市　　B. 插入城市

C. 仿生城市　　D. 地下城市

答案：C

解析：规划建筑师索拉里于 20 世纪 60 年代起以植物生态形象作为城市规划结构的模型，取名仿生城市。

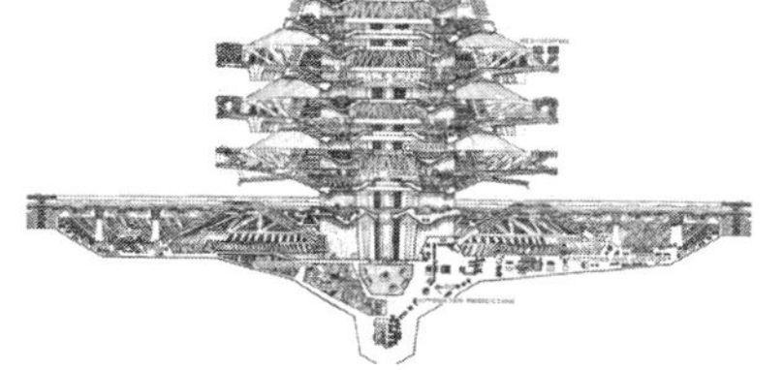

图 4.4-14

4.4-3［2022（12）-63］如图 4.4-15 所示，其对应的城市是（　　）。

A. 巴西利亚　　B. 堪培拉

C. 华盛顿　　D. 新德里

答案：A

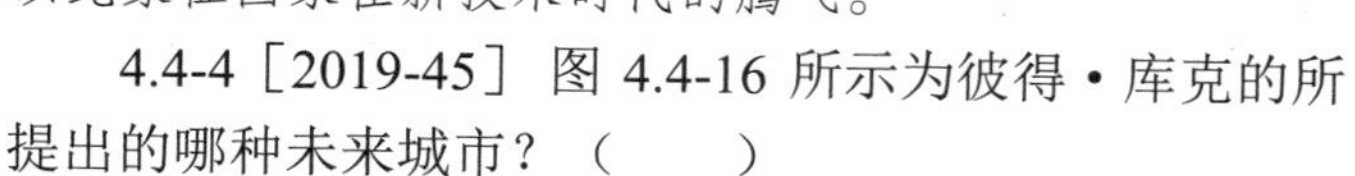

解析：巴西利亚总体规划采用了巴西建筑师科斯塔的竞赛获选方案，于 1957 年开始建设。平面形状犹如向后掠翼的飞机，以此象征国家在新技术时代的腾飞。

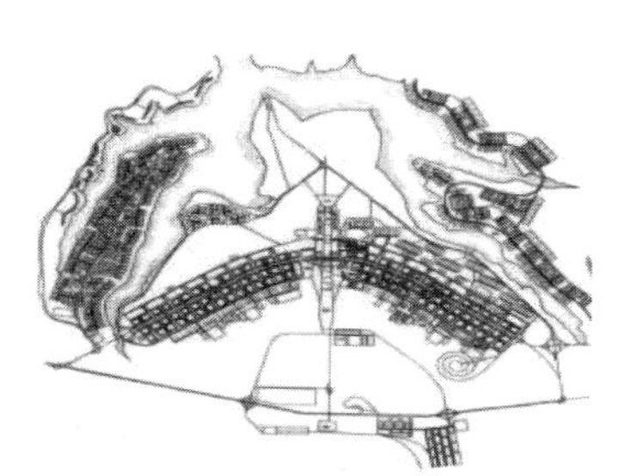

图 4.4-15

4.4-4［2019-45］图 4.4-16 所示为彼得·库克的所提出的哪种未来城市？（　　）

A. 空间城市　　B. 插入城市

C. 巨构城市　　D. 海上城市

答案：B

解析：阿基格拉姆派建筑师库克于 1964 年设计了一种插入式城市。

图 4.4-16

考点 18：高层建筑、大跨度建筑与建筑的工业化发展【★】

高层建筑	联合国秘书处大厦	建在纽约，39 层建筑，是早期“板式”高层建筑的著名实例之一，如图 4.4-17 所示
	利华大厦	SOM 建筑事务所设计的，开创了全部玻璃幕墙“板式”高层建筑的新手法，如图 4.4-18 所示
	西格拉姆大厦	密斯·范·德·罗设计，如图 4.4-19 所示

续表

高层建筑	马利纳城大厦	戈德贝瑞在芝加哥设计了双塔形的马利纳城大厦，是两座并列的多瓣圆形平面的公寓，如图 4.4-20 所示
	汉考克大厦	SOM 建筑事务所在芝加哥设计了 100 层的汉考克大厦，如图 4.4-21 所示
	世界贸易中心大厦	雅马萨奇在纽约设计的世界贸易中心大厦，是两座并立的 110 层的塔式摩天楼，目前已倒塌，如图 4.4-22 所示
	西尔斯大厦	SOM 建筑事务所设计，是 20 世纪 80 年代前世界上最高的建筑物，如图 4.4-23 所示
	多伦多市政大厦	两座平面呈新月形的高层建筑，当中围合着一座 2 层高的圆形会堂，创造了曲面板型高层建筑的新手法，如图 4.4-24 所示
	法兰克福商业银行大厦	诺曼·福斯特设计，是高层生态建筑最杰出的例子，如图 4.4-25 所示
大跨度结构建筑	罗马小体育馆	罗马奥运会的小体育宫是网格穹窿形薄壳屋顶，如图 4.4-26 所示
	巴黎工业展览馆	巴黎工业展览馆是世界上最大的壳体，如图 4.4-27 所示
	伊利诺伊大学会堂	屋顶结构为预应力钢筋混凝土薄壳，屋顶水平推力由后张应力圈梁承担，如图 4.4-28 所示
图例		

图 4.4-17　联合国秘书处大厦

图 4.4-18　利华大厦

图 4.4-19　西格拉姆大厦

图 4.4-20　马利纳城大厦

图 4.4-21　汉考克大厦

图 4.4-22　世界贸易中心大厦

续表

<table>
<tr><td rowspan="2">图例</td><td>
图 4.4-23　西尔斯大厦</td><td>

图 4.4-24　多伦多市政大厦</td><td>
图 4.4-25　法兰克福商业银行大厦</td></tr>
<tr><td>
图 4.4-26　罗马小体育宫</td><td>
图 4.4-27　巴黎工业展览馆</td><td>
图 4.4-28　伊利诺伊大学会堂</td></tr>
</table>

4.4-5［2024-43］下列采用悬挂结构的建筑是（　　）。

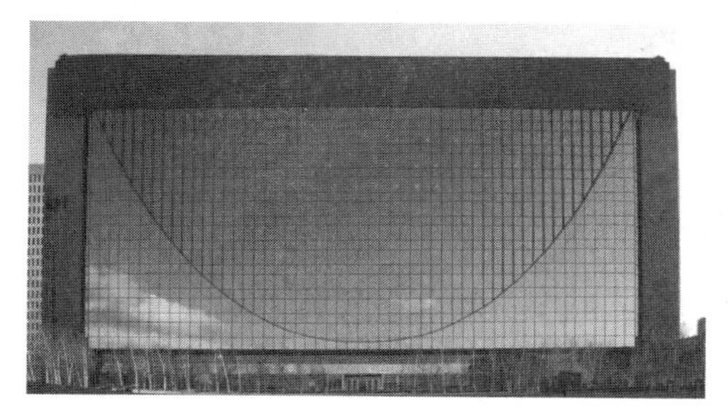

A. 明尼阿波利斯联邦银行

B. 东京代代木体育馆

C. 罗马小体育宫

D. 美国罗利市牲畜展赛馆

答案：A

解析：1972 年在美国明尼苏达州明尼阿波利斯市建造的联邦储备银行就是采用悬索桥式

的结构，把 11 层的办公楼建筑悬挂在 84m（275 英尺）跨度的空中。罗马小体育宫是钢筋混凝土薄壳顶，代代木体育馆、美国罗利市牲畜展赛馆是悬索结构。

第五节　战后现代主义建筑的发展

考点 19：理性主义【★】

概述	战后现代派建筑中最普遍的倾向是理性主义，既理性地满足人们物质的需求，同时又具有独特的想象和幻想，兼顾人们情感上的需求，通过新技术手段满足空间和功能地协调性和合理性	
建筑案例	哈佛大学研究生中心	哈佛大学研究生中心（图 4.5-1）是理性主义的早期案例。设计人是 TAC（协和建筑师事务所），七幢宿舍用房和一座公共活动楼按功能分区与结合地形而布局
	儿童之家	荷兰阿姆斯特丹的儿童之家功能要求复杂、空间性质多样且大小不一，如图 4.5-2 所示。凡·艾克通过严谨的逻辑性，在空间组织与层次上把建筑空间组成为具有“迷宫似的清晰”的统一体，奠定了结构主义哲学的设计观念与方法【2017】
	中央贝赫保险公司总部大楼	中央贝赫保险公司总部大楼被认为是表现结构主义哲学最成功的实例。整个建筑由无数个 3～5 层的、平面呈正方形、结构构件标准化的单元组合而成。结构体系是钢筋混凝土框架填以混凝土砌块，如图 4.5-3 所示
图例	 图 4.5-1　哈佛大学研究生中心　 图 4.5-2　儿童之家鸟瞰　 图 4.5-3　中央贝赫保险公司总部大楼鸟瞰	

4.5-1［2017-71］下列建筑实例中，体现了结构主义哲学设计观念与方法的是（　　）。

A. 艾森曼 2 号住宅　　B. 阿姆斯特丹儿童之家

C. 乌得勒支住宅　　D. 第三国际纪念碑

答案：B

解析：见考点 19，艾森曼 2 号住宅是埃森曼设计，属于解构主义；乌得勒支住宅是荷兰风格派；第三国际纪念碑是构成主义派。

考点 20：粗野主义【★★★】

概述	“粗野主义”的作品特点是毛糙的混凝土、沉重的构件在空间中的运用	
建筑案例	勒·柯布西耶	勒·柯布西耶设计的马赛公寓是内廊跃层式公寓住宅（图 4.5-4），钢筋混凝土结构，1～6 层和 9～17 层是居住层，第 7 和第 8 两层为商店和公用设施。大楼按住户大小采用复式布局，各户有独用的小楼梯和两层高的起居室，每 3 层设一条公共走道，节省了交通面积，外观上使用了粗糙地混凝土立面，在外观维度上归类在“粗野主义”。柯布西耶还设计了印度昌迪加尔行政中心建筑群（图 4.5-5），其外观混凝土地雄浑恢宏，具有很强的视觉冲击力，吸引了不少人的注意【2022（12）】

续表

建筑案例	保罗·鲁道夫	保罗·鲁道夫设计了耶鲁大学建筑与艺术系大楼（图 4.5-6），强调粗大的混凝土横梁的，在两根横梁接头的地方还特别地把梁头撞了出来，表达了对“粗野主义”地呼应
	斯特林	斯特林设计的莱斯特大学的工程馆和剑桥大学历史系图书馆也属于粗野主义派建筑，前者（图 4.5-7）将功能、结构、材料、设备与交通系统都清楚地暴露出来，而人们对后者（图 4.5-8）的评价是“那里没有像机器那样严肃的、令人生畏的吓唬人的态度，而是对刺人的机器形象进行反复加工，使之柔和起来”
	丹下健三	丹下健三等日本建筑师受到勒·柯布西耶的影响，作品如香川县厅舍和仓敷县厅舍（图 4.5-9）也被视为粗野主义，从厅舍外廊露明的钢筋混凝土梁头、各层阳台栏板的形式与比例等都可以看出这是粗野主义的手法
图例	 图 4.5-4　马赛公寓  图 4.5-5　昌迪加尔行政中心建筑群  图 4.5-6　耶鲁大学建筑与艺术系大楼  图 4.5-7　莱斯特大学的工程馆  图 4.5-8　剑桥大学历史系图书馆  图 4.5-9　仓敷县厅舍	

4.5-2［2021-46］下列建筑中不属于粗野主义的是（　　）。

A. 马赛公寓大楼　　B. 伦敦国家剧院

C. 耶鲁大学建筑艺术大楼　　D. 纽约林肯文化中心爱乐音乐厅

答案：D

解析：见考点 20，纽约林肯文化中心爱乐音乐厅属于典雅主义。

考点 21：技术精美主义【★】

概述	讲求技术精美的倾向是战后初期最先流行于美国，人们常把以密斯·范·德·罗为代表的纯净、透明与施工精确的钢和玻璃方盒子作为这一倾向的代表

续表

<table>
<tr><td rowspan="2">建筑案例</td><td>密斯·范·德·罗</td><td>在密斯设计的住宅项目中，范斯沃斯住宅以“技术精美”的玻璃盒子得名，如图 4.5-10。除了地面平台（架空于地面之上）、屋面、八根钢柱和室内当中一段服务性房间是实的之外，其余都是虚的。室内空间通过玻璃外墙与室外空间连成一体，但此住宅的设计因侵犯业主隐私权而被告上法庭。
密斯的设计里，芝加哥湖滨公寓和西格拉姆大厦，体现了高层建筑设计的技术精美，密斯通过钢、玻璃与标准化的幕墙构件的使用，以结构的不变来应功能的万变引领了当时高层建筑设计的潮流。
密斯也将“全面空间”的理念发挥到极致，伊利诺伊大学的克朗楼（图 4.5-11）和柏林国家美术馆（图 4.5-12）是“全面空间”理念的实践，前者密斯·范·德·罗把教室放在地下，地面上是一个没有柱子、四面为玻璃墙的“全面空间”的大工作室，后者通过八根柱子支撑着屋顶，造型上更加的古典端庄。
“当技术实现了它的使命，他就升华为艺术”是密斯在伊利诺伊工学院的讲话</td></tr>
<tr><td>小沙里宁</td><td>在追随密斯风格的倾向中，小沙里宁设计的通用汽车技术中心把先进技术与人们习惯的审美标准结合起来。该建筑的风格、钢和玻璃的“纯净形式”“全面空间”“模数构图”和在技术上的精益求精，使人联想到密斯</td></tr>
<tr><td>图例</td><td colspan="2">
图 4.5-10　范斯沃斯住宅

图 4.5-11　克朗楼

图 4.5-12　柏林新国家美术馆新馆</td></tr>
</table>

考点 22：典雅主义【★】

<table>
<tr><td>概述</td><td colspan="2">“典雅主义”与粗野主义相比，在审美取向上完全相反。粗野主义主要流行于欧洲，典雅主义主要在美国。典雅主义致力于运用传统的美学法则来使现代的材料与结构产生规整、端庄与典雅的庄严感。典雅主义的作品使人联想到古典主义或古典建筑，因而“典雅主义”又被称为“新古典主义”“新帕拉第奥主义”或“新复古主义”</td></tr>
<tr><td rowspan="3">建筑案例</td><td>菲利普·约翰逊</td><td>谢尔登艺术纪念馆和纽约林肯文化中心是典雅主义的代表作，前者的柱子的形式呈棱形，既古典又新颖，后者文化中心中的三幢主要建筑环绕着中央广场而布局，其布局方式与建筑形式使人联想到 19 世纪的剧院，如图 4.5-13 所示【2021】</td></tr>
<tr><td>斯通</td><td>新德里美国驻印大使馆和布鲁塞尔世界博览会美国馆是斯通在典雅主义方面的代表作，前者于 1961 年获得了美国的 AIA 奖，如图 4.5-14 所示，后者采用了当时先进的悬索结构，与当时在它附近的“粗野主义”的法国馆与意大利馆在审美上形成强烈的对比，如图 4.5-15 所示</td></tr>
<tr><td>雅马萨奇</td><td>麦格拉格纪念会议中心（图 4.5-16）、纽约世界贸易中心（图 4.5-17）和西雅图世界博览会科学馆（图 4.5-18）是雅马萨奇在典雅主义方面的代表作。麦格拉格纪念会议中心屋面是折板结构、外廊采用了与折板结构一致的尖券，形式典雅，尺度宜人。纽约世界贸易中心和西雅图世界博览会科学馆设计中都使用了尖券。虽然有人把这样的处理称为“新复古主义”，但它们却在一定程度上与新结构相结合</td></tr>
</table>

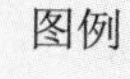图例	 图 4.5-13　纽约林肯文化中心【2024】  图 4.5-14　新德里美国驻印大使馆  图 4.5-15　布鲁塞尔世界博览会美国馆  图 4.5-16　麦格拉格纪念会议中心  图 4.5-17　纽约世界贸易中心底部尖券  图 4.5-18　西雅图世界博览会科学馆

4.5-3［2024-44］下列建筑属于典雅主义风格的是（　　）。

A. 科罗拉多空军士官学院教堂

B. 旧金山圣玛利亚教堂

C. 林肯文化中心爱乐音乐厅

D. 西柏林国家美术馆新馆

答案：C

解析：科罗拉多空军士官学院教堂、旧金山圣玛利亚教堂属于高技派，西柏林国家美术馆新馆属于技术精美。典雅主义主要在美国，致力于运用传统的美学法则来使现代的材料与结构产生规整、端庄与典雅的庄严感。

考点 23：高技派【★★★】

概述	注重“高度工业技术”的倾向是指那些不仅在建筑中坚持采用新技术，并且在美学上极力鼓吹表现新技术的倾向	
建筑案例	皮亚诺和罗杰斯	皮亚诺和罗杰斯在巴黎设计的蓬皮杜国家艺术与文化中心，如图 4.5-19 所示。大楼不仅暴露结构，在沿主要街道的立面上连设备也全部暴露，立面挂满了五颜六色的各种管道【2023】。新喀里多尼亚芝柏文化艺术中心也是伦佐·皮亚诺的作品，如图 4.5-20 所示【2024】
	新陈代新派	黑川纪章和丹下健三同为当时日本的一个称为新陈代谢派的成员。新陈代谢派强调事物的生长、变化与衰亡，极力主张采用最新的技术来解决问题。丹下健三设计的山梨文化会馆（图 4.5-21）可谓是一座体现以新型的工业技术革命为特征的建筑【2023、2022（5）、2018】
图例	图 4.5-19　蓬皮杜国家艺术与文化中心　图 4.5-20　新喀里多尼亚芝柏文化艺术中心　图 4.5-21　山梨文化会馆	

4.5-4［2023-43］丹下健三被视为日本新陈代谢的代表作是（　　）。

A. 山梨文化会馆　　B. 东京代代木体育馆

C. 香川县体育馆　　D. 香川县厅舍

答案： A

解析： 丹下健三是日本新陈代谢派的成员。丹下健三设计的山梨文化会馆可谓是一座体现以新型的工业技术革命为特征的建筑。

4.5-5［2023-45］下列四个选项共同反映的设计倾向是（　　）。

A. 粗野主义　　B. 典雅主义　　C. 高技派　　D. 地域主义

答案： C

解析： 选项 A 为美国科罗拉多空军士官学院教堂，选项 B 为英国雷诺公司产品配送中心，选项 C 为美国劳埃德保公司大厦，选项 D 为法国蓬皮杜艺术中心，均为高技派的代表作。

考点 24：人情化与地域性【★★】

<table>
<tr><td>概述</td><td colspan="2">地域性是指对当地的自然条件（如气候、材料）和文化特点（如工艺、生活方式与习惯、审美等）的适应、运用与表现。由于全球文明与地域文化的冲突日益尖锐，理论家如弗兰姆普顿主张把地方的自然与文化特点同当代技术有选择地结合起来，并称之为“批判的地域性”</td></tr>
<tr><td rowspan="2">建筑案例</td><td>阿尔瓦·阿尔托</td><td>珊纳特赛罗镇中心主楼（图 4.5-22）是阿尔托在第二次大战后的代表作。尺度上的与人体配合、对传统材料砖和木的创造性运用以及它同周围自然环境的密切配合【2022（5）、2018】。沃尔夫斯堡文化中心（图 4.5-23）也是阿尔托的作品，采用了化整为零的方法，其形式反映其内容并富于节奏感</td></tr>
<tr><td>丹下健三</td><td>以丹下健三为代表的日本年轻建筑师致力于创造具有日本特色的现代建筑，从他设计的香川县厅舍可以看到该建筑从规划以至细部处理都散发着日本传统建筑的气息，如图 4.5-24 所示</td></tr>
<tr><td>图例</td><td colspan="2">图 4.5-22　珊纳特赛罗镇中心主楼　　图 4.5-23　沃尔夫斯堡文化中心　　图 4.5-24　香川县厅舍</td></tr>
</table>

4.5-6［2022（5）-51］阿尔托设计的珊纳特赛罗镇中心采用的材料（　　）。

A. 红砖木材　　B. 石材木材　　C. 清水混凝土　　D. 钢材和玻璃

答案： A

解析： 见考点 24，阿尔托善于利用当地传统砖木材料体现地域性与人性化。

考点 25：第三世界国家的探索【★】

<table>
<tr><td rowspan="3">建筑案例</td><td>埃及</td><td>20 世纪四五十年代，埃及建筑师哈桑·法赛发表的《为了穷苦者的建筑》一书，代表了非西方国家建筑界对国际式建筑的公开抵抗，侧重对传统建筑进行在发现，代表作是新巴里斯城。
哈桑·法赛最大的探索之一用灰泥代替水泥造土坯建筑，进行建筑设计研究的出发点是对当地传统建筑设计方法和策略的再发现和提高，同时建筑师必须对周围环境负责【2014、2011】</td></tr>
<tr><td>印度</td><td>柯里亚设计的甘地纪念馆（图 4.5-25）和干城章嘉公寓（图 4.5-26）是印度本土建筑师在公共建筑中体现现代地域性的作品。由于气候的炎热，干城章嘉公寓采用较小的开窗避免日晒和季风、采用石材墙面隔热，并且设计了具有通风效果的转角平台。为城市带来了全新的风貌，从对当地气候的应对上表达了地域性【2021】</td></tr>
<tr><td>马来西亚</td><td>杨经文对东南亚地域的“生物气候因素”的研究与已建成的具有高技特点的实验性建筑已经引起了世界建筑界的重视。代表作是杨经文的自宅，如图 4.5-27 所示。用以遮阳的大屋顶与融合在住宅空间里的水池一起成为建筑的气候调节器，也因这特别的屋顶而取名为“双顶屋”【2021】</td></tr>
</table>

续表

图例	 图 4.5-25　甘地纪念馆	 图 4.5-26　干城章嘉公寓	 图 4.5-27　杨经文的自宅

4.5-7［2021-12］下列实例中，突出体现建筑体型适应气候环境特点的设计作品是（　　）。

A. 日本东京中银仓体大楼　　B. 日本神户六甲集合住宅

C. 印度孟买干城章嘉公寓　　D. 加拿大蒙特利尔 Habitat67

答案：C

解析：见考点 25。

4.5-8［2014-96］探索用灰泥代替水泥造土坯建筑的建筑师是（　　）。

A. 拉尔夫·厄斯金　　B. 查尔斯·柯利亚

C. 格雷姆肖　　D. 哈桑·法赛

答案：D

解析：见考点 25。

考点 26：个性与象征【★★★】

概述	讲求个性与象征的倾向是要使房屋与场所都要具有不同于他人的个性和特征，其标准是要使人见之后难以忘怀	
建筑案例	几何形构图	古根海姆美术馆（图 4.5-28）是赖特的设计作品，建筑中把观赏展品的通道从底层以至顶层造成一条蜿蜒连贯的斜坡道，以便这个多层展览馆的展览不致被各层的交通厅所隔断【2021】
		在华盛顿建成的由贝聿铭设计的美国国家美术馆东馆（图 4.5-29）是一座成功地运用几何形体的建筑。东馆的平面是由两个三角形［一个等边三角形（美术展览馆部分）和一个直角三角形（视感艺术高级研究中心）］组成的
	抽象的象征	勒·柯布西耶在朗香教堂（图 4.5-30）中运用了象征性手法。推翻了之前在 20 与 30 年代时极力主张的理性主义原则和简单的几何图形，其带有表现主义倾向的造型让使用者产生不同抽象的理解。【2018】（注：也有学者认为朗香教堂外立面粗糙的混凝土表面，应归类于粗野主义） 《外国近现代建筑史》对柯布西耶的建筑创作的总结认为，早期主要特征属于简洁粗犷的国际式建筑，即现代派风格，也被称为粗野主义风格，后期转入具有象征意义的抽象派风格。后期的作品带有浪漫主义和神秘主义倾向【2014】
		建筑师沙龙设计的柏林爱乐音乐厅（图 4.5-31）也具有极强的抽象象征。设计意图是要把建筑设计成为一座“里面充满音乐”的“音乐的容器”，其设计方法是紧扣“音乐在其中”的基本思想，处处尝试“把音乐与空间凝结于三向度的形体之中”
	具体的象征	小沙里宁设计的环球航空公司候机楼像一只展翅欲飞的大鸟，如图 4.5-32 所示
		丹麦建筑师乌特松（也有翻译成伍重）把悉尼歌剧院设计得像一艘迎风而驰的帆船一样，或看起来像很多贝壳的叠加，如图 4.5-33 所示

续表

图例	 图 4.5-28　古根海姆美术馆　图 4.5-29　美国国家美术馆东馆　图 4.5-30　朗香教堂  图 4.5-31　柏林的爱乐音乐厅  图 4.5-32　环球航空公司候机楼  图 4.5-33　悉尼歌剧院

4.5-9［2021-7］下列四个选项中，采用螺旋观展流线的美术馆是（　　）。

A. 巴黎卢浮宫博物馆　　B. 纽约古根海姆美术馆

C. 斯图加特博物馆新馆　　D. 中国国家博物馆

答案： B

解析： 古根海姆美术馆把观赏展品的通道从底层以至顶层造成一条蜿蜒连贯的斜坡道，以便这个多层展览馆的展览不致被各层的交通厅所隔断。

4.5-10［2018-47］朗香教堂与二战前哪个风格有联系？（　　）

A. 构成派　　B. 风格派　　C. 表现主义　　D. 未来主义

答案： C

解析： 朗香教堂推翻了柯布西耶在 20 与 30 年代时极力主张的理性主义原则和简单的几何图形，其带有表现主义倾向的造型震动了当时整个建筑界。

第六节　现代主义之后的建筑思潮

考点 27：后现代主义【★★★】

概述	20 世纪 60 年代后期开始，在建筑界由建筑师和理论家以一系列批判现代建筑派的理论与实践而推动形成的建筑思潮，称作“后现代主义”。而美国是形成这股思潮的中心。建筑师斯特恩曾将后现代主义建筑的特征总结为“文脉主义”“引喻主义”和“装饰主义”	
建筑理论	《后现代建筑语言》	英国的建筑历史与建筑评论家查尔斯·詹克斯在 1977 年发表的《后现代建筑语言》。詹克斯以一种戏剧性的方式宣告现代建筑已经死亡，“1972 年 7 月 15 日下午 3 时 32 分，现代建筑在美国密苏里州圣路易斯城死去”
	J·雅各布斯	美国城市理论家简·雅各布斯出版的《美国大城市的生与死》，对勒·柯布西耶为代表的功能城市的规划思想公开挑战，甚至对在这之前包括霍华德的花园城市在内的近代种种工业化城市的规划思想都提出了批判【2023、2020】

续表

建筑理论	柯林·罗	建筑理论家柯林·罗的著作《拼贴城市》，建立了一种重新认识城市的崭新理念，属于类型学范畴的讨论
	罗伯特·文丘里	文丘里在 1966 年发表的《建筑的复杂性与矛盾性》一书，是最早对现代建筑公开宣战的建筑理论著作，文丘里对正统现代建筑大胆挑战，抨击现代建筑所提倡的理性主义片面强调功能与技术的作用而忽视了建筑在真实世界中所包含的矛盾性与复杂性。【2020】 1972 年文丘里又发表了《向拉斯维加斯学习》，把视线转向了通俗的大众文化，他提出应关注美国充满广告牌的商业景观，认为拉斯维加斯的赌场和巨型招牌是汽车文化时代恰当的形式。 文丘里指出密斯·范·德·罗“少就是多”的理论是对复杂性的否定，于是提出了“少是厌烦”（Less is a bore）【2022（12）】
建筑案例	罗伯特·文丘里	文丘里早期最有代表性的作品是母亲住宅（图 4.6-1），文丘里称它“既复杂又简单，既开敞又封闭，既大又小”。它的正立面是山墙，但山墙的顶部又是断裂的，墙中央的门洞被放大了，但真正的门却偏在一边
	菲利普·约翰逊	菲利普·约翰逊设计的美国电话电报公司总部大楼（图 4.6-2），与以往的玻璃摩天楼完全不同，外墙大面积覆盖花岗岩，立面按古典方式分成三段，但各元素尺度关系大小完全脱离传统约束
	查尔斯·摩尔	圣·约瑟夫喷泉广场（图 4.6-3）是查尔斯·摩尔的作品。这个小广场由公共场地、柱廊、喷泉、钟塔、凉亭和拱门组成，充满了古典建筑的片段，却全然没有古典建筑的肃穆气氛
	格雷夫斯	代表作是波特兰市市政厅（图 4.6-4）和海豚旅馆与天鹅旅馆
	J·斯特林	斯图加特的州立美术馆扩建吸收了众多古典建筑元素，平面布局有明显的轴线关系，最突出的是围绕中心有一个圆形的庭院（图 4.6-5）
	矶崎新	矶崎新的代表作品是他设计建造的筑波城市政大厦（图 4.6-6），筑波中心最特别的是由建筑群围绕的下沉广场，显然部分复制了米开朗琪罗在罗马的卡比多广场的椭圆形地面图形【2022（12）】
图例		 图 4.6-1　母亲住宅立面  图 4.6-2　美国电话电报公司总部大楼  图 4.6-3　圣·约瑟夫喷泉广场  图 4.6-4　波特兰市市政厅  图 4.6-5　斯图加特的州立美术馆扩建工程  图 4.6-6　筑波城市政大厦

4.6-1［2023-44］下列四个选项中，雅各布斯公开挑战“功能城市”规划思想的著作是（　　）。

A.《美国大城市的死与生》　　B.《城市建筑》

C.《向拉斯维加斯学习》　　D.《拼贴城市》

答案： A

解析： 美国城市理论家J•雅各布斯在1961年出版的《美国大城市的生与死》，这是第一部引起震动的著作。在书中，雅各布斯对勒•柯布西耶为代表的功能城市的规划思想公开挑战，甚至对在这之前包括霍华德的花园城市在内的近代种种工业化城市的规划思想都提出了批判。

4.6-2［2022（12）-51］下列四个选项中，日本的筑波中心广场的设计效仿的是（　　）。

A. 锡耶纳坎波广场　　B. 罗马坎比多广场

C. 威尼斯圣马可广场　　D. 巴黎协和广场

答案： B

解析： 矶崎新的代表作品是他设计建造的筑波城市政大厦，筑波中心最特别的是由建筑群围绕的下沉广场，显然部分复制了米开朗琪罗在罗马的卡比多广场的椭圆形地面图形。

4.6-3［2022（12）-52］下列四个选项中，提出“Less is a bore”的是（　　）。

A. 简•雅各布斯　　B. 罗伯特•文丘里

C. 查尔斯•詹克斯　　D. 菲利普•约翰逊

答案： B

解析： 见考点27。

4.6-4［2020-50］下列四个选项中，文丘里的后现代主义建筑理论代表作是（　　）。

A.《现代建筑的失败》　　B.《后现代建筑的语言》

C.《建筑的复杂性与矛盾性》　　D.《形式追随失败》

答案： C

解析： 见考点27。

考点28：新理性主义【★】

概述		20世纪60年代后期，在欧洲出现的意大利新理性主义运动形成了一股颇有影响力的建筑思潮。新理性主义也称坦丹扎学派，它的代表人物就是意大利建筑师、建筑理论家阿尔多•罗西
建筑理论	阿尔多•罗西	1966年，罗西的《城市建筑》是新理性主义兴起的两部重要理论著作标志之一。罗西的类型学理论在新理性主义理论中最有影响。罗西认为，城市的建筑可以简约到几种基本类型，而建筑的形式语言也可以简约到几个最典型的几何元素，这些基本类型和典型元素存在于历史形成的传统城市建筑中，是从这些建筑中抽取的
	罗伯•克里尔	卢森堡建筑师罗伯•克里尔所著的《城市空间》是建筑类型学的著作，书中列举了城市街道与广场交汇的四种原型以及44种由此而来的变体形式；还列举了不同类型的广场，如圆形广场、四边形广场等

续表

<table>
<tr><td rowspan="3">建筑案例</td><td>朱赛普·特拉尼</td><td>新理性主义运动最具代表的人物是“七人组（Group 7）”，其中最有代表性的人物是朱赛普·特拉尼，但丁纪念馆是建筑史上的一个传奇，虽然没建成，但意义重大</td></tr>
<tr><td>阿尔多·罗西</td><td>代表作有圣·卡塔多公墓（图 4.6-7）、格拉拉公寓（图 4.6-8）、水上剧场（图 4.6-9），都属于罗西类型学理论的典型实践</td></tr>
<tr><td>马里奥·博塔</td><td>提契诺地区，一直活跃着一支尝试将历史传统与现代建筑结合的建筑探索队伍，形成了所谓的提契诺学派。马里奥·博塔就是这个学派最有影响的代表人物。代表作有圣·维塔莱河畔住宅（图 4.6-10）、旧金山现代艺术博物馆（图 4.6-11）瑞士卢加诺的戈达尔多银行（图 4.6-12）</td></tr>
<tr><td>图例</td><td colspan="2">
图 4.6-7　圣·卡塔多公墓

图 4.6-8　格拉拉公寓

图 4.6-9　水上剧场

图 4.6-10　圣·维塔莱河畔住宅

图 4.6-11　旧金山现代艺术博物馆

图 4.6-12　瑞士卢加诺戈达尔多银行</td></tr>
</table>

4.6-5［2024-38］下列作品中，不属于后现代主义的是（　　）。

A. 美国电话电报大楼　B. 波特兰市政厅　C. 日本筑波城市政大厦　D. 瑞士卢加诺戈达尔多银行

答案：D

解析：戈达尔多银行是马里奥·博塔的作品，属于新理性主义建筑。

考点 29：新地域主义【★】

概述	新地域主义是一种遍布广泛、形式多样的建筑实践倾向。这些建筑总是联系着一个地区的文化与地域特征，应该创造适应和表征地方精神的当代建筑，以抵抗国际式现代建筑的无尽蔓延

续表

建筑理论	肯尼斯·弗兰姆普顿	代表作包括《现代建筑：一部批判的历史》《走向批判的地域主义》《建构文化研究》
建筑案例	拉斐尔·莫内欧	西班牙马德里建筑师莫内欧的作品国家罗马艺术博物馆（图 4.6-13），与原有的遗址建筑形成两个相对独立又互相叠置的空间系统。诱发了关于如何延续当今都市生活与社区感的思考
	阿尔瓦罗·西扎	葡萄牙建筑师阿尔瓦罗·西扎的作品加利西亚当代艺术中心（图 4.6-14），博物馆平面由两个 L 形穿插起来，整个建筑大理石贴面与相邻的巴洛克修道院粗实的外墙形成呼应。灵活交汇的形体既融入环境，又整合了环境
	路易斯·巴拉干	墨西哥建筑师路易斯·巴拉干的建筑都是由大块几何形组成，配以高亮度的鲜艳色彩，传达着一种具有浓重墨西哥风情的诗意的人工环境。代表建筑是艾格斯托姆住宅
	伦佐·皮亚诺	意大利建筑师伦佐·皮亚诺曾以设计巴黎蓬皮杜现代艺术中心而闻名，之后在西南太平洋努美阿半岛上设计了芝柏文化中心（图 4.6-15），向世人展示了建筑的语言是如何将一种地方的自然和人文景观编织得如画一般【2013】
	西萨·佩里	阿根廷裔美国建筑师西萨·佩里设计的马来西亚吉隆坡的双塔大厦，就是用地方传统塔楼的意象，使现代摩天楼获得了地方建筑的性格
图例	 图 4.6-13　国家罗马艺术博物馆内景  图 4.6-14　加利西亚当代艺术中心  图 4.6-15　芝柏文化中心	

考点 30：解构主义【★★★】

概述	1988 年 6—8 月，纽约现代艺术博物馆举办了一个名为“解构主义建筑”的 7 人作品展，参展的 7 位建筑师是美国的弗兰克·盖里和彼得·艾森曼、法国的伯纳德·屈米、英国的扎哈·哈迪德、德国的丹尼尔·李伯斯金、荷兰的雷姆·库哈斯以及奥地利的蓝天设计小组。 解构主义不仅质疑现代建筑，还对现代主义之后已经出现的那些历史主义或通俗主义的思潮和倾向都持批评态度，并试图建立起关于建筑存在方式的全新思考	
建筑案例	伯纳德·屈米	法国建筑师伯纳德·屈米设计的拉维莱特公园，先建立一些相对独立的、纯净几何方式的系统，再以随机的方式叠合，迫使他们相互干扰形成“杂交的畸形”，如图 4.6-16 所示
	彼得·艾森曼	彼得·艾森曼是在受结构主义语言学【2017】，尤其是以乔姆斯基为代表的句法结构理论的影响下，开始了对建筑形式与结构之间关系的研究。他形成了非古典、解图、解中心、非连续的一系列设计策略，代表建筑是韦克斯纳视觉艺术中心，如图 4.6-17 所示
	雷姆·库哈斯	荷兰建筑师雷姆·库哈斯最关注的是大都市问题的研究，两本重要的著作是《疯狂的纽约：关于曼哈顿的回顾性宣言》和《广普城市》，在中国的建筑实践有 CCTV 大楼

续表

建筑案例	丹尼尔·李伯斯金	李伯斯金设计的柏林犹太人博物馆（图 4.6-18）是在柏林老博物馆的基础上扩建而成。新馆“之”字形平面的异乎寻常的新建筑。以极其强烈的对比手法使新老建筑在形式上形成冲突，而在空间深处又相连接【2022（12）】
	扎哈·哈迪德	扎哈·哈迪德第一个建成作品是维特拉消防站。建筑物与环境十分契合，动态构成的形式与消防站的性格也十分相符。建筑最特殊的就是由这些极不规则、极不稳定的建筑元素形成的室内空间，如图 4.6-19 所示
	蓝天设计小组	蓝天设计组在 1988 年纽约现代艺术博物馆的“7 人展”上展出了他们最具代表性的作品——屋顶加建。屋顶加建像昆虫一样吸附在屋顶上的房子是若干框架系统的叠合，是建筑师采用钢材、玻璃和钢筋混凝土结构创造的一个十分复杂的形式，如图 4.6-20 所示
	弗兰克·盖里	解构主义思潮中最具形式创新精神的是美国建筑师弗兰克·盖里。在美国，盖里曾与艾森曼、文丘里和海杜克一起被誉为领导当代建筑潮流的“四大教父”。代表作包括维特拉家具设计博物馆（图 4.6-21）、布拉格的尼德兰大厦（图 4.6-22）、西班牙毕尔巴鄂古根汉姆博物馆（图 4.6-23）
图例 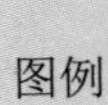		图 4.6-16　拉维莱特公园 图 4.6-17　韦克斯纳视觉艺术中心 图 4.6-18　柏林犹太人博物馆  图 4.6-19　维特拉消防站  图 4.6-20　屋顶加建  图 4.6-21　维特拉家具设计博物馆  图 4.6-22　布拉格的尼德兰大厦  图 4.6-23　毕尔巴鄂古根汉姆博物馆

4.6-6［2022（12）-53］丹尼尔·里伯斯金设计的犹太人博物馆是什么风格？（　　）

A. 后现代主义　　B. 新理性主义　　C. 解构主义　　D. 高技派

答案： C

解析： 柏林建筑师丹尼尔·李伯斯金因其代表作柏林犹太人博物馆而被看作是解构主义的又一重要人物。

4.6-7［2019-48］下列四个选项中，不属于后现代主义作品的是（　　）。

A. 母亲住宅

B. 美国电视电话总部

C. 波特兰市政厅

D. 韦克斯纳视觉艺术中心

答案： D

解析： 韦克斯纳视觉艺术中心属于解构主义作品。

考点 31：新现代主义【★】

概述	与其他的建筑倾向或思潮相比，"新现代"所指比较含糊，没有明显统一的学说理论。一般来讲，这一名称的出现主要是指那些相信现代建筑依然有生命力，并力图继承和发展现代派建筑师的设计语言与方法的建筑创作倾向	
建筑理论	纽约五	1969 年在纽约现代艺术博物馆举办的一个建筑展被作为新现代的开始。5 位建筑师是彼得·艾森曼、迈克尔·格雷夫斯、理查德·迈耶、海杜克和格瓦斯梅。由于这 5 人都在纽约，因此他们又被称为"纽约五"。 纽约五的作品看起来酷似勒·柯布西耶早期设计的一些白色住宅建筑，但形式的表达似乎更为抽象，建筑的尺度也很难判断。显然，这些作品在继承现代建筑设计语言的基础上，也在试图拓展这种设计语言的更多可能【2017】
建筑案例	彼得·艾森曼	作为之前解构主义代表的彼得·艾森曼，主要关注的是如何强化建筑形式的独立性。代表作"住宅Ⅱ"和"住宅Ⅲ"（图 4.6-24）。艾森曼的设计意图是要将形式的结构逻辑区别于功能与技术要求下的形式结果，他承认形式与环境的关联，但更强调来自环境的形式结构要与另一个更抽象、更本质的形式结构相关联【2022(5)】
	理查德·迈耶	建筑师理查德·迈耶一直保持现代建筑的传统，代表作史密斯住宅（图 4.6-25）和格蒂中心（图 4.6-26）。格蒂中心设计最成功之处在于建筑群落的组织与环境的完美结合
	贝聿铭	建筑师贝聿铭设计的巴黎卢浮宫扩建（图 4.6-27），以强别几何特征的透明金字塔作为入口，置于古老的历史建筑卢浮宫广场中央，以表明与后现代主义完全不同的历史态度
	安藤忠雄	日本安藤忠雄是深受勒·柯布西耶影响的成功建筑师，安藤忠雄在明显继承现代建筑传统的前提下，又发展了自己独特而富有诗意的建筑语言。代表作有大阪的住吉的长屋、大阪市的光的教堂（图 4.6-28）、北海道的水的教堂
	斯蒂芬·霍尔	美国建筑师斯蒂芬·霍尔出版了他的著作《锚固》，形成了他对建筑、基地、现象与历史的一些根本主张。日本福冈公寓（图 4.6-29）是霍尔的重要代表作

续表

<table>
<tr><td>图例</td><td>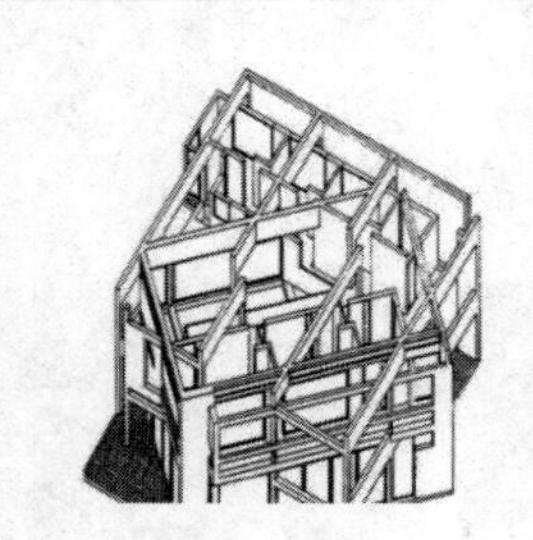
图 4.6-24　住宅Ⅲ

图 4.6-25　史密斯住宅

图 4.6-26　格蒂中心

图 4.6-27　巴黎卢浮宫扩建

图 4.6-28　光的教堂

图 4.6-29　日本福冈公寓</td></tr>
</table>

4.6-8［2022（5）-50］ 下列不属于现代主义早期作品的是（　　）。

A. 格罗皮乌斯住宅　B. 埃森曼 2 号住宅　C. 乌德勒支住宅　　D. 斯坦纳住宅

答案：B

解析：埃森曼 2 号住宅是现代主义后期作品。

考点 32：高技派的新发展【★】

建筑案例	理查德·罗杰斯	曾经以巴黎蓬皮杜艺术中心的设计而名声远扬的理查德·罗杰斯，在 80 年代以后的众多实践中仍然表现出对新技术运用于建筑设计的探索热情。代表作有伦敦的劳伊德大厦（图 4.6-30）、欧洲人权法庭
	诺曼·福斯特	诺曼·福斯特的作品包括香港汇丰银行新楼（图 4.6-31）、柏林国会大厦重建（图 4.6-32）、法兰克福商业银行（图 4.6-33）、伦敦市政厅。需要特别提到法兰克福商业银行被誉为第一座生态型高层塔楼，伦敦市政厅采用了生态与数字化设计并有效降低能耗，只要同样规模建筑的 1/4 的能源，就可以维持所有系统的运作【2017】
	让·努维尔	让·努维尔综合采用钢和玻璃，熟练地运用光作为造型要素，代表作是巴黎阿拉伯世界研究中心（图 4.6-34）
	圣地亚哥·卡拉特拉瓦	西班牙建筑师圣地亚哥·卡拉特拉瓦从生物骨骼等形态来源中得到的启发，寻找独特的建筑结构方式，创造了一系列富有诗意的建筑造型艺术。代表性的建筑作品是法国里昂郊区的萨特拉斯车站（图 4.6-35）。他赞赏运动，认为运动就是美

图例	 图 4.6-30　劳伊德大厦  图 4.6-31　香港汇丰银行新楼  图 4.6-32　柏林国会大厦重建  图 4.6-33　法兰克福商业银行  图 4.6-34　阿拉伯世界研究中心  图 4.6-35　萨特拉斯车站

考点 33：简约设计【★】

概述	90 年代末，建筑界开始向“简约”回归。主题是以尽可能少的手段与方式感知和创造，即要求去除一切多余和无用的元素，以简洁的形式客观理性地反映事物的本质	
建筑案例	赫尔佐格和德·梅隆	慕尼黑的戈兹美术馆是瑞士建筑师赫尔佐格和德·梅隆较早的代表作品。还有在美国加州的作品——多米那斯酿酒厂（图 4.6-36）、泰晤士河边一座旧发电厂改造而成的伦敦塔特现代美术馆（图 4.6-37）都是很成功的案例
	彼得·卒姆托	瑞士建筑师彼得·卒姆托设计的瓦尔斯镇温泉浴场（图 4.6-38）的下半部分嵌入地下，整座建筑采用层砌的石材构成一种有着微妙差异的整齐表面，像一块平行六面体的石头嵌入坡起的山麓，建筑深入地层
图例	 图 4.6-36　多米那斯酿酒厂  图 4.6-37　伦敦塔特现代美术馆  图 4.6-38　瓦尔斯镇温泉浴场	

4.6-9［2020-52］ 下列不属于赫尔佐格和德·梅隆的建筑作品（　　）。

A. 汉堡易北爱乐音乐厅　　B. 维特拉家具展厅

C. 马德里 BBVA 大楼　　D. 东京 TOD’S 表参道大楼

答案： D

解析： 东京 TOD’S 表参道大楼是伊东丰雄的作品。

考点 34：日本现当代建筑发展【★】

<table>
<tr><td rowspan="4">建筑案例</td><td>畏研吾</td><td>由日本建筑师隈研吾设计的梼原木桥博物馆（图 4.6-39）将日本传统美学与当代建筑元素相结合，力求让建筑与周边自然景观和谐共处。中国美院民间艺术博物馆（图 4.6-40）坐落于杭州市象山校区，还有 GC 口腔科学博物馆研究中心（图 4.6-41），都是畏研吾很成功的案例</td></tr>
<tr><td>坂茂</td><td>坂茂设计了新西兰基督城教堂（图 4.6-42）。坂茂分析了老教堂的平面几何，并把从中发现的几何规则运用在新教堂的设计中</td></tr>
<tr><td>伊东丰雄</td><td>日本表参道 TOD'S 旗舰店（图 4.6-43）被人称作“混凝土森林”。该建筑设计灵感来自表参道上成群的榉木枝干交错的形状轮廓，为了让外墙的玻璃边隐藏起来，伊东丰雄把玻璃直接镶嵌在 30cm 厚的混凝土柱外墙，七层楼高的室内空间没有任何柱子，开放感十足</td></tr>
<tr><td>妹岛和世＋西泽立卫</td><td>金泽 21 世纪美术馆（图 4.6-44）外观犹如透明飘浮的大扁圆岛一般，馆内采用 360°透明开放的玻璃幕墙，室外风景自然融入室内，让人们更多地感受艺术和城市的关联</td></tr>
<tr><td>图例</td><td colspan="2">

图 4.6-39　梼原木桥博物馆

图 4.6-40　民间艺术博物馆

图 4.6-41　GC 口腔科学博物馆研究中心

图 4.6-42　新西兰基督城教堂

图 4.6-43　TOD'S 旗舰店

图 4.6-44　金泽 21 世纪美术馆
</td></tr>
</table>

4.6-10［2023-47］ 下列建筑作品与建筑师对应关系错误的是（　　）。

A. 弗兰克·盖里

B. 诺曼·福斯特

C. 贝聿铭

D. 伊东丰雄

答案：D

解析：金泽 21 世纪美术馆是妹岛和世与西泽立卫设计的。

4.6-11［2020-51］ 以下哪个不是畏研吾的作品？（　　）

A. 日本畴原木桥博物馆　　B. 中国美术学院民艺博物馆

C. 日本 GC 口腔科学博物馆　　D. 新西兰基督城教堂

答案：D

解析：新西兰基督城教堂是坂茂的作品。

考点 35：历届普利兹克奖得主（2010—2023 年）

普利兹克奖	普利兹克奖旨在表彰一位或多位当代建筑师在作品中所表现出的才智、想象力和责任感等优秀品质，以及他们通过建筑艺术对人文科学和建筑环境所做出的持久而杰出的贡献

历届得主（图 4.6-45～图 4.6-58）

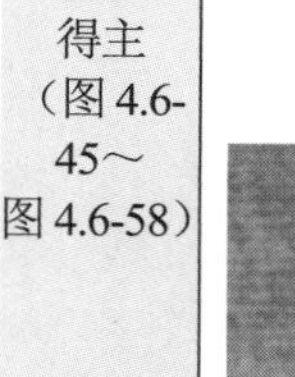

图 4.6-45　妹岛和世和西泽立卫（2010 年）

图 4.6-46　艾德瓦尔多·索托·德·莫拉（2011 年）

图 4.6-47　王澍（2012 年）

图 4.6-48　伊东丰雄（2013 年）

图 4.6-49　坂茂（2014 年）

图 4.6-50　弗雷·奥托（2015 年）

图 4.6-51　亚历杭德罗·阿拉维纳（2016 年）

图 4.6-52　拉斐尔·阿兰达、卡莫·皮格姆和拉蒙·比拉尔塔（2017 年）

图 4.6-53　巴克里希纳·多西（2018 年）

图 4.6-54　矶崎新（2019 年）

图 4.6-55　伊冯·法雷尔和谢莉·麦克纳马拉（2020 年）

图 4.6-56　安妮·拉卡顿和让-菲利普·瓦萨尔（2021 年）

图 4.6-57　迪埃贝多·弗朗西斯·凯雷（2022 年）

图 4.6-58　戴卫·艾伦·奇普菲尔德（2023 年）

4.6-12［2013-008］2012年普利兹克奖获得者为（　　）。

A. 彼得·卒姆托，瑞士

B. 妹岛和世与西泽立卫，日本

C. 艾德瓦尔多·苏托·德·莫拉，葡萄牙

D. 王澍，中国

答案：D

解析：见考点35。

第五章　城市规划原理

思维导图

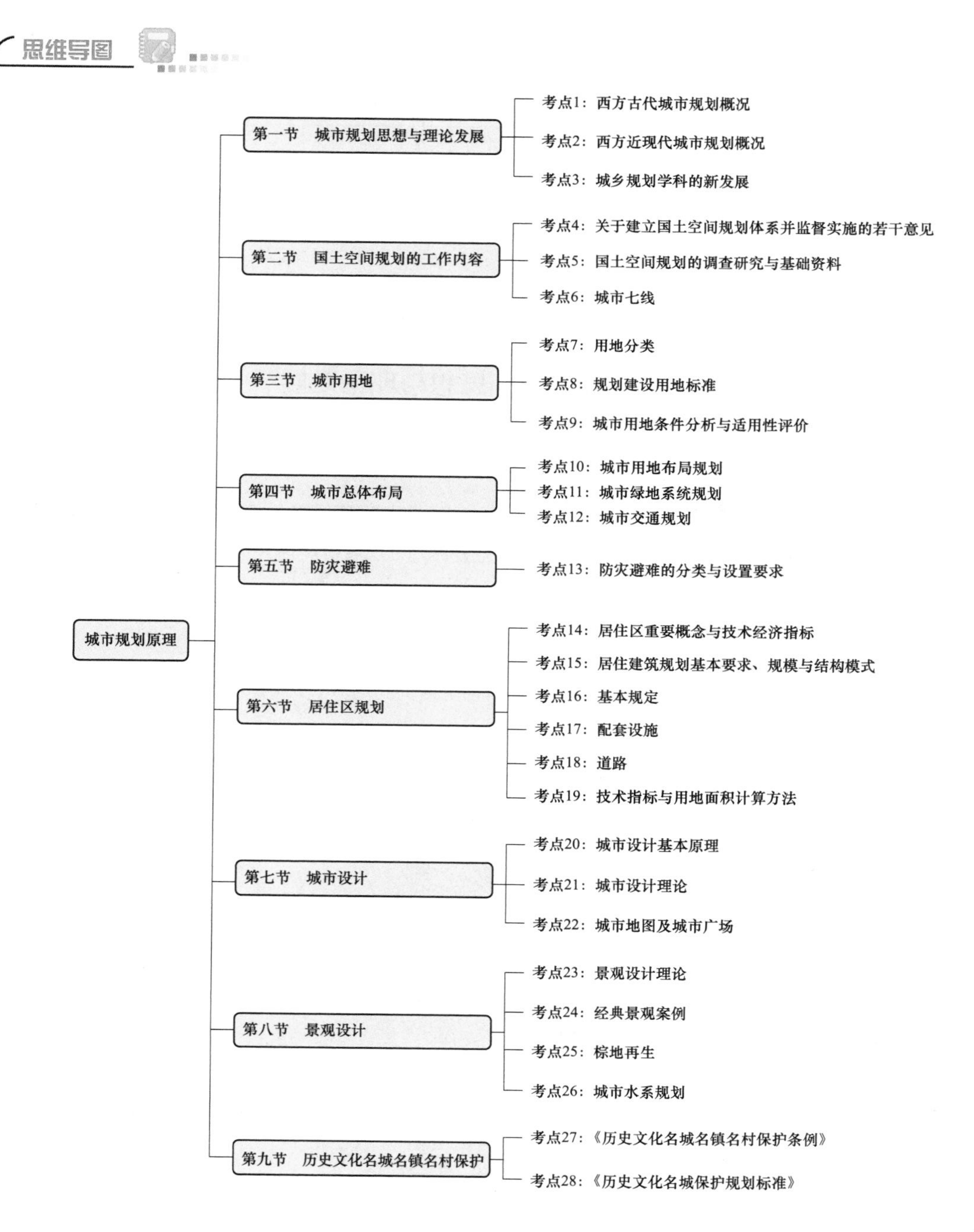

考情分析

节名	近5年考试分值统计					
	2024年	2023年	2022年12月	2022年5月	2021年	2020年
第一节　城市规划思想与理论发展	3	4	5	7	5	4
第二节　国土空间规划的工作内容	2	3	1	0	0	1
第三节　城市用地	0	0	1	0	1	2
第四节　城市总体布局	2	0	1	1	1	1
第五节　防灾避难	0	0	0	1	1	0
第六节　居住区规划	4	5	2	3	2	1
第七节　城市设计	5	3	10	5	8	6
第八节　景观设计	2	4	2	5	5	4
第九节　历史文化名城名镇名村保护	2	1	0	0	0	0
合计	20	20	22	22	23	19

考点精讲与典型习题

第一节　城市规划思想与理论发展

考点1：西方古代城市规划概况【★★】

古希腊城市

1. 西方古希腊城邦时期，在城市建设中有希波丹姆模式，提出了方格形的道路系统和广场设在城中心等建设原则。此模式，在米列都城得到完整体现。以城市广场为中心，反映了古希腊的市民民主文化。【2014】

2. 古希腊城市（见图5.1-1 古希腊城市）

（1）米利都城：按照希波丹姆规划形式进行建设，以棋盘式路网为骨架，形成街坊。以城市中心为界分为南北两个部分（见图5.1-2 米利都城）。【2011】

（2）雅典卫城：卫城因循了民间圣地建筑群自由灵活的布局方式，建筑物顺应地势沿周边布置（见图5.1-3 雅典卫城）

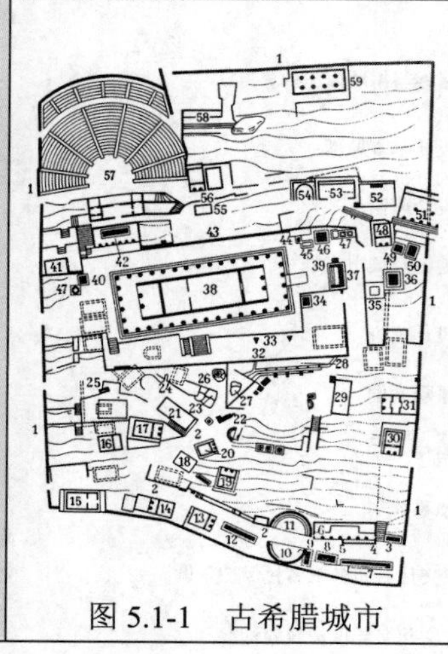

图5.1-1　古希腊城市

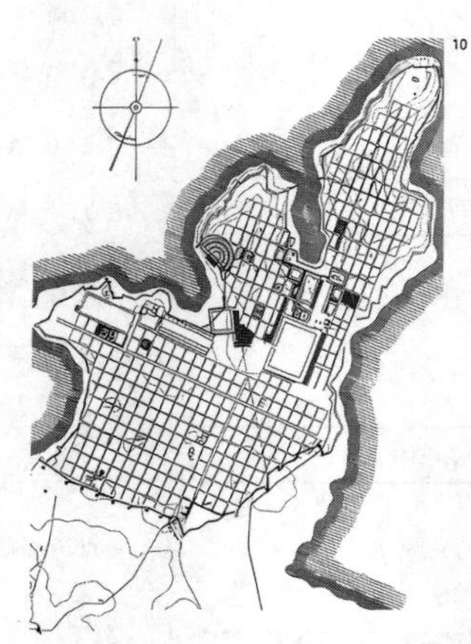

图5.1-2　米利都城

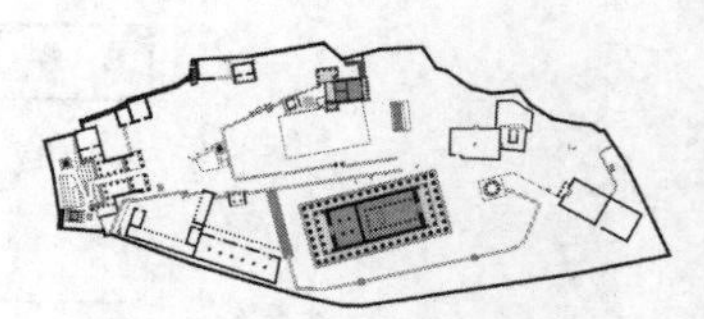

图5.1-3　雅典卫城

续表

<table>
<tr><td rowspan="2">古罗马城市</td><td>1. 古罗马总平面。其城市建设的成就主要表现在两个方面，一是军事与运输需要的道路、桥梁、城墙等，二是满足统治者日常享乐和歌功颂德的宫殿、剧场、浴室、府邸以及广场、凯旋门、纪功柱等。（见图 5.1-4 古罗马总平面、图 5.1-5 古罗马市中心总平面）【2014】
2. 公元前 1 世纪，古罗马建筑照维特鲁威的著作《建筑十书》，是西方古代最完整的古典建筑典籍，内有城市规划的论述。
3. 诺利罗马地图【2018】。巴蒂斯塔·诺利于 1748 年绘制的罗马地图，表示了建筑与广场及道路等未被建筑占据的空间之间的关系，图中占主导地位的部分是密集且连续的建筑实体，而剩下的开放空间则为虚体（见图 5.1-6 诺利罗马地图）</td></tr>
<tr><td>

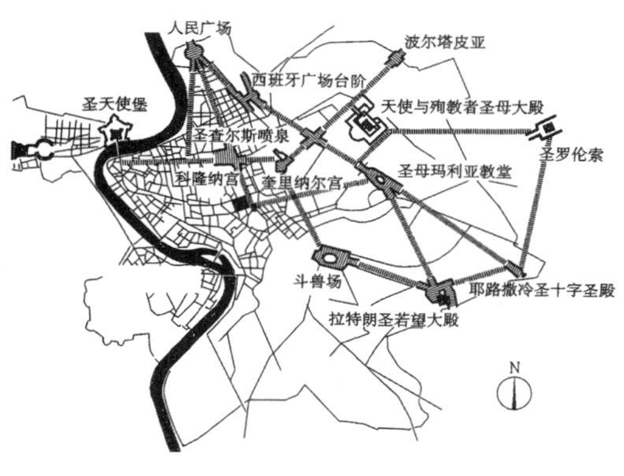

图 5.1-4　古罗马总平面

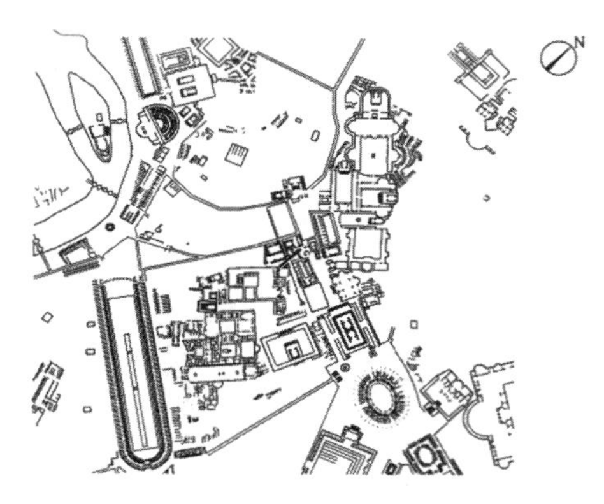

图 5.1-5　古罗马市中心总平面

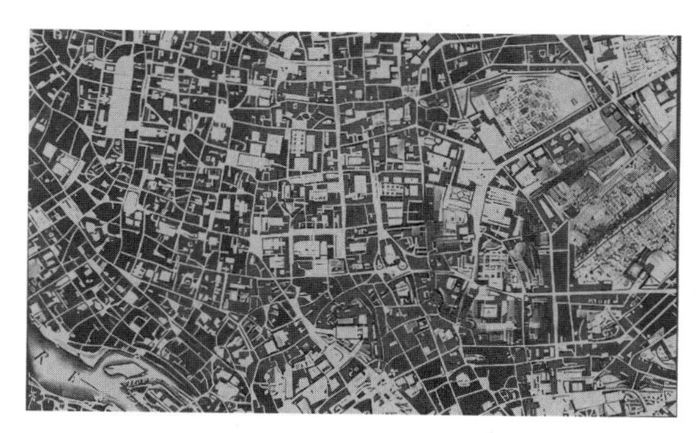

图 5.1-6　诺利罗马地图

</td></tr>
</table>

5.1-1［2022（5）-62］以方格网道路为骨架，以城市广场为中心反映古希腊民主思想的是（　　）。

A. 雅典卫城　　B. 新帕尔玛城

C. 米列都城　　D. 波尔西巴城

答案： C

解析： 米列都城以方格网道路为骨架，以城市广场为中心反映古希腊民主思想。

考点 2：西方近现代城市规划概况【★★★★】

<table>
<tr><td>空想社会主义城市</td><td>（1）思想基础：空想社会主义主要是对理想的社会组织结构等方面的架构，在此基础上提出了理想的社区和城市模式。
（2）实践项目：欧文于 1817 年提出了“协和村”的方案【2021】、傅里叶在 1829 年提出了以“法朗吉”为单位建设由 1500～2000 人组成的社区、戈定按照傅里叶的“法朗吉”设想进行了实践等</td></tr>
<tr><td>霍华德的田园城市</td><td>针对英国快速城市化所出现的交通拥挤、环境恶化等问题，1895 年英国规划师霍华德提出了一种兼具城市和乡村优点的理想城市，被称为“田园城市”。它是一种平衡城市和农业用地的理念。今天的规划界一般都把霍华德"田园城市"理论的提出作为现代城市规划的开端【2024、2022（12）】（见图 5.1-7 田园城市概念示意图、图 5.1-8 田园城市中心布置）

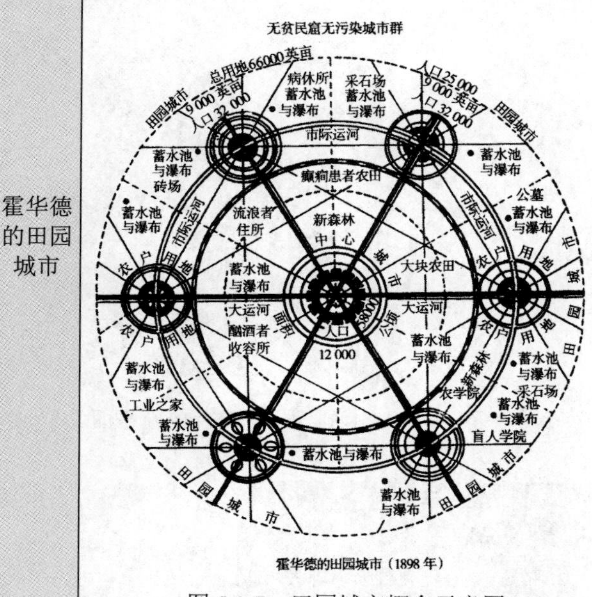

图 5.1-7　田园城市概念示意图

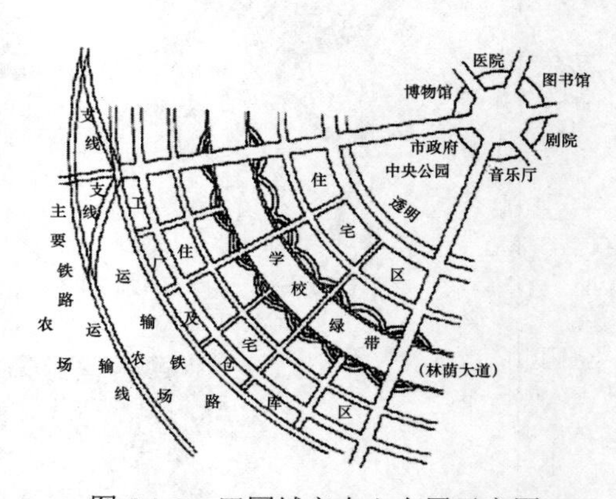

图 5.1-8　田园城市中心布置示意图</td></tr>
<tr><td>卫星城理论</td><td>（1）第一阶段：卧城，居住功能。
（2）第二阶段：半独立式卫星城。1950 年（瑞典）魏林比，它是斯德哥尔摩的六个卫星城镇之一，距母城 16km。与这个时期的其他卫星城不同，它对母城有较大的依赖性，是半独立式的卫星城。
（3）第三阶段：独立式卫星城。1967 年（英）米尔顿-凯恩斯，位于英格兰中部，英国第三代卫星城的代表；相对第二阶段来说，第三阶段强调城市的独立性【2011】</td></tr>
<tr><td>勒·柯布西耶的现代城市设想与实践</td><td>（1）勒·柯布西耶的现代城市设想主要体现在“明天城市”和“光辉城市”。
1）明天城市：1922 年勒·柯布西耶写了《明日的城市》一书，提出了巴黎改造方案，主张减少市中心的建筑密度、增加人口密度。
2）光辉城市：“光辉城市”由勒·柯布西耶在 20 世纪 30 年代提出，其中的许多现代城市规划理念被写入后来的《雅典宪章》中，在世界范围内影响巨大。主要理念包括：① 功能分区明确。② 建设高效的城市交通网络，实行人车分流。③ 城市形态为高层低密，底层架空，引入大片绿地。④ 均质分配单位地块的密度。⑤ 城市必须集中，只有集中的城市才有生命力，所有的城市应当是“垂直的花园城市”。【2023】
（2）著作：1933 年主持撰写《雅典宪章》。
（3）规划实践：20 世纪 50 年代初主持的昌迪加尔规划。该项规划在当时由于严格遵守《雅典宪章》，而且布局规整有序而得到普遍的赞誉（见图 5.1-9 昌迪加尔规划）【2022（12）】</td></tr>
</table>

勒·柯布西耶的现代城市设想与实践	《雅典宪章》与《马丘比丘宪章》:【2023、2021、2019、2017、2013】 (1)1933 年国际现代建筑协会(CIAM)【2021】在雅典开会,制定了《城市规划大纲》,后称为《雅典宪章》。解决居住、工作、游憩与交通四大活动功能的正常运行,城市规划的是解决好城市功能分区【2024、2023】。巴西利亚这个城市经典地体现了雅典宪章的经典作品(见图 5.1-10 巴西利亚)。【2023、2019】 (2)1978 年 12 月,一批著名的建筑师、规划师在秘鲁的利马集会,对《雅典宪章》的实践做了评价,认为《雅典宪章》的某些原则是正确的,但认为城市规划追求功能分区的办法,忽略了城市中人与人之间多方面的联系,而应创造一个综合的、多功能的生活环境,会后发表了《马丘比丘宪章》
赖特的广亩城市	赖特于 20 世纪 30 年代提出广亩城市的规划理念。他对自然环境有着特别的感情,并认为随着城市的发展,已经没有必要把一切活动集中于城市,分散将成为未来城市规划的原则。 赖特提出应该把集中的城市重新分布在一个地区性农业的方格网络上,每一户周围都有 1 英亩的土地来生产供自己食用的食物和蔬菜。居住区之间以高速路相连接,提供方便的汽车交通。沿着这些公路,建设公共设施、加油站等(见图 5.1-11 广亩城市)
卡米洛·西特	卡米洛·西特出版的《按照艺术原则进行城市设计》对欧洲中世纪城市进行描述,主要从城市美学和艺术角度入手希望能解决大城市的环境和社会问题
邻里单位与小区规划	(1)1929 年美国建筑师佩里提出了"邻里单位"的居住区规划思想。邻里单位是组成居住区的基本单元,其中设置小学使幼儿上学不穿越马路,并以此控制与计算人口和用地规模,后来考虑了设置日常生活需要的公共设施(注:目前居住区分钟圈理论就是基于邻里单元理论发展出来的)。【2023】 (2)第二次世界大战后,欧洲发展为"小区规划"理论。一般按交通干道划分小区成为居住区构成的基本单元把居住建筑、公共建筑、绿地等进行综合安排,一般的生活服务可在小区内解决
沙里宁的有机疏散理论	针对大城市过分膨胀所带来的各种弊病,伊利尔·沙里宁在 1934 年发表的《城市:它的发展、衰败与未来》一书中提出了有机疏散理论。该理论的核心思想为:城市是一个有机体,城市发展应该按照有机体的功能要求,把人口和就业岗位分散到可供合理发展的远离中心的地域 具体实践:大赫尔辛基总体规划,芒克斯纳斯·哈咖规划。(见图 5.1-12 大赫尔辛基总体规划、图 5.1-13 芒克斯纳斯·哈咖规划)【2021】

图例 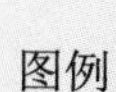

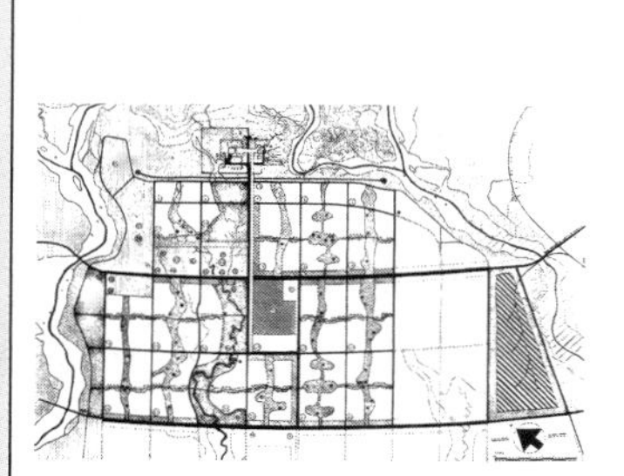
图 5.1-9　昌迪加尔规划

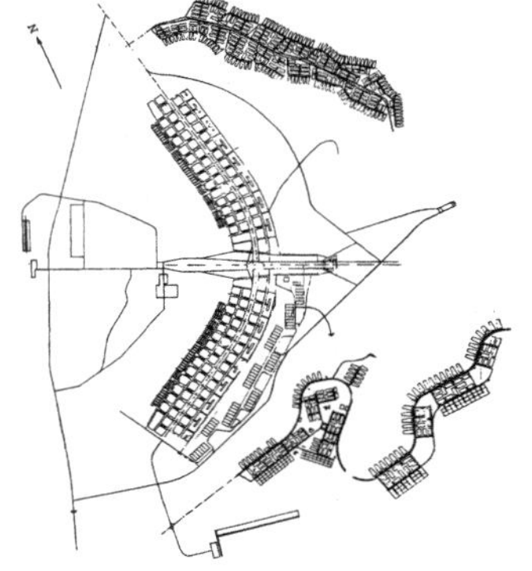
图 5.1-10　巴西利亚

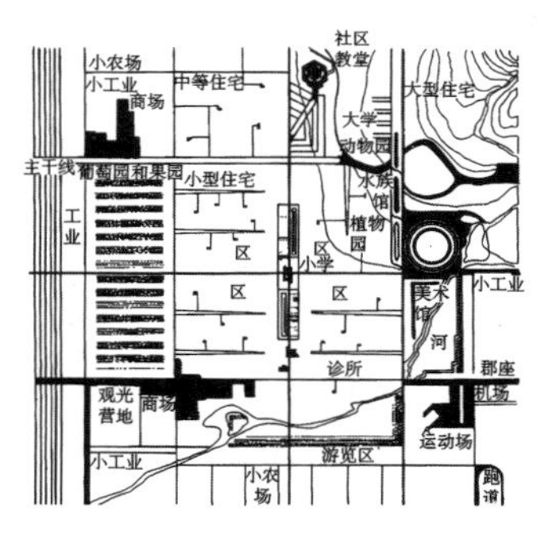

图 5.1-11　广亩城市

续表

<table>
<tr><td>图例</td><td>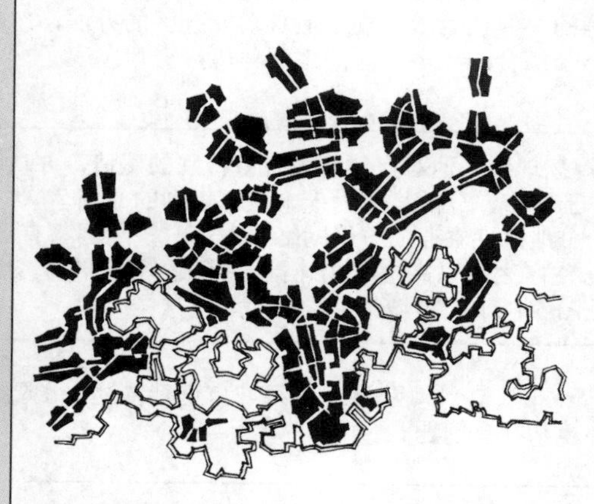
图 5.1-12　大赫尔辛基总体规划
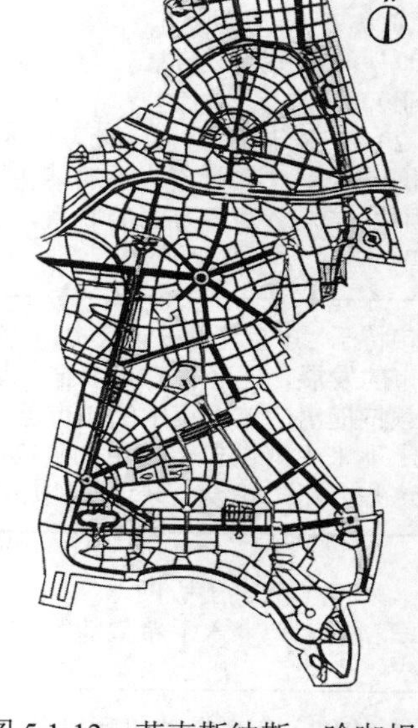
图 5.1-13　芒克斯纳斯・哈咖规划</td></tr>
<tr><td>其他理论</td><td>（1）建筑电讯派（Archigram）的彼得・库克对未来城市得设想：插入式城市（1964 年）。
这个激进的概念设计了一座幻想都市，其中包含了模块化的住宅单元，可以“插入”到一个中央基础设施的巨型机器上。插入式城市实际上不是一个城市，而是一个会不断发展的巨型结构。而其中被囊括的住宅、交通和其他基本的服务都可以通过巨型的起重机械进行移动（见图 5.1-14 插入式城市）。
（2）索拉里的未来城市设想：仿生城市（20 世纪 60 年代）。
这是一种城市集中主义理论，以植物生态形象作为城市规划结构的模型，取名仿生城市。它用一些巨型结构，把城市各组成要素如居住区、商业区、无害工业企业、街道、广场、公园绿地等里里外外层层叠叠地密置于此庞然大物中以达到城市向心发展、追求环境效率至极致的紧凑型人居模式（见图 5.1-15 仿生城市）。【2022】
（3）弗里德曼—核心-边缘理论。
核心边缘理论是解释经济空间结构演变模式的一种理论。该理论试图解释一个区域如何由互不关联、孤立发展，变成彼此联系、发展不平衡，又由极不平衡发展变为相互关联的平衡发展的区域系统（见图 5.1-16 弗里德曼—空间城市）。
（4）矶崎新—空中城市。
将建筑层层叠加，住宅和交通都将漂浮在老城区之上（见图 5.1-17 空中城市）</td></tr>
<tr><td></td><td>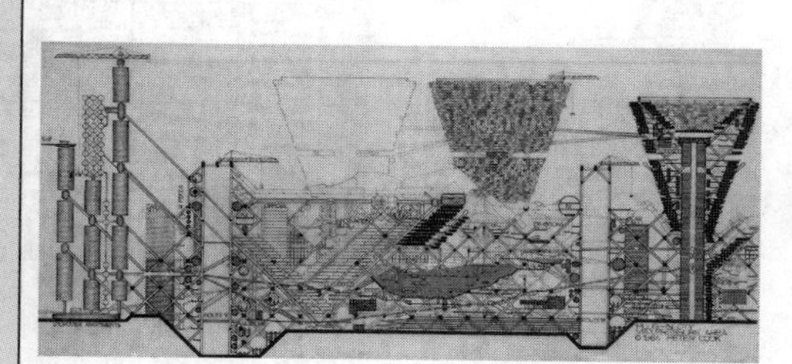
图 5.1-14　插入式城市
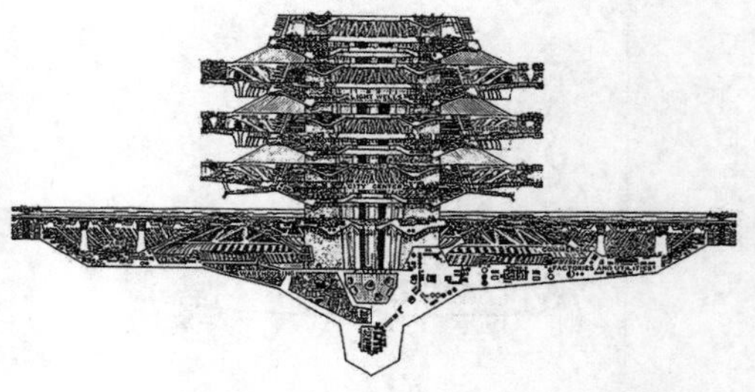
图 5.1-15　仿生城市</td></tr>
</table>

续表

<table>
<tr><td>其他理论</td><td>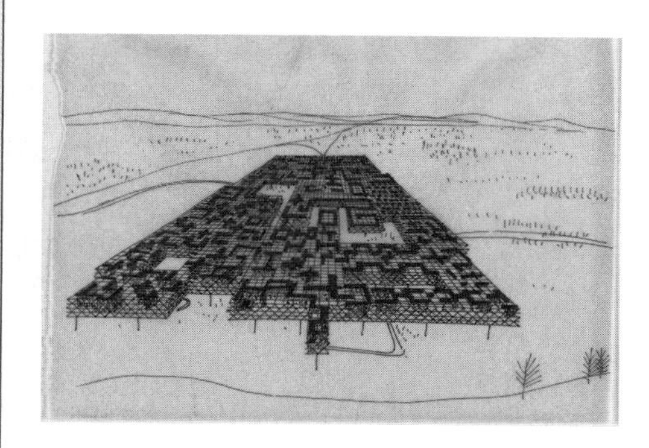
图 5.1-16　弗里德曼—空间城市
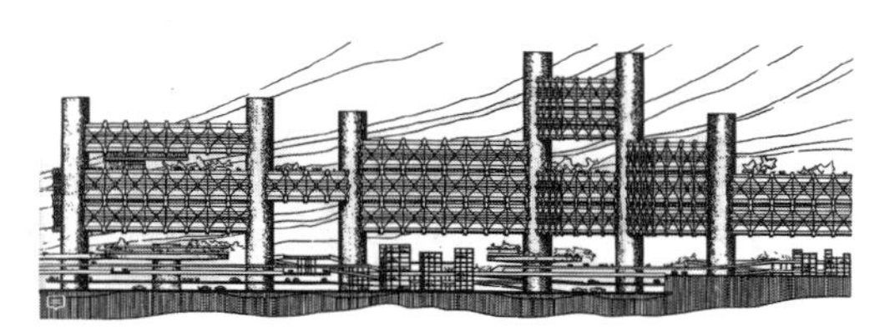
图 5.1-17　空中城市</td></tr>
</table>

5.1-2［2024-57］《雅典宪章》提出的城市四大功能是（　　）。

A. 居住、工作、运动、休闲　　B. 居住、工作、商业、娱乐

C. 居住、工作、游憩、交通　　D. 居住、工作、商业、交通

答案： C

解析： 见考点 2 分析。

5.1-3［2023-25］图 5.1-18 所对应的城市规划理论是（　　）。

图 5.1-18

A. 新协和村　　B. 带形城市　　C. 广亩城市　　D. 光辉城市

答案： D

解析：“光辉城市”由勒·柯布西耶在 20 世纪 30 年代提出，其中的许多现代城市规划理念被写入后来的《雅典宪章》中，在世界范围内影响巨大。主要理念包括：① 功能分区明确。② 建设高效的城市交通网络，实行人车分流。③ 城市形态为高层低密，底层架空，引入大片绿地。④ 均质分配单位地块的密度。⑤ 城市必须集中，只有集中的城市才有生命力，所有的城市应当是“垂直的花园城市”。

5.1-4［2023-55］居住小区规划源自哪种规划理论？（　　）

A. 佩里的邻里单位

B. 霍华德的田园城市

C. 莱特的广亩城市

D. 科林罗的拼贴城市

答案：A

解析：20 世纪二三十年代，美国人佩里提出邻里单位理论，邻里单位是组成居住区的基本单元，其中设置小学使幼儿上学不穿越马路，并以此控制与计算人口和用地规模，后来考虑了设置日常生活需要的公共设施。

图 5.1-19

5.1-5［2023-57］如图 5.1-19 所示，具有方格网和放射性道路的城市空间格局的城市是（　　）。

A. 罗马　　B. 巴黎　　C. 华盛顿　　D. 堪培拉

答案：C

解析：朗方的方案合理利用了基地特定的地形、地貌、河流、方位、朝向等条件，将华盛顿规划成一个宏伟的方格网加放射性道路的城市格局。

5.1-6［2022（5）-49］图 5.1-20 索拉里的未来城市图表达的是（　　）。

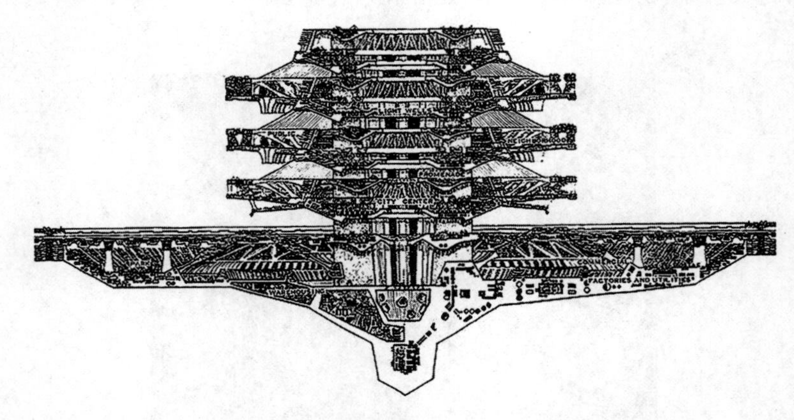

图 5.1-20

A. 空间城市　　B. 插入城市

C. 仿生城市　　D. 地下城市

答案：C

解析：索拉里于 20 世纪 60 年代起以植物生态形象作为城市规划结构的模型，取名仿生城市。这是一种城市集中主义理论。它用一些巨型结构，把城市各组成要素如居住区、商业区、无害工业企业、街道、广场、公园绿地等里里外外层层叠叠地密置于此庞然大物中以达到城市向心发展、追求环境效率至极致的紧凑型人居模式。

考点 3：城乡规划学科的新发展【★★★】

可持续发展	1978 年联合国世界环境与发展大会第一次在国际社会正式提出“可持续发展”的观念。 1987 年联合国世界环境与发展委员会发表了《我们共同的未来》，全面阐述了可持续发展的理念，核心是实现经济、社会和环境之间的协调发展，它的影响已成为全球共识和指导各国社会经济发展的总原则。 1972 年，《人类环境宣言》提出只有一个地球。 1992 年，巴西召开联合国环境发展大会：气候变化框架公约，生物多样性公约，里约宣言，21 世纪议程。 1994 年，《中国 21 世纪议程》【2014、2011】
关于环境方面的会议文件	人类环境宣言：1972 联合国人类环境会议（UNCHE）：斯德哥尔摩，《只有一个地球》。 我们共同的未来：1987 联合国环境与发展会议（UNCED），报告以“持续发展”为基本纲领，分为“共同的问题”“共同的挑战”和“共同的努力”三大部分。 里约环境与发展宣言地球宪章：1992 联合国环境与发展会议（UNCED），会议的成果是发表《里约环境与发展宣言》《二十一世纪议程》，并签署了《联合国气候变化框架公约》和《生物多样性公约》
“城市化”理论	诺瑟姆通过对各国城市化发展过程的研究，提出城市化的发展过程可以分为三个阶段： 第一阶段为初期阶段，城市人口占总人口的比重在 30%以下，这一阶段农村人口占绝对优势，生产力水平较低，工业提供的就业机会有限，农业剩余劳动力释放缓慢。 第二阶段为中期阶段，城市人口占总人口的比重超过 30%，城市化进入快速发展时期，城市人口可在较短的时间内突破 50%进而上升到 70%左右。 第三阶段为后期阶段，即城市人口占总人口的比重在 70%以上，这一阶段也称为城市化稳定阶段【2014】
“碳达峰”和“碳中和”	“碳达峰”和“碳中和”：碳排放是人类生产经营活动过程中向外界排放温室气体（二氧化碳、甲烷、氧化亚氮、氢氟碳化物、全氟碳化物和六氟化硫等）的过程。碳达峰是指某一个时点，二氧化碳的排放不再增长达到峰值，之后逐步回落。根据世界资源研究所的介绍，碳达峰是一个过程，即碳排放首先进入平台期并可以在一定范围内波动，之后进入平稳下降阶段。碳中和是指企业、团体或个人测算在一定时间内直接或间接产生的温室气体排放总量，然后通过植树造林、节能减排等形式，抵消自身产生的二氧化碳排放量，实现二氧化碳“零排放”。 我国力求 2030 年实现碳达峰，2060 年前实现碳中和【2022（12）】
国土空间规划体系	新世纪之后，我国从城市规划转向城乡规划，2019 年《关于建立国土空间规划体系并监督实施的若干意见》文件出台后，我国的城乡规划转向国土空间规划，由自然资源部负责，具体见第二节

5.1-7［2024-56］发达国家大致在 1970 年相继完成城镇化进程，其标志是城镇化水平达到了（　　）。

A. 30%　　B. 50%　　C. 70%　　D. 85%

答案：C

解析：发达国家大致在 20 世纪 70 年代相继完成了城镇化进程（城镇化水平大于或等于 70%），步入后城镇化阶段。

5.1-8［2022（12）-23］依据中共中央、国务院印发的《关于完整准确全面贯彻新发展理念做好碳达峰碳中和工作的意见》，我国目标实现碳中和的年份是（　　）年。

A. 2040　　B. 2050　　C. 2060　　D. 2070

答案：C

解析：我国力争 2030 年前实现碳达峰，2060 年前实现碳中和。

第二节　国土空间规划的工作内容

考点 4：关于建立国土空间规划体系并监督实施的若干意见【★★★】

<table>
<tr><th colspan="2">根据《关于建立国土空间规划体系并监督实施的若干意见》（中发〔2019〕18 号）相关规定</th></tr>
<tr><td>概念</td><td>国土空间规划是国家空间发展的指南、可持续发展的空间蓝图，是各类开发保护建设活动的基本依据。建立国土空间规划体系并监督实施，将主体功能区规划、土地利用规划、城乡规划等空间规划融合为统一的国土空间规划，实现“多规合一”，强化国土空间规划对各专项规划的指导约束作用，是党中央、国务院作出的重大部署。
国土空间规划体系以“四梁八柱”构成，即“五级三类四体系”。“四梁”即“四体系”，共同构成国土空间规划体系。国土空间规划体系从规划运行方面来看，规划体系分为四个子体系，即规划编制审批体系、规划实施监督体系、法规政策体系、技术标准体系。“五级”是从纵向看，对应我国的行政管理体系，分五个层级，就是国家级、省级、市级、县级、乡镇级。“三类”是指规划的类型，分为总体规划、详细规划、相关的专项规划。“五级三类”见图 5.2－1。
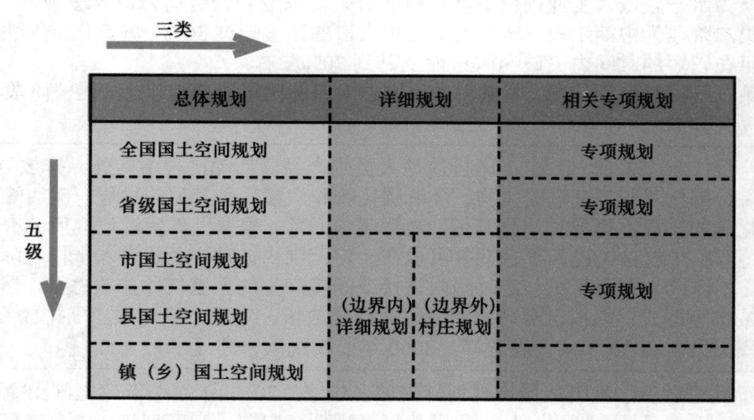

图 5.2-1　国土空间规划中的“五级三类”</td></tr>
<tr><td>总体要求</td><td>1. 指导思想。做好国土空间规划顶层设计，发挥国土空间规划在国家规划体系中的基础性作用，为国家发展规划落地实施提供空间保障。健全国土空间开发保护制度，体现战略性、提高科学性、强化权威性、加强协调性、注重操作性。
2. 主要目标。到 2020 年，基本建立国土空间规划体系，逐步建立“多规合一”的规划编制审批体系、实施监督体系、法规政策体系和技术标准体系；基本完成市县以上各级国土空间总体规划编制，初步形成全国国土空间开发保护“一张图”。到 2025 年，健全国土空间规划法规政策和技术标准体系；全面实施国土空间监测预警和绩效考核机制；形成以国土空间规划为基础，以统一用途管制为手段的国土空间开发保护制度。到 2035 年，全面提升国土空间治理体系和治理能力现代化水平，基本形成生产空间集约高效、生活空间宜居适度、生态空间山清水秀，安全和谐、富有竞争力和可持续发展的国土空间格局</td></tr>
</table>

续表

总体框架	1. 分级分类建立国土空间规划。国土空间规划是对一定区域国土空间开发保护在空间和时间上作出的安排，包括总体规划、详细规划和相关专项规划。国家、省、市县编制国土空间总体规划，各地结合实际编制乡镇国土空间规划。相关专项规划是指在特定区域（流 域）、特定领域，为体现特定功能，对空间开发保护利用作出的专门安排，是涉及空间利用的专项规划。国土空间总体规划是详细规划的依据、相关专项规划的基础；相关专项规划要相互协同，并与详细规划做好衔接。 2. 明确各级国土空间总体规划编制重点。全国国土空间规划是对全国国土空间作出的全局安排，是全国国土空间保护、开发、利用、修复的政策和总纲，侧重战略性，由自然资源部会同相关部门组织编制，由党中央、国务院审定后印发。省级国土空间规划是对全国国土空间规划的落实，指导市县国土空间规划编制，侧重协调性，由省级政府组织编制，经同级人大常委会审议后报国务院审批。市县和乡镇国土空间规划是本级政府对上级国土空间规划要求的细化落实，是对本行政区域开发保护作出的具体安排，侧重实施性。需报国务院审批的城市国土空间总体规划，由市政府组织编制，经同级人大常委会审议后，由省级政府报国务院审批；其他市县及乡镇国土空间规划由省级政府根据当地实际，明确规划编制审批内容和程序要求。各地将市县与乡镇国土空间规划合并编制，也可以几个乡镇为单元编制乡镇级国土空间规划。可因地制宜，将市县与乡镇国土空间规划合并编制，也可以几个乡镇为单元编制乡镇级国土空间规划。 3. 强化对专项规划的指导约束作用。海岸带、自然保护地等专项规划及跨行政区域或流域的国土空间规划，由所在区域或上一级自然资源主管部门牵头组织编制，报同级政府审批；涉及空间利用的某一领域专项规划，如交通、能源、水利、农业、信息、市政等基础设施，公共服务设施，军事设施，以及生态环境保护、文物保护、林业草原等专项规划，由相关主管部门组织编制。相关专项规划可在国家、省和市县层级编制，不同层级、不同地区的专项规划可结合实际选择编制的类型和精度。 4. 在市县及以下编制详细规划。详细规划是对具体地块用途和开发建设强度等作出的实施性安排，是开展国土空间开发保护活动、实施国土空间用途管制、核发城乡建设项目规划许可、进行各项建设等的法定依据。在城镇开发边界内的详细规划，由市县自然资源主管部门组织编制，报同级政府审批；在城镇开发边界外的乡村地区，以一个或几个行政村为单元，由乡镇政府组织编制“多规合一”的实用性村庄规划，作为详细规划，报上一级政府审批
实施与监管	1. 强化规划权威。规划一经批复，任何部门和个人不得随意修改、违规变更，防止出现换一届党委和政府改一次规划。下级国土空间规划要服从上级国土空间规划，相关专项规划、详细规划要服从总体规划；坚持先规划、后实施，不得违反国土空间规划进行各类开发建设活动；坚持“多规合一”，不在国土空间规划体系之外另设其他空间规划。相关专项规划的有关技术标准应与国土空间规划衔接。因国家重大战略调整、重大项目建设或行政区划调整等确需修改规划的，须先经规划审批机关同意后，方可按法定程序进行修改。对国土空间规划编制和实施过程中的违规违纪违法行为，要严肃追究责任。 2. 健全用途管制制度。以国土空间规划为依据，对所有国土空间分区分类实施用途管制。在城镇开发边界内的建设，实行“详细规划+规划许可”的管制方式；在城镇开发边界外的建设，按照主导用途分区，实行“详细规划+规划许可”和“约束指标+分区准入”的管制方式。对以国家公园为主体的自然保护地、重要海域和海岛、重要水源地、文物等实行特殊保护制度。因地制宜制定用途管制制度，为地方管理和创新活动留有空间。 3. 推进“放管服”改革。以“多规合一”为基础，统筹规划、建设、管理三大环节，推动“多审合一”“多证合一”。优化现行建设项目用地（海）预审、规划选址以及建设用地规划许可、建设工程规划许可等审批流程，提高审批效能和监管服务水平
乡村规划	1. 村庄规划是法定规划，是国土空间规划体系中乡村地区的详细规划，是开展国土空间开发保护活动、实施国土空间用途管制、核发乡村建设项目规划许可、进行各项建设等的法定依据。村庄规划范围为村域全部国土空间，可以一个或几个行政村为单元编制。 2. 坚持因地制宜、突出地域特色，防止乡村建设“千村一面”。坚持有序推进、务实规划，防止一哄而上，片面追求村庄规划快速全覆盖。 3. 严格落实“一户一宅”。充分考虑当地建筑文化特色和居民生活习惯，因地制宜提出住宅的规划设计要求。

续表

乡村规划	4. 探索规划“留白”机制。各地可在乡镇国土空间规划和村庄规划中预留不超过5%的建设用地机动指标，村民居住、农村公共公益设施、零星分散的乡村文旅设施及农村新产业新业态等用地可申请使用。对一时难以明确具体用途的建设用地，可暂不明确规划用地性质。建设项目规划审批时落地机动指标、明确规划用地性质，项目批准后更新数据库。机动指标使用不得占用永久基本农田和生态保护红线。 5. 规划成果要吸引人、看得懂、记得住，能落地、好监督，鼓励采用“前图后则”（即规划图表+管制规则）的成果表达形式。规划批准之日起20个工作日内，规划成果应通过“上墙、上网”等多种方式公开，30个工作日内，规划成果逐级汇交至省级自然资源主管部门，叠加到国土空间规划“一张图”上

考点5：国土空间规划的调查研究与基础资料【★★★】

调查研究基础资料	1. 调研是国土空间规划编制的基础。 2. 第三次全国国土调查数据作为规划现状底数和底图基础。 3. 采用2000国家大地坐标系和1985国家高程基准作为空间定位基础
城市人口分析【2024】	人口有三个维度的要素与城市规划关系特别密切：规模、结构和空间分布。 （1）规模：我国关于人口统计的概念较多，包括户籍人口、流动人口、暂住人口、常住人口、非农业人口和农业人口等。这些人口统计的概念存在于各种数据统计资料中，与城市人口的概念都有所区别。 （2）结构：包括年龄结构、职业结构、家庭结构、空间结构等。 （3）空间分布：城市人口空间的变化影响城市居住、产业、交通等各类用地和设施的规划布局。城市规划应调研城市人口空间结构的现状及存在的问题，预测人口空间结构的变化趋势，制定人口空间结构调整的目标，配合以相应的各类用地、设施和政策的规划安排
省级国土空间规划	根据《省级国土空间规划编制指南》（试行），省级国土空间规划的重点管控性内容包括：目标与战略、开发保护格局、资源要素保护与利用、基础支撑体系、生态修复和国土综合整治、区域协调和规划传导
市级国土空间总体规划	根据《市级国土空间总体规划编制指南（试行）》，市级国空间规划的主要编制内容包括： 1. 落实主体功能定位，明确空间发展目标战略。 2. 优化空间总体格局，促进区域协调、城乡融合发展。 3. 强化资源环境底线约束，推进生态优先、绿色发展。 4. 优化空间结构，提升连通性，促进节约集约、高质量发展。 5. 完善公共空间和公共服务功能，营造健康、舒适、便利的人居环境。 6. 保护自然与历史文化，塑造具有地域特色的城乡风貌。 7. 完善基础设施体系，增强城市安全韧性。 8. 推进国土整治修复与城市更新，提升空间综合价值。 9. 建立规划实施保障机制，确保一张蓝图干到底
控制性详细规划	根据《城市规划编制办法》相关规定。 1. 控制性详细规划的内容：【2019】 （1）确定规划范围内不同性质用地的界线，确定各类用地内适建，不适建或者有条件地允许建设的建筑类型。 （2）确定各地块建筑高度、建筑密度、容积率、绿地率等控制指标；确定公共设施配套要求、交通出入口方位、停车泊位、建筑后退红线距离等要求。 （3）提出各地块的建筑体量、体型、色彩等城市设计指导原则。 （4）根据交通需求分析，确定地块出入口位置、停车泊位、公共交通场站用地范围和站点位置、步行交通以及其他交通设施。规定各级道路的红线、断面、交叉口形式及渠化措施、控制点坐标和标高。

控制性详细规划	（5）根据规划建设容量，确定市政工程管线位置、管径和工程设施的用地界线，进行管线综合。确定地下空间开发利用具体要求。 （6）制定相应的土地使用与建筑管理规定。 2. 控制性详细规划确定的各地块的主要用途、建筑密度、建筑高度、容积率、绿地率、基础设施和公共服务设施配套规定应当作为强制性内容。【2023】 3. 规定性指标包括：用地性质；建筑密度（建筑基底总面积/地块面积）；建筑控制高度；容积率（建筑总面积/地块面积）；绿地率（绿地总面积/地块面积）；交通出入口方位；停车泊位及其他需要配置的公共设施。 指导性指标包括：人口容量（人/公顷）；建筑形式、体量、风格要求；建筑色彩要求；其他环境要求。 4. 图纸比例：1/2000 或 1/1000
	根据《城市规划编制办法》相关规定。 1. 修建性详细规划的内容： （1）建设条件分析及综合技术经济论证。 （2）建筑、道路和绿地等的空间布局和景观规划设计，布置总平面图。（备注：不用设计单体） （3）对住宅、医院、学校和托幼等建筑进行日照分析。 （4）根据交通影响分析，提出交通组织方案和设计方案。 （5）市政工程管线规划设计和管线综合。 （6）竖向规划设计。 （7）估算工程量、拆迁量和总造价，分析投资效益。 2. 图纸比例：1/1000～1/500
乡村规划	根据《城市规划编制办法》相关规定。 村庄规划的主要内容包含： （1）安排村域范围内的农业生产用地布局及为其配套服务的各项设施。 （2）确定村庄居住、公共设施、道路、工程设施等用地布局。 （3）确定村庄内的给水、排水、供电等工程设施及其管线走向、敷设方式。 （4）确定垃圾分类及转运方式，明确垃圾收集点、公厕等环境卫生设施的分布规模。 （5）确定防灾减灾、防设施分布和规模。 （6）对村口、主要水体、特色建筑、景观、道路以及其他重点地区的景观提出规划设计。 （7）对村庄分期建设时序进行安排，提出 3～5 年内近期项目的具体安排，并对近期建设的工程量、总造价、投资效益等进行估算和分析。 （8）提出保障规划实施的措施和建议
评价与决策方法【2024】	1. 层次分析法：针对多目标问题作出决策的一种简易的新方法，它特别适用于那些难于完全定量进行分析的复杂问题，是对人们的主观判断进行客观描述的一种有效的方法 2. 城市感知评价法：从使用者的角度出发，分析他们对城市空间的心理感受，从而进行评价的方法。其中，凯文·林奇的城市意象地图调查方法被奉为城市规划界的经典，并广泛应用于城市规划与设计之中 3. Hedonic 价格法：可以测出绿地、公园等城市福利设施以及大气污染差异等对地价产生的影响，从而推算出这些物品的价值。但是需注意的是，特征价格法只有在评价对象能对市场商品产生影响时才可以使用 4. 假想市场法（CVM 法）：评价诸如城市景观、环境保护等不存在市场交易的物品、服务（非市场商品）的为数不多的方法之一。CVM 法直接向人们询问关于某种难以用市场价格衡量的物品的看法，也叫作价值意识法、意愿调查价值评估法等，是从自然环境、生态系统评价等环境经济学领域发展起来的方法

典型习题

5.2-1［2024-51］不属于城市规划评价与决策方法的是（　　）。

A. 现场调查法　　B. 层次分析法　　C. 城市感知评价法　　D. 线性规划法

答案： A

解析： 评价与决策方法包括层次分析法、城市感知评价法、Hedonic 价格法、假想市场法、线性规划法，选项 A 不属于城市规划评价与决策方法。

5.2-2［2024-53］与城市规划密切相关的人口要素不包括（　　）。

A. 人口规模　　B. 人口结构

C. 人口和就业的空间分布　　D. 人口教育水平

答案： D

解析： 见考点 5。

5.2-3［2023-63］建设用地开发强度规定性控制要素不包括（　　）。

A. 建筑层高　　B. 建筑密度　　C. 建筑间距　　D. 容积率

答案： A

解析： 控制性详细规划确定的各地块的主要用途、建筑密度、建筑高度、容积率、绿地率、基础设施和公共服务设施配套规定应当作为强制性内容。

5.2-4［2020-74］下列控制性详细规划的指标中，属于规定性指标的是（　　）。

A. 建筑限高　　B. 建筑体量　　C. 建筑色彩　　D. 建筑风格

答案： A

解析： 控制指标分为规定性和指导性两类。前者是必须遵照执行者，后者是参照执行的。建筑限高属于规定性指标。

考点 6：城市七线【★★★】

综述	为加强对城市道路、城市绿地、城市历史文化街区和历史建筑、城市水体和生态环境等公共资源的保护，促进城市的可持续发展，我国在城乡规划管理中设定了红、绿、蓝、紫、黑、橙和黄等七种控制线，并分别制定了管理办法【2023】
红线	城市红线一般称道路红线，指城市道路用地规划控制线，包括用地红线、道路红线和建筑红线。对“红线”的管理，体现在对容积率、建设密度和建设高度等的规划管理。 用地红线：各类建筑工程项目用地的使用权属范围的边界线。 道路红线：种植行道树所需的宽度。任何建筑物、构筑物不得越过道路红线。根据城市景观的要求，沿街建筑物可以从道路红线外侧退后建设。 建筑红线：城市道路两侧控制沿街建筑物或构筑物（如外墙、台阶等）靠临街面的界线。又称建筑控制线
橙线	城市橙线是指为了降低城市中重大危险设施的风险水平，对其周边区域的土地利用和建设活动进行引导或限制的安全防护范围的界线。划定对象包括核电站、油气及其他化学危险品仓储区、超高压管道、化工园区及其他安委会认定须进行重点安全防护的重大危险设施
黄线	城市黄线是指对城市发展全局有影响的、城市规划中确定的、必须控制的城市基础设施用地的控制界线【2023】

续表

绿线	指城市各类绿地范围的控制线。包括城市总体规划、控制性详细规划和修建性详细规划所确定的城市绿地范围的控制线。 （1）城市绿线：城市绿线分为现状绿线和规划绿线，现状绿线作为保护线，绿线范围内不得进行非绿化设施建设；规划绿线作为控制线，绿线范围内必须按照规划进行绿化建设，不得改作他用。 1）现状绿线：现有绿地范围保护线。 2）规划绿线：是指城市各类绿地范围的控制线。规划绿线主要包括公共绿地、居住区绿地、防护绿地、生产绿地、其他绿地等范围控制线。 （2）生态控制线：指以严格的生态保护为目标，在市域内划定的重要生态空间的边界。生态控制线内的地区为生态控制区，以生态保护红线、永久基本农田保护红线为基础，包括具有重要生态价值的山地、森林、河流湖泊等现状生态用地和水源保护区、自然保护区、风景名胜区等法定保护空间【2019】
蓝线	城市蓝线是指城市规划确定的江河、湖、水库、渠和湿地等城市地表水体保护和控制的地域界线
紫线	城市紫线是指国家历史文化名城内的历史文化街区和省、自治区、直辖市人民政府公布的历史文化街区的保护范围界线，以及历史文化街区外经县级以上人民政府公布保护的历史建筑的保护范围界线。对“紫线”的管理，体现在划定城市紫线和对城市紫线范围内的建设活动实施监督、管理【2019】
黑线	城市黑线一般称“电力走廊”，指城市电力的用地规划控制线建筑控制线原则上在电力规划黑线以外，建筑物任何部分不得突入电力规划黑线范围内

5.2-5［2023-52］控制性详细规划中的五线不包括下列哪项？（　　）

A. 城市道路用地控制线　　B. 建筑控制线

C. 市政设施用地控制线　　D. 水域用地控制线

答案：B

解析：“五线”管制属城市规划的强制性内容，适用于从城市总规到控制性详规等不同层面的城市规划。“五线”管制制度，分别用“红线”“绿线”“蓝线”“紫线”和“黄线”

5.2-6［2023-53］城市规划中属于城市黄线的是（　　）。

A. 城市历史街区、保护区的控制线

B. 城市防洪堤与截洪沟的控制线

C. 城市江河湖水体、水域的控制线

D. 城市水体、水体周边防护绿化带的控制线

答案：B

解析：城市黄线是指对城市发展全局有影响的、城市规划中确定的、必须控制的城市基础设施用地的控制界线。

5.2-7［2019-61］在控制性详细规划阶段，规划五线中的紫线指的是（　　）。

A. 绿化保护线　　B. 城市道路

C. 文物保护线　　D. 市政设施范围线

答案：C

解析：城市紫线是指国家历史文化名城内的历史文化街区和省、自治区、直辖市人民政府公布的历史文化街区的保护范围界线，以及历史文化街区外经县级以上人民政府公布保护的历史建筑的保护范围界线。

第三节 城 市 用 地

考点 7：用地分类【★★】

根据《城市用地分类与规划建设用地标准》（GB 50137—2011）相关规定	
城市建设用地分类	城乡用地共分为 2 大类、9 中类、14 小类。两大类为建设用地（H）和非建设用地（E） 城市建设用地共分为 8 大类、35 中类、42 小类。 R：居住用地（Residential）=R1 一类居住用地+R2 二类居住用地+R3 三类居住用地。 A：公共管理与公共服务用地（Administration）=A1 行政办公用地+A2 文化设施用地+A3 教育科研用地+A4 体育用地+A5 医疗卫生用地+A6 社会福利用地+A7 文物古迹用地+A8 外事用地+A9 宗教用地。 B：商业服务业设施用地（Business）=B1 商业用地+B2 商务用地+B3 娱乐康体用地+B4 公用设施营业网点用地+B9 其他服务设施用地。 M：工业用地（Industrial）=M1 一类工业用地+M2 二类工业用地+M3 三类工业用地。 W：物流仓储用地（Warehouse）=W1 一类物流仓储用地+W2 二类物流仓储用地+W3 三类物流仓储用地。 S：交通设施用地（Street）=S1 城市道路用地+S2 城市轨道交通用地+S3 交通枢纽用地+S4 交通场站用地+S9 其他交通设施用地。 U：公用设施用地（Utilities）=U1 供应设施用地+U2 环境设施用地+U3 安全设施用地+U9 其他公用设施用地。 G：绿地（Green）=G1 公园绿地+G2 防护绿地+G3 广场用地
国土空间调查、规划、用途管制用地用海分类	根据《国土空间调查、规划、用途管制用地用海分类指南》（2023 年版），国土空间采用三级分类体系，共设置 24 个一级类、113 个二级类及 140 个三级类，用地用海分类名称、代码一级类见表 5.3-1

表 5.3-1　　用地用海分类名称、代码一级类

类别代码	名称	类别代码	名称
01	耕地	13	公用设施用地
02	园地	14	绿地与开敞空间用地
03	林地	15	特殊用地
04	草地	16	留白用地
05	湿地	17	陆地水域
06	农业设施建设用地	18	渔业用海
07	居住用地	19	工矿通信用海
08	公共管理与公共服务用地	20	交通运输用海
09	商业服务业用地	21	游憩用海
10	工矿用地	22	特殊用海
11	仓储用地	23	其他土地
12	交通运输用地	24	其他海域

5.3-1［2021-67］在社区公共服务设施中，下列哪个用地属于公共福利类设施？（　　）

A. 公共卫生服务中心　　B. 公共活动场地

C. 幼儿园　　D. 托老所

答案： D

解析： 为社会提供福利和慈善服务的设施及其附属设施用地，包括福利院、养老院、孤儿院等用地。

考点 8：规划建设用地标准【★★★】

<table>
<tr><th colspan="2">根据《城市用地分类与规划建设用地标准》（GB 50137—2011）相关规定</th></tr>
<tr><td>规划建设用地标准</td><td>4.1.6　规划建设用地标准应包括规划人均城市建设用地面积标准、规划人均单项城市建设用地面积标准和规划城市建设用地结构三部分。
4.2.2　新建城市（镇）的规划人均城市建设用地面积指标应在 85.1～105.0m^2/人内确定。
4.2.3　首都的规划人均城市建设用地面积指标应在 105.1～115.0m^2/人内确定</td></tr>
<tr><td>规划人均单项城市建设用地面积标准</td><td>4.3.1　规划人均居住用地面积指标应符合表 4.3.1（表 5.3-2）的规定。

表 5.3-2　人均居住用地面积指标　（m^2/人）
<table>
<tr><th>建筑气候区划</th><th>Ⅰ、Ⅱ、Ⅵ、Ⅶ气候区</th><th>Ⅲ、Ⅳ、Ⅴ气候区</th></tr>
<tr><td>人均居住用地面积</td><td>28.0～38.0</td><td>23.0～36.0</td></tr>
</table>

4.3.2　规划人均公共管理与公共服务设施用地面积不应小于 5.5m^2/人。
4.3.3　规划人均道路与交通设施用地面积不应小于 12.0m^2/人。
4.3.4　规划人均绿地与广场用地面积不应小于 10.0m^2/人，其中人均公园绿地面积不应小于 8.0m^2/人</td></tr>
<tr><td>规划城市建设用地结构</td><td>4.4.1　居住用地、公共管理与公共服务设施用地、工业用地、道路与交通设施用地和绿地与广场用地五大类主要用地规划占城市建设用地的比例宜符合表 4.4.1（表 5.3-3）的规定

表 5.3-3　规划城市建设用地结构
<table>
<tr><th>用地名称</th><th>占城市建设用地比例（%）</th></tr>
<tr><td>居住用地</td><td>25.0～40.0</td></tr>
<tr><td>公共管理与公共服务设施用地</td><td>5.0～8.0</td></tr>
<tr><td>工业用地</td><td>15.0～30.0</td></tr>
<tr><td>道路与交通设施用地</td><td>10.0～25.0</td></tr>
<tr><td>绿地与广场用地</td><td>10.0～15.0</td></tr>
</table>
</td></tr>
</table>

考点 9：城市用地条件分析与适用性评价【★★★】

风象	风向即风吹来的方向。某月、季、年、数年某一方向来风次数占同期观测风向发生总次数的百分比，即称该方位的风向频率。 将各方位的风向频率按比例绘制在方向坐标图上，形成封闭的折线图形，即为风向（频率）玫瑰图。以风向分 8 个、16 个、32 个方位，又有夏、冬和全年不同风频图形表示（例如夏季：6 月、7 月、8 月这三个月风速的平均值。冬季：12 月、1 月、2 月这三个月风速的平均值。全年：历年风速的平均值）。 风玫瑰图（图 5.3-1）上所表示的风的吹向，是自外吹向中心；中心圈内的数值为全年的静风频率；静风指距地面 10m 高处，平均风速小于 0.5m/s 的气象条件；风玫瑰图中每个圆圈的间隔为频率 5%	N NE E SE S SW W NW 图 5.3-1 风玫瑰图
污染系数	有污染的建筑应布局在：主导风向的下风向，最小风频的上风向 污染系数=风向频率/平均风速【2019】	

5.3-2［2022（12）-64］识图题：结合风玫瑰图（图 5.3-2），工业用地和住宅用地关系最不利的是（　　）。

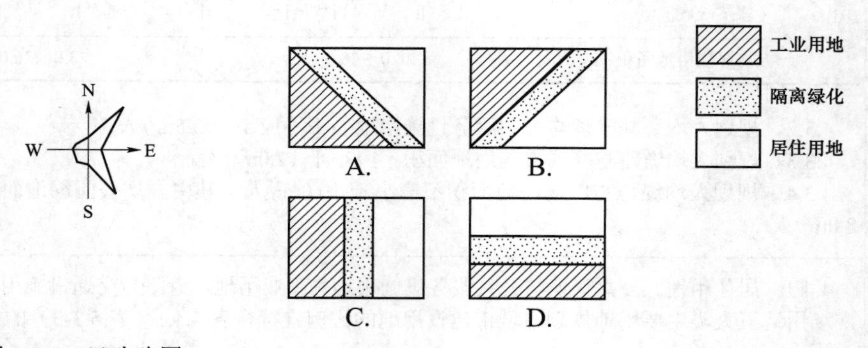

图 5.3-2 风玫瑰图

答案：D

解析：根据风玫瑰图，东北风和东南风为主，居住布置在北方会在东南风时在工业用地的下风向。

5.3-3［2019-80］结合风玫瑰图（图 5.3-3）分析，下列适合城市总体规划布局的是（　　）。

答案：C

解析：由风玫瑰图可知，主导风向为南北风向，工业区与居住区应平行布置，避开污染影响，选项 C 正确。

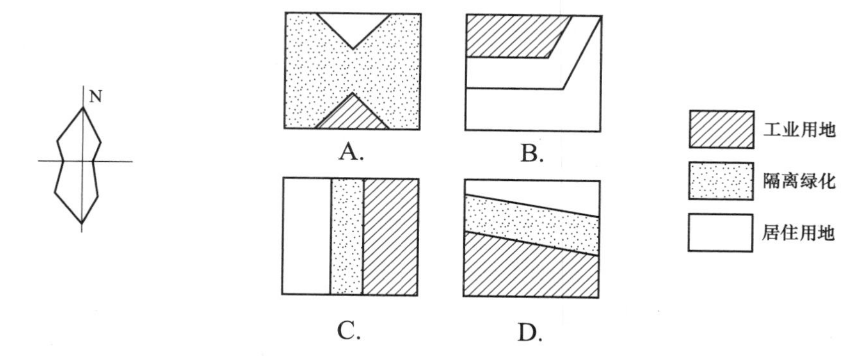

图 5.3-3　风玫瑰图

第四节　城 市 总 体 布 局

考点 10：城市用地布局规划

公共设施用地	1. 公共设施项目要合理地配置：① 城市各公共设施配套齐全。② 按城市布局结构分级或系统配置。③ 在局部地域的设施按服务功能和对象予以成套的设置，如地区中心、车站码头地区、大型游乐场所等地域。④ 某些专业设施的集聚配置，以发挥联动效应，如专业市场群、专业商业街区等。 2. 公共设施要确定合理的服务半径。 3. 公共设施的布局要结合城市道路与交通规划考虑。 4. 根据公共设施本身的特点及其对环境的要求进行布置。医院要求清洁安静的环境；学校、图书馆不宜与剧场、市场、游乐场、文化馆等紧邻，以免相互之间干扰。 5. 公共设施的布局要考虑合理的建设顺序，并留有余地。 6. 公共设施的布置要充分利用城市原有基础，如旧工厂改成艺术馆
	中心商务区（CBD）在概念上与商业区有所区别，中心商务区是指城市中商务活动集中的地区。一般只是在工业与商业经济基础强大，商务和金融活动量大，并且在国际商贸和金融流通中有重要地位的大城市才有以金融、贸易及管理为主的中心商务区。中心商务区是城市经济，金融、商业、文化和娱乐活动的集中地，众多的建筑办公大楼，旅馆、酒楼、文化及娱乐场所都集中于此。它为城市提供了大量的就业岗位和就业场所【2024】
工业设施用地	1. 有足够的用地面积，用地条件符合工业的具体特点和要求，有方便的交通运输条件。注意城市环境保护，防止污染，保证城市安全。 2. 职工的居住用地应分布在卫生条件较好的地段上，尽量靠近工业区，并有方便的交通联系。 3. 在各个发展阶段中，工业区和城市各部分应保持紧凑集中，互不妨碍，并充分注意节约用地。 4. 相关企业之间应取得较好的联系，开展必要的协作，考虑资源的综合利用，减少市内运输
物流仓储用地	1. 满足仓储用地的般技术要求。地势较高，地形平坦，有一定坡度，利于排水。地下水位不能太高，不应将仓库布置在潮湿的洼地上。 2. 有利于交通运输。仓库用地必须以邻近货运需求量大或供应量大的地区为原则，方便为生产、生活服务。大型仓库必须考虑铁路运输以及水运条件。 3. 有利建设、有利经营使用。不同类型和不同性质的仓库最好分别布置在不同的地段，同类仓库尽可能集中布置。 4. 节约用地，但有一定发展余地

续表

城市基础设施用地	基础设施可分为生产性基础设施和社会性基础设施两大类。 生产性基础设施是为生产力系统的运行直接提供条件的设施，包括交通运输、能源、邮电通信、供水、排水、供电、供热、供气、仓储以及防灾设施等。 社会性基础设施是为生产力系统运行间接提供条件的设施，又称为社会服务事业或福利事业设施，包括教育、文化、体育、医疗、商业、金融、贸易、旅游、园林、绿化等设施【2024】

5.4-1［2024-54］关于城市的基础设施，哪一项是错误的？（　　）

A. 仓储设施是生产性基础设施　　B. 供水设施是生产性基础设施

C. 旅游设施是社会性基础设施　　D. 防灾设施是社会性基础设施

答案：D

解析：见考点 10。

5.4-2［2024-61］关于中心商务区 CBD 的说法错误的是（　　）。

A. 一般位于城市在历史上成形的城市中心地段

B. 经过商业贸易与经济高速发展阶段才能够形成

C. 是城市经济、金融、商业、文化和娱乐活动的集中地

D. 要满足城市居民购买日常生活必需品的需要

答案：D

解析：见考点 10。

考点 11：城市绿地系统规划【★★★】

《城市绿地分类标准》（CJJ/T 85—2017）	绿地分类应采用大类、中类、小类三个层次。 城市建设用地内的绿地＝G1 公园绿地＋G2 防护绿地＋G3 广场用地＋XG 附属绿地【大类】 城市建设用地外的绿地＝EG 区域绿地【大类】 （1）公园绿地（G1）：综合公园（G11）、社区公园（G12）、专类公园（G13）、游园（G14）。 （2）防护绿地（G2）。 （3）广场绿地（G3）：绿化占地比例宜≥35%，绿化占地比例≥65%的广场用地计入公园绿地（G1）。 （4）附属绿地（XG）：不再重复参与城市建设用地平衡。 （5）区域绿地（EG）：不参与建设用地汇总，不包括耕地，风景游憩绿地（EG1）、生态保育绿地（EG2）、区域设施防护绿地（EG3）、生产绿地（EG4）【2022、2019】
《城市居住区规划设计标准》（GB 50180—2018）	2.0.6　居住区用地：城市居住区的住宅用地、配套设施用地、公共绿地以及城市道路用地的总称。 2.0.7　公共绿地：为居住区配套建设、可供居民游憩或开展体育活动的公园绿地。 【条文说明】：本条明确了“公共绿地”的概念。公共绿地是为各级生活圈居住区配建的公园绿地及街头小广场。对应城市用地分类 G 类用地（绿地与广场用地）中的公园绿地（G1）及广场用地（G3），不包括城市级的大型公园绿地及广场用地，也不包括居住街坊内的绿地
《居住绿地设计标准》（CJJ/T 294—2019）	2.0.1　居住绿地：居住用地范围内除社区公园以外的绿地，包括组团绿地、宅旁绿地、配套公建绿地、小区道路绿地等，还包括满足当地植物覆土要求、方便居民出入的地下或半地下建筑的屋顶绿地、车库顶板上的绿地

5.4-3［2022（12）-67］根据《城市居住区规划设计标准》（GB 50180—2018），以下哪个不属于居住区公共绿地？（　　）

A. 社区公园　　B. 小区绿地　　C. 小区游园　　D. 小学绿地

答案： D

解析： 参见《城市居住区规划设计标准》（GB 50180—2018），第 2.0.7 条及条文说明。

5.4-4［2021-70］根据《城市居住区规划设计标准》（GB 50180—2018），能计入公共绿地的是（　　）。

A. 宅旁绿地　　B. 道路绿地

C. 满足日照要求的游憩绿地　　D. 公共配套设施绿地

答案： C

解析： 参见《城市居住区规划设计标准》（GB 50180—2018），第 2.0.6 与 2.0.7 条。

考点 12：城市交通规划【★★】

根据《城市综合交通体系规划标准》（GB/T 51328—2018）相关规定	
城市对外交通	7.1.1　城市对外交通衔接应符合以下规定： 1　城市的各主要功能区对外交通组织均应高效、便捷。 2　各类对外客货运系统，应优先衔接可组织联运的对外交通设施，在布局上结合或邻近布置。 3　规划人口规模 100 万及以上城市的重要功能区、主要交通集散点，以及规划人口规模 50 万～100 万的城市，应能 15min 到达高、快速路网，30min 到达邻近铁路、公路枢纽，并至少有一种交通方式可在 60min 内到达邻近机场
城市道路系统规划	12.1.4　中心城区内道路系统的密度不宜小于 8km/km²。 12.2.1　按照城市道路所承担的城市活动特征，城市道路应分为干线道路、支线道路，以及联系两者的集散道路三个大类；城市快速路、主干路、次干路和支路四个中类和八个小类。具体城市道路的功能等级分类详见表 5.4-1。

表 5.4-1　　城市道路的功能等级分类

大类	中类	小类	功能说明	设计速度/（km/h）	高峰小时服务交通量推荐（双向 pcu）
干线道路	快速路	Ⅰ级快速路	为城市长距离机动车出行提供快速、高效的交通服务	80～100	3000～12000
		Ⅱ级快速路	为城市长距离机动车出行提供快速交通服务	60～80	2400～9600
	主干路	Ⅰ级主干路	为城市主要分区（组团）间的中、长距离联系交通服务	60	2400～5600
		Ⅱ级主干路	为城市分区（组团）间中、长距离联系以及分区（组团）内部主要交通联系服务	50～60	1200～3600
		Ⅲ级主干路	为城市分区（组团）间联系以及分区（组团）内部中等距离交通联系提供辅助服务、为沿线用地服务较多	40～50	1000～3000
集散道路	次干路	次干路	为干线道路与支线道路的转换以及城市内中、短距离的地方性活动组织服务	30～50	300～2000
支线道路	支路	Ⅰ级支路	为短距离地方性活动组织服务	20～30	—
		Ⅱ级支路	为短距离地方性活动组织服务的街坊内道路、步行、非机动车专用路等	—	—

续表

城市道路红线的宽度	10.2.3　人行道最小宽度不应小于 2.0m，且应与车行道之间设置物理隔离。 10.2.4　大型公共建筑和大、中运量城市公共交通站点 800m 范围内，人行道最小通行宽度不应低于 4.0m；城市土地使用强度较高地区，各类步行设施网络密度不宜低于 14km/km²，其他地区各类步行设施网络密度不应低于 8km/km²。 12.4.2　城市道路红线宽度(快速路包括辅路)，规划人口规模 50 万及以上城市不应超过 70m，20 万～50 万的城市不应超过 55m，20 万以下城市不应超过 40m
停车场	13.1.4　机动车停车场应规划电动汽车充电设施。公共建筑配建停车场、公共停车场应设置不少于总停车位 10%的充电停车位。 13.2.5　非机动车的单个停车位面积宜取 1.5～1.8m²。 13.3.3　机动车停车位供给应以建筑物配建停车场为主、公共停车场为辅。 13.3.5　机动车公共停车场规划应符合以下规定： 1　规划用地总规模宜按人均 0.5～1.0m² 计算，规划人口规模 100 万及以上的城市宜取低值。 2　在符合公共停车场设置条件的城市绿地与广场、公共交通场站、城市道路等用地内可采用立体复合的方式设置公共停车场。 3　规划人口规模 100 万及以上的城市公共停车场宜以立体停车楼（库）为主，并应充分利用地下空间。 4　单个公共停车场规模不宜大于 500 个车位。 13.3.7　地面机动车停车场用地面积，宜按每个停车位 25～30m² 计。停车楼（库）的建筑面积，宜按每个停车位 30～40m² 计

第五节　防　灾　避　难

考点 13：防灾避难的分类与设置要求【★★★★】

《城市绿地防灾避险设计导则》

1. 城市防灾避险功能绿地按其功能定位分为四类，包括长期避险绿地、中短期避险绿地、紧急避险绿地和城市隔离缓冲绿带，具体的城市防灾避险功能绿地相关设置要求详见表 5.5-1。

表 5.5-1　　城市防灾避险功能绿地分类及设置要求

类型	避难时间	功能	设置
长期避险绿地	较长时间（30 天以上）【2022（5）】	以生态、游憩等城市绿地常态功能为主，并按平灾结合、灾时转换要求，兼具防灾避险功能	一般结合郊野公园等区域绿地设置
中短期避险绿地	较短时期（中期 7～30 天短期 1～6 天）	以生态、游憩等城市绿地常态功能为主，适度兼顾防灾避险功能	一般结合综合公园、专类公园及居住区公园等设置
紧急避险绿地	短时间避险需求（1h 至 3 天）极短时间内到达（3～10min）	以生态、游憩等城市绿地常态功能为主，兼顾灾时短时间防灾避险功能	一般结合街头绿地、小游园、广场绿地及部分条件适宜的附属绿地设置，并与周边广场、学校等其他灾时可用于防灾避险的场所统筹协调
城市隔离缓冲绿带	—	以生态防护、安全隔离为主要功能	一般结合防护绿地、生产绿地和附属绿地设置

续表

《城市绿地防灾避险设计导则》	2. 分级配置 ① 设置城市防灾避险功能绿地宜以中短期避险绿地和紧急避险绿地为主，城市人口规模在300 万人以上的Ⅰ型大城市和特大城市可根据用地条件、经济发展水平和实际需要，适量设置长期避险绿地。 ②Ⅰ型大城市、特大城市和抗震设防烈度 7 度以上的城市，宜结合城市用地条件，根据实际情况和城市综合防灾规划，按“长期避险绿地-中期避险绿地-短期避险绿地-紧急避险绿地”4 级配置。 ③ 抗震设防烈度 7 度及以下的小城市、中等城市、Ⅰ型大城市，宜按“中期避险绿地-短期避险绿地-紧急避险绿地”3 级配置
《防灾避难场所设计规范》［GB 51143—2015（2014 年版）］	1. 避难场所按照其配置功能级别、避难规模和开放时间，可划分为紧急避难场所、固定避难场所和中心避难场所三类。【2022（5）】 2. 避难场所应优先选择场地地形较平坦、地势较高、有利于排水、空气流通、具备一定基础设施的公园、绿地、广场、学校操场、体育场馆等 公共建筑与公共设施，其周边应道路畅通、交通便利，并应符合下列规定： ① 中心避难场所宜选择在与城镇外部有可靠交通连接、易于伤员转运和物资运送、并与周边避难场所有疏散道路联系的地段。【2021】 ② 固定避难场所宜选择在交通便利、有效避难面积充足、能与责任区内居住区建立安全避难联系、便于人员进入和疏散的地段。 ③ 紧急避难场所可选择居住小区内的花园、广场、空地和街头绿地等。 ④ 固定避难场所和中心避难场所可利用相邻或相近的且抗灾设防标准高、抗灾能力好的各类公共设施，按充分发挥平灾结合效益的原则整合而成

5.5-1［2022（5）-77］ 作为城市Ⅰ类地震应急避难场所，能够为居民提供 30 天以上避难生活和救援活动的城市绿地的是（　　）。

A. 防灾公园　　B. 临时避险绿地　　C. 紧急避险绿地　　D. 隔离缓冲绿带

答案：A

解析：防灾公园能够为居民提供 30 天以上避难生活和救援活动。

5.5-2［2021-76］ 在城市抗震防灾规划中，属于中心避难场所的是（　　）。

A.城市防灾公园　　B. 临时避难绿地　　C. 紧急避难绿地　　D. 隔离缓冲绿带

答案：A

解析：中心避难所是比较长期的固定避难场所，并单独设置有应急停车区、应急通信、供电设施等。因此选项 A 符合题意。

第六节　居 住 区 规 划

考点 14：居住区重要概念与技术经济指标【★★★】

根据《城市居住区规划设计标准》（GB 50180—2018）相关规定	
起源	20 世纪 20 年代，美国人西萨佩里提出，居住区规划的目的是按照居住区理论和原则，以人为核心，建设安全、卫生、舒适、方便、优美的居住环境【2022】
十五分钟生活圈居住区	2.0.2　以居民步行十五分钟可满足其物质与生活文化需求为原则划分的居住区范围；一般由城市干路或用地边界线所围合，居住人口规模为 50 000～100 000 人（约 17 000～32 000 套住宅），配套设施完善的地区

续表

十分钟生活圈居住区	2.0.3 以居民步行十分钟可满足其基本物质与生活文化需求为原则划分的居住区范围；一般由城市干路、支路或用地边界线所围合，居住人口规模为 15 000～25 000 人（约 5000～8000 套住宅），配套设施齐全的地区
五分钟生活圈居住区	2.0.4 以居民步行五分钟可满足其基本生活需求为原则划分的居住区范围；一般由支路及以上级城市道路或用地边界线所围合，居住人口规模为 5000～12 000 人（约 1500 套～4000 套住宅），配建社区服务设施的地区
居住街坊	2.0.5 由支路等城市道路或用地边界线围合的住宅用地，是住宅建筑组合形成的居住基本单元；居住人口规模在 1000～3000 人（约 300～1000 套住宅，用地面积 2～4hm^2），并配建有便民服务设施
居住区用地	2.0.6 城市居住区的住宅用地、配套设施用地、公共绿地以及城市道路用地的总称
住宅建筑平均层数	2.0.7 一定用地范围内，住宅建筑总面积与住宅建筑基底总面积的比值所得的层数
住宅建筑面积净密度	住宅总建筑面积与住宅用地面积的比值（注意区分居住区用地和住宅用地）【2024】
人口净密度	规划总人口与住宅用地总面积的比值
容积率	计容总建筑面积与总用地面积的比值

5.6-1［2024-66］ 下列住区技术经济指标计算的表述错误的是（　　）。

A. 住宅建筑面积净密度=住宅总建筑面积/居住用地面积（m^2/hm^2）

B. 人口净密度=规划总人口/住宅用地总面积（人/hm^2）

C. 容积率=计容总建筑面积/总用地面积

D. 住宅平均层数=住宅总建筑面积/住宅基地总面积

答案：A

解析：住宅建筑面积净密度=住宅总建筑面积/住宅用地面积（m^2/hm^2）

考点 15：居住建筑规划基本要求、规模与结构模式【★★★】

根据《城市居住区规划设计标准》（GB 50180—2018）相关规定	
基本原则与建筑方针	3.0.1 应坚持以人为本的基本原则，遵循适用、经济、绿色、美观的建筑方针： 1）应符合城市总体规划及控制性详细规划。 2）应符合所在地气候特点与环境条件、经济社会发展水平和文化习俗。 3）应遵循统一规划、合理布局，节约土地、因地制宜，配套建设、综合开发的原则。 4）应为老年人、儿童、残疾人的生活和社会活动提供便利的条件和场所。 5）应延续城市的历史文脉、保护历史文化遗产并与传统风貌相协调。 6）低影响开发的建设方式，并应采取有效措施促进雨水的自然积存、自然渗透与自然净化。 7）应符合城市设计对公共空间、建筑群体、园林景观、市政等环境设施的有关控制要求

续表

安全适宜	3.0.2　应选择在安全、适宜居住的地段进行建设： 1）不得在有滑坡、泥石流、山洪等自然灾害威胁的地段进行建设。 2）与危险化学品及易燃易爆品等危险源的距离，必须满足有关安全规定。 3）存在噪声污染、光污染的地段，应采取相应的降低噪声和光污染的防护措施。 4）土壤存在污染的地段，必须采取有效措施进行无害化处理，并应达到居住用地土壤环境质量的要求
影响住区规模的主要因素	① 公共设施的经济性和合理的服务半径。② 城市道路交通的影响。③ 城市行政管理体制方面的影响。【2024】④ 其他影响
典型住区结构模式	郊区整体规划社区模式、邻里单位模式、居住开发单元模式、扩大小区模式（居住综合区）、新城市主义模式（公共交通导向开发模式）【2024】

5.6-2［2024-63］影响居住区规模的主要因素不包括（　　）。

A. 公共设施的合理服务半径　　B. 城市道路交通

C. 城市行政管理体制　　D. 城市开发与工程建设

答案：D

解析：见考点 15。

5.6-3［2024-64］以下不属于典型住区结构模式的是（　　）。

A. 郊区整体规划社区模式　　B. 中心院落模式

C. 居住开发单元模式　　D. 扩大小区模式

答案：B

解析：见考点 15。

5.6-4［2019-66］居住区规划的技术经济指标中，不能体现居住环境质量的是（　　）。

A.人均居住用地　B. 人均公共绿地　C. 建筑密度　D. 住宅套型

答案：D

解析：住宅套型是住宅单元属性，不能体现居住区规划环境。

考点 16：基本规定【★★★★】

根据《城市居住区规划设计标准》（GB 50180—2018）相关规定

居住区分级控制

3.0.4　居住区按照居民在合理的步行距离内满足基本生活需求的原则，可分为十五分钟生活圈居住区、十分钟生活圈居住区、五分钟生活圈居住区及居住街坊四级，其分级控制规模应符合表 2.6.1（表 5.6-1）规定。

表 5.6-1　　居住区分级控制规模

距离与规模	十五分钟生活圈居住区	十分钟生活圈居住区	五分钟生活圈居住区	居住街坊
步行距离（m）	800～1000	500	300	—
居住人口（人）	50 000～100 000	15 000～25 000	5000～12 000	1000～3000
住宅数量（套）	17 000～32 000	5000～8000	1500～4000	300～1000

续表

<table>
<tr><td rowspan="2">居住区分级控制</td><td>说明：居住街坊是组成各级生活圈居住区的基本单元；通常 3～4 个居住街坊可组成 1 个五分钟生活圈居住区，可对接社区服务；3～4 个五分钟生活圈居住区可组成 1 个十分钟生活圈居住区；3～4 个十分钟生活圈居住区可组成 1 个十五分钟生活圈居住区；1～2 个十五分钟生活圈居住区，可对接 1 个街道办事处。城市社区可根据社区的实际居住人口规模对应本标准的居住区分级，实施管理与服务，如图 5.6-1 和图 5.6-2 所示</td></tr>
<tr><td>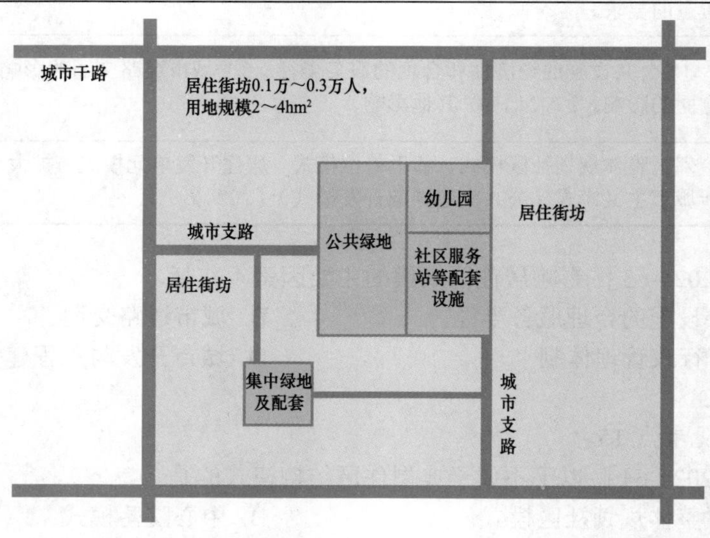

图 5.6-1　五分钟生活圈居住区（1.5 万～2.5 万人）关系示意图
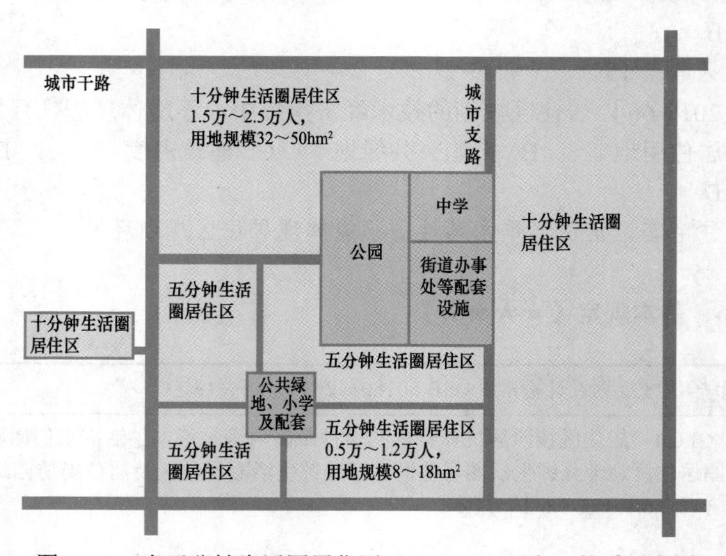

图 5.6-2　十五分钟生活圈居住区（5 万～10 万人）关系示意图</td></tr>
<tr><td>公共绿地</td><td>4.0.4　新建各级生活圈居住区应配套规划建设公共绿地，并应集中设置具有一定规模，且能开展休闲、体育活动的居住区公园；公共绿地控制指标应符合表 4.0.4（表 5.6-2）的规定【2023】</td></tr>
</table>

续表

公共绿地

表 5.6-2　公共绿地控制指标

类别	人均公共绿地面积（m²/人）	居住区公园		备注
		最小规模（hm²）	最小宽度（m）	
十五分钟生活圈居住区	2.0	5.0	80	不含十分钟生活圈及以下级居住区的公共绿地指标
十分钟生活圈居住区	1.0	1.0	50	不含五分钟生活圈及以下级居住区的公共绿地指标
五分钟生活圈居住区	1.0	0.4	30	不含居住街坊的绿地指标

注：居住区公园中应设置 10%～15%的体育活动场地

居住街坊集中绿地

4.0.7　居住街坊内集中绿地的规划建设，应符合下列规定：

1. 新区建设不应低于 0.50m²/人，旧区改建不应低于 0.35m²/人。
2. 宽度不应小于 8m。
3. 在标准的建筑日照阴影线范围之外的绿地面积不应少于 1/3，其中应设置老年人、儿童活动场地【2021】

日照

4.0.9　住宅建筑的间距应符合表 4.0.9（表 5.6-3）的规定；对特定情况，还应符合下列规定。

1. 老年人居住建筑日照标准不应低于冬至日日照时数 2h。
2. 在原设计建筑外增加任何设施不应使相邻住宅原有日照标准降低，既有住宅建筑进行无障碍改造加装电梯除外。
3. 旧区改建项目内新建住宅建筑日照标准不应低于大寒日日照时数 1h

表 5.6-3　居住区日照要求

建筑气候区划	Ⅰ，Ⅱ，Ⅲ，Ⅶ气候区		Ⅳ气候区		Ⅴ，Ⅵ气候区
城区常住人口（万人）	≥50	<50	≥50	<50	无限定
日照标准日	大寒日			冬至日	
日照时数（h）	≥2	≥3		≥1	
有效日照时间带（当地真太阳时）	8～16 时			9～15 时	
计算起点	底层窗台面				

注：底层窗台面是指距室内地坪 0.9m 高的外墙位置

5.6-5［2022-67］关于居住建筑的日照标准，区别其采用大寒日或冬至日的条件是（　　）。

A. 建筑气候区划分和地理纬度　　B. 建筑气候区划分和城区常住人口规模

C. 城区常住人口数量和居住区容积率　　D. 居住区容积率和地理纬度

答案：B

解析：参见《城市居住区规划设计标准》（GB 50180—2018），表 4.0.9 住宅建筑日照标准。

考点 17：配套设施【★★★】

<table>
<tr><td rowspan="2">配套设施原则</td><td>对应居住区分级配套规划建设，并与居住人口规模或住宅建筑面积规模相匹配的生活服务设施；主要包括基层公共管理与公共服务设施、商业服务设施、市政公用设施、交通场站及社区服务设施、便民服务设施</td></tr>
<tr><td>5.0.1 配套设施应遵循配套建设、方便使用、统筹开放、兼顾发展的原则进行配置，其布局应遵循集中和分散兼顾、独立和混合使用并重的原则，并应符合下列规定：
1. 十五分钟生活圈居住区配套设施中，文化活动中心、社区服务中心（街道级）、街道办事处等服务设施宜联合建设并形成街道综合服务中心，其用地面积不宜小于 $1hm^2$。
2. 五分钟生活圈居住区配套设施中，社区服务站、文化活动站（含青少年、老年活动站）、老年人日间照料中心（托老所） 社区卫生服务站、社区商业网点等服务设施，宜集中布局、联合建设，并形成社区综合服务中心，其用地面积不宜小于 $0.3hm^2$【2023、2021】</td></tr>
<tr><td>住区公共服务设施定额指标</td><td>住区公共服务设施定额指标包括建筑面积和用地面积两个方面。其计算方法有“千人指标”“千户指标”和“民用建筑综合指标”等。我国沿用的以“千人指标”为主。“千人指标”即每千居民拥有的各项公共服务设施的建筑面积和用地面积【2024】</td></tr>
<tr><td>配套停车场（库）</td><td>5.0.5 居住区相对集中设置且人流较多的配套设施应配建停车场（库），并应符合下列规定：
1. 停车场（库）的停车位控制指标，不宜低于表 2.6.4（表 5.6-4）的规定。

表 5.6-4 配建停车场（库）的停车位控制指标（车位/$100m^2$ 建筑面积）
<table><tr><th>名称</th><th>非机动车</th><th>机动车</th></tr><tr><td>商场</td><td>≥7.5</td><td>≥0.45</td></tr><tr><td>菜市场</td><td>≥7.5</td><td>≥0.30</td></tr><tr><td>街道综合服务中心</td><td>≥7.5</td><td>≥0.45</td></tr><tr><td>社区卫生服务中心（社区医院）</td><td>≥1.5</td><td>≥0.45</td></tr></table>
2. 商场、街道综合服务中心机动车停车场（库）宜采用地下停车、停车楼或机械式停车设施。
3. 配建的机动车停车场（库）应具备公共充电设施安装条件</td></tr>
<tr><td>居住区配套停车</td><td>5.0.6-2 地上停车位应优先考虑设置多层停车库或机械式停车设施，地面停车位数量不宜超过住宅总套数的 10%</td></tr>
</table>

5.6-6［2024-65］城市居住区规划中，与公共服务配套设施指标制定和计算无关的指标是（ ）。

A. 千人指标　　B. 建筑面积　　C. 用地面积　　D. 建筑层数

答案：D

解析：住区公共服务设施定额指标包括建筑面积和用地面积两个方面。其计算方法有“千人指标”“千户指标”和“民用建筑综合指标”等。我国沿用的以“千人指标”为主。“千人指标”，即每千居民拥有的各项公共服务设施的建筑面积和用地面积。

5.6-7［2023-60］下列服务设施中，不属于社区服务设施的是（ ）。

A. 派出所　　B. 公共厕所　　C. 物业管理用房　　D. 居民委员会

答案：C

解析：社区的生活基础配套设施应包括八类四十项，具体为：① 教育设施：托儿所、幼儿园、小学、中学。② 医疗卫生设施：卫生站、居住区门诊、医院。③ 文化体育设施：综合文化活动中心、门球场、体育场。④ 商业服务设施：综合食品商场、综合百货商场、综合服务楼、集贸市场、书店、中药店、综合便民店、综合粮油店、其他第三产业设施。⑤ 金融邮电设施：储蓄所、银行分理处、邮局、电话局。⑥ 社区服务设施：社区服务中心、综合服务部、存车处、居民汽车场、敬老院（托老所）、残疾人托养所。⑦ 行政管理设施：街道办事处、派出所与巡察、居委会、房管机构、市政管理机构、绿化、环卫管理站。⑧ 市政公用：密闭式清洁站、公厕、公交首末站、市政站点、公共停车场、加油站。

5.6-8［2022（12）-68］关于居住区公共服务设施的设置说法错误的是（　　）。

A. 以服务半径大小分级设置　　B. 小学服务半径 500m

C. 中学服务半径 1000m　　D. 服务设施位于人流密集处

答案：D

解析：《城市居住区规划设计标准》（GB 50180—2018）5.0.1 配套设施应遵循配套建设、方便使用，统筹开放、兼顾发展的原则进行配置，其布局应遵循集中和分散兼顾、独立和混合使用并重的原则，并应符合下列规定：十五分钟和十分钟生活圈居住区配套设施，应依照其服务半径相对居中布局。

考点 18：道路【★★★】

<table>
<tr><td>居住区路网系统</td><td>6.0.2 居住区的路网系统应与城市道路交通系统有机衔接，并应符合下列规定：
1. 居住区应采取“小街区、密路网”的交通组织方式，路网密度不应小于 8km/km²。
2. 城市道路间距不应超过 300m，宜为 150～250m，并应与居住街坊的布局相结合</td></tr>
<tr><td>居住区城市支路</td><td>6.0.3 居住区内各级城市道路应突出居住使用功能特征与要求，并应符合下列规定：
1. 支路的红线宽度，宜为 14～20m。
2. 道路断面形式应满足适宜步行及自行车骑行的要求，人行道宽度不应小于 2.5m</td></tr>
<tr><td>居住区附属道路</td><td>6.0.4 居住街坊内附属道路的规划设计应满足消防、救护、搬家等车辆的通达要求，并应符合下列规定：
1. 主要附属道路至少应有两个车行出入口连接城市道路，其路面宽度不应小于 4.0m；其他附属道路的路面宽度不宜小于 2.5m。
2. 人行出入口间距不宜超过 200m。
3. 最小纵坂不应小于 0.3%，最大纵坡应符合表 6.0.4（表 5.6-5）的规定；机动车与非机动车混行的道路，其纵坡宜按照或分段按照非机动车道要求进行设计

表 5.6-5　　附属道路最大纵坡控制指标（%）
<table><tr><th>道路类别及其控制内容</th><th>一般地区</th><th>积雪或冰冻地区</th></tr><tr><td>机动车道</td><td>8.0</td><td>6.0</td></tr><tr><td>非机动车道</td><td>3.0</td><td>2.0</td></tr><tr><td>步行道</td><td>8.0</td><td>4.0</td></tr></table></td></tr>
<tr><td>居住区道路间距规定</td><td>6.0.5 居住区道路边缘至建筑物、构筑物的最小距离，应符合表 6.0.5（表 5.6-6）的规定【2021】</td></tr>
</table>

续表

居住区道路间距规定

表 5.6-6　居住区道路边缘至建筑物、构筑物最小距离　(m)

与建、构筑物关系		城市道路	附属道路
建筑物面向道路	无出入口	3.0	2.0
	有出入口	5.0	2.5
建筑物山墙面向道路		2.0	1.5
围墙面向道路		1.5	1.5

考点 19：技术指标与用地面积计算方法【★★★】

居住区用地面积

A.0.1　居住区用地面积（图 5.6-3）应包括住宅用地、配套设施用地、公共绿地和城市道路用地，其计算方法应符合下列规定：【2023】

1. 居住区范围内与居住功能不相关的其他用地以及本居住区配套设施以外的其他公共服务设施用地，不应计入居住区用地。

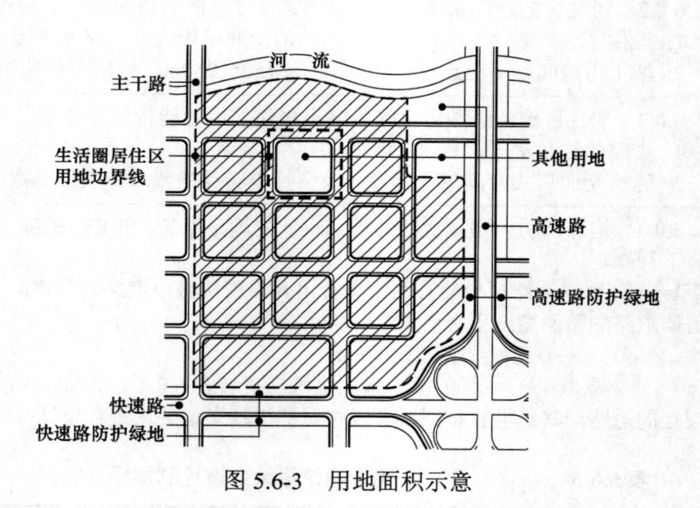

图 5.6-3　用地面积示意

2. 当周界为自然分界线时，居住区用地范围应算至用地边界。

3. 当周界为城市快速路或高速路时，居住区用地边界应算至道路红线或其防护绿地边界。快速路或高速路及其防护绿地不应计入居住区用地。

4. 当周界为城市干路或支路时，各级生活圈的居住区用地范围应算至道路中心线。

5. 居住街坊用地范围应算至周界道路红线，且不含城市道路。

6. 当与其他用地相邻时，居住区用地范围应算至用地边界。

7. 当住宅用地与配套设施（不含便民服务设施）用地混合时，其用地面积应按住宅和配套设施的地上建筑面积占该幢建筑总建筑面积的比率分摊计算，并应分别计入住宅用地和配套设施用地

<table>
<tr><td>居住区绿地面积</td><td>A.0.2 居住街坊内绿地面积（图 5.6-4）的计算方法应符合下列规定：
1. 满足当地植树绿化覆土要求的屋顶绿地可计入绿地。绿地面积计算方法应符合所在城市绿地管理的有关规定。
2. 当绿地边界与城市道路临接时，应算至道路红线；当与居住街坊附属道路临接时，应算至路面边缘；当与建筑物临接时，应算至距房屋墙脚 1.0m 处；当与围墙、院墙临接时，应算至墙脚。
3. 当集中绿地与城市道路临接时，应算至道路红线；当与居住街坊附属道路临接时，应算至距路面边缘 1.0m 处；当与建筑物临接时，应算至距房屋墙脚 1.5m 处
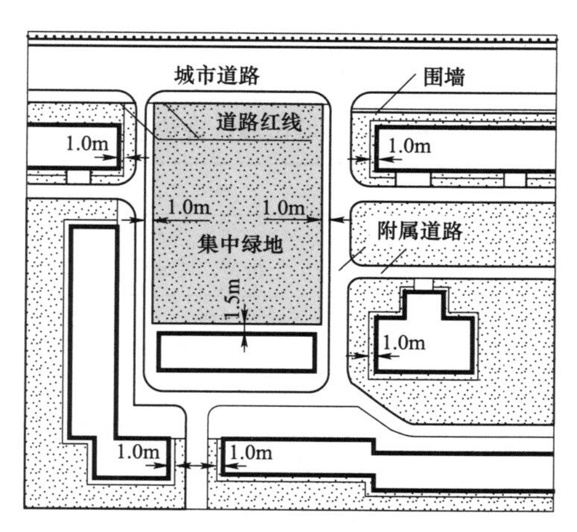

图 5.6-4 绿地面积示意</td></tr>
</table>

5.6-9［2023-64］关于居住区道路范围的说法，错误的是（ ）。

A. 城市道路一般不计入居住区道路用地

B. 居住区公共停车场不计入道路用地

C. 居住区道路按道路宽度计算

D. 居住区街头小广场不计入道路用地

答案： A

解析：《城市居住区规划设计标准》，4.0.1 城市道路用地占居住区用地的 15%～20%。

第七节 城 市 设 计

考点 20：城市设计基本原理【★★★★★】

基本认识	城市设计是根据城市发展的总体目标，融合社会、经济、文化、心理等主要元素，对空间要素做出形态的安排，制定出指导空间形态设计的政策性安排。 城市设计包括：建筑体量、建筑形式、建筑色彩、建筑空间围合、建筑小品等。不包括建筑节能【2022（12）】

续表

城市设计与城市规划、建筑设计的关系	1. 城市规划是以城市社会发展需要来确定城市功能和土地利用为主要内容的二维空间的规划工作，是城市设计的基础。城市设计的重点是以城市空间形体环境为主要内容的三维空间的规划设计工作。 2. 城市设计没有法律效力，需要转成控制性详细规划才能落地实施。 3. 现代城市规划和城市设计始于 20 世纪 20 年代的现代建筑运动。 4. 1933 年国际现代建筑协会（CIAM）制定的《雅典宪章》奠定了现代城市规划和城市设计的理论基础
城市设计内容深度	城市设计的内容包括土地利用，交通和停车系统，建筑的体量、形式及开敞空间的环境设计。其深度是相对应城市规划的不同阶段而不断深化
城市设计管理工作职能	1. 委托和协助城市设计的编制。 2. 组织对城市设计成果的评价和审定。 3. 对城市设计实施操作、监督执行和信息反馈【2024】
城市设计理论思潮及理论著作（表 5.7-1）	

表 5.7-1　　城市设计理论思潮及理论著作

内容	代表人物	说明
强调建筑与空间的视觉质量	卡米洛・西谛	代表作《城市建设艺术》，主要思想是向过去丰富而自然的城镇形态学习，特别推崇中世纪街道，明确表述了空间设计的艺术原则
	戈登・库伦	代表作《城镇景观》，主要思想和卡米洛・西谛一样，非常强调空间设计的艺术原则，认为视觉组合在城镇景观中应处于绝对支配地位，并提出了“景观序列”的概念【2022（5）、2021】
	埃德・N・培根	主要思想通过纪念性要素构成城市的脉络结构来满足市民感性的城市体验，城市设计应该强调城市形态的美学关系和视觉感受【2014】
	阿尔多・罗西	代表作《城市建筑》，主要思想以类型学的方式倡导重新认识公共空间，通过重建城市空间秩序来整顿现代城市的面貌。书中提出以城市本身作为来源，重新应用已有的类型而已
	罗伯・克里尔和里昂・克里尔	代表作《城市空间》，和阿尔多・罗西一样，都是新理性主义学派代表人物。书中以类型学的方式收集和定义了各种街道、广场，将其视为构成城市空间的基本要素。核心任务是重新应用城市的“原型”，保护传统城市的基本特征
	芦原义信	代表作《外部空间设计》和《街道的美学》，提出了积极空间、消极空间、加法空间、减法空间等一系列概念，以街道的视觉秩序的创造作为建筑平面布局形成设计的出发点，分别从街道的自然特征\美学规律\人文特色出发论述如何发掘建筑平面布局形成设计中的视觉秩序规律
	兰西克	代表作《找寻失落的空间:都市设计理论》，归纳出三种研究城市空间形态的城市设计理论（图底理论、连接理论、场所理论）和三种关系（形态关系、拓扑关系和类型关系）【2024】
与人、空间和行为的社会特征密切相关	埃利尔・沙里宁	代表作《城市:它的发展、败与未来》，主要思想强调照顾到城市社会的所有问题，包括物质的、社会的、文化的和美学的。提出三维空间的观点，强调整体性、全面性和动态性，尤其是把对人的关心放在首要位置，提出以人为本的设计前提【2014、2013】
	诺伯格・舒尔茨	代表作《场所精神》,提出五种空间图式和场所精神理论。现象学代表作，书中提出了行为与建筑环境之间应有的内在联系，场所不仅具有实体空间的形式，而且还有精神上的意义
	小组十	设计思想是对人的关怀和对社会的关注，同时提出簇群城市的概念，表达了关于流动、生长和变化的思想

续表

城市设计理论思潮及理论著作	续表		
	内容	代表人物	说明
	与人、空间和行为的社会特征密切相关	简·雅各布斯	代表作《美国大城市的死与生》，抨击了现代主义者的城市设计基本观念，她认为城市永远不会成为艺术品，因为艺术是生活的抽象，而城市是生动、复杂而积极的生活本身【2017】
		扬·盖尔	代表作《交往与空间》，主要思想对人们如何使用街道、人行道、广场、庭院、公园等公共空间进行了深入调查分析，研究怎样的建筑和环境设计能够更好地支持社会交往和公共生活，提出户外空间规划设计的有效途径
		克里斯托弗·亚历山大	代表作《关于形式合成的纲要》《城市并非树形》《建筑模式语言》《俄勒冈实验》。在《俄勒冈实验》中，基于校园整体形态及不同使用者的功能需求，提出有机秩序、参与、分片式发展、模式、诊断和协调六个建设原则
		威廉·H·怀特	代表作《小城市空间的社会生活》，描述了城市空间质量与城市活动之间的密切关系
	城市设计目标的探索	凯文·林奇	代表作《城市意向》，主要思想是人们认知城市的过程中有五个关键性的维度，由路径、标志、节点、区域、边界五个基本要素组成【2017、2013、2012、2011】
		伊恩·本特利等	代表作《建筑环境共鸣设计》中对城市设计的目标和原则提出了七个关键问题：可达性、多样性、可识别性、活力、视觉适宜性、丰富性、个性化
		新都市主义协会	代表作《新都市主义宪章》，倡导在下列原则下，重新建立公共政策和开发实践： 1. 邻里在用途与人口构成上的多样性。 2. 社区应该对步行和机动车交通同样重视。 3. 城市必须由形态明确和普遍易达的公共场所和社区设施所形成。 4. 城市场所应当由反映地方历史、气候、生态和建筑传统的建筑设计和景观设计所构成
		乔纳森·巴奈特	代表作《作为公共政策的城市设计》和《城市设计概论》，认为城市设计是一种公共政策。日常决策过程才是城市设计真正的媒介，设计城市而不是设计建筑物，主要注重城市开发的连续性【2021】

5.7-1［2024-58］城市设计管理主要工作，不包括（　　）。

A. 委托和协助城市设计的编制

B. 组织对城市设计成果的评价和审定

C. 制定相关标准和规范

D. 对城市设计实施操作、监督执行和信息反馈

答案： C

解析： 见考点 20 分析，不包含选项 C。

5.7-2［2024-62］特兰西克在《找寻失落的空间——都市设计理论》一书中，提出的三种城市设计理论不包括（　　）。

A. 系统理论　　B. 图底理论　　C. 连接理论　　D. 场所理论

答案： A

解析： 见考点 20。

5.7-3［2022（12）-71］芦原义信在《街道的美学》中认为，街道比较合理的比例关系是（　　）。

A. $D/H \leqslant 0.5$　　B. $1 \leqslant D/H \leqslant 2$

C. $2 \leqslant D/H \leqslant 3$　　D. $3 \leqslant D/H \leqslant 4$

答案： B

解析： 芦原义信在《街道的美学》中运用空间理论来分析街道的尺度，他认为当 D/H=1～2 时，是比较合理的比例关系，空间尺度较为亲切。

5.7-4［2022（12）-72］下列哪项不是乔纳森·巴奈特在《作为公共政策的城市设计》中提出的观点？（　　）

A. 连续决策　　B. 设计城市不是设计建筑

C. 设计是为了实现理想蓝图　　D. 城市蓝图一经确定后不可更改

答案： C

解析： 巴奈特1974年出版的《作为公共政策的城市设计》指出"设计城市而不是设计建筑物""日常的决策过程，才是城市设计真正的媒介"，他认为城市设计是公共性规划控制管理的总和，提出"城市设计是一个城市塑造的过程，要注重城市形成的连续性，使城市设计成为一个既有创意又有发展弹性的过程""通过一个日复一日的连续的决策的过程创造出来，而不是为了建立完美的终极理论和理想蓝图"。

5.7-5［2022（12）-77］下列不属于罗杰·特兰西克的城市设计空间分析方法的是（　　）。

A. 图底理论　　B. 分形理论　　C. 连接理论　　D. 场所理论

答案： B

解析： 特兰西克在《找寻失落的空间—都市设计理论》一书中，根据现代城市空间的变迁以及历史实例的研究，归纳出三种研究城市空间形态的城市设计理论，分别为图底理论（Figure-Ground Theory）、连接理论（Linkage Theory）、场所理论（Place Theory）。同时对应地将这三种理论又归纳为三种关系，即形态关系、拓扑关系和类型关系。

5.7-6［2021-74］如图5.7-1所示，研究城市空间和场所意向所采用的分析方法是（　　）。

A. 认知地图分析

B. 视线视域分析

C. 图形-背景分析

D. 序列视景分析

答案： A

解析： 凯文·林奇《城市意向》的分析方法是认知地图。

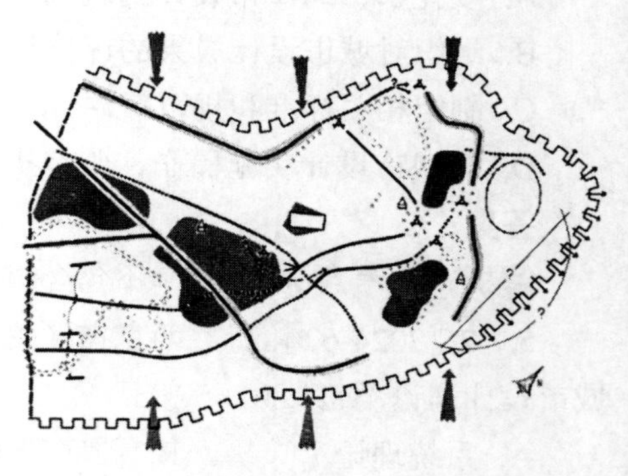

图5.7-1

5.7-7［2021-75］芦原义信在《外部空间设计》一书中，主要提出了哪种外部空间概念？（　　）

A. 积极空间和消极空间　　　　　　　　B. 公共空间和开放空间

C. 私密空间和灰色空间　　　　　　　　D. 开放空间和场所空间

答案： A

解析： 芦原义信在《外部空间设计》提出了积极空间、消极空间、加法空间、减法空间等一系列概念。

5.7-8［2020-23］凯文·林奇提出“城市空间景观”的五项基本构成要素是（　　）。

A. 路径、标志、节点、区域、边界　　　　B. 路径、标志、中心、区域、边界

C. 路径、标志、中心、区域、围合　　　　D. 路径、标志、节点、区域、围合

答案： A

解析： 凯文·林奇在《城市意象》中提出城市意象五要素，分别为路径、边界、节点、地区和标志物。

5.7-9［2019-73］凯文·林奇提出的城市意向地图的调查方法是一种（　　）。

A. 层次分析法　　B. 线性规划法　　C. 价值评估法　　D. 感知评价法

答案： D

解析： 凯文·林奇提出的城市意向地图的调查方法是一种感知评价法。

考点 21：城市设计理论【★★★★★】

<table>
<tr><td rowspan="3">新城市主义</td><td>“新城市主义”理论与方法针对西方城市大规模郊区化趋势中浪费土地、破坏自然生态环境和地域景观、投资大而效率低等问题，倡导紧凑集中发展、用地混合使用及低速出行等理念，强调空间回归人文价值和人的尺度。典型设计方法有邻里社区（TND）（见图 5.7-2 TND 的社区结构）和公共交通（TOD）模式（见图 5.7-3 TOD 的社区结构）【2023】</td></tr>
<tr><td>新城市主义规划模式提出了一种人性尺度的、行人友好的、带有公共空间和公共设施的物质环以鼓励社会交往和社区感的形成【2024】。其主要设计特征为：
（1）相对自给自足的步行环境，围绕着核心城镇设施和商店布置住宅。
（2）为人行和车行提供更多可选择的通行路线。
（3）设计为行人、自行车、游戏以及机动车等共同使用的街道。
（4）为了围合街道空间以形成公共空间，建筑的道路退界较少，街道两侧的住宅前廊离人行道也较近。车库设置在住宅的背面并通过后街进入，以减少车库通道缘石打断街道的次数</td></tr>
<tr><td>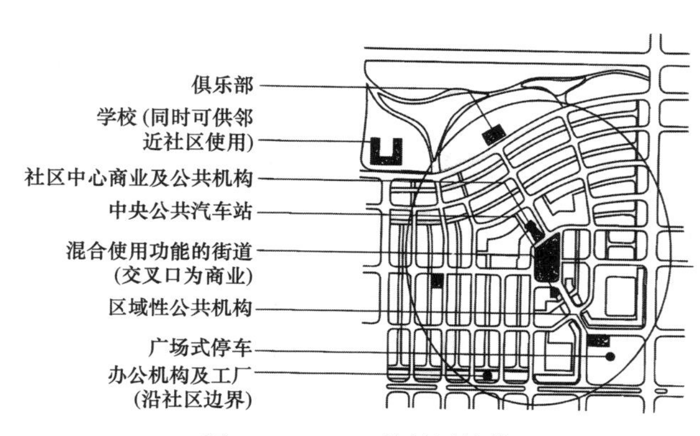

图 5.7-2　TND 的社区结构</td></tr>
</table>

续表

<table>
<tr><td>新城市主义</td><td>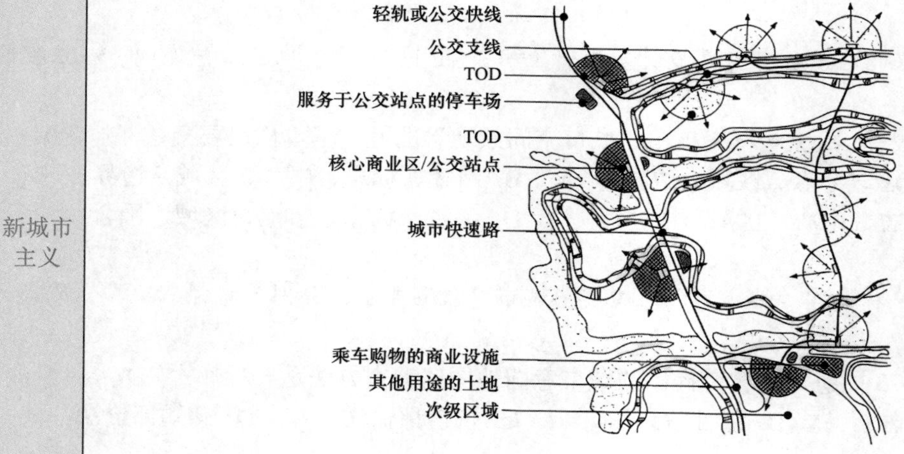

图 5.7-3　TOD 的社区结构</td></tr>
<tr><td>城市空间结构模式</td><td>城市空间结构模式分为集中式空间结构与分散式空间结构。集中式空间结构包括网格状与环形放射状，分散式空间结构包括指状、带状和组团状，见表 5.7-2

表 5.7-2　城市空间结构模式及特点

<table>
<tr><th colspan="2">类型</th><th>空间结构模式</th><th>特点</th></tr>
<tr><td rowspan="2">集中式空间结构</td><td>网格状</td><td></td><td>由相对垂直的城市道路网构成，适用于平原地区。典型城市有苏州古城区、纽约曼哈顿、巴塞罗那等</td></tr>
<tr><td>环形放射状</td><td></td><td>由放射形和主干环形道路网组成，城市整体交通通达性较好，具有较强的向心发展趋势。典型城市有北京、巴黎等［见图 5.7-4 北京市总体规划（2004—2020 年）中心城区环形放射结构］</td></tr>
<tr><td rowspan="2">分散式空间结构</td><td>指状</td><td></td><td>沿交通走廊形成多方向带状向外扩张的城市空间结构形态，城市建设用地沿各发展廊道布置，各发展廊之间保持大量未开发的建设用地。典型城市有哥本哈根、西宁等【2021】［图 5.7-5 西宁都市区 2030 年战略规划（都市区指状结构）］</td></tr>
<tr><td>带状</td><td></td><td>因受地形条件的限制而形成，城市被限定在狭长的地域空间中发展，城市的不同片区或组团呈单向连续排列布局，并由交通轴线所串联。典型城市有兰州、三亚等</td></tr>
</table>
</td></tr>
</table>

续表

城市空间结构模式

续表

类型		空间结构模式	特点
分散式空间结构	组团状	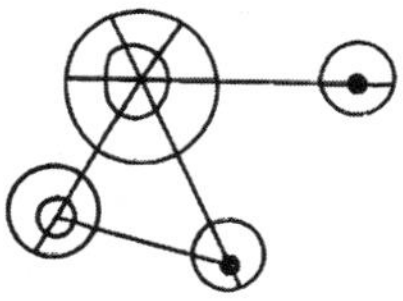	因自然地形地貌、生态保护区、农田保护区、采矿区、交通廊道等分割或城市规划控制，呈现为若干个组团在空间上相对独立、在功能和交通上相互联系的空间结构。典型城市有重庆、深圳、台州等

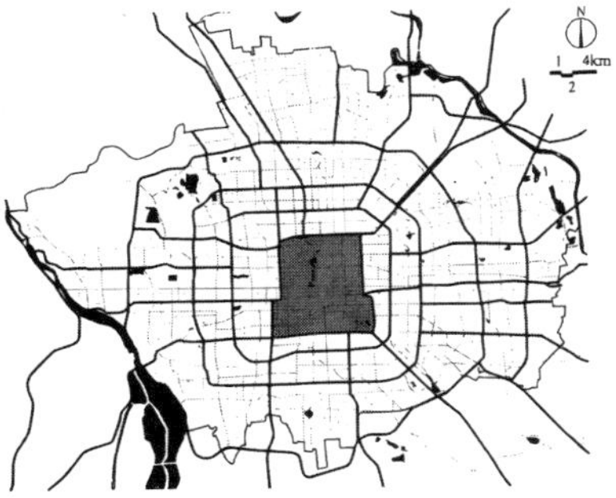

图 5.7-4　北京市总体规划（2004—2020 年）中心城区环形放射结构

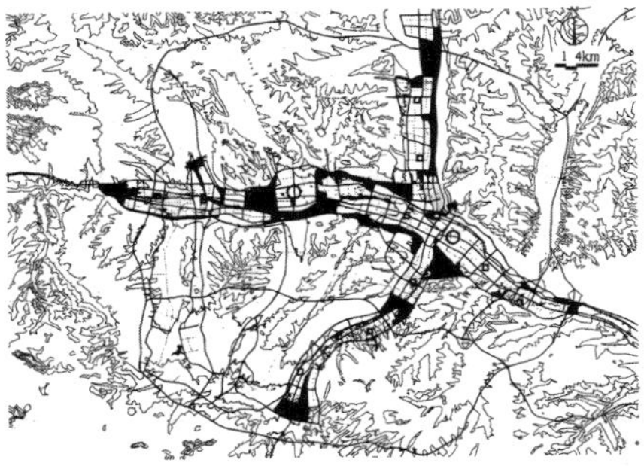

图 5.7-5　西宁都市区 2030 年战略规划（都市区指状结构）

城市路网布局形态【2019】

城市路网布局形态有方格网状、环形放射式、自由式、链式等，具体形式及特征和性能见表 5.7-3

表 5.7-3　　不同城市路网特征与性能对比

类型	形态	特征和性能
方格网状	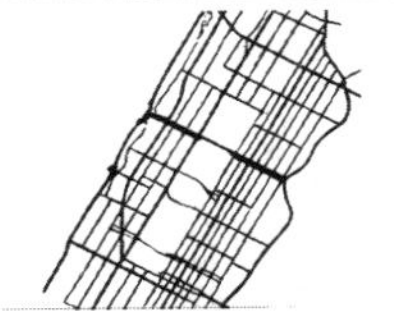	按一定间距平行和垂直排列主干路，在主干路之间再排列次干路，适用于地形平坦的城市（见图 5.7-6：“雷德朋”系统人车分行）
环形放射式	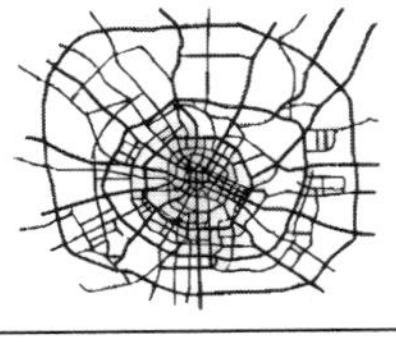	以径向放射性道路和围绕中心的环路组成环形放射式路网，环路形成中心城区交通保护圈，避免过境交通穿越市中心
自由式	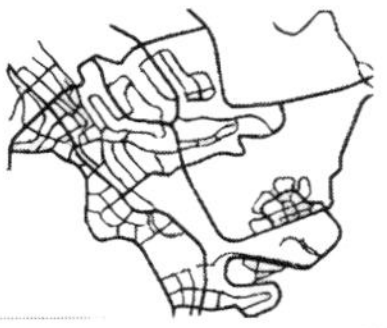	道路网布局根据地形变化，自由延展、蜿蜒多变，避免对原有地形进行大规模改造
链式	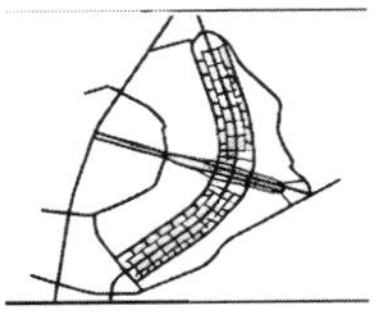	以一条干线为轴线，其余道路分散在两侧，与轴线相交。链式路网过境交通集中在干线上，其他用地内部没有过境交通（见图 5.7-7：巴西利亚城市平面）

续表

城市路网布局形态【2019】	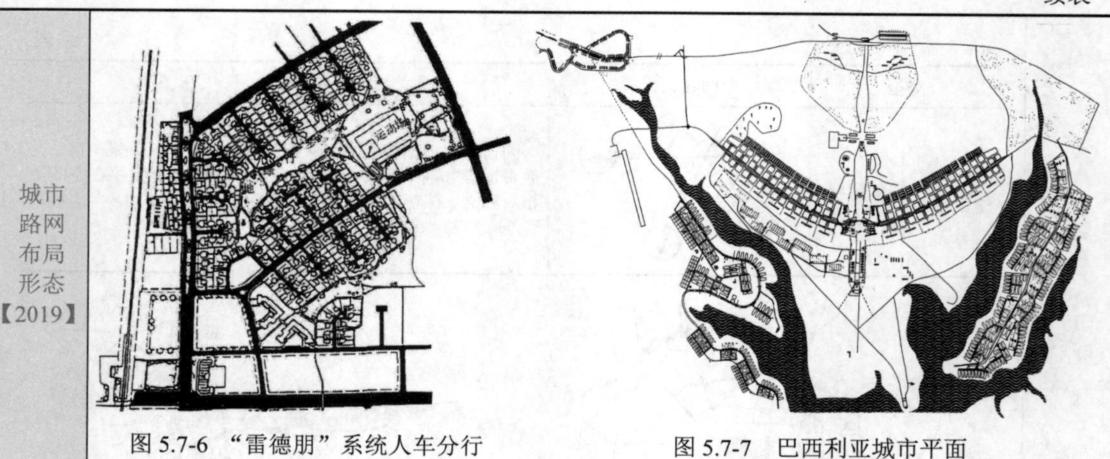 图 5.7-6 “雷德朋”系统人车分行 图 5.7-7 巴西利亚城市平面 【2021、2019、207】
绿地开放空间系统	绿地开放空间系统包括环绕形、嵌合形、核心形、带形相接形等，具体形态及代表城市见表 5.7-4

表 5.7-4　　　　不同绿地形态对比及案例

类型	环绕形	嵌合形	核心形	带形相接形
形态				
代表城市	大伦敦规划绿带与环带	哥本哈根指状嵌合的形态	荷兰兰斯塔德核心型布局	巴黎规划带形相接的布局

5.7-10［2024-52］不属于新城市主义规划模式设计特征的是（　　）。

A. 围绕核心城镇设施和商店布置住宅

B. 为人行提供更多可选择的通行路线，并限制机动车行驶

C. 设计为行人、自行车、游戏以及机动车等共同使用的街道

D. 建筑的道路退界较少，街道两侧的住宅前廊离人行道路较近

答案： B

解析： 见考点 21，选项 B 不正确，并未提及限制机动车行驶。

5.7-11［2023-54］反映批判性重建规划思想的当代城市更新样本是（　　）。

A. 德国柏林的波茨坦广场　　　　　　　　B. 波兰华沙城市重建区

C. 日本东京新宿副中心　　　　　　　　　D. 英国考文垂中心步行街

答案： A

解析： 反映批判性重建规划思想的当代城市更新样本的是德国柏林的波茨坦广场。

5.7-12［2022（8）-70］ 如图 5.7-8 所示，关于雷德朋新镇住区规划，其交通特点是（　　）。

A. 人车分行　　　　B. 共享街道

C. 人车混行　　　　D. 人车共存

答案： A

解析： 这种形式是由车行和步行两套独立的道路系统所组成。1933 年在美国新泽西州的雷德朋（Radburn，NJ）新镇规划中首次采用并实施，雷德朋新镇规划面积 500hm^2，人口 2.5 万，分三个邻里单位：实际建成为 30hm^2，人口 1500 人。这种人车分行的道路系统较好地解决了私人小汽车和人行的矛盾，之后在私人小汽车较多的国家和地区被广为采用，并称为“雷德朋”系统。

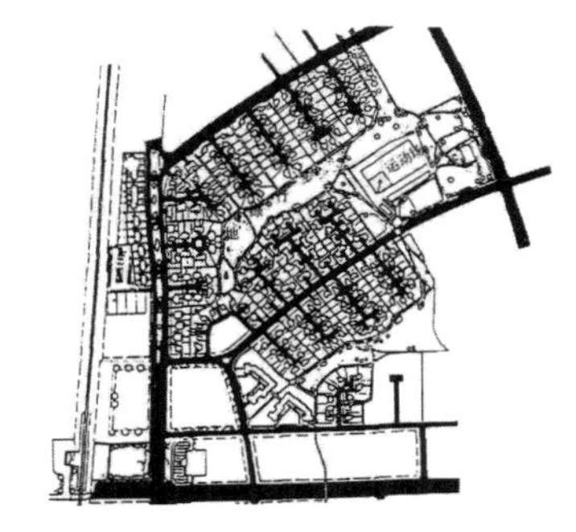

图 5.7-8

5.7-13［2021-62］ 根据图 5.7-9 所示的西宁新市区 2030 年战略规划图，其空间结构模式（　　）。

A. 网格　　　　B. 指状

C. 带状　　　　D. 组团

答案： B

解析： 西宁新区的空间结构模式为指状发展。

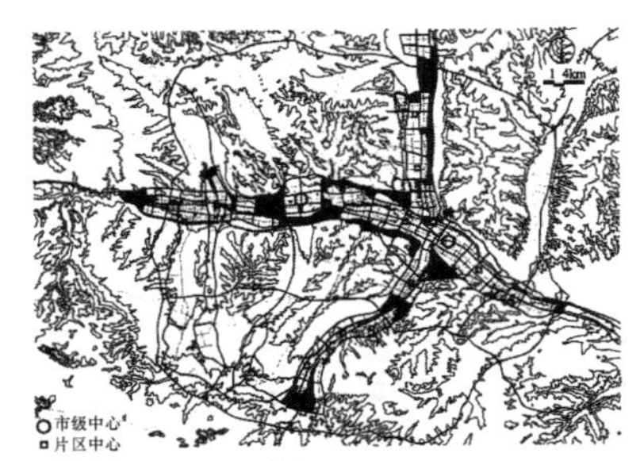

图 5.7-9

5.7-14［2021-71］ 图 5.7-10 所对应的城市是（　　）。

A. 巴西利亚　　　　B. 堪培拉

C. 华盛顿　　　　　D. 悉尼

答案： A

解析： 巴西利亚的规划，为链式规划，独具特色。

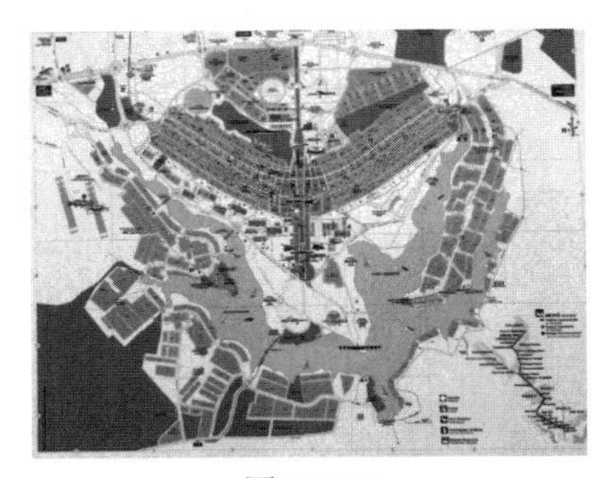

图 5.7-10

5.7-15［2020-70］ 图 5.7-11 所示的规划结构是（　　）。

A. 居住开发单元

B. 邻里单位

C. 郊区整体规划社区

D. 新城市主义

答案： D

解析： 新城市主义是 20 世纪 90 年代初针对郊区无序蔓延带来的城市问题而形成的一个新的城市规划及设计理论。主张借鉴二战前美国小城镇和城镇规划优秀传统，塑造具有城镇生活氛围、紧凑的社区，取代郊区蔓延的发展模式。

图 5.7-11

考点 22：城市地图及城市广场【★★★★★】

城市地图（图 5.7-12～图 5.7-20）	 图 5.7-12　罗马城平面路网图	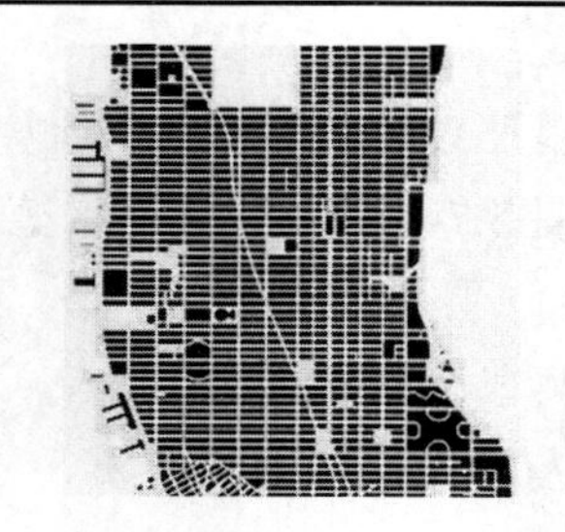 图 5.7-13　曼哈顿城市平面路网图	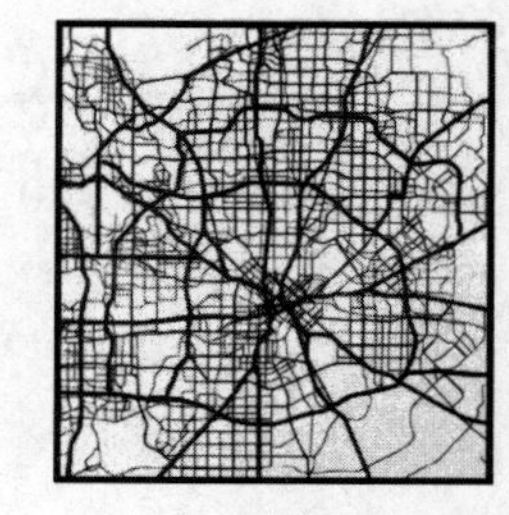 图 5.7-14　达拉斯城市平面路网图
	 图 5.7-15　芝加哥城市平面路网图	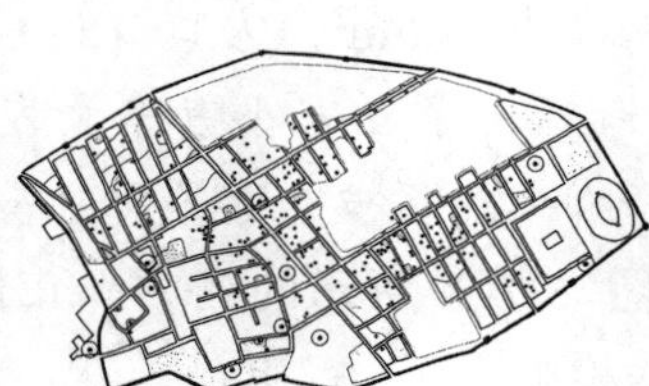 图 5.7-16　庞贝城的平面图	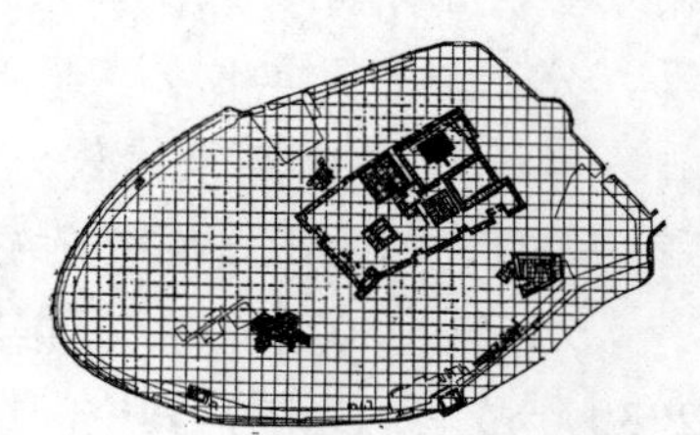 图 5.7-17　乌尔城的平面图
	 图 5.7-18　意大利威尼斯城市平面图	 图 5.7-19　西班牙毕尔巴鄂城市平面图	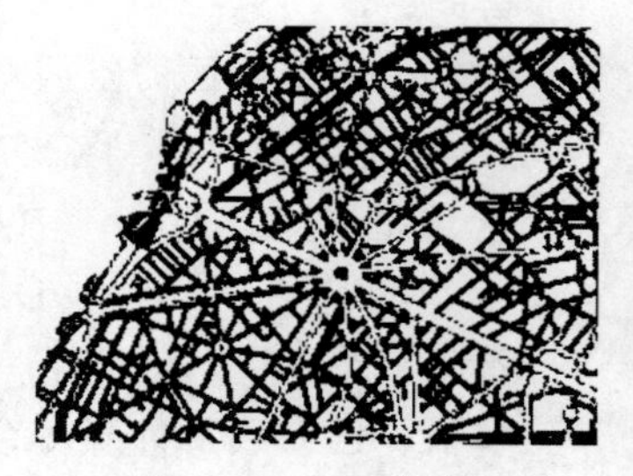 图 5.7-20　巴黎城市平面图
城市广场（图 5.7-21～图 5.7-26）	 图 5.7-21　纽约洛克中心【2023】	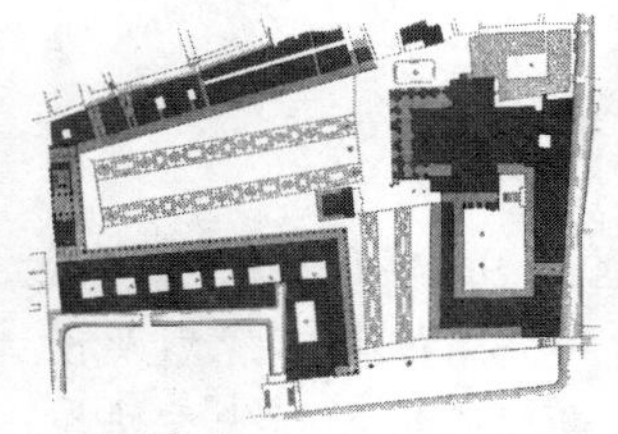 图 5.7-22　意大利威尼斯圣马可广场	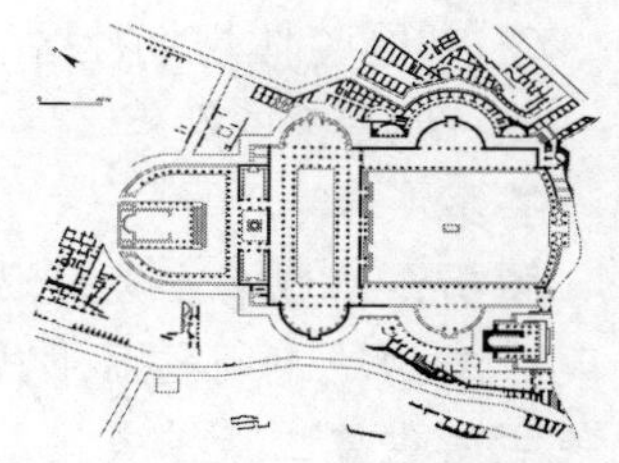 图 5.7-23　图拉真广场

续表

城市广场（图5.7-21～图5.7-26）	 图 5.7-24　纳沃纳广场	 图 5.7-25　锡耶纳中心广场 【2024】	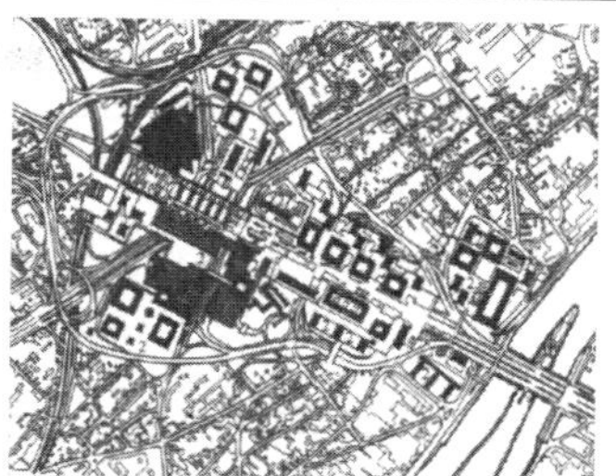 图 5.7-26　巴黎德方斯副中心 【2024】

5.7-16［2022（5）-73］下列城市广场中，以复合化功能的下沉空间为特色的是（　　）。

A. 纽约洛克中心　　B. 波士顿市政广场　C. 纽约时代广场　　D. 北京天安门广场

答案： A

解析： 下沉广场是城市休闲等广场的一种设计方法，设计者运用垂直高差的手法分隔空间，取得视觉效果空间效果，纽约洛克菲勒中心广场是洛克菲勒中心建筑群的中央的一个下凹的小广场，飘扬着联合国的上百面彩旗。

5.7-17［2020-73］下列各图中，哪个是巴黎的城市地图？（　　）

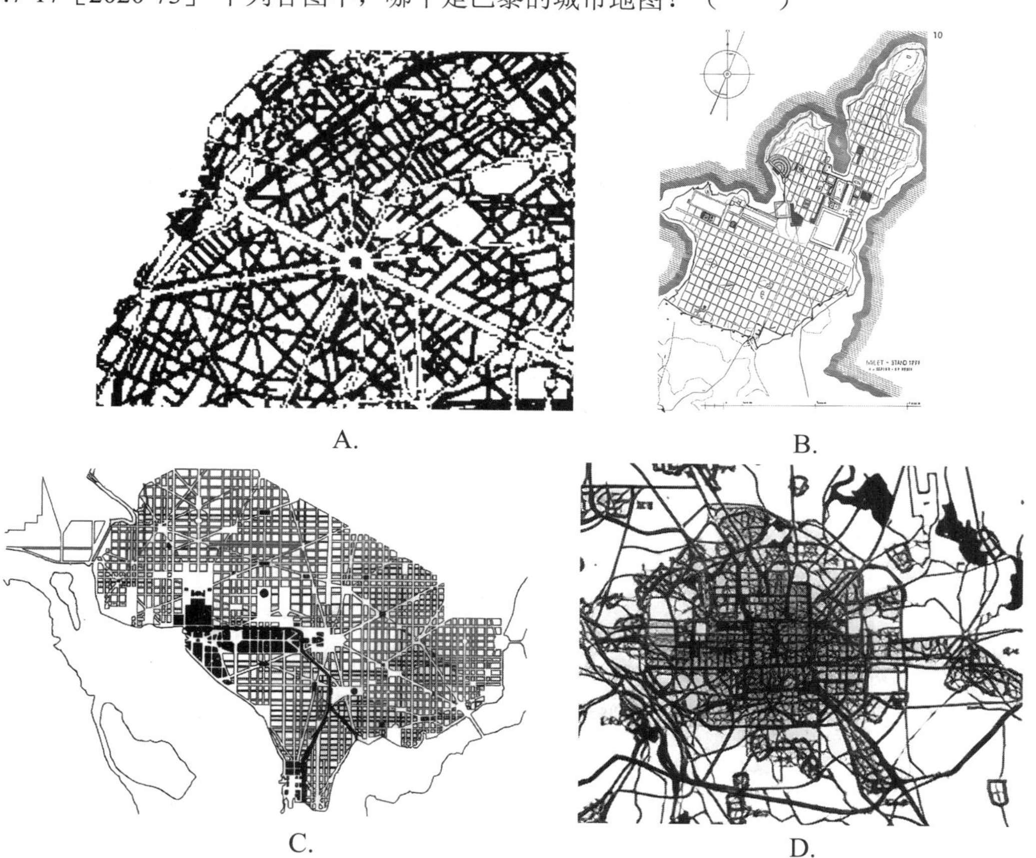

A.　B.　C.　D.

答案：A

解析：巴黎是放射状布局。

5.7-18［2022（5）-75］反映 1748 年罗马城市空间形态与肌理，称为“诺利”地图的是（　　）。

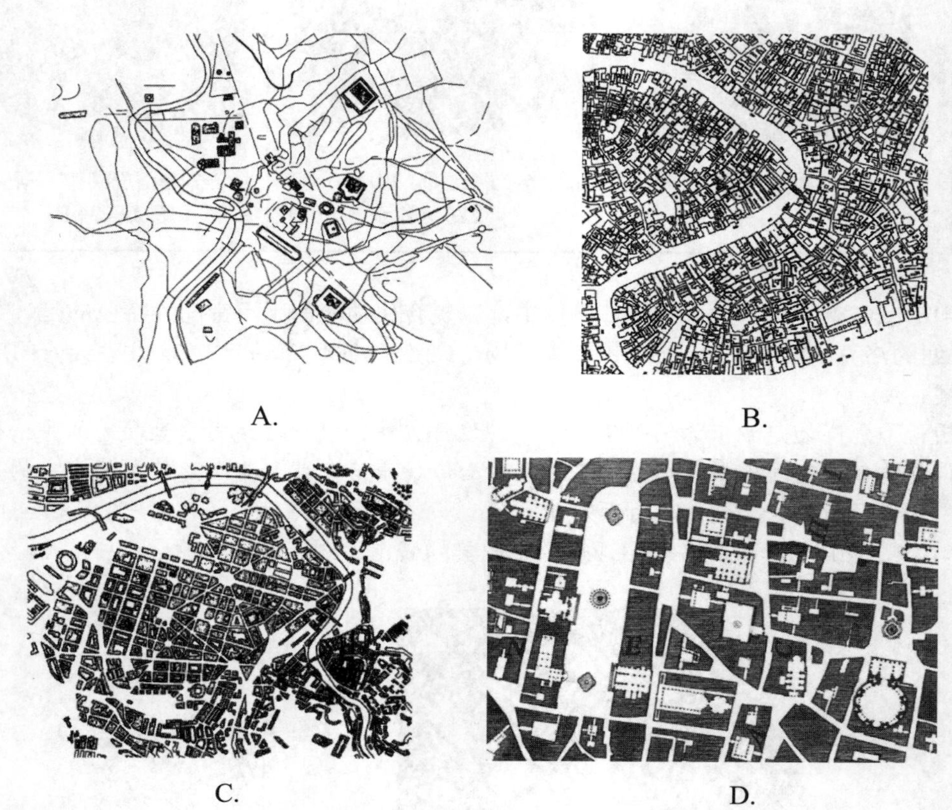

A.　　B.

C.　　D.

答案：D

解析：选项 A 是罗马城平面；选项 B 是意大利威尼斯；选项 C 是西班牙毕尔巴鄂；选项 D 是诺利罗马地图。

第八节　景　观　设　计

考点 23：景观设计理论【★★】

根据《建筑设计资料集（景观设计）》（第三版）第一分册	
景观生态学	斑块-廊道-基质是景观生态学用来描述空间结构的重要理论，也是描述景观空间异质性的一个基本模式。斑块是指与周围环境存在异质性，并具有一定内部均质性的空间单元；廊道则是指连通不同空间单元的线状或带状结构；基质则是指空间中广泛分布的连续的背景结构。作为景观三要素之一，生态廊道将破碎化的各个斑块连接起来形成良好的生态网络，有利于维护生态系统结构的稳定性和生态功能的协调性，从而形成稳定的区域生态安全格局。

续表

景观生态学	1. 斑块。 定义：一个均质背景中具有边界的连续体的非连续性。环境中生物或资源多度较高的部分。（不同生态学家对斑块的定义不同，但所有定义都强调斑块的空间非连续性和内部相似性。） 在旅游区，它主要指游客的各种消费场所，如景点、宿营地、旅馆等。从旅游景观资源上讲，指自然景观或以自然景观为主的地域，如森林、湖泊、草地等。斑块是有尺度的，与周围环境（基底）在性质上或外观上不同的空间实体。斑块还可指在较大的单一群落中散在分布的其他的小群落，是由自然因素造成的。 2. 生态廊道。 是指在生态环境中呈线性或带状布局，能够沟通连接空间分布上较为孤立和分散的生态景观单元的景观生态系统空间类型，能够满足物种的扩散，迁移和交换，是构建区域山水林田湖草完整生态系统的重要组成部分。 3. 基质。 是斑块镶嵌内的背景生态系统或土地利用形式。一般指旅游地的地理环境及人文社会特征。景观是由若干景观要素组成，其中基质是面积最大，连通性最好的景观要素。 基质判定有三条标准： （1）相对面积：基质面积在景观中最大，超过现存的任何其他景观要素类型的总面积，基质中的优势种也是景观中的主要种。 （2）连通性：基质的连通性较其他景观要素高。 （3）控制程度：基质对景观动态的控制较其他景观要素类型大
市生态分析方法	城市生态规划中，常用的基础评价方法包括城市主要用地的生态适宜性分析、生态敏感性分析等，并形成相应的图件进行叠加，作为确定生态功能分区的依据。在确定规划方案时，则主要基于 RS 和 GIS 技术手段，采用网格叠加空间分析法、模糊聚类分析法和生态综合评价法等。 生态适宜性指土地生态适宜性，指由土地内在自然属性所决定的对特定用途的适宜或限制程度。生态适宜性分析的目的在于寻求主要用地的最佳利用方式，使其符合生态要求，合理地利用环境容量，以创造一个清洁、舒适、安静、优美的环境。 城市土地生态适宜性分析的一般步骤如下：① 确定城市土地利用类型。② 建立生态适宜性评价指标体系。③ 确定适宜性评价分级标准及权重，应用直接叠加法或加权叠加法等计算方法得出规划区不同土地利用类型的生态适宜性分析图。【2024】 生态敏感性分析是针对区域可能发生的生态环境问题，评价生态系统对人类活动干扰的敏感程度，即发生生态失衡与生态环境问题的可能性大小，如土壤沙化、盐渍化、生境退化、酸雨等可能发生的地区范围与程度，以及是否导致形成生态环境脆弱区。 城市生态敏感性分析的一般步骤是：① 确定规划可能发生的生态环境问题类型。② 建立生态环境敏感性评价指标体系。③ 确定敏感性评价标准并划分敏感性等级后，应用直接叠加法或加权叠加法等计算方法得出规划区生态环境敏感性分析图
生态功能分区	城市生态规划的基本工作是建立生态功能分区，为区域生态环境管理和生态资源配置提供一个地理空间上的框架，以实现以下目标：① 明确各区域生态 环境保护与管理的主要内容。② 以生态敏感性评价为基础，建立切合实际的环境评价标准，以反映区域尺度上生态环境对人类活动影响的阈值或恢复能力。③ 根据生态功能区内人类活动的规律以及生态环境的演变过程和恢复技术的发展，预测区域内未来生态环境的演变趋势。④ 根据各生态功能区内的资源和环境特点，对工农业生产布局进行合理规划，使区域内的资源得到充分利用，又不对生态环境造成很大影响，持续发挥区域生态环境对人类社会发展的服务支持功能。 城市生态功能区划原则：① 自然属性为注，兼顾社会属性原则。② 整体性原则。③ 保护城市生态系统多样性，维护生态系统稳定性原则。④ 注重保护资源，着眼长远利用原则【2024】

续表

海绵城市	低影响开发，是20世纪90年代末发展起的暴雨管理和面源污染处理技术，旨在通过分散的，小规模的源头控制来达到对暴雨所产生的径流和污染的控制，使开发地区尽量接近于自然的水文循环。低影响开发是一种可轻松实现城市雨水收集利用的生态技术体系，其关键在于原位收集、自然净化、就近利用或回补地下水。主要包含：生态植草沟、下凹式绿地、雨水花园、绿色屋顶、地下蓄渗、透水路面。【2021】 低影响开发强调城镇开发应减小对环境的冲击，其核心是基于源头控制和延缓冲击负荷的理念，构建与自然相适应的城镇排水系统，合理利用景观空间和采取相应措施对暴雨径流进行控制，减少城镇面源污染
绿道规划设计导则	1.《绿道规划设计导则》住建部：绿道游径应根据现状情况灵活设置步行道、自行车道和步行骑行综合道。郊野型绿道以自行车道为主，宜设置步行骑行综合道。【2021】 2. 基本要求： （1）遵循“生态优先、因地制宜、安全连通、经济合理”原则，结合所经过地区的现状资源特点，根据不同的绿道类型来进行绿道游径系统规划设计。加强绿道与城乡交通体系的有效衔接，提高绿道的可达性，方便居民出行。 （2）绿道游径系统应保证市民使用安全，应结合现状地形，避免大填大挖。 （3）绿道游径系统应保证线路连通，当跨越河流、山体、铁路、公路、城市道路等障碍物时，可采用绿道连接线的方式保证绿道游径的连通，但应满足绿道连接线选线、长度控制、安全隔离等要求。 （4）绿道游径应根据现状情况灵活设置步行道、自行车道和步行骑行综合道。郊野型绿道以自行车道为主，宜设置步行骑行综合道。 （5）除借道段之外，原则上应避免机动车进入绿道，只允许对绿道进行维护管理和消防、医疗、应急救助用车临时通行。 （6）城镇型绿道的绿道游径在满足坡度、宽度、净空等条件下，宜采用无障碍设计
植物种类	植物依其外部形态分为乔木、灌木、藤本、草本、竹类和花卉六类（图5.8-1） 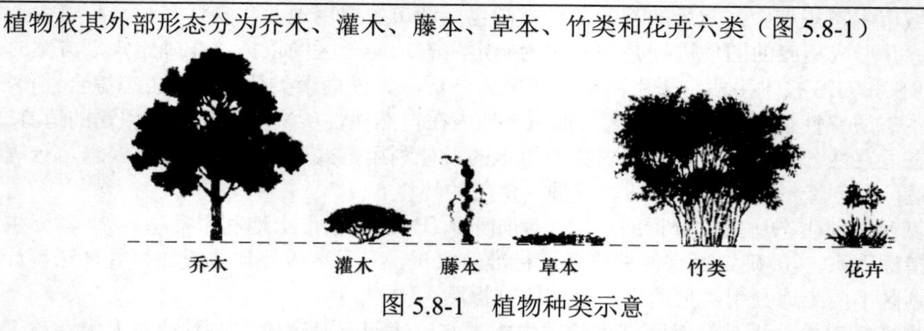 图5.8-1　植物种类示意

5.8-1［2024-69］城市生态适宜性分析步骤不包括（　　）。

A. 确定城市土地利用类型

B. 建立生态适宜性评价指标体系

C. 确定适宜性评价分级标准及权重

D. 进行生态适宜性修复效果预测和评价

答案：D

解析：见考点23分析。

5.8-2［2024-70］城市生态功能区划原则不包括（　　）。

A. 自然属性为主，兼顾社会属性

B. 保护城市生态系统多样性，维持生态系统稳定性

C. 依赖内部资源，坚持独立性原则

D. 注意保护资源，着眼长远利用

答案：C

解析：见考点23分析。

5.8-3［2022（12）-79］下列植物中，不属于灌木的是（　　）。

A. 丁香　　B. 合欢　　C. 黄杨　　D. 栀子花

答案：B

解析：合欢树属于落叶乔木，他生长在我国的华南以及西南部各省区，在世界的非洲和北美都有分布。

5.8-4［2021-77］不能从源头截留、渗透和利用雨水径流的景观营造做法是（　　）。

A. 植草浅沟　　B. 雨水花园　　C. 下凹绿地　　D. 广场喷泉

答案：D

解析：海绵城市需要植草浅沟、雨水花园、下凹绿地等“软”处理，广场喷泉属于“硬”处理。

5.8-5［2020-76］斑块、廊道、基质是景观生态学中用来描述景观格局的基本概念，下列要素不属于基质的是（　　）。

A. 草地　　B. 河流　　C. 森林　　D. 荒漠

答案：B

解析：斑块—廊道—基质模型是景观生态学用来解释景观结构的基本模式，普遍适用于各类景观，包括荒漠、森林、农业，草原、郊区和建成区景观，景观中任意一点或是落在某一斑块内，或是落在廊道内，或是在作为背景的基质内。这一模式为比较和判别景观结构，分析结构与功能的关系和改变景观提供了一种通俗、简明和可操作的语言。

斑块：景观生态学中的斑块是景观格局的基本组成单元，是指不同于周围背景的、相对均质的非线性区域。

廊道：景观生态学中的廊道是指不同于周围景观基质的线状或带状的景观要素，一般可分为线状廊道、带状廊道和河流廊道。

基质：景观中面积最大，连接性最好的景观要素类型。

5.8-6［2020-77］雨水收集是塑造多功能生态景观的重要环节，其基本方式不包括（　　）。

A. 雨水存蓄，溢流和水景　　B. 雨水种植园

C. 雨水渗透，景观沼泽　　D. 市政雨水管道

答案：D

解析：市政雨水管道不属于雨水收集环节，不能塑造多功能生态景观。

考点 24：经典景观案例【★★★】

优秀案例	1. 纽约中央公园（图 5.8-2）。 纽约中央公园是美国最大的公共绿地，由美国景观设计之父奥姆斯特德设计。它坐落在摩天大楼耸立的曼哈顿正中，是纽约第一个完全以园林学为设计准则建立的公园。 2. 美国高线公园（图 5.8-3 为平面图）。 纽约市曼哈顿区西部，利用废弃铁路货运专线改造，将景观设计和工业遗存保护相结合的典型案例。将一条铁路货运专线改造为城市空中走廊，将有机栽培与建筑材料按不断变化的比例关系结合起来，创造出多样的空间体验。

续表

优秀案例	3. 拉维莱特公园（图 5.8-4）。 解构主义思潮的最重要的作品之一。在这块 125 英亩（50.6hm）的基地上，屈米设置了一个不和谐的几何叠加系统。他首先为基地建立一个 120m 长度单位的方格网，在网格的节点上，他都放置了一个边长 10m 的、被称作“疯狂”（folies）的红色立方体小品建筑，并称此为一个“点”的系统（system of point）。穿插和围绕着这些“疯狂”，屈米组织了一个道路系统。它们共同组成公园“线”的系统。在点和线的系统之下，是“面”的系统，包含了科学城、广场、巨大的环形体和三角形的围合体 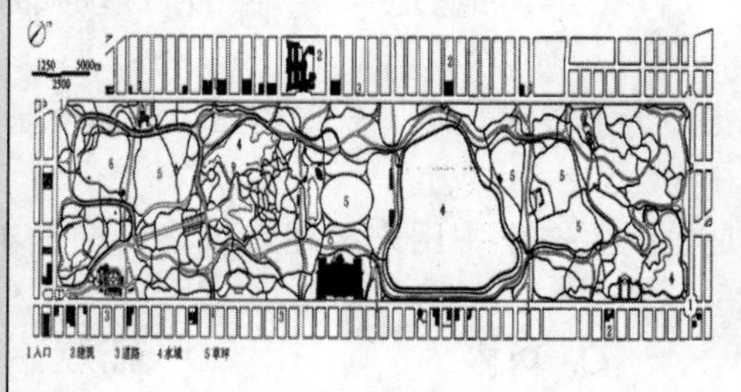 图 5.8-2　纽约中央公园  图 5.8-3　高线公园平面图 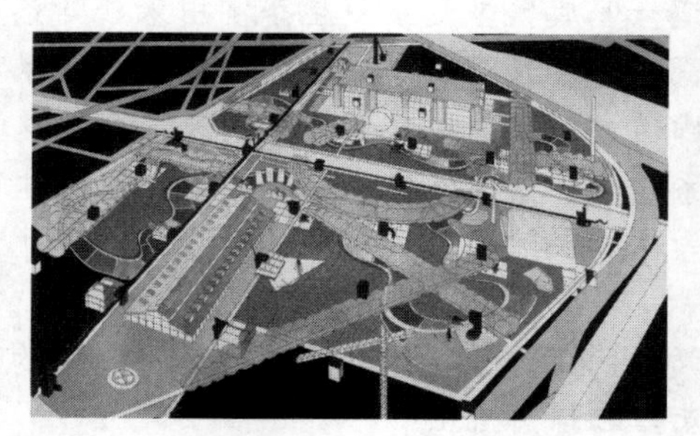 图 5.8-4　拉维莱特公园

5.8-7［2023-69］下列城市公园中，采用点、线、面要素组成子系统并结合设计的是（　）。

A. 法国巴黎的拉维莱特公园　　B. 美国纽约高线公园

C. 德国慕尼黑奥林匹克公园　　D. 上海松江方塔园

答案：A

解析：建筑师伯纳德·屈米采用解构主义的手法，从法国传统园林中提取出点、线、面三个体系，并进一步演变成直线和曲线的形式，叠加成拉维莱特公园的布局结构。

5.8-8［2022（5）-78］景观规划师奥姆斯特德以风景园林学为设计准则主修的公园是（　）。

A. 纽约中央公园　　B. 巴黎拉维莱公园

C. 纽约高线公园　　D. 芝加哥千禧公园

答案：A

解析：纽约中央公园的设计者为奥姆斯特德。题中各选项所对应的实景图如图 5.8-5 所示。

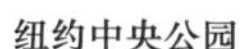

纽约中央公园

巴黎拉维莱公园

纽约高线公园

芝加哥千禧公园

图 5.8-5　实景图

5.8-9［2020-75］景观设计和工业遗存保护相结合、利用废弃铁路货运专线改造为公共空间的是（　　）。

A. 英国伦敦海德公园　　B. 英国伦敦潮汐公园

C. 美国纽约中央公园　　D. 美国纽约高线公园

答案：D

解析：高线公园（High Line Park）是一个位于纽约曼哈顿中城西侧的线型空中花园。题中各选项所对应的实景图如图 5.8-6 所示。

英国伦敦海德公园

英国伦敦潮汐公园

美国纽约中央公园

美国纽约高线公园

图 5.8-6　实景图

考点 25：棕地再生【★★★】

基本概念

1. 棕地，泛指因人类活动而存在已知或潜在污染的场地，对其再利用需要建立在基于目标用途的场地风险评估与修复基础之上，国内典型案例如图 5.8-7～图 5.8-10 所示。

2. 中国棕地主要类型见表 5.8-5【2023】

表 5.8-5　中国棕地主要类型（按原用地性质划分）

棕地类型	具体包括
工业企业旧厂区	钢铁厂、焦化厂、纺织厂、机械厂、制药厂、制造业和化工企业等
采矿业废弃地	煤矿、有色金属矿、黑色金属矿、采石场及受采矿活动影响造成地形塌陷的周边地区等
垃圾填埋场	卫生填埋场、简易填埋场、受控填埋场及工业垃圾堆放地等
其他	废弃的机场、铁路用地、干洗店、加油站、军事用地和墓地等

设计要点

1. 棕地的景观设计与场地污染治理互为制约，只有通过协调合作，才能实现经济、有效、理想的场地再利用。

2. 棕地的场地设计人员需要具备基础的场地修复知识，并了解不同治理技术对项目在空间、时间与经费上的影响。

3. 棕地的污染治理往往是一个长期而动态的过程，其场地设计需要做出动态的分期考量

续表

工业企业旧厂区再生	1. 不同的原工业用途对场地的土壤和地下水所造成污染的类型、成分、分布、深度和扩散情况均有所不同。在确定场地再开发用途前，应基于场地历史信息、现状资料和科学的采样勘测确定污染情况。 2. 工业场地的污染治理与修复方式包括全面清除或部分清除，分为原位修复或异位修复。常见的土壤污染治理与修复技术包括封盖、植物修复、空气喷射、焚化、生物修复、土壤淋洗、热解吸和可渗透反应屏障等。 3. 对场地内遗留的工业建构筑物的再利用应考虑工业遗产保护的相关要求
采矿业废弃地再生	1. 露天矿坑和采石场空间的地形高程变化巨大，再利用过程中需要应对潜在的岩壁风化剥落风险。 2. 矿坑土壤结构性差、贫瘠，可能存在重金属污染，修复过程中宜选用根系发达的本地物种。 3. 采矿或采石活动结束后，坑底往往形成水潭，可通过循环净化在场地中营造亲水性景观
垃圾填满场再生	1. 生活垃圾填埋场的再利用需与其封场工程紧密结合。 2. 垃圾填埋场再生的景观设计需要考虑协调垃圾堆体不均匀沉降、渗滤液与填埋气收集系统、雨污分流系统和污染监测系统的运行及维护。 3. 垃圾堆体上的覆土受填埋气毒性影响且持水能力低，植被宜选择浅根系的本地物种
图例	 图 5.8-7　北京奥林匹克森林公园  图 5.8-8　北京首钢园  图 5.8-9　上海世博园  图 5.8-10　广东中山岐江公园

5.8-10［2023-67］下列哪一个是由废弃钢铁厂改造的景观公园？（　　）

A. 法国巴黎雪铁龙公园　　B. 德国北杜伊斯堡风景园

C. 巴塞罗那植物园　　D. 美国纽约高线公园

答案：B

解析：北杜伊斯堡景观公园，其原址是炼钢厂和煤矿及钢铁工厂。

5.8-11［2023-68］在景观设计中，下列属于棕地的是（　　）。

A. 垃圾填埋场　　B. 人工湿地　　C. 仓储用地　　D. 防灾公园

答案： A

解析： 泛指因人类活动而存在已知或潜在污染的场，A 垃圾填埋场是中国棕地主要类型。

5.8-12［2022-65］作为典型废弃钢铁厂再利用的案例，德国北部鲁尔区北杜伊斯堡景观公园的规划特点是（　　）。

A. 棕地再生　　B. 湿地系统保护　　C. 灾后重建　　D. 历史建筑修复

答案： A

解析： 鲁尔区北杜伊斯堡景观公园被认为是后工业景观公园的代表作。棕地：城市更新与工业产业迁出使城市中遗留大量可能存在污染的场地。

考点 26：城市水系规划【★★★】

根据《城市水系规划规范》(GB 50513—2009，2016 年版)	
	1.0.4 城市水系规划应坚持保护为主、合理利用的原则，尊重水系自然条件，切实保护和修复城市水系及其空间环境
基本原则	3.0.2 编制城市水系规划时应坚持以下原则： 1 安全性原则。充分发挥水系在城市给水、排水防涝和城市防洪中的作用，确保城市饮用水安全和防洪排涝安全。 2 生态性原则。维护水系生态环境资源，保护生物多样性，修复和改善城市生态环境。 3 公共性原则。水系是城市公共资源，城市水系规划应确保水系空间的公共属性，提高水系空间的可达性和共享性。 4 系统性原则。城市水系规划应将水体、岸线和滨水区作为一个整体进行空间、功能的协调，合理布局各类工程设施，形成完善的水系空间系统。城市水系空间系统应与城市园林绿化系统、开放空间系统等有机融合，促进城市空间结构的优化。 5 特色化原则。城市水系规划应体现地方特色，强化水系在塑造城市景观和传承历史文化方面的作用，形成有地方特色的滨水空间景观，展现独特的城市魅力
水系修复和治理	5.5.2 水系连通应恢复和保持河湖水系的自然连通，构建城市良性水循环系统，确需开展人工连通时，应把握河湖水系的自然规律，统筹考虑连通的需求和可行性，充分考虑连通的生物安全性和环境影响，避免盲目进行人工连通。 5.5.3 水系修复应因利导对渠化河道进行生态修复，重塑健康自然岸线，恢复自然漫滩，营造多样性生物生存环境。 5.5.4 水系治理应保障城市河湖生态系统的生态基流量，拦水坝等构筑物的设置不应影响水系的连通性，应通过河道贯通、疏拓、拆除功能不强的闸坝等工程措施，加强水体整体的流动性。 5.5.5 水系改造应有利于提高城市水系的综合利用价值，符合区域地形地貌、水系分布特征及水系综合利用要求。 5.5.6 水系改造应有利于提高城市水生态系统的环境质量，增强水系各水体之间的联系，不宜减少水体涨落带的宽度。 5.5.7 水系改造应有利于提高城市排水防涝和城市防洪减灾能力，江河、沟渠的断面和湖泊的形态应保证过水流量和调蓄库容的需要，预留超标径流的蓄滞空间。 5.5.8 水系改造应有利于形成连续的滨水公共活动空间。 5.5.9 规划建设新的水体或扩大现有水体的水域面积，应与城市的水资源条件、排水防涝、海绵城市建设目标、用地规划相协调，增加的水域宜优先用于调蓄和净化雨水径流【2023】

续表

水系保护要求	城市水系的保护应包括水域保护、水质保护、水生态保护和滨水空间控制等内容，根据实际需要，可增加水系历史文化保护和水系景观保护的内容。 城市水系规划应以水系现状和历史演变状况为基础，综合考虑流域、区域水资源水环境承载能力、城市生态格局及水敏感性、城市发展需求等因素，梳理水系格局，注重水系的自然性、多样性、连续性和系统性，完善城市水系布局
水系利用要求	5.1.1 城市水系利用规划应体现保护、修复和利用协调统一的思想，统筹水体、岸线和滨水区之间的功能，并通过对城市水系的优化，促进城市水系在功能上的复合利用。 5.1.2 城市水系利用规划应贯彻在保护和修复的前提下有限利用的原则，应满足水资源承载力和水环境容量的限制要求，并能维持水生态系统的完整性和多样性。 5.1.3 城市水系利用规划应禁止填湖造地，避免盲目截弯取直和河道过度硬化等破坏水生态环境的行为

5.8-13［2023-65］关于城市水系规划原则的说法，错误的是（　　）。

A. 保持现有水系的水体面积　　B. 增强各水系水体间联系

C. 保护水体、水质与水生态　　D. 可减少水体涨落带宽度

答案：D

解析：《城市水系规划规范》5.5.6 水系改造应有利于提高城市水生态系统的环境质量，增强水系各水体之间的联系，不宜减少水体涨落带的宽度。

第九节　历史文化名城名镇名村保护

考点 27：《历史文化名城名镇名村保护条例》

总则	第三条　历史文化名城、名镇、名村的保护应当遵循科学规划、严格保护的原则，保持和延续其传统格局和历史风貌，维护历史文化遗产的真实性和完整性，继承和弘扬中华民族优秀传统文化，正确处理经济社会发展和历史文化遗产保护的关系
申报与批准	第七条　具备下列条件的城市、镇、村庄，可以申报历史文化名城、名镇、名村： （一）保存文物特别丰富。 （二）历史建筑集中成片。 （三）保留着传统格局和历史风貌。 （四）历史上曾经作为政治、经济、文化、交通中心或者军事要地，或者发生过重要历史事件，或者其传统产业、历史上建设的重大工程对本地区的发展产生过重要影响，或者能够集中反映本地区建筑的文化特色、民族特色。申报历史文化名城的，在所申报的历史文化名城保护范围内还应当有 2 个以上的历史文化街区【2024】
	第八条　申报历史文化名城、名镇、名村，应当提交所申报的历史文化名城、名镇、名村的下列材料： （一）历史沿革、地方特色和历史文化价值的说明。 （二）传统格局和历史风貌的现状。 （三）保护范围。 （四）不可移动文物、历史建筑、历史文化街区的清单。 （五）保护工作情况、保护目标和保护要求

续表

保护规划	第十四条　保护规划应当包括下列内容： （一）保护原则、保护内容和保护范围。 （二）保护措施、开发强度和建设控制要求。 （三）传统格局和历史风貌保护要求。 （四）历史文化街区、名镇、名村的核心保护范围和建设控制地带。 （五）保护规划分期实施方案
保护措施	第二十一条　历史文化名城、名镇、名村应当整体保护，保持传统格局、历史风貌和空间尺度，不得改变与其相互依存的自然景观和环境
	第二十三条　在历史文化名城、名镇、名村保护范围内从事建设活动，应当符合保护规划的要求，不得损害历史文化遗产的真实性和完整性，不得对其传统格局和历史风貌构成破坏性影响
	第二十四条　在历史文化名城、名镇、名村保护范围内禁止进行下列活动： （一）开山、采石、开矿等破坏传统格局和历史风貌的活动。 （二）占用保护规划确定保留的园林绿地、河湖水系、道路等。 （三）修建生产、储存爆炸性、易燃性、放射性、毒害性、腐蚀性物品的工厂、仓库等。 （四）在历史建筑上刻划、涂污
	第二十五条　在历史文化名城、名镇、名村保护范围内进行下列活动，应当保护其传统格局、历史风貌和历史建筑；制订保护方案，并依照有关法律、法规的规定办理相关手续： （一）改变园林绿地、河湖水系等自然状态的活动。 （二）在核心保护范围内进行影视摄制、举办大型群众性活动。 （三）其他影响传统格局、历史风貌或者历史建筑的活动
	第二十七条　对历史文化街区、名镇、名村核心保护范围内的建筑物、构筑物，应当区分不同情况，采取相应措施，实行分类保护。 历史文化街区、名镇、名村核心保护范围内的历史建筑，应当保持原有的高度、体量、外观形象及色彩等
	第二十八条　在历史文化街区、名镇、名村核心保护范围内，不得进行新建、扩建活动。但是，新建、扩建必要的基础设施和公共服务设施除外。 在历史文化街区、名镇、名村核心保护范围内，新建、扩建必要的基础设施和公共服务设施的，城市、县人民政府城乡规划主管部门核发建设工程规划许可证、乡村建设规划许可证前，应当征求同级文物主管部门的意见。 在历史文化街区、名镇、名村核心保护范围内，拆除历史建筑以外的建筑物、构筑物或者其他设施的，应当经城市、县人民政府城乡规划主管部门会同同级文物主管部门批准

5.9-1［2024-67］申报国家历史文化名城、名镇、名村的条件要求不包括（　　）。

A. 非物质文化遗产丰富　　B. 历史建筑集中成片

C. 传统格局和历史风貌保存完好　　D. 文化遗存丰富

答案：A

解析：详见《历史文化名城名镇名村保护条例》第七条。

考点 28:《历史文化名城保护规划标准》

<table>
<tr><td>总则</td><td>1.0.3 保护规划必须应保尽保，并应遵循下列原则：
1 保护历史真实载体的原则。
2 保护历史环境的原则。
3 合理利用、永续发展的原则。
4 统筹规划、建设、管理的原则</td></tr>
<tr><td>历史文化名城</td><td>3.1.3 历史文化名城保护规划应坚持整体保护的理念，建立历史文化名城、历史文化街区与文物保护单位三个层次的保护体系。
3.1.5 历史文化名城保护规划应包括下列内容：
1 城址环境保护。
2 传统格局与历史风貌的保持与延续。
3 历史地段的维修、改善与整治。
4 文物保护单位和历史建筑的保护和修缮。
3.1.6 历史文化名城保护规划应划定历史城区、历史文化街区和其他历史地段、文物保护单位、历史建筑和地下文物埋藏区的保护界线，并应提出相应的规划控制和建设要求。
3.1.7 历史文化名城保护规划应优化调整历史城区的用地性质与功能，调控人口容量，疏解城区交通，改善市政设施等，并提出规划的分期实施及管理建议。
3.2.1 历史文化名城保护规划应划定历史城区范围，可根据保护需要划定环境协调区。
3.2.2 历史文化名城保护规划应划定历史文化街区的保护范围界线，保护范围应包括核心保护范围和建设控制地带。对未列为历史文化街区的历史地段，可参照历史文化街区的划定方法确定保护范围界线。
3.2.4 历史文化名城保护规划应当划定历史建筑的保护范围界线。历史文化街区内历史建筑的保护范围应为历史建筑本身，历史文化街区外历史建筑的保护范围应包括历史建筑本身和必要的建设控制地带。
3.2.5 当历史文化街区的保护范围与文物保护单位的保护范围和建设控制地带出现重叠时，应坚持从严保护的要求，应按更为严格的控制要求执行。
3.3.2 历史文化名城保护规划应对体现历史城区传统格局特征的城垣轮廓、空间布局、历史轴线、街巷肌理、重要空间节点等提出保护措施，并应展现文化内在关联。
3.3.3 历史文化名城保护规划应运用城市设计方法，对体现历史城区历史风貌特征的整体形态以及建筑的高度、体量、风格、色彩等提出总体控制和引导要求，并应强化历史城区的风貌管理，延续历史文脉，协调景观风貌。
3.3.4 历史文化名城保护规划应明确历史城区的建筑高度控制要求，包括历史城区建筑高度分区、重要视线通廊及视域内建筑高度控制、历史地段保护范围内的建筑高度控制等。【2024】
3.4.1 历史城区应保持或延续原有的道路格局，保护有价值的街巷系统，保持特色街巷的原有空间尺度和界面。
3.4.2 历史文化名城应通过完善综合交通体系，改善历史城区的交通条件。历史城区的交通组织应以疏导为主，应将通过性的交通干路、交通换乘设施、大型机动车停车场等安排在历史城区外围。
3.4.3 历史城区应优先发展公共交通、步行和自行车交通；应选择合适的公共交通车型，提高公共交通线网的覆盖率；宜结合整体交通组织，设置自行车和行人专用道、步行区，营造人性化的交通环境。
3.4.4 历史城区应控制机动车停车位的供给，完善停车收费和管理制度，采取分散、多样化的停车布局方式。不宜增建大型机动车停车场。
3.5.1 历史城区内应积极改善市政基础设施，与用地布局、道路交通组织等统筹协调，并应符合下列规定：
2 对现状已存在的大型市政设施，应进行统筹优化，提出调整措施；历史城区内不应保留污水处理厂、固体废弃物处理厂（场）、区域锅炉房、高压输气与输油管线和贮气与贮油设施等环境敏感型设施；不宜保留枢纽变电站、大中型垃圾转运站、高压配气调压站、通信枢纽局等设施。
3 历史城区内不应新设置区域性大型市政基础设施站点，直接为历史城区服务的新增市政设施站点宜布置在历史城区周边地带。</td></tr>
</table>

续表

历史文化名城	4　有条件的历史城区，应以市政集中供热为主：不具备集中供热条件的历史城区宜采用燃气、电力等清洁能源供热。 5　当市政设施及管线布置与保护要求发生矛盾时，应在满足保护和安全要求的前提下，采取适宜的技术措施进行处理。【2023】 3.6.4　历史城区内应重点发展与历史文化名城相匹配的相关产业，不得保留或设置二、三类工业用地，不宜保留或设置一类工业用地。当历史城区外的污染源对历史城区造成大气、水体、噪声等污染时，应提出治理、调整、搬迁等要求
历史文化街区	4.1.1　历史文化街区应具备下列条件： 1　应有比较完整的历史风貌。 2　构成历史风貌的历史建筑和历史环境要素应是历史存留的原物。 3　历史文化街区核心保护范围面积不应小于 $1hm^2$。 4　历史文化街区核心保护范围内的文物保护单位、历史建筑、传统风貌建筑的总用地面积不应小于核心保护范围内建筑总用地面积的60%。 4.1.2　历史文化街区保护规划应确定保护的目标和原则，严格保护历史风貌，维持整体空间尺度，对街区内的历史街巷和外围景观提出具体的保护要求。 4.1.3　历史文化街区保护规划应达到详细规划深度要求。历史文化街区保护规划应对保护范围内的建筑物、构筑物提出分类保护与整治要求。对核心保护范围应提出建筑的高度、体量、风格、色彩、材质等具体控制要求和措施，并应保护历史风貌特征。建设控制地带应与核心保护范围的风貌协调，至少应提出建筑高度、体量、色彩等控制要求。【2024】 4.2.1　历史文化街区核心保护范围界线的划定和确切定位应符合下列规定： 1　应保持重要眺望点视线所及范围的建筑物外观界面及相应建筑物的用地边界完整。 2　应保持现状用地边界完整。 3　应保持构成历史风貌的自然景观边界完整。 4.2.2　历史文化街区建设控制地带界线的划定和确切定位应符合下列规定： 1 应以重要眺望点视线所及范围的建筑外观界面相应的建筑用地边界为界线。 2 应将构成历史风貌的自然景观纳入，并应保持视觉景观的完整性。 3 应将影响核心保护范围风貌的区域纳入，宜兼顾行政区划管理的边界。 4.4.1　宜在历史文化街区以外更大的空间范围内统筹交通设施的布局，历史文化街区内不应设置高架道路、立交桥、高架轨道、客货运枢纽、大型停车场、大型广场、加油站等交通设施。地下轨道选线不应穿越历史文化街区。 4.4.2　历史文化街区宜采用宁静化的交通设计，可结合保护的需要，划定机动车禁行区。 4.4.3　历史文化街区应优化步行和自行车交通环境，提高公共交通出行的可达性。 4.4.4　历史文化街区内的街道宜采用历史上的原有名称。 4.4.5　历史文化街区内道路的宽度、断面、路缘石半径、消防通道的设置应符合历史风貌的保护要求，道路的整修宜采用传统的路面材料及铺砌方式。 4.5.1　历史文化街区内宜采用小型化、隐蔽型的市政设施，有条件的可采用地下、半地下或与建筑相结合的方式设置，其设施形式应与历史文化街区景观风貌相协调。 4.6.1　历史文化街区宜设置专职消防场站，并应配备小型、适用的消防设施和装备，建立社区消防机制。在不能满足消防通道及消防给水管径要求的街巷内，应设置水池、水缸、沙池、灭火器及消火栓箱等小型、简易消防设施及装备。 4.6.2　在历史文化街区外围宜设置环通的消防通道
文物保护单位与历史建筑	5.0.5　保护规划应对历史建筑保护范围内的各项建设活动提出管控要求，历史建筑保护范围内新建、扩建、改建的建筑，应在高度、体量、立面、材料、色彩、功能等方面与历史建筑相协调，并不得影响历史建筑风貌的展示。 5.0.6　历史建筑应保持和延续原有的使用功能；确需改变功能的，应保护和提示原有的历史文化特征，并不得危害历史建筑的安全。 5.0.7　保护规划应对历史建筑周边各类建设工程选址提出要求，应避开历史建筑；因特殊情况不能避开的，应实施原址保护，并提出必要的工程防护措施

5.9-2［2024-68］历史文化名城保护规划中的建筑高度控制规划依据不包括（　　）。

A. 各景点视线通廊的分析　　B. 建筑风格的要求

C. 街道景观的要求　　D. 控制性详细规划有关建筑容量分析的结果

答案： B

解析： 根据《历史文化名城保护规划标准》（GB/T 50357—2018）第 3.3.4 条。

5.9-3［2023-51］历史文化街区的保护内容不包括下列的哪一项？（　　）。

A. 功能业态　　B. 街巷格局　　C. 空间肌理　　D. 景观要素

答案： A

解析： 根据《历史文化名城保护规划标准》（GB/T 50357—2018）第 4.1.2 条。

5.9-4［2023-66］下列关于历史城区保护的说法错误的是（　　）。

A. 划定历史建筑群、历史地段和文物古迹的保护界限

B. 确定建筑高度分区，进行高度控制

C. 鼓励采用公共交通并满足非机动车和行人出行

D. 增设污水和固体废弃物处理厂等市政基础设施

答案： D

解析： 根据《历史文化名城保护规划标准》（GB/T 50357—2018）第 3.5.1 条。

第六章　建筑设计标准及规范

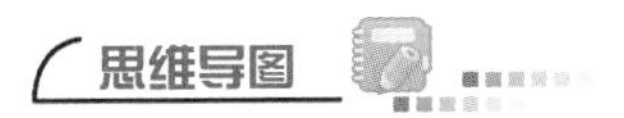

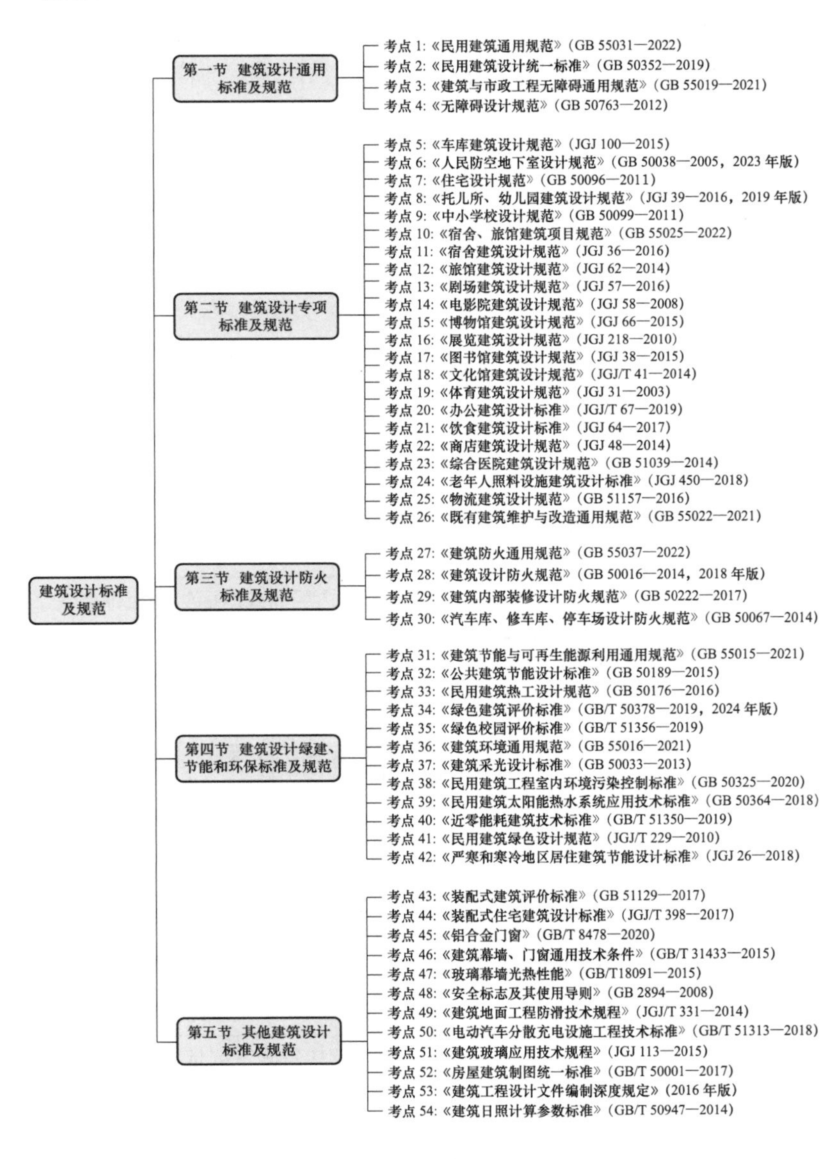

节名	近5年考试分值统计					
	2024年	2023年	2022年12月	2022年5月	2021年	2020年
第一节　建筑设计通用标准及规范	5	3	4	9	10	11
第二节　建筑设计专项标准及规范	10	11	15	13	10	11
第三节　建筑设计防火标准及规范	7	8	10	11	10	10
第四节　建筑设计绿建、节能和环保标准及规范	5	3	6	6	5	5
第五节　其他建筑设计标准及规范	3	5	2	4	1	4
合计	30	30	37	43	36	41

第一节　建筑设计通用标准及规范

考点1：《民用建筑通用规范》（GB 55031—2022）【★★★★】

<table>
<tr><td>总则</td><td colspan="3">1.0.3　民用建筑的建设和使用维护应遵循下列基本原则：
2　应贯彻节能、节地、节水、节材、保护环境的政策要求【2022（5）】</td></tr>
<tr><td>面积</td><td colspan="3">3.1.4　永久性结构的建筑空间，有永久性顶盖、结构层高或斜面结构板顶高在2.20m及以上的，应按下列规定计算建筑面积：【2024】
1　有围护结构、封闭围合的建筑空间，应按其外围护结构外表面所围空间的水平投影面积计算。
2　无围护结构、以柱围合，或部分围护结构与柱共同围合，不封闭的建筑空间，应按其柱或外围护结构外表面所围空间的水平投影面积计算。
3　无围护结构、单排柱或独立柱、不封闭的建筑空间，应按其顶盖水平投影面积的1/2计算。
4　无围护结构、有围护设施、无柱、附属在建筑外围护结构、不封闭的建筑空间，应按其围护设施外表面所围空间水平投影面积的1/2计算</td></tr>
<tr><td rowspan="5">建筑室外场地</td><td rowspan="2">建筑控制</td><td colspan="2">4.2.1　除建筑连接体、地铁相关设施以及管线、管沟、管廊等市政设施外，建筑物及其附属设施不应突出道路红线或用地红线【2020】</td></tr>
<tr><td colspan="2">4.2.2　除地下室、地下车库出入口，以及窗井、台阶、坡道、雨篷、挑檐等设施外，建（构）筑物的主体不应突出建筑控制线</td></tr>
<tr><td rowspan="3">基地道路</td><td>缓冲段</td><td>4.3.3　建筑基地内机动车车库出入口与连接道路间应设置缓冲段</td></tr>
<tr><td>机动车出入口位置</td><td>4.3.4　建筑基地机动车出入口位置应符合下列规定：
1　不应直接与城市快速路相连接。
2　距周边中小学及幼儿园的出入口最近边缘不应小于20.0m</td></tr>
<tr><td>基地内机动车道路</td><td>4.3.6　建筑基地内机动车道路应符合下列规定：
1　单车道宽度不应小于3.0m，兼作消防车道时不应小于4.0m。
2　双车道宽度不应小于6.0m。
3　尽端式道路长度大于120m时，应设置回车场地</td></tr>
</table>

续表

<table>
<tr><td rowspan="13">建筑室外场地</td><td rowspan="3">台阶与人行坡道</td><td>防护措施</td><td>5.2.1 当台阶、人行坡道总高度达到或超过 0.70m 时，应在临空面采取防护措施</td></tr>
<tr><td>踏步尺寸</td><td>5.2.2 建筑物主入口的室外台阶踏步宽度不应小于 0.30m，踏步高度不应大于 0.15m</td></tr>
<tr><td>踏步数</td><td>5.2.3 台阶踏步数不应少于 2 级，当踏步数不足 2 级时，应按人行坡道设置</td></tr>
<tr><td rowspan="9">楼梯与走廊</td><td>梯段最小净宽</td><td>5.3.2 供日常交通用的公共楼梯的梯段最小净宽应根据建筑物使用特征，按人流股数和每股人流宽度 0.55m 确定，并不应少于 2 股人流的宽度</td></tr>
<tr><td>梯段净宽计算</td><td>5.3.3 当公共楼梯单侧有扶手时，梯段净宽应按墙体装饰面至扶手中心线的水平距离计算。当公共楼梯两侧有扶手时，梯段净宽应按两侧扶手中心线之间的水平距离计算。当有凸出物时，梯段净宽应从凸出物表面算起。靠墙扶手边缘距墙面完成面净距不应小于 40mm</td></tr>
<tr><td>扶手</td><td>5.3.4 公共楼梯应至少于单侧设置扶手，梯段净宽达 3 股人流的宽度时应两侧设扶手</td></tr>
<tr><td>平台最小净宽</td><td>5.3.5 当梯段改变方向时，楼梯休息平台的最小宽度不应小于梯段净宽，并不应小于 1.20m；当中间有实体墙时，扶手转向端处的平台净宽不应小于 1.30m。直跑楼梯的中间平台宽度不应小于 0.90m</td></tr>
<tr><td>净高</td><td>5.3.7 公共楼梯休息平台上部及下部过道处的净高不应小于 2.00m，梯段净高不应小于 2.20m</td></tr>
<tr><td>踏步级数</td><td>5.3.8 公共楼梯每个梯段的踏步级数不应少于 2 级，且不应超过 18 级</td></tr>
<tr><td>公共楼梯踏步的最小宽度和最大高度</td><td>5.3.9 公共楼梯踏步最小宽度和最大高度应符合表 5.3.9（表 6.1-1）的规定。螺旋楼梯和扇形踏步离内侧扶手中心 0.25m 处的踏步宽度不应小于 0.22m

表 6.1-1　　楼梯踏步最小宽度和最大高度　　（m）
<table><tr><th>楼梯类别</th><th>最小宽度</th><th>最大高度</th></tr><tr><td>以楼梯作为主要垂直交通的公共建筑、非住宅类居住建筑的楼梯</td><td>0.26</td><td>0.165</td></tr><tr><td>住宅建筑公共楼梯、以电梯作为主要垂直交通的多层公共建筑和高层建筑裙房的楼梯</td><td>0.26</td><td>0.175</td></tr><tr><td>以电梯作为主要垂直交通的高层和超高层建筑楼梯</td><td>0.25</td><td>0.180</td></tr></table>注：表中公共建筑及非住宅类居住建筑不包括托儿所、幼儿园、中小学及老年人照料设施。</td></tr>
<tr><td>梯井</td><td>5.3.11 当少年儿童专用活动场所的公共楼梯井净宽大于 0.20m 时，应采取防止少年儿童坠落的措施</td></tr>
<tr><td>最小宽度</td><td>5.3.12 除住宅外，民用建筑的公共走廊净宽应满足各类型功能场所最小净宽要求，且不应小于 1.30m</td></tr>
<tr><td>电梯自动扶梯与自动人行道</td><td>电梯</td><td>5.4.2 电梯设置应符合下列规定：
1 高层公共建筑和高层非住宅类居住建筑的电梯台数不应少于 2 台。
2 建筑内设有电梯时，至少应设置 1 台无障碍电梯。
3 电梯井道和机房与有安静要求的用房贴邻布置时，应采取隔振、隔声措施。
4 电梯机房应采取隔热、通风、防尘等措施，不应直接将机房顶板作为水箱底板，不应在机房内直接穿越水管或蒸汽管</td></tr>
</table>

<table>
<tr><td rowspan="5">建筑室外场地</td><td>电梯自动扶梯与自动人行道</td><td>自动扶梯与自动人行道</td><td>5.4.3 自动扶梯、自动人行道设置应符合下列规定：
1 出入口畅通区的宽度从扶手带端部算起不应小于2.50m。
3 两梯（道）相邻平行或交叉设置，当扶手带中心线与平行墙面或楼板（梁）开口边缘完成面之间的水平投影距离、两梯（道）之间扶手带中心线的水平距离小于0.50m时，应在产生的锐角口前部1.00m处范围内，设置具有防夹、防剪的保护设施或采取其他防止建筑障碍物伤害人员的措施。
4 自动扶梯的梯级、自动人行道的踏板或传送带上空，垂直净高不应小于2.30m</td></tr>
<tr><td rowspan="3">公共厕所</td><td>基本要求</td><td>5.6.2 公共厕所（卫生间）设置应符合下列规定：【2020】
2 不应布置在有严格卫生、安全要求房间的直接上层</td></tr>
<tr><td>平面净尺寸</td><td>5.6.4 公共厕所（卫生间）隔间的平面净尺寸应根据使用特点合理确定，并不应小于表5.6.4（表6.1-2）的规定值

表6.1-2 公共厕所（卫生间）隔间的平面最小尺寸<table><tr><th>类别</th><th>平面最小净尺寸（净宽度/m×净深度/m）</th></tr><tr><td>外开门的隔间</td><td>0.90×1.30（坐便）、0.90×1.20（蹲便）</td></tr><tr><td>内开门的隔间</td><td>0.90×1.50（坐便）、0.90×1.40（蹲便）</td></tr></table></td></tr>
<tr><td>通道净宽</td><td>5.6.5 公共厕所内通道净宽应符合下列规定：
1 厕所隔间外开门时，单排厕所隔间外通道净宽不应小于1.30m；双排厕所隔间之间通道净宽不应小于1.30m；隔间至对面小便器或小便槽外沿的通道净宽不应小于1.30m。
2 厕所隔间内开门时，通道净宽不应小于1.10m</td></tr>
<tr><td rowspan="4">建筑部件与构造</td><td rowspan="2">内墙与外墙</td><td>墙体防潮和防水</td><td>6.2.3 墙体防潮、防水应符合下列规定：
1 砌筑墙体应在室外地面以上、室内地面垫层处设置连续的水平防潮层，室内相邻地面有高差时，应在高差处贴邻土壤一侧加设防潮层。
2 有防潮要求的室内墙面迎水面应设防潮层，有防水要求的室内墙面迎水面应采取防水措施</td></tr>
<tr><td>建筑幕墙</td><td>6.2.8 建筑幕墙应综合考虑建筑类别、使用功能、高度、所在地域的地理气候、环境等因素，合理选择幕墙形式和面板材料，并应符合下列规定：
1 应具有承受自重、风、地震、温度作用的承载能力和变形能力，且应便于制作安装、维护保养及局部更换面板等构件。
2 应满足建筑需求的水密、气密、保温隔热、隔声、采光、耐撞击、防火、防雷等性能要求。
3 幕墙与主体结构的连接应牢固可靠，与主体结构的连接锚固件不应直接设置在填充砌体中。
4 幕墙外开窗的开启扇应采取防脱落措施。
5 玻璃幕墙的玻璃面板应采用安全玻璃，斜幕墙的玻璃面板应采用夹层玻璃</td></tr>
<tr><td rowspan="2">楼面与地面</td><td>防水部位</td><td>6.3.3 建筑内的厕所（卫生间）、浴室、公共厨房、垃圾间等场所的楼面、地面，开敞式外廊、阳台的楼面应设防水层</td></tr>
<tr><td>地板玻璃</td><td>6.3.7 地板玻璃应采用夹层玻璃，点支承地板玻璃应采用钢化夹层玻璃。钢化玻璃应进行均质处理</td></tr>
</table>

续表

建筑部件与构造	门窗	门	6.5.3 门的设置应符合下列规定： 1 门应开启方便、使用安全、坚固耐用。 2 手动开启的大门扇应有制动装置，推拉门应采取防脱轨的措施。 3 非透明双向弹簧门应在可视高度部位安装透明玻璃
		窗	6.5.4 窗的设置应符合下列规定： 1 窗扇的开启形式应能保障使用安全，且应启闭方便，易于维修、清洗。 2 开向公共走道的窗扇开启不应影响人员通行，其底面距走道地面的高度不应小于 2.00m。 3 外开窗扇应采取防脱落措施
		全玻璃	6.5.5 全玻璃的门和落地窗应选用安全玻璃，并应设防撞提示标识
		临空防护	6.5.6 民用建筑（除住宅外）临空窗的窗台距楼地面的净高低于 0.80m 时应设置防护设施，防护高度由楼地面（或可踏面）起计算不应小于 0.80m
		天窗	6.5.7 天窗的设置应符合下列规定： 1 采光天窗应采用防破碎坠落的透光材料，当采用玻璃时，应使用夹层玻璃或夹层中空玻璃。 2 天窗应设置冷凝水导泄装置，采取防冷凝水产生的措施，多雪地区应考虑积雪对天窗的影响。 3 天窗的连接应牢固、安全，开启扇启闭应方便可靠
	栏杆栏板	基本要求	6.6.1 阳台、外廊、室内回廊、中庭、内天井、上人屋面及楼梯等处的临空部位应设置防护栏杆（栏板），并应符合下列规定： 2 栏杆（栏板）垂直高度不应小于 1.10m。栏杆（栏板）高度应按所在楼地面或屋面至扶手顶面的垂直高度计算，如底面有宽度大于或等于 0.22m，且高度不大于 0.45m 的可踏部位，应按可踏部位顶面至扶手顶面的垂直高度计算
		玻璃要求	6.6.2 楼梯、阳台、平台、走道和中庭等临空部位的玻璃栏板应采用夹层玻璃
		垂直杆件	6.6.3 少年儿童专用活动场所的栏杆应采取防止攀滑措施，当采用垂直杆件做栏杆时，其杆件净间距不应大于 0.11m
		特殊要求	6.6.4 公共场所的临空且下部有人员活动部位的栏杆（栏板），在地面以上 0.10m 高度范围内不应留空
	变形缝		6.8.3 厕所、卫生间、盥洗室和浴室等防水设防区域不应跨越变形缝。 6.8.4 配电间及其他严禁有漏水的房间不应跨越变形缝。 6.8.5 门不应跨越变形缝设置

6.1-1［2024-98］如图 6.1-1 所示，以下建筑幕墙构造节点，其计算面积正确的是（　　）。

A. 轴线中线　　B. 结构外边线　　C. 保温外边线　　D. 装饰面外边线

答案： D

解析： 依据《民用建筑通用规范》（GB 55031—2022）第 3.1.4 条。

6.1-2［2020-35］以下可以突出道路红线或用地红线建造的是（　　）。

A. 化粪池　　　　B. 建筑连接体

C. 地下室　　　　D. 台阶

答案：B

解析：依据《民用建筑通用规范》（GB 55031—2022）第 4.2.1 和 4.2.2 条。

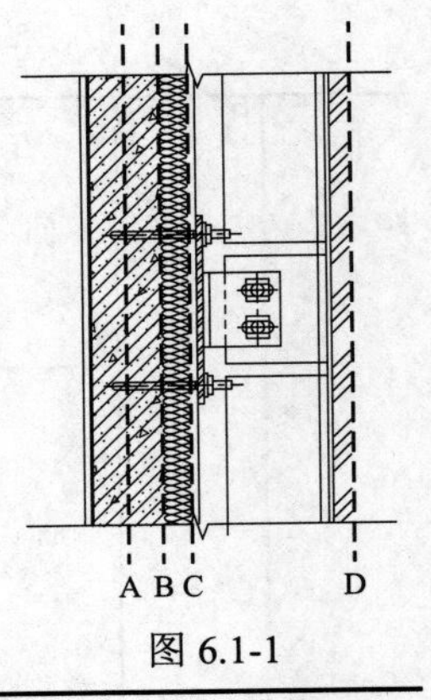

图 6.1-1

考点 2:《民用建筑设计统一标准》（GB 50352—2019）【★★★★★】

总则

1.0.1　为使民用建筑符合适用、经济、绿色、美观的建筑方针，满足安全、卫生、环保等基本要求，统一各类民用建筑的通用设计要求，制定本标准【2022（5）、2021】

基本规定

民用建筑分类 — 使用功能

3.1.1　民用建筑按使用功能可分为居住建筑和公共建筑两大类。其中，居住建筑可分为住宅建筑和宿舍建筑【2022（5）】

民用建筑分类 — 按地上建筑高度或层数分

根据 3.1.2，民用建筑按地上建筑高度或层数进行分类应符合表 6.1-3 的规定：

表 6.1-3　　民用建筑分类（按地上建筑高度或层数分）

名称	住宅建筑	公共建筑
低层或多层民用建筑	建筑高度不大于 27.0m 的住宅建筑	建筑高度不大于 24.0m 的公共建筑及建筑高度大于 24.0m 的单层公共建筑
高层民用建筑	建筑高度大于 27.0m 且高度不大于 100.0m 的住宅建筑	建筑高度大于 24.0m 且高度不大于 100.0m 的非单层公共建筑
超高层民用建筑	建筑高度大于 100.0m	

【条文说明】一般建筑按层数划分时，公共建筑和宿舍建筑 1～3 层为低层，4～6 层为多层，大于或等于 7 层为高层；住宅建筑 1～3 层为低层，4～9 层为多层，10 层及以上为高层【2019】

设计使用年限

3.2.1　民用建筑的设计使用年限应符合表 3.2.1（表 6.1-4）的规定【2022（5）、2020】

表 6.1-4　　设 计 使 用 年 限 分 类

类别	设计使用年限（年）	示例
1	5	临时性建筑
2	25	易于替换结构构件的建筑
3	50	普通建筑和构筑物
4	100	纪念性建筑和特别重要的建筑

注：此表依据《建筑结构可靠性设计统一标准》（GB 50068），并与其协调一致。

续表

基本规定	建筑模数		3.5.2 建筑平面的柱网、开间、进深、层高、门窗洞口等主要定位线尺寸，应为基本模数的倍数，并应符合下列规定： 1 平面的开间进深、柱网或跨度、门窗洞口宽度等主要定位尺寸，宜采用水平扩大模数数列 2*n*M、3*n*M（*n* 为自然数）。 2 层高和门窗洞口高度等主要标注尺寸，宜采用竖向扩大模数数列 *n*M（*n* 为自然数）
规划控制	建筑基地	连接道路的要求	4.2.1 建筑基地应与城市道路或镇区道路相邻接，否则应设置连接道路，并应符合下列规定：【2021】 1 当建筑基地内建筑面积小于或等于 $3000m^2$ 时，其连接道路的宽度不应小于 4.0m。 2 当建筑基地内建筑面积大于 $3000m^2$，且只有一条连接道路时，其宽度不应小于 7.0m；当有两条或两条以上连接道路时，单条连接道路宽度不应小于 4.0m
		机动车出入口位置的要求	根据 4.2.4，建筑基地机动车出入口位置，应符合所在地控制性详细规划，并应符合下列规定： 1 中等城市、大城市的主干路交叉口，自道路红线交叉点起沿线 70.0m 范围内不应设置机动车出入口（图 6.1-2）。 2 距人行横道、人行天桥、人行地道（包括引道、引桥）的最近边缘线不应小于 5.0m（图 6.1-3～图 6.1-5）。 3 距地铁出入口、公共交通站台边缘不应小于 15.0m（图 6.1-6、图 6.1-7）。 4 距公园、学校及有儿童、老年人、残疾人使用建筑的出入口最近边缘不应小于 20.0m（图 6.1-8）
			图 6.1-2 出入口与交叉口关系 注：起点以主干路道路红线延长线交叉点算起 图 6.1-3 出入口与人行天桥的关系 图 6.1-4 出入口与人行横道的关系 图 6.1-5 出入口与人行地道的关系

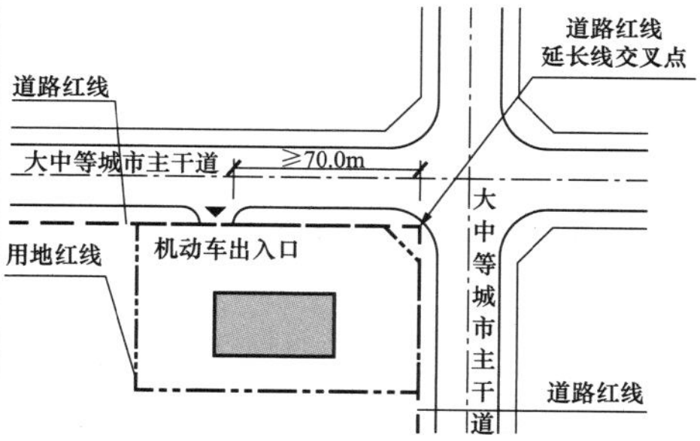

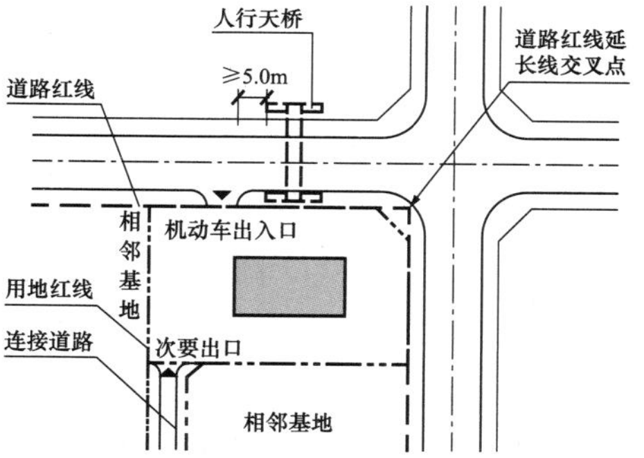

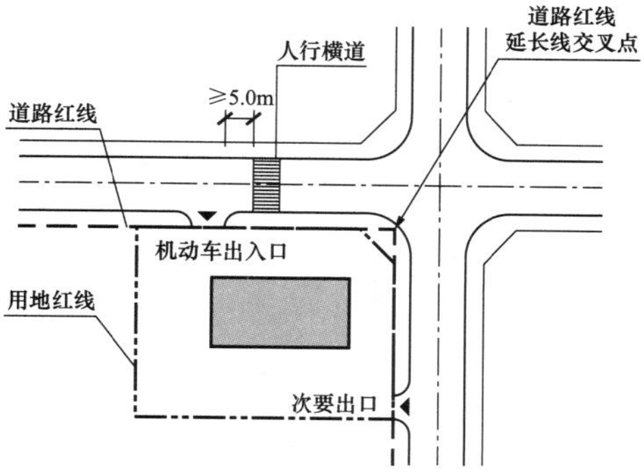

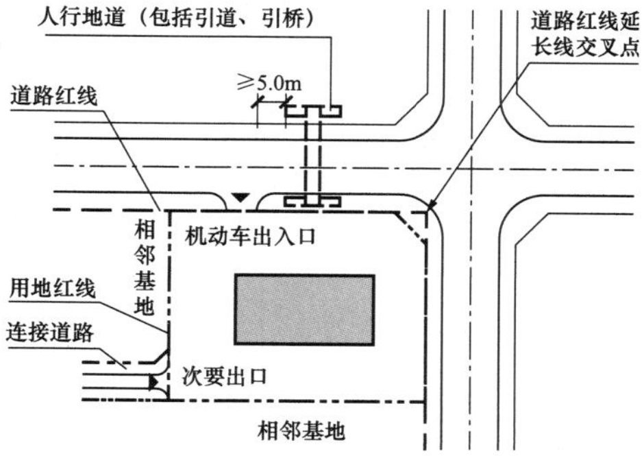

续表

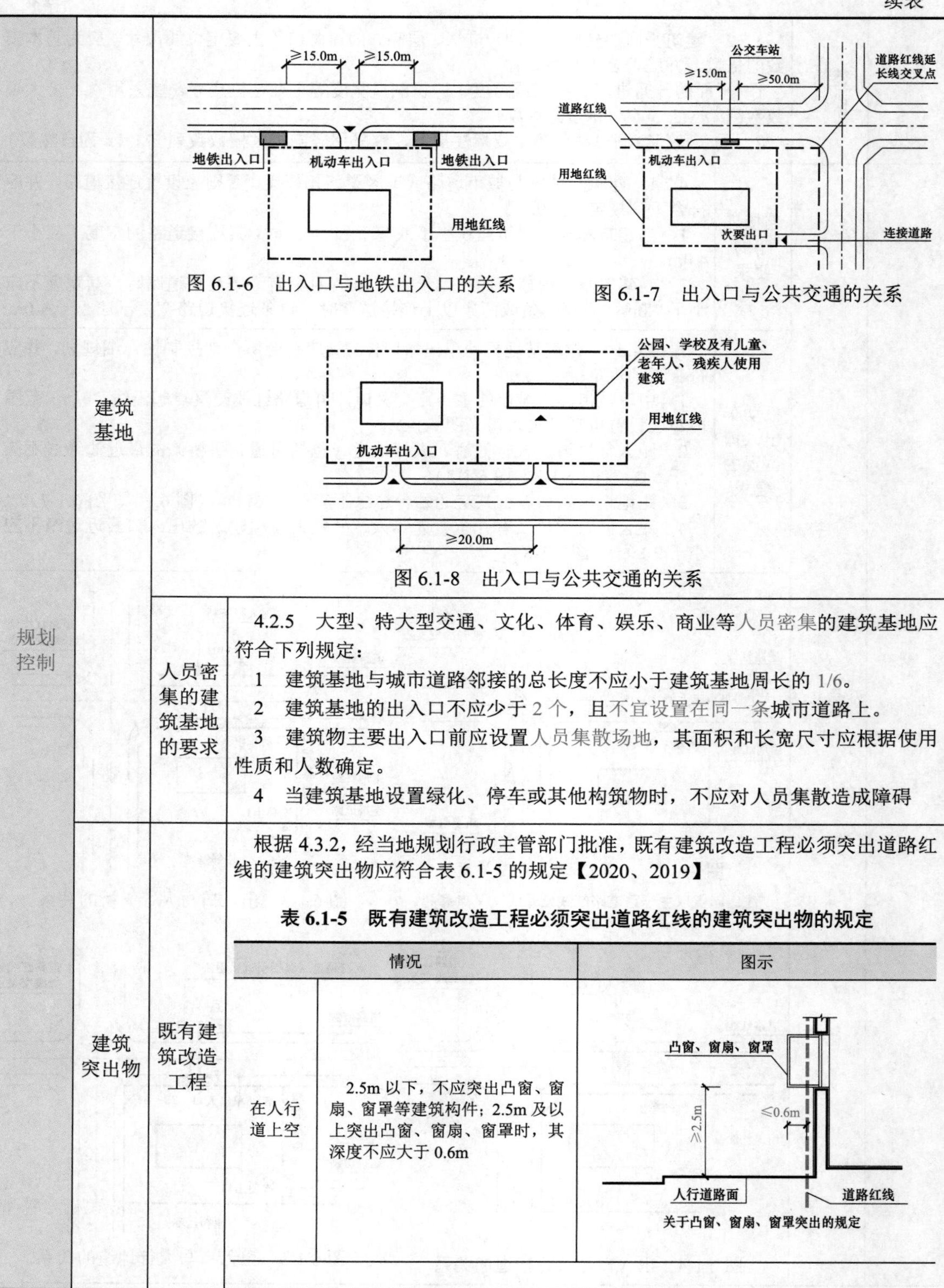

图 6.1-6　出入口与地铁出入口的关系

图 6.1-7　出入口与公共交通的关系

图 6.1-8　出入口与公共交通的关系

规划控制	建筑基地		（图 6.1-6～图 6.1-8）
		人员密集的建筑基地的要求	4.2.5　大型、特大型交通、文化、体育、娱乐、商业等人员密集的建筑基地应符合下列规定： 1　建筑基地与城市道路邻接的总长度不应小于建筑基地周长的 1/6。 2　建筑基地的出入口不应少于 2 个，且不宜设置在同一条城市道路上。 3　建筑物主要出入口前应设置人员集散场地，其面积和长宽尺寸应根据使用性质和人数确定。 4　当建筑基地设置绿化、停车或其他构筑物时，不应对人员集散造成障碍
	建筑突出物	既有建筑改造工程	根据 4.3.2，经当地规划行政主管部门批准，既有建筑改造工程必须突出道路红线的建筑突出物应符合表 6.1-5 的规定【2020、2019】

表 6.1-5　既有建筑改造工程必须突出道路红线的建筑突出物的规定

情况		图示
在人行道上空	2.5m 以下，不应突出凸窗、窗扇、窗罩等建筑构件；2.5m 及以上突出凸窗、窗扇、窗罩时，其深度不应大于 0.6m	凸窗、窗扇、窗罩 ≥2.5m ≤0.6m 人行道路面 道路红线 关于凸窗、窗扇、窗罩突出的规定

续表

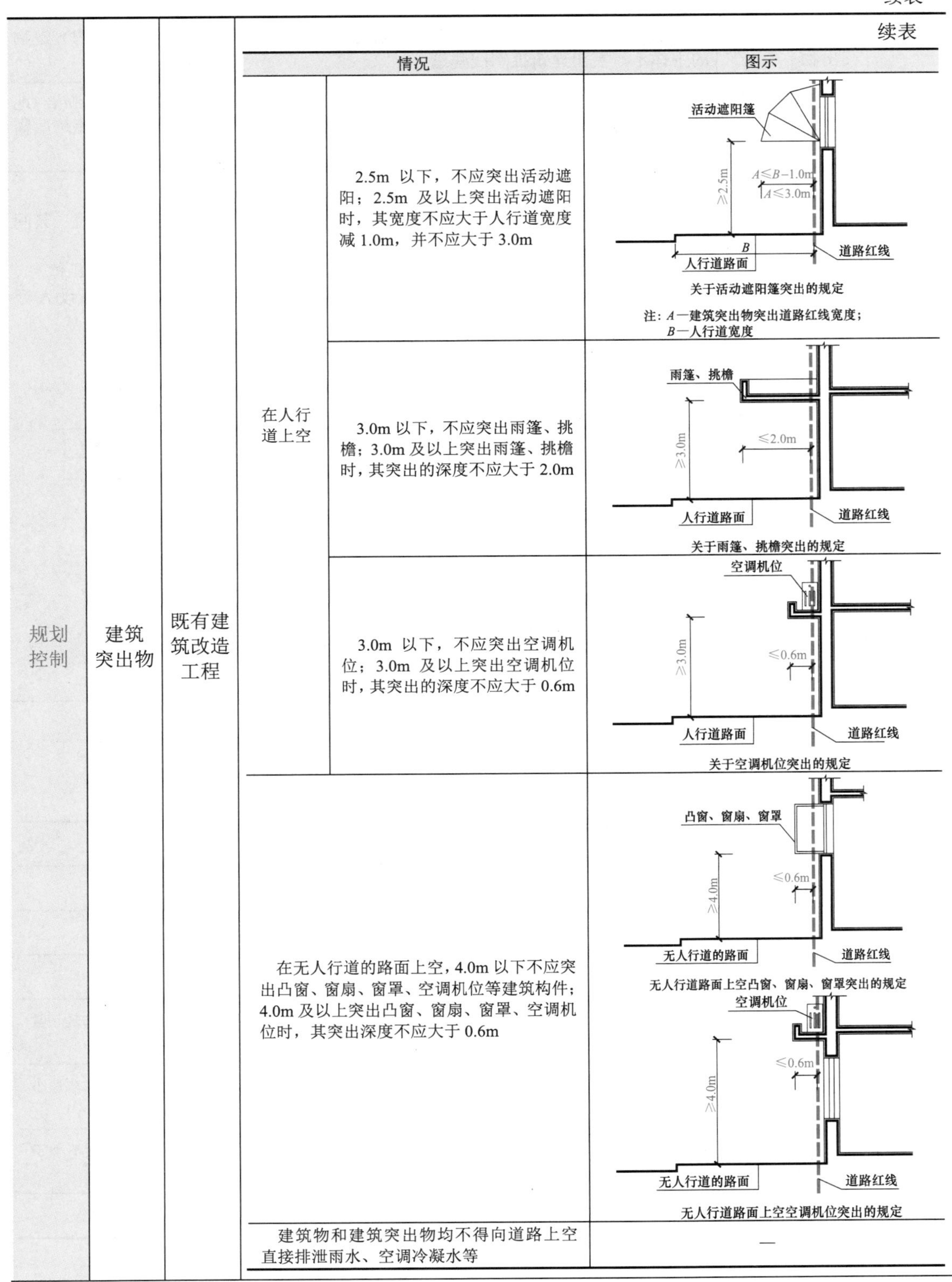

续表

			情况		图示
规划控制	建筑突出物	既有建筑改造工程	在人行道上空	2.5m 以下，不应突出活动遮阳；2.5m 及以上突出活动遮阳时，其宽度不应大于人行道宽度减 1.0m，并不应大于 3.0m	活动遮阳篷 $\geq 2.5m$ $A \leq B-1.0m$ $A \leq 3.0m$ B 人行道路面 道路红线 关于活动遮阳篷突出的规定 注：A—建筑突出物突出道路红线宽度； B—人行道宽度
				3.0m 以下，不应突出雨篷、挑檐；3.0m 及以上突出雨篷、挑檐时，其突出的深度不应大于 2.0m	雨篷、挑檐 $\geq 3.0m$ $\leq 2.0m$ 人行道路面 道路红线 关于雨篷、挑檐突出的规定
				3.0m 以下，不应突出空调机位；3.0m 及以上突出空调机位时，其突出的深度不应大于 0.6m	空调机位 $\geq 3.0m$ $\leq 0.6m$ 人行道路面 道路红线 关于空调机位突出的规定
			在无人行道的路面上空，4.0m 以下不应突出凸窗、窗扇、窗罩、空调机位等建筑构件；4.0m 及以上突出凸窗、窗扇、窗罩、空调机位时，其突出深度不应大于 0.6m		凸窗、窗扇、窗罩 $\geq 4.0m$ $\leq 0.6m$ 无人行道的路面 道路红线 无人行道路面上空凸窗、窗扇、窗罩突出的规定 空调机位 $\geq 4.0m$ $\leq 0.6m$ 无人行道的路面 道路红线 无人行道路面上空空调机位突出的规定
			建筑物和建筑突出物均不得向道路上空直接排泄雨水、空调冷凝水等		—

续表

规划控制	建筑突出物	控制线	4.3.3 除地下室、窗井、建筑入口的台阶、坡道、雨篷等以外，建（构）筑物的主体不得突出建筑控制线建造
规划控制	建筑连接体		4.4.4 交通功能的建筑连接体，其净宽不宜大于 9.0m，地上的净宽不宜小于 3.0m，地下的净宽不宜小于 4.0m。其他非交通功能连接体的宽度，宜结合建筑功能按人流疏散需求设置
规划控制	道路与停车场	基地道路基本规定	5.2.1 基地道路应符合下列规定（图 6.1-9）： 2 沿街建筑应设连通街道和内院的人行通道，人行通道可利用楼梯间，其间距不宜大于 80.0m。 5 基地内宜设人行道路，大型、特大型交通、文化、娱乐、商业、体育、医院等建筑，居住人数大于 5000 人的居住区等车流量较大的场所应设人行道路。 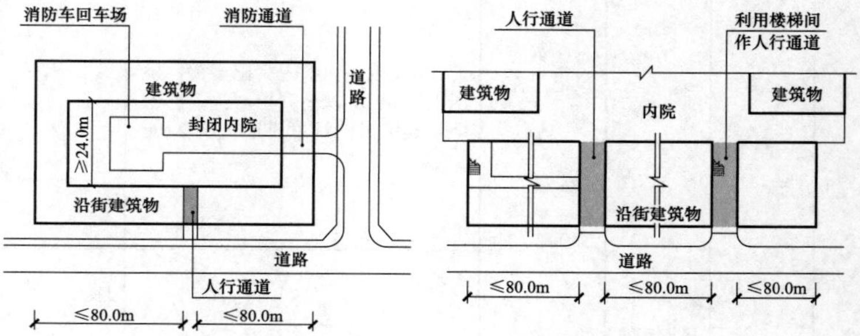 图 6.1-9 连接街道和内院的人行通道
规划控制	道路与停车场	基地道路设计要求	5.2.2 基地道路设计应符合表 6.1-6 的规定：

表 6.1-6 基地道路设计的规定

分类			规定
车行道	单车道		路宽不应小于 4.0m
车行道	双车道	住宅区	路宽内不应小于 6.0m
车行道	双车道	其他	路宽不应小于 7.0m
车行道	其他要求		当道路边设停车位时，应加大道路宽度且不应影响车辆正常通行
车行道	其他要求		道路转弯半径不应小于 3.0m，消防车道应满足消防车最小转弯半径要求
车行道	其他要求		尽端式道路长度大于 120.0m 时，应在尽端设置不小于 12.0m×12.0m 的回车场地
人行道			人行道路宽度不应小于 1.5m

规划控制	建筑突出物	缓冲段的设计要求	根据 5.2.4，建筑基地内地下机动车车库出入口与连接道路间宜设置缓冲段，缓冲段应从车库出入口坡道起坡点算起，并应符合表 6.1-7 的规定【2021】

表 6.1-7　地下机动车车库出入口与连接道路的设计要求

类型	规定	图示
出入口缓冲段与基地内道路连接处	转弯半径不宜小于 5.5m	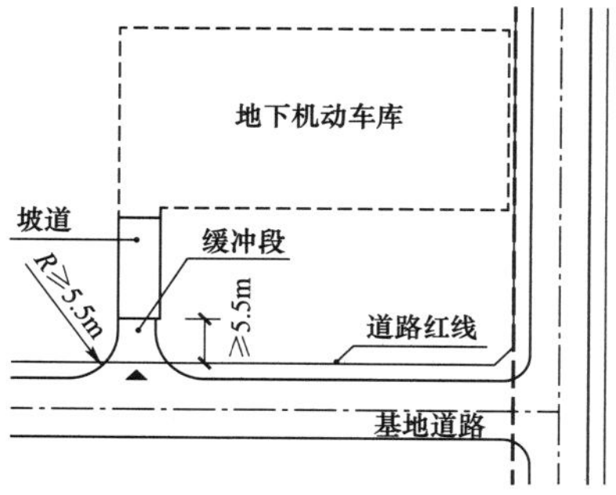 地下机动车库 坡道 缓冲段 R≥5.5m ≥5.5m 道路红线 基地道路 出入口与基地道路垂直 注：出入口缓冲段弯道转弯半径不宜小于5.5m。缓冲段长度不应小于5.5m
当出入口与基地道路垂直时	缓冲段长度不应小于 5.5m	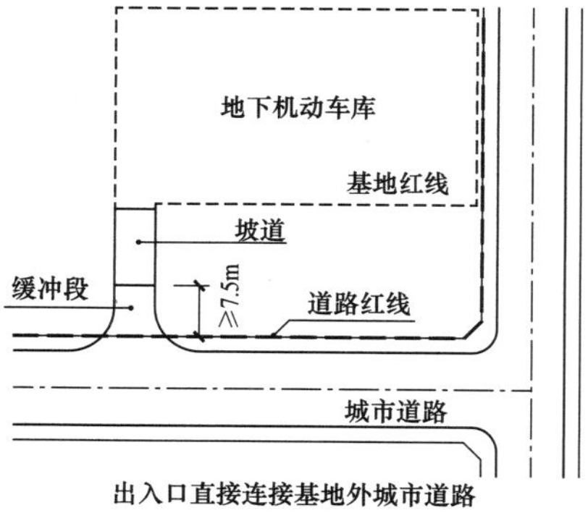 地下机动车库 基地红线 坡道 缓冲段 ≥7.5m 道路红线 城市道路 出入口直接连接基地外城市道路 注：缓冲段长度不宜小于7.5m。出入口视点的120°范围内至道路红线不应有遮挡视线障碍物
当出入口与基地道路平行时	应设不小于 5.5m 长的缓冲段再汇入基地道路	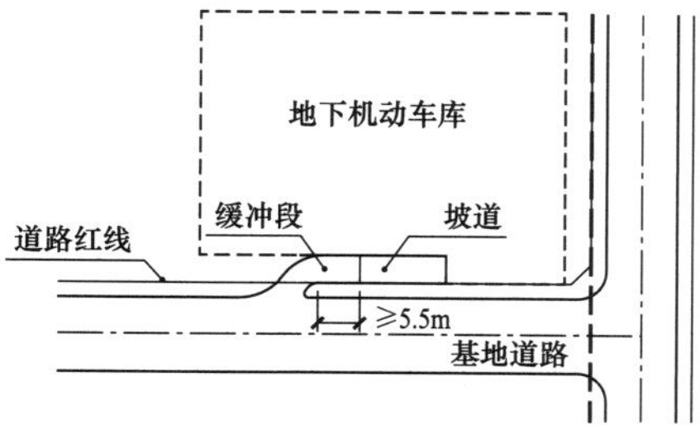 地下机动车库 道路红线 缓冲段 坡道 ≥5.5m 基地道路 出口与基地道路平行 注：应设不小于5.5m长的缓冲段再汇入基地道路

续表

规划控制	道路与停车场	缓冲段的设计要求	当出入口直接连接基地外城市道路时 | 缓冲段长度不宜小于 7.5m 出口直接连接基地外城市道路 注：缓冲段长度不宜小于7.5m。出入口视点的120°范围内至道路红线不应有遮挡视线障碍物
			5.2.6　室外机动车停车场的出入口数量应符合下列规定： 1　当停车数为 50 辆及以下时，可设 1 个出入口，宜为双向行驶的出入口。 2　当停车数为 51～300 辆时，应设置 2 个出入口，宜为双向行驶的出入口。 3　当停车数为 301～500 辆时，应设置 2 个双向行驶的出入口。 4　当停车数大于 500 辆时，应设置 3 个出入口，宜为双向行驶的出入口
		停车场出入口设置	5.2.7　室外机动车停车场的出入口设置应符合下列规定： 1　大于 300 辆停车位的停车场，各出入口的间距不应小于 15.0m。 2　单向行驶的出入口宽度不应小于 4.0m，双向行驶的出入口宽度不应小于 7.0m 5.2.8　室外非机动车停车场应设置在基地边界线以内，出入口不宜设置在交叉路口附近，停车场布置应符合下列规定（图 6.1-10）： 1　停车场出入口宽度不应小于 2.0m。 2　停车数大于等于 300 辆时，应设置不少于 2 个出入口。 3　停车区应分组布置，每组停车区长度不宜超过 20.0m
		室外非机动车停车场	(a)非机动车停车场布置 （注：非机动车停车数大于或等于 300 辆，应设置不少于 2 个出入口。） (b)非机动车停车区分组布置 （注：每组停车区长度不宜超过 20.0m。） 图 6.1-10　室外非机动车停车场布置示意图

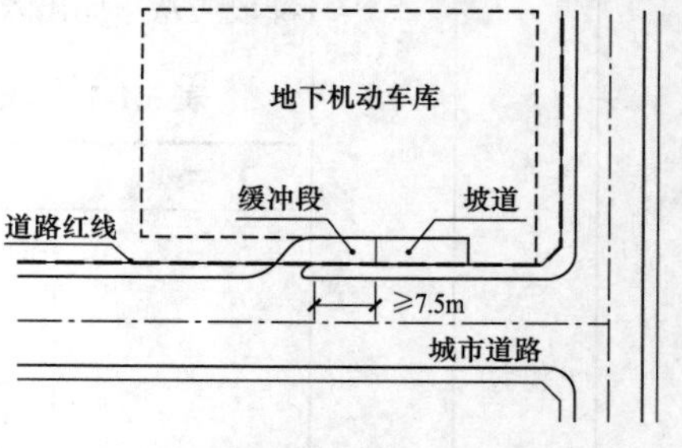

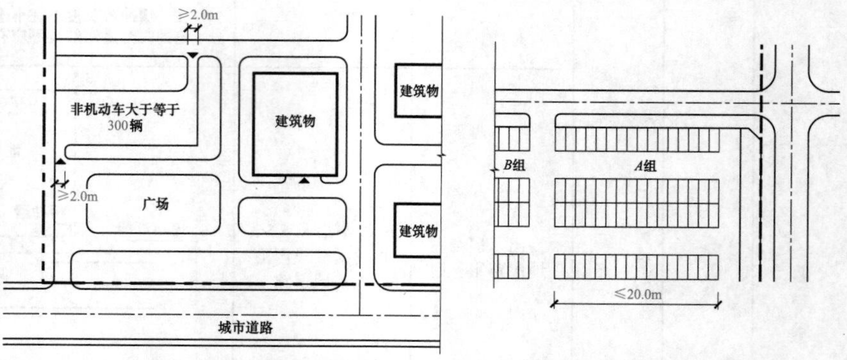

续表

<table>
<tr>
<td rowspan="2">规划控制</td>
<td rowspan="2">竖向</td>
<td>场地竖向设计</td>
<td>
根据 5.3.1，建筑基地场地设计应符合表 6.1-8 的规定：
表 6.1-8　　建筑基地场地设计的规定
<table>
<tr><th colspan="2">类型</th><th>设计规定</th></tr>
<tr><td rowspan="3">坡度</td><td>基地自然坡度小于 5%</td><td>宜采用平坡式布置方式</td></tr>
<tr><td>基地自然坡度大于 8%</td><td>宜采用台阶式布置方式，台地连接处应设挡墙或护坡；基地临近挡墙或护坡的地段，宜设置排水沟，且坡向排水沟的地面坡度不应小于 1%</td></tr>
<tr><td>地面坡度</td><td>基地地面坡度不宜小于 0.2%；当坡度小于 0.2%时，宜采用多坡向或特殊措施排水</td></tr>
<tr><td colspan="2" rowspan="5">标高</td><td>场地设计标高不应低于城市的设计防洪、防涝水位标高；沿江、河、湖、海岸或受洪水、潮水泛滥威胁的地区，除设有可靠防洪堤、坝的城市、街区外，场地设计标高不应低于设计洪水位 0.5m，否则应采取相应的防洪措施；有内涝威胁的用地应采取可靠的防、排内涝水措施，否则其场地设计标高不应低于内涝水位 0.5m</td></tr>
<tr><td>当基地外围有较大汇水汇入或穿越基地时，宜设置边沟或排（截）洪沟，有组织进行地面排水</td></tr>
<tr><td>场地设计标高宜比周边城市市政道路的最低路段标高高 0.2m 以上；当市政道路标高高于基地标高时，应有防止客水进入基地的措施</td></tr>
<tr><td>场地设计标高应高于多年最高地下水位</td></tr>
<tr><td>面积较大或地形较复杂的基地，建筑布局应合理利用地形，减少土石方工程量，并使基地内填挖方量接近平衡</td></tr>
</table>
</td>
</tr>
<tr>
<td>道路竖向设计</td>
<td>
根据 5.3.2，建筑基地内道路设计坡度应符合表 6.1-9 的规定：
表 6.1-9　　建筑基地内道路设计坡度的规定
<table>
<tr><th>分类</th><th>类型</th><th>规定</th></tr>
<tr><td rowspan="2">机动车道</td><td>纵坡</td><td>纵坡不应小于 0.3%，且不应大于 8%，当采用 8%坡度时，其坡长不应大于 200.0m。当遇特殊困难纵坡小于 0.3%时，应采取有效的排水措施；个别特殊路段，坡度不应大于 11%，其坡长不应大于 100.0m，在积雪或冰冻地区不应大于 6%，其坡长不应大于 350.0m</td></tr>
<tr><td>横坡</td><td>宜为 1%～2%</td></tr>
<tr><td rowspan="2">非机动车道</td><td>纵坡</td><td>纵坡不应小于 0.2%，最大纵坡不宜大于 2.5%；困难时不应大于 3.5%，当采用 3.5%坡度时，其坡长不应大于 150.0m</td></tr>
<tr><td>横坡</td><td>宜为 1%～2%</td></tr>
<tr><td rowspan="2">步行道</td><td>纵坡</td><td>纵坡不应小于 0.2%，且不应大于 8%，积雪或冰冻地区不应大于 4%；当大于极限坡度时，应设置为台阶步道</td></tr>
<tr><td>横坡</td><td>应为 1%～2%</td></tr>
<tr><td>其他</td><td>—</td><td>基地内人流活动的主要地段，应设置无障碍通道</td></tr>
<tr><td>特殊情况</td><td>—</td><td>位于山地和丘陵地区的基地道路设计纵坡可适当放宽，且应符合地方相关标准的规定，或经当地相关管理部门的批准</td></tr>
</table>
</td>
</tr>
</table>

续表

规划控制

厕所、卫生间、盥洗室、浴室和母婴室

厕所、卫生间、盥洗室和浴室的位置要求

根据 6.6.1，厕所、卫生间、盥洗室和浴室的位置应符合表 6.1-10 的规定：【2022（5）、2020】

表 6.1-10　厕所、卫生间、盥洗室和浴室的位置规定

类型	规定
在食品加工与储存、医药及其原材料生产与储存、生活供水、电气、档案、文物等有严格卫生、安全要求房间的直接上层	不应布置厕所、卫生间、盥洗室、浴室等有水房间
在餐厅、医疗用房等有较高卫生要求用房的直接上层	应避免布置厕所、卫生间、盥洗室、浴室等有水房间，否则应采取同层排水和严格的防水措施
住宅卫生间	除本套住宅外，住宅卫生间不应布置在下层住户的卧室、起居室、厨房和餐厅的直接上层
服务半径	室内公共厕所的服务半径应满足不同类型建筑的使用要求，不宜超过 50.0m

卫生器具配置的数量要求

根据 6.6.2，卫生器具配置的数量应符合国家现行相关建筑设计标准的规定。男女厕位的比例应根据使用特点、使用人数确定，并应符合表 6.1-11 的规定【2020】

表 6.1-11　卫生器具配置的数量规定

条件	男厕厕位（含大、小便器）与女厕厕位数量的比例
在男女使用人数基本均衡时	宜为 1∶1～1∶1.5
在商场、体育场馆、学校、观演建筑、交通建筑、公园等场所	不宜小于 1∶1.5～1∶2

厕所和浴室隔间的平面尺寸要求

6.6.4　厕所和浴室隔间的平面尺寸应根据使用特点合理确定，并不应小于表 6.6.4（表 6.1-12）的规定。交通客运站和大中型商店等建筑物的公共厕所，宜加设婴儿尿布台和儿童固定座椅。交通客运站厕位隔间应考虑行李放置空间，其进深尺寸宜加大 0.2m，便于放置行李。儿童使用的卫生器具应符合幼儿人体工程学的要求。无障碍专用浴室隔间的尺寸应符合现行国家标准《无障碍设计规范》（GB 50763）的规定【2021】

表 6.1-12　厕所和浴室隔间的平面尺寸

分类	平面尺寸（宽度/m×深度/m）
外开门的厕所隔间	0.9×1.2（蹲便器） 0.9×1.3（坐便器）
内开门的厕所隔间	0.9×1.4（蹲便器） 0.9×1.5（坐便器）
医院患者专用厕所隔间（外开门）	1.1×1.5（门闩应能里外开启）
无障碍厕所隔间（外开门）	1.5×2.0（不应小于 1.0×1.8）
外开门淋浴隔间	1.0×1.2（或 1.1×1.1）
内设更衣凳的淋浴隔间	1.0×（1.0+0.6）

规划控制

厕所、卫生间、盥洗室、浴室和母婴室

卫生设备间距要求

根据 6.6.5，卫生设备间距应符合表 6.1-13 的规定【2021】

表 6.1-13　　卫生设备间距的要求

分类	规定
洗手盆或盥洗槽水嘴中心与侧墙面净距	居住建筑：不应小于 0.35m 其他建筑：不应小于 0.55m
并列洗手盆或盥洗槽水嘴中心间距	不应小于 0.7m
单侧并列洗手盆或盥洗槽外沿至对面墙的净距	居住建筑：不应小于 0.6m 其他建筑：不应小于 1.25m
双侧并列洗手盆或盥洗槽外沿之间的净距	不应小于 1.8m
并列小便器的中心距离	不应小于 0.7m，小便器之间宜加隔板
小便器中心距侧墙或隔板的距离	不应小于 0.35m，小便器上方宜设置搁物台
单侧厕所隔间至对面洗手盆或盥洗槽的距离	当采用内开门时，不应小于 1.3m 当采用外开门时，不应小于 1.5m
单侧厕所隔间至对面墙面的净距	当采用内开门时，不应小于 1.1m 当采用外开门时，不应小于 1.3m
双侧厕所隔间之间的净距	当采用内开门时，不应小于 1.1m 当采用外开门时，不应小于 1.3m
单侧厕所隔间至对面小便器或小便槽的外沿的净距	当采用内开门时，不应小于 1.1m 当采用外开门时不应小于 1.3m
小便器或小便槽双侧布置时	外沿之间的净距不应小于 1.3m （小便器的进深最小尺寸为 350mm）
浴盆长边至对面墙面的净距	不应小于 0.65m
无障碍盆浴间	短边净宽度不应小于 2.0m，并应在浴盆一端设置方便进入和使用的坐台，其深度不应小于 0.4m

母婴室

6.6.6　在交通客运站、高速公路服务站、医院、大中型商店、博览建筑、公园等公共场所应设置母婴室，办公楼等工作场所的建筑物内宜设置母婴室。母婴室应符合下列规定：

1　母婴室应为独立房间且使用面积不宜低于 10.0m²。

2　母婴室应设置洗手盆、婴儿尿布台及桌椅等必要的家具。

3　母婴室的地面应采用防滑材料铺装

台阶、坡道和栏杆

台阶

根据 6.7.1，台阶设置应符合表 6.1-14 的规定【2020、2019】

表 6.1-14　　台 阶 的 规 定

内容	规定	
公共建筑室内外台阶	宽度	不宜小于 0.3m
	高度	不宜大于 0.15m，且不宜小于 0.1m
室内台阶踏步数	不宜少于 2 级，当高差不足 2 级时，宜按坡道设置	
其他要求	踏步应采取防滑措施	
	台阶总高度超过 0.7m 时，应在临空面采取防护设施	

续表

<table>
<tr><td rowspan="8">规划控制</td><td rowspan="2">台阶、坡道和栏杆</td><td>坡道</td><td>根据 6.7.2，坡道设置应符合表 6.1-15 的规定

表 6.1-15　　坡道的规定
<table>
<tr><th>内容</th><th>规定</th></tr>
<tr><td rowspan="2">室内坡道</td><td>坡度不宜大于 1:8</td></tr>
<tr><td>当室内坡道水平投影长度超过 15.0m 时，宜设休息平台，平台宽度应根据使用功能或设备尺寸所需缓冲空间而定</td></tr>
<tr><td>室外坡道</td><td>坡度不宜大于 1:10</td></tr>
<tr><td rowspan="2">其他规定</td><td>坡道应采取防滑措施</td></tr>
<tr><td>当坡道总高度超过 0.7m 时，应在临空面采取防护设施【2019】</td></tr>
</table>
</td></tr>
<tr><td>临空处防护栏杆</td><td>根据 6.7.3，阳台、外廊、室内回廊、内天井、上人屋面及室外楼梯等临空处应设置防护栏杆，并应符合表 6.1-16 的规定【2023、2022（12）、2020】

表 6.1-16　　防护栏杆的规定
<table>
<tr><td rowspan="3">栏杆高度</td><td>当临空高度在 24.0m 以下时</td><td>栏杆高度不应低于 1.05m</td></tr>
<tr><td>当临空高度在 24.0m 及以上时</td><td>栏杆高度不应低于 1.1m</td></tr>
<tr><td>上人屋面和交通、商业、旅馆、医院、学校等建筑临开敞中庭</td><td>栏杆高度不应小于 1.2m【2019】</td></tr>
<tr><td>高度计算方式</td><td colspan="2">栏杆高度应从所在楼地面或屋面至栏杆扶手顶面垂直高度计算，当底面有宽度大于或等于 0.22m，且高度低于或等于 0.45m 的可踏部位时，应从可踏部位顶面起算</td></tr>
<tr><td>构造要求</td><td colspan="2">公共场所栏杆离地面 0.1m 高度范围内不宜留空</td></tr>
</table>
</td></tr>
<tr><td rowspan="6">楼梯</td><td>净宽计算</td><td>6.8.2　当一侧有扶手时，梯段净宽应为墙体装饰面至扶手中心线的水平距离，当双侧有扶手时，梯段净宽应为两侧扶手中心线之间的水平距离。当有凸出物时，梯段净宽应从凸出物表面算起</td></tr>
<tr><td>梯段净宽</td><td>6.8.3　梯段净宽除应符合现行国家标准《建筑设计防火规范》（GB 50016）及国家现行相关专用建筑设计标准的规定外，供日常主要交通用的楼梯的梯段净宽应根据建筑物使用特征，按每股人流宽度为 0.55m＋（0～0.15）m 的人流股数确定，并不应少于两股人流。（0～0.15）m 为人流在行进中人体的摆幅，公共建筑人流众多的场所应取上限值</td></tr>
<tr><td>平台最小宽度</td><td>6.8.4　当梯段改变方向时，扶手转向端处的平台最小宽度不应小于梯段净宽，并不得小于 1.2m。当有搬运大型物件需要时，应适量加宽。直跑楼梯的中间平台宽度不应小于 0.9m</td></tr>
<tr><td>踏步级数</td><td>6.8.5　每个梯段的踏步级数不应少于 3 级，且不应超过 18 级</td></tr>
<tr><td>扶手设置</td><td>6.8.7　楼梯应至少于一侧设扶手，梯段净宽达三股人流时应两侧设扶手，达四股人流时宜加设中间扶手</td></tr>
<tr><td>扶手高度</td><td>6.8.8　室内楼梯扶手高度自踏步前缘线量起不宜小于 0.9m。楼梯水平栏杆或栏板长度大于 0.5m 时，其高度不应小于 1.05m</td></tr>
</table>

<table>
<tr>
<td rowspan="2">规划控制</td>
<td>楼梯</td>
<td>楼梯踏步的宽度和高度</td>
<td>
6.8.10 楼梯踏步的宽度和高度应符合表 6.8.10（表 6.1-17）的规定
表 6.1-17 楼梯踏步最小宽度和最大高度 （m）
<table>
<tr><th colspan="2">楼梯类别</th><th>最小宽度</th><th>最大高度</th></tr>
<tr><td rowspan="2">住宅楼梯</td><td>住宅公共楼梯</td><td>0.260</td><td>0.175</td></tr>
<tr><td>住宅套内楼梯</td><td>0.220</td><td>0.200</td></tr>
<tr><td rowspan="2">宿舍楼梯</td><td>小学宿舍楼梯</td><td>0.260</td><td>0.150</td></tr>
<tr><td>其他宿舍楼梯</td><td>0.270</td><td>0.165</td></tr>
<tr><td rowspan="2">老年人建筑楼梯</td><td>住宅公共楼梯</td><td>0.300</td><td>0.150</td></tr>
<tr><td>公共建筑楼梯</td><td>0.320</td><td>0.130</td></tr>
<tr><td colspan="2">托儿所、幼儿园楼梯</td><td>0.260</td><td>0.130</td></tr>
<tr><td colspan="2">小学校楼梯</td><td>0.260</td><td>0.150</td></tr>
<tr><td colspan="2">人员密集且竖向交通繁忙的建筑和大、中学校楼梯</td><td>0.280</td><td>0.165</td></tr>
<tr><td colspan="2">其他建筑楼梯</td><td>0.260</td><td>0.175</td></tr>
<tr><td colspan="2">超高层建筑核心筒内楼梯</td><td>0.250</td><td>0.180</td></tr>
<tr><td colspan="2">检修及内部服务楼梯</td><td>0.220</td><td>0.200</td></tr>
</table>
注：螺旋楼梯和扇形踏步离内侧扶手中心 0.250m 处的踏步宽度不应小于 0.220m。
</td>
</tr>
<tr>
<td>电梯、自动扶梯和自动人行道</td>
<td>电梯</td>
<td>
根据 6.9.1，电梯设置应符合表 6.1-18 的规定。
表 6.1-18 电梯设置的规定
<table>
<tr><th>内容</th><th colspan="2">规定</th></tr>
<tr><td rowspan="3">数量和规格</td><td>原则</td><td>应经计算后确定并满足建筑的使用特点和要求</td></tr>
<tr><td>高层公共建筑
高层宿舍建筑</td><td>不宜少于 2 台</td></tr>
<tr><td>12 层及 12 层以上的住宅建筑</td><td>不应少于 2 台，并应符合现行国家标准《住宅设计规范》（GB 50096）的规定</td></tr>
<tr><td rowspan="4">设置要求</td><td>单排排列</td><td>不宜超过 4 台</td></tr>
<tr><td>双排排列</td><td>不宜超过 2 排×4 台</td></tr>
<tr><td>高层建筑电梯分区服务时</td><td>每服务区的电梯单侧排列时不宜超过 4 台，双侧排列时不宜超过 2 排×4 台</td></tr>
<tr><td>当建筑设有电梯目的地选层控制系统时</td><td>电梯单侧排列或双侧排列的数量可超出本条第 4 款、第 5 款（即单侧排列时不宜超过 4 台，双侧排列时不宜超过 2 排×4 台）的规定合理设置</td></tr>
</table>
</td>
</tr>
</table>

续表

续表

规划控制	电梯、自动扶梯和自动人行道	电梯	候梯厅深度	电梯候梯厅的深度应符合表 6.9.1（表 6.1-19）的规定【2019】
		自动扶梯、自动人行道		根据 6.9.2，自动扶梯、自动人行道应符合表 6.1-20 的规定

表 6.1-19　候梯厅深度

电梯类别	布置方式	候梯厅深度
住宅电梯	单台	≥B，且≥1.5m
	多台单侧排列	≥B_{max}，且≥1.8m
	多台双侧排列	≥相对电梯 B_{max} 之和，且＜3.5m
公共建筑电梯	单台	≥1.5B，且≥1.5m
	多台单侧排列	≥1.5B_{max}，且≥2.0m 当电梯群为 4 台时应≥2.4m
	多台双侧排列	≥相对电梯 B_{max} 之和，且＜4.5m
病床电梯	单台	≥1.5B
	多台单侧排列	≥1.5B_{max}
	多台双侧排列	≥相对电梯 B_{max} 之和

注：B 为轿厢深度，B_{max} 为电梯群中最大轿厢深度。

表 6.1-20　自动扶梯、自动人行道的设计规定

内容	设计规定		
畅通区宽度	出入口畅通区的宽度从扶手带端部算起不应小于 2.5m，人员密集的公共场所其畅通区宽度不宜小于 3.5m		
栏杆栏板	扶梯与楼层地板开口部位之间应设防护栏杆或栏板； 栏板应平整、光滑和无突出物；扶手带顶面距自动扶梯前缘、自动人行道踏板面或胶带面的垂直高度不应小于 0.9m		
扶手与墙面或楼板的距离	当相邻平行交叉设置时，两梯（道）之间扶手带中心线的水平距离不应小于 0.5m，否则应采取措施防止障碍物引起人员伤害【2024】		
垂直净高	自动扶梯的梯级、自动人行道的踏板或胶带上空，垂直净高不应小于 2.3m【2019】		
倾斜角及额定速度	自动扶梯	一般情况	自动扶梯的倾斜角不宜超过 30°，额定速度不宜大于 0.75m/s
		当提升高度不超过 6.0m	倾斜角小于或等于 35°时，额定速度不宜大于 0.5m/s
		当自动扶梯速度大于 0.65m/s 时	在其端部应有不小于 1.6m 的水平移动距离作为导向行程段
	倾斜式自动人行道		倾斜角不应超过 12°，额定速度不应大于 0.75m/s。当踏板的宽度不大于 1.1m，并且在两端出入口踏板或胶带进入梳齿板之前的水平距离不小于 1.6m 时，自动人行道的最大额定速度可达到 0.9m/s

续表

<table>
<tr><td rowspan="1">规划控制</td><td>管道井、烟道和通风道</td><td>烟道和排风道</td><td>根据 6.16.4，自然排放的烟道和排风道宜伸出屋面，同时应避开门窗和进风口。伸出高度应有利于烟气扩散，并应根据屋面形式、排出口周围遮挡物的高度、距离和积雪深度确定，伸出平屋面的高度不得小于 0.6m。伸出坡屋面的高度应符合表 6.1-21 的规定【2021】

表 6.1-21　　伸出坡屋面的高度规定
<table>
<tr><th>内容</th><th>高度规定</th></tr>
<tr><td>当烟道或排风道中心线距屋脊的水平面投影距离小于 1.5m 时</td><td>应高出屋脊 0.6m</td></tr>
<tr><td>当烟道或排风道中心线距屋脊的水平面投影距离为 1.5～3.0m 时</td><td>应高于屋脊，且伸出屋面高度不得小于 0.6m</td></tr>
<tr><td>当烟道或排风道中心线距屋脊的水平面投影距离大于 3.0m 时</td><td>可适当低于屋脊，但其顶部与屋脊的连线同水平线之间的夹角不应大于 10°，且伸出屋面高度不得小于 0.6m</td></tr>
</table>
</td></tr>
<tr><td rowspan="2">建筑设备</td><td rowspan="2">给水排水</td><td>给水排水管道敷设</td><td>8.1.5　给水排水管道敷设应符合下列规定：【2020】
1　给水排水管道不应穿过变配电房、电梯机房、智能化系统机房、音像库房等遇水会损坏设备和引发事故的房间，以及博物馆类建筑的藏品库房、档案馆类建筑的档案库区、图书馆类建筑的书库等；并应避免在生产设备、遇水会引起爆炸燃烧的原料和产品、配电柜上方通过。
2　排水横管不得穿越食品、药品及其原料的加工及储藏部位，并不得穿越生活饮用水水池（箱）的正上方。
3　排水管道不得穿过结构变形缝等部位，当必须穿过时，应采取相应技术措施。
4　排水管道不得穿越客房、病房和住宅的卧室、书房、客厅、餐厅等对卫生、安静有较高要求的房间。
5　生活饮用水管道严禁穿过毒物污染区。当通过有腐蚀性区域时，应采取安全防护措施</td></tr>
<tr><td>化粪池</td><td>8.1.6　化粪池距离地下取水构筑物不得小于 30.0m。化粪池外壁距建筑物外墙不宜小于 5.0m，并不得影响建筑物基础【2021】</td></tr>
</table>

6.1-3［2024-87］自动扶梯的扶梯带中心距离楼板开洞边缘，最小不用设置防夹防剪设施的距离为多少？（　　）

A. 0.3m　　B. 0.4m　　C. 0.5m　　D. 0.6m

答案：C

解析：依据《民用建筑设计统一标准》(GB 50352—2019) 第 6.9.2 条。

6.1-4［2023-88］图 6.1-11 是某旅馆的局部剖面图，关于窗台和栏杆的高度，错误的是（　　）。

A. H_1 高度不限

B. 窗台高度 $H_2 \geqslant 0.8$m

C. 中庭栏杆高度 $H_3 \geqslant 1.1$m

D. 屋面栏杆高度 $H_4 \geqslant 1.2$m

答案：C

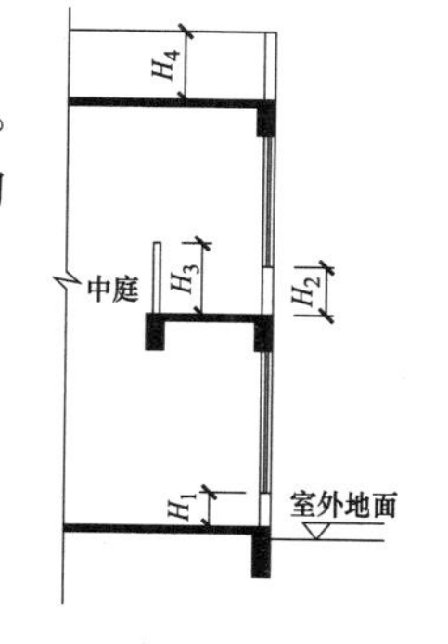

图 6.1-11

解析：参见《民用建筑设计统一标准》(GB 50352—2019)，第 6.7.3 条，$H_3 \geq 1.2$m。

6.1-5［2022(5)-1］根据《民用建筑设计统一标准》(GB 50352—2019)，当前我国的建筑方针是（　　）。

A. 适用 经济 绿色 美观　　　　B. 适用 经济 美观 安全

C. 适用 经济 坚固 美观　　　　D. 适用 坚固 美观 安全

答案：A

解析：依据《民用建筑设计统一标准》(GB 50352—2019)第 1.0.1 条。

6.1-6［2022(5)-14］根据《民用建筑设计统一标准》(GB 50352—2019)，下列属于居住建筑类别的是（　　）。

A. 养老院　　　　B. 学校宿舍楼

C. 旅馆　　　　D. 医院病房楼

答案：B

解析：依据《民用建筑设计统一标准》(GB 50352—2019)第 3.1.1 条。

6.1-7［2022(5)-113］在满足一定条件下，商业办公建筑内的厕所可以布置在下列哪个房间的直接上层？（　　）

A. 厨房　　　　B. 普通办公室

C. 配电房　　　　D. 档案室

答案：B

解析：依据《民用建筑设计统一标准》(GB 50352—2019)第 6.6.1 条第 2 款可知，在食品加工与储存、医药及其原材料生产与储存、生活供水、电气、档案、文物等有严格卫生、安全要求房间的直接上层，不应布置厕所、卫生间、盥洗室、浴室等有水房间；在餐厅、医疗用房等有较高卫生要求用房的直接上层，应避免布置厕所、卫生间、盥洗室、浴室等有水房间，否则应采取同层排水和严格的防水措施。因此选项 B 符合题意。

考点 3：《建筑与市政工程无障碍通用规范》(GB 55019—2021)【★★★★★】

<table>
<tr><td rowspan="5">无障碍通行设施</td><td colspan="2">一般规定</td><td>2.1.2　无障碍通行流线上的标识物、垃圾桶、座椅、灯柱、隔离墩、地灯和地面布线（线槽）等设施均不应妨碍行动障碍者的独立通行。固定在无障碍通道、轮椅坡道、楼梯的墙或柱面上的物体，突出部分大于 100mm 且底面距地面高度小于 2.00m 时，其底面距地面高度不应大于 600mm，且应保证有效通行净宽</td></tr>
<tr><td rowspan="3">无障碍通道</td><td>通行净宽</td><td>2.2.2　无障碍通道的通行净宽不应小于 1.20m，人员密集的公共场所的通行净宽不应小于 1.80m</td></tr>
<tr><td>轮椅通行净宽</td><td>2.2.3　无障碍通道上的门洞口应满足轮椅通行，各类检票口、结算口等应设轮椅通道，通行净宽不应小于 900mm</td></tr>
<tr><td>低矮空间</td><td>2.2.5　自动扶梯、楼梯的下部和其他室内外低矮空间可以进入时，应在净高不大于 2.00m 处采取安全阻挡措施</td></tr>
<tr><td>轮椅坡道</td><td>坡度和提升高度</td><td>2.3.1　轮椅坡道的坡度和坡段提升高度应符合下列规定：【2023】
1　横向坡度不应大于 1:50，纵向坡度不应大于 1:12，当条件受限且坡段起止点的高差不大于 150mm 时，纵向坡度不应大于 1:10。
2　每段坡道的提升高度不应大于 750mm</td></tr>
</table>

续表

无障碍通行设施	轮椅坡道	通行净宽	2.3.2　轮椅坡道的通行净宽不应小于 1.20m
			2.3.3　轮椅坡道的起点终点和休息平台的通行净宽不应小于坡道的通行净宽，水平长度不应小于 1.50m，门扇开启和物体不应占用此范围空间
		扶手设置	2.3.4　轮椅坡道的高度大于 300mm 且纵向坡度大于 1:20 时，应在两侧设置扶手，坡道与休息平台的扶手应保持连贯
	无障碍出入口	出入口的类型	2.4.1　无障碍出入口应为下列 3 种出入口之一：【2024】 1　地面坡度不大于 1:20 的平坡出入口。 2　同时设置台阶和轮椅坡道的出入口。 3　同时设置台阶和升降平台的出入口
		平台	根据 2.4.2，除平坡出入口外，无障碍出入口的门前应设置平台；在门完全开启的状态下，平台的净深度不应小于 1.50m；无障碍出入口的上方应设置雨篷
		案例（图 6.1-12）	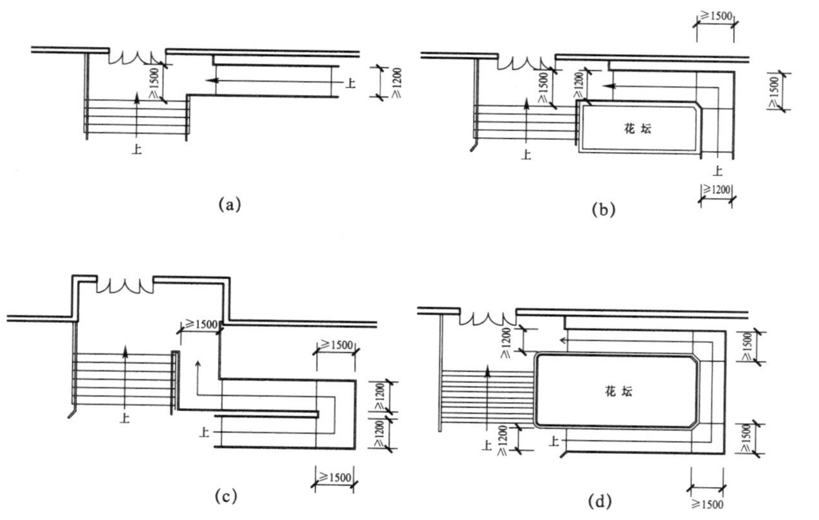 (a)　(b)　(c)　(d) 图 6.1-12　几种不同无障碍入口案例示意图
	门	基本要求	2.5.2　在无障碍通道上不应使用旋转门
			2.5.3　满足无障碍要求的门不应设挡块和门槛，门口有高差时，高度不应大于 15mm，并应以斜面过渡，斜面的纵向坡度不应大于 1:10
		手动门	2.5.4　满足无障碍要求的手动门应符合下列规定： 1　新建和扩建建筑的门开启后的通行净宽不应小于 900mm，既有建筑改造或改建的门开启后的通行净宽不应小于 800mm。 2　平开门的门扇外侧和里侧均应设置扶手，扶手应保证单手握拳操作，操作部分距地面高度应为 0.85～1.00m
		自动门	2.5.5　满足无障碍要求的自动门应符合下列规定： 1　开启后的通行净宽不应小于 1.00m。 2　当设置手动启闭装置时，可操作部件的中心距地面高度应为 0.85～1.00m

续表

<table>
<tr><td rowspan="8">无障碍通行设施</td><td rowspan="5">无障碍电梯和升降平台</td><td>候梯厅</td><td>2.6.1　无障碍电梯的候梯厅应符合下列规定：
1　电梯门前应设直径不小于 1.50m 的轮椅回转空间，公共建筑的候梯厅深度不应小于 1.80m。
2　呼叫按钮的中心距地面高度应为 0.85～1.10m，且距内转角处侧墙距离不应小于 400mm，按钮应设置盲文标志。
3　呼叫按钮前应设置提示盲道。
4　应设置电梯运行显示装置和抵达音响</td></tr>
<tr><td>轿厢的规格</td><td>2.6.2　无障碍电梯的轿厢的规格应依据建筑类型和使用要求选用。满足乘轮椅者使用的最小轿厢规格，深度不应小于 1.40m，宽度不应小于 1.10m。同时满足乘轮椅者使用和容纳担架的轿厢，如采用宽轿厢，深度不应小于 1.50m，宽度不应小于 1.60m；如采用深轿厢，深度不应小于 2.10m，宽度不应小于 1.10m。轿厢内部设施应满足无障碍要求</td></tr>
<tr><td>电梯门</td><td>2.6.3　无障碍电梯的电梯门应符合下列规定：
1　应为水平滑动式门。
2　新建和扩建建筑的电梯门开启后的通行净宽不应小于 900mm，既有建筑改造或改建的电梯门开启后的通行净宽不应小于 800mm。
3　完全开启时间应保持不小于 3s</td></tr>
<tr><td>数量</td><td>2.6.4　公共建筑内设有电梯时，至少应设置 1 部无障碍电梯</td></tr>
<tr><td>升降平台</td><td>2.6.5　升降平台应符合下列规定：
1　深度不应小于 1.20m，宽度不应小于 900mm，应设扶手、安全挡板和呼叫控制按钮，呼叫控制按钮的高度应符合本规范第 2.6.1 条的有关规定。
2　应采用防止误入的安全防护措施。
3　传送装置应设置可靠的安全防护装置</td></tr>
<tr><td rowspan="2">楼梯和台阶</td><td>一般要求</td><td>2.7.1　视觉障碍者主要使用的楼梯和台阶应符合下列规定：
1　距踏步起点和终点 250～300mm 处应设置提示盲道，提示盲道的长度应与梯段的宽度相对应。
2　上行和下行的第一阶踏步应在颜色或材质上与平台有明显区别。
3　不应采用无踢面和直角形突缘的踏步。
4　踏步防滑条、警示条等附着物均不应突出踏面</td></tr>
<tr><td>扶手</td><td>2.7.2　行动障碍者和视觉障碍者主要使用的三级及三级以上的台阶和楼梯应在两侧设置扶手</td></tr>
<tr><td>扶手</td><td>扶手高度</td><td>2.8.1　满足无障碍要求的单层扶手的高度应为 850～900mm；设置双层扶手时，上层扶手高度应为 850～900mm，下层扶手高度应为 650～700mm（图 6.1-13）【2023、2022（5）】

图 6.1-13　扶手高度示意图</td></tr>
</table>

无障碍通行设施	扶手	扶手延伸	2.8.3　行动障碍者和视觉障碍者主要使用的楼梯和台阶、轮椅坡道的扶手起点和终点处应水平延伸，延伸长度不应小于 300mm；扶手末端应向墙面或向下延伸，延伸长度不应小于 10mm（图 6.1-14）【2017】 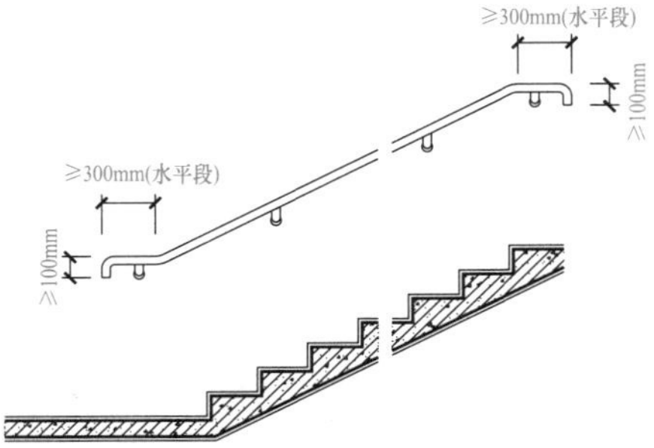 图 6.1-14　扶手延伸示意图
		墙面净距	2.8.4　扶手应固定且安装牢固，形状和截面尺寸应易于抓握，截面的内侧边缘与墙面的净距离不应小于 40mm
	无障碍机动车停车位和上/落客区	轮椅通道	2.9.2　无障碍机动车停车位一侧，应设宽度不小于 1.20m 的轮椅通道。轮椅通道与其所服务的停车位不应有高差，和人行通道有高差处应设置缘石坡道，且应与无障碍通道衔接（图 6.1-15） 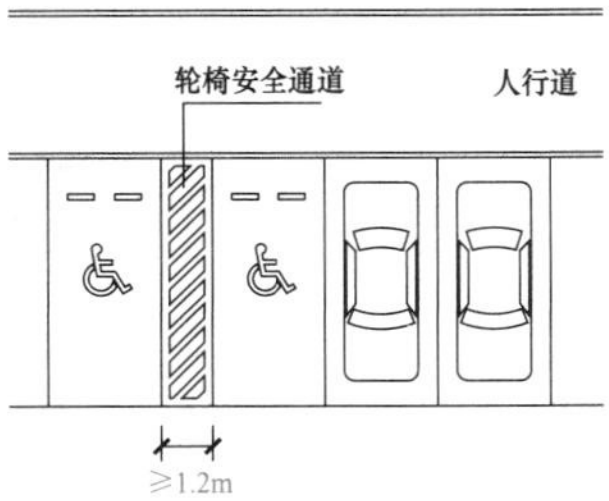 图 6.1-15　轮椅通道示意图
		坡度	2.9.3　无障碍机动车停车位的地面坡度不应大于 1:50【2021】
		划线标识	2.9.4　无障碍机动车停车位的地面应设置停车线、轮椅通道线和无障碍标志，并应设置引导标识
		数量要求	2.9.5　总停车数在 100 辆以下时应至少设置 1 个无障碍机动车停车位，100 辆以上时应设置不少于总停车数 1%的无障碍机动车停车位；城市广场、公共绿地、城市道路等场所的停车位应设置不少于总停车数 2%的无障碍机动车停车位【2024】
		尺寸要求	2.9.6　无障碍小汽（客）车上客和落客区的尺寸不应小于 2.40m×7.00m，和人行通道有高差处应设置缘石坡道，且应与无障碍通道衔接
	缘石坡道【2020】	基本要求	2.10.1　各种路口、出入口和人行横道处，有高差时应设置缘石坡道。 2.10.2　缘石坡道的坡口与车行道之间应无高差
		提示盲道	2.10.3　缘石坡道距坡道下口路缘石 250～300mm 处应设置提示盲道，提示盲道的长度应与缘石坡道的宽度相对应【2024】

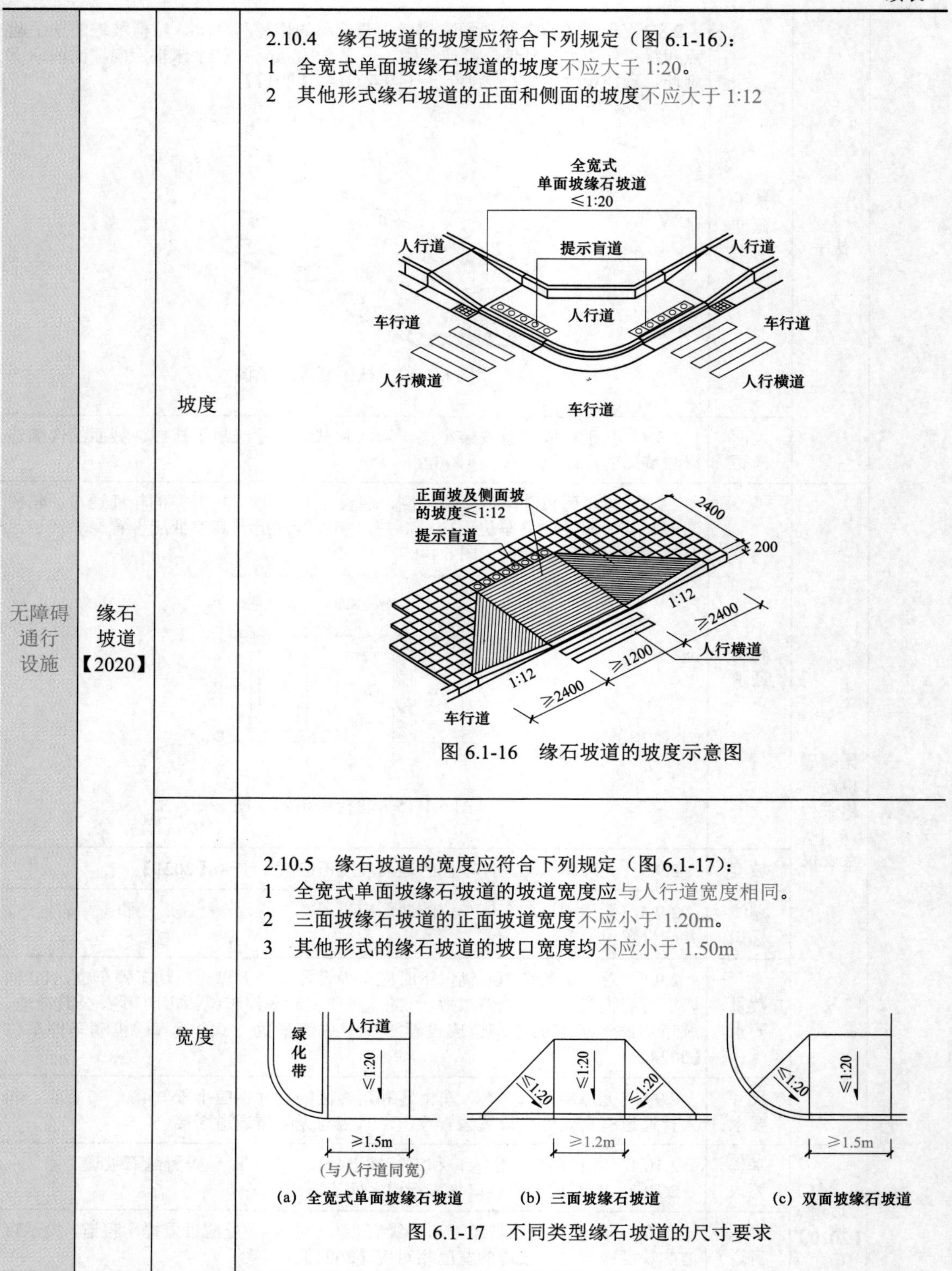

续表

无障碍通行设施	缘石坡道【2020】	坡度	2.10.4　缘石坡道的坡度应符合下列规定（图 6.1-16）： 1　全宽式单面坡缘石坡道的坡度不应大于 1:20。 2　其他形式缘石坡道的正面和侧面的坡度不应大于 1:12 图 6.1-16　缘石坡道的坡度示意图
		宽度	2.10.5　缘石坡道的宽度应符合下列规定（图 6.1-17）： 1　全宽式单面坡缘石坡道的坡道宽度应与人行道宽度相同。 2　三面坡缘石坡道的正面坡道宽度不应小于 1.20m。 3　其他形式的缘石坡道的坡口宽度均不应小于 1.50m 图 6.1-17　不同类型缘石坡道的尺寸要求

	缘石坡道【2020】	过渡空间	2.10.6 缘石坡道顶端处应留有过渡空间，过渡空间的宽度不应小于 900mm
		其他	2.10.7 缘石坡道上下坡处不应设置雨水箅子。设置阻车桩时，阻车桩的净间距不应小于 900mm
	盲道		2.11.3 需要安全警示和提示处应设置提示盲道，其长度应与需安全警示和提示的范围相对应。行进盲道的起点、终点、转弯处，应设置提示盲道，其宽度不应小于 300mm，且不应小于行进盲道的宽度
无障碍通行设施	一般规定	通行净宽	3.1.2 具有内部使用空间的无障碍服务设施的入口和室内空间应方便乘轮椅者进入和使用，内部应设轮椅回转空间，轮椅需要通行的区域通行净宽不应小于 900mm
		无障碍坐便器	3.1.8 无障碍坐便器应符合下列规定： 1 无障碍坐便器两侧应设置安全抓杆，轮椅接近坐便器一侧应设置可垂直或水平 90° 旋转的水平抓杆，另一侧应设置 L 形抓杆。 2 轮椅接近无障碍坐便器一侧设置的可垂直或水平 90° 旋转的水平安全抓杆距坐便器的上沿高度应为 250～350mm，长度不应小于 700mm。 3 无障碍坐便器另一侧设置的 L 形安全抓杆，其水平部分距坐便器的上沿高度应为 250～350mm，水平部分长度不应小于 700mm；其竖向部分应设置在坐便器前端 150～250mm，竖向部分顶部距地面高度应为 1.40～1.60m。 4 坐便器水箱控制装置应位于易于触及的位置，应可自动操作或单手操作。 5 取纸器应设在坐便器的侧前方。 6 在坐便器附近应设置救助呼叫装置，并应满足坐在坐便器上和跌倒在地面的人均能够使用
		无障碍小便器	3.1.9 无障碍小便器应符合下列规定： 1 小便器下口距地面高度不应大于 400mm。 2 应在小便器两侧设置长度为 550mm 的水平安全抓杆，距地面高度应为 900mm；应在小便器上部设置支撑安全抓杆，距地面高度应为 1.20m
		无障碍洗手盆	3.1.10 无障碍洗手盆应符合下列规定： 1 台面距地面高度不应大于 800mm，水嘴中心距侧墙不应小于 550mm，其下部应留出不小于宽 750mm、高 650mm、距地面高度 250mm 范围内进深不小于 450mm、其他部分进深不小于 250mm 的容膝容脚空间。 2 应在洗手盆上方安装镜子，镜子反光面的底端距地面的高度不应大于 1.00m。 3 出水龙头应采用杠杆式水龙头或感应式自动出水方式
		无障碍淋浴间	3.1.11 无障碍淋浴间应符合下列规定： 1 内部空间应方便乘轮椅者进出和使用。 2 淋浴间前应设便于乘轮椅者通行和转动的净空间。 3 淋浴间坐台应安装牢固，高度应为 400～450mm，深度应为 400～500mm，宽度应为 500～550mm。 4 应设置 L 形安全抓杆，其水平部分距地面高度应为 700～750mm，长度不应小于 700mm，其垂直部分应设置在淋浴间坐台前端，顶部距地面高度应为 1.40～1.60m。 5 控制淋浴的开关距地面高度不应大于 1.00m；应设置一个手持的喷头，其支架高度距地面高度不应大于 1.20m，淋浴软管长度不应小于 1.50m

续表

	缘石坡道【2020】	无障碍厨房	3.1.13　无障碍厨房应符合下列规定： 1　厨房设施和电器应方便乘轮椅者靠近和使用。 2　操作台面距地面高度应为700～850mm，其下部应留出不小于宽750mm、高650mm、距地面高度250mm范围内进深不小于450mm、其他部分进深不小于250mm的容膝容脚空间。 3　水槽应与工作台底部的操作空间隔开
无障碍通行设施	公共卫生间（厕所）和无障碍厕所	基本要求	3.2.1　满足无障碍要求的公共卫生间（厕所）应符合下列规定： 1　女卫生间（厕所）应设置无障碍厕位和无障碍洗手盆，男卫生间（厕所）应设置无障碍厕位、无障碍小便器和无障碍洗手盆。 2　内部应留有直径不小于1.50m的轮椅回转空间
		无障碍厕位	3.2.2　无障碍厕位应符合下列规定： 1　应方便乘轮椅者到达和进出，尺寸不应小于1.80m×1.50m。 2　如采用向内开启的平开门，应在开启后厕位内留有直径不小于1.50m的轮椅回转空间，并应采用门外可紧急开启的门闩。 3　应设置无障碍坐便器
			3.2.3　无障碍厕所应符合下列规定： 1　位置应靠近公共卫生间（厕所），面积不应小于 $4.00m^2$，内部应留有直径不小于1.50m的轮椅回转空间。 2　内部应设置无障碍坐便器、无障碍洗手盆、多功能台、低位挂衣钩和救助呼叫装置。 3　应设置水平滑动式门或向外开启的平开门
		数量要求	3.2.4　公共建筑中的男、女公共卫生间（厕所），每层应至少分别设置1个满足无障碍要求的公共卫生间（厕所），或在男、女公共卫生间（厕所）附近至少设置1个独立的无障碍厕所
	无障碍客房和住房	位置要求	3.4.1　无障碍客房和无障碍住房、居室应设于底层或无障碍电梯可达的楼层，应设在便于到达、疏散和进出的位置，并应与无障碍通道连接
		设施要求	3.4.2　人员活动空间应保证轮椅进出，内部应设轮椅回转空间
			3.4.3　主要人员活动空间应设置救助呼叫装置
			3.4.5　无障碍客房和无障碍住房设置厨房时应为无障碍厨房
	轮椅席位		3.5.4　轮椅席位应符合下列规定： 1　每个轮椅席位的净尺寸深度不应小于1.30m，宽度不应小于800mm。 2　观众席为100座及以下时应至少设置1个轮椅席位；101～400座时应至少设置2个轮椅席位；400座以上时，每增加200个座位应至少增设1个轮椅席位。 3　在轮椅席位旁或邻近的座席处应设置1:1的陪护席位。 4　轮椅席位的地面坡度不应大于1:50

6.1-8［2024-92］根据《建筑与市政工程无障碍通用规范》（GB 55019—2021），基地城

市广场有 240 个机动车位，至少应该有多少无障碍车位？（　　）

A. 5　　B. 4　　C. 3　　D. 2

答案：A

解析：根据《建筑与市政工程无障碍通用规范》（GB 55019—2021）第 2.9.5 条。

6.1-9［2023-91］根据《建筑与市政工程无障碍通用规范》（GB 55019—2021），下列关于轮椅坡道的坡度及其提升高度的说法，正确的是（　　）。

A. 坡度为 1:8，提升高度为 0.30m　　B. 坡度为 1:10，提升高度为 0.60m

C. 坡度为 1:12，提升高度为 0.75m　　D. 坡度为 1:16，提升高度为 0.90m

答案：C

解析：参见《建筑与市政工程无障碍通用规范》（GB 55019—2021）第 2.3.1 条。

6.1-10［2023-92］根据《建筑与市政工程无障碍通用规范》（GB 55019—2021），关于无障碍楼梯扶手的说法，错误的是（　　）。

A. 扶手应在全长范围内保持连贯

B. 扶手应与背景有明显的颜色或亮度对比

C. 视觉障碍者使用的楼梯扶手起点和终点处应水平延伸

D. 扶手内侧边缘与墙面的净距离应小于 40mm

答案：D

解析：参见《建筑与市政工程无障碍通用规范》（GB 55019—2021）第 2.8.4 条。

考点 4:《无障碍设计规范》（GB 50763—2012）【★★★★】

术语	2.0.16 无障碍厕所： 出入口、室内空间及地面材质等方面方便行动障碍者使用且无障碍设施齐全的小型无性别厕所		
无障碍设施的设计要求	盲道	基本要求	3.2.1 盲道应符合下列规定： 1 盲道按其使用功能可分为行进盲道和提示盲道。 2 盲道的纹路应凸出路面 4mm 高。 3 盲道铺设应连续，应避开树木（穴）、电线杆、拉线等障碍物，其他设施不得占用盲道。 4 盲道的颜色宜与相邻的人行道铺面的颜色形成对比，并与周围景观相协调，宜采用中黄色。 5 盲道型材表面应防滑
		行进盲道	3.2.2 行进盲道应符合下列规定： 1 行进盲道应与人行道的走向一致。 2 行进盲道的宽度宜为 250～500mm。 3 行进盲道宜在距围墙、花台、绿化带 250～500mm 处设置。 4 行进盲道宜在距树池边缘 250～500mm 处设置；如无树池，行进盲道与路缘石上沿在同一水平面时，距路缘石不应小于 500mm，行进盲道比路缘石上沿低时，距路缘石不应小于 250mm；盲道应避开非机动车停放的位置

<table>
<tr><td rowspan="9">无障碍设施的设计要求</td><td>盲道</td><td>提示盲道</td><td>3.2.3 提示盲道应符合下列规定：
1 行进盲道在起点、终点、转弯处及其他有需要处应设提示盲道，当盲道的宽度不大于 300mm 时，提示盲道的宽度应大于行进盲道的宽度</td></tr>
<tr><td>无障碍出入口</td><td colspan="2">3.3.2 无障碍出入口应符合下列规定：
1 出入口的地面应平整、防滑。
2 室外地面滤水箅子的孔洞宽度不应大于 15mm。
3 同时设置台阶和升降平台的出入口宜只应用于受场地限制无法改造坡道的工程，并应符合本规范第 3.7.3 条的有关规定。
4 除平坡出入口外，在门完全开启的状态下，建筑物无障碍出入口的平台的净深度不应小于 1.50m。
5 建筑物无障碍出入口的门厅、过厅如设置两道门，门扇同时开启时两道门的间距不应小于 1.50m。【2019】
6 建筑物无障碍出入口的上方应设置雨棚</td></tr>
<tr><td rowspan="4">轮椅坡道</td><td>净宽度</td><td>3.4.2 轮椅坡道的净宽度不应小于 1.00m，无障碍出入口的轮椅坡道净宽度不应小于 1.20m【2021、2020、2019】</td></tr>
<tr><td>扶手</td><td>3.4.3 轮椅坡道的高度超过 300mm 且坡度大于 1:20 时，应在两侧设置扶手，坡道与休息平台的扶手应保持连贯，扶手应符合本规范第 3.8 节的相关规定</td></tr>
<tr><td>最大高度和水平长度【2022（5）】</td><td>3.4.4 轮椅坡道的最大高度和水平长度应符合表 3.4.4（表 6.1-22）的规定
表 6.1-22　轮椅坡道的最大高度和水平长度　（m）<table><tr><th>坡度</th><th>1:20</th><th>1:16</th><th>1:12</th><th>1:10</th><th>1:8</th></tr><tr><td>最大高度</td><td>1.20</td><td>0.90</td><td>0.75</td><td>0.60</td><td>0.30</td></tr><tr><td>水平长度</td><td>24.00</td><td>14.40</td><td>9.00</td><td>6.00</td><td>2.40</td></tr></table></td></tr>
<tr><td>休息平台</td><td>3.4.6 轮椅坡道起点、终点和中间休息平台的水平长度不应小于 1.50m</td></tr>
<tr><td rowspan="2">无障碍通道、门</td><td>无障碍通道的宽度</td><td>3.5.1 无障碍通道的宽度应符合下列规定：
1 室内走道不应小于 1.20m，人流较多或较集中的大型公共建筑的室内走道宽度不宜小于 1.80m。
2 室外通道不宜小于 1.50m。
3 检票口、结算口轮椅通道不应小于 900mm【2019】</td></tr>
<tr><td>无障碍通道</td><td>3.5.2 无障碍通道应符合下列规定：
1 无障碍通道应连续，其地面应平整、防滑、反光小或无反光，并不宜设置厚地毯。
2 无障碍通道上有高差时，应设置轮椅坡道。
3 室外通道上的雨水箅子的孔洞宽度不应大于 15mm。
4 固定在无障碍通道的墙、立柱上的物体或标牌距地面的高度不应小于 2.00m；如小于 2.00m 时，探出部分的宽度不应大于 100mm；如突出部分大于 100mm，则其距地面的高度应小于 600mm。
5 斜向的自动扶梯、楼梯等下部空间可以进入时，应设置安全挡牌</td></tr>
</table>

续表

无障碍设施的设计要求	无障碍通道、门【2019】	门的无障碍设计	根据3.5.3，门的无障碍设计应符合表6.1-23的规定【2022（12）、2021】

表 6.1-23　门的无障碍设计规定

类型	自动门	推拉门	折叠门	平开门
通行净宽度	不应小于1.00m	不应小于800mm，有条件时，不宜小于900mm		
墙面要求	—	门把手一侧的墙面，应设宽度不小于400mm的墙面		
回转空间	在门扇内外应留有直径不小于1.50m的轮椅回转空间			
门把手、观察玻璃	应设距地900mm的把手，宜设视线观察玻璃，并宜在距地350mm范围内安装护门板			
门槛	门槛高度及门内外地面高差不应大于15mm，并以斜面过渡			
颜色	宜与周围墙面有一定的色彩反差，方便识别			

注：不应采用力度大的弹簧门并不宜采用弹簧门、玻璃门；当采用玻璃门时，应有醒目的提示标志。

无障碍设施的设计要求	无障碍楼梯、台阶【2022（12）】	无障碍楼梯	根据3.6.1，无障碍楼梯应符合表6.1-24的规定

表 6.1-24　无障碍楼梯的设计要求

形式	宜采用直线形楼梯
踏步宽度	不应小于280mm
踏步高度	不应大于160mm
扶手	宜在两侧均做扶手
防滑要求	踏面应平整防滑或在踏面前缘设防滑条
其他要求	1. 不应采用无踢面和直角形突缘的踏步； 2. 距踏步起点和终点250～300mm宜设提示盲道； 3. 踏面和踢面的颜色宜有区分和对比； 4. 楼梯上行及下行的第一阶宜在颜色或材质上与平台有明显区别

无障碍设施的设计要求	无障碍楼梯、台阶【2022（12）】	无障碍台阶	根据3.6.2，台阶的无障碍设计应符合表6.1-25的规定

表 6.1-25　台阶的无障碍设计要求

踏步宽度	不宜小于300mm
踏步高度	不宜大于150mm，并不应小于100mm
扶手	三级及三级以上的台阶应在两侧设置扶手
防滑要求	踏步应防滑
其他要求	台阶上行及下行的第一阶宜在颜色或材质上与其他阶有明显区别

续表

无障碍设施的设计要求

无障碍电梯、升降平台

候梯厅

根据 3.7.1，无障碍电梯的候梯厅应符合表 6.1-26 的规定【2022（5）】

表 6.1-26　无障碍电梯候梯厅的设计要求

项目	要求
尺寸	候梯厅深度不宜小于 1.50m，公共建筑及设置病床梯的候梯厅深度不宜小于 1.80m
门宽	电梯门洞的净宽度不宜小于 900mm
呼叫按钮/选层按钮	高度为 0.90～1.10m
其他	电梯出入口处宜设提示盲道

轿厢

根据 3.7.2，无障碍电梯的轿厢应符合表 6.1-27 的规定【2022（5）】

表 6.1-27　无障碍电梯轿厢的设计要求

项目	要求
尺寸	最小规格为深度不应小于 1.40m，宽度不应小于 1.10m；中型规格为深度不应小于 1.60m，宽度不应小于 1.40m；医疗建筑与老人建筑宜选用病床专用电梯
门宽	轿厢门开启的净宽度不应小于 800mm
呼叫按钮/选层按钮	在轿厢的侧壁上应设高 0.90～1.10m 带盲文的选层按钮，盲文宜设置于按钮旁
扶手	轿厢的三面壁上应设高 850～900mm 扶手，扶手应符合本规范第 3.8 节的相关规定
其他	轿厢正面高 900mm 处至顶部应安装镜子或采用有镜面效果的材料

升降平台

根据 3.7.3，升降平台应符合表 6.1-28 的规定

表 6.1-28　升降平台的设计要求

类型	垂直升降平台	斜向升降平台
深度	不应小于 1.20m	不应小于 1.00m
宽度	不应小于 900mm	不应小于 900mm
其他	应设扶手、挡板及呼叫控制按钮	应设扶手和挡板

公共厕所、无障碍厕所

公共厕所的无障碍设计

3.9.1　公共厕所的无障碍设计应符合表 6.1-29 的规定【2020】

表 6.1-29　公共厕所的无障碍设计规定

类型	女	男
设施要求	至少 1 个无障碍厕位和 1 个无障碍洗手盆	至少 1 个无障碍厕位、1 个无障碍小便器和 1 个无障碍洗手盆
宽度	应方便乘轮椅者进入和进行回转，回转直径不小于 1.50m	
门的通行净宽	门应方便开启，通行净宽度不应小于 800mm	
其他	1. 地面应防滑、不积水。 2. 无障碍厕位应设置无障碍标志，无障碍标志应符合本规范第 3.16 节的有关规定	

<table>
<tr><td rowspan="3">无障碍设施的设计要求</td><td>公共厕所、无障碍厕所</td><td>无障碍厕位</td><td>3.9.2　无障碍厕位应符合下列规定：
1　无障碍厕位应方便乘轮椅者到达和进出，尺寸宜做到 2.00m×1.50m，不应小于 1.80m×1.00m。
2　无障碍厕位的门宜向外开启，如向内开启，需在开启后厕位内留有直径不小于 1.50m 的轮椅回转空间，门的通行净宽不应小于 800mm，平开门外侧应设高 900mm 的横扶把手，在关闭的门扇里侧设高 900mm 的关门拉手，并应采用门外可紧急开启的插销。
3　厕位内应设坐便器，厕位两侧距地面 700mm 处应设长度不小于 700mm 的水平安全抓杆，另一侧应设高 1.40m 的垂直安全抓杆</td></tr>
<tr><td>无障碍客房</td><td colspan="2">3.11.5　无障碍客房的其他规定：【2021】
1　床间距离不应小于 1.20m。
2　家具和电器控制开关的位置和高度应方便乘轮椅者靠近和使用，床的使用高度为 450mm。
3　客房及卫生间应设高 400～500mm 的救助呼叫按钮。
4　客房应设置为听力障碍者服务的闪光提示门铃</td></tr>
<tr><td>无障碍住房及宿舍</td><td colspan="2">根据 3.12.4，无障碍住房及宿舍的设计应符合表 6.1-30 的规定

表 6.1-30　　无障碍住房及宿舍的设计规定
<table>
<tr><th colspan="2">部位</th><th>设计要求</th></tr>
<tr><td colspan="2">单人卧室</td><td>面积不应小于 7.00m²</td></tr>
<tr><td colspan="2">双人卧室</td><td>面积不应小于 10.50m²</td></tr>
<tr><td colspan="2">兼起居室的卧室</td><td>面积不应小于 16.00m²</td></tr>
<tr><td colspan="2">起居室</td><td>面积不应小于 14.00m²</td></tr>
<tr><td colspan="2">厨房</td><td>面积不应小于 6.00m²</td></tr>
<tr><td rowspan="4">卫生间</td><td>坐便器、洗浴器（浴盆或淋浴）、洗面盆</td><td>面积不应小于 4.00m²</td></tr>
<tr><td>坐便器、洗浴器</td><td>面积不应小于 3.00m²</td></tr>
<tr><td>坐便器、洗面盆</td><td>面积不应小于 2.50m²</td></tr>
<tr><td>坐便器</td><td>面积不应小于 2.00m²</td></tr>
<tr><td colspan="2">供乘轮椅者使用的厨房</td><td>操作台下方净宽和高度都不应小于 650mm，深度不应小于 250mm</td></tr>
</table></td></tr>
<tr><td rowspan="2">居住建筑</td><td>配套公共设施</td><td colspan="2">7.3.3　停车场和车库应符合下列规定：
1　居住区停车场和车库的总停车位应设置不少于 0.5%的无障碍机动车停车位；若设有多个停车场和车库，宜每处设置不少于 1 个无障碍机动车停车位。【2022（5）】
3　车库的人行出入口应为无障碍出入口。设置在非首层的车库应设无障碍通道与无障碍电梯或无障碍楼梯连通，直达首层</td></tr>
<tr><td>居住建筑</td><td>基本要求</td><td>7.4.2　居住建筑的无障碍设计应符合下列规定：【2020】
1　设置电梯的居住建筑应至少设置 1 处无障碍出入口，通过无障碍通道直达电梯厅；未设置电梯的低层和多层居住建筑，当设置无障碍住房及宿舍时，应设置无障碍出入口。
2　设置电梯的居住建筑，每居住单元至少应设置 1 部能直达户门层的无障碍电梯</td></tr>
</table>

续表

居住建筑	居住建筑	数量	7.4.3 居住建筑应按每 100 套住房设置不少于 2 套无障碍住房
			7.4.5 宿舍建筑中，男女宿舍应分别设置无障碍宿舍，每 100 套宿舍各应设置不少于 1 套无障碍宿舍；当无障碍宿舍设置在二层以上且宿舍建筑设置电梯时，应设置不少于 1 部无障碍电梯，无障碍电梯应与无障碍宿舍以无障碍通道连接
公共建筑	一般规定		8.1.2 建筑基地内总停车数在 100 辆以下时应设置不少于 1 个无障碍机动车停车位，100 辆以上时应设置不少于总停车数 1%的无障碍机动车停车位
			8.1.3 公共建筑的主要出入口宜设置坡度小于 1:30 的平坡出入口【2019】
	商业服务建筑	无障碍设计	8.8.2 商业服务建筑的无障碍设计应符合下列规定：【2018】 1 建筑物至少应有 1 处为无障碍出入口，且宜位于主要出入口处。 2 公众通行的室内走道应为无障碍通道。 3 供公众使用的男、女公共厕所每层至少有 1 处应满足本规范第 3.9.1 条的有关规定或在男、女公共厕所附近设置 1 个无障碍厕所，大型商业建筑宜在男、女公共厕所满足本规范第 3.9.1 条的有关规定的同时且在附近设置 1 个无障碍厕所
		无障碍客房数量	8.8.3 旅馆等商业服务建筑应设置无障碍客房，其数量应符合下列规定： 1 100 间以下，应设 1～2 间无障碍客房。 2 100～400 间，应设 2～4 间无障碍客房。 3 400 间以上，应至少设 4 间无障碍客房
	公共停车场（库）		8.10.1 公共停车场（库）应设置无障碍机动车停车位，其数量应符合下列规定： 1 Ⅰ类公共停车场（库）应设置不少于停车数量 2%的无障碍机动车停车位。 2 Ⅱ类及Ⅲ类公共停车场（库）应设置不少于停车数量 2%，且不少于 2 个无障碍机动车停车位。 3 Ⅳ类公共停车场（库）应设置不少于 1 个无障碍机动车停车位
	城市公共厕所		8.13.2 城市公共厕所的无障碍设计应符合表 6.1-31 的规定

表 6.1-31　　城市公共厕所的无障碍设计规定

内容		设计规定
出入口		出入口应为无障碍出入口
位置		在两层公共厕所中，无障碍厕位应设在地面层
无障碍设施	女	包括至少 1 个无障碍厕位和 1 个无障碍洗手盆
	男	包括至少 1 个无障碍厕位、1 个无障碍小便器和 1 个无障碍洗手盆
轮椅通行		厕所内的通道应方便乘轮椅者进出和回转，回转直径不小于 1.50m
通行宽度		门应方便开启，通行净宽度不应小于 800mm
其他要求		1. 宜在公共厕所旁另设 1 处无障碍厕所。 2. 地面应防滑、不积水

续表

附录A 无障碍标志	 黑色衬底无障碍标志			 白色衬底无障碍标志		
附录B 无障碍设施标志牌【2022(12)】	用于指示的无障碍设施名称	标志牌的具体形式	用于指示的无障碍设施名称	标志牌的具体形式	用于指示的无障碍设施名称	标志牌的具体形式
	低位电话		无障碍通道		无障碍机动车停车位	
	无障碍电梯		轮椅坡度		无障碍客房	
	听觉障碍者使用的设施		肢体障碍者使用的设施		供导盲犬使用的设施	
	无障碍厕所		视觉障碍者使用的设施		—	—

6.1-11［2022(5)-106］根据《无障碍设计规范》(GB 50763—2012)，单段高差 0.6m 的轮椅坡道允许的最大坡度（　　）。

A. 1:20　　B. 1:12　　C. 1:10　　D. 1:8

答案：C

解析：依据《无障碍设计规范》(GB 50763—2012)第 3.4.4 条及其表 3.4.4 可知。

6.1-12［2022(12)-107］关于无障碍门的要求，错误的是（　　）。

A. 玻璃门需要贴醒目标志提醒

B. 自动门开启后净宽 1.00m

C. 门扇内外应留有直径 1.50m 的轮椅回转空间

D. 门内外高差不大于 20mm，且斜坡过渡

答案：D

解析：依据《无障碍设计规范》(GB 50763—2012)第 3.5.3 条可知，门的无障碍设计应符合下列规定：当采用玻璃门时，应有醒目的提示标志（选项 A 正确）；自动门开启后通行

净宽度不应小于 1.00m（选项 B 正确）；在门扇内外应留有直径不小于 1.50m 的轮椅回转空间（选项 C 正确）；门槛高度及门内外地面高差不应大于 15mm（选项 D 错误），并以斜面过渡。因此选项 D 符合题意。

6.1-13［2022（5）-109］根据《无障碍设计规范》（GB 50763—2012），居住区停车场和车库的无障碍车位最少占比为（　　）。

A. 0.5%　　B. 1%　　C. 1.5%　　D. 2%

答案：A

解析：依据《无障碍设计规范》（GB 50763—2012）第 7.3.3 条可知，居住区停车场和车库的总停车位应设置不少于 0.5%的无障碍机动车停车位；若设有多个停车场和车库，宜每处设置不少于 1 个无障碍机动车停车位。因此选项 A 符合题意。

6.1-14［2022（12）-105］图 6.1-18 标志所表示的是（　　）。

A. 无障碍厕所　　B. 无障碍停车位

C. 无障碍电梯　　D. 无障碍轮椅坡道

答案：C

解析：依据《无障碍设计规范》（GB 50763—2012），由附录 B 无障碍设施标志牌可知。

图 6.1-18

6.1-15［2022（12）-106］关于公共建筑的无障碍楼梯的踏步及栏杆要求，正确的是（　　）。

A. 280mm × 160mm 且栏杆下方有安全阻挡

B. 280mm × 160mm 栏杆下方无安全阻挡

C. 270mm × 150mm 且栏杆下方有安全阻挡

D. 270mm × 150mm 栏杆下方无安全阻挡

答案：A

解析：依据《无障碍设计规范》（GB 50763—2012）第 3.6.1 条可知，无障碍楼梯应符合下列规定：公共建筑楼梯的踏步宽度不应小于 280mm，踏步高度不应大于 160mm；如采用栏杆式楼梯，在栏杆下方宜设置安全阻挡措施。因此选项 A 正确。

第二节　建筑设计专项标准及规范

考点 5：《车库建筑设计规范》（JGJ 100—2015）【★★★★】

总则

1.0.4　机动车车库建筑规模应按停车当量数划分为特大型、大型、中型、小型，非机动车库应按停车当量数划分为大型、中型、小型。车库建筑规模及停车当量数应符合表 1.0.4（表 6.2-1）的规定。

表 6.2-1　车库建筑规模及停车当量数

规模	特大型	大型	中型	小型
机动车库停车当量数	＞1000	301～1000	51～300	≤50
非机动车库停车当量数	—	＞500	251～500	≤250

<table>
<tr><td>术语</td><td colspan="3">2.0.22 机动车最小转弯半径：【2020】
机动车回转时，当转向盘转到极限位置，机动车以最低稳定车速转向行驶时，外侧转向轮的中心平面在支承平面上滚过的轨迹圆半径，表示机动车能够通过狭窄弯曲地带或绕过不可越过的障碍物的能力</td></tr>
<tr><td rowspan="6">基地和总平面</td><td rowspan="2">基地</td><td>服务半径</td><td>3.1.4 机动车库的服务半径不宜大于 500m，非机动车库的服务半径不宜大于 100m</td></tr>
<tr><td>车库出入口的设计要求</td><td>3.1.6 车库基地出入口的设计应符合下列规定：
2 基地出入口不应直接与城市快速路相连接，且不宜直接与城市主干路相连接。
3 基地主要出入口的宽度不应小于 4m，并应保证出入口与内部通道衔接的顺畅。
4 当需在基地出入口办理车辆出入手续时，出入口处应设置候车道，且不应占用城市道路；机动车候车道宽度不应小于 4m、长度不应小于 10m，非机动车应留有等候空间。
5 机动车库基地出入口应具有通视条件，与城市道路连接的出入口地面坡度不宜大于 5%。
6 机动车库基地出入口处的机动车道路转弯半径不宜小于 6m，且应满足基地通行车辆最小转弯半径的要求。
7 相邻机动车库基地出入口之间的最小距离不应小于 15m，且不应小于两出入口道路转弯半径之和</td></tr>
<tr><td rowspan="4">总平面</td><td>道路宽度</td><td>3.2.5 车库总平面内，单向行驶的机动车道宽度不应小于 4m，双向行驶的小型车道不应小于 6m，双向行驶的中型车以上车道不应小于 7m；单向行驶的非机动车道宽度不应小于 1.5m，双向行驶不宜小于 3.5m</td></tr>
<tr><td>转弯半径</td><td>3.2.6 机动车道路转弯半径应根据通行车辆种类确定。微型、小型车道路转弯半径不应小于 3.5m；消防车道转弯半径应满足消防车辆最小转弯半径要求</td></tr>
<tr><td>地下排风口</td><td>3.2.8 地下车库排风口宜设于下风向，并应做消声处理。排风口不应朝向邻近建筑的可开启外窗；当排风口与人员活动场所的距离小于 10m 时，朝向人员活动场所的排风口底部距人员活动地坪的高度不应小于 2.5m</td></tr>
<tr><td>排水坡度</td><td>3.2.10 车库总平面内的道路、广场应有良好的排水系统，道路纵坡坡度不应小于 0.2%，广场坡度不应小于 0.3%</td></tr>
<tr><td rowspan="5">机动车库</td><td>一般规定</td><td colspan="2">4.1.9 四层及以上的多层机动车库或地下三层及以下机动车库应设置乘客电梯，电梯的服务半径不宜大于 60m</td></tr>
<tr><td rowspan="4">出入口及坡道</td><td>分类</td><td>4.2.1 按出入方式，机动车库出入口可分为平入式、坡道式、升降梯式三种类型</td></tr>
<tr><td>间距</td><td>4.2.2 车辆出入口的最小间距不应小于 15m，并宜与基地内部道路相接通，当直接通向城市道路时，应符合本规范第 3.1.6 条的规定</td></tr>
<tr><td>宽度</td><td>4.2.4 车辆出入口宽度，双向行驶时不应小于 7m，单向行驶时不应小于 4m</td></tr>
<tr><td>最小净高</td><td>4.2.5 车辆出入口及坡道的最小净高应符合表 4.2.5（表 6.2-2）的规定

表 6.2-2 车辆出入口及坡道的最小净高
<table><tr><th>车型</th><th>最小净高/m</th></tr><tr><td>微型车、小型车</td><td>2.20</td></tr><tr><td>轻型车</td><td>2.95</td></tr><tr><td>中型车、大型客车</td><td>3.70</td></tr><tr><td>中型、大型货车</td><td>4.20</td></tr></table></td></tr>
</table>

机动车库 — 出入口及坡道

出入口和车道数量

4.2.6 机动车库出入口和车道数量应符合表 4.2.6（表 6.2-3）的规定，且当车道数量大于或等于 5 且停车当量大于 3000 辆时，机动车出入口数量应经过交通模拟计算确定【2020】

表 6.2-3　　机动车库出入口和车道数量

规模及停车当量	特大型	大型		中型		小型	
	＞1000	501～1000	301～500	101～300	51～100	25～50	＜25
机动车出入口数量	≥3	≥2		≥2	≥1	≥1	
非居住建筑出入口车道数量	≥5	≥4	≥3	≥2		≥2	≥1
居住建筑出入口车道数量	≥3	≥2	≥2	≥2		≥2	≥1

单车道出入口

4.2.7 对于停车当量小于 25 辆的小型车库，出入口可设一个单车道，并应采取进出车辆的避让措施【2020】

平入式出入口

4.2.9 平入式出入口应符合下列规定：

1 平入式出入口室内外地坪高差不应小于 150mm，且不宜大于 300mm。

2 出入口室外坡道起坡点与相连的室外车行道路的最小距离不宜小于 5.0m。

3 出入口的上部宜设有防雨设施。

4 出入口处宜设置遥控启闭的大门

坡道式出入口

4.2.10 坡道式出入口应符合下列规定：【2019】

1 出入口可采用直线坡道、曲线坡道和直线与曲线组合坡道，其中直线坡道可选用内直坡道式、外直坡道。

2 出入口可采用单车道或双车道，坡道最小净宽应符合表 4.2.10-1（表 6.2-4）的规定。

表 6.2-4　　坡 道 最 小 净 宽

形式	最小净宽/m	
	微型、小型车	轻型、中型、大型车
直线单行	3.0	3.5
直线双行	5.5	7.0
曲线单行	3.8	5.0
曲线双行	7.0	10.0

注：此宽度不包括道牙及其他分隔带宽度。当曲线比较缓时，可以按直线宽度进行设计。

3 坡道的最大纵向坡度应符合表 4.2.10-2（表 6.2-5）的规定。

机动车库 | 出入口及坡道 | 坡道式出入口

表 6.2-5　坡道的最大纵向坡度

车型	直线坡道		曲线坡道	
	百分比（%）	比值/高:长	百分比（%）	比值/高:长
微型车 小型车	15.0	1:6.67	12	1:8.3
轻型车	13.3	1:7.50	10	1:10.0
中型车	12.0	1:8.3		
大型客车 大型货车	10.0	1:10	8	1:12.5

4　当坡道纵向坡度大于 10%时，坡道上、下端均应设缓坡坡段，其直线缓坡段的水平长度不应小于 3.6m，缓坡坡度应为坡道坡度的 1/2；曲线缓坡段的水平长度不应小于 2.4m，曲率半径不应小于 20m，缓坡段的中心为坡道原起点或止点（图 6.2-1）；大型车的坡道应根据车型确定缓坡的坡度和长度。【2022（12）】

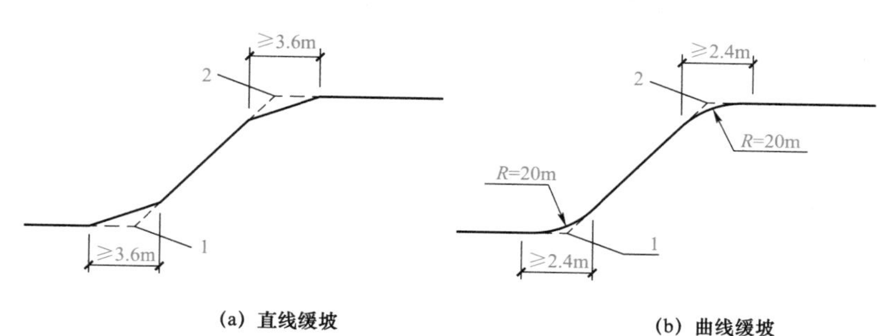

（a）直线缓坡　　（b）曲线缓坡

图 6.2-1　缓坡

1—坡度起点；2—坡度止点

5　微型车和小型车的坡道转弯处的最小环形车道内半径(r_0)不宜小于表 4.2.10-3（表 6.2-6）的规定。

表 6.2-6　坡道转弯处的最小环形车道内半径（r_0）【2022（12）】

角度 / 半径	坡道转向角度（α）		
	$\alpha \leqslant 90°$	$90° < \alpha < 180°$	$\alpha \geqslant 180°$
最小环形车道内半径（r_0）	4m	5m	6m

注：坡道转向角度为机动车转弯时的连续转向角度。

6　环形坡道处弯道超高宜为 2%～6%

非机动车库 | 出入口及坡道 | 出入口数量

6.2.1　非机动车库停车当量数量不大于 500 辆时，可设置一个直通室外的带坡道的车辆出入口；超过 500 辆时应设两个或以上出入口，且每增加 500 辆宜增设一个出入口

续表

非机动车库	出入口及坡道	与机动车出入口关系	6.2.2 非机动车库出入口宜与机动车库出入口分开设置，且出地面处的最小距离不应小于 7.5m。当中型和小型非机动车库受条件限制，其出入口坡道需与机动车出入口设置在一起时，应设置安全分隔设施，且应在地面出入口外 7.5m 范围内设置不遮挡视线的安全隔离栏杆【2019】
		出入口净宽	6.2.3 自行车和电动自行车车库出入口净宽不应小于 1.80m，机动轮椅车和三轮车车库单向出入口净宽不应小于车宽加 0.60m
	停车区域	分组数量	6.3.1 大型非机动车库车辆应分组设置，且每组的当量停车数量不应超过 500
		净高	6.3.4 非机动车库的停车区域净高不应小于 2.0m

6.2-1［2022（12）-119］汽车库坡道转弯处 90° 最小转弯半径是（　　）。

A. 3.5m　　B. 4.0m　　C. 5.0m　　D. 6.0m

答案：B

解析：依据《车库建筑设计规范》（JGJ 100—2015）第 4.2.10 条第 5 款及表 4.2.10-3。

6.2-2［2019-120］停车数大于 500 辆的非机动车库与机动车库出入口的最小水平间距是（　　）。

A. 5m　　B. 7.5m　　C. 10m　　D. 15m

答案：B

解析：依据《车库建筑设计规范》（JGJ 100—2015）第 6.2.2 条可知。

考点 6:《人民防空地下室设计规范》（GB 50038—2005，2023 年版）【★★★★★】

总则	规范适用范围	1.0.2 本规范适用于新建或改建的属于下列抗力级别范围内的甲、乙类防空地下室以及居住小区内的结合民用建筑易地修建的甲、乙类单建掘开式人防工程设计。 1 防常规武器抗力级别 5 级和 6 级（以下分别简称为常 5 级和常 6 级）。 2 防核武器抗力级别 4 级、4B 级、5 级、6 级和 6B 级（以下分别简称为核 4 级、核 4B 级、核 5 级、核 6 级和核 6B 级）
	防护要求	1.0.4 甲类防空地下室设计必须满足其预定的战时对核武器、常规武器和生化武器的各项防护要求。乙类防空地下室设计必须满足其预定的战时对常规武器和生化武器的各项防护要求
术语	口部	2.1.23 口部： 防空地下室的主体与地表面，或与其他地下建筑的连接部分。对于有防毒要求的防空地下室，其口部指最里面一道密闭门以外的部分，如扩散室、密闭通道、防毒通道、洗消间（简易洗消间）、除尘室、滤毒室和竖井、防护密闭门以外的通道等

续表

术语	密闭通道		2.1.39 密闭通道：【2021】 由防护密闭门与密闭门之间或两道密闭门之间所构成的，并仅依靠密闭隔绝作用阻挡毒剂侵入室内的密闭空间。在室外染毒情况下，通道不允许人员出入（图 6.2-2） 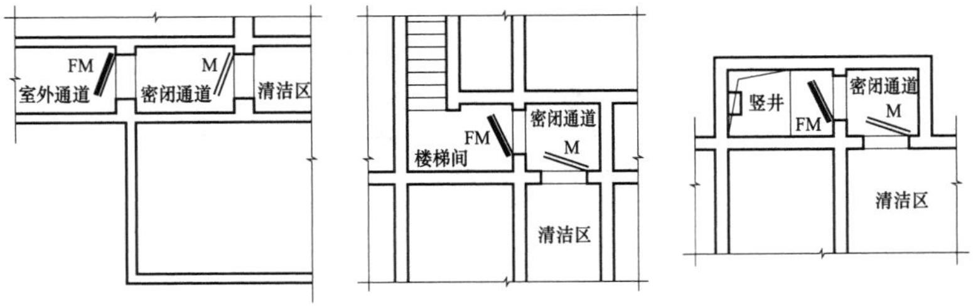 (a) 连接室外通道的密闭通道 (b) 连接楼梯间的密闭通道 (c) 连接备用出入口的密闭通道 图 6.2-2 不同位置密闭通道示意图
	掩蔽面积		2.1.46 掩蔽面积：【2019】 供掩蔽人员、物资、车辆使用的有效面积。其值为与防护密闭门（和防爆波活门）相连接的临空墙、外墙外边缘形成的建筑面积扣除结构面积和下列各部分面积后的面积： ① 口部房间、防毒通道、密闭通道面积。 ② 通风、给排水、供电、防化、通信等专业设备房间面积。 ③ 厕所、盥洗室面积
建筑	一般规定	服务半径	3.1.2 人员掩蔽工程应布置在人员居住、工作的适中位置，其服务半径不宜大于 200m
		建筑间距	3.1.3 防空地下室距生产、储存易燃易爆物品厂房、库房的距离不应小于 50m；距有害液体、重毒气体的储罐不应小于 100m。 注："易燃易爆物品"是指《建筑设计防火规范》（GB 50016）中"生产、储存的火灾危险性分类举例"中的甲乙类物品
		穿过人防围护结构管道的设计要求	3.1.6 专供上部建筑使用的设备房间宜设置在防护密闭区之外。 穿过人防围护结构的管道应符合下列规定： 1 与防空地下室无关的管道不宜穿过人防围护结构；上部建筑的生活污水管、雨水管、燃气管不得进入防空地下室。 2 穿过防空地下室顶板、临空墙和门框墙的管道，其公称直径不宜大于 150mm。 3 凡进入防空地下室的管道及其穿过的人防围护结构，均应采取防护密闭措施（注：无关管道系指防空地下室在战时及平时均不使用的管道）
		染毒区	3.1.7 医疗救护工程（图 6.2-3）、专业队队员掩蔽部、人员掩蔽工程（图 6.2-4）以及食品站、生产车间、区域供水站、电站控制室、物资库等主体有防毒要求的防空地下室设计，应根据其战时功能和防护要求划分染毒区与清洁区。其染毒区应包括下列房间、通道：【2023、2019】 1 扩散室、密闭通道、防毒通道、除尘室、滤毒室、洗消间或简易洗消间。 2 医疗救护工程的分类厅及配套的急救室、抗休克室、诊察室、污物间、厕所等。【2022（12）】

续表

建筑

一般规定 | 染毒区

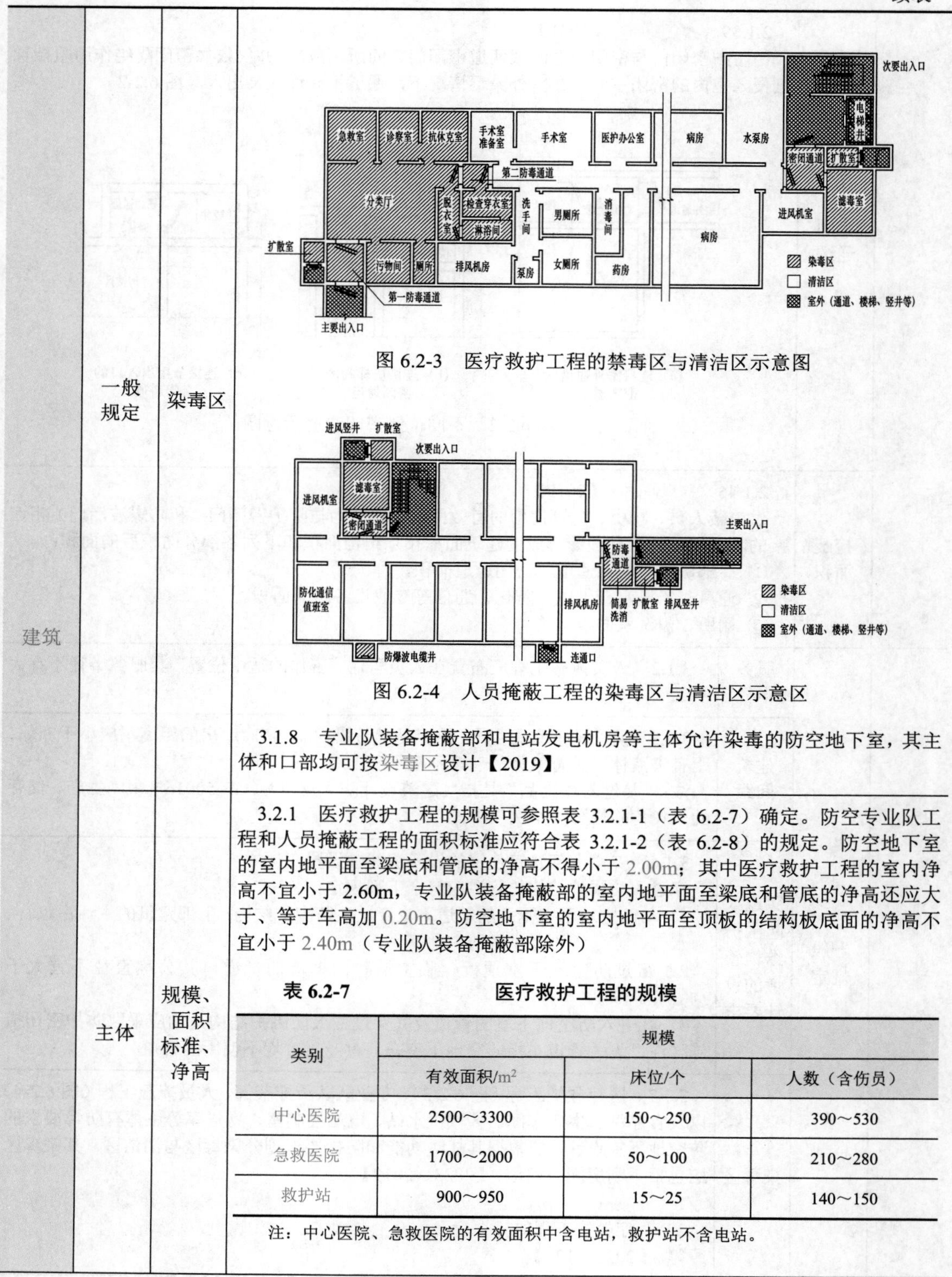

图 6.2-3　医疗救护工程的禁毒区与清洁区示意图

图 6.2-4　人员掩蔽工程的染毒区与清洁区示意区

3.1.8　专业队装备掩蔽部和电站发电机房等主体允许染毒的防空地下室，其主体和口部均可按染毒区设计【2019】

主体 | 规模、面积标准、净高

3.2.1　医疗救护工程的规模可参照表 3.2.1-1（表 6.2-7）确定。防空专业队工程和人员掩蔽工程的面积标准应符合表 3.2.1-2（表 6.2-8）的规定。防空地下室的室内地平面至梁底和管底的净高不得小于 2.00m；其中医疗救护工程的室内净高不宜小于 2.60m，专业队装备掩蔽部的室内地平面至梁底和管底的净高还应大于、等于车高加 0.20m。防空地下室的室内地平面至顶板的结构板底面的净高不宜小于 2.40m（专业队装备掩蔽部除外）

表 6.2-7　　医疗救护工程的规模

类别	规模		
	有效面积/m^2	床位/个	人数（含伤员）
中心医院	2500～3300	150～250	390～530
急救医院	1700～2000	50～100	210～280
救护站	900～950	15～25	140～150

注：中心医院、急救医院的有效面积中含电站，救护站不含电站。

建筑 | 主体

规模、面积标准、净高

表 6.2-8　防空专业队工程、人员掩蔽工程的面积标准

项目名称			面积标准
防空专业队工程	装备掩蔽部	小型车	30～40m²/台
		轻型车	40～50m²/台
		中型车	50～80m²/台
	队员掩蔽部		3m²/人
人员掩蔽部			1m²/人

注：1. 表中的面积标准均指掩蔽面积。
2. 专业队装备掩蔽部宜按停放轻型车设计

钢筋混凝土顶板

3.2.2　战时室内有人员停留的防空地下室，其钢筋混凝土顶板应符合下列规定：

1　乙类防空地下室的顶板防护厚度不应小于 250mm。

2　顶板的防护厚度可计入顶板结构层上面的混凝土地面厚度。

3　不满足最小防护厚度要求的顶板，应在其上面覆土，覆土的厚度不应小于最小防护厚度与顶板防护厚度之差的 1.4 倍

外墙顶部的最小防护距离

3.2.4　战时室内有人员停留的顶板底面不高于室外地平面（即全埋式）的防空地下室，其外墙顶部应采用钢筋混凝土。乙类防空地下室外墙顶部的最小防护距离 t_s［图 3.2.4（图 6.2.5）］不应小于 250mm

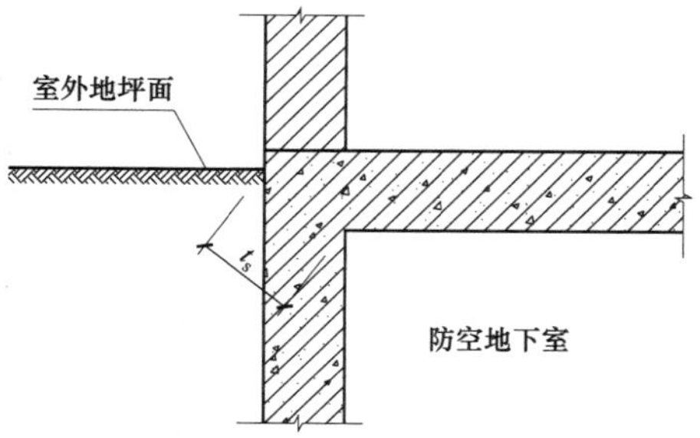

室外地坪面
t_s
防空地下室

图 6.2-5　甲类防空地下室外墙顶部最小防护距离 t_s

外墙厚度

3.2.5　战时室内有人员停留的顶板底面高于室外地平面（即非全埋式）的乙类防空地下室和非全埋式的核 6 级、核 6B 级甲类防空地下室，其室外地平面以上的钢筋混凝土外墙厚度不应小于 250mm

防护单元和抗爆单元的划分

3.2.6　医疗救护工程可不划分防护单元。防空专业队工程、人员掩蔽工程和配套工程应按下列规定划分防护单元和抗爆单元：

1　上部建筑层数为九层或不足九层（包括没有上部建筑）的防空地下室应按表 3.2.6（表 6.2-9）的要求划分防护单元和抗爆单元。【2022（12）】

续表

建筑	主体	防护单元和抗爆单元的划分

表 6.2-9　　防护单元、抗爆单元的建筑面积　　（m^2）

工程类型	防空专业队工程		人员掩蔽工程	配套工程
	队员掩蔽部	装备掩蔽部		
防护单元	≤1000	≤4000	≤2000	≤4000
抗爆单元	≤500	≤2000	≤500	≤2000

注：1. 当防空地下室内部用厚度 100mm 及以上的砌体隔墙分隔为小房间布置且单元内的房间面积均不超过 $200m^2$ 时，该范围内可不划分抗爆单元。

2. 表中面积均不含合并设置的柴油电站建筑面积。

2　上部建筑的层数为十层或多于十层（其中一部分上部建筑可不足十层或没有上部建筑，但其建筑面积不得大于 $200m^2$）的防空地下室，可不划分防护单元和抗爆单元（图 6.2-6）（注：位于多层地下室底层的防空地下室，其上方的地下室层数可计入上部建筑的层数）。

3　对于多层的乙类防空地下室和多层的核 5 级、核 6 级、核 6B 级的甲类防空地下室，当其上下相邻楼层划分为不同防护单元时，位于下层及以下的各层可不再划分防护单元和抗爆单元，其中下层防空地下室未被上层防空地下室完全覆盖的建筑面积不得大于 $200m^2$（图 6.2-7）

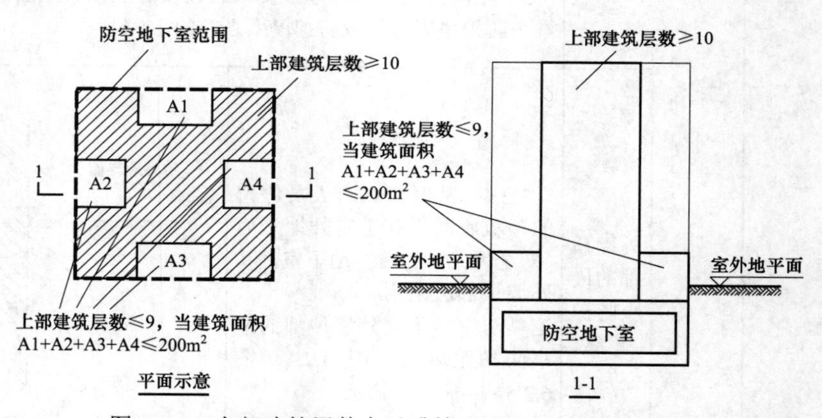

图 6.2-6　上部建筑层数大于或等于 10 层时的防空地下室

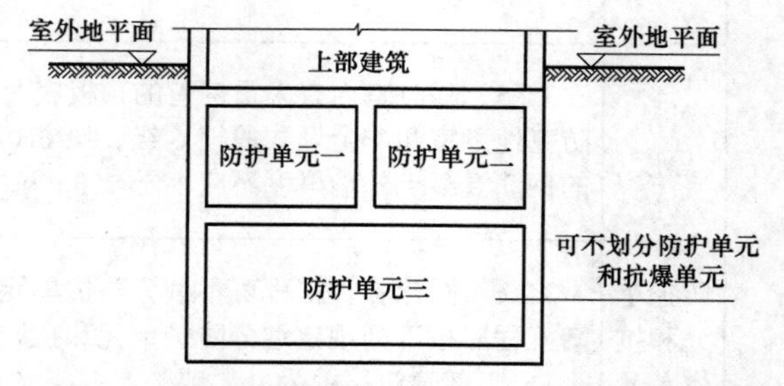

图 6.2-7　上下相邻楼层划分为不同防护单元时的防空地下室

建筑	主体	抗爆隔墙的设计要求	3.2.7 相邻抗爆单元之间应设置抗爆隔墙。两相邻抗爆单元之间应至少设置一个连通口。在连通口处抗爆隔墙的一侧应设置抗爆挡墙（图 6.2-8）。不影响平时使用的抗爆隔墙，宜采用厚度不小于 120mm 的现浇钢筋混凝土墙或厚度不小于 250mm 的现浇混凝土墙。不利于平时使用的抗爆隔墙和抗爆挡墙均可在临战时构筑。临战时构筑的抗爆隔墙和抗爆挡墙，其墙体的材料和厚度应符合下列规定：【2019】 1 采用预制钢筋混凝土构件组合墙时，其厚度不应小于 120mm，并应与主体结构连接牢固。 2 采用砂袋堆垒时，墙体断面宜采用梯形，其高度不宜小于 1.80m，最小厚度不宜小于 500mm 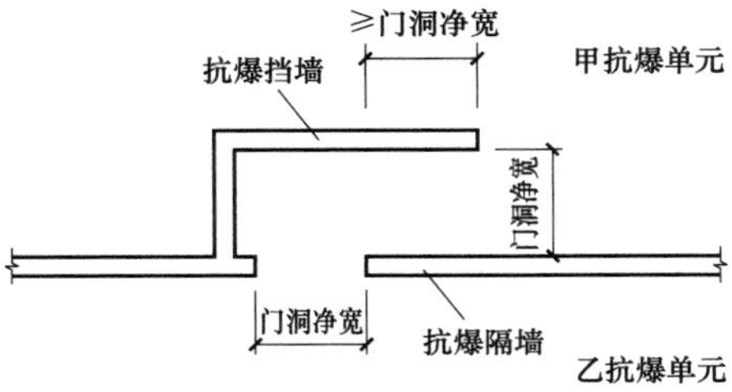 ≥门洞净宽 抗爆挡墙 甲抗爆单元 门洞净宽 门洞净宽 抗爆隔墙 乙抗爆单元 图 6.2-8 抗爆隔墙与抗爆挡墙
		防护密闭隔墙	3.2.9 相邻防护单元之间应设置防护密闭隔墙（亦称防护单元隔墙）。防护密闭隔墙应为整体浇筑的钢筋混凝土墙，并应符合下列规定： 1 甲类防空地下室的防护单元隔墙应满足本规范第 4 章中有关防护单元隔墙的抗力要求。 2 乙类防空地下室防护单元隔墙的厚度常 5 级不得小于 250mm，常 6 级不得小于 200mm
		防护单元之间连通口	3.2.10 同层两相邻防护单元之间应至少设置一个战时连通口。防护单元之间连通口的设置应符合下列规定： 1 在连通口的防护单元隔墙两侧应各设置一道防护密闭门［图 3.2.10（图 6.2-9)］。墙两侧都设有防护密闭门的门框墙厚度不宜小于 500mm 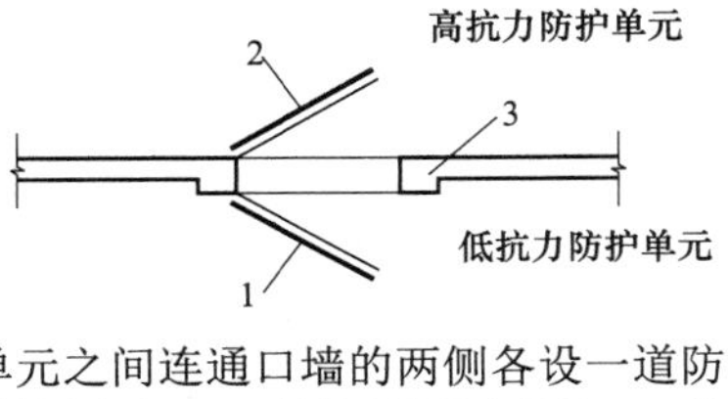 高抗力防护单元 2 3 低抗力防护单元 1 图 6.2-9 防护单元之间连通口墙的两侧各设一道防护密闭门的做法 1—高抗力防护密闭门；2—低抗力防护密闭门；3—防护密闭隔墙

<table>
<tr><td rowspan="2">建筑</td><td rowspan="2">主体</td><td>存在伸缩缝或沉降缝情况的连通口设计</td><td>3.2.11　当两相邻防护单元之间设有伸缩缝或沉降缝，且需开设连通口时，其防护单元之间连通口的设置应符合下列规定：
1　在两道防护密闭隔墙上应分别设置防护密闭门［图 3.2.11（图 6.2-10）］。防护密闭门至变形缝的距离应满足门扇的开启要求
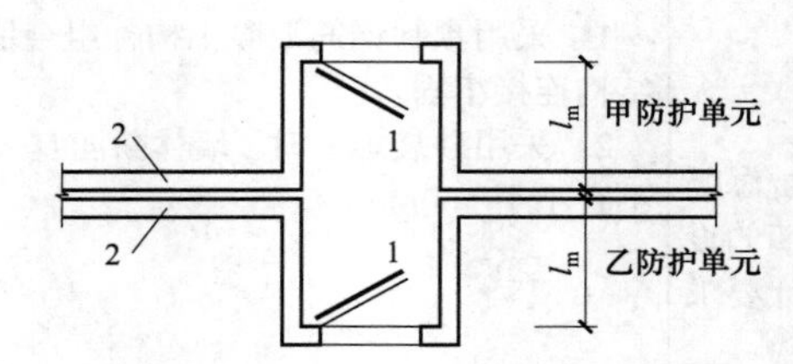

图 6.2-10　变形缝两侧防护密闭门设置方式
1—防护密闭门；2—防护密闭隔墙
注：l_m—防护密闭门至变形缝的最小距离</td></tr>
<tr><td>上下相邻两楼层的连通口</td><td>3.2.12　在多层防空地下室中，当上下相邻两楼层被划分为两个防护单元时，其相邻防护单元之间的楼板应为防护密闭楼板。当上下两层设置战时连通口时，其连通口的设置应符合下列规定：【2020】
1　当防护单元之间连通口设在上面楼层时，应在防护单元隔墙的两侧各设一道防护密闭门［图 3.2.12（a）］，见图 6.2-11（a）。
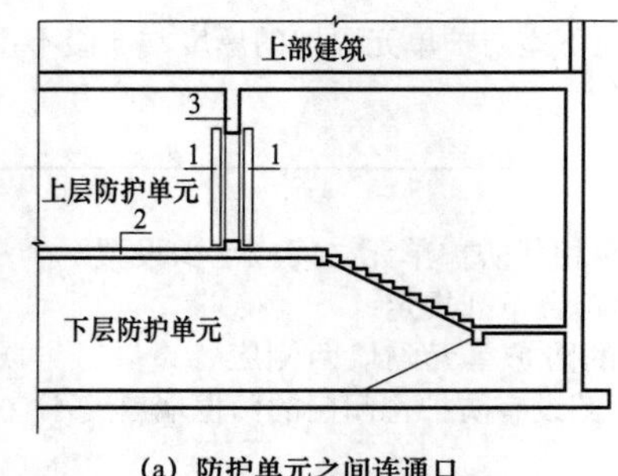

(a) 防护单元之间连通口
设在上面楼层的做法
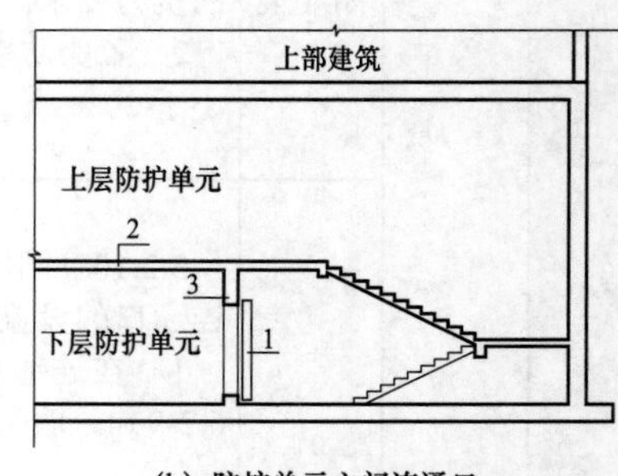

(b) 防护单元之间连通口
设在下面楼层的做法
图 6.2-11　多层防空地下室上下相邻防护单元之间连通口
1—防护密闭门；2—防护密闭楼板；3—门框墙
2　当防护单元之间连通口设在下面楼层时，应在防护单元隔墙的上层单元一侧设一道防护密闭门［图 3.2.12（b）］，见图 6.2-11（b）。
3　选用的防护密闭门，其设计压力值应符合本规范第 3.2.10 条的相关规定</td></tr>
</table>

续表

建筑	主体	染毒区与清洁区隔墙	3.2.13 在染毒区与清洁区之间应设置整体浇筑的钢筋混凝土密闭隔墙，其厚度不应小于 200mm，并应在染毒区一侧墙面用水泥砂浆抹光。当密闭隔墙上有管道穿过时，应采取密闭措施。在密闭隔墙上开设门洞时，应设置密闭门（图 6.2-12）【2018】 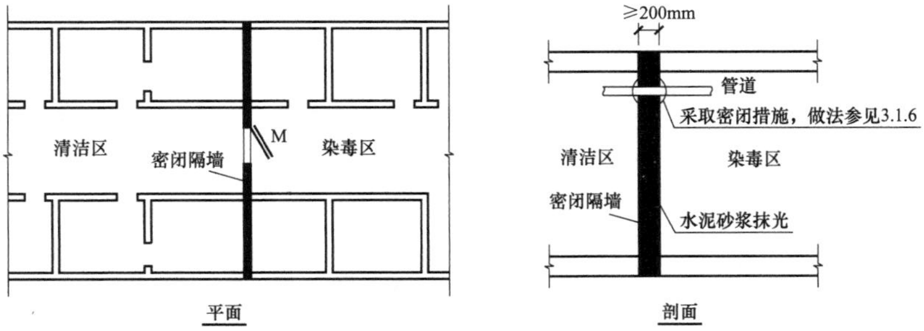 图 6.2-12 染毒区与清洁区之间的密闭隔墙
		顶板底面高出室外地平面的设计规定	3.2.15 顶板底面高出室外地平面的防空地下室必须符合下列规定： 1 上部建筑为钢筋混凝土结构的甲类防空地下室，其顶板底面不得高出室外地平面（图 6.2-13）；上部建筑为砌体结构的甲类防空地下室，其顶板底面可高出室外地平面，但必须符合下列规定：【2022（5）、2021】 1）当地具有取土条件的核 5 级甲类防空地下室，其顶板底面高出室外地平面的高度不得大于 0.50m，并应在临战时按下述要求在高出室外地平面的外墙外侧覆土，覆土的断面应为梯形。其上部水平段的宽度不得小于 1.0m，高度不得低于防空地下室顶板的上表面，其水平段外侧为斜坡，其坡度不得大于 1:3（高:宽）（图 6.2-14）。 2）核 6 级、核 6B 级的甲类防空地下室，其顶板底面高出室外地平面的高度不得大于 1.00m，且其高出室外地平面的外墙必须满足战时防常规武器爆炸、防核武器爆炸、密闭和墙体防护厚度等各项防护要求（图 6.2-15）。 2 乙类防空地下室的顶板底面高出室外地平面的高度不得大于该地下室净高的 1/2，且其高出室外地平面的外墙必须满足战时防常规武器爆炸、密闭和墙体防护厚度等各项防护要求（图 6.2-16） 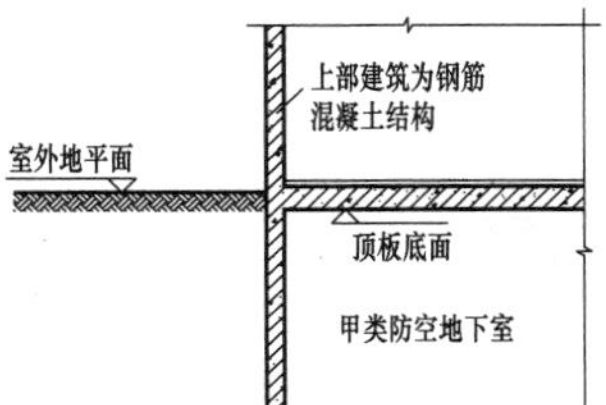 图 6.2-13 甲类防空地下室顶板与室外地平面关系 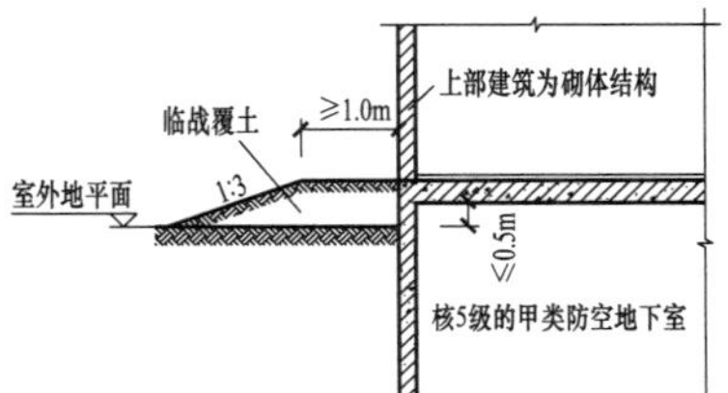 图 6.2-14 核 5 级的甲类防空地下室与室外地平面关系

续表

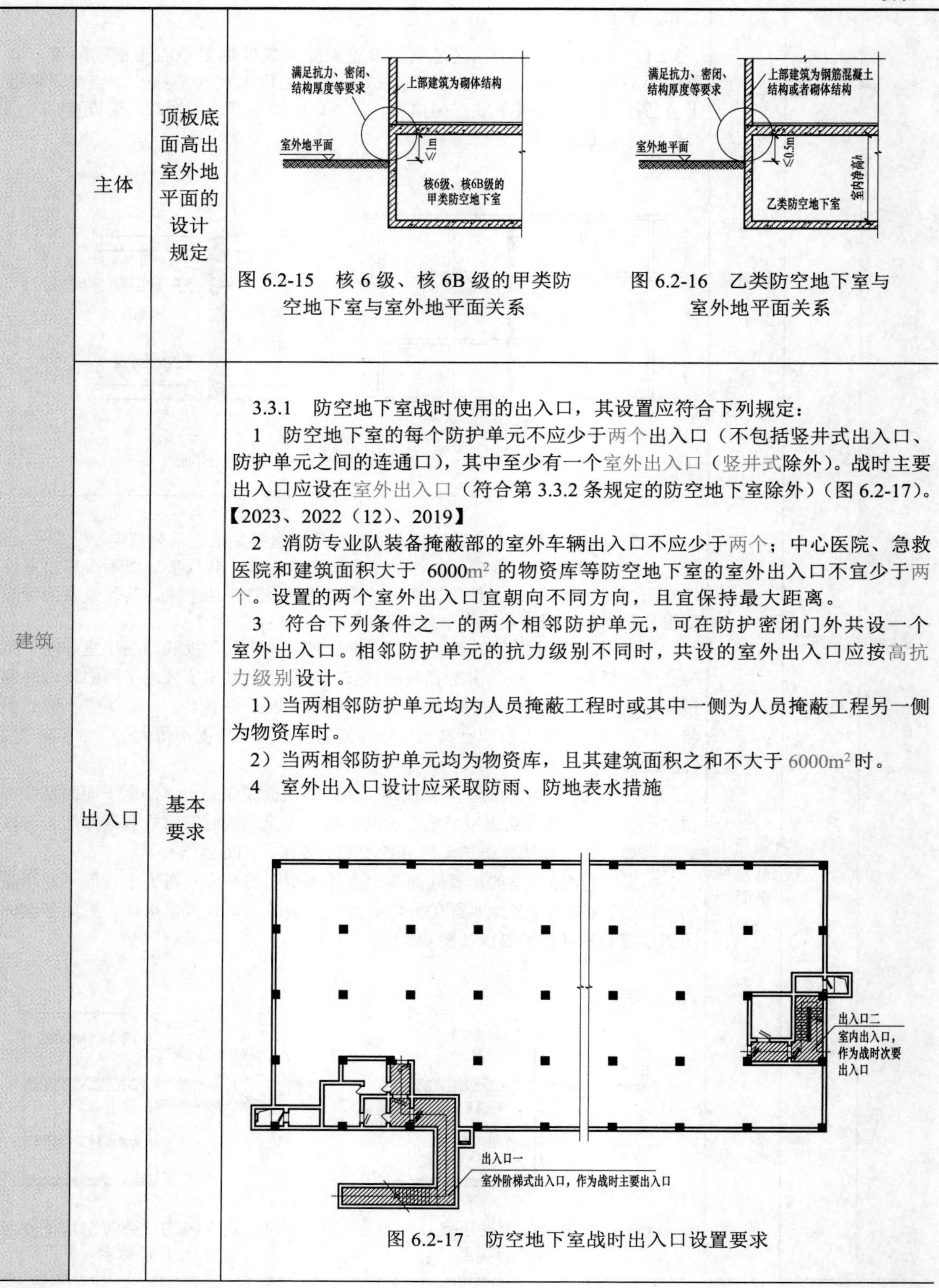

建筑	主体	顶板底面高出室外地平面的设计规定	图 6.2-15　核 6 级、核 6B 级的甲类防空地下室与室外地平面关系 图 6.2-16　乙类防空地下室与室外地平面关系
	出入口	基本要求	3.3.1　防空地下室战时使用的出入口，其设置应符合下列规定： 1　防空地下室的每个防护单元不应少于两个出入口（不包括竖井式出入口、防护单元之间的连通口），其中至少有一个室外出入口（竖井式除外）。战时主要出入口应设在室外出入口（符合第 3.3.2 条规定的防空地下室除外）（图 6.2-17）。**【2023、2022（12）、2019】** 2　消防专业队装备掩蔽部的室外车辆出入口不应少于两个；中心医院、急救医院和建筑面积大于 6000m² 的物资库等防空地下室的室外出入口不宜少于两个。设置的两个室外出入口宜朝向不同方向，且宜保持最大距离。 3　符合下列条件之一的两个相邻防护单元，可在防护密闭门外共设一个室外出入口。相邻防护单元的抗力级别不同时，共设的室外出入口应按高抗力级别设计。 1）当两相邻防护单元均为人员掩蔽工程时或其中一侧为人员掩蔽工程另一侧为物资库时。 2）当两相邻防护单元均为物资库，且其建筑面积之和不大于 6000m² 时。 4　室外出入口设计应采取防雨、防地表水措施 图 6.2-17　防空地下室战时出入口设置要求

建筑 | 出入口

出入口通道的出地面段

3.3.4　在甲类防空地下室中，其战时作为主要出入口的室外出入口通道的出地面段（即无防护顶盖段）应符合下列规定：

1　当出地面段设置在地面建筑倒塌范围以外，且因平时使用需要设置口部建筑时，宜采用单层轻型建筑。

2　当出地面段设置在地面建筑倒塌范围以内时，应采取下列防堵塞措施：

1）核 4 级、核 4B 级的甲类防空地下室，其通道出地面段上方应设置防倒塌棚架。

2）核 5 级、核 6 级、核 6B 级的甲类防空地下室，平时设有口部建筑时，应按防倒塌棚架设计；平时不宜设置口部建筑的，其通道出地面段的上方可采用装配式防倒塌棚架临战时构筑，且其做法应符合本规范第 3.7 节的相关规定【2022（12）】

出入口通道、楼梯和门洞尺寸

3.3.5　出入口通道、楼梯和门洞尺寸应根据战时及平时的使用要求，以及防护密闭门、密闭门的尺寸确定。并应符合下列规定：【2021】

1　防空地下室的战时人员出入口的最小尺寸应符合表 3.3.5（表 6.2-10）的规定；战时车辆出入口的最小尺寸应根据进出车辆的车型尺寸确定。

表 6.2-10　　战时人员出入口的最小尺寸　　（m）

工程类别	门洞		通道		楼梯
	净宽	净高	净宽	净高	净宽
医疗救护工程、防空专业队工程	1.00	2.00	1.50	2.20	1.20
人员掩蔽工程、配套工程	0.80	2.00	1.50	2.20	1.00

注：战时备用出入口的门洞最小尺寸可按宽 × 高 =0.70m × 1.60m；通道最小尺寸可按 1.00m × 2.00m。

2　人防物资库的主要出入口宜按物资进出口设计，建筑面积不大于 2000m² 物资库的物资进出口门洞净宽不应小于 1.50m（图 6.2-18）、建筑面积大于 2000m² 物资库的物资进出口门洞净宽不应小于 2.00m（图 6.2-19）。

3　出入口通道的净宽不应小于门洞净宽

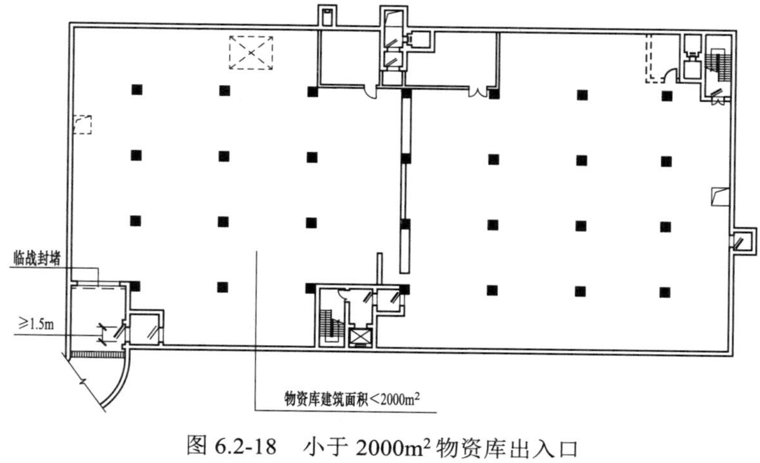

临战封堵

≥1.5m

物资库建筑面积<2000m²

图 6.2-18　小于 2000m² 物资库出入口

续表

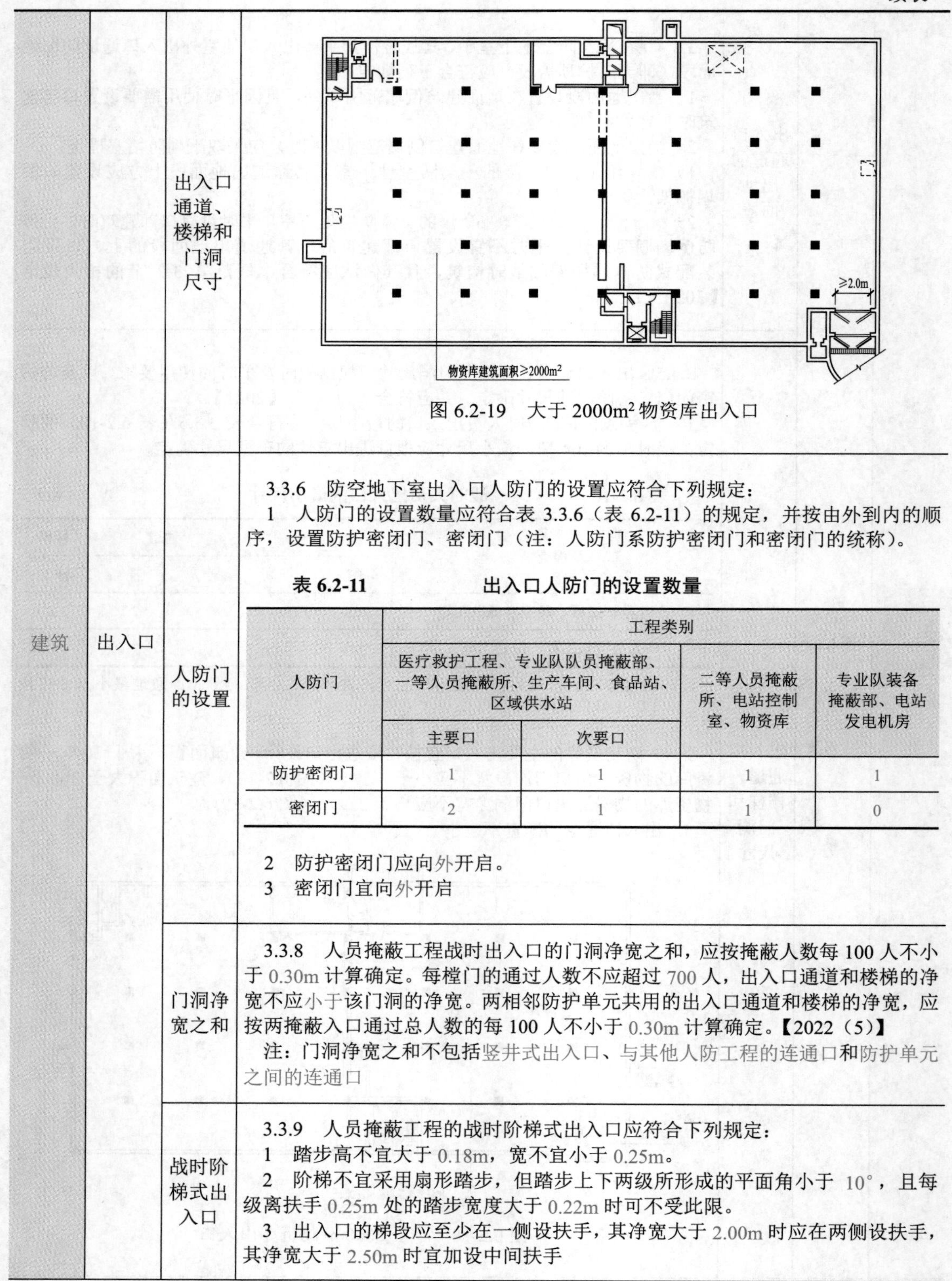

建筑 — 出入口

出入口通道、楼梯和门洞尺寸

图 6.2-19　大于 2000m² 物资库出入口

人防门的设置

3.3.6　防空地下室出入口人防门的设置应符合下列规定：

1　人防门的设置数量应符合表 3.3.6（表 6.2-11）的规定，并按由外到内的顺序，设置防护密闭门、密闭门（注：人防门系防护密闭门和密闭门的统称）。

表 6.2-11　　出入口人防门的设置数量

人防门	工程类别			
	医疗救护工程、专业队队员掩蔽部、一等人员掩蔽所、生产车间、食品站、区域供水站		二等人员掩蔽所、电站控制室、物资库	专业队装备掩蔽部、电站发电机房
	主要口	次要口		
防护密闭门	1	1	1	1
密闭门	2	1	1	0

2　防护密闭门应向外开启。

3　密闭门宜向外开启

门洞净宽之和

3.3.8　人员掩蔽工程战时出入口的门洞净宽之和，应按掩蔽人数每 100 人不小于 0.30m 计算确定。每樘门的通过人数不应超过 700 人，出入口通道和楼梯的净宽不应小于该门洞的净宽。两相邻防护单元共用的出入口通道和楼梯的净宽，应按两掩蔽入口通过总人数的每 100 人不小于 0.30m 计算确定。【2022（5）】

注：门洞净宽之和不包括竖井式出入口、与其他人防工程的连通口和防护单元之间的连通口

战时阶梯式出入口

3.3.9　人员掩蔽工程的战时阶梯式出入口应符合下列规定：

1　踏步高不宜大于 0.18m，宽不宜小于 0.25m。

2　阶梯不宜采用扇形踏步，但踏步上下两级所形成的平面角小于 10°，且每级离扶手 0.25m 处的踏步宽度大于 0.22m 时可不受此限。

3　出入口的梯段应至少在一侧设扶手，其净宽大于 2.00m 时应在两侧设扶手，其净宽大于 2.50m 时宜加设中间扶手

<table>
<tr><td rowspan="3">建筑</td><td rowspan="3">出入口</td><td>独立式室外出入口</td><td>3.3.10 乙类防空地下室和核 5 级、核 6 级、核 6B 级的甲类防空地下室，其独立式室外出入口不宜采用直通式；核 4 级、核 4B 级的甲类防空地下室的独立式室外出入口不得采用直通式。独立式室外出入口的防护密闭门外通道长度（其长度可按防护密闭门以外有防护顶盖段通道中心线的水平投影的折线长计，对于楼梯式、竖井式出入口可计入自室外地平面至防护密闭门洞口高 1/2 处的竖向距离，下同）不得小于 5.00m（参见图 6.2-20～图 6.2-22）【2022(5)】 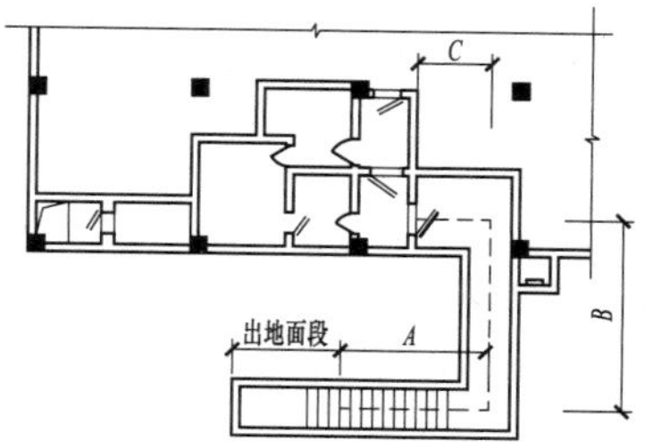
图 6.2-20 单向式室外出入口通道长度 $A+B+C \geqslant 5.0m$
图 6.2-21 竖井式出入口通道长度 $A+B \geqslant 5.0m$
图 6.2-22 楼梯式出入口通道长度 $A+B+C \geqslant 5.0m$</td></tr>
<tr><td>临空墙不满足要求的处理</td><td>3.3.16 当甲类防空地下室的钢筋混凝土临空墙的厚度不能满足最小防护厚度要求时，可按下列方法之一进行处理：
1 采用砌砖加厚墙体。实心砖砌体的厚度不应小于最小防护厚度与临空墙厚度之差的 1.4 倍；空心砖砌体的厚度不应小于最小防护厚度与临空墙厚度之差的 2.5 倍。
2 对于不满足最小防护厚度要求的临空墙，其内侧只能作为防毒通道、密闭通道、洗消间（即脱衣室、淋浴室和检查穿衣室）和简易洗消间等战时无人员停留的房间、通道</td></tr>
<tr><td>备用出入口</td><td>3.3.19 备用出入口可采用竖井式，并应设有直通室外的爬梯，可与通风竖井合并设置。竖井的平面净尺寸不应小于 1.0m × 1.0m。与滤毒室相连接的竖井式出入口应设有直通室外的爬梯，且其上方的顶板宜设置吊钩（图 6.2-23）。当竖井设在地面建筑倒塌范围以内时，其高出室外地平面部分应采取防倒塌措施（图 6.2-24）【2019】</td></tr>
</table>

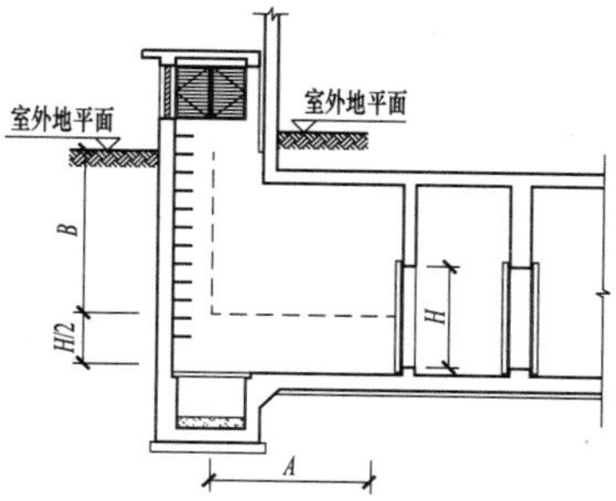

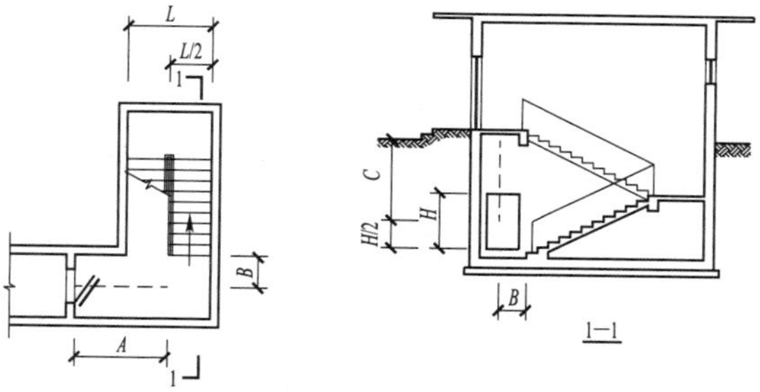

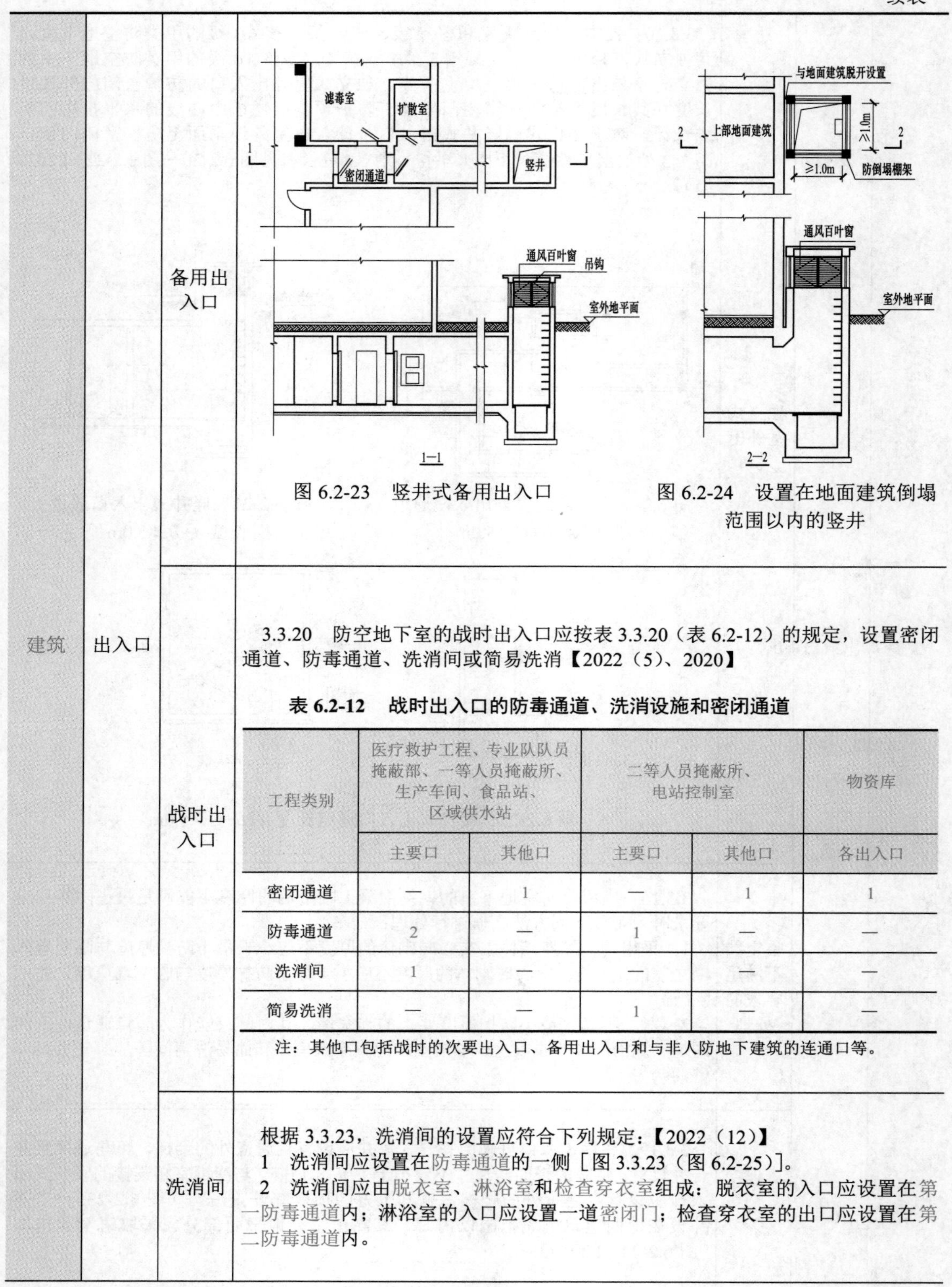

建筑 | 出入口

备用出入口

图 6.2-23　竖井式备用出入口

图 6.2-24　设置在地面建筑倒塌范围以内的竖井

战时出入口

3.3.20　防空地下室的战时出入口应按表 3.3.20（表 6.2-12）的规定，设置密闭通道、防毒通道、洗消间或简易洗消【2022（5）、2020】

表 6.2-12　战时出入口的防毒通道、洗消设施和密闭通道

工程类别	医疗救护工程、专业队队员掩蔽部、一等人员掩蔽所、生产车间、食品站、区域供水站		二等人员掩蔽所、电站控制室		物资库
	主要口	其他口	主要口	其他口	各出入口
密闭通道	—	1	—	1	1
防毒通道	2	—	1	—	—
洗消间	1	—	—	—	—
简易洗消	—	—	1	—	—

注：其他口包括战时的次要出入口、备用出入口和与非人防地下建筑的连通口等。

洗消间

根据 3.3.23，洗消间的设置应符合下列规定：【2022（12）】

1　洗消间应设置在防毒通道的一侧［图 3.3.23（图 6.2-25）］。

2　洗消间应由脱衣室、淋浴室和检查穿衣室组成：脱衣室的入口应设置在第一防毒通道内；淋浴室的入口应设置一道密闭门；检查穿衣室的出口应设置在第二防毒通道内。

续表

建筑 — 出入口 — 洗消间

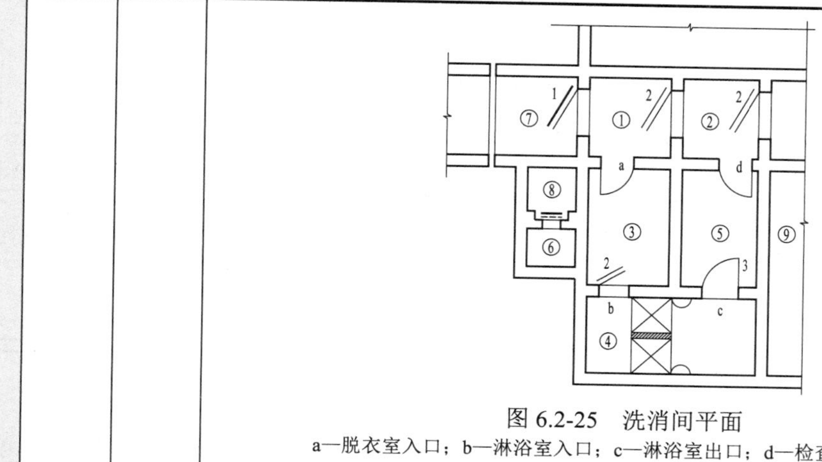

图 6.2-25　洗消间平面

a—脱衣室入口；b—淋浴室入口；c—淋浴室出口；d—检查穿衣室出口

1—防护密闭门；2—密闭门；3—普通门

①—第一防毒通道；②—第二防毒通道；③—脱衣室；④—淋浴室；⑤—检查穿衣室；

⑥—扩散室；⑦—室外通道；⑧—排风竖井；⑨—室内清洁区

3　淋浴器和洗脸盆的数量可按表 6.2-13 规定确定。

表 6.2-13　　淋浴器和洗脸盆的数量

工程类别		淋浴器和洗脸盆的数量
医疗救护工程		2 个
专业队队员掩蔽部	防护单元建筑面积≤$400m^2$	2 个
	$400m^2$<防护单元建筑面积≤$600m^2$	3 个
	防护单元建筑面积>$600m^2$	4 个
一等人员掩蔽所	防护单元建筑面积≤$500m^2$	1 个
	$500m^2$<防护单元建筑面积≤$1000m^2$	2 个
	防护单元建筑面积>$1000m^2$	3 个
食品站、生产车间		1～2 个

4　淋浴器的布置应避免洗消前人员与洗消后人员的足迹交叉。

5　医疗救护工程的脱衣室、淋浴室和检查穿衣室的使用面积宜各按每一淋浴器 $6m^2$ 计；其他防空地下室的脱衣室、淋浴室和检查穿衣室的使用面积宜各按每一淋浴器 $3m^2$ 计

简易洗消与单独设置的简易洗消间

3.3.24　简易洗消宜与防毒通道合并设置；当带简易洗消的防毒通道不能满足规定的换气次数要求时，可单独设置简易洗消间。

简易洗消应符合下列规定：

1　带简易洗消的防毒通道应符合下列规定。

1）带简易洗消的防毒通道应满足本规范第 5.2.6 条规定的换气次数要求。

2）带简易洗消的防毒通道应由防护密闭门与密闭门之间的人行道和简易洗消区两部分组成。人行道的净宽不宜小于 1.30m；简易洗消区的面积不宜小于 $2m^2$，且其宽度不宜小于 0.60m［图 3.3.24-1（图 6.2-26）］。【2022（12）】

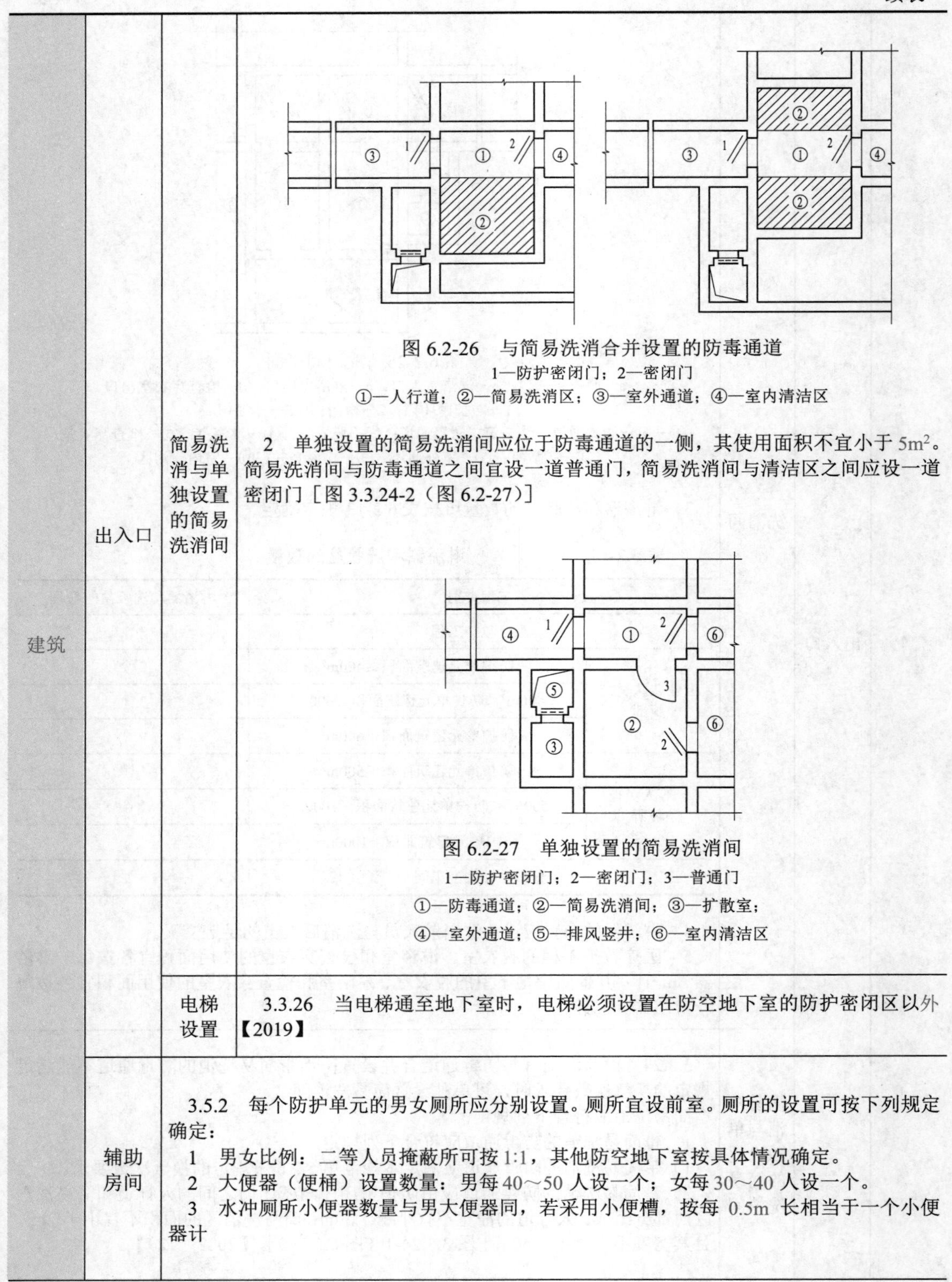

建筑	出入口		图 6.2-26　与简易洗消合并设置的防毒通道 1—防护密闭门；2—密闭门 ①—人行道；②—简易洗消区；③—室外通道；④—室内清洁区
		简易洗消与单独设置的简易洗消间	2　单独设置的简易洗消间应位于防毒通道的一侧，其使用面积不宜小于 $5m^2$。简易洗消间与防毒通道之间宜设一道普通门，简易洗消间与清洁区之间应设一道密闭门［图 3.3.24-2（图 6.2-27）］ 图 6.2-27　单独设置的简易洗消间 1—防护密闭门；2—密闭门；3—普通门 ①—防毒通道；②—简易洗消间；③—扩散室； ④—室外通道；⑤—排风竖井；⑥—室内清洁区
		电梯设置	3.3.26　当电梯通至地下室时，电梯必须设置在防空地下室的防护密闭区以外【2019】
	辅助房间	3.5.2　每个防护单元的男女厕所应分别设置。厕所宜设前室。厕所的设置可按下列规定确定： 1　男女比例：二等人员掩蔽所可按 1:1，其他防空地下室按具体情况确定。 2　大便器（便桶）设置数量：男每 40～50 人设一个；女每 30～40 人设一个。 3　水冲厕所小便器数量与男大便器同，若采用小便槽，按每 0.5m 长相当于一个小便器计	

建筑	柴油电站	固定电站设计	3.6.2 固定电站设计应符合下列规定： 1 固定电站的控制室宜与发电机房分室布置。其控制室和人员休息室、厕所等应设在清洁区；发电机房和储水间、储油间、进、排风机室、机修间等应设在染毒区。当内部电站的控制室与主体相连通时，可不单独设休息室和厕所。控制室与发电机房之间应设置密闭隔墙、密闭观察窗和防毒通道。 2 发电机房的进、排风机室、储油间和储水间等宜根据发电机组的需要确定。 3 固定电站设计应设有柴油发电机组在安装、检修时的吊装措施。 4 当发电机房确无条件设置直通室外地面的发电机组运输出入口时，可在非防护区设置吊装孔
		柴油电站的储油间设计	3.6.6 柴油电站的储油间应符合下列规定： 1 储油间宜与发电机房分开布置。 2 储油间应设置向外开启的防火门，其地面应低于与其相连接的房间（或走道）地面 150～200mm 或设门槛。 3 严禁柴油机排烟管、通风管、电线、电缆等穿过储油间
	内部装修	基本规定	3.9.3 防空地下室的顶板不应抹灰。平时设置吊顶时，应采用轻质、坚固的龙骨，吊顶饰面材料应方便拆卸。密闭通道、防毒通道、洗消间、简易洗消间、滤毒室、扩散室等战时易染毒的房间、通道，其墙面、顶面、地面均应平整光洁，易于清洗【2021】
		地面找坡	3.9.4 设置地漏的房间和通道，其地面坡度不应小于 0.5%，坡向地漏，且其地面应比相连的无地漏房间（或通道）的地面低 20mm

6.2-3［2022（5）-91］ 下列人防顶板与室外地坪的关系错误的是（　　）。

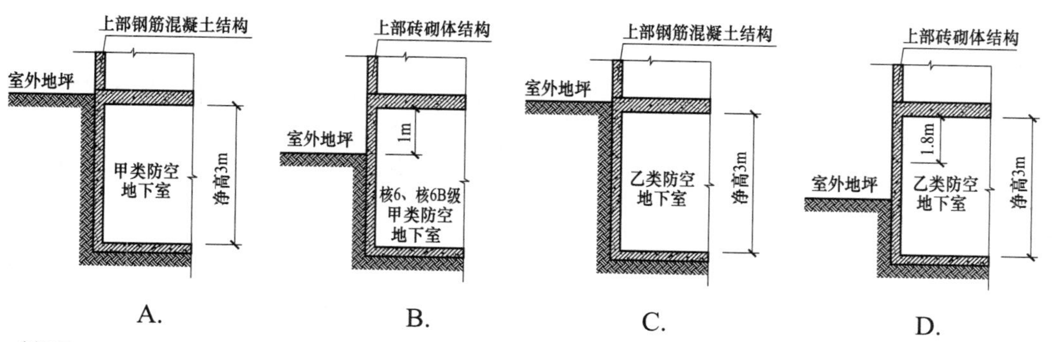

答案：D

解析：依据《人民防空地下室设计规范》(GB 50038—2005)第 3.2.15 条第 2 款可知，乙类防空地下室的顶板底面高出室外地平面的高度不得大于该地下室净高的 1/2，且其高出室外地平面的外墙必须满足战时防常规武器爆炸、密闭和墙体防护厚度等各项防护要求，故选项 D 符合题意。

6.2-4［2023-89］ 在有防毒要求的防空地下室设计中，以下哪个部位属于染毒区？（　　）

A. 电站的控制室　　B. 通信值班室　　C. 急救分类厅　　D. 物资库的通风机房

答案：C

解析：参见《人民防空地下室设计规范》(GB 50038—2005)第 3.1.7 条。

6.2-5［2023-90］ 在防空地下室出入口设计中，哪两个相邻防护单元可在防护密闭门外

共用一个室外出入口？（　　）

A. 二等人员掩蔽工程和一等人员掩蔽工程

B. 二等人员掩蔽工程和急救医院

C. 4000m^2物资库和中心医院

D. 4000m^2物资库和4000m^2物资库

答案： A

解析： 参见《人民防空地下室设计规范》（GB 50038—2005）第3.3.1条。

6.2-6［2022（12）-91］ 对于4500m^2的医疗救护人防工程，说法正确的是（　　）。

A. 至少2个出入口

B. 分类急救室是染毒区

C. 主要出口室内台阶式

D. 1个防护单元

答案： B

解析： 依据《人民防空地下室设计规范》（GB 50038—2005）第3.1.7条、第3.2.6条和第3.3.1条可知，医疗救护工程的分类厅及配套的急救室、抗休克室、诊察室、污物间、厕所等是染毒区（选项B正确）。医疗救护工程防护单元小于或等于1000m^2，故4500m^2应设置5个防护单元（选项D错误）。防空地下室的每个防护单元不应少于两个出入口（不包括竖井式出入口、防护单元之间的连通口），其中至少有一个室外出入口（竖井式除外），选项A至少有10个出入口，选项C不应该是室内台阶式。

6.2-7［2022（12）-92］ 某核6级人防战时主要出入口出地面段在建筑倒塌范围以内，平时不使用该出入口，对于其无防护顶盖段的做法，正确的是（　　）。

A. 单层轻型钢结构

B. 装配式混凝土防倒塌棚架

C. 现浇钢筋混凝土剪力墙结构

D. 预制盖板封堵，战时移除

答案： B

解析： 依据《人民防空地下室设计规范》（GB 50038—2005）第3.3.4条第2款可知，核5级、核6级、核6B级的甲类防空地下室，平时设有口部建筑时，应按防倒塌棚架设计；平时不宜设置口部建筑的，其通道出地面段的上方可采用装配式防倒塌棚架临战时构筑，且其做法应符合本规范第3.7节的相关规定，故选项B正确。

6.2-8［2022（12）-93］ 以下关于人防洗消间的布置正确的是（　　）。

A. 医疗救护工程的淋浴室使用面积按每一淋浴器3m^2计算

B. 第二防毒通道或脱衣室应与扩散室相邻

C. 检查穿衣室的入口应设置在第一防毒通道内

D. 四个淋浴间密闭门向外开，淋浴间为穿越式

答案： D

解析： 依据《人民防空地下室设计规范》（GB 50038—2005）第3.3.23条可知，洗消间的设置应符合下列规定：洗消间应设置在防毒通道的一侧；洗消间应由脱衣室、淋浴室和检查穿衣室组成：脱衣室的入口应设置在第一防毒通道内（选项B错误）；淋浴室的入口应设置一道密闭门；检查穿衣室的出口应设置在第二防毒通道内（选项C错误）；医疗救护工程的脱衣室、淋浴室和检查穿衣室的使用面积均宜按每一淋浴器6m^2计，其他防空地下室的脱衣室、淋浴室和检查穿衣室的使用面积均宜按每一淋浴器3m^2计（选项A错误）。

考点 7:《住宅设计规范》(GB 50096—2011)【★★★】

套内空间	套型		5.1.2 套型的使用面积应符合下列规定: 1 由卧室、起居室(厅)、厨房和卫生间等组成的套型，其使用面积不应小于 30m^2。 2 由兼起居的卧室、厨房和卫生间等组成的最小套型，其使用面积不应小于 22m^2
	卧室与起居室(厅)	卧室	5.2.1 卧室的使用面积应符合下列规定: 1 双人卧室不应小于 9m^2。 2 单人卧室不应小于 5m^2。 3 兼起居的卧室不应小于 12m^2
		起居室(厅)	5.2.2 起居室(厅)的使用面积不应小于 10m^2。 5.2.3 套型设计时应减少直接开向起居厅的门的数量。起居室(厅)内布置家具的墙面直线长度宜大于 3m。 5.2.4 无直接采光的餐厅、过厅等，其使用面积不宜大于 10m^2
	厨房	面积要求	5.3.1 厨房的使用面积应符合下列规定: 1 由卧室、起居室(厅)、厨房和卫生间等组成的住宅套型的厨房使用面积，不应小于 4.0m^2。 2 由兼起居的卧室、厨房和卫生间等组成的住宅最小套型的厨房使用面积，不应小于 3.5m^2
		净宽要求	5.3.5 单排布置设备的厨房净宽不应小于 1.50m；双排布置设备的厨房其两排设备之间的净距不应小于 0.90m
	卫生间	基本要求	5.4.1 每套住宅应设卫生间，应至少配置便器、洗浴器、洗面器三件卫生设备或为其预留设置位置及条件。三件卫生设备集中配置的卫生间的使用面积不应小于 2.50m^2
		面积要求	5.4.2 卫生间可根据使用功能要求组合不同的设备。不同组合的空间使用面积应符合下列规定: 1 设便器、洗面器时不应小于 1.80m^2。 2 设便器、洗浴器时不应小于 2.00m^2。 3 设洗面器、洗浴器时不应小于 2.00m^2。 4 设洗面器、洗衣机时不应小于 1.80m^2。 5 单设便器时不应小于 1.10m^2
		门	5.4.3 无前室的卫生间的门不应直接开向起居室(厅)或厨房
		位置要求	5.4.4 卫生间不应直接布置在下层住户的卧室、起居室(厅)、厨房和餐厅的上层
	层高和室内净高	层高	5.5.1 住宅层高宜为 2.80m
		净高	5.5.2 卧室、起居室(厅)的室内净高不应低于 2.40m，局部净高不应低于 2.10m，且局部净高的室内面积不应大于室内使用面积的 1/3
			5.5.4 厨房、卫生间的室内净高不应低于 2.20m
		坡屋顶	5.5.3 利用坡屋顶内空间作卧室、起居室(厅)时，至少有 1/2 的使用面积的室内净高不应低于 2.10m
		特殊情况	5.5.5 厨房、卫生间内排水横管下表面与楼面、地面净距不得低于 1.90m，且不得影响门、窗扇开启

续表

套内空间	阳台	杆件净距	5.6.2 阳台栏杆设计必须采用防止儿童攀登的构造，栏杆的垂直杆件间净距不应大于 0.11m，放置花盆处必须采取防坠落措施
		净高	5.6.3 阳台栏板或栏杆净高，六层及六层以下不应低于 1.05m；七层及七层以上不应低于 1.10m
	过道与储藏空间和套内楼梯	过道净宽	5.7.1 套内入口过道净宽不宜小于 1.20m；通往卧室、起居室（厅）的过道净宽不应小于 1.00m；通往厨房、卫生间、储藏室的过道净宽不应小于 0.90m
		梯段净宽	5.7.3 套内楼梯当一边临空时，梯段净宽不应小于 0.75m；当两侧有墙时，墙面之间净宽不应小于 0.90m，并应在其中一侧墙面设置扶手
		踏步尺寸	5.7.4 套内楼梯的踏步宽度不应小于 0.22m；高度不应大于 0.20m，扇形踏步转角距扶手中心 0.25m 处，宽度不应小于 0.22m
	门窗	窗台	5.8.1 窗外没有阳台或平台的外窗，窗台距楼面、地面的净高低于 0.90m 时，应设置防护设施
		凸窗	5.8.2 当设置凸窗时应符合下列规定： 1 窗台高度低于或等于 0.45m 时，防护高度从窗台面起算不应低于 0.90m。 2 可开启窗扇窗洞口底距窗台面的净高低于 0.90m 时，窗洞口处应有防护措施。其防护高度从窗台面起算不应低于 0.90m。 3 严寒和寒冷地区不宜设置凸窗
		门缝	5.8.6 厨房和卫生间的门应在下部设置有效截面积不小于 0.02m 的固定百叶，也可距地面留出不小于 30mm 的缝隙
		门洞的最小尺寸	5.8.7 各部位门洞的最小尺寸应符合表 5.8.7（表 6.2-14）的规定【2021】

表 6.2-14　门洞的最小尺寸

类别	洞口宽度/m	洞口高度/m
共用外门	1.20	2.00
户（套）门	1.00	2.00
起居室（厅）门	0.90	2.00
卧室门	0.90	2.00
厨房门	0.80	2.00
卫生间门	0.70	2.00
阳台门（单扇）	0.70	2.00

共用部分	窗台、栏杆和台阶	窗台	6.1.1 楼梯间、电梯厅等共用部分的外窗，窗外没有阳台或平台，且窗台距楼面、地面的净高小于 0.90m 时，应设置防护设施
		台阶防护	6.1.2 公共出入口台阶高度超过 0.70m 并侧面临空时，应设置防护设施，防护设施净高不应低于 1.05m
		栏杆净高	6.1.3 外廊、内天井及上人屋面等临空处的栏杆净高，六层及六层以下不应低于 1.05m，七层及七层以上不应低于 1.10m。防护栏杆必须采用防止儿童攀登的构造，栏杆的垂直杆件间净距不应大于 0.11m。放置花盆处必须采取防坠落措施

续表

共用部分	窗台、栏杆和台阶	踏步尺寸	6.1.4 公共出入口台阶踏步宽度不宜小于 0.30m，踏步高度不宜大于 0.15m，并不宜小于 0.10m，踏步高度应均匀一致，并应采取防滑措施。台阶踏步数不应少于 2 级，当高差不足 2 级时，应按坡道设置；台阶宽度大于 1.80m 时，两侧宜设置栏杆扶手，高度应为 0.90m
	安全疏散出口	安全出口数量	6.2.1 十层以下的住宅建筑，当住宅单元任一层的建筑面积大于 650m²，或任一套房的户门至安全出口的距离大于 15m 时，该住宅单元每层的安全出口不应少于 2 个
			6.2.2 十层及十层以上且不超过十八层的住宅建筑，当住宅单元任一层的建筑面积大于 650m²，或任一套房的户门至安全出口的距离大于 10m 时，该住宅单元每层的安全出口不应少于 2 个
			6.2.3 十九层及十九层以上的住宅建筑，每层住宅单元的安全出口不应少于 2 个
		出口距离	6.2.4 安全出口应分散布置，两个安全出口的距离不应小于 5m
		门方向	6.2.5 楼梯间及前室的门应向疏散方向开启
		屋顶疏散要求	6.2.6 十层以下的住宅建筑的楼梯间宜通至屋顶，且不应穿越其他房间。通向平屋面的门应向屋面方向开启
			6.2.7 十层及十层以上的住宅建筑，每个住宅单元的楼梯均应通至屋顶，且不应穿越其他房间。通向平屋面的门应向屋面方向开启。各住宅单元的楼梯间宜在屋顶相连通。但符合下列条件之一的，楼梯可不通至屋顶： 1 十八层及十八层以下，每层不超过 8 户、建筑面积不超过 650m²，且设有一座共用的防烟楼梯间和消防电梯的住宅。 2 顶层设有外部联系廊的住宅
	楼梯	梯段净宽	6.3.1 楼梯梯段净宽不应小于 1.10m，不超过六层的住宅，一边设有栏杆的梯段净宽不应小于 1.00m【2021】
		踏步、扶手	6.3.2 楼梯踏步宽度不应小于 0.26m，踏步高度不应大于 0.175m。扶手高度不应小于 0.90m。楼梯水平段栏杆长度大于 0.50m 时，其扶手高度不应小于 1.05m。楼梯栏杆垂直杆件间净空不应大于 0.11m
		平台净宽和净高	6.3.3 楼梯平台净宽不应小于楼梯梯段净宽，且不得小于 1.20m。楼梯平台的结构下缘至人行通道的垂直高度不应低于 2.00m。入口处地坪与室外地面应有高差，并不应小于 0.10m【2021】
			6.3.4 楼梯为剪刀梯时，楼梯平台的净宽不得小于 1.30m
		梯井	6.3.5 楼梯井净宽大于 0.11m 时，必须采取防止儿童攀滑的措施
	电梯	设置条件	6.4.1 属下列情况之一时，必须设置电梯： 1 七层及七层以上住宅或住户入口层楼面距室外设计地面的高度超过 16m 时。 2 底层作为商店或其他用房的六层及六层以下住宅，其住户入口层楼面距该建筑物的室外设计地面高度超过 16m 时。 3 底层做架空层或贮存空间的六层及六层以下住宅，其住户入口层楼面距该建筑物的室外设计地面高度超过 16m 时。 4 顶层为两层一套的跃层住宅时，跃层部分不计层数，其顶层住户入口层楼面距该建筑物室外设计地面的高度超过 16m 时

续表

共用部分	电梯	电梯数量	6.4.2　十二层及十二层以上的住宅，每栋楼设置电梯不应少于两台，其中应设置一台可容纳担架的电梯
		联系廊	6.4.3　十二层及十二层以上的住宅每单元只设置一部电梯时，从第十二层起应设置与相邻住宅单元联通的联系廊。联系廊可隔层设置，上下联系廊之间的间隔不应超过五层。联系廊的净宽不应小于1.10m，局部净高不应低于2.00m
			6.4.4　十二层及十二层以上的住宅由二个及二个以上的住宅单元组成。且其中有一个或一个以上住宅单元未设置可容纳担架的电梯时，应从第十二层起设置与可容纳担架的电梯联通的联系廊。联系廊可隔层设置，上下联系廊之间的间隔不应超过五层。联系廊的净宽不应小于1.10m，局部净高不应低于2.00m
		候梯厅	6.4.6　候梯厅深度不应小于多台电梯中最大轿箱的深度，且不应小于1.50m【2021】
		位置要求	6.4.7　电梯不应紧邻卧室布置。当受条件限制，电梯不得不紧邻兼起居的卧室布置时，应采取隔声、减振的构造措施
	走廊和出入口		6.5.1　住宅中作为主要通道的外廊宜作封闭外廊，并应设置可开启的窗扇。走廊通道的净宽不应小于1.20m，局部净高不应低于2.00m
	无障碍设计要求	无障碍设计部位	6.6.1　七层及七层以上的住宅，应对下列部位进行无障碍设计： 1　建筑入口。 2　入口平台。 3　候梯厅。 4　公共走道
		入口平台	6.6.3　七层及七层以上住宅建筑入口平台宽度不应小于2.00m，七层以下住宅建筑入口平台宽度不应小于1.50m【2020】
	地下室和半地下室	基本要求	6.9.1　卧室、起居室（厅）、厨房不应布置在地下室；当布置在半地下室时，必须对采光、通风、日照、防潮、排水及安全防护采取措施，并不得降低各项指标要求
		净高要求	6.9.3　住宅的地下室、半地下室做自行车库和设备用房时，其净高不应低于2.00m
			6.9.4　当住宅的地上架空层及半地下室做机动车停车位时，其净高不应低于2.20m
		防火要求	6.9.6　直通住宅单元的地下楼、电梯间入口处应设置乙级防火门，严禁利用楼、电梯间为地下车库进行自然通风
室内环境	日照、天然采光与遮阳	开口宽度	7.1.2　需要获得冬季日照的居住空间的窗洞开口宽度不应小于0.60m
		采光系数	7.1.4　卧室、起居室（厅）、厨房的采光系数不应低于1%；当楼梯间设置采光窗时，采光系数不应低于0.5%
		面积比	7.1.6　当楼梯间设置采光窗时，采光窗洞口的窗地面积比不应低于1/12
		采光窗高度	7.1.7　采光窗下沿离楼面或地面高度低于0.50m的窗洞口面积不应计入采光面积内，窗洞口上沿距地面高度不宜低于2.00m

续表

室内环境	自然通风	7.2.4 采用自然通风的房间，其直接或间接自然通风开口面积应符合下列规定： 1 卧室、起居室（厅）、明卫生间的直接自然通风开口面积不应小于该房间地板面积的 1/20；当采用自然通风的房间外设置阳台时，阳台的自然通风开口面积不应小于采用自然通风的房间和阳台地板面积总和的 1/20。 2 厨房的直接自然通风开口面积不应小于该房间地板面积的 1/10，并不得小于 0.60m²；当厨房外设置阳台时，阳台的自然通风开口面积不应小于厨房和阳台地板面积总和的 1/10，并不得小于 0.60m²

6.2-9［2021-116］ 如图 6.2-28 所示 18m 住宅楼电梯间的做法错误的是（　　）。

A. 户门净宽 1.0m

B. 候梯厅深 1.5m 且不小于轿厢深度

C. 梯段净宽 1.0m

D. 休息平台宽度 1.1m

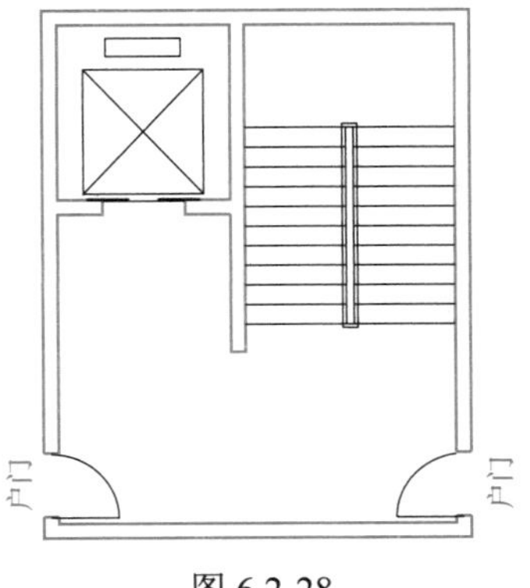

图 6.2-28

答案：D

解析：依据《住宅设计规范》（GB 50096—2011）第 6.3.1 条、第 6.3.3 条和 6.4.6 条可知，楼梯梯段净宽不应小于 1.10m，不超过六层的住宅，一边设有栏杆的梯段净宽不应小于 1.00m。楼梯平台净宽不应小于楼梯梯段净宽，且不得小于 1.20m。候梯厅深度不应小于多台电梯中最大轿箱的深度，且不应小于 1.50m，因此选项 D 符合题意。

6.2-10［2021-117］ 下列门洞口设计尺寸，不符合《住宅设计规范》（GB 50096—2011）的是（　　）。

选项	位置	宽度/m	高度/m
A	共用外门	1.2	2.1
B	卧室门	0.9	2.1
C	厨房门	0.7	2.1
D	卫生间门	0.7	2.1

答案：C

解析：依据《住宅设计规范》（GB 50096—2011）第 5.8.7 条及表 5.8.7 可知，厨房门洞口宽度应大于或等于 0.8m，因此选项 C 符合题意。

6.2-11［2018-101］ 按照我国现行《住宅设计规范》规定，普通住宅层高不宜高于（　　）。

A. 2.7m　　B. 2.8m　　C. 3m　　D. 3.3m

答案：B

解析：依据《住宅设计规范》（GB 50096—2011）第 5.5.1 条可知，住宅层高宜为 2.80m。

考点 8:《托儿所、幼儿园建筑设计规范》(JGJ 39—2016,2019 年版)【★★★】

基地和总平面	基地	服务半径	3.1.3　托儿所、幼儿园的服务半径宜为 300m
	总平面	基本要求	3.2.2　四个班及以上的托儿所、幼儿园建筑应独立设置。三个班及以下时,可与居住、养老、教育、办公建筑合建,但应符合下列规定:【2024、2022(12)】 2　应设独立的疏散楼梯和安全出口。 3　出入口处应设置人员安全集散和车辆停靠的空间。 4　应设独立的室外活动场地,场地周围应采取隔离措施。 5　建筑出入口及室外活动场地范围内应采取防止物体坠落措施
		室外活动场地	3.2.3　托儿所、幼儿园应设室外活动场地,并应符合下列规定: 1　幼儿园每班应设专用室外活动场地,人均面积不应小于 $2m^2$,各班活动场地之间宜采取分隔措施。 2　幼儿园应设全园共用活动场地,人均面积不应小于 $2m^2$。 2A　托儿所室外活动场地人均面积不应小于 $3m^2$。 2B　城市人口密集地区改、扩建的托儿所,设置室外活动场地确有困难时,室外活动场地人均面积不应小于 $2m^2$。 3　地面应平整、防滑、无障碍、无尖锐突出物,并宜采用软质地坪。 4　共用活动场地应设置游戏器具、沙坑、30m 跑道等,宜设戏水池,储水深度不应超过 0.30m。游戏器具下地面及周围应设软质铺装。宜设洗手池、洗脚池。 5　室外活动场地应有 1/2 以上的面积在标准建筑日照阴影线之外【2022(12)】
		绿地率	3.2.4　托儿所、幼儿园场地内绿地率不应小于 30%,宜设置集中绿化用地。绿地内不应种植有毒、带刺、有飞絮、病虫害多、有刺激性的植物
		日照时数	3.2.8　托儿所、幼儿园的活动室、寝室及具有相同功能的区域,应布置在当地最好朝向,冬至日底层满窗日照不应小于 3h【2024】
		窗洞面积	3.2.8A　需要获得冬季日照的婴幼儿生活用房窗洞开口面积不应小于该房间面积的 20%
建筑设计	一般规定	生活用房布置	4.1.3　托儿所、幼儿园中的生活用房不应设置在地下室或半地下室
			4.1.3A　幼儿园生活用房应布置在三层及以下
			4.1.3B　托儿所生活用房应布置在首层。当布置在首层确有困难时,可将托大班布置在二层,其人数不应超过 60 人,并应符合有关防火安全疏散的规定
		窗	4.1.5　托儿所、幼儿园建筑窗的设计应符合下列规定: 1　活动室、多功能活动室的窗台面距地面高度不宜大于 0.60m。 2　当窗台面距楼地面高度低于 0.90m 时,应采取防护措施,防护高度应从可踏部位顶面起算,不应低于 0.90m。 3　窗距离楼地面的高度小于或等于 1.80m 的部分,不应设内悬窗和内平开窗扇。 4　外窗开启扇均应设纱窗
		门	4.1.6　活动室、寝室、多功能活动室等幼儿使用的房间应设双扇平开门,门净宽不应小于 1.20m【2022(12)】

续表

<table>
<tr><td rowspan="9">建筑设计</td><td rowspan="9">一般规定</td><td>门斗</td><td>4.1.7 严寒地区托儿所、幼儿园建筑的外门应设门斗，寒冷地区宜设门斗</td></tr>
<tr><td>门的构造要求</td><td>4.1.8 幼儿出入的门应符合下列规定：【2022（12）】
1 当使用玻璃材料时，应采用安全玻璃。
2 距离地面 0.60m 处宜加设幼儿专用拉手。
3 门的双面均应平滑、无棱角。
4 门下不应设门槛；平开门距离楼地面 1.20m 以下部分应设防止夹手设施。
5 不应设置旋转门、弹簧门、推拉门，不宜设金属门。
6 生活用房开向疏散走道的门均应向人员疏散方向开启，开启的门扇不应妨碍走道疏散通行。
7 门上应设观察窗，观察窗应安装安全玻璃</td></tr>
<tr><td>防护栏杆</td><td>4.1.9 托儿所、幼儿园的外廊、室内回廊、内天井、阳台、上人屋面、平台、看台及室外楼梯等临空处应设置防护栏杆，栏杆应以坚固、耐久的材料制作。防护栏杆的高度应从可踏部位顶面起算，且净高不应小于 1.30m。防护栏杆必须采用防止幼儿攀登和穿过的构造，当采用垂直杆件做栏杆时，其杆件净距离不应大于 0.09m【2022（5）、2020】</td></tr>
<tr><td>墙面构造</td><td>4.1.10 距离地面高度 1.30m 以下，幼儿经常接触的室内外墙面，宜采用光滑易清洁的材料；墙角、窗台、暖气罩、窗口竖边等阳角处应做成圆角</td></tr>
<tr><td>楼梯、扶手和踏步</td><td>4.1.11 楼梯、扶手和踏步等应符合下列规定：
1 楼梯间应有直接的天然采光和自然通风。
2 楼梯除设成人扶手外，应在梯段两侧设幼儿扶手，其高度宜为 0.60m。
3 供幼儿使用的楼梯踏步高度宜为 0.13m，宽度宜为 0.26m。
4 严寒地区不应设置室外楼梯。
5 幼儿使用的楼梯不应采用扇形、螺旋形踏步。
6 楼梯踏步面应采用防滑材料，踏步踢面不应漏空，踏步面应做明显警示标识。
7 楼梯间在首层应直通室外</td></tr>
<tr><td>梯井、栏杆</td><td>4.1.12 幼儿使用的楼梯，当楼梯井净宽度大于 0.11m 时，必须采取防止幼儿攀滑措施。楼梯栏杆应采取不易攀爬的构造，当采用垂直杆件做栏杆时，其杆件净距不应大于 0.09m</td></tr>
<tr><td>走廊最小净宽</td><td>4.1.14 托儿所、幼儿园建筑走廊最小净宽不应小于表 4.1.14（表 6.2-15）的规定【2022（12）、2019】

表 6.2-15　　走廊最小净宽　　（m）
<table><tr><th rowspan="2">房间名称</th><th colspan="2">走廊布置</th></tr><tr><th>中间走廊</th><th>单面走廊或外廊</th></tr><tr><td>生活房间</td><td>2.4</td><td>1.8</td></tr><tr><td>服务、供应用房</td><td>1.5</td><td>1.3</td></tr></table></td></tr>
<tr><td>雨篷</td><td>4.1.15 建筑室外出入口应设雨篷，雨篷挑出长度宜超过首级踏步 0.50m 以上</td></tr>
</table>

续表

<table>
<tr><td rowspan="9">建筑设计</td><td rowspan="3">一般规定</td><td>台阶</td><td>4.1.16 出入口台阶高度超过 0.30m，并侧面临空时，应设置防护设施，防护设施净高不应低于 1.05m</td></tr>
<tr><td>室内最小净高</td><td>4.1.17 托儿所睡眠区、活动区，幼儿园活动室、寝室，多功能活动室的室内最小净高不应低于表 4.1.17（表 6.2-16）的规定

表 6.2-16 室内最小净高 （m）
<table><tr><th>房间名称</th><th>最小净高</th></tr><tr><td>托儿所睡眠区、活动区</td><td>2.8</td></tr><tr><td>幼儿园活动区、寝室</td><td>3.0</td></tr><tr><td>多功能活动室</td><td>3.9</td></tr></table>
注：改、扩建的托儿所睡眠区和活动区室内净高不应小于 2.6m。</td></tr>
<tr><td>注意情况</td><td>4.1.17A 厨房、卫生间、试验室、医务室等使用水的房间不应设置在婴幼儿生活用房的上方【2020】</td></tr>
<tr><td rowspan="4">幼儿园生活用房</td><td>房间的最小使用面积</td><td>4.3.3 幼儿园生活单元房间的最小使用面积不应小于表 4.3.3（表 6.2-17）的规定，当活动室与寝室合用时，其房间最小使用面积不应小于 $105m^2$

表 6.2-17 幼儿生活单元房间的最小使用面积 （m^2）
<table><tr><th colspan="2">房间名称</th><th>房间最小使用面积</th></tr><tr><td colspan="2">活动室</td><td>70</td></tr><tr><td colspan="2">寝室</td><td>60</td></tr><tr><td rowspan="2">卫生间</td><td>厕所</td><td>12</td></tr><tr><td>盥洗室</td><td>8</td></tr><tr><td colspan="2">衣帽储藏间</td><td>9</td></tr></table></td></tr>
<tr><td>进深</td><td>4.3.4 单侧采光的活动室进深不宜大于 6.60m</td></tr>
<tr><td>床位</td><td>4.3.9 寝室应保证每一幼儿设置一张床铺的空间，不应布置双层床。床位侧面或端部距外墙距离不应小于 0.60m</td></tr>
<tr><td>卫生设备数量</td><td>4.3.11 每班卫生间的卫生设备数量不应少于表 4.3.11（表 6.2-18）的规定，且女厕大便器不应少于 4 个，男厕大便器不应少于 2 个

表 6.2-18 每班卫生间卫生设备的最少数量
<table><tr><th>污水池（个）</th><th>大便器（个）</th><th>小便器（沟槽）（个或位）</th><th>盥洗台（水龙头，个）</th></tr><tr><td>1</td><td>6</td><td>4</td><td>6</td></tr></table></td></tr>
</table>

6.2-12［2024-80］下列房间中对日照的要求最高的是（　　）。

A. 养老院起居室　　B. 小学普通教室

C. 疗养院疗养室　　D. 幼儿园活动室

答案：D

解析：根据《托儿所、幼儿园建筑设计规范》（JGJ 39—2016，2019年版）第3.2.8条。

6.2-13［2024-96］根据《托儿所、幼儿园建筑设计规范》，托儿所与三层养老合建，下列说法错误的是（　　）。

A. 设置独立的安全出口　　B. 设置集散安全广场

C. 设置合用室外活动场地　　D. 活动场地设置隔离措施

答案：C

解析：根据《托儿所、幼儿园建筑设计规范》（JGJ 39—2016，2019年版）第3.2.2条。

6.2-14［2022（12）-113］关于幼儿园设计的说法错误的是（　　）。

A. 幼儿园基地可与养老建筑用地毗邻设置

B. 三班及三班以下的幼儿园可以与办公建筑合建

C. 满足标准日照的室外活动场地面积不应小于1/3

D. 活动室、寝室的冬至日低层满窗日照不应小于3h

答案：C

解析：依据《托儿所、幼儿园建筑设计规范》（JGJ 39—2016，2019年版）第3.2.2条、第3.2.3条和第3.2.8条可知。其中C选项室外活动场地应有1/2以上的面积在标准建筑日照阴影线之外。

6.2-15［2022（12）-116］关于幼儿园房间门和走廊的布置正确的是（　　）。

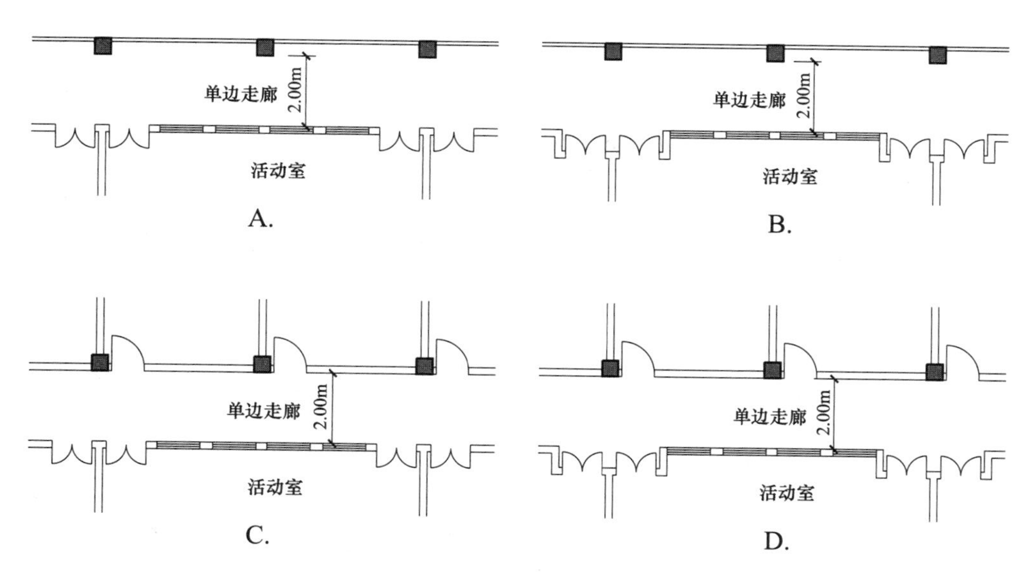

答案：B

解析：依据《托儿所、幼儿园建筑设计规范》（JGJ 39—2016，2019年版）第4.1.6条、第4.1.8条和第4.1.14条可知，活动室、寝室、多功能活动室等幼儿使用的房间应设双扇平开门，门净宽不应小于 1.20m。生活用房开向疏散走道的门均应向人员疏散方向开启，开启的门扇不应妨碍走道疏散通行；托儿所、幼儿园生活用房中间走廊最小净宽为 2.4m，单面走廊或外廊最小净宽为 1.8m。因此选项 B 符合题意。

考点 9:《中小学校设计规范》(GB 50099—2011)【★★★★】

场地和总平面	场地	基本要求	4.1.3 中小学校建设应远离殡仪馆、医院的太平间、传染病院等建筑。与易燃易爆场所间的距离应符合现行国家标准《建筑设计防火规范》(GB 50016)的有关规定
		服务半径	4.1.4 城镇完全小学的服务半径宜为 500m，城镇初级中学的服务半径宜为 1000m
		声环境控制	4.1.6 学校教学区的声环境质量应符合现行国家标准《民用建筑隔声设计规范》(GB 50118)的有关规定。学校主要教学用房设置窗户的外墙与铁路路轨的距离不应小于 300m，与高速路、地上轨道交通线或城市主干道的距离不应小于 80m。当距离不足时，应采取有效的隔声措施
	总平面	基本规定	4.3.2 各类小学的主要教学用房不应设在四层以上，各类中学的主要教学用房不应设在五层以上
		日照	4.3.3 普通教室冬至日满窗日照不应少于 2h
		体育用地的设置	4.3.6 中小学校体育用地的设置应符合下列规定： 1 各类运动场地应平整，在其周边的同一高程上应有相应的安全防护空间。 2 室外田径场及足球、篮球、排球等各种球类场地的长轴宜南北向布置。长轴南偏东宜小于 20°，南偏西宜小于 10°【2020】
		间距要求	4.3.7 各类教室的外窗与相对的教学用房或室外运动场地边缘间的距离不应小于 25m【2020】
教学用房及教学辅助用房	一般规定	窗间墙	5.1.8 各教室前端侧窗窗端墙的长度不应小于 1.00m。窗间墙宽度不应大于 1.20m【2022(5)、2021】
		通风窗	5.1.10 炎热地区的教学用房及教学辅助用房中，可在内外墙设置可开闭的通风窗。通风窗下沿宜设在距室内楼地面以上 0.10～0.15m 高度处
		防潮保温	5.1.12 教学用房的地面应有防潮处理。在严寒地区、寒冷地区及夏热冬冷地区，教学用房的地面应设保温措施
		墙裙	5.1.14 教学用房及学生公共活动区的墙面宜设置墙裙，墙裙高度应符合下列规定： 1 各类小学的墙裙高度不宜低于 1.20m。 2 各类中学的墙裙高度不宜低于 1.40m。 3 舞蹈教室、风雨操场墙裙高度不应低于 2.10m

续表

教学用房及教学辅助用房 | 一般规定 | 课桌椅布置要求

5.2.2　普通教室内的课桌椅布置应符合下列规定（图 6.2-29）：【2022（5）、2021】

1　中小学校普通教室课桌椅的排距不宜小于 0.90m，独立的非完全小学可为 0.85m。

2　最前排课桌的前沿与前方黑板的水平距离不宜小于 2.20m。

3　最后排课桌的后沿与前方黑板的水平距离应符合下列规定：

1）小学不宜大于 8.00m。

2）中学不宜大于 9.00m。

4　教室最后排座椅之后应设横向疏散走道；自最后排课桌后沿至后墙面或固定家具的净距不应小于 1.10m。

5　中小学校普通教室内纵向走道宽度不应小于 0.60m，独立的非完全小学可为 0.55m。

6　沿墙布置的课桌端部与墙面或壁柱、管道等墙面突出物的净距不宜小于 0.15m。

7　前排边座座椅与黑板远端的水平视角不应小于 30°。

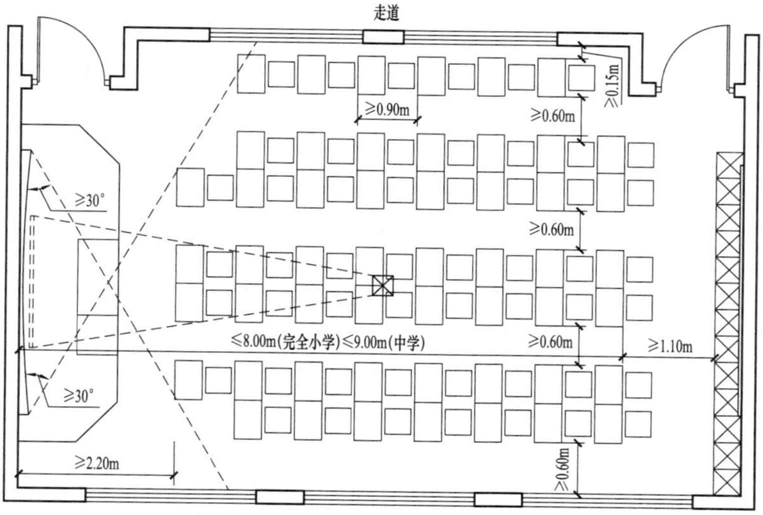

图 6.2-29　普通教室课桌椅布置图示

主要教学用房及教学辅助用房面积指标和净高 | 净高 | 主要教学用房最小净高

7.2.1　中小学校主要教学用房的最小净高应符合表 7.2.1（表 6.2-19）的规定【2022（5）】

表 6.2-19　主要教学用房的最小净高　（m）

教室	小学	初中	高中
普通教室、史地、美术、音乐教室	3.00	3.05	3.10
舞蹈教室	4.50		
科学教室、实验室、计算机教室、劳动教室、技术教室、合班教室	3.10		
阶梯教室	最后一排（楼地面最高处）距顶棚或上方突出物最小距离为 2.20m		

续表

主要教学用房及教学辅助用房面积指标和净高 — 净高 — 风雨操场净高

7.2.2 风雨操场的净高应取决于场地的运动内容。各类体育场地最小净高应符合表 7.2.2（表 6.2-20）的规定

表 6.2-20 各类体育场地的最小净高 （m）

体育场地	田径	篮球	排球	羽毛球	乒乓球	体操
最小净高	9	7	7	9	4	6

安全、通行与疏散 — 建筑环境安全

窗台

8.1.5 临空窗台的高度不应低于 0.90m

防护栏杆

8.1.6 上人屋面、外廊、楼梯、平台、阳台等临空部位必须设防护栏杆，防护栏杆必须牢固、安全，高度不应低于 1.10m。防护栏杆最薄弱处承受的最小水平推力应不小于 1.5kN/m【2020、2019】

门窗

8.1.8 教学用房的门窗设置应符合下列规定：【2022（5）】

1 疏散通道上的门不得使用弹簧门、旋转门、推拉门、大玻璃门等不利于疏散通畅、安全的门。

2 各教学用房的门均应向疏散方向开启，开启的门扇不得挤占走道的疏散通道。

3 靠外廊及单内廊一侧教室内隔墙的窗开启后，不得挤占走道的疏散通道，不得影响安全疏散。

4 二层及二层以上的临空外窗的开启扇不得外开

安全、通行与疏散 — 疏散通行宽度

人流计算

8.2.1 中小学校内，每股人流的宽度应按 0.60m 计算

8.2.2 中小学校建筑的疏散通道宽度最少应为 2 股人流，并应按 0.60m 的整数倍增加疏散通道宽度

净宽度

8.2.3 中小学校建筑的安全出口、疏散走道、疏散楼梯和房间疏散门等处每 100 人的净宽度应按表 8.2.3（表 6.2-21）计算。同时，教学用房的内走道净宽度不应小于 2.40m，单侧走道及外廊的净宽度不应小于 1.80m。

表 6.2-21 安全出口、疏散走道、疏散楼梯和房间疏散门每 100 人的净宽度 （m）

所在楼层位置	耐火等级		
	一、二级	三级	四级
地上一、二层	0.70	0.80	1.05
地上三层	0.80	1.05	—
地上四、五层	1.05	1.30	—
地下一、二层	0.80	—	—

8.2.4 房间疏散门开启后，每樘门净通行宽度不应小于 0.90m

<table>
<tr><td rowspan="12">安全、通行与疏散</td><td rowspan="2">道路</td><td>疏散宽度</td><td>8.4.3 校园道路每通行 100 人道路净宽为 0.70m，每一路段的宽度应按该段道路通达的建筑物容纳人数之和计算，每一路段的宽度不宜小于 3.00m</td></tr>
<tr><td>台阶</td><td>8.4.5 校园内人流集中的道路不宜设置台阶。设置台阶时，不得少于 3 级</td></tr>
<tr><td rowspan="2">出入口</td><td>数量</td><td>8.5.1 校园内除建筑面积不大于 200m²，人数不超过 50 人的单层建筑外，每栋建筑应设置 2 个出入口。非完全小学内，单栋建筑面积不超过 500m²，且耐火等级为一、二级的低层建筑可只设 1 个出入口</td></tr>
<tr><td>通行宽度</td><td>8.5.3 教学用建筑物出入口净通行宽度不得小于 1.40m，门内与门外各 1.50m 范围内不宜设置台阶</td></tr>
<tr><td>走道</td><td colspan="2">8.6.2 中小学校的建筑物内，当走道有高差变化应设置台阶时，台阶处应有天然采光或照明，踏步级数不得少于 3 级，并不得采用扇形踏步。当高差不足 3 级踏步时，应设置坡道。坡道的坡度不应大于 1:8，不宜大于 1:12【2021】</td></tr>
<tr><td rowspan="6">楼梯</td><td>梯段宽度</td><td>8.7.2 中小学校教学用房的楼梯梯段宽度应为人流股数的整数倍。梯段宽度不应小于 1.20m，并应按 0.60m 的整数倍增加梯段宽度。每个梯段可增加不超过 0.15m 的摆幅宽度【2018】</td></tr>
<tr><td>踏步级数</td><td>8.7.3 中小学校楼梯每个梯段的踏步级数不应少于 3 级，且不应多于 18 级，并应符合下列规定：
1 各类小学楼梯踏步的宽度不得小于 0.26m，高度不得大于 0.15m。
2 各类中学楼梯踏步的宽度不得小于 0.28m，高度不得大于 0.16m。
3 楼梯的坡度不得大于 30°</td></tr>
<tr><td>梯井净宽</td><td>8.7.5 楼梯两梯段间楼梯井净宽不得大于 0.11m，大于 0.11m 时，应采取有效的安全防护措施。两梯段扶手间的水平净距宜为 0.10～0.20m</td></tr>
<tr><td>扶手的设置</td><td>8.7.6 中小学校的楼梯扶手的设置应符合下列规定：
1 楼梯宽度为 2 股人流时，应至少在一侧设置扶手。
2 楼梯宽度达 3 股人流时，两侧均应设置扶手。
3 楼梯宽度达 4 股人流时，应加设中间扶手，中间扶手两侧的净宽均应满足本规范第 8.7.2 条的规定。
4 中小学校室内楼梯扶手高度不应低于 0.90m，室外楼梯扶手高度不应低于 1.10m；水平扶手高度不应低于 1.10m。
5 中小学校的楼梯栏杆不得采用易于攀登的构造和花饰；杆件或花饰的镂空处净距不得大于 0.11m。
6 中小学校的楼梯扶手上应加装防止学生溜滑的设施</td></tr>
<tr><td rowspan="2">其他要求</td><td>8.7.4 疏散楼梯不得采用螺旋楼梯和扇形踏步</td></tr>
<tr><td>8.7.9 教学用房的楼梯间应有天然采光和自然通风</td></tr>
<tr><td>疏散</td><td colspan="2">8.8.1 每间教学用房的疏散门均不应少于 2 个，疏散门的宽度应通过计算；同时，每樘疏散门的通行净宽度不应小于 0.90m。当教室处于袋形走道尽端时，若教室内任一处距教室门不超过 15.00m，且门的通行净宽度不小于 1.50m 时，可设 1 个门【2022（5）】</td></tr>
</table>

续表

<table>
<tr><td rowspan="2">室内环境</td><td>空气质量</td><td>9.1.3 当采用换气次数确定室内通风量时，各主要房间的最小换气次数应符合表 9.1.3（表 6.2-22）的规定

表 6.2-22 各主要房间的最小换气次数标准
<table>
<tr><th colspan="2">房间名称</th><th>换气次数（次/h）</th></tr>
<tr><td rowspan="3">普通教室</td><td>小学</td><td>2.5</td></tr>
<tr><td>初中</td><td>3.5</td></tr>
<tr><td>高中</td><td>4.5</td></tr>
<tr><td colspan="2">实验室</td><td>3.0</td></tr>
<tr><td colspan="2">风雨操场</td><td>3.0</td></tr>
<tr><td colspan="2">厕所</td><td>10.0</td></tr>
<tr><td colspan="2">保健室</td><td>2.0</td></tr>
<tr><td colspan="2">学生宿舍</td><td>2.5</td></tr>
</table></td></tr>
<tr><td>采光</td><td>9.2.2 普通教室、科学教室、实验室、史地、计算机、语言、美术、书法等专用教室及合班教室、图书室均应以自学生座位左侧射入的光为主。教室为南向外廊式布局时，应以北 为主要采光面【2022（5）】</td></tr>
</table>

6.2-16［2022（5）-97］关于中学教室采光的说法错误的是（　　）。

A. 自然采光应以从学生座位左侧时入光为主

B. 采用南向外廊布局时，应以南向窗为主要采光面

C. 美术教室应有良好的北向自然采光

D. 教室内表面应采用高亮度低彩度的装修

答案：B

解析：依据《中小学校设计规范》（GB 50099—2011）第 9.2.2 条可知，普通教室、科学教室、实验室、史地、计算机、语言、美术、书法等专用教室及合班教室、图书室均应以自学生座位左侧射入的光为主。教室为南向外廊式布局时，应以北向窗为主要采光面。因此选项 B 符合题意。

6.2-17［2022（5）-115］下列中学的教学用房中，对净高要求最大的是（　　）。

A. 普通教室　　B. 舞蹈教室　　C. 计算机教室　　D. 实验室

答案：B

解析：依据《中小学校设计规范》（GB 50099—2011）第 7.2.1 条及表 7.2.1 可知，舞蹈教室最小净高为 4.50m，计算机教室与实验室最小净高为 3.10m，初中和高中普通教室最小净高分别为 3.05m 和 3.10m，因此选项 B 符合题意。

6.2-18 根据图 6.2-30 所示某中学教室平面图，完成下面第 1～3 题。

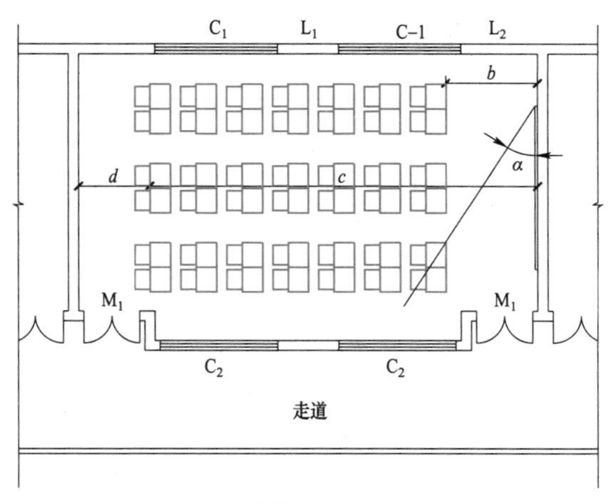

图 6.2-30

1. [2022(5)-118] 下列说法，错误的是（　　）。

A. 门净宽不小于 0.9m

B. 门外平开

C. 设置高窗观察窗

D. 教室使用人数不超过 50 人可设置一个疏散门

答案：D

解析：依据《中小学校设计规范》(GB 50099—2011) 第 8.8.1 条可知，每间教学用房的疏散门均不应少于 2 个，疏散门的宽度应通过计算；同时，每樘疏散门的通行净宽度不应小于 0.90m。当教室处于袋形走道尽端时，若教室内任一处距教室门不超过 15.00m，且门的通行净宽度不小于 1.50m 时，可设 1 个门。各教学用房的门均应向疏散方向开启，开启的门扇不得挤占走道的疏散通道。因此选项 D 符合题意。

2. [2022(5)-119] 关于窗的设置，错误的是（　　）。

A. L_1 不应大于 1.2m　　B. L_2 不应小于 1.0m

C. C_1 宜设置外开窗　　D. C_2 开启不应妨碍疏散通道宽度

答案：C

解析：依据《中小学校设计规范》(GB 50099—2011) 第 5.1.8 条和第 8.1.8 条可知，各教室前端侧窗窗端墙的长度不应小于 1.00m。窗间墙宽度不应大于 1.20m。靠外廊及单内廊一侧教室内隔墙的窗开启后，不得挤占走道的疏散通道，不得影响安全疏散；二层及二层以上的临空外窗的开启扇不得外开。因此选型 C 符合题意。

3. [2022(5)-120] 关于门的设置，错误的是（　　）。

A. a 不应小于 30°　B. b 不宜小于 2.2m　C. c 不宜大于 9m　D. d 不应小于 1m

答案：D

解析：依据《中小学校设计规范》(GB 50099—2011) 第 5.2.2 条可知，普通教室内的课桌椅布置应符合下列规定：最前排课桌的前沿与前方黑板的水平距离不宜小于 2.20m；最后排课桌的后沿与前方黑板的水平距离：小学不宜大于 8.00m，中学不宜大于 9.00m；教室最后排座椅之后应设横向疏散走道；自最后排课桌后沿至后墙面或固定家具的净距不应小于 1.10m；因此选项 D 符合题意。

考点 10：《宿舍、旅馆建筑项目规范》（GB 55025—2022）【★★★】

<table>
<tr><td>总则</td><td colspan="2">1.0.2 宿舍、旅馆项目必须执行本规范。少于 15 间（套）出租客房的旅馆项目除外</td></tr>
<tr><td rowspan="10">基本规定</td><td>建设规模</td><td>2.0.2 宿舍、旅馆项目的建设规模应根据配套需求或市场需求，以及投资条件等确定。宿舍项目建设规模划分应符合表 2.0.2-1（表 6.2-23）的规定，旅馆项目建设规模划分应符合表 2.0.2-2（表 6.2-24）的规定

表 6.2-23 宿舍项目建设规模划分
<table><tr><th>建设规模</th><th>小型</th><th>中型</th><th>大型</th><th>特大型</th></tr><tr><td>床位数量/张</td><td>＜150</td><td>150～300</td><td>301～500</td><td>＞500</td></tr></table>
表 6.2-24 旅馆项目建设规模划分
<table><tr><th>建设规模</th><th>小型</th><th>中型</th><th>大型</th></tr><tr><td>床位数量/张</td><td>＜300</td><td>300～600</td><td>＞600</td></tr></table></td></tr>
<tr><td>结构安全</td><td>2.0.5 宿舍、旅馆项目的结构应符合下列规定：
1 宿舍、旅馆项目的结构安全等级不应低于二级。
2 宿舍、旅馆项目的结构必须进行抗震设计，建筑抗震设防类别不应低于丙类，学校的学生宿舍建筑抗震设防类别应按国家相关规定执行。
3 新建的宿舍、旅馆项目的结构设计工作年限不应小于 50 年</td></tr>
<tr><td>无障碍设计</td><td>2.0.6 宿舍、旅馆项目的无障碍建设应符合下列规定：【2023】
1 主要出入口应为无障碍出入口；当条件受限时，应至少设置 1 处无障碍出入口，并应在主要出入口设置引导标识。
2 当设置电梯时，应至少设置 1 台无障碍电梯。
3 当设置楼梯时，应至少设置 1 部方便视觉障碍者使用的楼梯。
4 应在无障碍出入口前设置无障碍上客、落客区</td></tr>
<tr><td>隔声减振降噪</td><td>2.0.8 当居室（客房）贴邻电梯井道、设备机房、公共楼梯间、公用盥洗室、公用厕所、公共浴室、公用洗衣房等有噪声或振动的房间时，应采取有效的隔声、减振、降噪措施【2019】</td></tr>
<tr><td>供电</td><td>2.0.11 门厅（大堂）、楼梯间、主要走道和通道的照明、安全防范系统应按不低于二级负荷供电</td></tr>
<tr><td rowspan="3">用电安全</td><td>2.0.12 居室（客房）的配电箱不应安装于公共走道、电梯厅内。当居室（客房）内的配电箱安装在橱柜内时，应做好安全防护</td></tr>
<tr><td>2.0.13 宿舍和旅馆的电源插座应采用安全型电源插座</td></tr>
<tr><td>2.0.14 宿舍和旅馆内明敷设的电气线缆燃烧性能不应低于 B1 级</td></tr>
<tr><td>防护栏杆或栏板</td><td>2.0.17 开敞阳台、外廊、室内回廊、中庭、内天井、上人屋面及室外楼梯等部位临空处应设置防护栏杆或栏板，并应符合下列规定：
1 防护栏杆或栏板的材料应坚固、耐久。
2 宿舍建筑的防护栏杆或栏板垂直净高不应低于 1.10m，学校宿舍的防护栏杆或栏板垂直净高不应低于 1.20m。
3 旅馆建筑的防护栏杆或栏板垂直净高不应低于 1.20m。
4 放置花盆处应采取防坠落措施</td></tr>
<tr><td>门斗</td><td>2.0.19 严寒和寒冷地区建筑出入口应设门斗或其他防寒措施</td></tr>
</table>

续表

宿舍	一般规定	集散场地	3.1.2　宿舍附近应设置集散场地，集散场地应按 $0.2m^2$/人设置
		无障碍居室	3.1.4　宿舍中，男女宿舍应分别设置无障碍居室，且无障碍居室应与无障碍出入口以无障碍通行流线连接，其数量应符合下列规定：【2023】 1　100 套居室以下的宿舍项目，至少应设置 1 套无障碍居室。 2　大于 100 套居室的宿舍项目，每 100 套居室至少应设置 1 套无障碍居室
		供电	3.1.5　特大型宿舍项目的客梯、生活给水泵、排水泵应按不低于一级负荷供电
	居住部分	规定	3.2.1　居室不应布置在地下室【2019】
		防潮防水	3.2.4　贴邻公用盥洗室、公用厕所、卫生间等用水房间的居室、储藏室应在相邻墙体的迎水面做防潮或防水处理
	公共部分	电梯设置	3.3.1　宿舍的居室最高入口层楼面距室外设计地面的高差大于 9m 时，应设置电梯
		公用厨房	3.3.3　宿舍内设有公用厨房时，其使用面积不应小于 $6m^2$。公用厨房应有天然采光、自然通风的外窗和排油烟设施
		公共厕所	3.3.4　公用盥洗室、公用厕所不应布置在居室的直接上层【2019】。当居室内无独立卫生间时，公用盥洗室及公用厕所与最远居室的距离不应大于 25m
		楼梯	3.3.6　宿舍的楼梯踏步宽度不应小于 0.27m，踏步高度不应大于 0.165m；楼梯扶手高度自踏步前缘线量起不应小于 0.90m，楼梯水平段栏杆长度大于 0.50m 时，其高度不应小于 1.10m。开敞楼梯的起始踏步与楼层走道间应设有进深不小于 1.20m 的缓冲区。中小学校的学生宿舍楼梯应按国家相关规定执行
旅馆	客房部分	无障碍客房	4.2.2　旅馆项目应设置无障碍客房，无障碍客房应与无障碍出入口以无障碍通行流线连接，其数量应符合下列规定： 1　30～100 间，至少应设置 1 间无障碍客房。 2　101～200 间，至少应设置 2 间无障碍客房。 3　201～300 间，至少应设置 3 间无障碍客房。 4　301 间以上，至少应设置 4 间无障碍客房
	公共部分	走道净宽	4.3.2　单面布房的公共走道净宽不应小于 1.30m，双面布房的公共走道净宽不应小于 1.40m
		电梯	4.3.3　3 层及 3 层以上的旅馆应设乘客电梯
		公共卫生间	4.3.4　旅馆大堂（门厅）附近应设公共卫生间；大于 4 个厕位的男女公共卫生间应分设前室；卫生器具的数量应符合表 4.3.4（表 6.2-25）的规定，并应设 1 个内设污水池的清洁间

表 6.2-25　　大堂（门厅）公共卫生间设施配置标准

设备（设施）	男卫生间	女卫生间
洗面盆或盥洗槽龙头（个）	≥1	≥1
大便器或 0.6m 长便槽（个）	≥1	—
大便器（个）	≥1	≥2

6.2-19［2023-93］某宿舍楼有男、女生宿舍各 90 间，依据《宿舍、旅馆建筑项目规范》（GB 55025—2022），下列说法错误的是（　　）。

A. 男、女生各设 1 间无障碍宿舍

B. 至少设置 1 部方便视觉障碍者使用的楼梯

C. 门厅附近必须设置无障碍卫生间

D. 应在无障碍出入口前设置无障碍上客、落客区

答案：C

解析：依据《宿舍、旅馆建筑项目规范》（GB 55025—2022），由第 2.0.6 条和第 3.1.4 条可知选项 A、B、D 正确，依据第 4.3.5 条，门厅附近应设置无障碍卫生间，但该条文仅对旅馆建筑要求门厅附近设置无障碍卫生间，对宿舍建筑无此要求。

考点 11：《宿舍建筑设计规范》（JGJ 36—2016）【★★★】

基地和总平面	总平面	服务半径	3.2.3　宿舍宜接近工作和学习地点；宜靠近公用食堂、商业网点、公共浴室等配套服务设施，其服务半径不宜超过 250m
		集散场地	3.2.4　宿舍主要出入口前应设人员集散场地，集散场地人均面积指标不应小于 $0.20m^2$。宿舍附近宜有集中绿地
建筑设计	一般规定		4.1.3　宿舍应满足自然采光、通风要求。宿舍半数及半数以上的居室应有良好朝向【2022（12）】
	居室	各类居室的人均使用面积	4.2.1　宿舍居室按其使用要求分为五类，各类居室的人均使用面积不宜小于表 4.2.1（表 6.2-26）的规定

表 6.2-26　　居室类型及相关指标

类型		1 类	2 类	3 类	4 类	5 类
每室居住人数（人）		1	2	3～4	6	≥8
人均使用面积（m^2/人）	单层床、高架床	16	8	6	—	—
	双层床	—	—	—	5	4
储藏空间		立柜、壁柜、吊柜、书架				

注：1. 本表中面积不含居室内附设卫生间和阳台面积。
2. 5 类宿舍以 8 人为宜，不宜超过 16 人。
3. 残疾人居室面积宜适当放大，居住人数一般不宜超过 4 人，房间内应留有直径不小于 1.5m 的轮椅回转空间

建筑设计	居室	储藏空间	4.2.3　居室应有储藏空间，每人净储藏空间宜为 0.50～$0.80m^3$；衣物的储藏空间净深不宜小于 0.55m。设固定箱子架时，每格净空长度不宜小于 0.80m，宽度不宜小于 0.60m，高度不宜小于 0.45m。书架的尺寸，其净深不应小于 0.25m，每格净高不应小于 0.35m【2022（12）】
		地下室	4.2.6　中小学宿舍居室不应布置在半地下室，其他宿舍居室不宜布置在半地下室
		居室	4.2.7　宿舍建筑的主要入口层应设置至少一间无障碍居室，并宜附设无障碍卫生间

续表

建筑设计	辅助用房	公用厕所	4.3.1 公用厕所应设前室或经公用盥洗室进入，前室或公用盥洗室的门不宜与居室门相对。公用厕所、公用盥洗室不应布置在居室的上方。除附设卫生间的居室外，公用厕所及公用盥洗室与最远居室的距离不应大于 25m【2021】
		附设卫生间	4.3.4 居室内的附设卫生间，其使用面积不应小于 2m^2。设有淋浴设备或 2 个坐（蹲）便器的附设卫生间，其使用面积不宜小于 3.5m^2。4 人以下设 1 个坐（蹲）便器，5 人～7 人宜设置 2 个坐（蹲）便器，8 人以上不宜附设卫生间。3 人以上居室内附设卫生间的厕位和淋浴宜设隔断【2022（12）】
	辅助用房	淋浴设施	4.3.5 夏热冬暖地区应在宿舍建筑内设淋浴设施，其他地区可根据条件设分散或集中的淋浴设施，每个浴位服务人数不应超过 15 人
		公用厨房	4.3.9 宿舍建筑内设有公用厨房时，其使用面积不应小于 6m^2。公用厨房应有天然采光、自然通风的外窗和排油烟设施
	层高净高		4.4.1 居室采用单层床时，层高不宜低于 2.80m，净高不应低于 2.60m；采用双层床或高架床时，层高不宜低于 3.60m，净高不应低于 3.40m
	楼梯电梯	楼梯	4.5.1 宿舍楼梯应符合下列规定：【2020】 1 楼梯踏步宽度不应小于 0.27m，踏步高度不应大于 0.165m；楼梯扶手高度自踏步前缘线量起不应小于 0.90m，楼梯水平段栏杆长度大于 0.50m 时，其高度不应小于 1.05m。 2 开敞楼梯的起始踏步与楼层走道间应设有进深不小于 1.20m 的缓冲区。 3 疏散楼梯不得采用螺旋楼梯和扇形踏步。 4 楼梯防护栏杆最薄弱处承受的最小水平推力不应小于 1.50kN/m
		电梯	4.5.4 六层及六层以上宿舍或居室最高入口层楼面距室外设计地面的高度大于 15m 时，宜设置电梯；高度大于 18m 时，应设置电梯，并宜有一部电梯供担架平入
	门窗和阳台	门洞口尺寸	4.6.7 居室和辅助房间的门净宽不应小于 0.90m，阳台门和居室内附设卫生间的门净宽不应小于 0.80m。门洞口高度不应低于 2.10m。居室居住人数超过 4 人时，居室门应带亮窗，设亮窗的门洞口高度不应低于 2.40m
		栏杆	4.6.10 多层及以下的宿舍开敞阳台栏杆净高不应低于 1.05m；高层宿舍阳台栏板栏杆净高不应低于 1.10m；学校宿舍阳台栏板栏杆净高不应低于 1.20m
		实心栏板	4.6.11 高层宿舍及严寒、寒冷地区宿舍的阳台宜采用实心栏板，并宜采用玻璃（窗）封闭阳台，其可开启面积之和宜大于内侧门窗可开启面积之和
防火与安全疏散	防火		5.1.2 柴油发电机房、变配电室和锅炉房等不应布置在宿舍居室、疏散楼梯间及出入口门厅等部位的上一层、下一层或贴邻，并应采用防火墙与相邻区域进行分隔【2022（5）、2019】
			5.1.4 宿舍内的公用厨房有明火加热装置时，应靠外墙设置，并应采用耐火极限不小于 2.0h 的墙体和乙级防火门与其他部分分隔
	安全疏散	楼梯间	5.2.1 除与敞开式外廊直接相连的楼梯间外，宿舍建筑应采用封闭楼梯间。当建筑高度大于 32m 时应采用防烟楼梯间
		合建	5.2.2 宿舍建筑内的宿舍功能区与其他非宿舍功能部分合建时，安全出口和疏散楼梯宜各自独立设置，并应采用防火墙及耐火极限不小于 2.0h 的楼板进行防火分隔

续表

防火与安全疏散	安全疏散	疏散宽度	5.2.4 宿舍建筑内安全出口、疏散通道和疏散楼梯的宽度应符合下列规定：【2022（5）、2018】 1 每层安全出口、疏散楼梯的净宽应按通过人数每 100 人不小于 1.00m 计算，当各层人数不等时，疏散楼梯的总宽度可分层计算，下层楼梯的总宽度应按本层及以上楼层疏散人数最多一层的人数计算，梯段净宽不应小于 1.20m。 2 首层直通室外疏散门的净宽度应按各层疏散人数最多一层的人数计算，且净宽不应小于 1.40m。 3 通廊式宿舍走道的净宽度，当单面布置居室时不应小于 1.60m，当双面布置居室时不应小于 2.20m；单元式宿舍公共走道净宽不应小于 1.40m
		疏散净宽	5.2.5 宿舍建筑的安全出口不应设置门槛，其净宽不应小于 1.40m，出口处距门的 1.40m 范围内不应设踏步
室内环境	隔声降噪		6.2.1 宿舍居室内的允许噪声级（A 声级），昼间应小于或等于 45dB，夜间应小于或等于 37dB

6.2-20［2022（5）-111］图 6.2-31 所示为某职工宿舍的首层平面图，房间 1 不能布置的功能为（　　）。

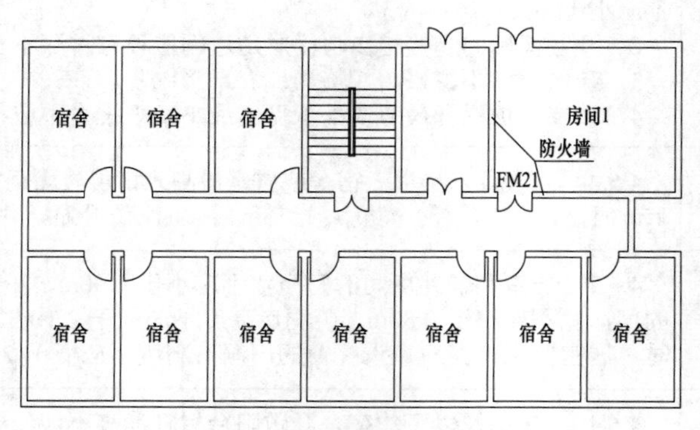

图 6.2-31

A. 厨房　　B. 洗衣房　　C. 变配电室　　D. 活动室

答案：C

解析：依据《宿舍建筑设计规范》（JGJ 36—2016）第 5.1.2 条可知，柴油发电机房、变配电室和锅炉房等不应布置在宿舍居室、疏散楼梯间及出入口门厅等部位的上一层、下一层或贴邻，并应采用防火墙与相邻区域进行分隔。因此选项 C 符合题意。

6.2-21［2022（5）-112］双面布置的通廊式多层职工宿舍，每层 100 人，设置 2 部楼梯，其走廊、楼梯、首层疏散宽度分别是（　　）。

A. 1.6m，1.1m，1.2m　　B. 1.6m，1.2m，1.4m

C. 2.2m，1.1m，1.2m　　D. 2.2m，1.2m，1.4m

答案：D

解析：依据《宿舍建筑设计规范》（JGJ 36—2016）第 5.2.4 条可知，每层安全出口、疏散楼梯的净宽应按通过人数每100人不小于1.00m计算，当各层人数不等时，疏散楼梯的总宽度可分层计算，下层楼梯的总宽度应按本层及以上楼层疏散人数最多一层的人数计算，梯段净宽不应小于1.20m；首层直通室外疏散门的净宽度应按各层疏散人数最多一层的人数计算，且净宽不应小于1.40m；通廊式宿舍走道的净宽度，当单面布置居室时不应小于1.60m，当双面布置居室时不应小于2.20m；单元式宿舍公共走道净宽不应小于1.40m，因此选项D符合题意。

6.2-22［2022（12）-114］根据《宿舍建筑设计规范》（JGJ 36—2016），下列说法错误的是（　　）。

A. 半数及以上居室有良好的朝向

B. 满足采光条件时，居室可设置在地下室

C. 应设置储物空间，不应小于0.5m^3/人

D. 居室设置卫生间时，使用空间不应小于2m^2

答案：B

解析：依据《宿舍建筑设计规范》（JGJ 36—2016）第4.1.3条、第4.2.3条和第4.3.4条可知，宿舍应满足自然采光、通风要求。宿舍半数及半数以上的居室应有良好朝向。居室应有储藏空间，每人净储藏空间宜为0.50～0.80m^3。居室内的附设卫生间，其使用面积不应小于2m^2。依据《宿舍、旅馆建筑项目规范》（GB 55025—2022）第3.2.1条可知，居室不应布置在地下室。因此选项B符合题意。

考点12：《旅馆建筑设计规范》（JGJ 62—2014）【★★★】

总则	等级	1.0.3　旅馆建筑等级按由低到高的顺序可划分为一级、二级、三级、四级和五级	
基地和总平面	基地	道路连接	3.2.1　旅馆建筑的基地应至少有一面直接临接城市道路或公路，或应设道路与城市道路或公路相连接。位于特殊地理环境中的旅馆建筑，应设置水路或航路等其他交通方式
		出入口	3.2.2　当旅馆建筑设有200间（套）以上客房时，其基地的出入口不宜少于2个，出入口的位置应符合城乡交通规划的要求
	总平面	出入口设置	3.3.6　旅馆建筑的总平面应合理布置设备用房、附属设施和地下建筑的出入口。锅炉房、厨房等后勤用房的燃料、货物及垃圾等物品的运输宜设有单独通道和出入口
		候客车位	3.3.7　四级和五级旅馆建筑的主要人流出入口附近宜设置专用的出租车排队候客车道或候客车位，且不宜占用城市道路或公路，避免影响公共交通
建筑设计	一般规定	主要出入口	4.1.7　旅馆建筑的主要出入口应符合下列规定： 1　应有明显的导向标识，并应能引导旅客直接到达门厅。 2　应满足机动车上、下客的需求，并应根据使用要求设置单车道或多车道。 3　出入口上方宜设雨篷，多雨雪地区的出入口上方应设雨篷，地面应防滑。 4　一级、二级、三级旅馆建筑的无障碍出入口宜设置在主要出入口，四级、五级旅馆建筑的无障碍出入口应设置在主要出入口

续表

建筑设计	一般规定	电梯及电梯厅	4.1.11　电梯及电梯厅设置应符合下列规定： 1　四级、五级旅馆建筑 2 层宜设乘客电梯，3 层及 3 层以上应设乘客电梯。一级、二级、三级旅馆建筑 3 层宜设乘客电梯，4 层及 4 层以上应设乘客电梯。 4　客房部分宜至少设置两部乘客电梯，四级及以上旅馆建筑公共部分宜设置自动扶梯或专用乘客电梯。 5　服务电梯应根据旅馆建筑等级和实际需要设置，且四级、五级旅馆建筑应设服务电梯。 6　电梯厅深度应符合现行国家标准《民用建筑设计通则》（GB 50352）的规定，且当客房与电梯厅正对面布置时，电梯厅的深度不应包括客房与电梯厅之间的走道宽度
		防护栏杆	4.1.13　中庭栏杆或栏板高度不应低于 1.20m，并应以坚固、耐久的材料制作，应能承受现行国家标准《建筑结构荷载规范》（GB 50009）规定的水平荷载【2017】
	客房部分	客房设计	4.2.1　客房设计应符合下列规定： 1　不宜设置在无外窗的建筑空间内。 2　客房、会客厅不宜与电梯井道贴邻布置。 3　多床客房间内床位数不宜多于 4 床。 4　客房内应设有壁柜或挂衣空间
		无障碍	4.2.2　无障碍客房应设置在距离室外安全出口最近的客房楼层，并应设在该楼层进出便捷的位置

6.2-23［2017-118］根据《旅馆建筑设计规范》（JGJ 62—2014）的要求，中庭栏杆或者栏板高度不应低于（　　）。

A. 800mm　　B. 900mm　　C. 1100mm　　D. 1200mm

答案：D

解析：依据《旅馆建筑设计规范》（JGJ 62—2014）第 4.1.13 条。

考点 13：《剧场建筑设计规范》（JGJ 57—2016）【★★★】

<table>
<tr><td rowspan="3">总则</td><td>演出类型</td><td>1.0.4　根据使用性质及观演条件，剧场建筑可用于歌舞剧、话剧、戏曲等三类戏剧演出。当剧场为多用途时，其技术要求应按其主要使用性质确定，其他用途应适当兼顾【2017】</td></tr>
<tr><td>规模划分</td><td>1.0.5　剧场建筑的规模应按观众座席数量进行划分，并应符合表 1.0.5（表 6.2-27）的规定
表 6.2-27　　剧场建筑规模划分
<table>
<tr><th>规模</th><th>观众座席数量/座</th></tr>
<tr><td>特大型</td><td>＞1500</td></tr>
<tr><td>大型</td><td>1201～1500</td></tr>
<tr><td>中型</td><td>801～1200</td></tr>
<tr><td>小型</td><td>≤800</td></tr>
</table></td></tr>
<tr><td>等级划分</td><td>1.0.6　剧场的建筑等级根据观演技术要求可分为特等、甲等、乙等三个等级。特等剧场的技术指标要求不应低于甲等剧场</td></tr>
</table>

续表

基地和总平面	基地	基本规定	3.1.2　剧场建筑基地应符合下列规定：【2022（12）】 1　宜选择交通便利的区域，并应远离工业污染源和噪声源。 2　基地应至少有一面临接城市道路，或直接通向城市道路的空地；临接的城市道路的可通行宽度不应小于剧场安全出口宽度的总和。 3　基地沿城市道路的长度应按建筑规模或疏散人数确定，并不应小于基地周长的 1/6。 4　基地应至少有两个不同方向的通向城市道路的出口。 5　基地的主要出入口不应与快速道路直接连接，也不应直接面对城市主要干道的交叉口
		集散空地	3.1.3　剧场建筑主要入口前的空地应符合下列规定：【2022（12）】 1　剧场建筑从红线的退后距离应符合当地规划的要求，并应按不小于 $0.20m^2$/座留出集散空地
	总平面		3.2.3　剧场总平面道路设计应满足消防车及货运车的通行要求，其净宽不应小于 4.00m，穿越建筑物时净高不应小于 4.00m
前厅和休息厅	公共厕所		4.0.5　剧场应设置供观众使用的厕所，且厕所应设前室。厕所门不得开向观众厅。观众男女比例宜按 1:1 计算，女厕位与男厕位（含小便站位）的比例不应小于 2:1，卫生器具应符合下列规定：【2022（5）】 1　男厕所应按每 150 座设一个大便器，每 60 座设一个小便器或 0.60m 长小便槽，每 150 座设一个洗手盆。 2　女厕所应按每 20 座设一个大便器，每 100 座设一个洗手盆。 3　男女厕所均应设无障碍厕位或设置无障碍厕所。 4　当剧场设有分层观众厅时，各层的厕所卫生器具数量宜根据各层观众座席的数量进行确定
观众厅	视线设计	基本规定	5.1.1　观众厅的视线设计宜使观众能看到舞台面表演区的全部。当受条件限制时，应使位于视觉质量不良位置的观众能看到表演区的 80%
		视线超高值（C 值）	5.1.3　观众厅视线超高值（C 值）的设计应符合下列规定： 1　视线超高值不应小于 0.12m。 2　当隔排计算视线超高值时，座席排列应错排布置，并应保证视线直接看到视点。 3　对于儿童剧场、伸出式、岛式舞台剧场，视线超高值宜适当增加
		第一排座席地面高度	5.1.4　舞台面距第一排座席地面的高度应符合下列规定： 1 对于镜框式舞台面，不应小于 0.60m，且不应大于 1.10m。【2024】 2 对于伸出式舞台面，宜为 0.30～0.60m；对于附有镜框式舞台的伸出式舞台，第一排座席地面可与主舞台面齐平。 3 对于岛式舞台台面，不宜高于 0.30m，可与第一排座席地面齐平
		最远视距	5.1.5　对于观众席与视点之间的最远视距，歌舞剧场不宜大于 33m；话剧和戏曲剧场不宜大于 28m；伸出式、岛式舞台剧场不宜大于 20m
	走道【2020】	走道宽度	5.3.4　走道的宽度除应满足安全疏散的要求外，尚应符合下列规定： 1　短排法：边走道净宽度不应小于 0.80m；纵向走道净宽度不应小于 1.10m，横向走道除排距尺寸以外的通行净宽度不应小于 1.10m。 2　长排法：边走道净宽度不应小于 1.20m
		燃烧性能	5.3.5　观众厅纵走道铺设的地面材料燃烧性能等级不应低于 B1 级材料，且应固定牢固，并应做防滑处理。坡度大于 1:8 时应做成高度不大于 0.20m 的台阶

续表

<table>
<tr><td rowspan="2">观众厅</td><td rowspan="2">走道
【2020】</td><td rowspan="2">栏杆设置要求</td><td>5.3.7　当观众厅座席地坪高于前排 0.50m 以及座席侧面紧临有高差的纵向走道或梯步时，应在高处设栏杆，且栏杆应坚固，高度不应小于 1.05m，并不应遮挡视线</td></tr>
<tr><td>5.3.8　观众厅应采取措施保证人身安全，楼座前排栏杆和楼层包厢栏杆不应遮挡视线，高度不应大于 0.85m，下部实体部分不得低于 0.45m【2022（12）】</td></tr>
<tr><td rowspan="2">舞台</td><td colspan="2">一般规定</td><td>6.1.2　台唇和耳台最窄处的宽度不应小于 1.50m</td></tr>
<tr><td colspan="2">侧舞台</td><td>6.1.8　侧舞台应符合下列规定：
1　主舞台两侧宜布置侧舞台，且位置应靠近主舞台前部，当受条件限制时，可只在一侧设侧舞台，侧舞台的总面积应符合下列规定：
1）甲等剧场不应小于主舞台面积的 1/2。
2）乙等剧场不应小于主舞台面积的 1/3。
2　对于设有车台的侧舞台，其面积除应满足车台停放要求外，还应布置存放和迁换景物的工作面，且面积不宜小于主舞台面积的 1/3。
3　侧舞台台口净宽和净高应符合表 6.1.8（表 6.2-28）的规定。
表 6.2-28　　侧舞台台口净宽和净高　　（m）
<table>
<tr><th>建筑等级</th><th>台口净宽</th><th>台口净高</th></tr>
<tr><td>甲级</td><td>≥8</td><td>≥7</td></tr>
<tr><td>乙级</td><td>≥6</td><td>≥6</td></tr>
</table>
4　设有车台的侧舞台台口净宽，除应满足车台通行要求外，两边最少应各加 0.60m。
5　条件允许的，宜在侧舞台外侧设布景组装间</td></tr>
<tr><td rowspan="4">后台</td><td rowspan="4">演出用房
【2023】</td><td>门厅</td><td>7.1.2　剧场后台区应设集中的演职人员出入口和门厅，且门厅宜设置门卫值班室、接待室和寄存空间等</td></tr>
<tr><td>无障碍</td><td>7.1.3　后台区域应符合无障碍设计要求。出入口、通道、化妆室、盥洗室、浴室、厕所等，应设置无障碍专用设施</td></tr>
<tr><td>化妆室</td><td>7.1.4　化妆室应靠近舞台布置，且主要化妆室应与舞台同层。当在其他层设化妆室时，楼梯应靠近上场口、下场口，有条件的剧场宜设置电梯</td></tr>
<tr><td>后台跑场道</td><td>7.1.11　后台跑场道的设置应简短便捷，并应符合下列规定：
1　后台跑场道净宽不应小于 2.10m，净高不应低于 2.40m。当剧场后台跑场道兼作演员候场休息区及服装道具临时存放区时，净宽不应小于 2.80m，在出场口附近宜设候场休息空间。
2　后台跑场道地面标高应与舞台一致。
3　后台跑场道应做吸声处理，跑场道地面应防滑及防止产生噪声</td></tr>
<tr><td rowspan="3">防火设计</td><td rowspan="3">防火</td><td>防火幕</td><td>8.1.1　大型、特大型剧场舞台台口应设防火幕</td></tr>
<tr><td>舞台洞口</td><td>8.1.4　舞台区通向舞台区外各处的洞口均应设甲级防火门或设置防火分隔水幕，运景洞口应采用特级防火卷帘或防火幕【2021】</td></tr>
<tr><td>隔墙</td><td>8.1.5　舞台与后台的隔墙及舞台下部台仓的周围墙体的耐火极限不应低于 2.5h</td></tr>
</table>

<table>
<tr><td rowspan="10">防火设计</td><td rowspan="6">防火</td><td>配电室</td><td>8.1.7 当高、低压配电室与主舞台、侧舞台、后舞台相连时，必须设置面积不小于 6m² 的前室，高、低压配电室应设甲级防火门</td></tr>
<tr><td>消防控制室</td><td>8.1.8 剧场应设消防控制室，并应有对外的单独出入口，使用面积不应小于 12m²。大型、特大型剧场应设舞台区专用消防控制间，专用消防控制间宜靠近舞台，使用面积不应小于 12m²</td></tr>
<tr><td rowspan="3">材料</td><td>8.1.6 舞台内的天桥、渡桥码头、平台板、栅顶应采用不燃烧材料，耐火极限不应低于 0.5h</td></tr>
<tr><td>8.1.9 观众厅吊顶内的吸声、隔热、保温材料应采用不燃材料</td></tr>
<tr><td>8.1.10 观众厅和乐池的顶棚、墙面、地面等装修材料宜为不燃材料，当采用难燃性装修材料时，应设置相应的消防设施，并应符合本规范第 8.4.1 条和第 8.4.2 条的规定</td></tr>
<tr><td rowspan="5">疏散</td><td>观众厅出口</td><td>8.2.1 观众厅出口应符合下列规定：
1 出口应均匀布置，主要出口不宜靠近舞台。
2 楼座与池座应分别布置安全出口，且楼座宜至少有两个独立的安全出口，面积不超过 200m² 且不超过 50 座时，可设一个安全出口。楼座不应穿越池座疏散</td></tr>
<tr><td>疏散门</td><td>8.2.2 观众厅的出口门、疏散外门及后台疏散门应符合下列规定：
1 应设双扇门，净宽不应小于 1.40m，并应向疏散方向开启。
2 靠门处不应设门槛和踏步，踏步应设置在距门 1.40m 以外。
3 不应采用推拉门、卷帘门、吊门、转门、折叠门、铁栅门。
4 应采用自动门闩，门洞上方应设疏散指示标志</td></tr>
<tr><td rowspan="2">疏散口</td><td>8.2.6 后台应设置不少于两个直接通向室外的出口</td></tr>
<tr><td>8.2.8 乐池和台仓的出口均不应少于两个</td></tr>
</table>

6.2-24［2024-100］图 6.2-32 所示镜框式舞台相对于第一排座位地面高度 L 不正确的是（　　）。

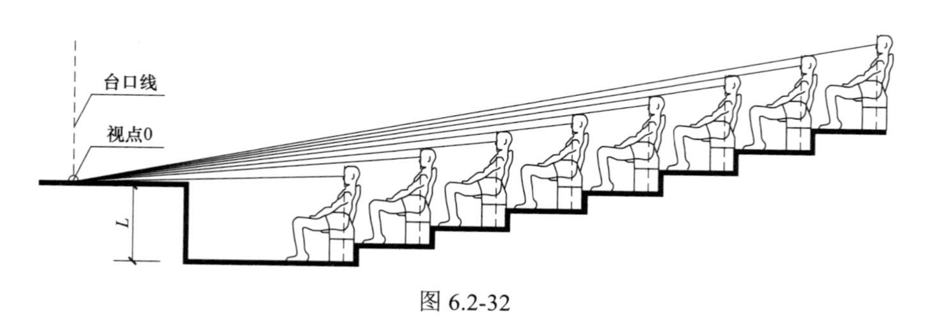

图 6.2-32

A. 0.6m　　B. 0.8m　　C. 1.0m　　D. 1.2m

答案：D

解析：根据《剧场建筑设计规范》(JGJ 57—2016) 第 5.1.4 条。

6.2-25［2023-98］下列关于剧场舞台和后台的设计错误的是（　　）。

A. 应设集中的演职人员出入口和门厅　　B. 化妆室、厕所应设置无障碍专用设施

C. 主要化妆室应与舞台同层　　　　　　　　D. 跑场道与舞台可有高差，但应通过坡道连通

答案：D

解析：参见《剧场建筑设计规范》(JGJ 57—2016) 第 7.1.2 条、第 7.1.3 条、第 7.1.4 条和第 7.1.11 条。后台跑场道地面标高应与舞台一致，因此选项 D 不正确。

6.2-26［2022（12）-115］下列关于剧场基地的说法，错误的是（　　）。

A. 基地出入口面向城市道路的交叉口　　　　B. 有两个不同方向的通向城市道路的出口

C. 集散场地 0.2m²/人　　　　　　　　　　D. 集散场地宽度大于出口宽度。

答案：A

解析：依据《剧场建筑设计规范》(JGJ 57—2016) 第 3.1.2 条和第 3.1.3 条可知，基地的主要出入口不应与快速道路直接连接，也不应直接面对城市主要干道的交叉口，选项 A 不正确。

考点 14：《电影院建筑设计规范》(JGJ 58—2008)【★★★】

<table>
<tr><td>基地和总平面</td><td>基地</td><td colspan="2">3.1.2　基地选择应符合下列规定：
1　宜选择交通方便的中心区和居住区，并远离工业污染源和噪声源。
2　至少应有一面直接临接城市道路。与基地临接的城市道路的宽度不宜小于电影院安全出口宽度总和，且与小型电影院连接的道路宽度不宜小于 8m，与中型电影院连接的道路宽度不宜小于 12m，与大型电影院连接的道路宽度不宜小于 20m，与特大型电影院连接的道路宽度不宜小于 25m。
3　基地沿城市道路方向的长度应按建筑规模和疏散人数确定，并不应小于基地周长的 1/6。
4　基地应有两个或两个以上不同方向通向城市道路的出口。
5　基地和电影院的主要出入口，不应和快速道路直接连接，也不应直对城镇主要干道的交叉口。
6　电影院主要出入口前应设有供人员集散用的空地或广场，其面积指标不应小于 0.2m²/座，且大型及特大型电影院的集散空地的深度不应小于 10m；特大型电影院的集散空地宜分散设置</td></tr>
<tr><td rowspan="3">建筑设计</td><td rowspan="2">一般规定</td><td>规模划分</td><td>4.1.1　电影院的规模按总座位数可划分为特大型、大型、中型和小型四个规模。不同规模的电影院应符合下列规定：
1　特大型电影院的总座位数应大于 1800 个，观众厅不宜少于 11 个。
2　大型电影院的总座位数宜为 1201～1800 个，观众厅宜为 8～10 个。
3　中型电影院的总座位数宜为 701～1200 个，观众厅宜为 5～7 个。
4　小型电影院的总座位数宜小于等于 700 个，观众厅不宜少于 4 个</td></tr>
<tr><td>等级划分</td><td>4.1.2　电影院建筑的等级可分为特、甲、乙、丙四个等级，其中特级、甲级和乙级电影院建筑的设计使用年限不应小于 50 年，丙级电影院建筑的设计使用年限不应小于 25 年。各等级电影院建筑的耐火等级不宜低于二级</td></tr>
<tr><td>观众厅</td><td>基本规定</td><td>4.2.1　观众厅应符合下列规定：
1　观众厅的设计应与银幕的设置空间统一考虑，观众厅的长度不宜大于 30m，观众厅长度与宽度的比例宜为（1.5±0.2）:1。
3　观众厅体形设计，应避免声聚焦、回声等声学缺陷。
4　观众厅净高度不宜小于视点高度、银幕高度与银幕上方的黑框高度（0.5～1.0m）三者的总和。【2022（12）】
5　新建电影院的观众厅不宜设置楼座。【2023】
6　乙级及以上电影院观众厅每座平均面积不宜小于 1.0m²，丙级电影院观众厅每座平均面积不宜小于 0.6m²</td></tr>
</table>

建筑设计	观众厅	走道和座位排列	4.2.7 观众厅内走道和座位排列应符合下列规定： 1 观众厅内走道的布局应与观众座位片区容量相适应，与疏散门联系顺畅，且其宽度应符合本规范第 6.2.7 条的规定。 2 两条横走道之间的座位不宜超过 20 排，靠后墙设置座位时，横走道与后墙之间的座位不宜超过 10 排。 3 小厅座位可按直线排列，大、中厅座位可按直线与弧线两种方法单独或混合排列。 4 观众厅内座位楼地面宜采用台阶式地面，前后两排地坪相差不宜大于 0.45m；观众厅走道最大坡度不宜大于 1:8。当坡度为 1:10～1:8 时，应做防滑处理；当坡度大于 1:8 时，应采用台阶式踏步；走道踏步高度不宜大于 0.16m 且不应大于 0.20m
	公共区域	门厅和休息厅	4.3.1 公共区域宜由门厅、休息厅、售票处、小卖部、衣物存放处、厕所等组成。【2023】 4.3.2 门厅和休息厅应符合下列规定： 1 门厅和休息厅内交通流线及服务分区应明确，宜设置售票处、小卖部、衣物存放处、吸烟室和监控室等。 2 电影院门厅和休息厅合计使用面积指标，特、甲级电影院不应小于 $0.50m^2$/座；乙级电影院不应小于 $0.30m^2$/座；丙级电影院不应小于 $0.10m^2$/座。 3 电影院设有分层观众厅时，各层的休息厅面积宜根据分层观众厅的数量予以适当分配。 4 门厅或休息厅宜设有观众入场标识系统。 5 严寒及寒冷地区的电影院，门厅宜设门斗
噪声控制	声闸		5.3.2 观众厅宜利用休息厅、门厅、走廊等公共空间作为隔声降噪措施，观众厅出入口宜设置声闸【2023】
	隔声量		5.3.4 观众厅与放映机房之间隔墙应做隔声处理，中频（500～1000Hz）隔声量不宜小于 45dB。 5.3.5 相邻观众厅之间隔声量为低频不应小于 50dB，中高频不应小于 60dB。 5.3.6 观众厅隔声门的隔声量不应小于 35dB。设有声闸的空间应做吸声减噪处理
防火设计	防火	装修材料燃烧等级	6.1.4 观众厅、声闸和疏散通道内的顶棚材料应采用 A 级装修材料，墙面、地面材料不应低于 B1 级
			6.1.5 观众厅吊顶内吸声、隔热、保温材料与检修马道应采用 A 级材料
			6.1.6 银幕架、扬声器支架应采用不燃材料制作，银幕和所有幕帘材料不应低于 B1 级
			6.1.7 放映机房应采用耐火极限不低于 2.0h 的隔墙和不低于 1.5h 的楼板与其他部位隔开。顶棚装修材料不应低于 A 级，墙面、地面材料不应低于 B1 级
			6.1.8 电影院顶棚、墙面装饰采用的龙骨材料均应为 A 级材料
	疏散	疏散走道、出口	6.2.4 观众厅外的疏散走道、出口等应符合下列规定： 2 穿越休息厅或门厅时，厅内存衣、小卖部等活动陈设物的布置不应影响疏散的通畅；2m 高度内应无突出物、悬挂物。 3 当疏散走道有高差变化时宜做成坡道；当设置台阶时应有明显标志、采光或照明。 4 疏散走道室内坡道不应大于 1:8，并应有防滑措施；为残疾人设置的坡道坡度不应大于 1:12

续表

防火设计	疏散		6.2.3 观众厅疏散门的数量应经计算确定，且不应少于2个，门的净宽度应符合现行国家标准《建筑设计防火规范》（GB 50016）及《高层民用建筑设计防火规范》（GB 50045）的规定，且不应小于0.90m。应采用甲级防火门，并应向疏散方向开启【2023】
		疏散楼梯	6.2.5 疏散楼梯应符合下列规定： 1 对于有候场需要的门厅，门厅内供入场使用的主楼梯不应作为疏散楼梯。 2 疏散楼梯踏步宽度不应小于0.28m，踏步高度不应大于0.16m，楼梯最小宽度不得小于1.20m，转折楼梯平台深度不应小于楼梯宽度；直跑楼梯的中间平台深度不应小于1.20m。 3 疏散楼梯不得采用螺旋楼梯和扇形踏步；当踏步上下两级形成的平面角度不超过10°，且每级离扶手0.25m处踏步宽度超过0.22m时，可不受此限。 4 室外疏散梯净宽不应小于1.10m；下行人流不应妨碍地面人流
		观众厅疏散走道	6.2.7 观众厅内疏散走道宽度除应符合计算外，还应符合下列规定： 1 中间纵向走道净宽不应小于1.0m。 2 边走道净宽不应小于0.8m。 3 横向走道除排距尺寸以外的通行净宽不应小于1.0m

6.2-27［2023-97］下列关于电影院观众厅的说法错误的是（　　）。

A. 观众厅疏散门应为乙级防火门　　B. 观众厅出入口宜设置声闸

C. 公共区域设置厕所　　D. 新建电影院的观众厅不宜设置楼座

答案：A

解析：参见《电影院建筑设计规范》（JGJ 58—2008）第4.2.1条、第4.3.1条、第5.3.2条和第6.2.3条。观众厅疏散门应为甲级防火门。

6.2-28［2022（12）-118］依据《电影院建筑设计规范》（JGJ 58—2008），下列不影响剧院观众厅高度的是（　　）。

A. 视点高度　　B. 银幕高度　　C. 黑框高度　　D. 扬声器高度

答案：D

解析：依据《电影院建筑设计规范》（JGJ 58—2008）第4.2.1条第4款可知，观众厅净高度不宜小于视点高度、银幕高度与银幕上方的黑框高度（0.5～1.0m）三者的总和。因此选项D符合题意。

考点15：《博物馆建筑设计规范》（JGJ 66—2015）【★★★】

总则	分类	1.0.3 按博物馆的藏品和基本陈列内容分类，博物馆可划分为历史类博物馆、艺术类博物馆、科学与技术类博物馆、综合类博物馆等四种类型
	规模划分	1.0.4 博物馆建筑可按建筑规模划分为特大型馆、大型馆、大中型馆、中型馆、小型馆等五类，且建筑规模分类应符合表1.0.4（表6.2-29）的规定

续表

<table>
<tr><td rowspan="2">总则</td><td colspan="2">规模划分</td><td>

表 6.2-29　　博物馆建筑规模分类

建筑规模类别	建筑总建筑面积（m²）
特大型馆	＞50 000
大型馆	20 001～50 000
大中型馆	10 001～20 000
中型馆	5001～10 000
小型馆	≤5000

</td></tr>
<tr><td colspan="2">总平面</td><td>3.2.2　博物馆建筑的总平面设计应符合下列规定：
1　新建博物馆建筑的建筑密度不应超过 40%。
2　基地出入口的数量应根据建筑规模和使用需要确定，且观众出入口应与藏品、展品进出口分开设置。【2020】
3　人流、车流、物流组织应合理；藏品、展品的运输线路和装卸场地应安全、隐蔽，且不应受观众活动的干扰。
4　观众出入口广场应设有供观众集散的空地，空地面积应按高峰时段建筑内向该出入口疏散的观众量的 1.2 倍计算确定，且不应少于 0.4m²/人。
5　特大型馆、大型馆建筑的观众主入口到城市道路出入口的距离不宜小于 20m，主入口广场宜设置供观众避雨遮阴的设施。
6　建筑与相邻基地之间应按防火、安全要求留出空地和道路，藏品保存场所的建筑物宜设环形消防车道。
7　对噪声不敏感的建筑、建筑部位或附属用房等宜布置在靠近噪声源的一侧</td></tr>
<tr><td rowspan="4">基本规定</td><td rowspan="4">一般规定</td><td>出入口</td><td>4.1.3　博物馆建筑的藏（展）品出入口、观众出入口、员工出入口应分开设置。公众区域与行政区域、业务区域之间的通道应能关闭【2022（12）】</td></tr>
<tr><td>流线</td><td>4.1.4　博物馆建筑内的观众流线与藏（展）品流线应各自独立，不应交叉；食品、垃圾运送路线不应与藏（展）品流线交叉</td></tr>
<tr><td>藏品保存场所</td><td>4.1.5　博物馆建筑的藏品保存场所应符合下列规定：【2022（12）】
1　饮水点、厕所、用水的机房等存在积水隐患的房间，不应布置在藏品保存场所的上层或同层贴邻位置。
2　当用水消防的房间需设置在藏品库房、展厅的上层或同层贴邻位置时，应有防水构造措施和排除积水的设施。
3　藏品保存场所的室内不应有与其无关的管线穿越</td></tr>
<tr><td>公众区域</td><td>4.1.6　公众区域应符合下列规定：
1　当有地下层时，地下层地面与出入口地坪的高差不宜大于 10m。
2　除工艺设计要求外，展厅与教育用房不宜穿插布置。
3　贵宾接待室应与陈列展览区联系方便，且其布置宜避免贵宾与观众相互干扰。
4　当综合大厅、报告厅、影视厅或临时展厅等兼具庆典、礼仪活动、新闻发布会或社会化商业活动等功能时，其空间尺寸、设施和设备容量、疏散安全等应满足使用要求，并宜有独立对外的出入口。
5　为学龄前儿童专设的活动区、展厅等，应设置在首层、二层或三层，并应为独立区域，且宜设置独立的安全出口，设于高层建筑内应设置独立的安全出口和疏散楼梯</td></tr>
</table>

续表

<table>
<tr><td>基本规定</td><td>一般规定</td><td>藏品、展品运送通道</td><td>4.1.8 博物馆建筑内藏品、展品的运送通道应符合下列规定：【2022（12）】
1 通道应短捷、方便。
2 通道内不应设置台阶、门槛；当通道为坡道时，坡道的坡度不应大于1:20。
3 当藏品、展品需要垂直运送时应设专用货梯，专用货梯不应与观众、员工电梯或其他工作货梯合用，且应设置可关闭的候梯间。
4 通道、门、洞、货梯轿厢及轿厢门等，其高度、宽度或深度尺寸、荷载等应满足藏品、展品及其运载工具通行和藏具、展具运送的要求。
5 对温湿度敏感的藏品、展品的运送通道，不应为露天。
6 应设置防止无关人员进入通道的技术防范和实体防护设施</td></tr>
</table>

6.2-29［2022（12）-109］下列关于博物馆的说法错误的是（ ）。

A. 藏品出入口和办公出入口应分开设置　B. 开水房不应设置在藏品库上方

C. 与卫生间毗邻时应做防水措施　D. 藏品库电梯不应设置在库区内

答案：D

解析：依据《博物馆建筑设计规范》（JGJ 66—2015），第4.1.3条、第4.1.5条和4.1.8条可知。其中选项D中，当藏品、展品需要垂直运送时应设专用货梯，专用货梯不应与观众、员工电梯或其他工作货梯合用，且应设置可关闭的候梯间。

考点16：《展览建筑设计规范》（JGJ 218—2010）【★】

<table>
<tr><td rowspan="2">总则</td><td>规模划分</td><td>1.0.3 展览建筑规模可按基地以内的总展览面积划分为特大型、大型、中型和小型，并应符合表1.0.3（表6.2-30）的规定

表6.2-30 展览建筑规模
<table><tr><th>建筑规模</th><th>总展览面积S（m²）</th></tr><tr><td>特大型</td><td>S＞100 000</td></tr><tr><td>大型</td><td>30 000＜S≤100 000</td></tr><tr><td>中型</td><td>10 000＜S≤30 000</td></tr><tr><td>小型</td><td>S≤10 000</td></tr></table></td></tr>
<tr><td>等级划分</td><td>1.0.4 展厅的等级可按其展览面积划分为甲等、乙等和丙等，并应符合表1.0.4（表6.2-31）的规定。

表6.2-31 展厅的等级
<table><tr><th>展厅等级</th><th>总展览面积S（m²）</th></tr><tr><td>甲等</td><td>S＞10 000</td></tr><tr><td>乙等</td><td>5000＜S≤10 000</td></tr><tr><td>丙等</td><td>S≤5000</td></tr></table></td></tr>
</table>

<table>
<tr><td rowspan="6">场地设计</td><td colspan="2">选址</td><td>3.1.2　展览建筑的选址应符合下列规定：
1　交通应便捷，且应与航空港、港口、火车站、汽车站等交通设施联系方便；特大型展览建筑不应设在城市中心，其附近宜有配套的轨道交通设施。
2　特大型、大型展览建筑应充分利用附近的公共服务和基础设施。
3　不应选在有害气体和烟尘影响的区域内，且与噪声源及储存易燃、易爆物场所的距离应符合国家现行有关安全、卫生和环境保护等标准的规定。
4　宜选择地势平缓、场地干燥、排水通畅、空气流通、工程地质及水文地质条件较好的地段</td></tr>
<tr><td rowspan="2">基地</td><td>与城市道路连接</td><td>3.2.1　特大型展览建筑基地应至少有 3 面直接临接城市道路；大型、中型展览建筑基地应至少有 2 面直接临接城市道路；小型展览建筑基地应至少有 1 面直接临接城市道路。基地应至少有 1 面直接临接城市主要干道，且城市主要干道的宽度应满足布展、撤展或人员疏散的要求</td></tr>
<tr><td>出入口</td><td>3.2.2　特大型、大型、中型展览建筑基地应至少有 2 个不同方向通向城市道路的出口</td></tr>
<tr><td rowspan="3">总平面布置</td><td>集散用地</td><td>3.3.4　展览建筑应按不小于 0.20m²/人配置集散用地</td></tr>
<tr><td>室外场地</td><td>3.3.5　室外场地的面积不宜少于展厅占地面积的 50%</td></tr>
<tr><td>建筑密度</td><td>3.3.6　展览建筑的建筑密度不宜大于 35%</td></tr>
<tr><td rowspan="4">建筑设计</td><td rowspan="2">一般规定</td><td>位置</td><td>4.1.2　展厅不应设置在建筑的地下二层及以下的楼层</td></tr>
<tr><td>最大使用人数</td><td>4.1.3　展厅中单位展览面积的最大使用人数宜按表 4.1.3（表 6.2-32）确定
表 6.2-32　　展厅中单位展览面积的最大使用人数　　（人/m²）<table><tr><th>楼层位置</th><th>地下一层</th><th>地上一层</th><th>地上二层</th><th>地上三层及三层以上各层</th></tr><tr><td>指标</td><td>0.65</td><td>0.70</td><td>0.65</td><td>0.50</td></tr></table></td></tr>
<tr><td rowspan="2">展览空间</td><td>柱网尺寸</td><td>4.2.4　展厅设计应便于展品布置，并宜采用无柱大空间。当展厅有柱时，甲等、乙等展厅柱网尺寸不宜小于 9m × 9m</td></tr>
<tr><td>展厅净高</td><td>4.2.5　展厅净高应满足展览使用要求。甲等展厅净高不宜小于 12m，乙等展厅净高不宜小于 8m，丙等展厅净高不宜小于 6m</td></tr>
</table>

续表

建筑设计	公共服务空间	公共厕所	4.3.8 展览建筑的会议、办公、餐饮等空间宜设置厕所。展厅应设置公共厕所，并应符合下列规定： 1 甲等、乙等展厅宜设置2处以上公共厕所，位置应方便使用。 2 对于男厕所，每1000m² 展览面积应至少设置2个大便器、2个小便器、2个洗手盆。 3 对于女厕所，每1000m² 展览面积应至少设置4个大便器、2个洗手盆。 4 展厅中宜设置一处以上无性别厕所；当未设无性别厕所时，每个厕所宜设置一个儿童厕位。 5 展厅和前厅的公共厕所应设置无障碍厕位；特大型、大型展览建筑宜设无障碍专用厕所

考点17：《图书馆建筑设计规范》（JGJ 38—2015）【★★★】

基地和总平面	总平面	建筑密度	3.2.4 除当地规划部门有专门的规定外，新建公共图书馆的建筑密度不宜大于40%
		绿地率	3.2.6 图书馆基地内的绿地率应满足当地规划部门的要求，并不宜小于30%
建筑设计	一般规定	电梯	4.1.4 图书馆的四层及四层以上设有阅览室时，应设置为读者服务的电梯，并应至少设一台无障碍电梯
防火设计	耐火等级		6.1.2 藏书量超过100万册的高层图书馆、书库，建筑耐火等级应为一级
			6.1.3 除藏书量超过100万册的高层图书馆、书库外的图书馆、书库，建筑耐火等级不应低于二级，特藏书库的建筑耐火等级应为一级
	防火分区及建筑构造	防火分隔	6.2.1 基本书库、特藏书库、密集书库与其毗邻的其他部位之间应采用防火墙和甲级防火门分隔【2021】
		防火分区【2023】	6.2.2 对于未设置自动灭火系统的一、二级耐火等级的基本书库、特藏书库、密集书库、开架书库的防火分区最大允许建筑面积，单层建筑不应大于1500m²；建筑高度不超过24m的多层建筑不应大于1200m²；高度超过24m的建筑不应大于1000m²；地下室或半地下室不应大于300m²
			6.2.3 当防火分区设有自动灭火系统时，其允许最大建筑面积可按本规范规定增加1.0倍，当局部设置自动灭火系统时，增加面积可按该局部面积的1.0倍计算
			6.2.4 阅览室及藏阅合一的开架阅览室均应按阅览室功能划分其防火分区
			6.2.5 对于采用积层书架的书库，其防火分区面积应按书架层的面积合并计算
		井道防火	6.2.6 除电梯外，书库内部提升设备的井道井壁应为耐火极限不低于2.00h的不燃烧体，井壁上的传递洞口应安装不低于乙级的防火闸门
	消防设施		6.3.1 藏书量超过100万册的图书馆、建筑高度超过24m的书库以及特藏书库，均应设置火灾自动报警系统

续表

防火设计	安全疏散	安全出口数量	6.4.1　图书馆每层的安全出口不应少于两个，并应分散布置
			6.4.2　书库的每个防火分区安全出口不应少于两个，但符合下列条件之一时，可设一个安全出口： 1　占地面积不超过 300m² 的多层书库。 2　建筑面积不超过 100m² 的地下、半地下书库
			6.4.3　建筑面积不超过 100m² 的特藏书库，可设一个疏散门，并应为甲级防火门
		净宽	6.4.4　当公共阅览室只设一个疏散门时，其净宽度不应小于 1.20m

6.2-30［2023-99］某高层图书馆建筑的耐火等级为一级，设自动灭火系统，关于防火分区面积的说法正确的是（　　）。

A. 地下一层的普通书库 $1000m^2$　　B. 首层的开架书库 $2400m^2$

C. 二层的特藏书库 $2000m^2$　　D. 三层的公共阅览室 $5000m^2$

答案：C

解析：依据《图书馆建筑设计规范》（JGJ 38—2015）第 6.2.2 条和第 6.2.3 条可知，二层的特藏书库防火分区面积最大值为 $2000m^2$。

6.2-31［2021-91］图书馆的基本书库与毗邻房间的隔墙耐火极限不应低于（　　）。

A. 1.5h　　B. 2.0h　　C. 2.5h　　D. 3.0h

答案：D

解析：依据《图书馆建筑设计规范》（JGJ 38—2015）第 6.2.1 条。

考点 18：《文化馆建筑设计规范》（JGJ/T 41—2014）【★】

选址和总平面	总平面		3.2.1　文化馆建筑的总平面设计应符合下列规定： 1　功能分区应明确，群众活动区宜靠近主出入口或布置在便于人流集散的部位。 2　人流和车辆交通路线应合理，道路布置应便于道具、展品的运输和装卸。 3　基地至少应设有两个出入口，且当主要出入口紧邻城市交通干道时，应符合城乡规划的要求并应留出疏散缓冲距离
建筑设计	一般规定	规模划分	4.1.1　文化馆建筑的规模划分应符合表 4.1.1（表 6.2-33）的规定

表 6.2-33　　文化馆建筑的规模划分

规模	大型馆	中型馆	小型馆
建筑面积（m²）	≥6000	<6000，且≥4000	<4000

续表

<table>
<tr><td rowspan="4">建筑设计</td><td rowspan="2">一般规定</td><td>特殊用房</td><td>4.1.5 文化馆设置儿童、老年人的活动用房时，应布置在三层及三层以下，且朝向良好和出入安全、方便的位置</td></tr>
<tr><td>室内允许噪声级</td><td>4.1.9 文化馆用房的室内允许噪声级不应大于表4.1.9（表6.2-34）的规定

表6.2-34 文化馆用房的室内允许噪声级 (dB)

房间名称 ｜ 允许噪声级（A声级）
录音录像室（有特殊安静要求的房间） ｜ 30
教室、图书阅览室、专业工作室等 ｜ 50
舞蹈、戏曲、曲艺排练场等 ｜ 55</td></tr>
<tr><td colspan="2">管理、辅助用房</td><td>4.4.3 卫生、洗浴用房应符合下列规定：
1 文化馆建筑内应分层设置卫生间。
2 公用卫生间应设室内水冲式便器，并应设置前室；公用卫生间服务半径不宜大于50m，卫生设施的数量应按男每40人设一个蹲位、一个小便器或1m小便池，女每13人设一个蹲位。
3 洗浴用房应按男女分设，且洗浴间、更衣间应分别设置，更衣间前应设前室或门斗。
4 洗浴间应采用防滑地面，墙面应采用易清洗的饰面材料。
5 洗浴间对外的门窗应有阻挡视线的功能</td></tr>
</table>

考点19：《体育建筑设计规范》（JGJ 31—2003）【★】

<table>
<tr><td rowspan="2">总则</td><td>建筑等级</td><td>1.0.7 体育建筑等级应根据其使用要求分级，且应符合表1.0.7（表6.2-35）规定。

表6.2-35 体育建筑等级

等级 ｜ 主要使用要求
特级 ｜ 举办亚运会，奥运会及世界级比赛主场
甲级 ｜ 举办全国性和单项国际比赛
乙级 ｜ 举办地区性和全国单项比赛
丙级 ｜ 举办地方性、群众性运动会</td></tr>
<tr><td>使用年限和耐火等级</td><td>1.0.8 不同等级体育建筑结构设计使用年限和耐火等级应符合表1.0.8（表6.2-36）的规定

表6.2-36 体育建筑结构设计使用年限和耐火等级

建筑等级 ｜ 主要结构设计使用年限 ｜ 耐火等级
特级 ｜ >100年 ｜ 不低于一级
甲级、乙级 ｜ 50～100年 ｜ 不低于二级
丙级 ｜ 25～50年 ｜ 不低于二级</td></tr>
</table>

续表

<table>
<tr><td rowspan="3">建筑设计通用规定</td><td colspan="2">运动场地</td><td>4.2.4　场地的对外出入口应不少于二处，其大小应满足人员出入方便、疏散安全和器材运输的要求</td></tr>
<tr><td rowspan="2">看台</td><td>看台栏杆</td><td>4.3.9　看台栏杆应符合下列要求：
1　栏杆高度不应低于 0.9m，在室外看台后部危险性较大处严禁低于 1.1m。
2　栏杆形式不应遮挡观众视线并保障观众安全。当设楼座时，栏杆下部实心部分不得低于 0.4m。
3　横向过道两侧至少一侧应设栏杆。
4　当看台坡度较大、前后排高差超过 0.5m 时，其纵向过道上应加设栏杆扶手；采用无靠背座椅时不宜超过 10 排，超过时必须增设横向过道或横向栏杆</td></tr>
<tr><td>看台地面升高</td><td>4.3.11　看台各排地面升高应符合下列要求：
1　视线升高差（C 值）应保证后排观众的视线不被前排观众遮挡，每排 C 值不应小于 0.06m。
2　在技术、经济合理的情况下，视点位置及 C 值等可采用较高的标准，每排 C 值宜选用 0.12m</td></tr>
<tr><td>体育场</td><td colspan="2">体育场规模分级</td><td>5.1.1　体育场规模分级应符合表 5.1.1（表 6.2-37）的规定

表 6.2-37　　体育场规模分级<table><tr><th>等级</th><th>观众席容量（座）</th><th>等级</th><th>观众席容量（座）</th></tr><tr><td>特大型</td><td>60 000 以上</td><td>中型</td><td>20 000～40 000</td></tr><tr><td>大型</td><td>40 000～60 000</td><td>小型</td><td>20 000 以下</td></tr></table>注：体育场的规模分级和本规范第 1.0.7 条规定的等级有一定对应关系，相关设施、设备及标准也应相匹配。</td></tr>
<tr><td>体育馆</td><td colspan="2">一般规定</td><td>6.1.1　体育馆规模分类应符合表 6.1.1（表 6.2-38）的规定

表 6.2-38　　体育馆规模分类<table><tr><th>分类</th><th>观众席容量（座）</th><th>分类</th><th>观众席容量（座）</th></tr><tr><td>特大型</td><td>10 000 以上</td><td>中型</td><td>3000～6000</td></tr><tr><td>大型</td><td>6000～10 000</td><td>小型</td><td>3000 以下</td></tr></table>注：体育馆的规模分类与本规范 1.0.7 条等级规定有一定对应关系，但不绝对化。</td></tr>
<tr><td rowspan="2">防火设计</td><td rowspan="2">防火</td><td>防火分区</td><td>8.1.3　防火分区应符合下列要求：
1　体育建筑的防火分区尤其是比赛大厅，训练厅和观众休息厅等大空间处应结合建筑布局、功能分区和使用要求加以划分，并应报当地公安消防部门认定。
2　观众厅、比赛厅或训练厅的安全出口应设置乙级防火门。
3　位于地下室的训练用房应按规定设置足够的安全出口</td></tr>
<tr><td>装修材料</td><td>8.1.5　用于比赛、训练部位的室内墙面装修和顶棚（包括吸声、隔热和保温处理），应采用不燃烧体材料。当此场所内设有火灾自动灭火系统和火灾自动报警系统时，室内墙面和顶棚装修可采用难燃烧体材料。固定座位应采用烟密度指数 50 以下的难燃材料制作，地面可采用不低于难燃等级的材料制作</td></tr>
</table>

续表

防火设计	疏散与交通	疏散内门及疏散外门	8.2.3 疏散内门及疏散外门应符合下列要求： 1 疏散门的净宽度不应小于 1.4m，并应向疏散方向开启。 2 疏散门不得做门槛，在紧靠门口 1.4m 范围内不应设置踏步。 3 疏散门应采用推闩外开门，不应采用推拉门，转门不得计入疏散门的总宽度
		疏散楼梯	8.2.5 疏散楼梯应符合下列要求： 1 踏步深度不应小于 0.28m，踏步高度不应大于 0.16m，楼梯最小宽度不得小于 1.2m，转折楼梯平台深度不应小于楼梯宽度。直跑楼梯的中间平台深度不应小于 1.2m。 2 不得采用螺旋楼梯和扇形踏步。踏步上下两级形成的平面角度不超过 10°，且每级离扶手 0.25m 处踏步宽度超过 0.22m 时，可不受此限

考点 20：《办公建筑设计标准》（JGJ/T 67—2019）【★★★】

总则	分类	1.0.3 办公建筑设计应依据使用要求进行分类，并应符合表 1.0.3（表 6.2-39）的规定。

表 6.2-39 办公建筑分类

类别	示例	设计使用年限
A 类	特别重要办公建筑	100 年或 50 年
B 类	重要办公建筑	50 年
C 类	普通办公建筑	50 年或 25 年

基地和总平面	基地	3.1.4 A 类办公建筑应至少有两面直接邻接城市道路或公路； B 类办公建筑应至少有一面直接邻接城市道路或公路，或与城市道路或公路有相连接的通路。 C 类办公建筑宜有一面直接邻接城市道路或公路

建筑设计	一般规定	电梯及电梯厅	根据 4.1.5，办公建筑的电梯及电梯厅设置应符合下列规定： 1 四层及四层以上或楼面距室外设计地面高度超过 12m 的办公建筑应设电梯。 6 3 台及以上的客梯集中布置时，客梯控制系统应具备按程序集中调控和群控的功能（表 6.2-40）

表 6.2-40 电梯厅的深度要求

布置方式	电梯厅深度
单台	大于或等于 1.5*B*
多台单侧布置	大于或等于 1.5*B*’，当电梯并列布置为 4 台时应大于或等于 2.40m
多台双侧布置	大于或等于相对电梯 *B*’之和，并不小于 4.50m

注：*B* 为轿厢深度，*B*’为并列布置的电梯中最大轿厢深度。

7 超高层办公建筑的乘客电梯应分层分区停靠

<table>
<tr><td rowspan="5">建筑设计</td><td rowspan="3">一般规定</td><td>门</td><td>4.1.7 办公建筑的门应符合下列规定：
1 办公用房的门洞口宽度不应小于 1.00m，高度不应小于 2.10m。
2 机要办公室、财务办公室、重要档案库、贵重仪表间和计算机中心的门应采取防盗措施，室内宜设防盗报警装置</td></tr>
<tr><td>走道</td><td>4.1.9 办公建筑的走道应符合下列规定：
1 宽度应满足防火疏散要求，最小净宽应符合表 4.1.9（表 6.2-41）的规定。

表 6.2-41 走道最小净宽
<table><tr><td rowspan="2">走道长度（m）</td><td colspan="2">走道净宽（m）</td></tr><tr><td>单面布房</td><td>双面布房</td></tr><tr><td>≤40</td><td>1.30</td><td>1.50</td></tr><tr><td>>40</td><td>1.50</td><td>1.80</td></tr></table>注：高层内筒结构的回廊式走道净宽最小值同单面布房走道。

2 高差不足 0.30m 时，不应设置台阶，应设坡道，其坡度不应大于 1:8</td></tr>
<tr><td>净高</td><td>4.1.11 办公建筑的净高应符合下列规定：
1 有集中空调设施并有吊顶的单间式和单元式办公室净高不应低于 2.50m。
2 无集中空调设施的单间式和单元式办公室净高不应低于 2.70m。
3 有集中空调设施并有吊顶的开放式和半开放式办公室净高不应低于 2.70m。
4 无集中空调设施的开放式和半开放式办公室净高不应低于 2.90m。
5 走道净高不应低于 2.20m，储藏间净高不宜低于 2.00m</td></tr>
<tr><td rowspan="2">办公用房</td><td>普通办公室</td><td>4.2.3 普通办公室应符合下列规定：
1 宜设计成单间式办公室、单元式办公室、开放式办公室或半开放式办公室。
2 开放式和半开放式办公室在布置吊顶上的通风口、照明、防火设施等时，宜为自行分隔或装修创造条件，有条件的工程宜设计成模块式吊顶。
【条文说明】商业开发性质的开放式或半开放式办公室，由于业主性质与规模的不同，对面积的要求和平面的布置有很大的差别。为适应业主对平面灵活性的要求，减少二次装修中不必要的浪费，建议在吊顶布置上，将空调风口、灯具、火灾自动报警等及自动灭火喷水等按其各自规范要求容纳在一个模块中。业主可根据自己的平面布局及面积要求。按模块划分不同的空间，以满足各自的要求。
3 带有独立卫生间的办公室，其卫生间宜直接对外通风采光，条件不允许时，应采取机械通风措施。
6 普通办公室每人使用面积不应小于 $6m^2$，单间办公室使用面积不宜小于 $10m^2$</td></tr>
<tr><td>专用办公室</td><td>4.2.4 专用办公室应符合下列规定：
1 手工绘图室宜采用开放式或半开放式办公室空间，并用灵活隔断、家具等进行分隔；研究工作室（不含实验室）宜采用单间式；自然科学研究工作室宜靠近相关的实验室。
2 手工绘图室，每人使用面积不应小于 $6m^2$；研究工作室每人使用面积不应小于 $7m^2$</td></tr>
</table>

续表

<table>
<tr><td rowspan="4">建筑设计</td><td rowspan="2">公共用房</td><td>会议室</td><td>4.3.2 会议室应符合下列规定：
1 按使用要求可分设中、小会议室和大会议室。
2 中、小会议室可分散布置。小会议室使用面积不宜小于 30m²，中会议室使用面积不宜小于 60m²。中、小会议室每人使用面积：有会议桌的不应小于 2.00m²/人，无会议桌的不应小于 1.00m²/人。
3 大会议室应根据使用人数和桌椅设置情况确定适应面积，平面长宽比不宜大于 2:1，宜有音频视频、灯光控制、通信网络等设施，并应有隔声、吸声和外窗遮光措施；大会议室所在层数、面积和安全出口的设置等应符合国家现行有关防火标准的规定。
4 会议室应根据需要设置相应的休息、储藏及服务空间</td></tr>
<tr><td>公用厕所</td><td>4.3.5 公用厕所应符合下列规定：
1 公用厕所服务半径不宜大于 50m</td></tr>
<tr><td colspan="2">设备用房</td><td>4.5.7 高层办公建筑每层应设强电间、弱电间，其使用面积应满足设备布置及维护检修距离的要求，强电间、弱电间应与竖井毗邻或合一设置。
4.5.8 多层办公建筑宜每层设强电间、弱电间，垂直干线宜采用强弱电竖井进行布线</td></tr>
<tr><td colspan="3"></td></tr>
<tr><td rowspan="4">防火设计</td><td colspan="2">耐火等级</td><td>5.0.1 办公建筑的耐火等级应符合下列规定：
1 A 类、B 类办公建筑应为一级。
2 C 类办公建筑不应低于二级</td></tr>
<tr><td colspan="2">安全出口</td><td>5.0.2 办公综合楼内办公部分的安全出口不应与同一楼层内对外营业的商场、营业厅、娱乐、餐饮等人员密集场所的安全出口共用</td></tr>
<tr><td colspan="2">疏散宽度</td><td>5.0.3 办公建筑疏散总净宽度应按总人数计算，当无法额定总人数时，可按其建筑面积 9m²/人计算【2024】</td></tr>
<tr><td colspan="2">耐火极限</td><td>5.0.4 机要室、档案室、电子信息系统机房和重要库房等隔墙的耐火极限不应小于 2h，楼板不应小于 1.5h，并应采用甲级防火门</td></tr>
<tr><td>空气环境</td><td colspan="2">通风</td><td>6.1.4 采用自然通风的办公室或会议室，其通风开口面积不应小于房间地面面积的 1/20【2023】</td></tr>
<tr><td>光环境</td><td colspan="2">窗地面积比</td><td>6.2.3 办公建筑的采光标准可采用窗地面积比进行估算，其比值应符合表 6.2.3（表 6.2-42）的规定

表 6.2-42 窗地面积比
<table>
<tr><th rowspan="2">采光等级</th><th rowspan="2">房间类别</th><th>侧面采光</th><th>顶部采光</th></tr>
<tr><th>窗地面积比（A_c/A_d）</th><th>窗地面积比（A_c/A_d）</th></tr>
<tr><td>Ⅱ</td><td>设计室、绘图室</td><td>1/4</td><td>1/8</td></tr>
<tr><td>Ⅲ</td><td>办公室、会议室</td><td>1/5</td><td>1/10</td></tr>
<tr><td>Ⅳ</td><td>复印室、档案室</td><td>1/6</td><td>1/13</td></tr>
<tr><td>Ⅴ</td><td>走道、楼梯间、卫生间</td><td>1/10</td><td>1/23</td></tr>
</table>
注：1. 窗地面积比计算条件：① Ⅲ类光气候区，其光气候系数 K=1.0，其他光气候区的窗地面积比应乘以相应的光气候系数 K；② 普通单层（6mm 厚）清洁玻璃垂直铝窗，该窗总透射比取 τ=0.6，其他条件的窗总透射比为相应的窗结构挡光折减系数 τ_c 乘以相应的窗玻璃透射比和污染折减系数。
2. 侧窗采光口离地面高度在 0.75m 以下部分不计入有效采光面积。【2023】
3. 侧窗采光口上部有高度超过 1m 以上的外廊、阳台等外部遮挡物时，其有效采光面积可按采光口面积的 70%计算。
4. 顶部采光指平天窗采光，锯齿形天窗和矩形天窗可分别按平天窗的 1.5 倍和 2 倍窗地面积比进行估算。</td></tr>
</table>

续表

<table>
<tr>
<td rowspan="2">声环境</td>
<td>允许噪声级</td>
<td>
6.3.1　办公室、会议室内的允许噪声级应符合表 6.3.1（表 6.2-43）的规定
表 6.2-43　　办公室、会议室内允许噪声级
<table>
<tr><th rowspan="2">房间名称</th><th colspan="2">允许噪声级（A 声级，dB）</th></tr>
<tr><th>A 类、B 类办公建筑</th><th>C 类办公建筑</th></tr>
<tr><td>单人办公室</td><td>≤35</td><td>≤40</td></tr>
<tr><td>多人办公室</td><td>≤40</td><td>≤45</td></tr>
<tr><td>电视电话会议室</td><td>≤35</td><td>≤40</td></tr>
<tr><td>普通会议室</td><td>≤40</td><td>≤45</td></tr>
</table>
</td>
</tr>
<tr>
<td>隔声性能</td>
<td>
6.3.2　办公室、会议室隔墙、楼板的空气隔声性能，符合表 6.3.2（表 6.2-44）的规定
表 6.2-44　　办公室、会议室隔墙、楼板空气声隔声标准
<table>
<tr><th>构件名称</th><th>空气声隔声单值评价＋频谱修正量/dB</th><th>A 类、B 类办公建筑</th><th>C 类办公建筑</th></tr>
<tr><td>办公室、会议室与产生噪声的房间之间的隔墙、楼板</td><td>计权隔声量＋交通噪声频谱修正量</td><td>＞50</td><td>＞45</td></tr>
<tr><td>办公室、会议室与普通房间之间的隔墙、楼板</td><td>计权隔声量＋粉红噪声频谱修正量</td><td>＞50</td><td>＞45</td></tr>
</table>
</td>
</tr>
</table>

6.2-32［2024-99］根据《办公建筑设计规范》，办公建筑的总净疏散宽度应按人流计算，当无法额定总人数时，按人均面积估算（　　）。

A. $6m^2$/人　　B. $7m^2$/人　　C. $9m^2$/人　　D. $10m^2$/人

答案： C

解析： 根据《办公建筑设计规范》第 5.0.3 条。

6.2-33　**案例题：** 某办公建筑的办公室采用自然通风，与城市快速路相邻，地面面积为 $20.8m^2$，结合平面图及外墙剖面图（图 6.2-33），回答 1～3 题。

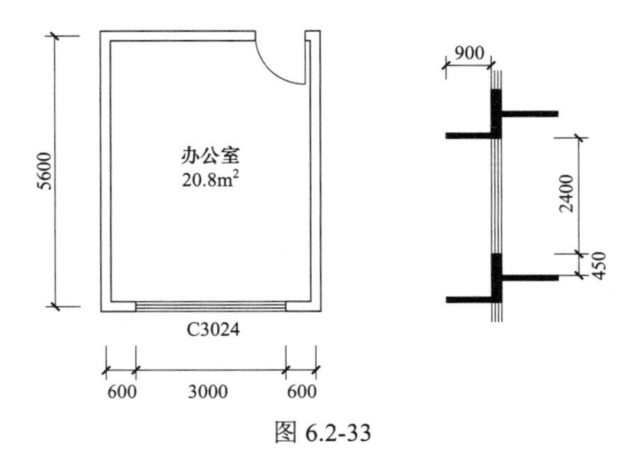

图 6.2-33

1.［2023-84］窗 C3024 的有效采光面积是（　　）。

A. 7.2m^2　　B. 6.3m^2　　C. 5.0m^2　　D. 4.4m^2

答案：B

解析：依据《办公建筑设计标准》（JGJ/T 67—2019）第 6.2.3 条可知，侧窗采光口离地面高度在 0.75m 以下部分不计入有效采光面积，则窗 C3024 的有效采光面积为 3.0m×（2.4－0.3）m＝6.3m^2。

2.［2023-85］窗 C3024 的有效通风换气面积不应小于（　　）。

A. 1.04m^2　　B. 1.66m^2　　C. 2.08m^2　　D. 2.16m^2

答案：A

解析：依据《办公建筑设计标准》（JGJ/T 67—2019）第 6.1.4 条可知，采用自然通风的办公室或会议室，其通风开口面积不应小于房间地面面积的 1/20。20.8m^2×1/20＝1.04m^2，故答案选 A。

3.［2023-86］窗 C3024 的空气隔声性能不应低于（　　）。

A. 20dB　　B. 25dB　　C. 30dB　　D. 35dB

答案：C

解析：依据《民用建筑隔声设计规范》（GB 50118—2010）第 8.2.3 条可知，当办公室外窗临交通主干线时，外窗的空气声隔声性能应大于或等于 30dB。【该题考点详见本章第五节考点 17：《民用建筑隔声设计规范》】

考点 21：《饮食建筑设计标准》（JGJ 64—2017）【★★★】

<table>
<tr><td rowspan="3">总则</td><td>适用范围</td><td>1.0.2　本标准适用于新建、扩建和改建的有就餐空间的饮食建筑设计，包括单建和附建在旅馆、商业、办公等公共建筑中的饮食建筑。不适用于中央厨房、集体用餐配送单位、医院和疗养院的营养厨房设计【2023】</td></tr>
<tr><td>分类</td><td>1.0.3　按经营方式、饮食制作方式及服务特点划分，饮食建筑可分为餐馆、快餐店、饮品店、食堂等四类</td></tr>
<tr><td>规模划分</td><td>1.0.4　饮食建筑按建筑规模可分为特大型、大型、中型和小型，并应符合表 1.0.4-1（表 6.2-45）及表 1.0.4-2（表 6.2-46）的规定

表 6.2-45　餐馆、快餐店、饮品店的建筑规模
<table>
<tr><th>建筑规模</th><th>建筑面积（m²）或用餐区域座位数（座）</th></tr>
<tr><td>特大型</td><td>面积＞3000 或座位数＞1000</td></tr>
<tr><td>大型</td><td>500＜面积≤3000 或 250＜座位数≤1000</td></tr>
<tr><td>中型</td><td>150＜面积≤500 或 75＜座位数≤250</td></tr>
<tr><td>小型</td><td>面积≤150 或座位数≤75</td></tr>
</table>
注：表中建筑面积指与食品制作供应直接或间接相关区域的建筑面积，包括用餐区域、厨房区域和辅助区域。

表 6.2-46　食堂的建筑规模
<table>
<tr><th>建筑规模</th><th>小型</th><th>中型</th><th>大型</th><th>特大型</th></tr>
<tr><td>食堂服务的人数/人</td><td>人数≤100</td><td>100＜人数≤1000</td><td>1000＜人数≤5000</td><td>人数＞5000</td></tr>
</table>
注：食堂按服务的人数划分规模。食堂服务的人数指就餐时段内食堂供餐的全部就餐者人数</td></tr>
</table>

续表

<table>
<tr><td>总平面</td><td colspan="3">3.0.3 饮食建筑基地的人流出入口和货流出入口应分开设置。顾客出入口和内部后勤人员出入口宜分开设置</td></tr>
<tr><td rowspan="9">建筑设计</td><td rowspan="4">一般规定</td><td>功能空间划分</td><td>4.1.1 饮食建筑的功能空间可划分为用餐区域、厨房区域、公共区域和辅助区域等四个区域。厨房专间、冷食制作间、餐用具洗消间应单独设置。【2022（12）】各类用房可根据需要增添、删减或合并在同一空间</td></tr>
<tr><td>每座使用面积</td><td>4.1.2 用餐区域每座最小使用面积宜符合表 4.1.2（表 6.2-47）的规定
表 6.2-47 用餐区域每座最小使用面积 （m²/座）<table><tr><th>分类</th><th>餐馆</th><th>快餐店</th><th>饮品店</th><th>食堂</th></tr><tr><td>指标</td><td>1.3</td><td>1.0</td><td>1.5</td><td>1.0</td></tr></table></td></tr>
<tr><td>特殊要求</td><td>4.1.6 建筑物的厕所、卫生间、盥洗室、浴室等有水房间不应布置在厨房区域的直接上层，并应避免布置在用餐区域的直接上层。确有困难布置在用餐区域直接上层时应采取同层排水和严格的防水措施</td></tr>
<tr><td>燃气要求</td><td>4.1.10 使用燃气的厨房设计应符合现行国家标准《城镇燃气设计规范》（GB 50028）的相关规定。
【补充】依据《建筑防火通用规范》（GB 55037—2022）第 4.3.12 条，建筑内使用天然气的部位应便于通风和防爆泄压。因此，使用燃气的厨房需设置通风及泄爆措施，对是否设置窗户无要求【2022（12）】</td></tr>
<tr><td rowspan="2">用餐区域和公共区域</td><td>室内净高</td><td>4.2.1 用餐区域的室内净高应符合下列规定：
1 用餐区域不宜低于 2.6m，设集中空调时，室内净高不应低于 2.4m。
2 设置夹层的用餐区域，室内净高最低处不应低于 2.4m</td></tr>
<tr><td>采光洞口</td><td>4.2.2 用餐区域采光、通风应良好。天然采光时，侧面采光窗洞口面积不宜小于该厅地面面积的 1/6。直接自然通风时，通风开口面积不应小于该厅地面面积的 1/16。无自然通风的餐厅应设机械通风排气设施</td></tr>
<tr><td rowspan="3">厨房区域</td><td>净高</td><td>4.3.5 厨房区域各类加工制作场所的室内净高不宜低于 2.5m</td></tr>
<tr><td>采光洞口</td><td>4.3.7 厨房区域加工间天然采光时，其侧面采光窗洞口面积不宜小于地面面积的 1/6；自然通风时，通风开口面积不应小于地面面积的 1/10</td></tr>
<tr><td>室内构造做法</td><td>4.3.8 厨房区域各加工场所的室内构造应符合下列规定：【2019】
1 楼地面应采用无毒、无异味、不易积垢、不渗水、易清洗、耐磨损的材料。
2 楼地面应处理好防水、排水，排水沟内阴角宜采用圆弧形。
3 楼地面不宜设置台阶。
4 墙面、隔断及工作台、水池等设施均应采用无毒、无异味、不透水、易清洁的材料，各阴角宜做成曲率半径为 3cm 以上的弧形。
5 厨房专间、备餐区等清洁操作区内不得设置排水明沟，地漏应能防止浊气逸出。
6 顶棚应选用无毒、无异味、不吸水、表面光洁、耐腐蚀、耐湿的材料，水蒸气较多的房间顶棚宜有适当坡度，减少凝结水滴落。
7 粗加工区（间）、细加工区（间）、餐用具洗消间、厨房专间等应采用光滑、不吸水、耐用和易清洗材料墙面</td></tr>
</table>

续表

建筑设计	厨房区域	防火构造	4.3.10 厨房有明火的加工区应采用耐火极限不低于 2.00h 的防火隔墙与其他部位分隔，隔墙上的门、窗应采用乙级防火门、窗
			4.3.11 厨房有明火的加工区（间）上层有餐厅或其他用房时，其外墙开口上方应设置宽度不小于 1.0m、长度不小于开口宽度的防火挑檐；或在建筑外墙上下层开口之间设置高度不小于 1.2m 的实体墙
	辅助区域	4.4.3 饮食建筑食品库房天然采光时，窗洞面积不宜小于地面面积的 1/10。饮食建筑食品库房自然通风时，通风开口面积不应小于地面面积的 1/20	

6.2-34［2023-96］下列四个选项中，《饮食建筑设计标准》(JGJ 64—2017) 适用于（　　）。

A. 中央厨房　　B. 集体用餐配送单位

C. 医院的营养厨房　　D. 游乐场的快餐厅

答案：D

解析：参见《饮食建筑设计标准》(JGJ 64—2017) 第 1.0.2 条。

6.2-35［2022(12)-98］依据《饮食建筑设计标准》(JGJ 64—2017)，当采取一定措施后，下列饮食和厨房可行的是（　　）。

A. 冷处理食品无需单设房间　　B. 清洗消毒无需单设房间

C. 食材和成品可共用电梯　　D. 采用燃气的操作间可设置在无窗房间

答案：D

解析：依据《饮食建筑设计标准》(JGJ 64—2017) 第 4.1.1 条和第 4.3.3 条可知，厨房专间、冷食制作间、餐用具洗消间应单独设置。垂直运输的食梯应原料、成品分设。依据《建筑防火通用规范》(GB 55037—2022) 第 4.3.12 条，建筑内使用天然气的部位应便于通风和防爆泄压。因此，使用燃气的厨房需设置通风及泄爆措施，对是否设置窗户无要求。因此选项 D 符合题意。

6.2-36［2019-113］关于餐厅的厨房设计，下列说法错误的是（　　）。

A. 洗碗消毒区应在专用房间设置

B. 配餐间应设置排水明沟

C. 垂直运输的食梯应原料、成品分开设置

D. 冷荤菜品应在厨房专用房间配制

答案：B

解析：依据《饮食建筑设计标准》(JGJ 64—2017) 第 4.3.8 条可知，厨房专间、备餐区等清洁操作区内不得设置排水明沟，地漏应能防止浊气逸出。因此选项 B 符合题意。

考点 22：《商店建筑设计规范》(JGJ 48—2014)【★】

总则	适用范围	1.0.2 本规范适用于新建、扩建和改建的从事零售业的有店铺的商店建筑设计。不适用于建筑面积小于 $100m^2$ 的单建或附属商店（店铺）的建筑设计
	规模划分	1.0.4 商店建筑的规模应按单项建筑内的商店总建筑面积进行划分，并应符合表 1.0.4（表 6.2-48）的规定

续表

<table>
<tr><td>总则</td><td colspan="2">规模划分</td><td>

表 6.2-48　　商店建筑的规模划分

<table>
<tr><th>规模</th><th>小型</th><th>中型</th><th>大型</th></tr>
<tr><td>总建筑面积（m²）</td><td><5000</td><td>5000～20 000</td><td>>20 000</td></tr>
</table>

</td></tr>
<tr><td rowspan="4">基地和总平面</td><td colspan="2">基地</td><td>3.1.6　大型商店建筑的基地沿城市道路的长度不宜小于基地周长的 1/6，并宜有不少于两个方向的出入口与城市道路相连接</td></tr>
<tr><td rowspan="2">建筑布局</td><td>专用运输通道</td><td>3.2.2　大型和中型商店建筑的基地内应设置专用运输通道，且不应影响主要顾客人流，其宽度不应小于 4m，宜为 7m。运输通道设在地面时，可与消防车道结合设置</td></tr>
<tr><td>出入口数量</td><td>3.2.6　商店建筑基地内车辆出入口数量应根据停车位的数量确定，并应符合国家现行标准《汽车库建筑设计规范》（JGJ 100）和《汽车库、修车库、停车场设计防火规范》（GB 50067）的规定；当设置 2 个或 2 个以上车辆出入口时，车辆出入口不宜设在同一条城市道路上</td></tr>
<tr><td colspan="2">步行商业街</td><td>3.3.3　步行商业街除应符合现行国家标准《建筑设计防火规范》（GB 50016）的相关规定外，还应符合下列规定：
1　利用现有街道改造的步行商业街，其街道最窄处不宜小于 6m。
2　新建步行商业街应留有宽度不小于 4m 的消防车通道。
3　车辆限行的步行商业街长度不宜大于 500m。
4　当有顶棚的步行商业街上空设有悬挂物时，净高不应小于 4.00m</td></tr>
<tr><td rowspan="2">建筑设计</td><td rowspan="2">一般规定</td><td>招牌广告设置要求</td><td>4.1.3　商店建筑外部的招牌、广告等附着物应与建筑物之间牢固结合，且凸出的招牌、广告等的底部至室外地面的垂直距离不应小于 5m。招牌、广告的设置除应满足当地城市规划的要求外，还应与建筑外立面相协调，且不得妨碍建筑自身及相邻建筑的日照、采光、通风、环境卫生等</td></tr>
<tr><td>楼梯、台阶、坡道、栏杆</td><td>

4.1.6　商店建筑的公用楼梯、台阶、坡道、栏杆应符合下列规定：

1　楼梯梯段最小净宽、踏步最小宽度和最大高度应符合表 4.1.6（表 6.2-49）的规定。

表 6.2-49　楼梯梯段最小净宽、踏步最小宽度和最大高度　　（m）

<table>
<tr><th>楼梯类别</th><th>梯段最小净宽</th><th>踏步最小宽度</th><th>踏步最大高度</th></tr>
<tr><td>营业区的公用楼梯</td><td>1.40</td><td>0.28</td><td>0.16</td></tr>
<tr><td>专用疏散楼梯</td><td>1.20</td><td>0.26</td><td>0.17</td></tr>
<tr><td>室外楼梯</td><td>1.40</td><td>0.30</td><td>0.15</td></tr>
</table>

2　室内外台阶的踏步高度不应大于 0.15m 且不宜小于 0.10m，踏步宽度不应小于 0.30m；当高差不足两级踏步时，应按坡道设置，其坡度不应大于 1:12。

3　楼梯、室内回廊、内天井等临空处的栏杆应采用防攀爬的构造，当采用垂直杆件做栏杆时，其杆件净距不应大于 0.11m

</td></tr>
</table>

续表

建筑设计	一般规定	自动扶梯、自动人行道	4.1.8 商店建筑内设置的自动扶梯、自动人行道除应符合现行国家标准《民用建筑设计通则》（GB 50352）的有关规定外，还应符合下列规定： 1 自动扶梯倾斜角度不应大于30°，自动人行道倾斜角度不应超过12°。 2 自动扶梯、自动人行道上下两端水平距离3m范围内应保持畅通，不得兼作他用。 3 扶手带中心线与平行墙面或楼板开口边缘间的距离、相邻设置的自动扶梯或自动人行道的两梯（道）之间扶手带中心线的水平距离应大于0.50m，否则应采取措施，以防对人员造成伤害
		自然通风	4.1.11 商店建筑采用自然通风时，其通风开口的有效面积不应小于该房间（楼）地板面积的1/20

考点23：《综合医院建筑设计规范》（GB 51039—2014）【★★】

选址与总平面	选址		4.1.2 基地选择应符合下列要求： 1 交通方便，宜面临2条城市道路。 2 宜便于利用城市基础设施。 3 环境宜安静，应远离污染源。 4 地形宜力求规整，适宜医院功能布局。 5 远离易燃、易爆物品的生产和储存区，并应远离高压线路及其设施。 6 不应临近少年儿童活动密集场所。 7 不应污染、影响城市的其他区域
	总平面	出入口	4.2.2 医院出入口不应少于2处，人员出入口不应兼作尸体或废弃物出口
		特殊情况	4.2.4 太平间、病理解剖室应设于医院隐蔽处。需设焚烧炉时，应避免风向影响，并应与主体建筑隔离。尸体运送路线应避免与出入院路线交叉
		间距	4.2.6 病房建筑的前后间距应满足日照和卫生间距要求，且不宜小于12m
		其他	4.2.7 在医疗用地内不得建职工住宅。医疗用地与职工住宅用地毗连时，应分隔，并应另设出入口
建筑设计	一般规定	出入口的设置	5.1.2 建筑物出入口的设置应符合下列要求： 1 门诊、急诊、急救和住院应分别设置无障碍出入口。 2 门诊、急诊、急救和住院主要出入口处，应有机动车停靠的平台，并应设雨篷
		标识系统	5.1.3 应设置具有引导、管理等功能的标识系统，并应符合下列要求：【2022（12）】 1 标识系统可采用多种方式实现。 2 标识导向分级宜按表5.1.3（表6.2-50）设置

表6.2-50　医院标识导向分级

一级导向	二级导向	三级导向	四级导向
户外/楼宇标牌	楼层、通道标牌	各功能单元标牌	门牌、窗口牌
建筑单体标识，建筑出入口标识，道路指引标识，服务设施标识，总体平面图，户外形象标识	楼层索引，楼层索引及平面图，大厅、通道标识，公共服务设施标识，出入口索引	各功能单元标识，各行政、会议单元标识，各后勤保障单位标识	各房间门牌，各窗口牌，公共服务设施门牌

续表

建筑设计	一般规定	电梯	5.1.4 电梯的设置应符合下列规定： 1 二层医疗用房宜设电梯；三层及三层以上的医疗用房应设电梯，且不得少于2台。 2 供患者使用的电梯和污物梯，应采用病床梯。 3 医院住院部宜增设供医护人员专用的客梯、送餐和污物专用货梯。 4 电梯井道不应与有安静要求的用房贴邻
		楼梯	5.1.5 楼梯的设置应符合下列要求： 1 楼梯的位置应同时符合防火、疏散和功能分区的要求。 2 主楼梯宽度不得小于1.65m，踏步宽度不应小于0.28m，高度不应大于0.16m
		无障碍	5.1.6 通行推床的通道，净宽不应小于2.40m。有高差者应用坡道相接，坡道坡度应按无障碍坡道设计
		日照标准	5.1.7 50%以上的病房日照应符合现行国家标准《民用建筑设计通则》GB 50352的有关规定
		室内净高	5.1.9 室内净高应符合下列要求： 1 诊查室不宜低于2.60m。 2 病房不宜低于2.80m。 3 公共走道不宜低于2.30m。 4 医技科室宜根据需要确定
		卫生间的设置	5.1.13 卫生间的设置应符合下列要求： 1 患者使用的卫生间隔间的平面尺寸，不应小于1.10m×1.40m，门应朝外开，门闩应能里外开启。卫生间隔间内应设输液吊钩。 2 患者使用的坐式大便器坐圈宜采用不易被污染、易消毒的类型，进入蹲式大便器隔间不应有高差。大便器旁应装置安全抓杆。 3 卫生间应设前室，并应设非手动开关的洗手设施。 4 采用室外卫生间时，宜用连廊与门诊、病房楼相接。 5 宜设置无性别、无障碍患者专用卫生间
		垃圾	5.1.14 医疗废物和生活垃圾应分别处置
	感染疾病		5.4.1 消化道、呼吸道等感染疾病门诊均应自成一区，并应单独设置出入口
	磁共振检查室		5.9.4 扫描室门的净宽不应小于1.20m，控制室门的净宽宜为0.90m，并应满足设备通过。磁共振扫描室的观察窗净宽不应小于1.20m，净高不应小于0.80m
	核医学科用房		5.11.1 核医学科位置与平面布置应符合下列要求： 1 应自成一区，并应符合国家现行有关防护标准的规定。放射源应设单独出入口。 2 平面布置应按“控制区、监督区、非限制区”的顺序分区布置。 3 控制区应设于尽端，并应有贮运放射性物质及处理放射性废弃物的设施。 4 非限制区进监督区和控制区的出入口处均应设卫生通过

6.2-37［2022（12）-108］依据《综合医院建筑设计规范》（GB 51039—2014），下列属于一级标识导向的是（　　）。

A. 建筑出入口标识　　B. 通道大厅标识

C. 各功能单元标识　　D. 公共服务设施门牌

答案：A

解析：依据《综合医院建筑设计规范》（GB 51039—2014），第 5.1.3 条第 2 款可知，一级标识导向有建筑单体标识，建筑出入口标识，道路指引标识，服务设施标识，总体平面图，户外形象标识。因此选项 A 符合题意。

考点 24：《老年人照料设施建筑设计标准》（JGJ 450—2018）【★★★】

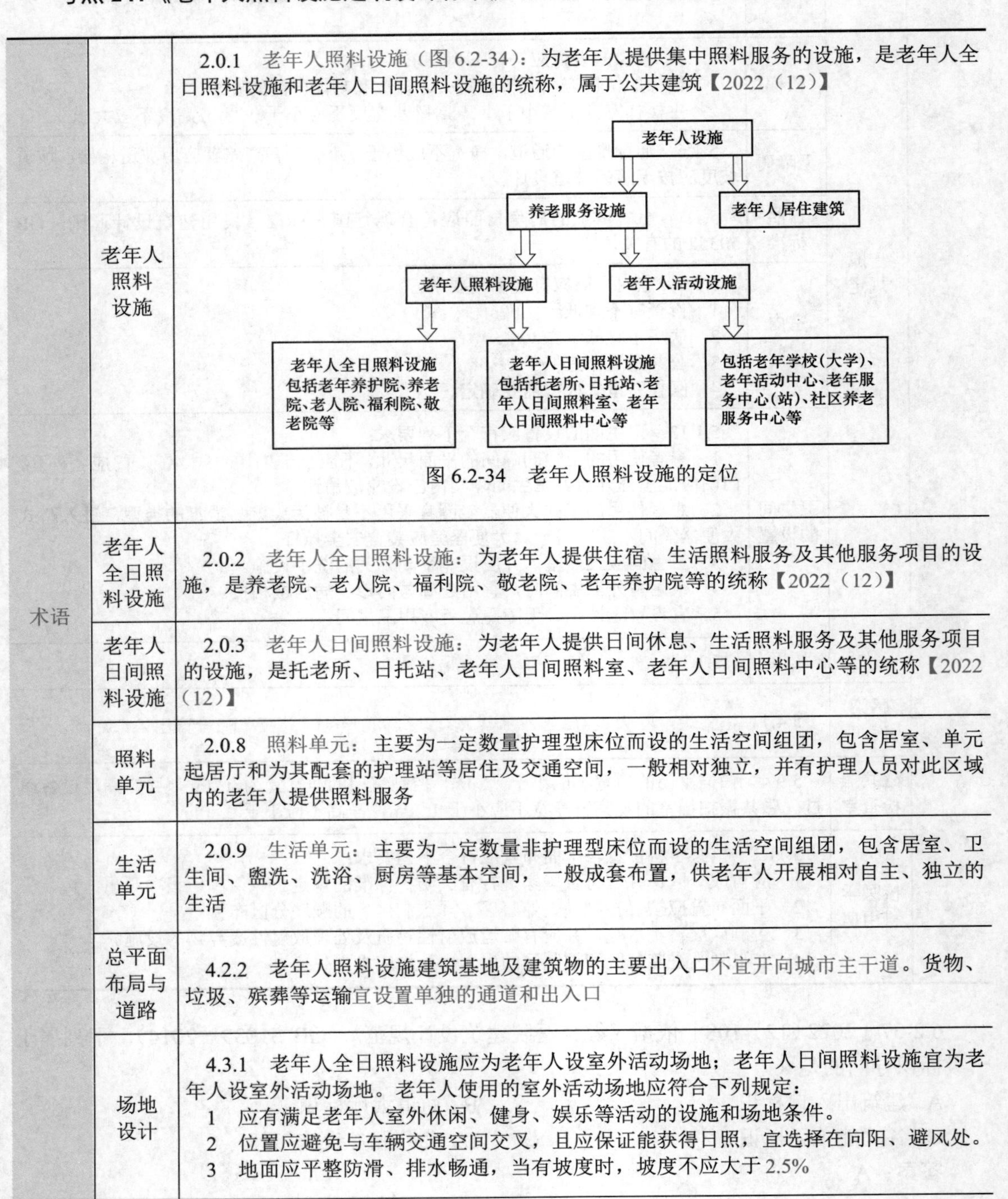

术语	老年人照料设施	2.0.1 老年人照料设施（图 6.2-34）：为老年人提供集中照料服务的设施，是老年人全日照料设施和老年人日间照料设施的统称，属于公共建筑【2022（12）】 老年人设施 养老服务设施 老年人居住建筑 老年人照料设施 老年人活动设施 老年人全日照料设施包括老年养护院、养老院、老人院、福利院、敬老院等 老年人日间照料设施包括托老所、日托站、老年人日间照料室、老年人日间照料中心等 包括老年学校(大学)、老年活动中心、老年服务中心(站)、社区养老服务中心等 图 6.2-34 老年人照料设施的定位
	老年人全日照料设施	2.0.2 老年人全日照料设施：为老年人提供住宿、生活照料服务及其他服务项目的设施，是养老院、老人院、福利院、敬老院、老年养护院等的统称【2022（12）】
	老年人日间照料设施	2.0.3 老年人日间照料设施：为老年人提供日间休息、生活照料服务及其他服务项目的设施，是托老所、日托站、老年人日间照料室、老年人日间照料中心等的统称【2022（12）】
	照料单元	2.0.8 照料单元：主要为一定数量护理型床位而设的生活空间组团，包含居室、单元起居厅和为其配套的护理站等居住及交通空间，一般相对独立，并有护理人员对此区域内的老年人提供照料服务
	生活单元	2.0.9 生活单元：主要为一定数量非护理型床位而设的生活空间组团，包含居室、卫生间、盥洗、洗浴、厨房等基本空间，一般成套布置，供老年人开展相对自主、独立的生活
	总平面布局与道路	4.2.2 老年人照料设施建筑基地及建筑物的主要出入口不宜开向城市主干道。货物、垃圾、殡葬等运输宜设置单独的通道和出入口
	场地设计	4.3.1 老年人全日照料设施应为老年人设室外活动场地；老年人日间照料设施宜为老年人设室外活动场地。老年人使用的室外活动场地应符合下列规定： 1 应有满足老年人室外休闲、健身、娱乐等活动的设施和场地条件。 2 位置应避免与车辆交通空间交叉，且应保证能获得日照，宜选择在向阳、避风处。 3 地面应平整防滑、排水畅通，当有坡度时，坡度不应大于 2.5%

续表

建筑设计	用房设置	位置要求	5.1.2 老年人照料设施的老年人居室和老年人休息室不应设置在地下室、半地下室
	用房设置	生活用房设置	5.1.3 老年人全日照料设施中，为护理型床位设置的生活用房应按照料单元设计；为非护理型床位设置的生活用房宜按生活单元或照料单元设计。生活用房设置应符合下列规定： 1 当按照料单元设计时，应设居室、单元起居厅、就餐、备餐、护理站、药存、清洁间、污物间、卫生间、盥洗、洗浴等用房或空间，可设老年人休息、家属探视等用房或空间。 2 当按生活单元设计时，应设居室、就餐、卫生间、盥洗、洗浴、厨房或电炊操作等用房或空间
	用房设置	床位数	5.1.4 照料单元的使用应具有相对独立性，每个照料单元的设计床位数不应大于 60 床。失智老年人的照料单元应单独设置，每个照料单元的设计床位数不宜大于 20 床
	生活用房	日照标准	5.2.1 居室应具有天然采光和自然通风条件，日照标准不应低于冬至日日照时数 2h。当居室日照标准低于冬至日日照时数 2h 时，老年人居住空间日照标准应按下列规定之一确定： 1 同一照料单元内的单元起居厅日照标准不应低于冬至日日照时数 2h。 2 同一生活单元内至少 1 个居住空间日照标准不应低于冬至日日照时数 2h
	生活用房	面积	5.2.2 每间居室应按不小于 $6.00m^2$/床确定使用面积
	生活用房	居室设计要求	5.2.3 居室设计应符合下列规定： 1 单人间居室使用面积不应小于 $10.00m^2$，双人间居室使用面积不应小于 $16.00m^2$。 2 护理型床位的多人间居室，床位数不应大于 6 床；非护理型床位的多人间居室，床位数不应大于 4 床。床与床之间应有为保护个人隐私进行空间分隔的措施。 3 居室的净高不宜低于 2.40m；当利用坡屋顶空间作为居室时，最低处距地面净高不应低于 2.10m，且低于 2.40m 高度部分面积不应大于室内使用面积的 1/3。 4 居室内应留有轮椅回转空间，主要通道的净宽不应小于 1.05m，床边留有护理、急救操作空间，相邻床位的长边间距不应小于 0.80m。 5 居室门窗应采取安全防护措施及方便老年人辨识的措施
	生活用房	休息室	5.2.4 老年人日间照料设施的每间休息室使用面积不应小于 $4.00m^2$/人
	生活用房	居室卫生间	5.2.7 护理型床位的居室应相邻设居室卫生间，居室及居室卫生间应设满足老年人盥洗、便溺需求的设施，可设洗浴等设施；非护理型床位的居室宜相邻设居室卫生间。居室卫生间应符合下列规定：【2021】 1 当设盥洗、便溺、洗浴等设施时，应留有助洁、助厕、助浴等操作空间。 2 应有良好的通风换气措施。 3 与相邻房间室内地坪不宜有高差；当有不可避免的高差时，不应大于 15mm，且应以斜坡过渡

续表

建筑设计	生活用房	公用卫生间	5.2.8 照料单元应设公用卫生间，且应符合下列规定： 1 应与单元起居厅或老年人集中使用的餐厅邻近设置。 2 坐便器数量应按所服务的老年人床位数测算（设居室卫生间的居室，其床位可不计在内），每6～8床设1个坐便器。 3 每个公用卫生间内至少应设1个供轮椅老年人使用的无障碍厕位，或设无障碍卫生间。 4 应设1～2个盥洗盆或盥洗槽龙头
		集中盥洗室	5.2.9 当居室或居室卫生间未设盥洗设施时，应集中设置盥洗室，并应符合下列规定： 1 盥洗盆或盥洗槽龙头数量应按所服务的老年人床位数测算，每6～8床设1个盥洗盆或盥洗槽龙头。 2 盥洗室与最远居室的距离不应大于20.00m
	交通空间	出入口和门厅	5.6.2 老年人使用的出入口和门厅应符合下列规定： 1 宜采用平坡出入口，平坡出入口的地面坡度不应大于1/20，有条件时不宜大于1/30。 2 出入口严禁采用旋转门。 3 出入口的地面、台阶、踏步、坡道等均应采用防滑材料铺装，应有防止积水的措施，严寒、寒冷地区宜采取防结冰措施。 4 出入口附近应设助行器和轮椅停放区
		通行净宽	5.6.3 老年人使用的走廊，通行净宽不应小于1.80m，确有困难时不应小于1.40m；当走廊的通行净宽大于1.40m且小于1.80m时，走廊中应设通行净宽不小于1.80m的轮椅错车空间，错车空间的间距不宜大于15.00m
		电梯	5.6.4 二层及以上楼层、地下室、半地下室设置老年人用房时应设电梯，电梯应为无障碍电梯，且至少1台能容纳担架
			5.6.5 电梯应作为楼层间供老年人使用的主要垂直交通工具，且应符合下列规定： 1 电梯的数量应综合设施类型、层数、每层面积、设计床位数或老年人数、用房功能与规模、电梯主要技术参数等因素确定。为老年人居室使用的电梯，每台电梯服务的设计床位数不应大于120床。 2 电梯的位置应明显易找，且宜结合老年人用房和建筑出入口位置均衡设置
		楼梯	5.6.6 老年人使用的楼梯严禁采用弧形楼梯和螺旋楼梯
			5.6.7 老年人使用的楼梯应符合下列规定： 1 梯段通行净宽不应小于1.20m，各级踏步应均匀一致，楼梯缓步平台内不应设置踏步。 2 踏步前缘不应突出，踏面下方不应透空。 3 应采用防滑材料饰面，所有踏步上的防滑条、警示条等附着物均不应突出踏面

建筑设计	建筑细部	窗地面积比	5.7.1 老年人照料设施建筑的主要老年人用房采光窗宜符合表 5.7.1（表 6.2-51）的窗地面积比规定 **表 6.2-51 主要老年人用房的窗地面积比** 房间名称 / 窗地面积比（A_c/A_d） 单元起居厅、老年人集中使用的餐厅、居室、休息室、文娱与健身用房、康复与医疗用房 / ≥1:6 公用卫生间、盥洗室 / ≥1:9 注：A_c—窗洞口面积；A_d—地面面积。
		门的净宽	5.7.3 老年人使用的门，开启净宽应符合下列规定：【2023】 1 老年人用房的门不应小于 0.80m，有条件时，不宜小于 0.90m。 2 护理型床位居室的门不应小于 1.10m。 3 建筑主要出入口的门不应小于 1.10m。 4 含有 2 个或多个门扇的门，至少应有 1 个门扇的开启净宽不小于 0.80m
		阳台及上人平台	5.7.4 老年人用房的阳台、上人平台应符合下列规定： 1 相邻居室的阳台宜相连通。 2 严寒及寒冷地区、多风沙地区的老年人用房阳台宜封闭，其有效通风换气面积不应小于窗面积的 30%。 3 阳台、上人平台宜设衣物晾晒装置。 4 开敞式阳台、上人平台的栏杆、栏板应采取防坠落措施，且距地面 0.35m 高度范围内不宜留空【2023】
专门要求	无障碍设计	通行净宽	6.1.2 经过无障碍设计的场地和建筑空间均应满足轮椅进入的要求，通行净宽不应小于 0.80m，且应留有轮椅回转空间
		室内外连接	6.1.3 老年人使用的室内外交通空间，当地面有高差时，应设轮椅坡道连接，且坡度不应大于 1/12。当轮椅坡道的高度大于 0.10m 时，应同时设无障碍台阶
		扶手	6.1.4 交通空间的主要位置两侧应设连续扶手
	安全疏散与紧急救助	防火分区	6.3.2 每个照料单元的用房均不应跨越防火分区
		门的开启	6.3.7 老年人的居室门、居室卫生间门、公用卫生间厕位门、盥洗室门、浴室门等，均应选用内外均可开启的锁具及方便老年人使用的把手，且宜设应急观察装置
	噪声控制与声环境设计	基本要求	6.5.1 老年人照料设施应位于现行国家标准《声环境质量标准》GB 3096 规定的 0 类、1 类或 2 类声环境功能区
		噪声控制	6.5.3 老年人照料设施的老年人居室和老年人休息室不应与电梯井道、有噪声振动的设备机房等相邻布置

续表

<table>
<tr>
<td rowspan="2">专门要求</td>
<td rowspan="2">噪声控制与声环境设计</td>
<td rowspan="2">噪声控制</td>
<td>6.5.4 老年人用房室内允许噪声级应符合表 6.5.4（表 6.2-52）的规定
表 6.2-52 老年人用房室内允许噪声级
<table>
<tr><td rowspan="2" colspan="2">房间类别</td><td colspan="2">允许噪声级（等效连续 A 声级，dB）</td></tr>
<tr><td>昼间</td><td>夜间</td></tr>
<tr><td rowspan="2">生活用房</td><td>居室</td><td>≤40</td><td>≤30</td></tr>
<tr><td>休息室</td><td colspan="2">≤40</td></tr>
<tr><td colspan="2">文娱与健身用房</td><td colspan="2">≤45</td></tr>
<tr><td colspan="2">康复与医疗用房</td><td colspan="2">≤40</td></tr>
</table>
</td>
</tr>
<tr>
<td>6.5.6 居室、休息室楼板的计权规范化撞击声压级应小于 65dB</td>
</tr>
</table>

6.2-38［2023-94］根据《老年人照料设施建筑设计标准》（JGJ 450—2018），关于老年人照料设施的门说法错误的是（　　）。

A. 老年人用房的门不应小于 0.80m

B. 含有 2 个或多个门扇的门，至少应有 1 个门扇的开启净宽不小于 0.80m

C. 护理型床位居室的门不应小于 1.00m

D. 建筑主要出入口的门不应小于 1.10m

答案：C

解析：参见《老年人照料设施建筑设计标准》（JGJ 450—2018）第 5.7.3 条。

6.2-39［2023-95］根据《老年人照料设施建筑设计标准》（JGJ 450—2018），老年人用房的开敞式阳台距地面多少高度范围内不宜留空？（　　）

A. 0.10m　　B. 0.15m

C. 0.25m　　D. 0.35m

答案：D

解析：参见《老年人照料设施建筑设计标准》（JGJ 450—2018）第 5.7.4 条。

6.2-40［2022（12）-120］下列四个选项中，哪个属于老年人照料设施？（　　）

A. 老年大学　　B. 老年养护院

C. 老年活动中心　　D. 老年人住宅

答案：B

解析：依据《老年人照料设施建筑设计标准》（JGJ 450—2018）第 2.0.1 条、第 2.0.2 条和第 2.0.3 条。

6.2-41［2021-114］关于老年人居住建筑的卫生间与走廊之间的过渡正确的是（　　）。

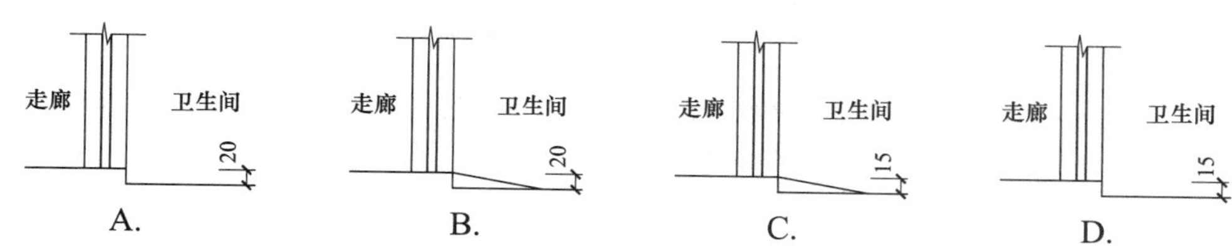

答案：C

解析：依据《老年人照料设施建筑设计标准》（JGJ 450—2018）第 5.2.7 条第 3 款可知，与相邻房间室内地坪不宜有高差；当有不可避免的高差时，不应大于 15mm，且应以斜坡过渡。因此选项 C 符合题意。

考点 25：《物流建筑设计规范》（GB 51157—2016）【★★】

<table>
<tr>
<td rowspan="2">物流建筑规模与安全等级划分</td>
<td rowspan="2">物流建筑规模等级划分</td>
<td>按建筑面积</td>
<td>

4.1.1 单体物流建筑的规模等级应按其建筑面积进行划分，并宜符合表 4.1.1（表 6.2-53）的规定

表 6.2-53 单体物流建筑的规模等级划分

<table>
<tr><th rowspan="2">规模等级</th><th colspan="2">建筑面积 A（m^2）</th></tr>
<tr><th>存储型物流建筑</th><th>作业型物流建筑、综合型物流建筑</th></tr>
<tr><td>超大型</td><td>$A>100\ 000$</td><td>$A>150\ 000$</td></tr>
<tr><td>大型</td><td>$20\ 000<A\leq100\ 000$</td><td>$40\ 000<A\leq150\ 000$</td></tr>
<tr><td>中型</td><td>$5000<A\leq20\ 000$</td><td>$10\ 000<A\leq40\ 000$</td></tr>
<tr><td>小型</td><td>$A\leq5000$</td><td>$A\leq10\ 000$</td></tr>
</table>

</td>
</tr>
<tr>
<td>按占地面积</td>
<td>

4.1.2 物流建筑群规模等级应按其占地面积进行划分，并应符合表 4.1.2（表 6.2-54）的规定

表 6.2-54 物流建筑群规模等级划分

<table>
<tr><th>规模等级</th><th>占地面积 S（km^2）</th></tr>
<tr><td>超大型</td><td>$S>5$</td></tr>
<tr><td>大型</td><td>$2<S\leq5$</td></tr>
<tr><td>中型</td><td>$1<S\leq2$</td></tr>
<tr><td>小型</td><td>$S\leq1$</td></tr>
</table>

</td>
</tr>
</table>

续表

物流建筑规模与安全等级划分	物流建筑安全等级划分	4.2.2　物流建筑安全等级应按建筑的重要性、物品特性类别及建筑规模等级确定，并应符合表4.2.2（表6.2-55）的规定【2017】

表6.2-55　　物流建筑安全等级划分

安全等级	特征	建筑类型
一级	重要建筑	1　国家物资储备库、应急物流中心、存放贵重物品及管制物品等的库房。 2　对外开放口岸一类国际机场、港口、公路、铁路特等站货运工程。 3　国家及区域城市的大型、超大型邮政枢纽分拣中心
	超大型建筑规模	所有超大型物流建筑
	危险品保管	储存各类危险品的库房
二级	较重要建筑	1　区域型机场、港口、铁路、公路的货运枢纽工程。 2　保税仓库或物流园区。 3　国家及区域城市的中、小型邮政分拣中心
	中型、大型建筑规模	所有中型、大型物流建筑
	特殊保管要求	1　食品及医药类仓库、物流中心或配送中心。 2　较重要的特殊物流建筑、区域、部位
三级	一、二级安全等级以外的物流建筑、区域、部位	

注：表中符合特征之一即属于相应的安全等级。

6.2-42［2017-120］依据《物流建筑设计规范》（GB 51157—2016），物流建筑安全等级划分为（　　）。

A. 一、二级　　　　B. 一、二、三级

C. 三、四级　　　　D. 一、二、三、五级

答案：B

解析：依据《物流建筑设计规范》（GB 51157—2016）第4.2.2条及表4.2.2。

6.2-43［2017-121］下列四个选项中，哪个物流建筑的安全等级为一级？（　　）

A. 应急物流中心库房　　　　B. 区域型机场的货运工程

C. 区域城市的中型邮政分拣中心　　　　D. 保税仓库

答案：A

解析：依据《物流建筑设计规范》（GB 51157—2016）第4.2.2条及表4.2.2。

考点26：《既有建筑维护与改造通用规范》（GB 55022—2021）【★】

基本规定	基本原则	2.0.1　既有建筑未经批准不得擅自改动建筑物主体结构和改变使用功能
		2.0.2　既有建筑应确定维护周期，并对其进行周期性的检查

续表

<table>
<tr><td rowspan="9">修缮</td><td colspan="2">维护原则</td><td>2.0.3 既有建筑的维护应符合下列基本规定：
1 应保障建筑的使用功能。
2 应维持建筑达到设计工作年限。
3 不得降低建筑的安全性与抗灾性能</td></tr>
<tr><td colspan="2">改造原则</td><td>2.0.4 既有建筑的改造应符合下列基本规定：
1 应满足改造后的建筑安全性需求。
2 不得降低建筑的抗灾性能。
3 不得降低建筑的耐久性</td></tr>
<tr><td rowspan="4">一般规定</td><td>需要修缮的情况</td><td>4.1.2 既有建筑经检查和评定确认存在下列影响使用安全或公共安全的问题之一时，应及时进行修缮：
1 建筑物发生异常变形。
2 结构构件损坏，承载能力不足。
3 建筑外饰面及保温层存在脱落危险。
4 屋面、外墙、门窗等外围护系统渗漏。
5 消防设施故障。
6 供水水泵运行中断、设施设备故障。
7 排水设施堵塞、爆裂。
8 用电系统的元器件、线路老化导致产生安全风险。
9 防雷设施故障。
10 地下建筑被雨水倒灌。
11 外部环境因素影响，造成建筑不能正常使用</td></tr>
<tr><td>抢险修缮</td><td>4.1.3 在实施应急抢险修缮时，应先行通过排险、加固等措施及时解除房屋的险情</td></tr>
<tr><td>修缮前的准备</td><td>4.1.4 既有建筑修缮前应由专业技术人员对其现状进行现场查勘和评定，并应收集原设计及改扩建图纸、使用情况及报修记录、历年修缮资料、房屋安全使用检查及评定等相关资料，根据检查、查勘和评定结果进行修缮设计，再实施修缮</td></tr>
<tr><td>修缮设计文件</td><td>4.1.5 修缮设计文件应包括设计依据、修缮要求及方法的说明、修缮内容、修缮用料及用量说明等，根据修缮内容的复杂程度，用文字、符号、图纸等进行书面表达和记录</td></tr>
<tr><td rowspan="2">建筑修缮</td><td>渗漏修缮</td><td>4.2.1 既有建筑渗漏修缮，应根据房屋防水等级、使用要求、渗漏量、部位等情况，查明渗漏原因并制定修缮方案；修缮应同时检查其结构、基层和保温层的牢固、平整等情况，凡有缺陷，应先补强处理缺陷后修缮</td></tr>
<tr><td>屋面修缮</td><td>4.2.2 既有建筑屋面修缮，应符合下列规定：
1 应先对屋面结构构件进行查勘并修缮其损坏处。对突出屋面的建（构）筑物与屋面交接处的节点，应采用防水材料或密封材料进行防水处理。
2 斜屋面瓦片应与结构构件有效连接且坚实牢固；当屋脊、泛水、天沟、天窗、水落管等产生渗漏时，应修缮或拆换。
3 当平屋面防水层开裂、起壳，及平台、雨篷防水层开裂、起壳时，应对损坏的保温隔热层进行修缮或更换。
4 当金属屋面板材搭接缝处、采光板接缝处及固定螺栓处渗漏时，应进行修缮，修补折弯屋面板，紧固螺栓，重新铺贴防水卷材或涂刷防水涂料，确保无渗漏</td></tr>
</table>

续表

修缮	建筑修缮	外墙清洗维护	4.2.3 既有建筑外墙清洗维护，应符合下列规定： 1 清洗维护不得采用强酸或强碱的清洗剂以及有毒有害化学品。 2 清洗维护作业时，应采用专业清洗设备、工具和安防措施，不得在同一垂直方向的上下面同时作业
		外墙饰面修缮	4.2.4 既有建筑外墙饰面修缮，应符合下列规定： 1 抹灰、涂装类外墙面修缮，应按基层、面层、涂层的表里关系顺序，由里及表进行修缮；新旧抹灰之间、面层与基层之间应粘结牢固。 2 清水墙面风化、灰缝松动、断裂和漏嵌、接头不和顺，应修补完整，如风化面积过大应进行全补全嵌。 3 饰面类外墙面饰面层及砂浆层出现松动、起壳、开裂，应局部凿除后重铺，如有坠落危险应先行及时抢修
		外墙外保温修缮	4.2.5 既有建筑外墙外保温修缮，应符合下列规定： 1 外墙外保温系统存在裂缝、渗水、空鼓、脱落等问题时，应及时进行修缮。 2 修缮时应制定施工防火专项方案。 3 修缮前应对修缮区域内的外墙悬挂物进行安全检查，当外墙悬挂件强度不足或与墙体连接不牢固时，应采取加固措施或拆除、更换
		各类幕墙修缮	4.2.6 既有建筑玻璃、金属与石材等各类幕墙修缮，应符合下列规定： 1 应先对预埋件和连接件进行除锈和防腐处理，连接松动处应进行紧固，确保幕墙与主体结构可靠连接。 2 密封胶或密封胶条脱落或损坏时，应进行修补或更换，修缮用密封胶必须在有效期内使用，并通过检测试验，严禁建筑密封胶作为硅酮结构密封胶使用。 3 门、窗启闭不灵或附件损坏时，应及时进行修缮或更换，玻璃、金属、石材面板破损时，应及时采取防护措施并更换
		外墙悬挂物修缮	4.2.8 既有建筑附墙管道、各类架设、招牌、雨篷等外墙悬挂物修缮应统筹设计，并应符合下列规定： 1 当外墙悬挂物有松动、锈胀、严重锈蚀、缺损等导致自身强度承载能力不足，或与墙体连接不牢固影响安全时，应进行修缮或更换。 2 当雨水管、冷凝水管坡度不当、有逆水接头，接头处漏水、积水，吊托卡与管道连接松动等现象时，应进行修缮。 3 当轻质雨篷、披水与墙接触处漏水时，应进行修缮。 4 当外挑构件上的安全玻璃有破损时，应使用安全玻璃进行修缮
		防水	4.2.10 建筑室内防水工程不得使用溶剂型防水涂料
		室内楼梯修缮	4.2.11 既有建筑室内楼梯修缮，应符合下列规定： 1 当楼梯、栏杆、扶手出现开裂、变形、残缺、松动、脱焊、锈蚀、腐朽时，应对受损部位进行局部修缮或整体拆换。 2 修缮后各种栏杆的设置高度、立杆间距和整体抗侧向水平推力，应符合设计安全要求。 3 楼梯修缮应采取必要的防潮、防蛀或防锈措施
		室外环境和设施	4.2.12 既有建筑室外环境和设施设备维护应与既有建筑主体修缮同步实施，主要包括道路设施修复和路面硬化，照明设施、排水设施、安全防范设施、垃圾收储设施、无障碍设施修缮及更新，绿化景观功能提升等内容；围护设施和附属用房如出现结构安全或影响正常使用的情况，应进行修缮

续表

改造	一般规定	改造前的准备	5.1.1 既有建筑改造前，应根据改造要求和目标，对所涉及的场地环境、建筑历史、结构安全、消防安全、人身安全、围护结构热工、隔声、通风、采光、日照等物理性能，室内环境舒适度、污染状况、机电设备安全及效能等内容进行检查评定或检测鉴定
		改造依据	5.1.2 既有建筑的改造，应根据检查或鉴定结果进行设计
	建筑改造	间距问题	5.2.2 在既有建筑的改造设计中，若改变了改造范围内建筑的间距，以及与之相关的改造范围外建筑的间距时，其间距不应低于消防间距标准的要求
		消除消防安全隐患	5.2.3 既有建筑应结合改造消除消防安全隐患，根据建筑物的使用功能、空间与平面特征和使用人员的特点，因地制宜提高建筑主要构件的耐火性能、加强防火分隔、增加疏散设施、提高消防设施的可靠性和有效性
		平改坡改造	5.2.5 既有建筑平改坡改造，应符合下列规定： 1 应根据原屋顶情况及周围环境选择坡屋面形式及坡度，确保其保温隔热效果和结构安全性。 2 应利用其原有平屋面排水系统，并应通畅。 3 坡屋面采取防雷措施，并应利用原有的防雷装置。 4 新坡顶下空间严禁堆物和另作他用
		住宅成套改造	5.2.6 既有住宅成套改造，应符合下列规定： 1 当改变原有结构时，应先进行鉴定，消除安全隐患，确保结构安全。 2 应集约利用原有空间，合理调整平面和空间布局，增添厨卫设施设备，完善房屋成套使用功能
		加装电梯	5.2.7 既有多层住宅加装电梯改造时，加装电梯不应与卧室紧邻布置，当起居室受条件限制需要紧邻布置时，应采取有效隔声和减振措施
		室内改造	5.2.10 既有建筑改造时应对室内环境污染进行严格控制，不得使用国家禁止使用、限制使用的建筑材料

第三节 建筑设计防火标准及规范

考点 27:《建筑防火通用规范》(GB 55037—2022)【★★★★★】

总则	适用范围	1.0.2 除生产和储存民用爆炸物品的建筑外，新建、改建和扩建建筑在规划、设计、施工、使用和维护中的防火，以及既有建筑改造、使用和维护中的防火，必须执行本规范
	既有建筑密集区	1.0.4 城镇耐火等级低的既有建筑密集区，应采取防火分隔措施、设置消防车通道、完善消防水源和市政消防给水与市政消火栓系统

续表

总则	加油加气站		1.0.6 在城市建成区内不应建设压缩天然气加气母站，一级汽车加油站、加气站、加油加气合建站
	城市消防站		1.0.7 城市消防站应位于易燃易爆危险品场所或设施全年最小频率风向的下风侧，其用地边界距离加油站、加气站、加油加气合建站不应小于 50m，距离甲、乙类厂房和易燃易爆危险品储存场所不应小于 200m。城市消防站执勤车辆的主出入口，距离人员密集的大型公共建筑的主要疏散出口不应小于 50m
基本规定	目标与功能	基本要求	2.1.1 建筑的防火性能和设防标准应与建筑的高度（埋深）、层数、规模、类别、使用性质、功能用途、火灾危险性等相适应
		建筑防火功能要求	2.1.3 建筑防火应符合下列功能要求： 1 建筑的承重结构应保证其在受到火或高温作用后，在设计耐火时间内仍能正常发挥承载功能。 2 建筑应设置满足在建筑发生火灾时人员安全疏散或避难需要的设施。 3 建筑内部和外部的防火分隔应能在设定时间内阻止火灾蔓延至相邻建筑或建筑内的其他防火分隔区域。 4 建筑的总平面布局及与相邻建筑的间距应满足消防救援的要求
		防火分隔区域	2.1.4 在赛事、博览、避险、救灾及灾区生活过渡期间建设的临时建筑或设施，其规划、设计、施工和使用应符合消防安全要求。灾区过渡安置房集中布置区域应按照不同功能区域分别单独划分防火分隔区域。每个防火分隔区域的占地面积不应大于 2500m²，且周围应设置可供消防车通行的道路
	消防救援设施	基本要求	2.2.1 建筑的消防救援设施应与建筑的高度（埋深）、进深、规模等相适应，并应满足消防救援的要求
		登高场地	2.2.2 在建筑与消防车登高操作场地相对应的范围内，应设置直通室外的楼梯或直通楼梯间的入口
		消防救援口	2.2.3 除有特殊要求的建筑和甲类厂房可不设置消防救援口外，在建筑的外墙上应设置便于消防救援人员出入的消防救援口，并应符合下列规定：【2024】 1 沿外墙的每个防火分区在对应消防救援操作面范围内设置的消防救援口不应少于 2 个。 2 无外窗的建筑应每层设置消防救援口，有外窗的建筑应自第三层起每层设置消防救援口。 3 消防救援口的净高度和净宽度均不应小于 1.0m，当利用门时，净宽度不应小于 0.8m。 4 消防救援口应易于从室内和室外打开或破拆，采用玻璃窗时，应选用安全玻璃。 5 消防救援口应设置可在室内和室外识别的永久性明显标志
		楼梯排烟	2.2.4 设置机械加压送风系统并靠外墙或可直通屋面的封闭楼梯间、防烟楼梯间，在楼梯间的顶部或最上一层外墙上应设置常闭式应急排烟窗，且该应急排烟窗应具有手动和联动开启功能

基本规定	消防救援设施	应急排烟排热设施	2.2.5 除有特殊功能、性能要求或火灾发展缓慢的场所可不在外墙或屋顶设置应急排烟排热设施外，下列无可开启外窗的地上建筑或部位均应在其每层外墙和（或）屋顶上设置应急排烟排热设施，且该应急排烟排热设施应具有手动、联动或依靠烟气温度等方式自动开启的功能： 1 任一层建筑面积大于 2500m² 的丙类厂房。 2 任一层建筑面积大于 2500m² 的丙类仓库。 3 任一层建筑面积大于 2500m² 的商店营业厅、展览厅、会议厅、多功能厅、宴会厅，以及这些建筑中长度大于 60m 的走道。 4 总建筑面积大于 1000m² 的歌舞娱乐放映游艺场所中的房间和走道。 5 靠外墙或贯通至建筑屋顶的中庭
		消防电梯的设置要求	2.2.6 除城市综合管廊、交通隧道和室内无车道且无人员停留的机械式汽车库可不设置消防电梯外，下列建筑均应设置消防电梯，且每个防火分区可供使用的消防电梯不应少于 1 部：【2023、2019】 1 建筑高度大于 33m 的住宅建筑。 2 5 层及以上且建筑面积大于 3000m²（包括设置在其他建筑内第五层及以上楼层）的老年人照料设施。 3 一类高层公共建筑，建筑高度大于 32m 的二类高层公共建筑。 4 建筑高度大于 32m 的丙类高层厂房。 5 建筑高度大于 32m 的封闭或半封闭汽车库。 6 除轨道交通工程外，埋深大于 10m 且总建筑面积大于 3000m² 的地下或半地下建筑（室）
		专用通道	2.2.7 埋深大于 15m 的地铁车站公共区应设置消防专用通道
		消防电梯前室	2.2.8 除仓库连廊、冷库穿堂和筒仓工作塔内的消防电梯可不设置前室外，其他建筑内的消防电梯均应设置前室。消防电梯的前室应符合下列规定：【2022（5）、2019】 1 前室在首层应直通室外或经专用通道通向室外，该通道与相邻区域之间应采取防火分隔措施。 2 前室的使用面积不应小于 6.0m²，合用前室的使用面积应符合本规范第 7.1.8 条的规定；前室的短边不应小于 2.4m。 3 前室或合用前室应采用防火门和耐火极限不低于 2.00h 的防火隔墙与其他部位分隔。除兼作消防电梯的货梯前室无法设置防火门的开口可采用防火卷帘分隔外，不应采用防火卷帘或防火玻璃墙等方式替代防火隔墙
		梯井防火	2.2.9 消防电梯井和机房应采用耐火极限不低于 2.00h 且无开口的防火隔墙与相邻井道、机房及其他房间分隔【2022（12）】。消防电梯的井底应设置排水设施，排水井的容量不应小于 2m³，排水泵的排水量不应小于 10L/s

续表

<table>
<tr><td rowspan="3">基本规定</td><td rowspan="3">消防救援设施</td><td>消防电梯设计要求</td><td>2.2.10　消防电梯应符合下列规定：
1　应能在所服务区域每层停靠。
2　电梯的载重量不应小于 800kg。
3　电梯的动力和控制线缆与控制面板的连接处、控制面板的外壳防水性能等级不应低于 IPX5。
4　在消防电梯的首层入口处，应设置明显的标识和供消防救援人员专用的操作按钮。
5　电梯轿厢内部装修材料的燃烧性能应为 A 级。
6　电梯轿厢内部应设置专用消防对讲电话和视频监控系统的终端设备</td></tr>
<tr><td rowspan="2">直升机停机坪设计要求</td><td>2.2.11　建筑高度大于 250m 的工业与民用建筑，应在屋顶设置直升机停机坪</td></tr>
<tr><td>2.2.12　屋顶直升机停机坪的尺寸和面积应满足直升机安全起降和救助的要求，并应符合下列规定：
1　停机坪与屋面上突出物的最小水平距离不应小于 5m。
2　建筑通向停机坪的出口不应少于 2 个。
3　停机坪四周应设置航空障碍灯和应急照明装置。
4　停机坪附近应设置消火栓</td></tr>
<tr><td rowspan="6">建筑总平面布局</td><td rowspan="2">一般规定</td><td>间距设计原则</td><td>3.1.2　工业与民用建筑应根据建筑使用性质、建筑高度、耐火等级及火灾危险性等合理确定防火间距，建筑之间的防火间距应保证任意一侧建筑外墙受到的相邻建筑火灾辐射热强度均低于其临界引燃辐射热强度</td></tr>
<tr><td>运输车间距</td><td>3.1.3　甲、乙类物品运输车的汽车库、修车库、停车场与人员密集场所的防火间距不应小于 50m，与其他民用建筑的防火间距不应小于 25m；甲类物品运输车的汽车库、修车库、停车场与明火或散发火花地点的防火间距不应小于 30m</td></tr>
<tr><td rowspan="2">民用建筑</td><td>超高层建筑间距要求</td><td>3.3.1　除裙房与相邻建筑的防火间距可按单、多层建筑确定外，建筑高度大于 100m 的民用建筑与相邻建筑的防火间距应符合下列规定：【2024、2020】
1　与高层民用建筑的防火间距不应小于 13m。【2022（12）】
2　与一、二级耐火等级单、多层民用建筑的防火间距不应小于 9m。
3　与三级耐火等级单、多层民用建筑的防火间距不应小于 11m。
4　与四级耐火等级单、多层民用建筑和木结构民用建筑的防火间距不应小于 14m</td></tr>
<tr><td>连接建筑</td><td>3.3.2　相邻两座通过连廊、天桥或下部建筑物等连接的建筑，防火间距应按照两座独立建筑确定</td></tr>
<tr><td rowspan="2">消防车道与消防车登高操作场地</td><td>消防车道设置要求</td><td>3.4.3　除受环境地理条件限制只能设置 1 条消防车道的公共建筑外，其他高层公共建筑和占地面积大于 3000m² 的其他单、多层公共建筑应至少沿建筑的两条长边设置消防车道。住宅建筑应至少沿建筑的一条长边设置消防车道。当建筑仅设置 1 条消防车道时，该消防车道应位于建筑的消防车登高操作场地一侧【2020】</td></tr>
<tr><td>消防车道设计要求</td><td>3.4.5　消防车道或兼作消防车道的道路应符合下列规定：
1　道路的净宽度和净空高度应满足消防车安全、快速通行的要求。
2　转弯半径应满足消防车转弯的要求。
3　路面及其下面的建筑结构、管道、管沟等，应满足承受消防车满载时压力的要求。
4　坡度应满足消防车满载时正常通行的要求，且不应大于 10%，兼作消防救援场地的消防车道，坡度尚应满足消防车停靠和消防救援作业的要求。
5　消防车道与建筑外墙的水平距离应满足消防车安全通行的要求，位于建筑消防扑救面一侧兼作消防救援场地的消防车道应满足消防救援作业的要求。
6　长度大于 40m 的尽头式消防车道应设置满足消防车回转要求的场地或道路。
7　消防车道与建筑消防扑救面之间不应有妨碍消防车操作的障碍物，不应有影响消防车安全作业的架空高压电线</td></tr>
</table>

<table>
<tr><td rowspan="2">建筑总平面布局</td><td rowspan="2">消防车道与消防车登高操作场地</td><td rowspan="2">登高操作场地设计要求</td><td>3.4.6　高层建筑应至少沿其一条长边设置消防车登高操作场地。未连续布置的消防车登高操作场地，应保证消防车的救援作业范围能覆盖该建筑的全部消防扑救面【2020】</td></tr>
<tr><td>3.4.7　消防车登高操作场地应符合下列规定：【2020、2019】
1　场地与建筑之间不应有进深大于 4m 的裙房及其他妨碍消防车操作的障碍物或影响消防车作业的架空高压电线。
2　场地及其下面的建筑结构、管道、管沟等应满足承受消防车满载时压力的要求。
3　场地的坡度应满足消防车安全停靠和消防救援作业的要求</td></tr>
<tr><td rowspan="3">建筑平面布置与防火分隔</td><td rowspan="3">一般规定</td><td>防火分区划分原则</td><td>4.1.2　工业与民用建筑、地铁车站、平时使用的人民防空工程应综合其高度（埋深）、使用功能和火灾危险性等因素，根据有利于消防救援、控制火灾及降低火灾危害的原则划分防火分区。防火分区的划分应符合下列规定：
1　建筑内横向应采用防火墙等划分防火分区，且防火分隔应保证火灾不会蔓延至相邻防火分区。
2　建筑内竖向按自然楼层划分防火分区时，除允许设置敞开楼梯间的建筑外，防火分区的建筑面积应按上、下楼层中在火灾时未封闭的开口所连通区域的建筑面积之和计算。
3　高层建筑主体与裙房之间未采用防火墙和甲级防火门分隔时，裙房的防火分区应按高层建筑主体的相应要求划分。
4　除建筑内游泳池、消防水池等的水面、冰面或雪面面积，射击场的靶道面积，污水沉降池面积，开敞式的外走廊或阳台面积等可不计入防火分区的建筑面积外，其他建筑面积均应计入所在防火分区的建筑面积</td></tr>
<tr><td>特殊场所的防火分隔</td><td>4.1.3　下列场所应采用防火门、防火窗、耐火极限不低于 2.00h 的防火隔墙和耐火极限不低于 1.00h 的楼板与其他区域分隔：
1　住宅建筑中的汽车库和锅炉房。
2　除居住建筑中的套内自用厨房可不分隔外，建筑内的厨房。
3　医疗建筑中的手术室或手术部、产房、重症监护室、贵重精密医疗装备用房、储藏间、实验室、胶片室等。
4　建筑中的儿童活动场所、老年人照料设施。
5　除消防水泵房的防火分隔应符合本规范第 4.1.7 条的规定，消防控制室的防火分隔应符合本规范第 4.1.8 条的规定外，其他消防设备或器材用房</td></tr>
<tr><td>设备用房的设计要求</td><td>4.1.4　燃油或燃气锅炉、可燃油油浸变压器、充有可燃油的高压电容器和多油开关、柴油发电机房等独立建造的设备用房与民用建筑贴邻时，应采用防火墙分隔，且不应贴邻建筑中人员密集的场所。上述设备用房附设在建筑内时，应符合下列规定：
1　当位于人员密集的场所的上一层、下一层或贴邻时，应采取防止设备用房的爆炸作用危及上一层、下一层或相邻场所的措施。
2　设备用房的疏散门应直通室外或安全出口。
3　设备用房应采用耐火极限不低于 2.00h 的防火隔墙和耐火极限不低于 1.50h 的不燃性楼板与其他部位分隔，防火隔墙上的门、窗应为甲级防火门、窗</td></tr>
</table>

续表

建筑平面布置与防火分隔	一般规定	附设在建筑内的燃油或燃气锅炉房、柴油发电机房	4.1.5 附设在建筑内的燃油或燃气锅炉房、柴油发电机房，除应符合本规范第4.1.4条的规定外，尚应符合下列规定： 1 常（负）压燃油或燃气锅炉房不应位于地下二层及以下，位于屋顶的常（负）压燃气锅炉房与通向屋面的安全出口的最小水平距离不应小于 6m；其他燃油或燃气锅炉房应位于建筑首层的靠外墙部位或地下一层的靠外侧部位，不应贴邻消防救援专用出入口、疏散楼梯（间）或人员的主要疏散通道。【2024】 2 建筑内单间储油间的燃油储存量不应大于 $1m^3$。油箱的通气管设置应满足防火要求，油箱的下部应设置防止油品流散的设施。储油间应采用耐火极限不低于 3.00h 的防火隔墙与发电机间、锅炉间分隔。【2022（12）、2019】 3 柴油机的排烟管、柴油机房的通风管、与储油间无关的电气线路等，不应穿过储油间。 4 燃油或燃气管道在设备间内及进入建筑物前，应分别设置具有自动和手动关闭功能的切断阀
		附设在建筑内设备用房	4.1.6 附设在建筑内的可燃油油浸变压器、充有可燃油的高压电容器和多油开关等的设备用房，除应符合本规范第4.1.4条的规定外，尚应符合下列规定： 1 油浸变压器室、多油开关室、高压电容器室均应设置防止油品流散的设施。 2 变压器室应位于建筑的靠外侧部位，不应设置在地下二层及以下楼层。 3 变压器室之间、变压器室与配电室之间应采用防火门和耐火极限不低于2.00h 的防火隔墙分隔【2022（12）】
		消防水泵房布置和防火	4.1.7 消防水泵房的布置和防火分隔应符合下列规定： 1 单独建造的消防水泵房，耐火等级不应低于二级。 2 附设在建筑内的消防水泵房应采用防火门、防火窗、耐火极限不低于 2.00h 的防火隔墙和耐火极限不低于 1.50h 的楼板与其他部位分隔。 3 除地铁工程、水利水电工程和其他特殊工程中的地下消防水泵房可根据工程要求确定其设置楼层外，其他建筑中的消防水泵房不应设置在建筑的地下三层及以下楼层。 4 消防水泵房的疏散门应直通室外或安全出口。 5 消防水泵房的室内环境温度不应低于 5℃。 6 消防水泵房应采取防水淹等的措施
		消防控制室布置和防火	4.1.8 消防控制室的布置和防火分隔应符合下列规定： 1 单独建造的消防控制室，耐火等级不应低于二级。 2 附设在建筑内的消防控制室应采用防火门、防火窗、耐火极限不低于 2.00h 的防火隔墙和耐火极限不低于 1.50h 的楼板与其他部位分隔。 3 消防控制室应位于建筑的首层或地下一层，疏散门应直通室外或安全出口。 4 消防控制室的环境条件不应干扰或影响消防控制室内火灾报警与控制设备的正常运行。 5 消防控制室内不应敷设或穿过与消防控制室无关的管线。 6 消防控制室应采取防水淹、防潮、防啮齿动物等的措施
	民用建筑	基本要求	4.3.1 民用建筑内不应设置经营、存放或使用甲、乙类火灾危险性物品的商店、作坊或储藏间等。民用建筑内除可设置为满足建筑使用功能的附属库房外，不应设置生产场所或其他库房，不应与工业建筑组合建造

建筑平面布置与防火分隔	民用建筑	住宅与非住宅功能合建的要求	4.3.2 住宅与非住宅功能合建的建筑应符合下列规定： 1 除汽车库的疏散出口外，住宅部分与非住宅部分之间应采用耐火极限不低于 2.00h，且无开口的防火隔墙和耐火极限不低于 2.00h 的不燃性楼板完全分隔。 2 住宅部分与非住宅部分的安全出口和疏散楼梯应分别独立设置。 3 为住宅服务的地上车库应设置独立的安全出口或疏散楼梯，地下车库的疏散楼梯间应按本规范第 7.1.10 条的规定分隔。 4 住宅与商业设施合建的建筑按照住宅建筑的防火要求建造的，应符合下列规定： 1）商业设施中每个独立单元之间应采用耐火极限不低于 2.00h 且无开口的防火隔墙分隔。【2022（12）】 2）每个独立单元的层数不应大于 2 层，且 2 层的总建筑面积不应大于 300m²； 3）每个独立单元中建筑面积大于 200m² 的任一楼层均应设置至少 2 个疏散出口
		商店营业厅与公共展览厅	4.3.3 商店营业厅、公共展览厅等的布置应符合下列规定： 1 对于一、二级耐火等级建筑，应布置在地下二层及以上的楼层。 2 对于三级耐火等级建筑，应布置在首层或二层。 3 对于四级耐火等级建筑，应布置在首层
		儿童活动场所	4.3.4 儿童活动场所的布置应符合下列规定：【2022、2020】 1 不应布置在地下或半地下。 2 对于一、二级耐火等级建筑，应布置在首层、二层或三层。 3 对于三级耐火等级建筑，应布置在首层或二层。 4 对于四级耐火等级建筑，应布置在首层
		老年人照料设施	4.3.5 老年人照料设施的布置应符合下列规定：【2023、2022（5）、2020】 1 对于一、二级耐火等级建筑，不应布置在楼地面设计标高大于 54m 的楼层上。 2 对于三级耐火等级建筑，应布置在首层或二层。 3 居室和休息室不应布置在地下或半地下。 4 老年人公共活动用房、康复与医疗用房，应布置在地下一层及以上楼层，当布置在半地下或地下一层、地上四层及以上楼层时，每个房间的建筑面积不应大于 200m² 且使用人数不应大于 30 人
		医疗建筑的住院病房	4.3.6 医疗建筑中住院病房的布置和分隔应符合下列规定：【2020】 1 不应布置在地下或半地下。 2 对于三级耐火等级建筑，应布置在首层或二层。 3 建筑内相邻护理单元之间应采用耐火极限不低于 2.00h 的防火隔墙和甲级防火门分隔【2022（12）】
		歌舞娱乐放映游艺场所	4.3.7 歌舞娱乐放映游艺场所的布置和分隔应符合下列规定：【2022（12）、2020】 1 应布置在地下一层及以上且埋深不大于 10m 的楼层。 2 当布置在地下一层或地上四层及以上楼层时，每个房间的建筑面积不应大于 200m²。 3 房间之间应采用耐火极限不低于 2.00h 的防火隔墙分隔。 4 与建筑的其他部位之间应采用防火门、耐火极限不低于 2.00h 的防火隔墙和耐火极限不低于 1.00h 的不燃性楼板分隔

续表

<table>
<tr><td rowspan="9">建筑平面布置与防火分隔</td><td rowspan="9">民用建筑</td><td rowspan="3">木结构建筑</td><td>4.3.8　Ⅰ级木结构建筑中的下列场所应布置在首层、二层或三层：
1　商店营业厅、公共展览厅等。
2　儿童活动场所、老年人照料设施。
3　医疗建筑中的住院病房。
4　歌舞娱乐放映游艺场所</td></tr>
<tr><td>4.3.9　Ⅱ级木结构建筑中的下列场所应布置在首层或二层：
1　商店营业厅、公共展览厅等。
2　儿童活动场所、老年人照料设施。
3　医疗建筑中的住院病房</td></tr>
<tr><td>4.3.10　Ⅲ级木结构建筑中的下列场所应布置在首层：
1　商店营业厅、公共展览厅等。
2　儿童活动场所</td></tr>
<tr><td>燃气调压用房与瓶装液化石油气瓶组用房</td><td>4.3.11　燃气调压用房、瓶装液化石油气瓶组用房应独立建造，不应与居住建筑、人员密集的场所及其他高层民用建筑贴邻；贴邻其他民用建筑的，应采用防火墙分隔，门、窗应向室外开启。瓶装液化石油气瓶组用房应符合下列规定：
1　当与所服务建筑贴邻布置时，液化石油气瓶组的总容积不应大于 1m³，并应采用自然气化方式供气。
2　瓶组用房的总出气管道上应设置紧急事故自动切断阀。
3　瓶组用房内应设置可燃气体探测报警装置</td></tr>
<tr><td>生物安全实验室</td><td>4.3.13　四级生物安全实验室应独立划分防火分区，或与三级生物安全实验室共用一个防火分区</td></tr>
<tr><td>交通建筑</td><td>4.3.14　交通车站、码头和机场的候车（船、机）建筑乘客公共区、交通换乘区和通道的布置应符合下列规定：
1　不应设置公共娱乐、演艺或经营性住宿等场所。
2　乘客通行的区域内不应设置商业设施，用于防火隔离的区域内不应布置任何可燃物体。
3　商业设施内不应使用明火</td></tr>
<tr><td>商店营业厅</td><td>4.3.15　一、二级耐火等级建筑内的商店营业厅，当设置自动灭火系统和火灾自动报警系统并采用不燃或难燃装修材料时，每个防火分区的最大允许建筑面积应符合下列规定：【2019】
1　设置在高层建筑内时，不应大于 4000m²。
2　设置在单层建筑内或仅设置在多层建筑的首层时，不应大于 10 000m²。
3　设置在地下或半地下时，不应大于 2000m²</td></tr>
<tr><td>其他公共建筑</td><td>4.3.16　除有特殊要求的建筑、木结构建筑和附建于民用建筑中的汽车库外，其他公共建筑中每个防火分区的最大允许建筑面积应符合下列规定：【2022（5）】
1　对于高层建筑，不应大于 1500m²。
2　对于一、二级耐火等级的单、多层建筑，不应大于 2500m²；对于三级耐火等级的单、多层建筑，不应大于 1200m²；对于四级耐火等级的单、多层建筑，不应大于 600m²。
3　对于地下设备房，不应大于 1000m²；对于地下其他区域，不应大于 500m²。
4　当防火分区全部设置自动灭火系统时，上述面积可以增加 1.0 倍；当局部设置自动灭火系统时，可按该局部区域建筑面积的 1/2 计入所在防火分区的总建筑面积</td></tr>
</table>

续表

建筑平面布置与防火分隔	民用建筑	地下或半地下商店	4.3.17 总建筑面积大于 20 000m² 的地下或半地下商店，应分隔为多个建筑面积不大于 20 000m² 的区域且防火分隔措施应可靠、有效【2022（5）】
建筑结构耐火	一般规定	基本要求	5.1.1 建筑的耐火等级或工程结构的耐火性能，应与其火灾危险性，建筑高度、使用功能和重要性，火灾扑救难度等相适应
		地下建筑	5.1.2 地下、半地下建筑（室）的耐火等级应为一级
		楼板的耐火极限	5.1.3 建筑高度大于 100m 的工业与民用建筑楼板的耐火极限不应低于 2.00h。一级耐火等级工业与民用建筑的上人平屋顶，屋面板的耐火极限不应低于 1.50h；二级耐火等级工业与民用建筑的上人平屋顶，屋面板的耐火极限不应低于 1.00h
		汽车库与修车库	5.1.5 下列汽车库的耐火等级应为一级： 1 Ⅰ类汽车库，Ⅰ类修车库。 2 甲、乙类物品运输车的汽车库或修车库。 3 其他高层汽车库
			5.1.6 电动汽车充电站建筑、Ⅱ类汽车库、Ⅱ类修车库、变电站的耐火等级不应低于二级
		裙房	5.1.7 裙房的耐火等级不应低于高层建筑主体的耐火等级。除可采用木结构的建筑外，其他建筑的耐火等级应符合本章的规定
	民用建筑	一级耐火等级建筑	5.3.1 下列民用建筑的耐火等级应为一级： 1 一类高层民用建筑。 2 二层和二层半式、多层式民用机场航站楼。 3 A 类广播电影电视建筑。 4 四级生物安全实验室
		二级耐火等级建筑	5.3.2 下列民用建筑的耐火等级不应低于二级： 1 二类高层民用建筑。 2 一层和一层半式民用机场航站楼。 3 总建筑面积大于 1500m² 的单、多层人员密集场所。 4 B 类广播电影电视建筑。 5 一级普通消防站、二级普通消防站、特勤消防站、战勤保障消防站。 6 设置洁净手术部的建筑，三级生物安全实验室。 7 用于灾时避难的建筑
		三级耐火等级建筑	5.3.3 除本规范第 5.3.1 条、第 5.3.2 条规定的建筑外，下列民用建筑的耐火等级不应低于三级： 1 城市和镇中心区内的民用建筑。 2 老年人照料设施、教学建筑、医疗建筑
建筑构造与装修	防火墙	耐火极限	6.1.3 防火墙的耐火极限不应低于 3.00h。甲、乙类厂房和甲、乙、丙类仓库内的防火墙，耐火极限不应低于 4.00h
	竖井	电梯井	6.3.1 电梯井应独立设置，电梯井内不应敷设或穿过可燃气体或甲、乙、丙类液体管道及与电梯运行无关的电线或电缆等。电梯层门的耐火完整性不应低于 2.00h
		其他竖井	6.3.2 电气竖井、管道井、排烟或通风道、垃圾井等竖井应分别独立设置，井壁的耐火极限均不应低于 1.00h【2019】

续表

建筑构造与装修	防火门、防火窗、防火卷帘和防火玻璃墙	甲级防火门	6.4.2 下列部位的门应为甲级防火门： 1 设置在防火墙上的门、疏散走道在防火分区处设置的门。 2 设置在耐火极限要求不低于 3.00h 的防火隔墙上的门。 3 电梯间、疏散楼梯间与汽车库连通的门。 4 室内开向避难走道前室的门、避难间的疏散门。 5 多层乙类仓库和地下、半地下及多、高层丙类仓库中从库房通向疏散走道或疏散楼梯间的门
		乙级防火门	6.4.3 除建筑直通室外和屋面的门可采用普通门外，下列部位的门的耐火性能不应低于乙级防火门的要求，且其中建筑高度大于 100m 的建筑相应部位的门应为甲级防火门： 1 甲、乙类厂房，多层丙类厂房，人员密集的公共建筑和其他高层工业与民用建筑中封闭楼梯间的门。 2 防烟楼梯间及其前室的门。 3 消防电梯前室或合用前室的门。 4 前室开向避难走道的门。 5 地下、半地下及多、高层丁类仓库中从库房通向疏散走道或疏散楼梯的门。 6 歌舞娱乐放映游艺场所中的房间疏散门。 7 从室内通向室外疏散楼梯的疏散门。 8 设置在耐火极限要求不低于 2.00h 的防火隔墙上的门
		竖井的检查门	6.4.4 电气竖井、管道井、排烟道、排气道、垃圾道等竖井井壁上的检查门，应符合下列规定： 1 对于埋深大于 10m 的地下建筑或地下工程，应为甲级防火门。 2 对于建筑高度大于 100m 的建筑，应为甲级防火门。 3 对于层间无防火分隔的竖井和住宅建筑的合用前室，门的耐火性能不应低于乙级防火门的要求。 4 对于其他建筑，门的耐火性能不应低于丙级防火门的要求，当竖井在楼层处无水平防火分隔时，门的耐火性能不应低于乙级防火门的要求
		人防门	6.4.5 平时使用的人民防空工程中代替甲级防火门的防护门、防护密闭门、密闭门，耐火性能不应低于甲级防火门的要求，且不应用于平时使用的公共场所的疏散出口处
		甲级防火窗	6.4.6 设置在防火墙和要求耐火极限不低于 3.00h 的防火隔墙上的窗应为甲级防火窗
		乙级防火窗	6.4.7 下列部位的窗的耐火性能不应低于乙级防火窗的要求： 1 歌舞娱乐放映游艺场所中房间开向走道的窗。 2 设置在避难间或避难层中避难区对应外墙上的窗。 3 其他要求耐火极限不低于 2.00h 的防火隔墙上的窗
	建筑的内部和外部装修	镜面反光材料	6.5.2 下列部位不应使用影响人员安全疏散和消防救援的镜面反光材料： 1 疏散出口的门。 2 疏散走道及其尽端、疏散楼梯间及其前室的顶棚、墙面和地面。 3 供消防救援人员进出建筑的出入口的门、窗。 4 消防专用通道、消防电梯前室或合用前室的顶棚、墙面和地面
		使用A级材料的部位	6.5.3 下列部位的顶棚、墙面和地面内部装修材料的燃烧性能均应为 A 级：【2022（5）、2019】 1 避难走道、避难层、避难间。 2 疏散楼梯间及其前室。 3 消防电梯前室或合用前室

续表

建筑构造与装修	建筑的内部和外部装修	使用A级材料的部位	6.5.6　下列场所设置在地下或半地下时，室内装修材料不应使用易燃材料、石棉制品、玻璃纤维、塑料类制品，顶棚、墙面、地面的内部装修材料的燃烧性能均应为A级： 1　汽车客运站、港口客运站、铁路车站的进出站通道、进出站厅、候乘厅。 2　地铁车站、民用机场航站楼、城市民航值机厅的公共区。 3　交通换乘厅、换乘通道
		消防控制室和设备用房	6.5.4　消防控制室地面装修材料的燃烧性能不应低于B1级，顶棚和墙面内部装修材料的燃烧性能均应为A级。下列设备用房的顶棚、墙面和地面内部装修材料的燃烧性能均应为A级：【2022（5）、2020】 1　消防水泵房、机械加压送风机房、排烟机房、固定灭火系统钢瓶间等消防设备间。 2　配电室、油浸变压器室、发电机房、储油间。 3　通风和空气调节机房。 4　锅炉房
		歌舞娱乐放映游艺场所	6.5.5　歌舞娱乐放映游艺场所内部装修材料的燃烧性能应符合下列规定： 1　顶棚装修材料的燃烧性能应为A级。 2　其他部位装修材料的燃烧性能均不应低于B1级。 3　设置在地下或半地下的歌舞娱乐放映游艺场所，墙面装修材料的燃烧性能应为A级
	建筑保温	燃烧性能基本要求	6.6.1　建筑的外保温系统不应采用燃烧性能低于B2级的保温材料或制品。当采用B1级或B2级燃烧性能的保温材料或制品时，应采取防止火灾通过保温系统在建筑的立面或屋面蔓延的措施或构造
		复合保温结构体	6.6.2　建筑的外围护结构采用保温材料与两侧不燃性结构构成无空腔复合保温结构体时，该复合保温结构体的耐火极限不应低于所在外围护结构的耐火性能要求。当保温材料的燃烧性能为B1级或B2级时，保温材料两侧不燃性结构的厚度均不应小于50mm
		老年人照料设施保温材料	6.6.4　除本规范第6.6.2条规定的情况外，下列老年人照料设施的内、外保温系统和屋面保温系统均应采用燃烧性能为A级的保温材料或制品： 1　独立建造的老年人照料设施。 2　与其他功能的建筑组合建造且老年人照料设施部分的总建筑面积大于500m²的老年人照料设施
		需使用A级保温材料	6.6.5　除本规范第6.6.2条规定的情况外，下列建筑或场所的外墙外保温材料的燃烧性能应为A级： 1　人员密集场所。 2　设置人员密集场所的建筑
			6.6.9　下列场所或部位内保温系统中保温材料或制品的燃烧性能应为A级： 1　人员密集场所。 2　使用明火、燃油、燃气等有火灾危险的场所。 3　疏散楼梯间及其前室。 4　避难走道、避难层、避难间。 5　消防电梯前室或合用前室
		住宅建筑保温材料	6.6.6　除本规范第6.6.2条规定的情况外，住宅建筑采用与基层墙体、装饰层之间无空腔的外墙外保温系统时，保温材料或制品的燃烧性能应符合下列规定： 1　建筑高度大于100m时，应为A级。 2　建筑高度大于27m、不大于100m时，不应低于B1级

续表

<table>
<tr><td rowspan="3">建筑构造与装修</td><td rowspan="3">建筑保温</td><td rowspan="3">其他建筑、场所或部位保温材料</td><td>6.6.7　除本规范第 6.6.3 条～第 6.6.6 条规定的建筑外，其他建筑采用与基层墙体、装饰层之间无空腔的外墙外保温系统时，保温材料或制品的燃烧性能应符合下列规定：【2018】
1　建筑高度大于 50m 时，应为 A 级。
2　建筑高度大于 24m、不大于 50m 时，不应低于 B1 级</td></tr>
<tr><td>6.6.8　除本规范第 6.6.3 条～第 6.6.5 条规定的建筑外，其他建筑采用与基层墙体、装饰层之间有空腔的外墙外保温系统时，保温系统应符合下列规定：
1　建筑高度大于 24m 时，保温材料或制品的燃烧性能应为 A 级。
2　建筑高度不大于 24m 时，保温材料或制品的燃烧性能不应低于 B1 级。
3　外墙外保温系统与基层墙体、装饰层之间的空腔，应在每层楼板处采取防火分隔与封堵措施</td></tr>
<tr><td>6.6.10　除本规范第 6.6.3 条和第 6.6.9 条规定的场所或部位外，其他场所或部位内保温系统中保温材料或制品的燃烧性能均不应低于 B1 级。当采用 B1 级燃烧性能的保温材料时，保温系统的外表面应采取使用不燃材料设置防护层等防火措施</td></tr>
<tr><td rowspan="6">安全疏散与避难设施</td><td rowspan="6">一般规定</td><td>基本要求</td><td>7.1.1　建筑的疏散出口数量、位置和宽度，疏散楼梯（间）的形式和宽度，避难设施的位置和面积等，应与建筑的使用功能、火灾危险性、耐火等级、建筑高度或层数、埋深、建筑面积、人员密度、人员特性等相适应</td></tr>
<tr><td>各层疏散楼梯净宽度的要求</td><td>7.1.2　建筑中的疏散出口应分散布置，房间疏散门应直接通向安全出口，不应经过其他房间。疏散出口的宽度和数量应满足人员安全疏散的要求。各层疏散楼梯的净宽度应符合下列规定：
1　对于建筑的地上楼层，各层疏散楼梯的净宽度均不应小于其上部各层中要求疏散净宽度的最大值。
2　对于建筑的地下楼层或地下建筑、平时使用的人民防空工程，各层疏散楼梯的净宽度均不应小于其下部各层中要求疏散净宽度的最大值</td></tr>
<tr><td>最大疏散距离</td><td>7.1.3　建筑中的最大疏散距离应根据建筑的耐火等级、火灾危险性、空间高度、疏散楼梯（间）的形式和使用人员的特点等因素确定，并应符合下列规定：
1　疏散距离应满足人员安全疏散的要求。
2　房间内任一点至房间疏散门的疏散距离，不应大于建筑中位于袋形走道两侧或尽端房间的疏散门至最近安全出口的最大允许疏散距离</td></tr>
<tr><td>疏散出口门、疏散走道、疏散楼梯等净宽度</td><td>7.1.4　疏散出口门、疏散走道、疏散楼梯等的净宽度应符合下列规定：
1　疏散出口门、室外疏散楼梯的净宽度均不应小于 0.80m。
2　住宅建筑中直通室外地面的住宅户门的净宽度不应小于 0.80m，当住宅建筑高度不大于 18m 且一边设置栏杆时，室内疏散楼梯的净宽度不应小于 1.0m，其他住宅建筑室内疏散楼梯的净宽度不应小于 1.1m。
3　疏散走道、首层疏散外门、公共建筑中的室内疏散楼梯的净宽度均不应小于 1.1m。
4　净宽度大于 4.0m 的疏散楼梯、室内疏散台阶或坡道，应设置扶手栏杆分隔为宽度均不大于 2.0m 的区段</td></tr>
<tr><td>疏散的净高度</td><td>7.1.5　在疏散通道、疏散走道、疏散出口处，不应有任何影响人员疏散的物体，并应在疏散通道、疏散走道、疏散出口的明显位置设置明显的指示标志。疏散通道、疏散走道、疏散出口的净高度均不应小于 2.1m。疏散走道在防火分区分隔处应设置疏散门</td></tr>
</table>

续表

安全疏散与避难设施	一般规定	疏散方向	7.1.6　除设置在丙、丁、戊类仓库首层靠墙外侧的推拉门或卷帘门可用于疏散门外，疏散出口门应为平开门或在火灾时具有平开功能的门，且下列场所或部位的疏散出口门应向疏散方向开启：【2022（5）】 1　甲、乙类生产场所。 2　甲、乙类物质的储存场所。 3　平时使用的人民防空工程中的公共场所。 4　其他建筑中使用人数大于 60 人的房间或每樘门的平均疏散人数大于 30 人的房间。 5　疏散楼梯间及其前室的门。 6　室内通向室外疏散楼梯的门
		室内疏散楼梯间的设计要求	7.1.8　室内疏散楼梯间应符合下列规定： 1　疏散楼梯间内不应设置烧水间、可燃材料储藏室、垃圾道及其他影响人员疏散的凸出物或障碍物。 2　疏散楼梯间内不应设置或穿过甲、乙、丙类液体管道。 3　在住宅建筑的疏散楼梯间内设置可燃气体管道和可燃气体计量表时，应采用敞开楼梯间，并应采取防止燃气泄漏的防护措施；其他建筑的疏散楼梯间及其前室内不应设置可燃或助燃气体管道。 4　疏散楼梯间及其前室与其他部位的防火分隔不应使用卷帘。 5　除疏散楼梯间及其前室的出入口、外窗和送风口，住宅建筑疏散楼梯间前室或合用前室内的管道井检查门外，疏散楼梯间及其前室或合用前室内的墙上不应设置其他门、窗等开口。 6　自然通风条件不符合防烟要求的封闭楼梯间，应采取机械加压防烟措施或采用防烟楼梯间。 7　防烟楼梯间前室的使用面积，公共建筑、高层厂房、高层仓库、平时使用的人民防空工程及其他地下工程，不应小于 $6.0m^2$；住宅建筑，不应小于 $4.5m^2$。与消防电梯前室合用的前室的使用面积，公共建筑、高层厂房、高层仓库、平时使用的人民防空工程及其他地下工程，不应小于 $10.0m^2$；住宅建筑，不应小于 $6.0m^2$。 8　疏散楼梯间及其前室上的开口与建筑外墙上的其他相邻开口最近边缘之间的水平距离不应小于 1.0m。当距离不符合要求时，应采取防止火势通过相邻开口蔓延的措施
		地下或半地下疏散楼梯间	7.1.10　除住宅建筑套内的自用楼梯外，建筑的地下或半地下室、平时使用的人民防空工程、其他地下工程的疏散楼梯间应符合下列规定： 1　当埋深不大于 10m 或层数不大于 2 层时，应为封闭楼梯间。 2　当埋深大于 10m 或层数不小于 3 层时，应为防烟楼梯间。 3　地下楼层的疏散楼梯间与地上楼层的疏散楼梯间，应在直通室外地面的楼层采用耐火极限不低于 2.00h 且无开口的防火隔墙分隔。 4　在楼梯的各楼层入口处均应设置明显的标识
		室外疏散楼梯	7.1.11　室外疏散楼梯应符合下列规定：【2022（12）、2022（5）、2019】 1　室外疏散楼梯的栏杆扶手高度不应小于 1.10m，倾斜角度不应大于 45°。 2　除 3 层及 3 层以下建筑的室外疏散楼梯可采用难燃性材料或木结构外，室外疏散楼梯的梯段和平台均应采用不燃材料。 3　除疏散门外，楼梯周围 2.0m 内的墙面上不应设置其他开口，疏散门不应正对梯段
		避难层	7.1.14　建筑高度大于 100m 的工业与民用建筑应设置避难层，且第一个避难层的楼面至消防车登高操作场地地面的高度不应大于 50m

续表

<table>
<tr><td rowspan="6">安全疏散与避难设施</td><td rowspan="5">一般规定</td><td>避难层的设计要求</td><td>7.1.15　避难层应符合下列规定：
1　避难区的净面积应满足该避难层与上一避难层之间所有楼层的全部使用人数避难的要求。
2　除可布置设备用房外，避难层不应用于其他用途。设置在避难层内的可燃液体管道、可燃或助燃气体管道应集中布置，设备管道区应采用耐火极限不低于3.00h 的防火隔墙与避难区及其他公共区分隔。管道井和设备间应采用耐火极限不低于 2.00h 的防火隔墙与避难区及其他公共区分隔。设备管道区、管道井和设备间与避难区或疏散走道连通时，应设置防火隔间，防火隔间的门应为甲级防火门。
3　避难层应设置消防电梯出口、消火栓、消防软管卷盘、灭火器、消防专线电话和应急广播。
4　在避难层进入楼梯间的入口处和疏散楼梯通向避难层的出口处，均应在明显位置设置标示避难层和楼层位置的灯光指示标识。
5　避难区应采取防止火灾烟气进入或积聚的措施，并应设置可开启外窗。
6　避难区应至少有一边水平投影位于同一侧的消防车登高操作场地范围内</td></tr>
<tr><td>避难间的设计要求</td><td>7.1.16　避难间应符合下列规定：
1　避难区的净面积应满足避难间所在区域设计避难人数避难的要求。
2　避难间兼作其他用途时，应采取保证人员安全避难的措施。
3　避难间应靠近疏散楼梯间，不应在可燃物库房、锅炉房、发电机房、变配电站等火灾危险性大的场所的正下方、正上方或贴邻。
4　避难间应采用耐火极限不低于 2.00h 的防火隔墙和甲级防火门与其他部位分隔。
5　避难间应采取防止火灾烟气进入或积聚的措施，并应设置可开启外窗，除外窗和疏散门外，避难间不应设置其他开口。
6　避难间内不应敷设或穿过输送可燃液体、可燃或助燃气体的管道。
7　避难间内应设置消防软管卷盘、灭火器、消防专线电话和应急广播。
8　在避难间入口处的明显位置应设置标示避难间的灯光指示标识</td></tr>
<tr><td>汽车库或修车库的室内疏散楼梯</td><td>7.1.17　汽车库或修车库的室内疏散楼梯应符合下列规定：【2019】
1　建筑高度大于 32m 的高层汽车库，应为防烟楼梯间。
2　建筑高度不大于 32m 的汽车库，应为封闭楼梯间。
3　地上修车库，应为封闭楼梯间。
4　地下、半地下汽车库，应符合本规范第 7.1.10 条的规定</td></tr>
<tr><td>汽车库的疏散距离</td><td>7.1.18　汽车库内任一点至最近人员安全出口的疏散距离应符合下列规定：
1　单层汽车库、位于建筑首层的汽车库，无论汽车库是否设置自动灭火系统，均不应大于 60m。
2　其他汽车库，未设置自动灭火系统时，不应大于 45m；设置自动灭火系统时，不应大于 60m</td></tr>
<tr></tr>
<tr><td>住宅建筑</td><td>安全出口【2023】</td><td>7.3.1　住宅建筑中符合下列条件之一的住宅单元，每层的安全出口不应少于 2 个：
1　任一层建筑面积大于 650m² 的住宅单元。
2　建筑高度大于 54m 的住宅单元。
3　建筑高度不大于 27m，但任一户门至最近安全出口的疏散距离大于 15m 的住宅单元。
4　建筑高度大于 27m、不大于 54m，但任一户门至最近安全出口的疏散距离大于 10m 的住宅单元</td></tr>
</table>

续表

<table>
<tr><td rowspan="6">安全疏散与避难设施</td><td>住宅建筑</td><td>室内疏散楼梯</td><td>7.3.2 住宅建筑的室内疏散楼梯应符合下列规定：【2021、2020】
1 建筑高度不大于 21m 的住宅建筑，当户门的耐火完整性低于 1.00h 时，与电梯井相邻布置的疏散楼梯应为封闭楼梯间。
2 建筑高度大于 21m、不大于 33m 的住宅建筑，当户门的耐火完整性低于 1.00h 时，疏散楼梯应为封闭楼梯间。
3 建筑高度大于 33m 的住宅建筑，疏散楼梯应为防烟楼梯间，开向防烟楼梯间前室或合用前室的户门应为耐火性能不低于乙级的防火门。
4 建筑高度大于 27m、不大于 54m 且每层仅设置 1 部疏散楼梯的住宅单元，户门的耐火完整性不应低于 1.00h，疏散楼梯应通至屋面。
5 多个单元的住宅建筑中通至屋面的疏散楼梯应能通过屋面连通</td></tr>
<tr><td rowspan="5">公共建筑</td><td>公共建筑内防火分区或楼层的安全出口</td><td>7.4.1 公共建筑内每个防火分区或一个防火分区的每个楼层的安全出口不应少于 2 个；仅设置 1 个安全出口或 1 部疏散楼梯的公共建筑应符合下列条件之一：【2018】
1 除托儿所、幼儿园外，建筑面积不大于 200m² 且人数不大于 50 人的单层公共建筑或多层公共建筑的首层。
2 除医疗建筑、老年人照料设施、儿童活动场所、歌舞娱乐放映游艺场所外，符合表 7.4.1（表 6.3-1）规定的公共建筑

表 6.3-1　仅设置 1 个安全出口或 1 部疏散楼梯的公共建筑
<table>
<tr><th>建筑的耐火等级或类型</th><th>最多层数</th><th>每层最大建筑面积/m²</th><th>人数</th></tr>
<tr><td>一、二级</td><td>3 层</td><td>200</td><td>第二、三层的人数之和不大于 50 人</td></tr>
<tr><td>三级、木结构建筑</td><td>3 层</td><td>200</td><td>第二、三层的人数之和不大于 25 人</td></tr>
<tr><td>四级</td><td>2 层</td><td>200</td><td>第二层人数不大于 15 人</td></tr>
</table></td></tr>
<tr><td>公共建筑内房间的疏散门</td><td>7.4.2 公共建筑内每个房间的疏散门不应少于 2 个；儿童活动场所、老年人照料设施中的老年人活动场所、医疗建筑中的治疗室和病房、教学建筑中的教学用房，当位于走道尽端时，疏散门不应少于 2 个；公共建筑内仅设置 1 个疏散门的房间应符合下列条件之一：【2022（12）、2019】
1 对于儿童活动场所、老年人照料设施中的老年人活动场所，房间位于两个安全出口之间或袋形走道两侧且建筑面积不大于 50m²。
2 对于医疗建筑中的治疗室和病房、教学建筑中的教学用房，房间位于两个安全出口之间或袋形走道两侧且建筑面积不大于 75m²。
3 对于歌舞娱乐放映游艺场所，房间的建筑面积不大于 50m² 且经常停留人数不大于 15 人。
4 对于其他用途的场所，房间位于两个安全出口之间或袋形走道两侧且建筑面积不大于 120m²。
5 对于其他用途的场所，房间位于走道尽端且建筑面积不大于 50m²。
6 对于其他用途的场所，房间位于走道尽端且建筑面积不大于 200m²、房间内任一点至疏散门的直线距离不大于 15m、疏散门的净宽度不小于 1.40m</td></tr>
<tr><td>高层中儿童活动场所</td><td>7.4.3 位于高层建筑内的儿童活动场所，安全出口和疏散楼梯应独立设置【2022（5）】</td></tr>
<tr><td>防烟楼梯间</td><td>7.4.4 下列公共建筑的室内疏散楼梯应为防烟楼梯间：【2020】
1 一类高层公共建筑。
2 建筑高度大于 32m 的二类高层公共建筑</td></tr>
</table>

续表

<table>
<tr><td rowspan="5">安全疏散与避难设施</td><td rowspan="5">公共建筑</td><td>封闭楼梯间</td><td>7.4.5 下列公共建筑中与敞开式外廊不直接连通的室内疏散楼梯均应为封闭楼梯间：【2018】
1 建筑高度不大于 32m 的二类高层公共建筑。
2 多层医疗建筑、旅馆建筑、老年人照料设施及类似使用功能的建筑。
3 设置歌舞娱乐放映游艺场所的多层建筑。
4 多层商店建筑、图书馆、展览建筑、会议中心及类似使用功能的建筑。
5 6 层及 6 层以上的其他多层公共建筑</td></tr>
<tr><td>观众厅与多功能厅疏散门</td><td>7.4.6 剧场、电影院、礼堂和体育馆的观众厅或多功能厅的疏散门不应少于 2 个，且每个疏散门的平均疏散人数不应大于 250 人；当容纳人数大于 2000 人时，其超过 2000 人的部分，每个疏散门的平均疏散人数不应大于 400 人</td></tr>
<tr><td>最小疏散净宽度</td><td>7.4.7 除剧场、电影院、礼堂、体育馆外的其他公共建筑，疏散出口、疏散走道和疏散楼梯各自的总净宽度，应根据疏散人数和每 100 人所需最小疏散净宽度计算确定，并应符合下列规定：
1 疏散出口、疏散走道和疏散楼梯每 100 人所需最小疏散净宽度不应小于表 7.4.7（表 6.3-2）的规定值。【2022（12）】

表 6.3-2 疏散出口、疏散走道和疏散楼梯每 100 人所需最小疏散净宽度 （m/100 人）
<table>
<tr><th colspan="2" rowspan="2">建筑层数或埋深</th><th colspan="3">建筑的耐火等级或类型</th></tr>
<tr><th>一、二级</th><th>三级、木结构建筑</th><th>四级</th></tr>
<tr><td rowspan="3">地上楼层</td><td>1 层～2 层</td><td>0.65</td><td>0.75</td><td>1.00</td></tr>
<tr><td>3 层</td><td>0.75</td><td>1.00</td><td>—</td></tr>
<tr><td>不少于 4 层</td><td>1.00</td><td>1.25</td><td>—</td></tr>
<tr><td rowspan="3">地下、半地下楼层</td><td>埋深不大于 10m</td><td>0.75</td><td>—</td><td>—</td></tr>
<tr><td>埋深大于 10m</td><td>1.00</td><td>—</td><td>—</td></tr>
<tr><td>歌舞娱乐放映游艺场所及其他人员密集的房间</td><td>1.00</td><td>—</td><td>—</td></tr>
</table>
2 除不用作其他楼层人员疏散并直通室外地面的外门总净宽度，可按本层的疏散人数计算确定外，首层外门的总净宽度应按该建筑疏散人数最大一层的人数计算确定。
3 歌舞娱乐放映游艺场所中录像厅的疏散人数，应根据录像厅的建筑面积按不小于 1.0 人/m² 计算；歌舞娱乐放映游艺场所中其他用途房间的疏散人数，应根据房间的建筑面积按不小于 0.5 人/m² 计算</td></tr>
<tr><td>医疗建筑避难间</td><td>7.4.8 医疗建筑的避难间设置应符合下列规定：【2021】
1 高层病房楼应在第二层及以上的病房楼层和洁净手术部设置避难间。
2 楼地面距室外设计地面高度大于 24m 的洁净手术部及重症监护区，每个防火分区应至少设置 1 间避难间。
3 每间避难间服务的护理单元不应大于 2 个，每个护理单元的避难区净面积不应小于 25.0m²。
4 避难间的其他防火要求，应符合本规范第 7.1.16 条的规定</td></tr>
</table>

续表

消防设施	防烟与排烟	需要防烟措施的部位	8.2.1 下列部位应采取防烟措施： 1 封闭楼梯间。 2 防烟楼梯间及其前室。 3 消防电梯的前室或合用前室。 4 避难层、避难间。 5 避难走道的前室，地铁工程中的避难走道
		烟气控制措施	8.2.2 除不适合设置排烟设施的场所、火灾发展缓慢的场所可不设置排烟设施外，工业与民用建筑的下列场所或部位应采取排烟等烟气控制措施： 6 设置在地下或半地下、地上第四层及以上楼层的歌舞娱乐放映游艺场所，设置在其他楼层且房间总建筑面积大于 100m² 的歌舞娱乐放映游艺场所。 7 公共建筑内建筑面积大于 100m² 且经常有人停留的房间。 8 公共建筑内建筑面积大于 300m² 且可燃物较多的房间。 9 中庭； 10 建筑高度大于 32m 的厂房或仓库内长度大于 20m 的疏散走道，其他厂房或仓库内长度大于 40m 的疏散走道，民用建筑内长度大于 20m 的疏散走道
		汽车库、修车库的排烟设施	8.2.3 除敞开式汽车库、地下一层中建筑面积小于 1000m² 的汽车库、地下一层中建筑面积小于 1000m² 的修车库可不设置排烟设施外，其他汽车库、修车库应设置排烟设施
		人多或可燃物多房烟的排烟设施	8.2.5 建筑中下列经常有人停留或可燃物较多且无可开启外窗的房间或区域应设置排烟设施： 1 建筑面积大于 50m² 的房间。 2 房间的建筑面积不大于 50m²，总建筑面积大于 200m² 的区域
使用与维护	室外消防设施		12.0.1 市政消火栓、室外消火栓、消防水泵接合器等室外消防设施周围应设置防止机动车辆撞击的设施。消火栓、消防水泵接合器两侧沿道路方向各 5m 范围内禁止停放机动车，并应在明显位置设置警示标志
	瓶装液化石油气的使用规定		12.0.4 瓶装液化石油气的使用应符合下列规定： 1 在高层建筑内不应使用瓶装液化石油气。 2 液化石油气钢瓶应避免受到日光直射或火源、热源的直接辐射作用，与灶具的间距不应小于 0.5m。 3 瓶装液化石油气应与其他化学危险物品分开存放。 4 充装量不小于 50kg 的液化石油气容器应设置在所服务建筑外的单层专用房间内，并应采取防火措施。 5 液化石油气容器不应超量罐装，不应使用超量罐装的气瓶。 6 不应敲打、倒置或碰撞液化石油气容器，不应倾倒残液或私自灌气

6.3-1［2024-73］ 下列关于消防扑救的表述，错误的是（　　）。

A. 无窗建筑自第二层起每层设置消防救援口

B. 有外窗的建筑应自第三层起每层设置消防救援口

C. 消防救援口的净高度和净宽度均不应小于 1.0m

D. 消防救援口当利用门时净宽度不应小于 0.8m

答案： A

解析： 根据《建筑防火通用规范》(GB 55037—2022) 第 2.2.3 条。

6.3-2 [2023-74] 某住宅单元建筑面积每层不大于 650m^2，下列选项中应设置不应少于两个安全出口的是（　　）。

A. 建筑高度为 18m，户门至安全出门距离为 18m

B. 建筑高度为 27m，户门至安全出门距离为 15m

C. 建筑高度为 33m，户门至安全出口距离为 10m

D. 建筑高度为 54m，户门至安全出口距离为 5m

答案： A

解析： 参见《建筑防火通用规范》(GB 55037—2022) 第 7.3.1 条。

6.3-3 [2022(5)-86] 设置自动灭火系统的地下商业建筑，其营业厅内餐饮场所的防火分区最大面积是（　　）。

A. 500m^2　　B. 1000m^2　　C. 2000m^2　　D. 3000m^2

答案： B

解析： 依据《建筑防火通用规范》(GB 55037—2022) 第 4.3.16 条可知，除有特殊要求的建筑、木结构建筑和附建于民用建筑中的汽车库外，其他公共建筑中每个防火分区的最大允许建筑面积应符合下列规定：对于地下设备房，不应大于 1000m^2；对于地下其他区域，不应大于 500m^2。当防火分区全部设置自动灭火系统时，上述面积可以增加 1.0 倍。因此允许的最大防火分区面积为 500m^2 × 2 = 1000m^2。

6.3-4 [2022(12)-82] 图 6.3-1 所示两栋建筑之间的间距 L 的最小值为（　　）。

A. 4m　　B. 9m　　C. 13m　　D. 间距不限

答案： C

解析： 依据《建筑防火通用规范》(GB 55037—2022) 第 3.3.1 条可知，建筑高度大于 100m 的民用建筑与高层民用建筑的防火间距不应小于 13m，因此选项 C 符合题意。

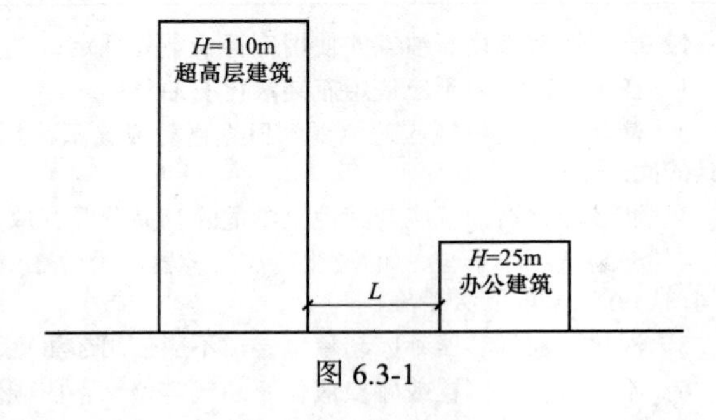

图 6.3-1

6.3-5 [2022(12)-84] 识图题：走道尽端的办公室只设一个门疏散，最远点到疏散门距离≤15m，下列布置错误的是（　　）。

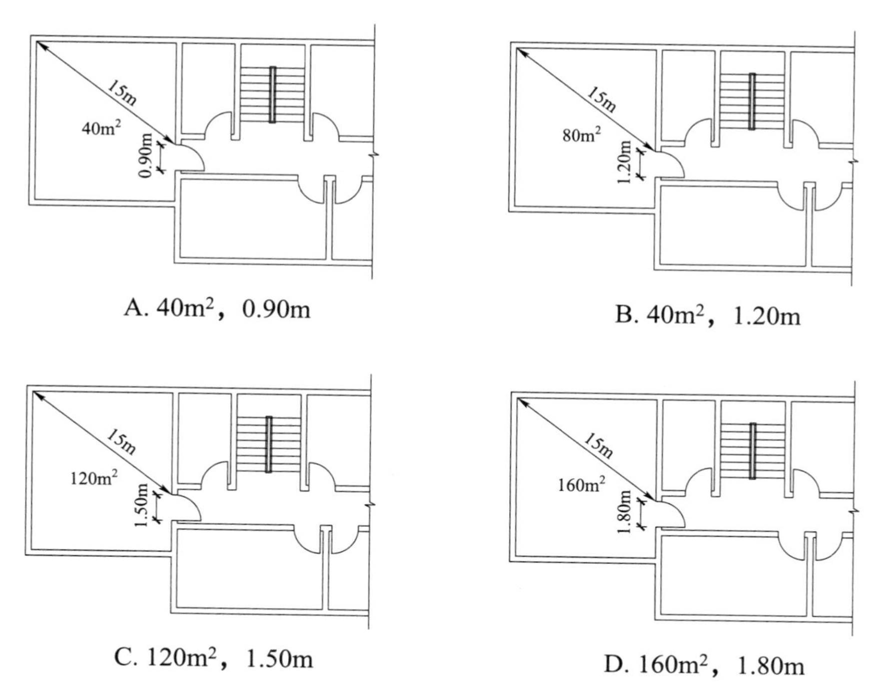

A. 40m²，0.90m　　B. 40m²，1.20m

C. 120m²，1.50m　　D. 160m²，1.80m

答案：B

解析：依据《建筑防火通用规范》（GB 55037—2022）第 7.4.2 条第 4 款、第 5 款和第 6 款可知，公共建筑内仅设置 1 个疏散门的房间应符合：对于其他用途的场所，房间位于两个安全出口之间或袋形走道两侧且建筑面积不大于 120m²；对于其他用途的场所，房间位于走道尽端且建筑面积不大于 50m²；对于其他用途的场所，房间位于走道尽端且建筑面积不大于 200m²、房间内任一点至疏散门的直线距离不大于 15m、疏散门的净宽度不小于 1.40m。因此选项 B 符合题意。

6.3-6［2022（12）-86］识图题：如图 6.3-2 所示，对于室外疏散楼梯的外墙开窗的位置要求正确的是（　　）。

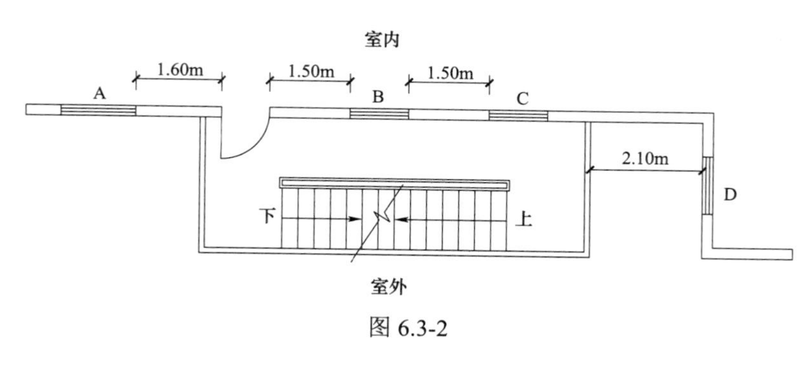

图 6.3-2

A. 窗 A　　B. 窗 B　　C. 窗 C　　D. 窗 D

答案：D

解析：依据《建筑防火通用规范》（GB 55037—2022）第 7.1.11 条第 3 款可知，室外疏散楼梯除疏散门外，楼梯周围 2.0m 内的墙面上不应设置其他开口，疏散门不应正对梯段。因此选项 D 符合题意。

6.3-7［2022（12）-90］住宅下部设置商业服务网点，每个分隔单元之间采用防火隔墙正确的是（　　）。

A. 采用耐火极限不低于 1.50h 且无门、窗、洞口的防火隔墙相互分隔

B. 采用耐火极限不低于 2.00h 且无门、窗、洞口的防火隔墙相互分隔

C. 采用耐火极限不低于 2.00h 的防火隔墙和甲级防火门相互分隔

D. 采用耐火极限不低于 3.00h 的防火卷帘相互分隔

答案： B

解析： 依据《建筑防火通用规范》（GB 55037—2022）第 4.3.2 条第 4 款可知，住宅与商业设施合建的建筑按照住宅建筑的防火要求建造的，商业设施中每个独立单元之间应采用耐火极限不低于 2.00h 且无开口的防火隔墙分隔，因此选项 B 正确。

考点 28:《建筑设计防火规范》（GB 50016—2014，2018 年版）【★★★★★】

<table>
<tr>
<td rowspan="2">民用建筑</td>
<td rowspan="2">建筑分类和耐火等级</td>
<td>民用建筑的分类</td>
<td>5.1.1　民用建筑根据其建筑高度和层数可分为单、多层民用建筑和高层民用建筑。高层民用建筑根据其建筑高度、使用功能和楼层的建筑面积可分为一类和二类。民用建筑的分类应符合表 5.1.1（表 6.3-3）的规定【2023、2022（12）、2020、2019】

表 6.3-3　　民用建筑的分类
<table>
<tr><th rowspan="2">名称</th><th colspan="2">高层民用建筑</th><th rowspan="2">单、多层民用建筑</th></tr>
<tr><th>一类</th><th>二类</th></tr>
<tr><td>住宅建筑</td><td>建筑高度大于 54m 的住宅建筑（包括设置商业服务网点的住宅建筑）</td><td>建筑高度大于 27m，但不大于 54m 的住宅建筑（包括设置商业服务网点的住宅建筑）</td><td>建筑高度不大于 27m 的住宅建筑（包括设置商业服务网点的住宅建筑）</td></tr>
<tr><td>公共建筑</td><td>1. 建筑高度大于 50m 的公共建筑。
2. 建筑高度 24m 以上部分任一楼层建筑面积大于 1000m² 的商店、展览、电信、邮政、财贸金融建筑和其他多种功能组合的建筑。
3. 医疗建筑、重要公共建筑、独立建造的老年人照料设施。
4. 省级及以上的广播电视和防灾指挥调度建筑、网局级和省级电力调度建筑。
5. 藏书超过 100 万册的图书馆、书库</td><td>除一类高层公共建筑外的其他高层公共建筑</td><td>1. 建筑高度大于 24m 单层公共建筑。
2. 建筑高度不大于 24m 的其他公共建筑</td></tr>
</table>
</td>
</tr>
<tr>
<td>不同耐火等级建筑构件的燃烧性能和耐火极限</td>
<td>5.1.2　民用建筑的耐火等级可分为一、二、三、四级。除本规范另有规定外，不同耐火等级建筑相应构件的燃烧性能和耐火极限不应低于表 5.1.2（表 6.3-4）的规定【2023】</td>
</tr>
</table>

续表

民用建筑 — 建筑分类和耐火等级 — 不同耐火等级建筑构件的燃烧性能和耐火极限

表 6.3-4　不同耐火等级建筑相应构件的燃烧性能和耐火极限　（h）

构件名称		耐火等级			
		一级	二级	三级	四级
墙	防火墙	不燃性 3.00	不燃性 3.00	不燃性 3.00	不燃性 3.00
	承重墙	不燃性 3.00	不燃性 2.50	不燃性 2.00	难燃性 0.50
	非承重外墙	不燃性 1.00	不燃性 1.00	不燃性 0.50	可燃性
	楼梯间和前室的墙、电梯井的墙、住宅建筑单元之间的墙和分户墙	不燃性 2.00	不燃性 2.00	不燃性 1.50	难燃性 0.50
	疏散走道两侧的隔墙	不燃性 1.00	不燃性 1.00	不燃性 0.50	难燃性 0.25
	房间隔墙	不燃性 0.75	不燃性 0.50	难燃性 0.50	难燃性 0.25
柱		不燃性 3.00	不燃性 2.50	不燃性 2.00	难燃性 0.50
梁		不燃性 2.00	不燃性 1.50	不燃性 1.00	难燃性 0.50
楼板		不燃性 1.50	不燃性 1.00	不燃性 0.50	可燃性
屋顶承重构件		不燃性 1.50	不燃性 1.00	不燃性 0.50	可燃性
疏散楼梯		不燃性 1.50	不燃性 1.00	不燃性 0.50	可燃性
吊顶（包括吊顶搁栅）		不燃性 0.25	难燃性 0.25	难燃性 0.15	可燃性

注：除本规范另有规定外，以木柱承重且墙体采用不燃材料的建筑，其耐火等级应按四级确定。

屋面板

5.1.5　一、二级耐火等级建筑的屋面板应采用不燃材料。

屋面防水层宜采用不燃、难燃材料，当采用可燃防水材料且铺设在可燃、难燃保温材料上时，防水材料或可燃、难燃保温材料应采用不燃材料作防护层

隔墙及楼板

5.1.6　二级耐火等级建筑内采用难燃性墙体的房间隔墙，其耐火极限不应低于 0.75h；当房间的建筑面积不大于 $100m^2$ 时，房间隔墙可采用耐火极限不低于 0.50h 的难燃性墙体或耐火极限不低于 0.30h 的不燃性墙体。

二级耐火等级多层住宅建筑内采用预应力钢筋混凝土的楼板，其耐火极限不应低于 0.75h

吊顶

5.1.8　二级耐火等级建筑内采用不燃材料的吊顶，其耐火极限不限。

三级耐火等级的医疗建筑、中小学校的教学建筑、老年人照料设施及托儿所、幼儿园的儿童用房和儿童游乐厅等儿童活动场所的吊顶，应采用不燃材料；当采用难燃材料时，其耐火极限不应低于 0.25h。

二、三级耐火等级建筑内门厅、走道的吊顶应采用不燃材料

总平面布局

5.2.2▲　民用建筑之间的防火间距不应小于表 5.2.2（表 6.3-5）的规定，与其他建筑的防火间距，除应符合本规范第 5.2 节的规定外，尚应符合本规范其他章的有关规定。

续表

民用建筑

总平面布局

表 6.3-5　民用建筑之间的防火间距　（m）

建筑类别		高层民用建筑	裙房和其他民用建筑		
		一、二级	一、二级	三级	四级
高层民用建筑	一、二级	13	9	11	14
裙房和其他民用建筑	一、二级	9	6	7	9
	三级	11	7	8	10
	四级	14	9	10	12

注：1. 相邻两座单、多层建筑，当相邻外墙为不燃性墙体且无外露的可燃性屋檐，每面外墙上无防火保护的门、窗、洞口不正对开设且该门、窗、洞口的面积之和不大于外墙面积的 5%时，其防火间距可按本表的规定减少 25%。
2. 两座建筑相邻较高一面外墙为防火墙，或高出相邻较低一座一、二级耐火等级建筑的屋面 15m 及以下范围内的外墙为防火墙时，其防火间距不限。
3. 相邻两座高度相同的一、二级耐火等级建筑中相邻任一侧外墙为防火墙，屋顶的耐火极限不低于 1.00h 时，其防火间距不限。
4. 相邻两座建筑中较低一座建筑的耐火等级不低于二级，相邻较低一面外墙为防火墙且屋顶无天窗，屋顶的耐火极限不低于 1.00h 时，其防火间距不应小于 3.5m；对于高层建筑，不应小于 4m。
5. 相邻两座建筑中较低一座建筑的耐火等级不低于二级且屋顶无天窗，相邻较高一面外墙高出较低一座建筑的屋面 15m 及以下范围内的开口部位设置甲级防火门、窗，或设置符合现行国家标准《自动喷水灭火系统设计规范》GB 50084 规定的防火分隔水幕或本规范第 6.5.3 条规定的防火卷帘时，其防火间距不应小于 3.5m；对于高层建筑，不应小于 4m。
6. 相邻建筑通过连廊、天桥或底部的建筑物等连接时，其间距不应小于本表的规定。
7. 耐火等级低于四级的既有建筑，其耐火等级可按四级确定。

5.2.4　除高层民用建筑外，数座一、二级耐火等级的住宅建筑或办公建筑，当建筑物的占地面积总和不大于 $2500m^2$ 时，可成组布置，但组内建筑物之间的间距不宜小于 4m

防火分区和层数

老年人照料设施

5.3.1A　独立建造的一、二级耐火等级老年人照料设施的建筑高度不宜大于 32m，不应大于 54m；独立建造的三级耐火等级老年人照料设施，不应超过 2 层【2020】

防火分隔

5.3.3　防火分区之间应采用防火墙分隔，确有困难时，可采用防火卷帘等防火分隔设施分隔。采用防火卷帘分隔时，应符合本规范第 6.5.3 条的规定

步行街

根据 5.3.6，餐饮、商店等商业设施通过有顶棚的步行街连接，且步行街两侧的建筑需利用步行街进行安全疏散时，应符合下列规定：【2021】

1　步行街两侧建筑的耐火等级不应低于二级。（图 6.3-3）

2　步行街两侧建筑相对面的最近距离均不应小于本规范对相应高度建筑的防火间距要求且不应小于 9m。步行街的端部在各层均不宜封闭，确需封闭时，应在外墙上设置可开启的门窗，且可开启门窗的面积不应小于该部位外墙面积的一半。步行街的长度不宜大于 300m。（图 6.3-3）

续表

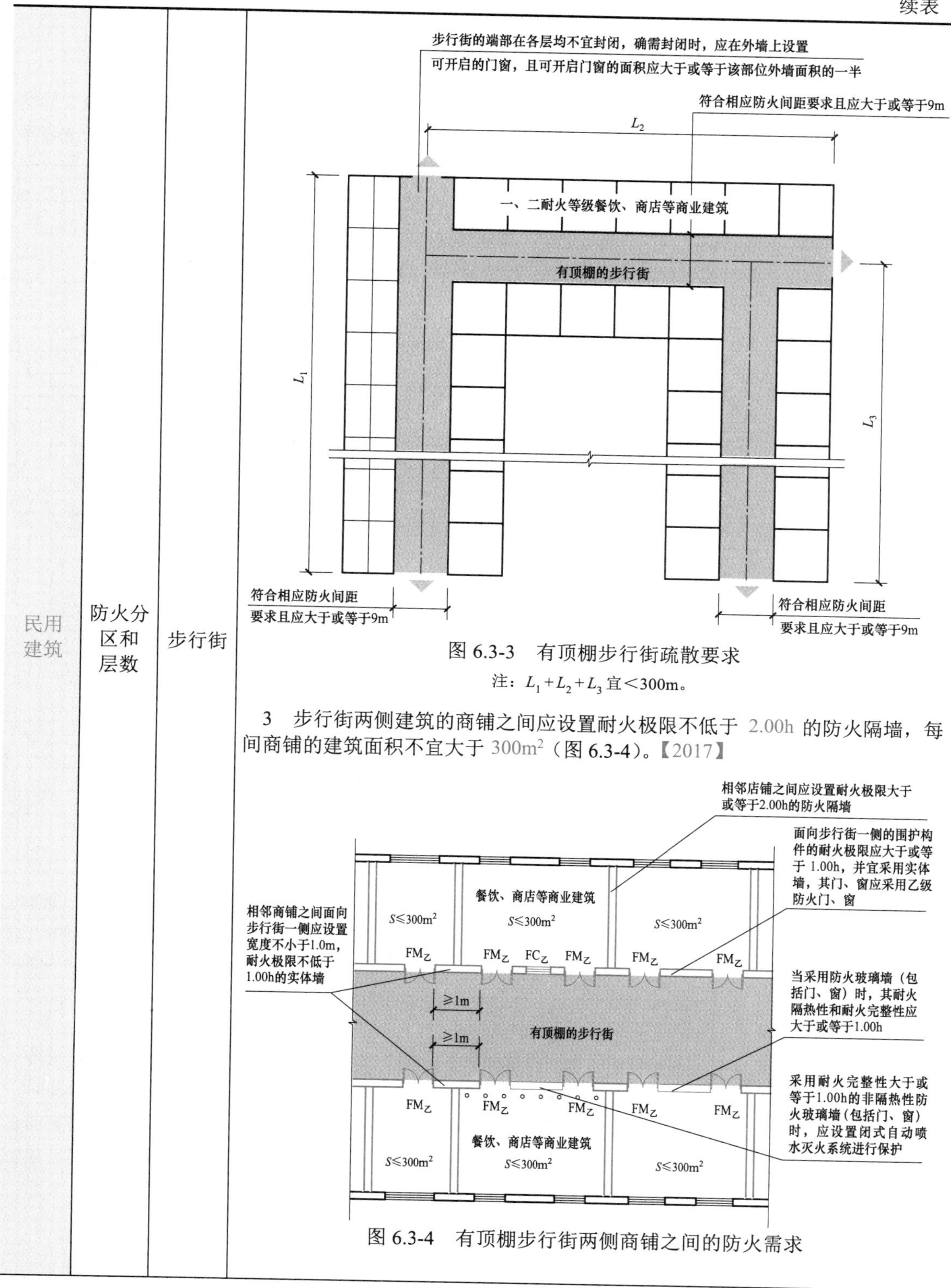

图 6.3-3　有顶棚步行街疏散要求

注：$L_1+L_2+L_3$ 宜<300m。

3　步行街两侧建筑的商铺之间应设置耐火极限不低于 2.00h 的防火隔墙，每间商铺的建筑面积不宜大于 $300m^2$（图 6.3-4）。【2017】

图 6.3-4　有顶棚步行街两侧商铺之间的防火需求

民用建筑	防火分区和层数	步行街	4 步行街两侧建筑的商铺，其面向步行街一侧的围护构件的耐火极限不应低于 1.00h，并宜采用实体墙，其门、窗应采用乙级防火门、窗；当采用防火玻璃墙（包括门、窗）时，其耐火隔热性和耐火完整性不应低于 1.00h；采用耐火完整性不低于 1.00h 的非隔热性防火玻璃墙（包括门、窗）时，应设置闭式自动喷水灭火系统进行保护。相邻商铺之间面向步行街一侧应设置宽度不小于 1.0m、耐火极限不低于 1.00h 的实体墙（图 6.3-5）。 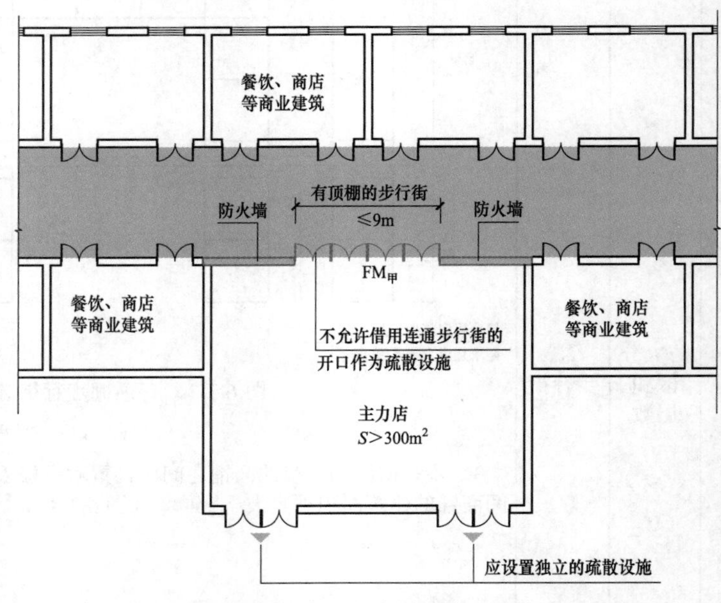 图 6.3-5 有顶棚步行街商铺面向步行街一侧的围护构件防火要求 注：根据公消〔2016〕113 号，对于利用建筑内部有顶棚的步行街进行安全疏散的超大城市综合体，步行街两侧的主力店应采用防火墙与步行街之间进行分隔，连通步行街开口部位宽度不应大于 9m，主力店应设置独立的疏散设置，不允许借用连通步行街的开口。步行街首层与地下层之间不应设置中庭、自动扶梯等上下连通的开口。 当步行街两侧的建筑为多个楼层时，每层面向步行街一侧的商铺均应设置防止火灾竖向蔓延的措施，并应符合本规范第 6.2.5 条的规定；设置回廊或挑檐时，其出挑宽度不应小于 1.2m（图 6.3-6）；步行街两侧的商铺在上部各层需设置回廊和连接天桥时，应保证步行街上部各层的开口面积不应小于步行街地面面积的 37%，且开口宜均匀布置（图 6.3-7）。

续表

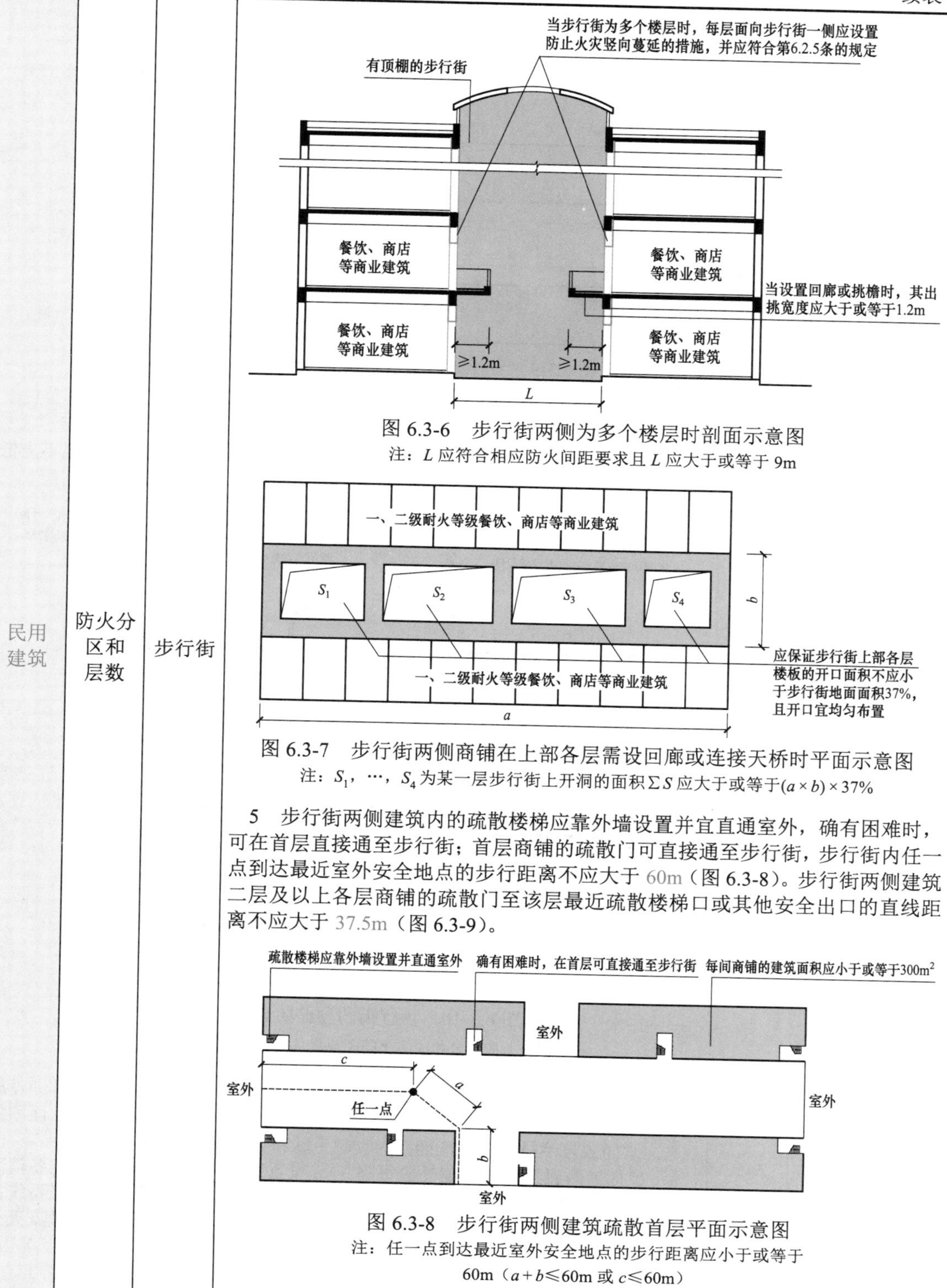

民用建筑 | 防火分区和层数 | 步行街

图 6.3-6 步行街两侧为多个楼层时剖面示意图

注：L 应符合相应防火间距要求且 L 应大于或等于 9m

图 6.3-7 步行街两侧商铺在上部各层需设回廊或连接天桥时平面示意图

注：S_1，…，S_4 为某一层步行街上开洞的面积 ΣS 应大于或等于$(a \times b) \times 37\%$

5 步行街两侧建筑内的疏散楼梯应靠外墙设置并宜直通室外，确有困难时，可在首层直接通至步行街；首层商铺的疏散门可直接通至步行街，步行街内任一点到达最近室外安全地点的步行距离不应大于 60m（图 6.3-8）。步行街两侧建筑二层及以上各层商铺的疏散门至该层最近疏散楼梯口或其他安全出口的直线距离不应大于 37.5m（图 6.3-9）。

图 6.3-8 步行街两侧建筑疏散首层平面示意图

注：任一点到达最近室外安全地点的步行距离应小于或等于 60m（$a+b \leqslant 60$m 或 $c \leqslant 60$m）

民用建筑	防火分区和层数	步行街	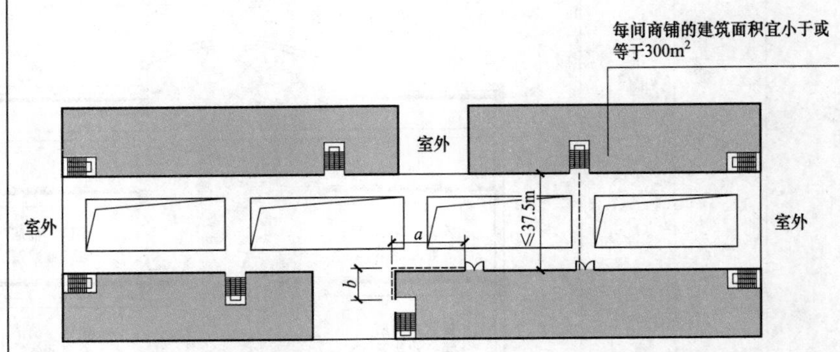 图 6.3-9　步行街两侧建筑疏散二层或以上平面示意图 注：步行街两侧建筑二层及以上各层商铺的疏散门至该层最近疏散楼梯口或其他安全出口的直线距离应小于或等于 37.5m（$a+b\leqslant37.5$m） 6　步行街的顶棚材料应采用不燃或难燃材料，其承重结构的耐火极限不应低于 1.00h。步行街内不应布置可燃物（图 6.3-10）。 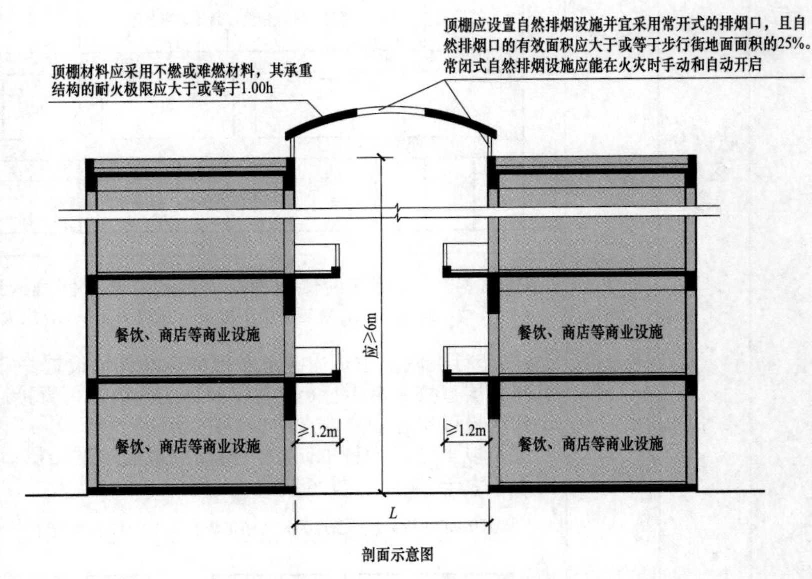 图 6.3-10　步行街的顶棚防火设计要求 注：L 应符合相应防火间距要求且 L 应大于或等于 9m 7　步行街的顶棚下檐距地面的高度不应小于 6.0m，顶棚应设置自然排烟设施并宜采用常开式的排烟口，且自然排烟口的有效面积不应小于步行街地面面积的 25%。常闭式自然排烟设施应能在火灾时手动和自动开启。（图 6.3-10） 8　步行街两侧建筑的商铺外应每隔 30m 设置 DN65 的消火栓，并应配备消防软管卷盘或消防水龙，商铺内应设置自动喷水灭火系统和火灾自动报警系统；每层回廊均应设置自动喷水灭火系统。步行街内宜设置自动跟踪定位射流灭火系统

民用建筑	防火分区和层数	儿童活动场所	5.4.4 托儿所、幼儿园的儿童用房和儿童游乐厅等儿童活动场所宜设置在独立的建筑内，且不应设置在地下或半地下；当采用一、二级耐火等级的建筑时，不应超过 3 层；采用三级耐火等级的建筑时，不应超过 2 层；采用四级耐火等级的建筑时，应为单层；确需设置在其他民用建筑内时，应符合下列规定：【2022（5）】 5 设置在单、多层建筑内时，宜设置独立的安全出口和疏散楼梯
	平面布置	剧场、电影院、礼堂	5.4.7 剧场、电影院、礼堂宜设置在独立的建筑内；采用三级耐火等级建筑时，不应超过 2 层；确需设置在其他民用建筑内时，至少应设置 1 个独立的安全出口和疏散楼梯，并应符合下列规定：【2019】 1 应采用耐火极限不低于 2.00h 的防火隔墙和甲级防火门与其他区域分隔；【2022（12）】 2 设置在一、二级耐火等级的建筑内时，观众厅宜布置在首层、二层或三层；确需布置在四层及以上楼层时，一个厅、室的疏散门不应少于 2 个，且每个观众厅的建筑面积不宜大于 $400m^2$。 3 设置在三级耐火等级的建筑内时，不应布置在三层及以上楼层。 4 设置在地下或半地下时，宜设置在地下一层，不应设置在地下三层及以下楼层。【2022（5）】 5 设置在高层建筑内时，应设置火灾自动报警系统及自动喷水灭火系统等自动灭火系统
		人员密集场所	5.4.8 建筑内的会议厅、多功能厅等人员密集的场所，宜布置在首层、二层或三层。设置在三级耐火等级的建筑内时，不应布置在三层及以上楼层。确需布置在一、二级耐火等级建筑的其他楼层时，应符合下列规定： 1 一个厅、室的疏散门不应少于 2 个，且建筑面积不宜大于 $400m^2$。 2 设置在地下或半地下时，宜设置在地下一层，不应设置在地下三层及以下楼层。 3 设置在高层建筑内时，应设置火灾自动报警系统及自动喷水灭火系统等自动灭火系统
	安全疏散和避难	疏散门间距	5.5.2 建筑内的安全出口和疏散门应分散布置，且建筑内每个防火分区或一个防火分区的每个楼层、每个住宅单元每层相邻两个安全出口以及每个房间相邻两个疏散门最近边缘之间的水平距离不应小于 5m
		可利用直通室外的金属竖向梯疏散的情况	5.5.5 除人员密集场所外，建筑面积不大于 $500m^2$、使用人数不超过 30 人且埋深不大于 10m 的地下或半地下建筑（室），当需要设置 2 个安全出口时，其中一个安全出口可利用直通室外的金属竖向梯。 除歌舞娱乐放映游艺场所外，防火分区建筑面积不大于 $200m^2$ 的地下或半地下设备间、防火分区建筑面积不大于 $50m^2$ 且经常停留人数不超过 15 人的其他地下或半地下建筑（室），可设置 1 个安全出口或 1 部疏散楼梯。 除本规范另有规定外，建筑面积不大于 $200m^2$ 的地下或半地下设备间、建筑面积不大于 $50m^2$ 且经常停留人数不超过 15 人的其他地下或半地下房间，可设置 1 个疏散门

续表

民用建筑	安全疏散和避难	汽车库电梯厅	5.5.6 直通建筑内附设汽车库的电梯，应在汽车库部分设置电梯候梯厅，并应采用耐火极限不低于2.00h的防火隔墙和乙级防火门与汽车库分隔
		防护挑檐	5.5.7 高层建筑直通室外的安全出口上方，应设置挑出宽度不小于1.0m的防护挑檐
		利用相邻防火分区疏散的要求	5.5.9 一、二级耐火等级公共建筑内的安全出口全部直通室外确有困难的防火分区，可利用通向相邻防火分区的甲级防火门作为安全出口，但应符合下列要求： 1 利用通向相邻防火分区的甲级防火门作为安全出口时，应采用防火墙与相邻防火分区进行分隔。 2 建筑面积大于1000m²的防火分区，直通室外的安全出口不应少于2个；建筑面积不大于1000m²的防火分区，直通室外的安全出口不应少于1个。 3 该防火分区通向相邻防火分区的疏散净宽度不应大于其按本规范第5.5.21条规定计算所需疏散总净宽度的30%，建筑各层直通室外的安全出口总净宽度不应小于按照本规范第5.5.21条规定计算所需疏散总净宽度
		剪刀楼梯间	5.5.10 高层公共建筑的疏散楼梯，当分散设置确有困难且从任一疏散门至最近疏散楼梯间入口的距离不大于10m时，可采用剪刀楼梯间，但应符合下列规定： 1 楼梯间应为防烟楼梯间。 2 梯段之间应设置耐火极限不低于1.00h的防火隔墙。 3 楼梯间的前室应分别设置
		顶层局部升高的情况	5.5.11 设置不少于2部疏散楼梯的一、二级耐火等级多层公共建筑，如顶层局部升高，当高出部分的层数不超过2层、人数之和不超过50人且每层建筑面积不大于200m²时，高出部分可设置1部疏散楼梯，但至少应另外设置1个直通建筑主体上人平屋面的安全出口，且上人屋面应符合人员安全疏散的要求
		老年人照料设施的疏散楼梯	5.5.13A 老年人照料设施的疏散楼梯或疏散楼梯间宜与敞开式外廊直接连通，不能与敞开式外廊直接连通的室内疏散楼梯应采用封闭楼梯间。建筑高度大于24m的老年人照料设施，其室内疏散楼梯应采用防烟楼梯间。【2020】 建筑高度大于32m的老年人照料设施，宜在32m以上部分增设能连通老年人居室和公共活动场所的连廊，各层连廊应直接与疏散楼梯、安全出口或室外避难场地连通
		观众厅疏散门数量	5.5.16 剧场、电影院、礼堂和体育馆的观众厅或多功能厅，其疏散门的数量应经计算确定且不应少于2个，并应符合下列规定： 2 对于体育馆的观众厅，每个疏散门的平均疏散人数不宜超过400人～700人

续表

民用建筑	安全疏散和避难	安全疏散距离	见下文

5.5.17▲ 公共建筑的安全疏散距离应符合下列规定：【2023】

1 直通疏散走道的房间疏散门至最近安全出口的直线距离不应大于表 5.5.17（表 6.3-6）的规定。

表 6.3-6 直通疏散走道的房间疏散门至最近安全出口的直线距离

（m）

名称			位于两个安全出口之间的疏散门			位于袋形走道两侧或尽端的疏散门		
			一、二级	三级	四级	一、二级	三级	四级
托儿所、幼儿园老年人照料设施			25	20	15	20	15	10
歌舞娱乐放映游艺场所			25	20	15	9	—	—
医疗建筑	单、多层		35	30	25	20	15	10
	高层	病房部分	24	—	—	12	—	—
		其他部分	30	—	—	15	—	—
教学建筑	单、多层		35	30	25	22	20	10
	高层		30	—	—	15	—	—
高层旅馆、展览建筑			30	—	—	15	—	—
其他建筑	单、多层		40	35	25	22	20	15
	高层		40	—	—	20	—	—

注：1. 建筑内开向敞开式外廊的房间疏散门至最近安全出口的直线距离可按本表的规定增加 5m。

2. 直通疏散走道的房间疏散门至最近敞开楼梯间的直线距离，当房间位于两个楼梯间之间时，应按本表的规定减少 5m；当房间位于袋形走道两侧或尽端时，应按本表的规定减少 2m。

3. 建筑物内全部设置自动喷水灭火系统时，其安全疏散距离可按本表的规定增加 25%。

2 楼梯间应在首层直通室外，确有困难时，可在首层采用扩大的封闭楼梯间或防烟楼梯间前室。当层数不超过 4 层且未采用扩大的封闭楼梯间或防烟楼梯间前室时，可将直通室外的门设置在离楼梯间不大于 15m 处。

3 房间内任一点至房间直通疏散走道的疏散门的直线距离，不应大于表 5.5.17 规定的袋形走道两侧或尽端的疏散门至最近安全出口的直线距离。

<table>
<tr><td rowspan="2">民用建筑</td><td rowspan="2">安全疏散和避难</td><td>安全疏散距离</td><td>4　一、二级耐火等级建筑内疏散门或安全出口不少于 2 个的观众厅、展览厅、多功能厅、餐厅、营业厅等，其室内任一点至最近疏散门或安全出口的直线距离不应大于 30m；当疏散门不能直通室外地面或疏散楼梯间时，应采用长度不大于 10m 的疏散走道通至最近的安全出口。当该场所设置自动喷水灭火系统时，室内任一点至最近安全出口的安全疏散距离可分别增加 25%</td></tr>
<tr><td>人员密集场所疏散</td><td>5.5.19　人员密集的公共场所、观众厅的疏散门不应设置门槛，其净宽度不应小于 1.40m，且紧靠门口内外各 1.40m 范围内不应设置踏步（图 6.3-11）。
人员密集的公共场所的室外疏散通道的净宽度不应小于 3.00m，并应直接通向宽敞地带（图 6.3-12）
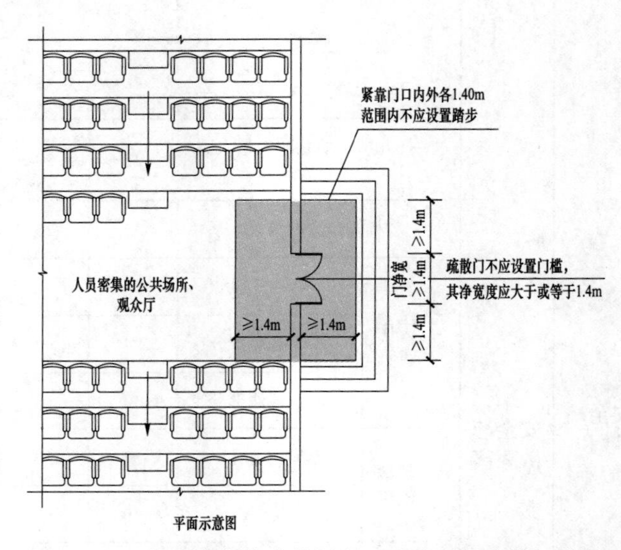

图 6.3-11　人员密集的公共场所、观众厅的疏散门设置
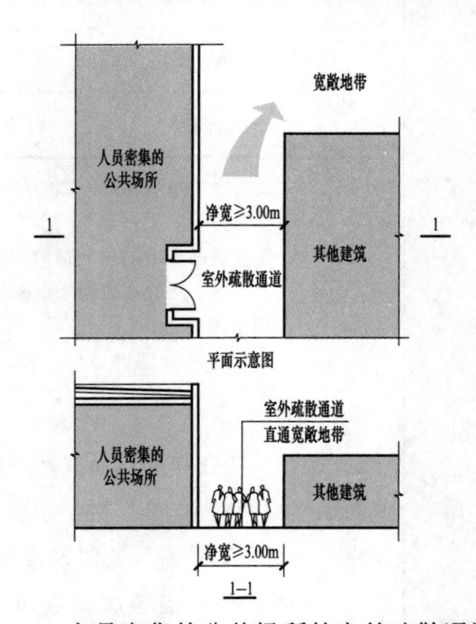

图 6.3-12　人员密集的公共场所的室外疏散通道设置</td></tr>
</table>

民用建筑	安全疏散和避难	剧场、电影院、礼堂、体育馆疏散净宽度	5.5.20 剧场、电影院、礼堂、体育馆等场所的疏散走道、疏散楼梯、疏散门、安全出口的各自总净宽度，应符合下列规定：【2021】 1 观众厅内疏散走道的净宽度应按每 100 人不小于 0.60m 计算，且不应小于 1.00m；边走道的净宽度不宜小于 0.80m。 布置疏散走道时，横走道之间的座位排数不宜超过 20 排；纵走道之间的座位数：剧场、电影院、礼堂等，每排不宜超过 22 个；体育馆，每排不宜超过 26 个；前后排座椅的排距不小于 0.90m 时，可增加 1.0 倍，但不得超过 50 个；仅一侧有纵走道时，座位数应减少一半（图 6.3-13）。 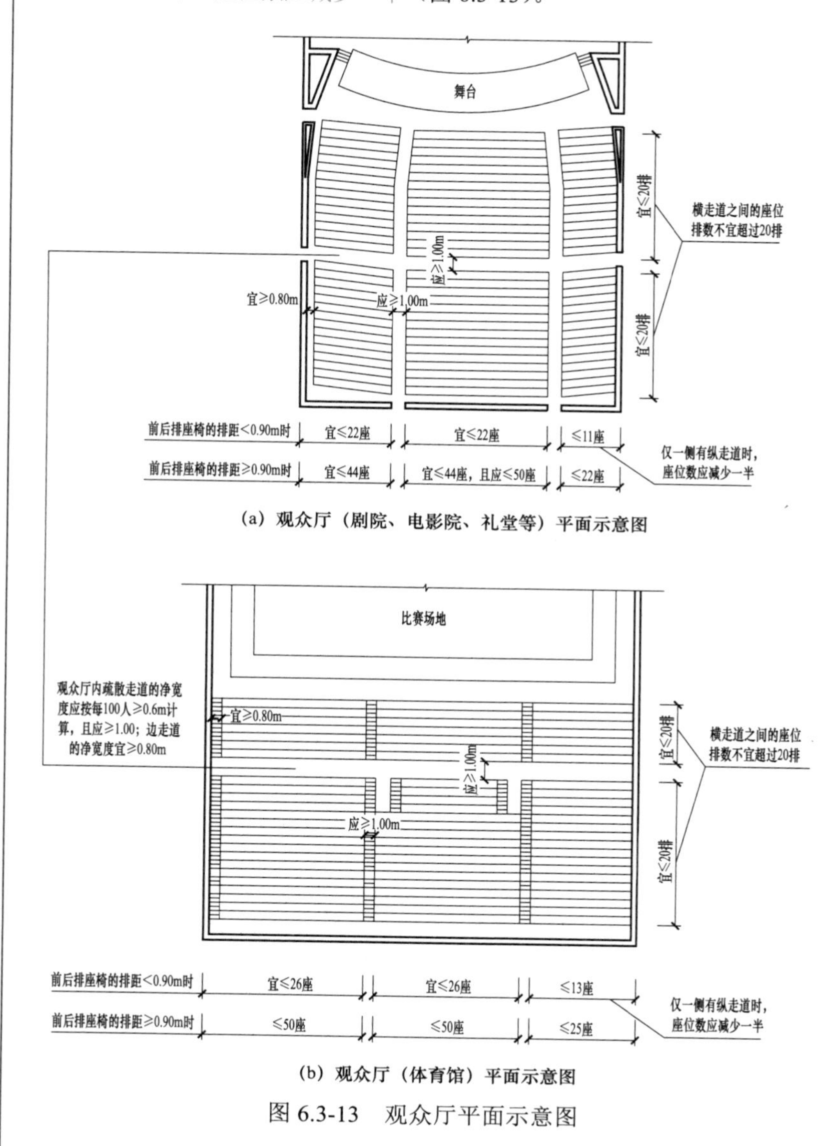 (a) 观众厅（剧院、电影院、礼堂等）平面示意图 (b) 观众厅（体育馆）平面示意图 图 6.3-13 观众厅平面示意图 2 剧场、电影院、礼堂等场所供观众疏散的所有内门、外门、楼梯和走道的各自总净宽度，应根据疏散人数按每 100 人的最小疏散净宽度不小于表 5.5.20-1（表 6.3-7）的规定计算确定。

续表

民用建筑 — 安全疏散和避难 — 剧场、电影院、礼堂、体育馆疏散净宽度

表 6.3-7　剧场、电影院、礼堂等场所每 100 人所需最小疏散净宽度（m/百人）

观众厅座位数/座			≤2500	≤1200
耐火等级			一、二级	三级
疏散部位	门和走道	平坡地面	0.65	0.85
		阶梯地面	0.75	1.00
	楼梯		0.75	1.00

3　体育馆供观众疏散的所有内门、外门、楼梯和走道的各自总净宽度，应根据疏散人数按每 100 人的最小疏散净宽度不小于表 5.5.20-2（表 6.3-8）的规定计算确定。【2023】

表 6.3-8　体育馆每 100 人所需最小疏散净宽度（m/百人）

观众厅座位数范围/座			3000～5000	5001～10 000	10 001～20 000
疏散部位	门和走道	平坡地面	0.43	0.37	0.32
		阶梯地面	0.50	0.43	0.37
	楼梯		0.50	0.43	0.37

注：本表中应较大座位数范围按规定计算的疏散总净宽度，不应小于对应相邻较小座位数范围按其最多座位数计算的疏散总净宽度。对于观众厅座位数少于 3000 个的体育馆，计算供观众疏散的所有内门、外门、楼梯和走道的各自总净宽度时，每 100 人的最小疏散净宽度不应小于表 5.5.20-1（表 6.3-7）的规定。

4　有等场需要的入场门不应作为观众厅的疏散门

民用建筑 — 安全疏散和避难 — 其他公共建筑疏散净宽度

5.5.21　除剧场、电影院、礼堂、体育馆外的其他公共建筑，其房间疏散门、安全出口、疏散走道和疏散楼梯的各自总净宽度，应符合下列规定：

5　有固定座位的场所，其疏散人数可按实际座位数的 1.1 倍计算。

6　展览厅的疏散人数应根据展览厅的建筑面积和人员密度计算，展览厅内的人员密度不宜小于 0.75 人/m^2。

7　商店的疏散人数应按每层营业厅的建筑面积乘以表 5.5.21-2（表 6.3-9）规定的人员密度计算。对于建材商店、家具和灯饰展示建筑，其人员密度可按表 5.5.21-2（表 6.3-9）规定值 30%确定

表 6.3-9　商店营业厅内的人员密度（人/m^2）

楼层位置	地下第二层	地下第一层	地上第一、二层	地上第三层	地上第四次及以上各层
人员密度	0.56	0.60	0.43～0.60	0.39～0.54	0.30～0.42

民用建筑	安全疏散和避难	老年人照料设施避难间	根据 5.5.24A，3 层及 3 层以上总建筑面积大于 3000m²（包括设置在其他建筑内三层及以上楼层）的老年人照料设施，应在二层及以上各层老年人照料设施部分的每座疏散楼梯间的相邻部位设置 1 间避难间；当老年人照料设施设置与疏散楼梯或安全出口直接连通的开敞式外廊、与疏散走道直接连通且符合人员避难要求的室外平台等时，可不设置避难间（图 6.3-14）。避难间内可供避难的净面积不应小于 12m²，避难间可利用疏散楼梯间的前室或消防电梯的前室，其他要求应符合本规范第 5.5.24 条的规定（图 6.3-15）。【2022（5）、2021】

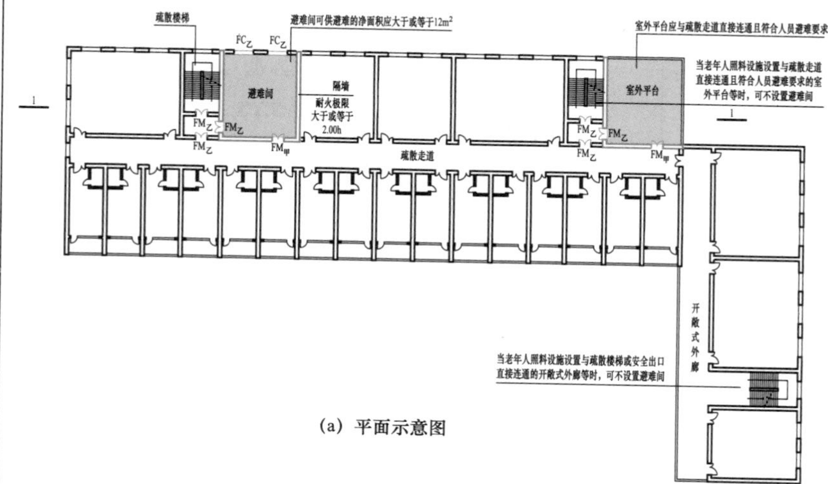

(a) 平面示意图

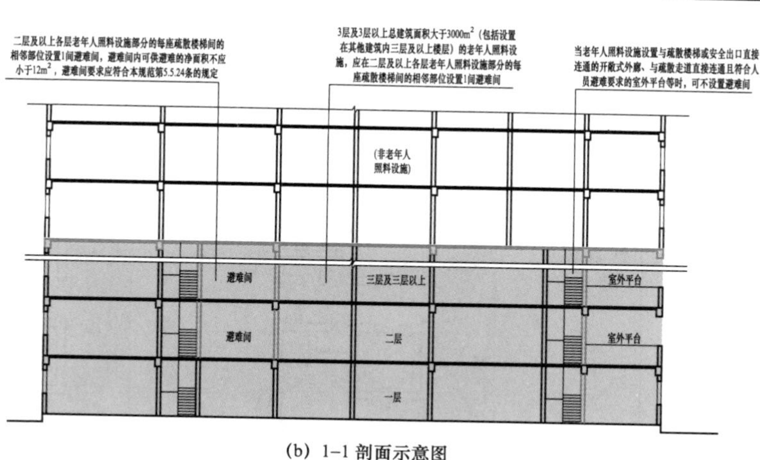

(b) 1–1 剖面示意图

图 6.3-14　3 层及 3 层以上总建筑面积大于 3000m²（包括设置在其他建筑内三层及以上楼层）的老年人照料设施

续表

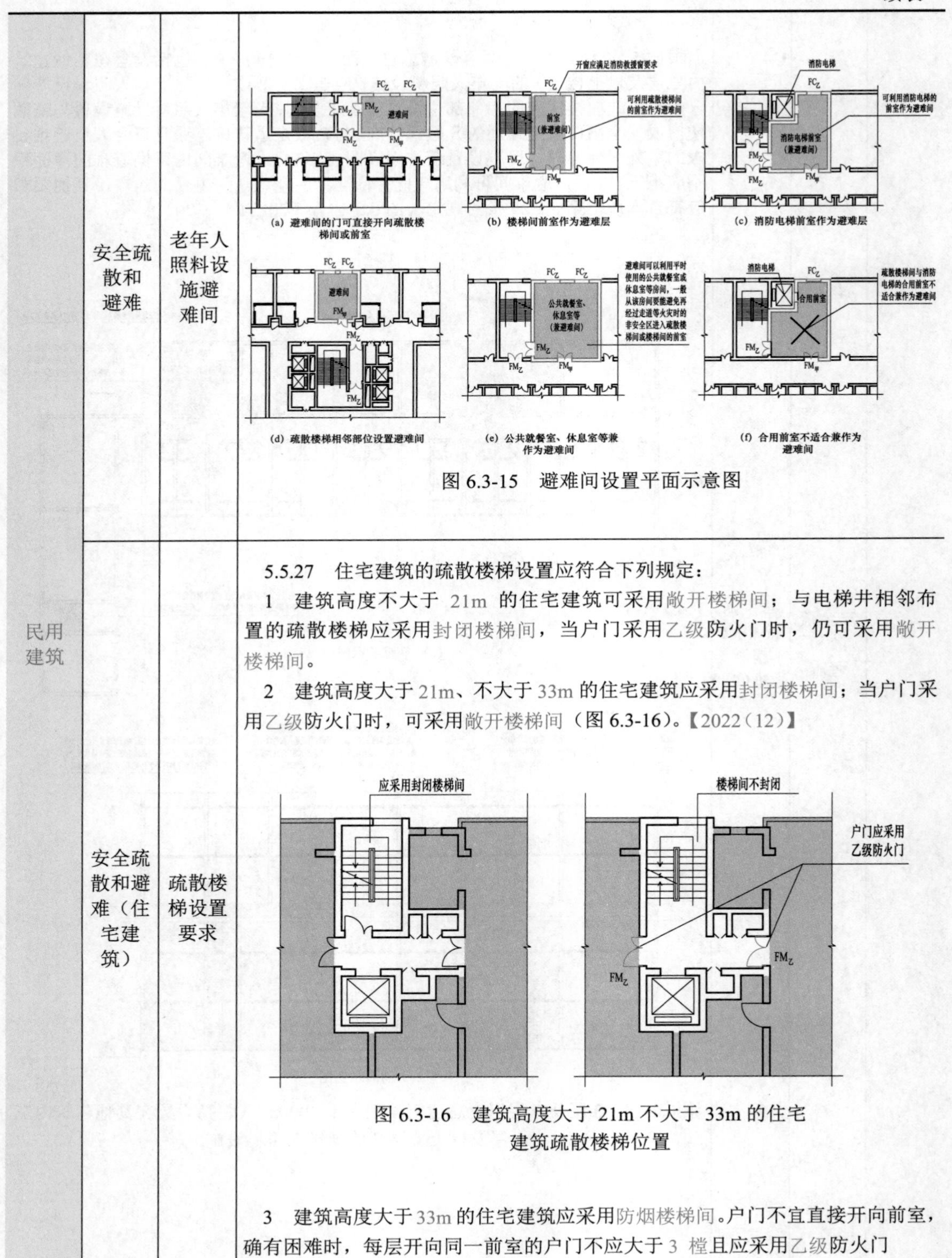

民用建筑	安全疏散和避难	老年人照料设施避难间	图 6.3-15　避难间设置平面示意图
	安全疏散和避难（住宅建筑）	疏散楼梯设置要求	5.5.27　住宅建筑的疏散楼梯设置应符合下列规定： 1　建筑高度不大于 21m 的住宅建筑可采用敞开楼梯间；与电梯井相邻布置的疏散楼梯应采用封闭楼梯间，当户门采用乙级防火门时，仍可采用敞开楼梯间。 2　建筑高度大于 21m、不大于 33m 的住宅建筑应采用封闭楼梯间；当户门采用乙级防火门时，可采用敞开楼梯间（图 6.3-16）。【2022（12）】 图 6.3-16　建筑高度大于 21m 不大于 33m 的住宅建筑疏散楼梯位置 3　建筑高度大于 33m 的住宅建筑应采用防烟楼梯间。户门不宜直接开向前室，确有困难时，每层开向同一前室的户门不应大于 3 樘且应采用乙级防火门

民用建筑	安全疏散和避难（住宅建筑）	剪刀楼梯	5.5.28　住宅单元的疏散楼梯，当分散设置确有困难且任一户门至最近疏散楼梯间入口的距离不大于 10m 时，可采用剪刀楼梯间，但应符合下列规定： 1　应采用防烟楼梯间。 2　梯段之间应设置耐火极限不低于 1.00h 的防火隔墙。 3　楼梯间的前室不宜共用；共用时，前室的使用面积不应小于 6.0m²。 4　楼梯间的前室或共用前室不宜与消防电梯的前室合用；楼梯间的共用前室与消防电梯的前室合用时，合用前室的使用面积不应小于 12.0m²，且短边不应小于 2.4m
		特殊要求	5.5.32　建筑高度大于 54m 的住宅建筑，每户应有一间房间符合下列规定： 1　应靠外墙设置，并应设置可开启外窗。 2　内、外墙体的耐火极限不应低于 1.00h，该房间的门宜采用乙级防火门，外窗的耐火完整性不宜低于 1.00h
建筑构造	防火墙	位置	6.1.1▲　防火墙应直接设置在建筑的基础或框架、梁等承重结构上，框架、梁等承重结构的耐火极限不应低于防火墙的耐火极限。 防火墙应从楼地面基层隔断至梁、楼板或屋面板的底面基层。当高层厂房（仓库）屋顶承重结构和屋面板的耐火极限低于 1.00h，其他建筑屋顶承重结构和屋面板的耐火极限低于 0.50h 时，防火墙应高出屋面 0.5m 以上【2024】
		建筑外墙	6.1.3　建筑外墙为难燃性或可燃性墙体时，防火墙应凸出墙的外表面 0.4m 以上，且防火墙两侧的外墙均应为宽度均不小于 2.0m 的不燃性墙体，其耐火极限不应低于外墙的耐火极限。 建筑外墙为不燃性墙体时，防火墙可不凸出墙的外表面，紧靠防火墙两侧的门、窗、洞口之间最近边缘的水平距离不应小于 2.0m；采取设置乙级防火窗等防止火灾水平蔓延的措施时，该距离不限
		建筑内墙	6.1.4　建筑内的防火墙不宜设置在转角处，确需设置时，内转角两侧墙上的门、窗、洞口之间最近边缘的水平距离不应小于 4.0m；采取设置乙级防火窗等防止火灾水平蔓延的措施时，该距离不限
	建筑构件和管道井	舞台与观众厅的防火要求	6.2.1　剧场等建筑的舞台与观众厅之间的隔墙应采用耐火极限不低于 3.00h 的防火隔墙。【2019】 舞台上部与观众厅闷顶之间的隔墙可采用耐火极限不低于 1.50h 的防火隔墙，隔墙上的门应采用乙级防火门。 舞台下部的灯光操作室和可燃物储藏室应采用耐火极限不低于 2.00h 的防火隔墙与其他部位分隔。 电影放映室、卷片室应采用耐火极限不低于 1.50h 的防火隔墙与其他部位分隔，观察孔和放映孔应采取防火分隔措施
		其他车特殊部位的防火要求	6.2.3　建筑内的下列部位应采用耐火极限不低于 2.00h 的防火隔墙与其他部位分隔，墙上的门、窗应采用乙级防火门、窗，确有困难时，可采用防火卷帘，但应符合本规范第 6.5.3 条的规定： 1　甲、乙类生产部位和建筑内使用丙类液体的部位。 2　厂房内有明火和高温的部位。 3　甲、乙、丙类厂房（仓库）内布置有不同火灾危险性类别的房间。 4　民用建筑内的附属库房，剧场后台的辅助用房。 5　除居住建筑中套内的厨房外，宿舍、公寓建筑中的公共厨房和其他建筑内的厨房。 6　附设在住宅建筑内的机动车库

续表

建筑构造	疏散楼梯间和疏散楼梯等	基本要求	6.4.1 疏散楼梯间应符合下列规定： 1 楼梯间应能天然采光和自然通风，并宜靠外墙设置。靠外墙设置时，楼梯间、前室及合用前室外墙上的窗口与两侧门、窗、洞口最近边缘的水平距离不应小于 1.0m
		踏步要求	6.4.7 疏散用楼梯和疏散通道上的阶梯不宜采用螺旋楼梯和扇形踏步；确需采用时，踏步上、下两级所形成的平面角度不应大于 10°，且每级离扶手 250mm 处的踏步深度不应小于 220mm
		室外消防梯	6.4.9 高度大于 10m 的三级耐火等级建筑应设置通至屋顶的室外消防梯。室外消防梯不应面对老虎窗，宽度不应小于 0.6m，且宜从离地面 3.0m 高处设置
		室外开敞空间的疏散楼梯	6.4.12 用于防火分隔的下沉式广场等室外开敞空间，应符合下列规定： 1 分隔后的不同区域通向下沉式广场等室外开敞空间的开口最近边缘之间的水平距离不应小于 13m。室外开敞空间除用于人员疏散外不得用于其他商业或可能导致火灾蔓延的用途，其中用于疏散的净面积不应小于 169m^2。 2 下沉式广场等室外开敞空间内应设置不少于 1 部直通地面的疏散楼梯。当连接下沉广场的防火分区需利用下沉广场进行疏散时，疏散楼梯的总净宽度不应小于任一防火分区通向室外开敞空间的设计疏散总净宽度。 3 确需设置防风雨篷时，防风雨篷不应完全封闭，四周开口部位应均匀布置，开口的面积不应小于该空间地面面积的 25%，开口高度不应小于 1.0m；开口设置百叶时，百叶的有效排烟面积可按百叶通风口面积的 60%计算
		防火隔间的设置	6.4.13 防火隔间的设置应符合下列规定： 1 防火隔间的建筑面积不应小于 6.0m^2。 2 防火隔间的门应采用甲级防火门。 3 不同防火分区通向防火隔间的门不应计入安全出口，门的最小间距不应小于 4m。 4 防火隔间内部装修材料的燃烧性能应为 A 级
		避难走道的设置	6.4.14 避难走道的设置应符合下列规定（图 6.3-17 和图 6.3-18）：【2020】 1 避难走道防火隔墙的耐火极限不应低于 3.00h，楼板的耐火极限不应低于 1.50h。 2 避难走道直通地面的出口不应少于 2 个，并应设置在不同方向；当避难走道仅与一个防火分区相通且该防火分区至少有 1 个直通室外的安全出口时，可设置 1 个直通地面的出口。任一防火分区通向避难走道的门至该避难走道最近直通地面的出口的距离不应大于 60m。 3 避难走道的净宽度不应小于任一防火分区通向该避难走道的设计疏散总净宽度。 4 避难走道内部装修材料的燃烧性能应为 A 级。 5 防火分区至避难走道入口处应设置防烟前室，前室的使用面积不应小于 6.0m^2，开向前室的门应采用甲级防火门，前室开向避难走道的门应采用乙级防火门。 6 避难走道内应设置消火栓、消防应急照明、应急广播和消防专线电话

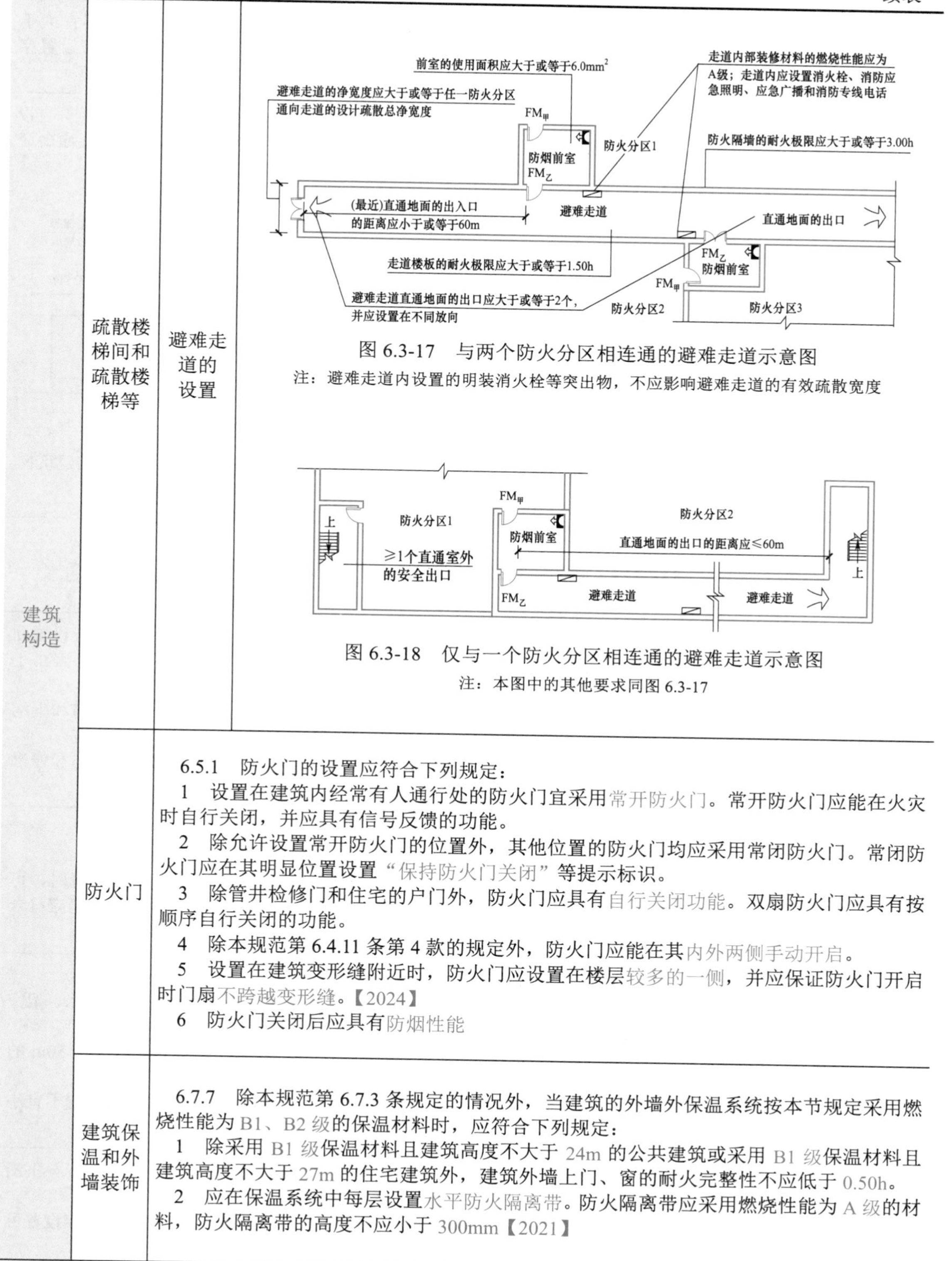

建筑构造	疏散楼梯间和疏散楼梯等	避难走道的设置	图 6.3-17　与两个防火分区相连通的避难走道示意图 注：避难走道内设置的明装消火栓等突出物，不应影响避难走道的有效疏散宽度 图 6.3-18　仅与一个防火分区相连通的避难走道示意图 注：本图中的其他要求同图 6.3-17
	防火门		6.5.1　防火门的设置应符合下列规定： 1　设置在建筑内经常有人通行处的防火门宜采用常开防火门。常开防火门应能在火灾时自行关闭，并应具有信号反馈的功能。 2　除允许设置常开防火门的位置外，其他位置的防火门均应采用常闭防火门。常闭防火门应在其明显位置设置“保持防火门关闭”等提示标识。 3　除管井检修门和住宅的户门外，防火门应具有自行关闭功能。双扇防火门应具有按顺序自行关闭的功能。 4　除本规范第 6.4.11 条第 4 款的规定外，防火门应能在其内外两侧手动开启。 5　设置在建筑变形缝附近时，防火门应设置在楼层较多的一侧，并应保证防火门开启时门扇不跨越变形缝。【2024】 6　防火门关闭后应具有防烟性能
	建筑保温和外墙装饰		6.7.7　除本规范第 6.7.3 条规定的情况外，当建筑的外墙外保温系统按本节规定采用燃烧性能为 B1、B2 级的保温材料时，应符合下列规定： 1　除采用 B1 级保温材料且建筑高度不大于 24m 的公共建筑或采用 B1 级保温材料且建筑高度不大于 27m 的住宅建筑外，建筑外墙上门、窗的耐火完整性不应低于 0.50h。 2　应在保温系统中每层设置水平防火隔离带。防火隔离带应采用燃烧性能为 A 级的材料，防火隔离带的高度不应小于 300mm【2021】

灭火救援设施	消防车道	设置要求	7.1.1 街区内的道路应考虑消防车的通行，道路中心线间的距离不宜大于160m。当建筑物沿街道部分的长度大于150m或总长度大于220m时，应设置穿过建筑物的消防车道。确有困难时，应设置环形消防车道
		内院、天井情况	7.1.4 有封闭内院或天井的建筑物，当内院或天井的短边长度大于24m时，宜设置进入内院或天井的消防车道（图6.3-19）；当该建筑物沿街时，应设置连通街道和内院的人行通道（可利用楼梯间），其间距不宜大于80m（图6.3-20）【2017】 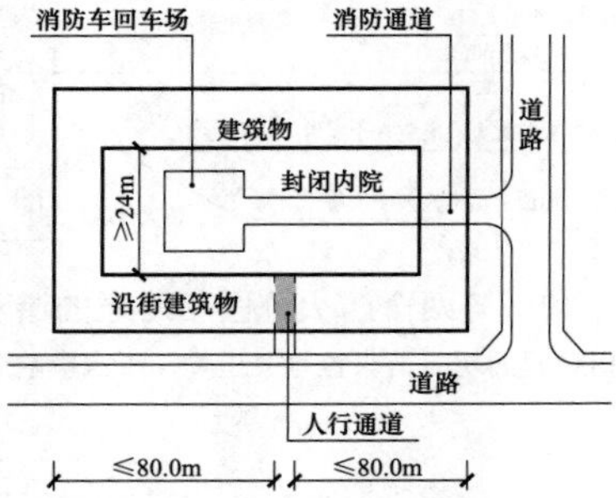 消防车回车场 消防通道 道路 建筑物 封闭内院 ≥24m 沿街建筑物 道路 人行通道 ≤80.0m ≤80.0m 图6.3-19 有封闭内院或天井的建筑物设置消防车道示意图 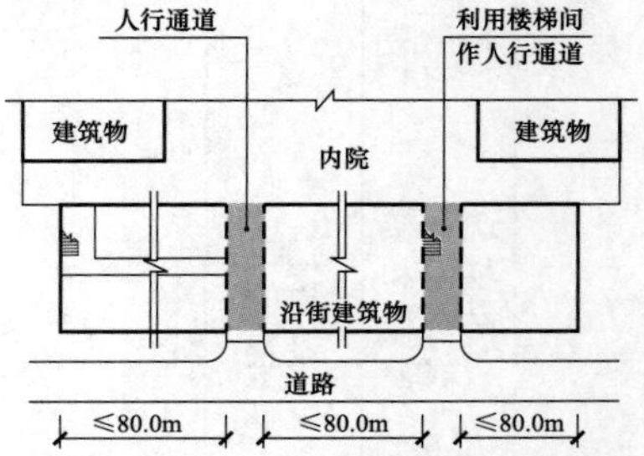 人行通道 利用楼梯间作人行通道 建筑物 内院 建筑物 沿街建筑物 道路 ≤80.0m ≤80.0m ≤80.0m 图6.3-20 有封闭内院或天井的建筑物设置人行通道示意图
		间距坡度	7.1.8 消防车道应符合下列要求：【2020】 4 消防车道靠建筑外墙一侧的边缘距离建筑外墙不宜小于5m。 5 消防车道的坡度不宜大于8%
		回车场及其他要求	7.1.9 环形消防车道至少应有两处与其他车道连通。尽头式消防车道应设置回车道或回车场，回车场的面积不应小于12m×12m；对于高层建筑，不宜小于15m×15m；供重型消防车使用时，不宜小于18m×18m。 消防车道的路面、救援操作场地、消防车道和救援操作场地下面的管道和暗沟等，应能承受重型消防车的压力。 消防车道可利用城乡、厂区道路等，但该道路应满足消防车通行、转弯和停靠的要求
	救援场地和入口	登高操作场地	7.2.1▲ 高层建筑应至少沿一个长边或周边长度的1/4且不小于一个长边长度的底边连续布置消防车登高操作场地，该范围内的裙房进深不应大于4m。 建筑高度不大于50m的建筑，连续布置消防车登高操作场地确有困难时，可间隔布置，但间隔距离不宜大于30m，且消防车登高操作场地的总长度仍应符合上述规定【2023】
			7.2.2 消防车登高操作场地应符合下列规定： 1▲ 场地与厂房、仓库、民用建筑之间不应设置妨碍消防车操作的树木、架空管线等障碍物和车库出入口。 2▲ 场地的长度和宽度分别不应小于15m和10m。对于建筑高度大于50m的建筑，场地的长度和宽度分别不应小于20m和10m。【2023】 4 场地应与消防车道连通，场地靠建筑外墙一侧的边缘距离建筑外墙不宜小于5m，且不应大于10m，场地的坡度不宜大于3%【2020】
		消防救援窗口	7.2.5 供消防救援人员进入的窗口的净高度和净宽度均不应小于1.0m，下沿距室内地面不宜大于1.2m，间距不宜大于20m且每个防火分区不应少于2个，设置位置应与消防车登高操作场地相对应。窗口的玻璃应易于破碎，并应设置可在室外易于识别的明显标志。（图6.3-21和图6.3-22）【2022（5）】

灭火救援设施	救援场地和入口	消防救援窗口	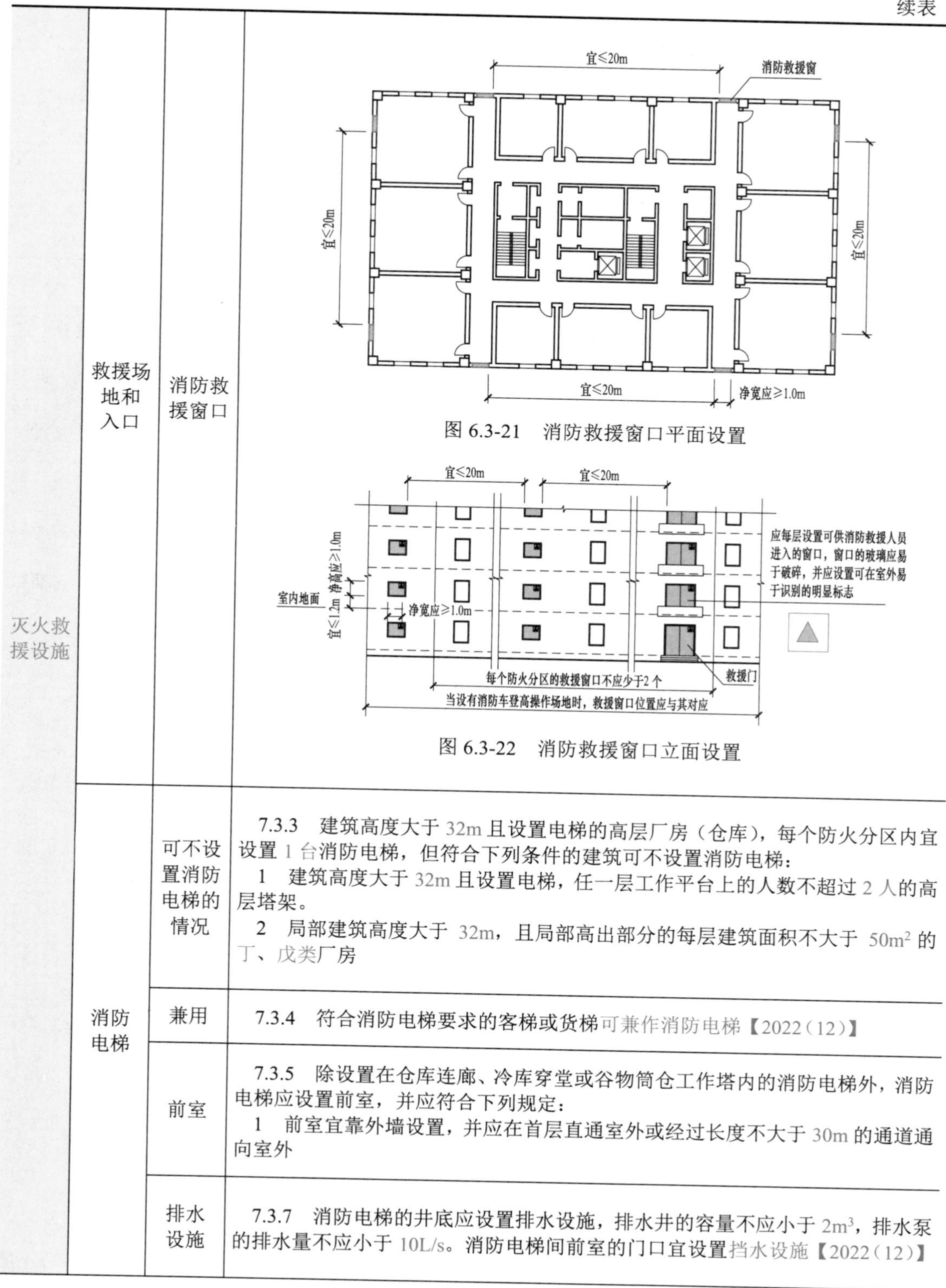 图 6.3-21　消防救援窗口平面设置 图 6.3-22　消防救援窗口立面设置
	消防电梯	可不设置消防电梯的情况	7.3.3　建筑高度大于 32m 且设置电梯的高层厂房（仓库），每个防火分区内宜设置 1 台消防电梯，但符合下列条件的建筑可不设置消防电梯： 1　建筑高度大于 32m 且设置电梯，任一层工作平台上的人数不超过 2 人的高层塔架。 2　局部建筑高度大于 32m，且局部高出部分的每层建筑面积不大于 $50m^2$ 的丁、戊类厂房
		兼用	7.3.4　符合消防电梯要求的客梯或货梯可兼作消防电梯【2022（12）】
		前室	7.3.5　除设置在仓库连廊、冷库穿堂或谷物筒仓工作塔内的消防电梯外，消防电梯应设置前室，并应符合下列规定： 1　前室宜靠外墙设置，并应在首层直通室外或经过长度不大于 30m 的通道通向室外
		排水设施	7.3.7　消防电梯的井底应设置排水设施，排水井的容量不应小于 $2m^3$，排水泵的排水量不应小于 10L/s。消防电梯间前室的门口宜设置挡水设施【2022（12）】

续表

<table>
<tr><td>灭火救援设施</td><td>消防电梯</td><td>构造设计要求</td><td>7.3.8　消防电梯应符合下列规定：
1　应能每层停靠。
2　电梯的载重量不应小于 800kg。
3　电梯从首层至顶层的运行时间不宜大于 60s。
4　电梯的动力与控制电缆、电线、控制面板应采取防水措施。
5　在首层的消防电梯入口处应设置供消防队员专用的操作按钮。
6　电梯轿厢的内部装修应采用不燃材料。
7　电梯轿厢内部应设置专用消防对讲电话</td></tr>
<tr><td>附录</td><td colspan="3">附录 D 自然排烟窗（口）开启有效面积计算方法：
依据《建筑防烟排烟系统技术标准》（GB 51251—2017）第 4.3.5 条，除本标准另有规定外，自然排烟窗（口）开启的有效面积尚应符合下列规定：【2022（5）】
1　当采用开窗角大于 70° 的悬窗时，其面积应按窗的面积计算；当开窗角小于或等于 70° 时，其面积应按窗最大开启时的水平投影面积计算（图 6.3-23）。
2　当采用开窗角大于 70° 的平开窗时，其面积应按窗的面积计算；当开窗角小于或等于 70° 时，其面积应按窗最大开启时的竖向投影面积计算（图 6.3-24）。
3　当采用推拉窗时，其面积应按开启的最大窗口面积计算（图 6.3-25）。
4　当采用百叶窗时，其面积应按窗的有效开口面积计算（图 6.3-26）。
5　当平推窗设置在顶部时，其面积可按窗的 1/2 周长与平推距离乘积计算，且不应大于窗面积（图 6.3-27）。
6　当平推窗设置在外墙时，其面积可按窗的 1/4 周长与平推距离乘积计算，且不应大于窗面积（图 6.3-28）
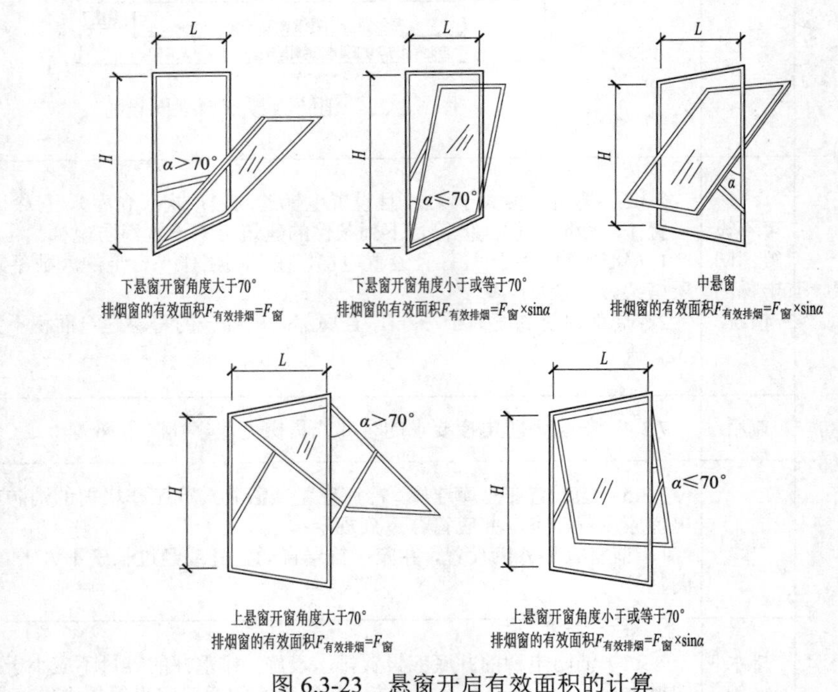

图 6.3-23　悬窗开启有效面积的计算</td></tr>
</table>

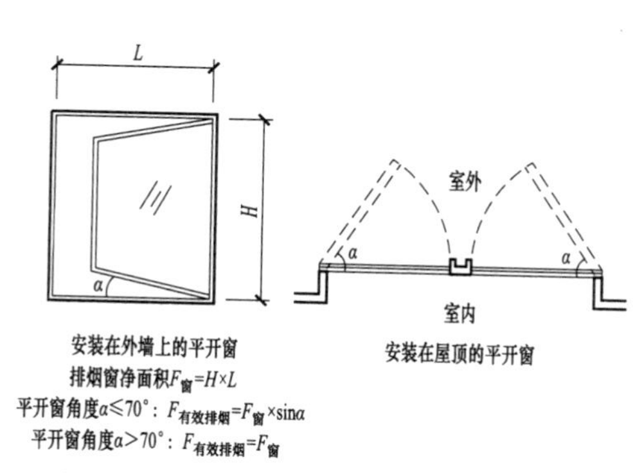

安装在外墙上的平开窗

安装在屋顶的平开窗

排烟窗净面积$F_{窗}=H\times L$

平开窗角度$\alpha\leqslant70°$：$F_{有效排烟}=F_{窗}\times\sin\alpha$

平开窗角度$\alpha>70°$：$F_{有效排烟}=F_{窗}$

图 6.3-24　平开窗开启有效面积的计算

注：1. 对于平开窗，排烟有效面积应按垂直投影面积；

2. 作为排烟使用的平开窗必须设在储烟仓内

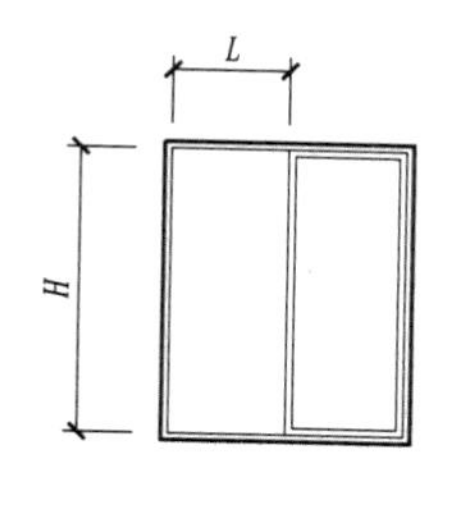

推拉窗

排烟窗的有效面积$F_{有效排烟}=H\times L$

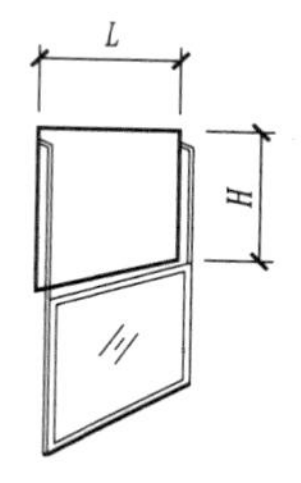

下滑电动窗

排烟窗的有效面积$F_{有效排烟}=H\times L$

图 6.3-25　推拉窗开启有效面积的计算

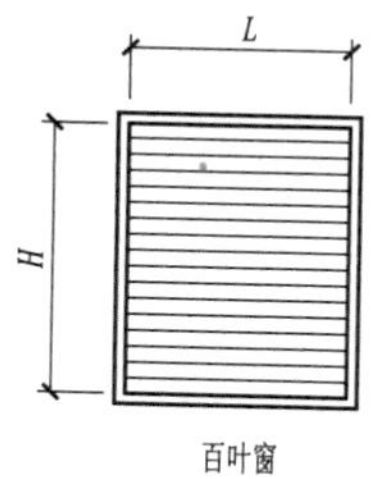

百叶窗

排烟窗净面积$F_{窗}=H\times L$

排烟窗的有效面积$F_{有效排烟}=F_{窗}\times$有效面积系数

图 6.3-26　百叶窗开启有效面积的计算

注：对于百叶窗，窗的有效面积为窗的净面积乘以有效面积系数。根据工程实际经验，当采用防雨百叶时系数取 0.6，当采用一般百叶时系数取 0.8

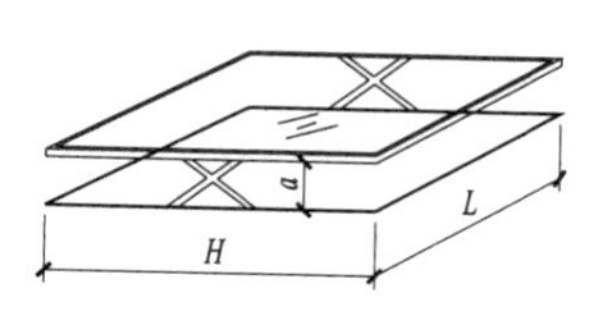

设置在顶部的平推窗

排烟窗的有效面积 $F_{有效排烟}=1/2\times(2H+2L)\times a$ 且 $F_{有效排烟}\leqslant H\times L$

图 6.3-27　顶部平推窗开启有效面积的计算

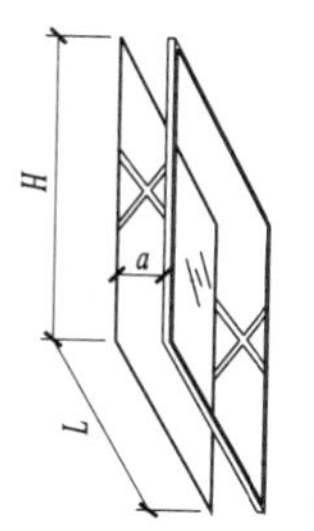

设置在侧墙的平推窗

排烟窗的有效面积 $F_{有效排烟}=1/4\times(2H+2L)\times a$ 且 $F_{有效排烟}\leqslant H\times L$

图 6.3-28　外墙平推窗开启有效面积的计算

6.3-8［2023-71］某建筑高度为45m的办公楼，关于其消防救援场地（阴影部分），下列正确的是（　　）。

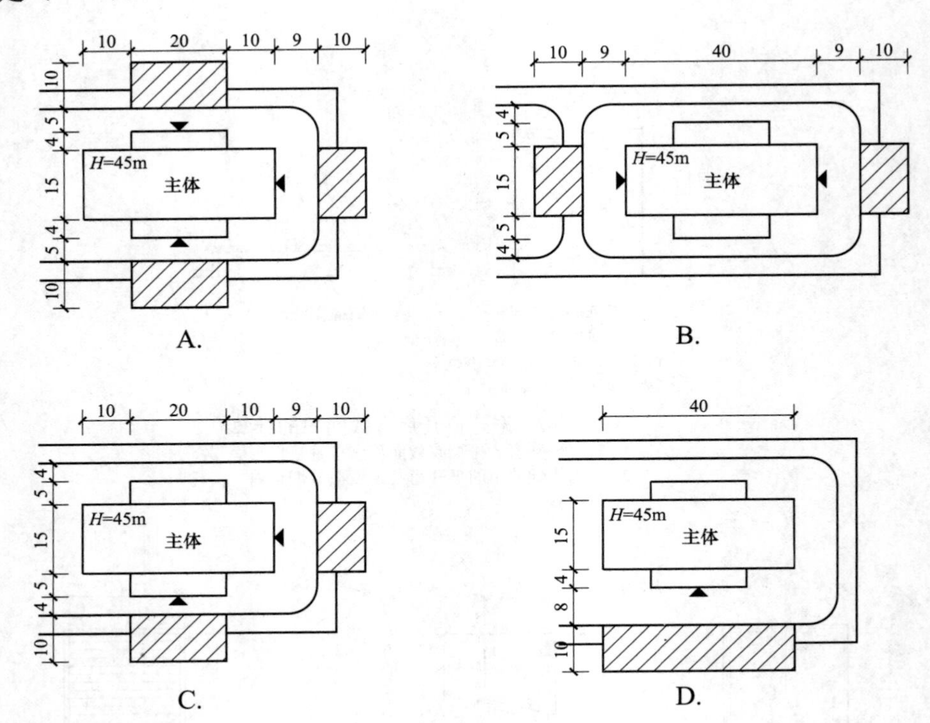

答案： A

解析： 参见《建筑防火通用规范》（GB 55037—2022）第3.4.3条和《建筑设计防火规范》（GB 50016—2014，2018年版）第7.2.1条和第7.2.2条。

6.3-9［2023-73］根据《建筑设计防火规范》（GB 50016—2014，2018年版）的规定，下列构件中耐火极限最低的是（　　）。

A. 楼梯间的墙　　B. 电梯井的墙　　C. 非承重外墙　　D. 住宅分户墙

答案： C

解析： 参见《建筑设计防火规范》（GB 50016—2014，2018年版）第5.1.2条。

6.3-10［2023-75］根据《建筑设计防火规范》（GB 50016—2014，2018年版）的规定，下列哪项不是体育馆建筑安全疏散宽度的计算依据？（　　）

A. 建筑构件耐火极限　　B. 观众厅座位数

C. 平坡或阶梯地面　　D. 建筑疏散部位

答案： A

解析： 依据《建筑设计防火规范》（GB 50016—2014，2018年版）第5.5.20条和表5.5.20-2可知，体育馆的疏散宽度与观众厅座位数、疏散部位以及平坡或阶梯地面均有关系。

6.3-11　**案例题：** 某含有地下室的独立养老院，共7层，总建筑面积为5000m²，建筑高度30m，设有自动喷淋灭火系统，某一楼层的平面图如下，根据图6.3-29所示，回答第1～3题。

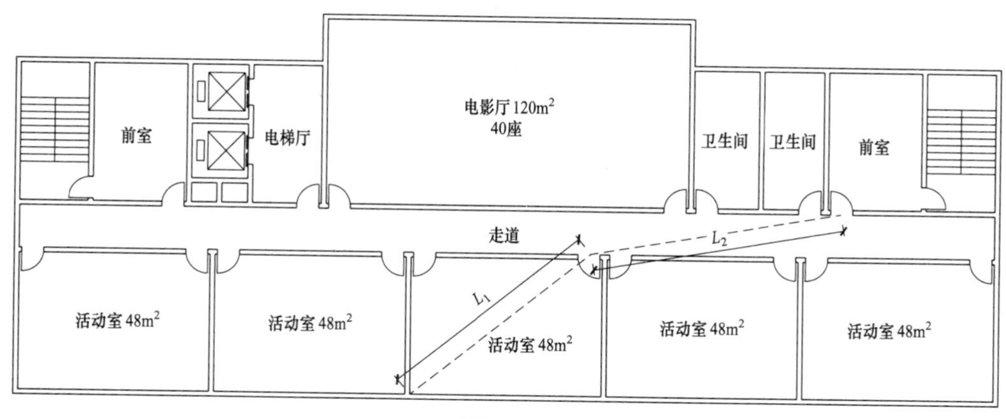

图 6.3-29

1.［2023-76］该平面图允许布置的楼层是（　　）。

A. 地下一层至二层　　B. 地下一层至三层

C. 一层至三层　　D. 一层至四层

答案：C

解析：参见《建筑防火通用规范》(GB 55037—2022) 第 4.3.5 条。

2.［2023-77］该养老建筑的消防设计，错误的是（　　）。

A. 属于二类高层　　B. 二层及以上需设置避难间

C. 设置防烟楼梯间和消防电梯　　D. 屋顶的保温材料为 A 级

答案：A

解析：依据《建筑设计防火规范》(GB 50016—2014，2018 年版) 第 5.1.1 条和表 5.1.1 可知，建筑高度大于 24m 独立建造的老年人照料设施应为一类高层建筑。

3.［2023-78］图中疏散距离 L_1 和 L_2 正确的是（　　）。

A. 9×1.25　22×1.25　　B. 9×1.25　25×1.25

C. 20×1.25　22×1.25　　D. 20×1.25　25×1.25

答案：D

解析：依据《建筑设计防火规范》(GB 50016—2014，2018 年版) 第 5.5.17 条和表 5.5.17 可知，老年人照料设施位于两个安全出口之间的疏散门至最近安全出口的直线距离不应大于 25m，房间内任一点至房间直通疏散走道的疏散门的直线距离不应大于 20m，建筑物内全部设置自动喷水灭火系统时，其安全疏散距离可按本表的规定增加 25%。

6.3-12［2022（12）-81］以下四个选项中，哪个选项是二类高层？（　　）

A. 52m 办公　　B. 54m 住宅　　C. 26m 养老院　　D. 27m 医院

答案：B

解析：依据《建筑设计防火规范》(GB 50016—2014，2018 年版) 第 5.1.1 条。

6.3-13［2022（12）-83］当住宅的户门采用乙级防火门时，采用敞开楼梯间的住宅最高可以做到（　　）。

A. 18m　　B. 21m　　C. 27m　　D. 33m

答案：D

解析：依据《建筑设计防火规范》(GB 50016—2014，2018 年版）第 5.5.27 条第 2 款可知，建筑高度大于 21m、不大于 33m 的住宅建筑应采用封闭楼梯间；当户门采用乙级防火门时，可采用敞开楼梯间。因此选项 D 符合题意。

考点 29：《建筑内部装修设计防火规范》(GB 50222—2017)【★★】

<table>
<tr><td rowspan="5">装修材料的分类和分级</td><td>装修材料分类</td><td>3.0.1　装修材料按其使用部位和功能，可划分为顶棚装修材料、墙面装修材料、地面装修材料、隔断装修材料、固定家具、装饰织物、其他装修装饰材料七类。
注：其他装修装饰材料系指楼梯扶手、挂镜线、踢脚板、窗帘盒、暖气罩等</td></tr>
<tr><td>装修材料燃烧性能等级</td><td>3.0.2　装修材料按其燃烧性能应划分为四级，并应符合本规范表 3.0.2（表 6.3-10）的规定

表 6.3-10　　装修材料燃烧性能等级
<table><tr><th>等级</th><th>装修材料燃烧性能</th></tr><tr><td>A</td><td>不燃性</td></tr><tr><td>B1</td><td>难燃性</td></tr><tr><td>B2</td><td>可燃性</td></tr><tr><td>B3</td><td>易燃性</td></tr></table></td></tr>
<tr><td rowspan="3">特殊情况</td><td>3.0.4　安装在金属龙骨上燃烧性能达到 B1 级的纸面石膏板、矿棉吸声板，可作为 A 级装修材料使用</td></tr>
<tr><td>3.0.5　单位面积质量小于 $300g/m^2$ 的纸质、布质壁纸，当直接粘贴在 A 级基材上时，可作为 B1 级装修材料使用</td></tr>
<tr><td>3.0.6　施涂于 A 级基材上的无机装修涂料，可作为 A 级装修材料使用；施涂于 A 级基材上，湿涂覆比小于 $1.5kg/m^2$，且涂层干膜厚度不大于 1.0mm 的有机装修涂料，可作为 B1 级装修材料使用</td></tr>
<tr><td rowspan="2">特别场所</td><td>变形缝</td><td>4.0.7　建筑内部变形缝（包括沉降缝、伸缩缝、抗震缝等）两侧基层的表面装修应采用不低于 B1 级的装修材料【2019】</td></tr>
<tr><td>住宅建筑装修设计</td><td>4.0.15　住宅建筑装修设计尚应符合下列规定：
1　不应改动住宅内部烟道、风道。
2　厨房内的固定橱柜宜采用不低于 B1 级的装修材料。
3　卫生间顶棚宜采用 A 级装修材料。
4　阳台装修宜采用不低于 B1 级的装修材料</td></tr>
</table>

6.3-14［2019-83］关于室内装修材料的使用，下列哪个选项是错误的？(　　)

A. 地上疏散走道墙面的装修材料大于或等于 B1 级

B. 地下疏散走道地面的装修材料不得小于 B1 级

C. 变形缝的周边的基层装修材料不小于 B1 级

D. 通向扶梯的地面的基层的装修材料不小于 B1 级

答案：B

解析：依据《建筑内部装修设计防火规范》(GB 50222—2017）第 4.0.4 条、第 4.0.5 条、第 4.0.6 条和第 4.0.7 条可知，地上建筑的水平疏散走道和安全出口的门厅，其顶棚应采用 A

级装修材料，其他部位应采用不低于 B1 级的装修材料；地下民用建筑的疏散走道和安全出口的门厅，其顶棚、墙面和地面均应采用 A 级装修材料。疏散楼梯间和前室的顶棚、墙面和地面均应采用 A 级装修材料。建筑物内设有上、下层相连通的中庭、走马廊、开敞楼梯、自动扶梯时，其连通部位的顶棚、墙面应采用 A 级装修材料，其他部位应采用不低于 B1 级的装修材料。建筑内部变形缝（包括沉降缝、伸缩缝、抗震缝等）两侧基层的表面装修应采用不低于 B1 级的装修材料。因选项 B 错误。

考点 30：《汽车库、修车库、停车场设计防火规范》（GB 50067—2014）【★★★】

<table>
<tr><td>分类和耐火等级</td><td>分类</td><td colspan="2">3.0.1　汽车库、修车库、停车场的分类应根据停车（车位）数量和总建筑面积确定，并应符合表 3.0.1（表 6.3-11）的规定【2024】

表 6.3-11　　汽车库、修车库、停车场的分类
<table>
<tr><th colspan="2">名称</th><th>Ⅰ</th><th>Ⅱ</th><th>Ⅲ</th><th>Ⅳ</th></tr>
<tr><td rowspan="2">汽车库</td><td>停车数量/辆</td><td>>300</td><td>151～300</td><td>51～150</td><td>≤50</td></tr>
<tr><td>总建筑面积 S/m²</td><td>S>10000</td><td>5000<S≤10000</td><td>2000<S≤5000</td><td>S≤2000</td></tr>
<tr><td rowspan="2">修车库</td><td>车位数/个</td><td>>15</td><td>6～15</td><td>3～5</td><td>≤2</td></tr>
<tr><td>总建筑面积 S/m²</td><td>S>3000</td><td>1000<S≤3000</td><td>500<S≤1000</td><td>S≤500</td></tr>
<tr><td>停车场</td><td>停车数量/辆</td><td>>400</td><td>251～400</td><td>101～250</td><td>≤100</td></tr>
</table>
注：1. 当屋面露天停车场与下部汽车库共用汽车坡道时，其停车数量应计算在汽车库的车辆总数内。
2. 室外坡道、屋面露天停车场的建筑面积可不计入汽车库的建筑面积之内。
3. 公交汽车库的建筑面积可按本表的规定值增加 2.0 倍。</td></tr>
<tr><td rowspan="5">总平面布局和平面布置</td><td rowspan="4">一般规定</td><td rowspan="2">建设要求</td><td>4.1.4　汽车库不应与托儿所、幼儿园，老年人建筑，中小学校的教学楼，病房楼等组合建造。当符合下列要求时，汽车库可设置在托儿所、幼儿园，老年人建筑，中小学校的教学楼，病房楼等的地下部分：【2017】
1　汽车库与托儿所、幼儿园，老年人建筑，中小学校的教学楼，病房楼等建筑之间，应采用耐火极限不低于 2.00h 的楼板完全分隔。
2　汽车库与托儿所、幼儿园，老年人建筑，中小学校的教学楼，病房楼等的安全出口和疏散楼梯应分别独立设置</td></tr>
<tr><td>4.1.5　甲、乙类物品运输车的汽车库、修车库应为单层建筑，且应独立建造。当停车数量不大于 3 辆时，可与一、二级耐火等级的Ⅳ类汽车库贴邻，但应采用防火墙隔开</td></tr>
<tr><td rowspan="2">耐火等级</td><td>4.1.6　Ⅰ类修车库应单独建造；Ⅱ、Ⅲ、Ⅳ类修车库可设置在一、二级耐火等级建筑的首层或与其贴邻，但不得与甲、乙类厂房、仓库，明火作业的车间或托儿所、幼儿园、中小学校的教学楼，老年人建筑，病房楼及人员密集场所组合建造或贴邻</td></tr>
<tr><td>4.1.12　Ⅰ、Ⅱ类汽车库、停车场宜设置耐火等级不低于二级的灭火器材间【2017】</td></tr>
<tr><td>防火间距</td><td colspan="2">4.2.1▲　除本规范另有规定者外，汽车库、修车库、停车场之间以及汽车库、修车库、停车场与除甲类物品仓库外的其他建筑物之间的防火间距，不应小于表 4.2.1（表 6.3-12）的规定。其中高层汽车库与其他建筑物，汽车库、修车库与高层建筑的防火间距应按表 4.2.1（表 6.3-12）的规定值增加 3m；汽车库、修车库与甲类厂房的防火间距应按表 4.2.1（表 6.3-12）的规定值增加 2m。【2024】</td></tr>
</table>

续表

总平面布局和平面布置

防火间距

表 6.3-12　汽车库、修车库、停车场之间及汽车库、修车库、停车场与除甲类物品仓库外的其他建筑物的防火间距　（m）

名称和耐火等级	汽车库、修车库		厂房、仓库、民用建筑		
	一、二级	三级	一、二级	三级	四级
一、二级汽车库、修车库	10	12	10	12	14
三级汽车库、修车库	12	14	12	14	16
停车场	6	8	6	8	10

注：防火间距应按相邻建筑物外墙的最近距离算起，如外墙有凸出的可燃物构件时，则应从其凸出部分外缘算起，停车场从靠近建筑物的最近停车位置边缘算起。

4.2.2　汽车库、修车库之间或汽车库、修车库与其他建筑之间的防火间距可适当减少，但应符合下列规定：

1　当两座建筑相邻较高一面外墙为无门、窗、洞口的防火墙或当较高一面外墙比较低一座一、二级耐火等级建筑屋面高 15m 及以下范围内的外墙为无门、窗、洞口的防火墙时，其防火间距可不限。

2　当两座建筑相邻较高一面外墙上，同较低建筑等高的以下范围内的墙为无门、窗、洞口的防火墙时，其防火间距可按本规范表 4.2.1 的规定值减小 50%。

3　相邻的两座一、二级耐火等级建筑，当较高一面外墙的耐火极限不低于 2.00h，墙上开口部位设置甲级防火门、窗或耐火极限不低于 2.00h 的防火卷帘、水幕等防火设施时，其防火间距可减小，但不应小于 4m。

4　相邻的两座一、二级耐火等级建筑，当较低一座的屋顶无开口，屋顶的耐火极限不低于 1.00h，且较低一面外墙为防火墙时，其防火间距可减小，但不应小于 4m

4.2.3　停车场与相邻的一、二级耐火等级建筑之间，当相邻建筑的外墙为无门、窗、洞口的防火墙，或比停车部位高 15m 范围以下的外墙均为无门、窗、洞口的防火墙时，防火间距可不限

4.2.10　停车场的汽车宜分组停放，每组的停车数量不宜大于 50 辆，组之间的防火间距不应小于 6m

消防车道

4.3.2　消防车道的设置应符合下列要求：【2020】

1　除Ⅳ类汽车库和修车库以外，消防车道应为环形，当设置环形车道有困难时，可沿建筑物的一个长边和另一边设置。

2　尽头式消防车道应设置回车道或回车场，回车场的面积不应小于 12m×12m。

3　消防车道的宽度不应小于 4m

4.3.3　穿过汽车库、修车库、停车场的消防车道，其净空高度和净宽度均不应小于 4m；当消防车道上空遇有障碍物时，路面与障碍物之间的净空高度不应小于 4m

建筑面积

5.1.1▲　汽车库防火分区的最大允许建筑面积应符合表 5.1.1 的规定。其中，敞开式、错层式、斜楼板式汽车库的上下连通层面积应叠加计算，每个防火分区的最大允许建筑面积不应大于表 5.1.1（表 6.3-13）规定的 2.0 倍；室内有车道且有人员停留的机械式汽车库，其防火分区最大允许建筑面积应按表 5.1.1 的规定减少 35%【2024】

表 6.3-13　汽车库防火分区的最大允许建筑面积　（m^2）

耐火等级	单层汽车库	多层汽车库、半地下汽车库	地下汽车库、高层汽车库
一、二级	3000	2500	2000
三级	1000	不允许	不允许

防火分隔和建筑构造	防火分隔	防火分区	5.1.2 设置自动灭火系统的汽车库，其每个防火分区的最大允许建筑面积不应大于本规范第 5.1.1 条规定的 2.0 倍
		与其他建筑合建的规定	5.1.6 汽车库、修车库与其他建筑合建时，应符合下列规定：【2021】 1 当贴邻建造时，应采用防火墙隔开。 2 设在建筑物内的汽车库（包括屋顶停车场）、修车库与其他部位之间，应采用防火墙和耐火极限不低于 2.00h 的不燃性楼板分隔。 3 汽车库、修车库的外墙门、洞口的上方，应设置耐火极限不低于 1.00h、宽度不小于 1.0m、长度不小于开口宽度的不燃性防火挑檐。 4 汽车库、修车库的外墙上、下层开口之间墙的高度，不应小于 1.2m 或设置耐火极限不低于 1.00h、宽度不小于 1.0m 的不燃性防火挑檐
		特殊用房防火分隔	5.1.7 汽车库内设置修理车位时，停车部位与修车部位之间应采用防火墙和耐火极限不低于 2.00h 的不燃性楼板分隔
			5.1.9 附设在汽车库、修车库内的消防控制室、自动灭火系统的设备室、消防水泵房和排烟、通风空气调节机房等，应采用防火隔墙和耐火极限不低于 1.50h 的不燃性楼板相互隔开或与相邻部位分隔
	防火墙、防火隔墙和防火卷帘	屋面板	5.2.2 当汽车库、修车库的屋面板为不燃材料且耐火极限不低于 0.50h 时，防火墙、防火隔墙可砌至屋面基层的底部
		三级耐火	5.2.3 三级耐火等级汽车库、修车库的防火墙、防火隔墙应截断其屋顶结构，并应高出其不燃性屋面不小于 0.4m；高出可燃性或难燃性屋面不小于 0.5m
		转角处	5.2.4 防火墙不宜设在汽车库、修车库的内转角处。当设在转角处时，内转角处两侧墙上的门、窗、洞口之间的水平距离不应小于 4m。防火墙两侧的门、窗、洞口之间最近边缘的水平距离不应小于 2m。当防火墙两侧设置固定乙级防火窗时，可不受距离的限制
		门窗洞口	5.2.6 防火墙或防火隔墙上不宜开设门、窗、洞口，当必须开设时，应设置甲级防火门、窗或耐火极限不低于 3.00h 的防火卷帘
安全疏散和救援设施	安全出口		6.0.2 除室内无车道且无人员停留的机械式汽车库外，汽车库、修车库内每个防火分区的人员安全出口不应少于 2 个，Ⅳ类汽车库和Ⅲ、Ⅳ类修车库可设置 1 个
	消防电梯		6.0.4 除室内无车道且无人员停留的机械式汽车库外，建筑高度大于 32m 的汽车库应设置消防电梯。消防电梯的设置应符合现行国家标准《建筑设计防火规范》GB 50016 的有关规定
	室外疏散楼梯		6.0.5 室外疏散楼梯可采用金属楼梯，并应符合下列规定： 1 倾斜角度不应大于 45°，栏杆扶手的高度不应小于 1.1m。 2 每层楼梯平台应采用耐火极限不低于 1.00h 的不燃材料制作。 3 在室外楼梯周围 2m 范围内的墙面上，不应开设除疏散门外的其他门、窗、洞口。 4 通向室外楼梯的门应采用乙级防火门
	疏散楼梯借用		6.0.7 与住宅地下室相连通的地下汽车库、半地下汽车库，人员疏散可借用住宅部分的疏散楼梯；当不能直接进入住宅部分的疏散楼梯间时，应在汽车库与住宅部分的疏散楼梯之间设置连通走道，走道应采用防火隔墙分隔，汽车库开向该走道的门均应采用甲级防火门
	供灭火救援用楼梯间		6.0.8 室内无车道且无人员停留的机械式汽车库可不设置人员安全出口，但应按下列规定设置供灭火救援用的楼梯间： 1 每个停车区域当停车数量大于 100 辆时，应至少设置 1 个楼梯间。 2 楼梯间与停车区域之间应采用防火隔墙进行分隔，楼梯间的门应采用乙级防火门。 3 楼梯的净宽不应小于 0.9m

安全疏散和救援设施	疏散出口数量	6.0.10 当符合下列条件之一时，汽车库、修车库的汽车疏散出口可设置 1 个： 1 Ⅳ类汽车库。 2 设置双车道汽车疏散出口的Ⅲ类地上汽车库。 3 设置双车道汽车疏散出口、停车数量小于或等于 100 辆且建筑面积小于 4000m² 的地下或半地下汽车库。 4 Ⅱ、Ⅲ、Ⅳ类修车库
		6.0.11 Ⅰ、Ⅱ类地上汽车库和停车数量大于 100 辆的地下、半地下汽车库，当采用错层或斜楼板式，坡道为双车道且设置自动喷水灭火系统时，其首层或地下一层至室外的汽车疏散出口不应少于 2 个，汽车库内其他楼层的汽车疏散坡道可设置 1 个
		6.0.12 Ⅳ类汽车库设置汽车坡道有困难时，可采用汽车专用升降机作汽车疏散出口，升降机的数量不应少于 2 台，停车数量少于 25 辆时，可设置 1 台
		6.0.15 停车场的汽车疏散出口不应少于 2 个；停车数量不大于 50 辆时，可设置 1 个
	坡道	6.0.13 汽车疏散坡道的净宽度，单车道不应小于 3.0m，双车道不应小于 5.5m【2018】
	疏散距离	6.0.14 除室内无车道且无人员停留的机械式汽车库外，相邻两个汽车疏散出口之间的水平距离不应小于 10m；毗邻设置的两个汽车坡道应采用防火隔墙分隔【2018】

6.3-15［2021-89］某多层建筑局部剖面如下图所示，图中对于防护构件的防火极限设置，正确的是（　　）。

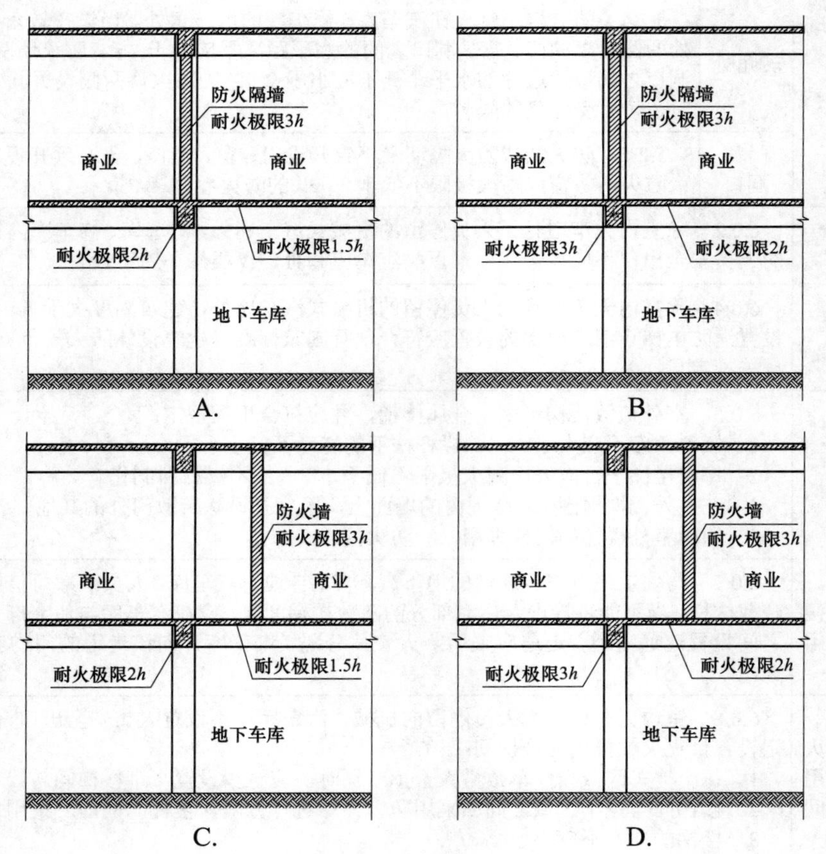

答案：B

解析：依据《汽车库、修车库、停车场设计防火规范》(GB 50067—2014) 第 5.1.6 条可知，汽车库、修车库与其他建筑合建时，应符合下列规定：1. 当贴邻建造时，应采用防火墙隔开；2. 设在建筑物内的汽车库（包括屋顶停车场）、修车库与其他部位之间，应采用防火墙和耐火极限不低于 2.00h 的不燃性楼板分隔；因此选项 B 正确。

6.3-16 **案例题**：汽车库面积为 8000m²，共三层，每层可停 120 辆汽车，相邻一座二级耐火等级的多层办公建筑，如图 6.3-30，完成 1～3 题。

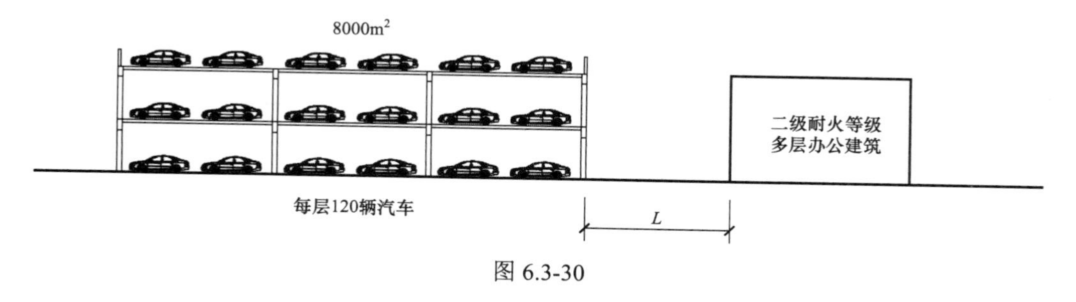

图 6.3-30

1. [2024-76] 汽车库的耐火等级是（　　）。

A. Ⅰ级　　B. Ⅱ级　　C. Ⅲ级　　D. Ⅳ级

答案：A

解析：根据《汽车库、修车库、停车场设计防火规范》(GB 50067—2014) 第 3.0.1 条。

2. [2024-77] 该车库对耐火等级二级多层办公楼距离是（　　）。

A. 6m　　B. 9m　　C. 10m　　D. 13m

答案：C

解析：根据《汽车库、修车库、停车场设计防火规范》(GB 50067—2014) 第 4.2.1 条。

3. [2024-78] 该汽车库的防火分区的最大允许建筑面积是（　　）。

A. 4000m²　　B. 5000m²　　C. 6000m²　　D. 10000m²

答案：B

解析：根据《汽车库、修车库、停车场设计防火规范》(GB 50067—2014) 第 5.1.1 条。

第四节　建筑设计绿建、节能和环保标准及规范

考点 31：《建筑节能与可再生能源利用通用规范》(GB 55015—2021)【★★★★】

基本规定		
基本规定	节能率	2.0.1 新建居住建筑和公共建筑平均设计能耗水平应在 2016 年执行的节能设计标准的基础上分别降低 30%和 20%。不同气候区平均节能率应符合下列规定： 1 严寒和寒冷地区居住建筑平均节能率应为 75%。 2 除严寒和寒冷地区外，其他气候区居住建筑平均节能率应为 65%。 3 公共建筑平均节能率应为 72%
	碳排放强度	2.0.3 新建的居住和公共建筑碳排放强度应分别在 2016 年执行的节能设计标准的基础上平均降低 40%，碳排放强度平均降低 $7kg\ CO_2/(m^2 \cdot a)$ 以上

续表

<table>
<tr><td>基本规定</td><td>建筑节能设计文件</td><td colspan="2">2.0.5 新建、扩建和改建建筑以及既有建筑节能改造均应进行建筑节能设计。建设项目可行性研究报告、建设方案和初步设计文件应包含建筑能耗、可再生能源利用及建筑碳排放分析报告。施工图设计文件应明确建筑节能措施及可再生能源利用系统运营管理的技术要求</td></tr>
<tr><td rowspan="11">新建建筑节能设计</td><td rowspan="11">建筑和围护结构</td><td>居住建筑体形系数</td><td>3.1.2 居住建筑体形系数应符合表 3.1.2（表 6.4-1）的规定。【2022（12）】

表 6.4-1　居住建筑体形系数限值
<table>
<tr><th rowspan="2">热工区划</th><th colspan="2">建筑层数</th></tr>
<tr><th>≤3 层</th><th>>3 层</th></tr>
<tr><td>严寒地区</td><td>≤0.55</td><td>≤0.30</td></tr>
<tr><td>寒冷地区</td><td>≤0.57</td><td>≤0.33</td></tr>
<tr><td>夏热冬冷 A 区</td><td>≤0.60</td><td>≤0.40</td></tr>
<tr><td>温和 A 区</td><td>≤0.60</td><td>≤0.45</td></tr>
</table></td></tr>
<tr><td>严寒和寒冷地区体形系数</td><td>3.1.3 严寒和寒冷地区公共建筑体形系数应符合表 3.1.3（表 6.4-2）的规定。【2022（12）】

表 6.4-2　严寒和寒冷地区公共建筑体形系数限值
<table>
<tr><th>单栋建筑面积 A（m^2）</th><th>建筑体形系数</th></tr>
<tr><td>300<A≤800</td><td>≤0.50</td></tr>
<tr><td>A>800</td><td>≤0.40</td></tr>
</table></td></tr>
<tr><td>窗墙面积比</td><td>根据 3.1.4，居住建筑的窗墙面积比应符合表 3.1.4（表格略，详见规范原文）的规定；其中，每套住宅应允许一个房间在一个朝向上的窗墙面积比不大于 0.6</td></tr>
<tr><td>屋面透光面积</td><td>3.1.6 甲类公共建筑的屋面透光部分面积不应大于屋面总面积的 20%。
【条文说明】透光部分面积是指实际透光面积，不含窗框面积，应通过计算确定。对于那些需要视觉、采光效果而加大屋顶透光面积的建筑，如果所设计的建筑满足不了规定性指标的要求，突破了限值，则必须按本规范的规定对该建筑进行权衡判断</td></tr>
<tr><td>工业建筑</td><td>3.1.7 设置供暖、空调系统的工业建筑总窗墙面积比不应大于 0.50，且屋顶透光部分面积不应大于屋顶总面积的 15%</td></tr>
<tr><td rowspan="4">热工性能指标</td><td>根据 3.1.8，居住建筑非透光围护结构的热工性能指标应符合表 3.1.8-1～表 3.1.8-11（表格略，详见规范原文）的规定</td></tr>
<tr><td>根据 3.1.9，居住建筑透光围护结构的热工性能指标应符合表 3.1.9-1～表 3.1.9-5（表格略，详见规范原文）的规定</td></tr>
<tr><td>根据 3.1.10，甲类公共建筑的围护结构热工性能应符合表 3.1.10-1～表 3.1.10-6（表格略，详见规范原文）的规定【2020（5）、2019】</td></tr>
<tr><td>【考点分析】1. 严寒和寒冷地区公共建筑的外墙传热系数与体型系数有关；
2. 严寒和寒冷地区不需要考虑围护结构热惰性指标</td></tr>
<tr><td>全玻幕墙</td><td>3.1.13 当公共建筑入口大堂采用全玻幕墙时，全玻幕墙中非中空玻璃的面积不应超过该建筑同一立面透光面积（门窗和玻璃幕墙）的 15%，且应按同一立面透光面积（含全玻幕墙面积）加权计算平均传热系数</td></tr>
</table>

续表

新建建筑节能设计	建筑和围护结构	外窗通风开口面积	3.1.14　外窗的通风开口面积应符合下列规定： 1　夏热冬暖、温和 B 区居住建筑外窗的通风开口面积不应小于房间地面面积的 10%或外窗面积的 45%，夏热冬冷、温和 A 区居住建筑外窗的通风开口面积不应小于房间地面面积的 5%。 2　公共建筑中主要功能房间的外窗（包括透光幕墙）应设置可开启窗扇或通风换气装置
		建筑遮阳措施	3.1.15　建筑遮阳措施应符合下列规定： 1　夏热冬暖、夏热冬冷地区，甲类公共建筑南、东、西向外窗和透光幕墙应采取遮阳措施。 2　夏热冬暖地区，居住建筑的东、西向外窗的建筑遮阳系数不应大于 0.8
		可见光透射比	3.1.17　居住建筑外窗玻璃的可见光透射比不应小于 0.40【2024】
		窗地比	3.1.18　居住建筑的主要使用房间（卧室、书房、起居室等）的房间窗地面积比不应小于 1/7
既有建筑节能改造设计	一般规定		4.1.3　既有建筑节能改造应先进行节能诊断，根据节能诊断结果，制定节能改造方案。节能改造方案应明确节能指标及其检测与验收的方法
	围护结构	外墙屋面节能诊断	4.2.1　外墙、屋面的节能诊断应包括下列内容： 1　严寒和寒冷地区，外墙、屋面的传热系数、热工缺陷及热桥部位内表面温度。 2　夏热冬冷和夏热冬暖地区，外墙、屋面隔热性能
		外窗透光幕墙节能诊断	4.2.2　建筑外窗、透光幕墙的节能诊断应包括下列内容： 1　严寒和寒冷地区，外窗、透光幕墙的传热系数。 2　外窗、透光幕墙的气密性。 3　除北向外，外窗、透光幕墙的太阳得热系数
可再生能源建筑应用系统设计	太阳能系统	基本要求	5.2.1　新建建筑应安装太阳能系统
			5.2.2　在既有建筑上增设或改造太阳能系统，必须经建筑结构安全复核，满足建筑结构的安全性要求
			5.2.4　太阳能建筑一体化应用系统的设计应与建筑设计同步完成。建筑物上安装太阳能系统不得降低相邻建筑的日照标准
		使用寿命	5.2.9　太阳能热利用系统中的太阳能集热器设计使用寿命应高于 15 年。太阳能光伏发电系统中的光伏组件设计使用寿命应高于 25 年，系统中多晶硅、单晶硅、薄膜电池组件自系统运行之日起，一年内的衰减率应分别低于 2.5%、3%、5%，之后每年衰减应低于 0.7%
运行管理	节能管理	计量原则	7.2.1　建筑能源系统应按分类、分区、分项计量数据进行管理；可再生能源系统应进行单独统计。建筑能耗应以一个完整的日历年统计。能耗数据应纳入能耗监督管理系统平台管理
		能耗统计内容	7.2.2　建筑能耗统计应包括下列内容： 1　建筑耗电量。 2　耗煤量、耗气量或耗油量。 3　集中供热耗热量。 4　集中供冷耗冷量。 5　可再生能源利用量

续表

运行管理	节能管理	建筑能效标识	7.2.4 建筑能效标识，应以单栋建筑为对象。标识应包括下列内容： 1 建筑基本信息。 2 建筑能效标识等级及相对节能率。 3 新技术应用情况。 4 建筑能效实测评估结果
		能耗对比	7.2.5 对于 $20000m^2$ 而及以上的大型公共建筑，应建立实际运行能耗比对制度，并依据比对结果采取相应改进措施
窗墙面积比的计算	B.0.3 建筑窗墙面积比的计算应符合下列规定：【2023】 1 居住建筑的窗墙面积比按照开间计算；公共建筑的窗墙面积比按照单一立面朝向计算；工业建筑的窗墙面积比按照所有立面计算。 2 凸凹立面朝向应按其所在立面的朝向计算。 3 楼梯间和电梯间的外墙和外窗均应参与计算。 4 外凸窗的顶部、底部和侧墙的面积不应计入外墙面积。 5 凸窗面积应按窗洞口面积计算		
建筑朝向划分标准	B.0.5 朝向应按下列规定选取：【2020】 1 严寒、寒冷地区建筑朝向中的“北”应为从北偏东小于 60° 至北偏西小于 60° 的范围；“东、西”应为从东或西偏北小于或等于 30° 至偏南小于 60° 的范围；“南”应为从南偏东小于等于 30° 至偏西小于或等于 30° 的范围。 2 其他气候区建筑朝向中的“北”应为从北偏东小于 30° 至北偏西小于 30° 的范围；“东、西”应为从东或西偏北小于或等于 60° 至偏南小于 60° 的范围；“南”应为从南偏东小于或等于 30° 至偏西小于或等于 30° 的范围		

6.4-1［2024-83］根据《建筑节能与可再生能源利用通用规范》（GB 55015—2021）中规定，居住建筑外窗玻璃可见光透射比不应小于？（　　）。

A. 0.4　　B. 0.5　　C. 0.6　　D. 0.7

答案：A

解析：依据《建筑节能与可再生能源利用通用规范》（GB 55015—2021）3.1.17 居住建筑外窗玻璃的可见光透射比不应小于 0.40。

6.4-2［2023-79］居住建筑节能设计中，关于窗墙比计算的说法正确的是（　　）。

A. 按照开间　　B. 按照单一立面计算

C. 按照所在立面计算　　D. 楼梯间外窗不参与计算

答案：A

解析：依据《建筑节能与可再生能源利用通用规范》（GB 55015—2021）附录 B.0.3。

6.4-3［2022（12）-104］下列四个选项中，哪个地区建筑类型可以不考虑体形系数？（　　）

A. 夏热冬冷地区公共建筑　　B. 夏热冬冷地区居住建筑

C. 温和地区居住建筑　　D. 寒冷地区公共建筑

答案：A

解析：依据《建筑节能与可再生能源利用通用规范》（GB 55015—2021）第 3.1.2 条和第

3.1.3 条可知，严寒地区、寒冷地区、夏热冬冷 A 区和温和 A 区的居住建筑，以及严寒和寒冷地区的公共建筑需要考虑体形系数，其他地区不需要。因此选项 A 符合题意。

6.4-4［2020（5）-115］严寒寒冷地区公共建筑的外墙传热系数与下列四个选项有关系？（　　）

A. 朝向　　B. 窗墙面积比

C. 体形系数　　D. 热阻

答案：C

解析：依据《建筑节能与可再生能源利用通用规范》（GB 55015—2021）表 3.1.10-1 可知，严寒寒冷地区公共建筑的外墙传热系数与体型系数有关，因此选项 C 正确。

6.4-5［2019-102］甲类公共建筑不需要考虑围护结构热惰性指标的是哪个地区？（　　）

A. 温和地区　　B. 夏热冬暖地区

C. 严寒地区　　D. 夏热冬冷地区

答案：C

解析：依据《建筑节能与可再生能源利用通用规范》（GB 55015—2021）第 3.1.10 条中表 3.1.10-1～表 3.1.10-6 可知，严寒和寒冷地区不需要考虑围护结构热惰性指标。

考点 32：《公共建筑节能设计标准》（GB 50189—2015）【★★★】

总则	适用范围		1.0.2　本标准适用于新建、扩建和改建的公共建筑节能设计【2019】
	专项论证		1.0.4　当建筑高度超过 150m 或单栋建筑地上建筑面积大于 200000m² 时，除应符合本标准的各项规定外，还应组织专家对其节能设计进行专项论证
建筑与建筑热工	一般规定		3.1.1　公共建筑分类应符合下列规定： 1　单栋建筑面积大于 300m² 的建筑，或单栋建筑面积小于或等于 300m² 但总建筑面积大于 1000m² 的建筑群，应为甲类公共建筑。 2　单栋建筑面积小于或等于 300m² 的建筑，应为乙类公共建筑
	建筑设计	窗墙面积比	3.2.2　严寒地区甲类公共建筑各单一立面窗墙面积比（包括透光幕墙）均不宜大于 0.60；其他地区甲类公共建筑各单一立面窗墙面积比（包括透光幕墙）均不宜大于 0.70
		窗墙面积比的计算	3.2.3　单一立面窗墙面积比的计算应符合下列规定： 1　凸凹立面朝向应按其所在立面的朝向计算。 2　楼梯间和电梯间的外墙和外窗均应参与计算。 3　外凸窗的顶部、底部和侧墙的面积不应计入外墙面积。 4　当外墙上的外窗、顶部和侧面为不透光构造的凸窗时，窗面积应按窗洞口面积计算；当凸窗顶部和侧面透光时，外凸窗面积应按透光部分实际面积计算
		可见光透射比	3.2.4　甲类公共建筑单一立面窗墙面积比小于 0.40 时，透光材料的可见光透射比不应小于 0.60；甲类公共建筑单一立面窗墙面积比大于或等于 0.40 时，透光材料的可见光透射比不应小于 0.40

续表

<table>
<tr><td rowspan="9">建筑与建筑热工</td><td rowspan="5">建筑设计</td><td>遮阳措施</td><td>3.2.5 夏热冬暖、夏热冬冷、温和地区的建筑各朝向外窗（包括透光幕墙）均应采取遮阳措施；寒冷地区的建筑宜采取遮阳措施。当设置外遮阳时应符合下列规定：【2020（5）、2017】
1 东西向宜设置活动外遮阳，南向宜设置水平外遮阳。
2 建筑外遮阳装置应兼顾通风及冬季日照</td></tr>
<tr><td rowspan="2">有效通风换气面积</td><td>3.2.8 单一立面外窗（包括透光幕墙）的有效通风换气面积应符合下列规定；【2018、2017】
1 甲类公共建筑外窗（包括透光幕墙）应设可开启窗扇，其有效通风换气面积不宜小于所在房间外墙面积的 10%；当透光幕墙受条件限制无法设置可开启窗扇时，应设置通风换气装置。
2 乙类公共建筑外窗有效通风换气面积不宜小于窗面积的 30%</td></tr>
<tr><td>3.2.9 外窗（包括透光幕墙）的有效通风换气面积应为开启扇面积和窗开启后的空气流通界面面积的较小值</td></tr>
<tr><td>门斗</td><td>3.2.10 严寒地区建筑的外门应设置门斗；寒冷地区建筑面向冬季主导风向的外门应设置门斗或双层外门，其他外门宜设置门斗或应采取其他减少冷风渗透的措施；夏热冬冷、夏热冬暖和温和地区建筑的外门应采取保温隔热措施</td></tr>
<tr><td>可见光反射比</td><td>3.2.13 人员长期停留房间的内表面可见光反射比宜符合表 3.2.13（表 6.4-3）的规定

表 6.4-3 人员长期停留房间的内表面可见光反射比<table><tr><th>房间内表面位置</th><th>可见光反射比</th></tr><tr><td>顶棚</td><td>0.7～0.9</td></tr><tr><td>墙面</td><td>0.5～0.8</td></tr><tr><td>地面</td><td>0.3～0.5</td></tr></table></td></tr>
<tr><td rowspan="3">围护结构热工设计</td><td>热桥</td><td>3.3.4 屋面、外墙和地下室的热桥部位的内表面温度不应低于室内空气露点温度</td></tr>
<tr><td>外门窗气密性</td><td>3.3.5 建筑外门、外窗的气密性分级应符合国家标准《建筑外门窗气密、水密、抗风压性能分级及检测方法》(GB/T 7106—2008) 中第 4.1.2 条的规定，并应满足下列要求：【2019】
1 10 层及以上建筑外窗的气密性不应低于 7 级。
2 10 层以下建筑外窗的气密性不应低于 6 级。
3 严寒和寒冷地区外门的气密性不应低于 4 级</td></tr>
<tr><td>幕墙气密性</td><td>3.3.6 建筑幕墙的气密性应符合国家标准《建筑幕墙》(GB/T 21086—2007) 中第 5.1.3 条的规定且不应低于 3 级【2019】</td></tr>
<tr><td>围护结构热工性能的权衡判断</td><td>权衡判断前的热工性能核查</td><td>3.4.1 进行围护结构热工性能权衡判断前，应对设计建筑的热工性能进行核查；当满足下列基本要求时，方可进行权衡判断：【2019】
1 屋面的传热系数基本要求应符合表 3.4.1-1（表 6.4-4）的规定。</td></tr>
</table>

续表

建筑与建筑热工 | 围护结构热工性能的权衡判断

权衡判断前的热工性能核查

表 6.4-4　屋面的传热系数基本要求

传热系数 K [W/（m^2·K）]	严寒 A、B 区	严寒 C 区	寒冷地区	夏热冬冷地区	夏热冬暖地区
	≤0.35	≤0.45	≤0.55	≤0.70	≤0.90

2　外墙（包括非透光幕墙）的传热系数基本要求应符合表 3.4.1-2（表 6.4-5）的规定。

表 6.4-5　外墙（包括非透光幕墙）的传热系数基本要求

传热系数 K [W/（m^2·K）]	严寒 A、B 区	严寒 C 区	寒冷地区	夏热冬冷地区	夏热冬暖地区
	≤0.45	≤0.50	≤0.60	≤1.0	≤1.5

3　当单一立面的窗墙面积比大于或等于 0.40 时，外窗（包括透光幕墙）的传热系数和综合太阳得热系数基本要求应符合表 3.4.1-3（表 6.4-6）的规定

表 6.4-6　外窗（包括透光幕墙）的传热系数和太热得热系数基本要求

气候分区	窗墙面积比	传热系数 K [W/（m^2·K）]	太阳得热系数 SHGC
严寒 A、B 区	0.40＜窗墙面积比≤0.60	≤2.5	—
	窗墙面积比＞0.60	≤2.2	
严寒 C 区	0.40＜窗墙面积比≤0.60	≤2.6	—
	窗墙面积比＞0.60	≤2.3	
寒冷地区	0.40＜窗墙面积比≤0.70	≤2.7	—
	窗墙面积比＞0.70	≤2.4	
夏热冬冷地区	0.40＜窗墙面积比≤0.70	≤3.0	≤0.44
	窗墙面积比＞0.70	≤2.6	
夏热冬暖地区	0.40＜窗墙面积比≤0.70	≤4.0	≤0.44
	窗墙面积比＞0.70	≤3.0	

权衡判断流程

3.4.2　建筑围护结构热工性能的权衡判断，应首先计算参照建筑在规定条件下的全年供暖和空气调节能耗，然后计算设计建筑在相同条件下的全年供暖和空气调节能耗，当设计建筑的供暖和空气调节能耗小于或等于参照建筑的供暖和空气调节能耗时，应判定围护结构的总体热工性能符合节能要求。当设计建筑的供暖和空气调节能耗大于参照建筑的供暖和空气调节能耗时，应调整设计参数重新计算，直至设计建筑的供暖和空气调节能耗不大于参照建筑的供暖和空气调节能耗

参照建筑设置要求

3.4.3　参照建筑的形状、大小、朝向、窗墙面积比、内部的空间划分和使用功能应与设计建筑完全一致。当设计建筑的屋顶透光部分的面积大于本标准第 3.2.7 条的规定时，参照建筑的屋顶透光部分的面积应按比例缩小，使参照建筑的屋顶透光部分的面积符合本标准第 3.2.7 条的规定【2022（5）】

3.4.4　参照建筑围护结构的热工性能参数取值应按本标准第 3.3.1 条的规定取值。参照建筑的外墙和屋面的构造应与设计建筑一致。当本标准第 3.3.1 条对外窗（包括透光幕墙）太阳得热系数未作规定时，参照建筑外窗（包括透光幕墙）的太阳得热系数应与设计建筑一致【2022（5）】

6.4-6［2022（5）-105］依据《公共建筑节能设计标准》（GB 50189—2015），关于参照建筑的说法错误的是（　　）。

A. 参照建筑的形状、大小、朝向、窗墙面积比、内部的空间划分和使用功能应与设计建筑完全一致

B. 参照建筑的外墙和屋面的构造应与设计建筑一致

C. 参照建筑围护结构热工能耗等主要参数与设计建筑完全一致

D. 进行围护结构热工性能权衡判断时，作为计算满足标准要求的全年供暖和空气调节能耗的基准建筑

答案： C

解析： 依据《公共建筑节能设计标准》（GB 50189—2015）第 3.4.3 条和第 3.4.4 条可知，参照建筑的形状、大小、朝向、窗墙面积比、内部的空间划分和使用功能应与设计建筑完全一致；参照建筑围护结构的热工性能参数取值应按本标准第 3.3.1 条的规定取值，参照建筑的外墙和屋面的构造应与设计建筑一致，因此选项 C 错误。

6.4-7［2020-112］依据《公共建筑节能设计标准》（GB 50189—2015），下列地区不用设置外遮阳的是（　　）。

A. 温和地区　　B. 夏热冬冷地区　　C. 严寒地区　　D. 夏热冬暖地区

答案： C

解析： 依据《公共建筑节能设计标准》（GB 50189—2015）第 3.2.5 条可知，夏热冬暖、夏热冬冷、温和地区的建筑各朝向外窗（包括透光幕墙）均应采取遮阳措施；寒冷地区的建筑宜采取遮阳措施；因此选项 C 符合题意。

6.4-8［2019-103］依据《公共建筑节能设计标准》（GB 50189—2015），建筑外门窗气密性说法错误的是（　　）。

A. 严寒地区不低于 6 级　　B. 幕墙不低于 3 级

C. 10 层以下建筑密性不低于 6 级　　D. 10 层以上建筑气密性不低于 7 级

答案： A

解析： 依据《公共建筑节能设计标准》（GB 50189—2015）第 3.3.5 条和第 3.3.6 条可知，建筑外门、外窗的气密性分级应符合国家标准《建筑外门窗气密、水密、抗风压性能分级及检测方法》（GB/T 7106—2008）中第 4.1.2 条的规定，并应满足下列要求：1.10 层及以上建筑外窗的气密性不应低于 7 级；2.10 层以下建筑外窗的气密性不应低于 6 级；3.严寒和寒冷地区外门的气密性不应低于 4 级。建筑幕墙的气密性应符合国家标准《建筑幕墙》（GB/T 21086—2007）中第 5.1.3 条的规定且不应低于 3 级。因此选项 A 错误。

6.4-9［2019-104］依据《公共建筑节能设计标准》（GB 50189—2015），甲类公共建筑围护结构在权衡判断之前不要核查（　　）。

A. 屋顶的传热系数　　B. 外墙的传热系数

C. 屋顶玻璃的面积比　　D. 单面外墙窗墙比大于 0.4 玻璃的传热系数

答案： C

解析： 依据《公共建筑节能设计标准》（GB 50189—2015）第 3.4.1 条可知，进行围护结

构热工性能权衡判断前，应对设计建筑的热工性能进行核查；当满足下列基本要求时，方可进行权衡判断：1. 屋面的传热系数基本要求应符合表 3.4.1-1 的规定。2. 外墙（包括非透光幕墙）的传热系数基本要求应符合表 3.4.1-2 的规定。3. 当单一立面的窗墙面积比大于或等于 0.40 时，外窗（包括透光幕墙）的传热系数和综合太阳得热系数基本要求应符合表 3.4.1-3 的规定。因此选项 C 符合题意。

6.4-10［2019-105］ 以下四个选项中，不执行《公共建筑节能设计标准》（GB 50189—2015）的建筑是（　　）。

A. 幼儿园　　B. 商住楼　　C. 厂房改造的住宅　D. 办公楼

答案：C

解析：依据《公共建筑节能设计标准》（GB 50189—2015）第 1.0.2 条可知，本标准适用于新建、扩建和改建的公共建筑节能设计，因此选项 C 符合题意。

考点 33：《民用建筑热工设计规范》（GB 50176—2016）【★】

总则	适用范围		1.0.2 本规范适用于新建、扩建和改建民用建筑的热工设计。本规范不适用于室内温湿度有特殊要求和特殊用途的建筑，以及简易的临时性建筑
建筑热工设计原则	保温设计	基本要求	4.2.2 严寒、寒冷地区建筑设计必须满足冬季保温要求，夏热冬冷地区、温和 A 区建筑设计应满足冬季保温要求，夏热冬暖 A 区、温和 B 区宜满足冬季保温要求
		平立面	4.2.3 建筑物的总平面布置、平面和立面设计、门窗洞口设置应考虑冬季利用日照并避开冬季主导风向
		楼梯外廊	4.2.5 严寒地区和寒冷地区的建筑不应设开敞式楼梯间和开敞式外廊，夏热冬冷 A 区不宜设开敞式楼梯间和开敞式外廊
		门斗	4.2.6 严寒地区建筑出入口应设门斗或热风幕等避风设施，寒冷地区建筑出入口宜设门斗或热风幕等避风设施
	防热设计	基本要求	4.3.2 夏热冬暖和夏热冬冷地区建筑设计必须满足夏季防热要求，寒冷 B 区建筑设计宜考虑夏季防热要求
		遮阳规定	4.3.8 建筑设计应综合考虑外廊、阳台、挑檐等的遮阳作用。建筑物的向阳面，东、西向外窗（透光幕墙），应采取有效的遮阳措施
			4.3.9 房间天窗和采光顶应设置建筑遮阳，并宜采取通风和淋水降温措施
	防潮设计	温度控制	4.4.3 建筑设计时，应充分考虑建筑运行时的各种工况，采取有效措施确保建筑外围护结构内表面温度不低于室内空气露点温度
		防潮设计基本原则	4.4.5 围护结构防潮设计应遵循下列基本原则： 1 室内空气湿度不宜过高。 2 地面、外墙表面温度不宜过低。 3 可在围护结构的高温侧设隔汽层。 4 可采用具有吸湿、解湿等调节空气湿度功能的围护结构材料。 5 应合理设置保温层，防止围护结构内部冷凝。 6 与室外雨水或土壤接触的围护结构应设置防水（潮）层

续表

围护结构保温设计	墙体	提高墙体热阻值	5.1.5 提高墙体热阻值可采取下列措施： 1 采用轻质高效保温材料与砖、混凝土、钢筋混凝土、砌块等主墙体材料组成复合保温墙体构造。 2 采用低导热系数的新型墙体材料。 3 采用带有封闭空气间层的复合墙体构造设计
		提高墙体热稳定性	5.1.6 外墙宜采用热惰性大的材料和构造，提高墙体热稳定性可采取下列措施： 1 采用内侧为重质材料的复合保温墙体。 2 采用蓄热性能好的墙体材料或相变材料复合在墙体内侧
	门窗幕墙采光顶	门窗选择	5.3.3 严寒地区、寒冷地区建筑应采用木窗、塑料窗、铝木复合门窗、铝塑复合门窗、钢塑复合门窗和断热铝合金门窗等保温性能好的门窗。严寒地区建筑采用断热金属门窗时宜采用双层窗。夏热冬冷地区、温和 A 区建筑宜采用保温性能好的门窗
		双层幕墙	5.3.7 严寒地区、寒冷地区可采用空气内循环的双层幕墙，夏热冬冷地区不宜采用双层幕墙
围护结构隔热设计	外墙隔热措施		6.1.3 外墙隔热可采用下列措施： 1 宜采用浅色外饰面。 2 可采用通风墙、干挂通风幕墙等。 3 设置封闭空气间层时，可在空气间层平行墙面的两个表面涂刷热反射涂料、贴热反射膜或铝箔。当采用单面热反射隔热措施时，热反射隔热层应设置在空气温度较高一侧。 4 采用复合墙体构造时，墙体外侧宜采用轻质材料，内侧宜采用重质材料。 5 可采用墙面垂直绿化及淋水被动蒸发墙面等。 6 宜提高围护结构的热惰性指标 D 值。 7 西向墙体可采用高蓄热材料与低热传导材料组合的复合墙体构造
	屋面隔热措施		6.2.3 屋面隔热可采用下列措施： 1 宜采用浅色外饰面。 2 宜采用通风隔热屋面。通风屋面的风道长度不宜大于 10m，通风间层高度应大于 0.3m，屋面基层应做保温隔热层，檐口处宜采用导风构造，通风平屋面风道口与女儿墙的距离不应小于 0.6m。 3 可采用有热反射材料层（热反射涂料、热反射膜、铝箔等）的空气间层隔热屋面。单面设置热反射材料的空气间层，热反射材料应设在温度较高的一侧。 4 可采用蓄水屋面。水面宜有水浮莲等浮生植物或白色漂浮物。水深宜为 0.15～0.2m。 5 宜采用种植屋面。种植屋面的保温隔热层应选用密度小、压缩强度大、导热系数小、吸水率低的保温隔热材料。 6 可采用淋水被动蒸发屋面。 7 宜采用带老虎窗的通气阁楼坡屋面。 8 采用带通风空气层的金属夹芯隔热屋面时，空气层厚度不宜小于 0.1m
	门窗幕墙采光顶	玻璃选择	6.3.3 对遮阳要求高的门窗、玻璃幕墙、采光顶隔热宜采用着色玻璃、遮阳型单片 Low-E 玻璃、着色中空玻璃、热反射中空玻璃、遮阳型 Low-E 中空玻璃等遮阳型的玻璃系统
		保温措施	6.3.5 对于非透光的建筑幕墙，应在幕墙面板的背后设置保温材料，保温材料层的热阻应满足墙体的保温要求，且不应小于 1.0（$m^2 \cdot K$）/W

续表

围护结构防潮设计	热桥处理		7.2.4 进行民用建筑的外围护结构热工设计时，热桥处理可遵循下列原则： 1 提高热桥部位的热阻。 2 确保热桥和平壁的保温材料连续。 3 切断热流通路。 4 减少热桥中低热阻部分的面积。 5 降低热桥部位内外表面层材料的导温系数
	防潮技术措施	隔汽层	7.3.1 采用松散多孔保温材料的多层复合围护结构，应在水蒸气分压高的一侧设置隔汽层。对于有采暖、空调功能的建筑，应按采暖建筑围护结构设置隔汽层
		室内地面和地下室外墙防潮措施	7.3.4 室内地面和地下室外墙防潮宜采用下列措施：【2022（12）】 1 建筑室内一层地表面宜高于室外地坪 0.6m 以上。 2 采用架空通风地板时，通风口应设置活动的遮挡板，使其在冬季能方便关闭，遮挡板的热阻应满足冬季保温的要求。 3 地面和地下室外墙宜设保温层。 4 地面面层材料可采用蓄热系数小的材料，减少表面温度与空气温度的差值。 5 地面面层可采用带有微孔的面层材料。 6 面层宜采用导热系数小的材料，使地表面温度易于紧随空气温度变化。 7 面层材料宜有较强的吸湿、解湿特性，具有对表面水分湿调节作用
自然通风设计	技术措施	总平面布置	8.2.1 建筑的总平面布置宜符合下列规定： 1 建筑宜朝向夏季、过渡季节主导风向。 2 建筑朝向与主导风向的夹角：条形建筑不宜大于 30°，点式建筑宜在 30°～60°之间。 3 建筑之间不宜相互遮挡，在主导风向上游的建筑底层宜架空
		进深要求	8.2.2 采用自然通风的建筑，进深应符合下列规定： 1 未设置通风系统的居住建筑，户型进深不应超过 12m。 2 公共建筑进深不宜超过 40m，进深超过 40m 时应设置通风中庭或天井
建筑遮阳设计	建筑遮阳措施		9.2.1 北回归线以南地区，各朝向门窗洞口均宜设计建筑遮阳；北回归线以北的夏热冬暖、夏热冬冷地区，除北向外的门窗洞口宜设计建筑遮阳；寒冷 B 区东、西向和水平朝向门窗洞口宜设计建筑遮阳；严寒地区、寒冷 A 区、温和地区建筑可不考虑建筑遮阳

6.4-11［2022（12）-97］根据《民用建筑热工设计规范》（GB 50176—2016），关于地面和地下室的墙面防潮措施错误的是（　　）。

A. 地面高出室外地坪 0.6m　　B. 采用架空通风地板

C. 设置地面和地下室外墙保温层　　D. 采用蓄热系数大的地面

答案：D

解析：依据《民用建筑热工设计规范》（GB 50176—2016）第 7.3.4 条，其中选项 D，地面面层材料可采用蓄热系数小的材料，减少表面温度与空气温度的差值。

考点 34：《绿色建筑评价标准》（GB/T 50378—2019，2024 年版）【★★★★】

术语	绿色建筑	2.0.1 绿色建筑【2017】：在全寿命期内，节约资源、保护环境、减少污染，为人们提供健康、适用、高效的使用空间，最大限度地实现人与自然和谐共生的高质量建筑

续表

<table>
<tr><td rowspan="9">基本规定</td><td rowspan="2">一般规定</td><td>评价对象</td><td>3.1.1 绿色建筑评价应以单栋建筑或建筑群为评价对象。评价对象应落实并深化上位法定规划及相关专项规划提出的绿色发展要求；涉及系统性、整体性的指标，应基于建筑所属工程项目的总体进行评价</td></tr>
<tr><td>评价时间</td><td>3.1.2 绿色建筑评价应在建筑工程竣工后进行。【2020】</td></tr>
<tr><td rowspan="7">评价与等级划分</td><td>评价指标</td><td>3.2.1 绿色建筑评价指标体系应由安全耐久、健康舒适、生活便利、资源节约、环境宜居 5 类指标组成，且每类指标均包括控制项和评分项；评价指标体系还统一设置加分项【2022（5）、2020】</td></tr>
<tr><td>评定结果</td><td>3.2.2 控制项的评定结果应为达标或不达标；评分项和加分项的评定结果应为分值</td></tr>
<tr><td>评价分值设定</td><td>3.2.4 绿色建筑评价的分值设定应符合表 3.2.4（表 6.4-7）的规定

表 6.4-7 绿色建筑评价分值
<table>
<tr><th rowspan="2"></th><th rowspan="2">控制项基础分值</th><th colspan="5">评分项满分值</th><th rowspan="2">加分项满分值</th></tr>
<tr><th>安全耐久</th><th>健康舒适</th><th>生活便利</th><th>资源节约</th><th>环境宜居</th></tr>
<tr><td>预评价</td><td>400</td><td>100</td><td>100</td><td>70</td><td>200</td><td>100</td><td>100</td></tr>
<tr><td>评价</td><td>400</td><td>100</td><td>100</td><td>100</td><td>200</td><td>100</td><td>100</td></tr>
</table></td></tr>
<tr><td>总得分计算</td><td>3.2.5 绿色建筑评价的总得分应按下式进行计算：
$$Q=(Q_0+Q_1+Q_2+Q_3+Q_4+Q_5+Q_A)/10$$
式中 Q ——总得分；
Q_0 ——控制项基础分值，当满足所有控制项的要求时取 400 分；
$Q_1 \sim Q_5$ ——分别为评价指标体系 5 类指标（安全耐久、健康舒适、生活便利、资源节约、环境宜居）评分项得分；
Q_A ——提高与创新加分项得分</td></tr>
<tr><td>等级划分</td><td>3.2.6 绿色建筑等级应按由低至高划分为基本级、一星级、二星级、三星级 4 个等级【2020】</td></tr>
<tr><td>基本级</td><td>3.2.7 当满足全部控制项要求时，绿色建筑等级应为基本级</td></tr>
<tr><td>等级标准</td><td>3.2.8 绿色建筑星级等级应按下列规定确定【2021、2018】
1 一星级、二星级、三星级 3 个等级的绿色建筑均应满足本标准全部控制项的要求，且每类指标的评分项得分不应小于其评分项满分值的 30%。
2 一星级、二星级、三星级 3 个等级的绿色建筑均应进行全装修，全装修工程质量、选用材料及产品质量应符合国家现行有关标准的规定。
3 当总得分分别达到 60 分、70 分、85 分且应满足表 3.2.8（表 6.4-8）的要求时，绿色建筑等级分别为一星级、二星级、三星级

表 6.4-8 一星级、二星级、三星级绿色建筑的技术要求【2023】
<table>
<tr><th>绿色建筑星级等级</th><th>一星级</th><th>二星级</th><th>三星级</th></tr>
<tr><td>围护结构热工性能的提高比例，或建筑供暖空调负荷降低比例</td><td>—</td><td>围护结构提高 5%，或负荷降低 3%</td><td>围护结构提高 10%，或负荷降低 5%</td></tr>
</table></td></tr>
</table>

续表

<table>
<tr><td>基本规定</td><td>评价与等级划分</td><td>等级标准</td><td>
续表
<table>
<tr><th>绿色建筑星级等级</th><th>一星级</th><th>二星级</th><th>三星级</th></tr>
<tr><td>严寒和寒冷地区住宅外窗传热系数降低比例</td><td>5%</td><td>10%</td><td>20%</td></tr>
<tr><td>节水器具水效等级</td><td>3 级</td><td colspan="2">2 级</td></tr>
<tr><td>住宅建筑隔声性能</td><td>—</td><td>卧室分户墙和卧室分户楼板两侧房间之间的空气声隔声性能（计权标准化声压级差与交通噪声频谱修正量之和 $D_{rT,w}+C_{tr}$）≥47dB，卧室分户楼板的撞击声隔声性能（计权标准化撞击声压级 $L'_{nT,w}$）≤60dB</td><td>卧室分户墙和卧室分户楼板两侧房间之间的空气声隔声性能（计权标准化声压级差与交通噪声频谱修正量之和 $D_{rT,w}+C_{tr}$）≥50dB，卧室分户楼板的撞击声隔声性能（计权标准化撞击声压级 $L'_{nT,w}$）≤55dB</td></tr>
<tr><td>室内主要空气污染物浓度降低比例</td><td>10%</td><td colspan="2">20%</td></tr>
<tr><td>绿色建材应用比例</td><td>10%</td><td>20%</td><td>30%</td></tr>
<tr><td>碳减排</td><td colspan="3">明确全寿命周期建筑碳排放强度，并明确降低碳排放强度的技术措施</td></tr>
<tr><td>外窗气密性能</td><td colspan="3">符合国家现行相关节能设计标准的规定，且外窗洞口与外窗本体的结合部位应严密</td></tr>
</table>
</td></tr>
<tr><td rowspan="5">各评分项总结</td><td>安全耐久</td><td colspan="2">安全；耐久</td></tr>
<tr><td>健康舒适</td><td colspan="2">室内空气品质；水质；声环境与光环境；室内热湿环境</td></tr>
<tr><td>生活便利</td><td colspan="2">出行与无障碍；服务设施；智慧运行；物业管理</td></tr>
<tr><td>资源节约</td><td colspan="2">节地与土地利用；节能与能源利用；节水与水资源利用；节材与绿色建材</td></tr>
<tr><td>环境宜居</td><td colspan="2">场地生态与景观；室外物理环境</td></tr>
<tr><td rowspan="2">安全耐久</td><td rowspan="2">评分项</td><td rowspan="2">安全</td><td>防滑措施
4.2.4 室内外地面或路面设置防滑措施，评价总分值为 10 分，并按下列规则分别评分并累计：
1 建筑出入口及平台、公共走廊、电梯门厅、厨房、浴室、卫生间等设置防滑措施，防滑等级不低于现行行业标准《建筑地面工程防滑技术规程》JGJ/T 331 规定的 B_d、B_w 级，得 3 分。
2 建筑室内外活动场所采用防滑地面，防滑等级达到现行行业标准《建筑地面工程防滑技术规程》JGJ/T 331 规定的 A_d、A_w 级，得 4 分。
3 建筑坡道、楼梯踏步防滑等级达到现行行业标准《建筑地面工程防滑技术规程》JGJ/T 331 规定的 A_d、A_w 级或按水平地面等级提高一级，并采用防滑条等防滑构造技术措施，得 3 分</td></tr>
<tr><td>人车分流
4.2.5 采取人车分流措施，且步行和自行车交通系统有充足照明，评价分值为 8 分【2022（12）】</td></tr>
<tr><td rowspan="2">生活便利</td><td rowspan="2">控制项</td><td colspan="2">6.1.2 场地人行出入口 500m 内应设有公共交通站点或配备联系公共交通站点的专用接驳车</td></tr>
<tr><td colspan="2">6.1.4 自行车停车场所应位置合理、方便出入【2022（12）】</td></tr>
</table>

续表

生活便利	评分项	出行与无障碍	公共交通站点	6.2.1　场地与公共交通站点联系便捷，评价总分值为 8 分，并按下列规则分别评分并累计： 1　场地出入口到达公共交通站点的步行距离不超过 500m，或到达轨道交通站的步行距离不大于 800m，得 2 分；场地出入口到达公共交通站点的步行距离不超过 300m，或到达轨道交通站的步行距离不大于 500m，得 4 分。 2　场地出入口步行距离 800m 范围内设有不少于 2 条线路的公共交通站点，得 4 分
生活便利	评分项	出行与无障碍	全龄化设计要求	6.2.2　建筑室内外公共区域满足全龄化设计要求，评价总分值为 8 分，并按下列规则分别评分并累计： 1　建筑室内公共区域的墙、柱等处的阳角均为圆角，并设有安全抓杆或扶手，得 3 分。 2　设有可容纳担架的无障碍电梯，得 3 分【2022（12）】
生活便利	评分项	服务设施		6.2.5 合理设置健身场地和空间，评价总分值为 10 分，并按下列规则分别评分并累计： 1　室外健身场地面积不少于总用地面积的 0.5%，得 3 分。 2　设置宽度不少于 1.25m 的专用健身慢行道，健身慢行道长度不少于用地红线周长的 1/4 且不少于 100m，得 2 分。 3　室内健身空间的面积不少于地上建筑面积的 0.3%且不少于 60m²，得 3 分。 4　楼梯间具有天然采光和良好的视野，且距离主入口的距离不大于 15m，得 2 分【2022（12）】
资源节约	控制项	7.1.8　不应采用建筑形体和布置严重不规则的建筑结构		
资源节约	控制项	7.1.9　建筑造型要素应简约，应无大量装饰性构件，并应符合下列规定：【2021】 1　住宅建筑的装饰性构件造价占建筑总造价的比例不应大于 2%。 2　公共建筑的装饰性构件造价占建筑总造价的比例不应大于 1%		
资源节约	控制项	7.1.10　选用的建筑材料应符合下列规定： 1　500km 以内生产的建筑材料重量占建筑材料总重量的比例应大于 60%。 2　现浇混凝土应采用预拌混凝土，建筑砂浆应采用预拌砂浆		
资源节约	评分项	节地与土地利用	节约集约利用土地	7.2.1　节约集约利用土地，评价总分值为 20 分，并按下列规则评分：【2017】 1　对于住宅建筑，根据其所在居住街坊人均住宅用地指标按表 7.2.1-1（表 6.4-9）的规则评分。

表 6.4-9　　居住街坊人均住宅用地指标评分规则

建筑气候区划	人均住宅用地指标 A（m²）					得分
	平均 3 层及以下	平均 4～6 层	平均 7～9 层	平均 10～18 层	平均 19 层及以上	
Ⅰ、Ⅶ	$33<A\leq36$	$29<A\leq32$	$21<A\leq22$	$17<A\leq19$	$12<A\leq13$	15
	$A\leq33$	$A\leq29$	$A\leq21$	$A\leq17$	$A\leq12$	20

2　对于公共建筑，根据不同功能建筑的容积率（R）按表 7.2.1-2（表 6.4-10）的规则评分

续表

<table>
<tr>
<td rowspan="2">资源节约</td>
<td rowspan="2">评分项</td>
<td rowspan="2">节地与土地利用</td>
<td>节约集约利用土地</td>
<td>

表 6.4-10　　公共建筑容积率（*R*）评分规则

<table>
<tr><th>行政办公、商务办公、商业金融、旅馆饭店、交通枢纽等</th><th>教育、文化、体育、医疗卫生、社会福利等</th><th>得分</th></tr>
<tr><td>1.0≤R<1.5</td><td>0.5≤R<0.8</td><td>8</td></tr>
<tr><td>1.5≤R<2.5</td><td>R≥2.0</td><td>12</td></tr>
<tr><td>2.5≤R<3.5</td><td>0.8≤R<1.5</td><td>16</td></tr>
<tr><td>R≥3.5</td><td>1.5≤R<2.0</td><td>20</td></tr>
</table>

</td>
</tr>
<tr>
<td>停车设施</td>
<td>7.2.3　采用机械式停车设施、地下停车库或地面停车楼等方式，评价总分值为 8 分，并按下列规则评分：
1　住宅建筑地面停车位数量与住宅总套数的比率小于 10%，得 8 分。
2　公共建筑地面停车占地面积与其总建设用地面积的比率小于 8%，得 8 分</td>
</tr>
<tr>
<td>提高与创新</td>
<td>加分项</td>
<td colspan="3">9.2.2A　因地制宜建设绿色建筑，评价总分值为 30 分，并按下列规则分别评分并累计：
1　传承建筑文化，采用适宜地区特色的建筑风貌设计，得 15 分。
2　适应自然环境，充分利用气候适应性和场地属性进行设计，得 7 分。
3　利用既有资源，合理利用废弃场地或充分利用旧建筑，得 8 分。
9.2.3A　采用蓄冷蓄热蓄电、建筑设备智能调节等技术实现建筑电力交互，评价总分值为 20 分。用电负荷调节比例达到 5%，得 5 分；每再增加 1%，再得 1 分，最高得 20 分。【2022（5）】
9.2.5　采用符合工业化建造要求的结构体系与建筑构件，评价分值为 10 分，并按下列规则评分：【2022（5）】
1　主体结构采用钢结构、木结构，得 10 分。
2　主体结构采用混凝土结构，地上部分预制构件应用混凝土体积占混凝土总体积的比例达到 35%，得 5 分；达到 50%，得 10 分。
9.2.6　应用建筑信息模型（BIM）技术，评价总分值为 15 分。在建筑的规划设计、施工建造和运行维护阶段中的一个阶段应用，得 5 分；两个阶段应用，得 10 分；三个阶段应用，得 15 分。【2022（5）】
9.2.7A　采取措施降低建筑全寿命周期碳排放强度，评价总分值为 30 分。降低 10%，得 10 分；每再降低 1%，再得 1 分，最高得 30 分。</td>
</tr>
</table>

6.4-12［2023-80］当绿色建筑为三星级时，围护结构热工性能提高的比例不小于（　　）。

A. 5%　　B. 10%　　C. 15%　　D. 20%

答案： B

解析： 参见《绿色建筑评价标准》（GB/T 50378—2019，2024 年版）第 3.2.8 条及表 3.2.8。

6.4-13［2022（5）-30］下列不属于绿色建筑评价指标体系的“加分项”的内容是（　　）。

A. 采用工业化结构体系和建筑构件　　B. 采用参数化设计方法生成独特空间形式

C. 应用建筑信息模型 BIM 技术　　D. 利用废弃场地和旧建筑

答案： B

解析： 依据《绿色建筑评价标准》（GB/T 50378—2019，2024 年版）第 9.2.3 条、第 9.2.5

条和第 9.2.6 条可知，选项 A、选项 C 和选项 D 均属于加分项，而采用参数化设计方法生成独特空间形式是新兴设计方法，和绿色建筑无关。

6.4-14［2022（5）-103］根据《绿色建筑评价标准》（GB/T 50378—2019，2024 年版），不属于评价指标体系的是（　　）。

A. 安全耐久　　B. 健康舒适　　C. 生活便利　　D. 经济节约

答案：D

解析：依据《绿色建筑评价标准》（GB/T 50378—2019，2024 年版）第 3.2.1 条可知，绿色建筑评价指标体系应由安全耐久、健康舒适、生活便利、资源节约、环境宜居 5 类指标组成，因此选项 D 不属于评价指标体系。

6.4-15［2022（12）-102］下列选项中，依据《绿色建筑评价标准》（GB/T 50378—2019，2024 年版），属于控制项的是（　　）。

A. 场地采取人车分流措施　　B. 自行车停车场位置合理方便出入

C. 设置担架无障碍电梯　　D. 楼梯间采用天然采光

答案：B

解析：依据《绿色建筑评价标准》（GB/T 50378—2019，2024 年版）第 4.2.5 条、第 6.1.4 条、第 6.2.2 条和第 6.2.5 条可知，选项 A 场地采取人车分流措施，属于评分项；选项 B 自行车停车场位置合理方便出入，属于控制项；选项 C 设置担架无障碍电梯，属于评分项；选项 D 楼梯间采用天然采光，属于评分项。

6.4-16［2021-105］下列关于绿色建筑装饰性构件的说法错误的是（　　）。

A. 具有遮阳功能的外窗挑板不属于纯装饰性构件

B. 上人屋面高度超过 2.4m 的女儿墙属于装饰性构件

C. 住宅建筑的装饰性构件造价占建筑总造价的比例不应大于 2%

D. 公共建筑的装饰性构件造价占建筑总造价的比例不应大于 3%

答案：D

解析：依据《绿色建筑评价标准》（GB/T 50378—2019，2024 年版）第 7.1.9 条可知，公共建筑的装饰性构件造价占建筑总造价的比例不应大于 1%，因此选项 D 错误。

6.4-17［2021-106］根据《绿色建筑评价标准》（GB/T 50378—2019，2024 年版），以下哪项不是一星级评定的基本要求？（　　）

A. 室内全装修

B. 严寒和寒冷地区住宅建筑外窗传热系数降低比例 5%

C. 室内污染物比国家现行标准降低 10%

D. 门窗气密性比节能设计标准提高一级

答案：D

解析：依据《绿色建筑评价标准》（GB/T 50378—2019，2024 年版）第 3.2.8 条可知，一星级、二星级、三星级 3 个等级的绿色建筑均应进行全装修，依据表 3.2.8 可知，严寒和寒冷地区住宅建筑外窗传热系数降低比例 5%，室内污染物比国家现行标准降低 10%，因此选项 A、B、C 均为一星级评定的基本要求。

考点 35：《绿色校园评价标准》（GB/T 51356—2019）【★★】

类别	项目	类型	内容
基本规定	一般规定		3.1.1　绿色校园的评价应以单个校园或学校整体作为评价对象。 3.1.3　绿色校园评价应符合下列规定： 1　校园应编制完成绿色校园总体规划。 2　校园内新建建筑应全面执行现行国家标准《绿色建筑评价标准》（GB/T 50378）中的一星级或以上的相关规定。 3　校园内需要改造的既有建筑不应低于现行国家标准《既有建筑绿色改造评价标准》（GB/T 51141）中一星级的要求。 4　校园内主要道路、管线、水体等应已建成并投入使用不少于 1 年，校园内主要设施应已建成并投入使用不少于 1 年
	评价方法与等级划分		3.2.1　绿色校园评价指标体系应由规划与生态、能源与资源、环境与健康、运行与管理、教育与推广 5 类指标组成。每类指标均应包括控制项和评分项。每类指标的评分项总分应为 100 分。评价指标体系还应统一设置加分项。 3.2.3　绿色校园评价应按总得分值确定评价等级。总得分值应为 5 类指标评分项的折算得分与加分项的附加得分（Q_6）之和。 3.2.6　绿色校园评价等级分为一星级、二星级、三星级 3 个等级，3 个等级均应满足本标准所有控制项的规定，且一星级、二星级、三星级绿色校园的总得分分别不应低于 50 分、60 分、80 分
中小学校	规划与生态	控制项	4.1.2　学校选址应进行用地适宜性评价，不应建设在地震断裂带、地质塌陷、山体滑坡、暗河、洪涝等自然灾害易发及人为风险高的地段和污染超标的地段。 4.1.3　学校建设应远离殡仪馆、医院的太平间、传染病院、城市垃圾堆场等建筑或设施，校园内部应无排放超标的污染源，且与各类污染源及易燃易爆场所的距离应符合国家现行相关标准规定
		评分项	4.1.5　场地内合理设置绿化用地，评分总分值为 12 分，并按下列规则分别评分并累计： 1　学校新区建设绿地率达到 35%，旧区改建项目绿地率达到 30%，得 3 分。 2　学校场地人均公共绿地面积评分按表 4.1.5 的规则评分，最高得 7 分。 3　学校公共绿地在放假期间向社会公众开放，得 2 分【2023】
	能源与资源	评分项	4.2.14　校园建筑择优选用建筑形体，评价总分值为 10 分。根据现行国家标准《建筑抗震设计规范》（GB 50011）规定的建筑形体规则性来评价校园建筑，计算建筑形体不规则的校园建筑数量所占比例，并按下列规则评分：【2023】 1　建筑形体不规则的校园建筑数量所占比例大于 60%，且建筑形体特别不规则的校园建筑不大于 1 座，得 5 分。 2　建筑形体不规则的校园建筑数量所占比例小于或等于 60%，且建筑形体特别不规则的校园建筑不大于 1 座，得 10 分。 4.2.17　校园新建建筑采用装配式建筑，评价总分值为 6 分，并根据装配率按表 4.2.17（参见规范原文）的规则评分【2023】
	环境与健康	控制项	4.3.4　校园应实行全面禁烟制度，校园内不应设吸烟区。在显眼处应设醒目的禁止吸烟标识【2023】

6.4-18［2023-81］依据《绿色校园评价标准》（GB/T 51356—2019），关于绿色校园的设计，错误的是（　　）。

A. 设置公共绿地对社会开放　　　　B. 建筑形体规整统一

C. 采用装配式设计　　　　　　　　　　D. 教师办公区设置吸烟室

答案：D

解析：参见《绿色校园评价标准》（GB/T 51356—2019）第 4.3.4 条。

考点 36：《建筑环境通用规范》（GB 55016—2021）【★★★】

建筑声环境 — 一般规定

噪声测定条件

2.1.2　噪声与振动敏感建筑在 2 类或 3 类或 4 类声环境功能区时，应在建筑设计前对建筑所处位置的环境噪声、环境振动调查与测定。声环境功能区分类应符合本规范附录 A 的规定

外部噪声限值及适用条件

2.1.3　建筑物外部噪声源传播至主要功能房间室内的噪声限值及适用条件应符合下列规定：【2014】

1　建筑物外部噪声源传播至主要功能房间室内的噪声限值应符合表 2.1.3（表 6.4-11）的规定。

表 6.4-11　　主要功能房间室内噪声限值

房间的使用功能	噪声限值［等效声级 $L_{aeq.T}$（dB）］	
	昼间	夜间
睡眠	40	30
日常生活	40	
阅读、自学、思考	35	
教学、医疗、办公、会议	40	

2　噪声限值应为关闭门窗状态下的限值。

3　昼间时段应为 6:00～22:00，夜间时段应为 22:00～次日 6:00。当昼间、夜间的划分当地另有规定时，应按其规定

内部噪声限值

2.1.4　建筑物内部建筑设备传播至主要功能房间室内的噪声限值应符合表 2.1.4（表 6.4-12）的规定

表 6.4-12　建筑物内部建筑设备传播至主要功能房间室内的噪声限值

房间的使用功能	噪声限值［等效声级 $L_{aeq.T}$（dB）］
睡眠	33
日常生活	40
阅读、自学、思考	40
教学、医疗、办公、会议	45
人员密集的公共空间	55

Z 振级限值及适用条件

2.1.5　主要功能房间室内的 Z 振级限值及适用条件应符合下列规定：

1　主要功能房间室内的 Z 振级限值应符合表 2.1.5（表 6.4-13）的规定

表 6.4-13　　主要功能房间室内的 Z 振级限值

房间的使用功能	Z 振级 VL_Z（dB）	
	昼间	夜间
睡眠	78	75
日常生活	78	

续表

建筑声环境	一般规定	Z振级限值及适用条件	2 昼间时段应为6:00～22:00时，夜间时段应为22:00～次日6:00时。当昼间、夜间的划分当地另有规定时，应按其规定
	隔振设计	测量要求	2.3.1 当噪声与振动敏感建筑或设有对噪声、振动敏感房间的建筑物，附近有可觉察的固定振动源，或距建筑外轮廓线50m范围内有城市轨道交通地下线时，应对其建设场地进行环境振动测量
		隔振要求	2.3.2 当噪声与振动敏感建筑或设有对噪声、振动敏感房间的建筑物的建设场地振动测量结果超过2类声环境功能区室外环境振动限值规定时，应对建筑整体或建筑内敏感房间采取隔振措施，并应符合本规范表2.1.3和表2.1.5的规定
	检测与验收	时间	2.4.1 建筑声学工程竣工验收前，应进行竣工声学检测
		检测内容	2.4.2 竣工声学检测应包括主要功能房间的室内噪声级、隔声性能及混响时间
建筑光环境	一般规定	照明设置要求	3.1.3 照明设置应符合下列规定： 1 当下列场所正常照明供电电源失效时，应设置应急照明： 1）工作或活动不可中断的场所，应设置备用照明。 2）人员处于潜在危险之中的场所，应设置安全照明。 3）人员需有效辨认疏散路径的场所，应设置疏散照明。 2 在夜间非工作时间值守或巡视的场所，应设置值班照明。 3 需警戒的场所，应根据警戒范围的要求设置警卫照明。 4 在可能危及航行安全的建（构）筑物上，应根据国家相关规定设置障碍照明
	采光设计	采光等级、采光系数标准值和光气候系数	3.2.2 采光设计应以采光系数为评价指标，并应符合下列规定： 1 采光等级与采光系数标准值应符合表3.2.2-1（表6.4-14）的规定。 2 光气候区划应按本规范附录B确定。各光气候区的光气候系数应按表3.2.2-2（表6.4-15）确定

表6.4-14　　采光等级与采光系数标准值

采光等级	侧面采光		顶部采光	
	采光系数标准值（100%）	室内天然光照度标准值（lx）	采光系数标准值（100%）	室内天然光照度标准值（lx）
Ⅰ	5	750	5	750
Ⅱ	4	600	3	450
Ⅲ	3	450	2	300
Ⅳ	2	300	1	150
Ⅴ	1	150	0.5	75

注：表中所列采光系数标准值适用于我国Ⅲ类光气候区，其他光气候区的采光系数标准值应按照本条第2款规定的光气候系数进行修正。

表6.4-15　　光 气 候 系 数

光气候区类别	Ⅰ类	Ⅱ类	Ⅲ类	Ⅳ类	Ⅴ类
光气候系数 K	0.85	0.90	1.00	1.10	1.20
室外天然光设计照度值（lx）	18000	16500	15000	13500	12000

续表

<table>
<tr><td rowspan="10">建筑光环境</td><td rowspan="5">采光设计</td><td>采光需求较高场所</td><td>3.2.3 对天然采光需求较高的场所，应符合下列规定：【2024、2022（12）、2021】
1 卧室、起居室和一般病房的采光等级不应低于Ⅳ级的要求。【2022（5）】
2 普通教室的采光等级不应低于Ⅲ级的要求。【2020】
3 普通教室侧面采光的采光均匀度不应低于0.5</td></tr>
<tr><td>长时间工作学习的场所</td><td>3.2.4 长时间工作或学习的场所室内各表面的反射比应符合表3.2.4（表6.4-16）的规定
表6.4-16 反射比<table><tr><th>表面名称</th><th>反射比</th></tr><tr><td>顶棚</td><td>0.6～0.9</td></tr><tr><td>墙面</td><td>0.3～0.8</td></tr><tr><td>地面</td><td>0.1～0.5</td></tr></table></td></tr>
<tr><td>特殊场所</td><td>3.2.6 博物馆展厅室内顶棚、地面、墙面应选择无光泽的饰面材料；对光敏感展品或藏品的存放区域不应有直射阳光，采光口应有减少紫外辐射、调节和限制天然光照度值及减少曝光时间的措施</td></tr>
<tr><td>透射指数</td><td>3.2.7 主要功能房间采光窗的颜色透射指数不应低于80</td></tr>
<tr><td>玻璃幕墙的要求</td><td>3.2.8 建筑物设置玻璃幕墙时应符合下列规定：
1 在居住建筑、医院、中小学校、幼儿园周边区域以及主干道路口、交通流量大的区域设置玻璃幕墙时，应进行玻璃幕墙反射光影响分析。
2 长时间工作或停留的场所，玻璃幕墙反射光在其窗台面上的连续滞留时间不应超过30min。
3 在驾驶员前进方向垂直角20°、水平角±30°、行车距离100m内，玻璃幕墙对机动车驾驶员不应造成连续有害反射光</td></tr>
<tr><td rowspan="5">室内照明设计</td><td>要求较高场所的照度水平</td><td>3.3.3 光环境要求较高的场所，照度水平应符合下列规定：
1 连续长时间视觉作业的场所，其照度均匀度不应低于0.6。
2 教室书写板板面平均照度不应低于500lx，照度均匀度不应低于0.8。【2024】
3 手术室照度不应低于750lx，照度均匀度不应低于0.7。
4 对光特别敏感的展品展厅的照度不应大于50lx，年曝光量不应大于50klx·h；对光敏感的展品展厅的照度不应大于150lx，年曝光量不应大于360klx·h</td></tr>
<tr><td>UGR</td><td>3.3.4 长时间视觉作业的场所，统一眩光值UGR不应高于19</td></tr>
<tr><td>光源的颜色特性</td><td>3.3.5 长时间工作或停留的房间或场所，照明光源的颜色特性应符合下列规定：
1 同类产品的色容差不应大于5SDCM。
2 一般显色指数（R_a）不应低于80。
3 特殊显色指数（R_9）不应小于0</td></tr>
<tr><td>灯具类型</td><td>3.3.6 儿童及青少年长时间学习或活动的场所应选用无危险类（RG0）灯具；其他人员长时间工作或停留的场所应选用无危险类（RG0）或1类危险（RG1）灯具或满足灯具标记的视看距离要求的2类危险（RG2）的灯具</td></tr>
<tr><td>一般显色指数</td><td>3.3.8 对辨色要求高的场所，照明光源的一般显色指数（R_a）不应低于90</td></tr>
</table>

续表

建筑光环境

室内照明设计

备用照明的照度标准值

3.3.11 备用照明的照度标准值应符合下列规定：

1 正常照明失效可能危及生命安全，需继续正常工作的医疗场所，备用照明应维持正常照明的照度。

2 高危险性体育项目场地备用照明的照度不应低于该场所一般照明照度标准值的 50%。

3 除另有规定外，其他场所备用照明的照度值不应低于该场所一般照明照度标准值的 10%

安全照明的照度标准值

3.3.12 安全照明的照度标准值应符合下列规定：

1 正常照明失效可能使患者处于潜在生命危险中的专用医疗场所，安全照明的照度应为正常照明的照度值。

2 大型活动场地及观众席安全照明的平均水平照度值不应小于 20lx。

3 除另有规定外，其他场所安全照明的照度值不应低于该场所一般照明照度标准值的 10%，且不应低于 15lx

室外照明设计

室外公共区域

3.4.1 室外公共区域照度值和一般显色指数应符合表 3.4.1（表 6.4-17）的规定

表 6.4-17 室外公共区域照度值和一般显色指数

场所		平均水平照度最低值 $E_{h.av}$（lx）	最小水平照度 $E_{h.min}$（lx）	最小垂直照度 $E_{v.min}$（lx）	最小半柱面照度 $E_{sc.min}$（lx）	一般显色指数最低值
道路	主要道路	15	3	5	3	60
	次要道路	10	2	3	2	60
	健身步道	20	5	10	5	60
活动场地		30	10	10	5	60

注：水平照度的参考平面为地面，垂直照度和半柱面照度的计算点或测量点高度为 1.5m。

室外夜景照明对居室的影响

3.4.3 当设置室外夜景照明时，对居室的影响应符合下列规定：

1 居住空间窗户外表面上产生的垂直面照度不应大于表 3.4.3-1（表 6.4-18）的规定值。

表 6.4-18 居住空间窗户外表面的垂直照度最大允许值

照明技术参数	应用条件	环境区域			
		E0 区、E1 区	E2 区	E3 区	E4 区
垂直面照度 E_v（lx）	非熄灯时间	2	5	10	25
	熄灯时间	0 *	1	2	5

* 当有公共（道路）照明时，此值提高到 1lx。

2 夜景照明灯具朝居室方向的发光强度不应大于表 3.4.3-2（表 6.4-19）的规定值。

表 6.4-19 夜景照明灯具朝居室方向的发光强度最大允许值

照明技术参数	应用条件	环境区域			
		E0 区、E1 区	E2 区	E3 区	E4 区
灯具发光强度 I（cd）	非熄灯时间	2500	7500	10000	25000
	熄灯时间	0 *	500	1000	2500

注：本表不适用于瞬时或短时间看到的灯具。

* 当有公共（道路）照明时，此值提高到 500cd。

续表

建筑光环境 — 室外照明设计 — 室外夜景照明对居室的影响

3 当采用闪动的夜景照明时，相应灯具朝居室方向的发光强度最大允许值不应大于表 3.4.3-2 中规定数值的 1/2

建筑光环境 — 室外照明设计 — 建筑立面和标识面

3.4.4 建筑立面和标识面应符合下列规定：

1 建筑立面和标识面的平均亮度不应大于表 3.4.4（表 6.4-20）的规定值。

表 6.4-20　建筑立面和标识面的平均亮度最大允许值

照明技术参数	应用条件	环境区域			
		E0 区、E1 区	E2 区	E3 区	E4 区
建筑立面亮度 L_b（cd/m²）	被照面平均亮度	0	5	10	25
标识亮度 L_s（cd/m²）	外投光标识被照面平均亮度；对自发光广告标识，指发光面的平均亮度	50	400	800	1000

注：本表中 L_s 值不适用于交通信号标识。

2 E1 区和 E2 区里不应采用闪烁、循环组合的发光标识，在所有环境区域这类标识均不应靠近住宅的窗户设置

建筑光环境 — 检测与验收 — 采光测量项目

3.5.2 采光测量项目应包括采光系数、采光均匀度、反射比和颜色透射指数

建筑光环境 — 检测与验收 — 照明测量要求

3.5.3 照明测量应符合下列规定：

1 室内各主要功能房间或场所的测量项目应包括照度、照度均匀度、统一眩光值、色温、显色指数、闪变指数和频闪效应可视度。

2 室外公共区域照明的测量项目应包括照度、色温、显色指数和亮度。

3 应急照明条件下，测量项目应包括各场所的照度和灯具表面亮度

保温设计 — 基本要求

4.2.1 严寒、寒冷、夏热冬冷及温和 A 区的建筑应进行保温设计

保温设计 — 内表面温度与室内空气温度的允许温差

4.2.2 非透光围护结构内表面温度与室内空气温度的差值应符合表 4.2.2（表 6.4-21）的规定

表 6.4-21　非透光围护结构内表面温度与室内空气温度的允许温差

非透光围护结构部位	允许温差 Δt（K）
外墙	$\leq t_i - t_d$
楼、屋面	
地面	
地下室外墙	

注：Δt 为非透光围护结构的内表面温度与室内空气温度的温差，t_i 为室内空气温度，t_d 为室内空气的露点温度。

防热设计 — 基本要求

4.3.1 夏热冬暖、夏热冬冷地区及寒冷 B 区的建筑应进行防热设计

续表

建筑光环境	防热设计	外墙和屋面内表面最高温度限值

4.3.2　在给定两侧空气温度及变化规律的情况下，外墙和屋面内表面最高温度应符合表 4.3.2（表 6.4-22）的规定【2023】

表 6.4-22　　外墙和屋面内表面最高温度限值

房间类型	自然通风房间	空调房间	
		重质围护结构（$D \geq 2.5$）	轻质围护结构（$D < 2.5$）
外墙内表面最高温度 $\theta_{i,\max}$	$\leq t_{e,\max}$	$\leq t_i+2$	$\leq t_i+3$
屋面内表面最高温度 $\theta_{i,\max}$	$\leq t_{e,\max}$	$\leq t_i+2.5$	$\leq t_i+3.5$

注：$t_{e.\max}$ 表示室外逐时空气温度最高值；t_i 表示室内空气温度。

建筑光环境	防潮设计	基本要求

4.4.1　供暖建筑非透光围护结构中的热桥部位应进行表面结露验算，并应采取保温措施确保热桥内表面温度高于房间空气露点温度

建筑光环境	防潮设计	结露验算要求

4.4.2　非透光围护结构热桥部位的表面结露验算应符合以下规定：

1　当冬季室外计算温度低于 0.9℃时，应对热桥部位进行内表面结露验算。

2　热桥部位的内表面温度计算应符合下列规定：

1）室内空气相对湿度应取 60%。

2）应根据热桥部位确定采用二维或三维传热计算。

3）距离较小的热桥应合并计算。

3　当热桥部位内表面温度低于空气露点温度时，应采取保温措施，并应重新进行验算

室内空气质量	一般规定	污染物控制顺序

5.1.1　室内空气污染物控制应按下列顺序采取控制措施：【2024】

1　控制建筑选址场地的土壤氡浓度对室内空气质量的影响。

2　控制建筑空间布局有利于污染物排放。

3　控制建筑主体、节能工程材料、装饰装修材料的有害物质释放量满足限值。

4　采取自然通风措施改善室内空气质量。

5　设置机械通风空调系统，必要时设置空气净化装置进行空气污染物控制

室内空气质量	一般规定	空气污染物浓度限量

5.1.2　工程竣工验收时，室内空气污染物浓度限量应符合表 5.1.2（表 6.4-23）的规定【2022（5）】

表 6.4-23　　室内空气污染物浓度限量

污染物	Ⅰ类民用建筑工程	Ⅱ类民用建筑工程
氡（Bq/m³）	≤150	≤150
甲醛（mg/m³）	≤0.07	≤0.08
氨（mg/m³）	≤0.15	≤0.20
苯（mg/m³）	≤0.06	≤0.09
甲苯（mg/m³）	≤0.15	≤0.20
二甲苯（mg/m³）	≤0.20	≤0.20
TVOC（mg/m³）	≤0.45	≤0.50

注：Ⅰ类民用建筑：住宅、医院、老年人照料房屋设施、幼儿园、学校教室、学生宿舍、军人宿舍等民用建筑。

Ⅱ类民用建筑：办公楼、商店、旅馆、文化娱乐场所、书店、图书馆、展览馆、体育馆、公共交通等候室、餐厅、理发店等民用建筑。

续表

室内空气质量	一般规定	污染物浓度测量	5.1.3 室内空气污染物浓度测量应符合下列规定： 1 除氡外，污染物浓度测量值均应为室内测量值扣除室外上风向空气中污染物浓度测量值（本底值）后的测量值。 2 污染物浓度测量值的极限值判定应采用全数值比较法
		其他要求	5.1.4 空气净化装置在空气净化处理后不应产生新的污染。 5.1.5 装饰装修时，严禁在室内使用有机溶剂清洗施工用具
	场地土壤氡控制	设计前检测	5.2.1 建筑工程设计前应对建筑工程所在城市区域土壤中氡浓度或土壤表面氡析出率进行调查，并应提交相应的调查报告。未进行过区域土壤中氡浓度或土壤表面氡析出率测定的，应对建筑场地土壤中氡浓度或土壤氡析出率进行测定，并应提供相应的检测报告【2021】

室内空气质量——材料控制：

5.3.1 建筑工程所使用的砂、石、砖、实心砌块、水泥、混凝土、混凝土预制构件等无机非金属建筑主体材料，其放射性限量应符合表5.3.1（表6.4-24）的规定。

表 6.4-24 无机非金属建筑主体材料的放射性限量

测定项目	限量
内照射指数 I_{Ra}	≤1.0
外照射指数 I_{γ}	≤1.0

5.3.2 建筑工程中所使用的混凝土外加剂，氨的释放量不应大于0.10%，氨释放量测定方法应按国家现行有关标准的规定执行。

5.3.3 建筑工程所使用的石材、建筑卫生陶瓷、石膏制品、无机粉状粘结材料等无机非金属装饰装修材料，其放射性限量应分类符合表5.3.3（表6.4-25）的规定。

表 6.4-25 无机非金属装饰装修材料放射性限量

测定项目	限量	
	A类	B类
内照射指数 I_{Ra}	≤1.0	≤1.3
外照射指数 I_{γ}	≤1.3	≤1.9

5.3.5 室内装饰装修中所使用的木地板及其他木质材料，严禁采用沥青、煤焦油类防腐、防潮处理剂。

5.3.6 室内装饰装修时，严禁使用苯、工业苯、石油苯、重质苯及混苯等含苯稀释剂和溶剂

室内空气质量	检测与验收	进场检验的内容	5.4.1 建筑材料进场检验应符合下列规定： 1 无机非金属建筑主体材料和建筑装饰装修材料进场时，应查验其放射性指标检测报告。 2 室内装饰装修中所采用的人造木板及其制品进场时，应查验其游离甲醛释放量检测报告。 3 室内装饰装修中所采用的水性涂料、水性处理剂进场时，应查验其同批次产品的游离甲醛含量检测报告；溶剂型涂料进场时，施工单位应查验其同批次产品的VOC、苯、甲苯+二甲苯、乙苯含量检测报告，其中聚氨酯类的应有游离二异氰酸酯（TDI+HDI）的含量检测报告。

续表

<table>
<tr><td rowspan="3">室内空气质量</td><td rowspan="3">检测与验收</td><td>进场检验的内容</td><td>4　室内装饰装修中所采用的水性胶粘剂进场时，应查验其同批次产品的游离甲醛含量和VOC检测报告；溶剂型、本体型胶粘剂进场时，应查验其同批次产品的苯、甲苯+二甲苯、VOC 含量检测报告，其中聚氨酯类的应有游离甲苯二异氰酸酯（TDI）的含量检测报告。
5　幼儿园、学校教室、学生宿舍、老年人照料房屋设施等民用建筑工程室内装饰装修，应对不同产品、不同批次的人造木板及其制品的甲醛释放量和涂料、橡塑类合成材料的挥发性有机化合物释放量进行抽查复验</td></tr>
<tr><td>特殊场所的抽检</td><td>5.4.2　幼儿园、学校教室、学生宿舍、老年人照料房屋设施室内装饰装修验收时，室内空气中氡、甲醛、氨、苯、甲苯、二甲苯、TVOC 的抽检量不得少于房间总数的50%，且不得少于20间。当房间总数不大于20间时，应全数检测</td></tr>
<tr><td>交付要求</td><td>5.4.3　竣工交付使用前，必须进行室内空气污染物检测，其限量应符合本规范表5.1.2的规定。室内空气污染物浓度限量不合格的工程，严禁交付投入使用</td></tr>
<tr><td>附录A 声环境功能区分类</td><td colspan="3">A.0.1　声环境功能区分类应符合表A.0.1（表6.4-26）的规定【2022（12）】

表6.4-26　声环境功能区分类
<table><tr><th>声环境功能区类别</th><th>区域特征</th></tr><tr><td>0类</td><td>指康复疗养区等特别需要安静的区域</td></tr><tr><td>1类</td><td>指以居民住宅、医疗卫生、文化教育、科研设计、行政办公为主要功能，需要保持安静的区域</td></tr><tr><td>2类</td><td>指以商业金融、集市贸易为主要功能，或者居住、商业、工业混杂，需要维护住宅安静的区域</td></tr><tr><td>3类</td><td>指以工业生产、仓储物流为主要功能，需要防止工业噪声对周围环境产生严重影响的区域</td></tr><tr><td>4类</td><td>指交通干线两侧一定距离之内，需要防止交通噪声对周围环境产生严重影响的区域，包括4a类和4b类两种类型。4a类为高速公路、一级公路、二级公路、城市快速路、城市主干路、城市次干路、城市轨道交通（地面段）、内河航道两侧区域；4b类为铁路干线两侧区域</td></tr></table></td></tr>
</table>

6.4-19［2024-85］下列房间，哪个对昼间降噪要求最高？（　　）。

A. 卧室　　B. 起居室　　C. 阅览室　　D. 会议室

答案：C

解析：根据《建筑环境通用规范》（GB 55016—2021）第2.1.3条。

6.4-20［2023-83］对于需要进行防热设计的空调房间，下列房间部位的内表面最高温度限制最低的是（　　）。

A. 重质围护结构外墙　　B. 轻质围护结构外墙

C. 重质围护结构屋顶　　D. 轻质围护结构屋顶

答案：A

解析：依据《建筑环境通用规范》（GB 55016—2021）第4.3.2条及表4.3.2可知，内表面最高温度限制从小到大依次为重质围护结构外墙＜重质围护结构屋顶＜轻质围护结构外墙＜轻质围护结构屋顶。

6.4-21［2022（5）-95］ 在医院建筑中，一般病房采光系数不应低于（　　）。

A. Ⅱ级　　B. Ⅲ级　　C. Ⅳ级　　D. Ⅴ级

答案：C

解析：依据《建筑环境通用规范》（GB 55016—2021）第 3.2.3 条第 1 款。

6.4-22［2022（5）-96］根据《建筑环境通用规范》（GB 55016—2021），Ⅰ类民用建筑工程竣工验收时，甲醛浓度最大值为（　　）。

A. 0.06mg　　B. 0.07mg　　C. 0.08mg　　D. 0.09mg

答案：B

解析：依据《建筑环境通用规范》（GB 55016—2021）第 5.1.2 条可知。

6.4-23［2022（12）-96］ 下列四个选项中，属于 0 类声音环境功能区的是（　　）。

A. 住宅区　　B. 医院　　C. 文化教育　　D. 疗养院

答案：D

解析：依据《建筑环境通用规范》（GB 55016—2021）附录 A 声环境功能区分类。

考点 37：《建筑采光设计标准》（GB 50033—2013）【★★】

采光标准值

基本要求

4.0.1　住宅建筑的卧室、起居室（厅）、厨房应有直接采光

住宅建筑的采光标准值

4.0.3　住宅建筑的采光标准值不应低于表 4.0.3（表 6.4-27）的规定【2022（12）】

表 6.4-27　住宅建筑的采光标准值

采光等级	场所名称	侧面采光	
		采光系数标准值（%）	室内天然光照度标准（lx）
Ⅳ	厨房	2.0	300
Ⅴ	卫生间、过道、餐厅、楼梯间	1.0	150

教育建筑的采光标准值

4.0.5　教育建筑的采光标准值不应低于表 4.0.5（表 6.4-28）的规定【2022（12）】

表 6.4-28　教育建筑的采光标准值

采光等级	场所名称	侧面采光	
		采光系数标准（%）	室内天然光照度标准值（lx）
Ⅲ	专用教室、实验室、阶梯教室、教师办公室	3.0	450
Ⅴ	走道、楼梯间、卫生间	1.0	150

续表

采光标准值

医疗建筑的采光标准值

4.0.7 医疗建筑的采光标准值不应低于表 4.0.7（表 6.4-29）的规定

表 6.4-29 医疗建筑的采光标准值

采光等级	场所名称	侧面采光		顶部采光	
		采光系数标准值（%）	室内天然光照度标准值（lx）	采光系数标准值（%）	室内天然光照度标准值（lx）
Ⅲ	诊室、药房、治疗室、化验室	3.0	450	2.0	300
Ⅳ	医生办公室（护士室）、候诊室、挂号处、综合大厅	2.0	300	1.0	150
Ⅴ	走道、楼梯间、卫生间	1.0	150	0.5	75

办公建筑的采光标准值

4.0.8 办公建筑的采光标准值不应低于表 4.0.8（表 6.4-30）的规定

表 6.4-30 办公建筑的采光标准值

采光等级	场所名称	侧面采光	
		采光系数标准值（%）	室内天然光照度标准值（lx）
Ⅱ	设计室、绘图室	4.0	600
Ⅲ	办公室、会议室	3.0	450
Ⅳ	复印室、档案室	2.0	300
Ⅴ	走道、楼梯间、卫生间	1.0	150

图书馆建筑的采光标准值

4.0.9 图书馆建筑的采光标准值不应低于表 4.0.9（表 6.4-31）的规定

表 6.4-31 图书馆建筑的采光标准值

采光等级	场所名称	侧面采光		顶部采光	
		采光系数标准值（%）	室内天然光照度标准值（lx）	采光系数标准值（%）	室内天然光照度标准值（lx）
Ⅲ	阅览室、开架书库	3.0	450	2.0	300
Ⅳ	目录室	2.0	300	1.0	150
Ⅴ	书库、走道、楼梯间、卫生间	1.0	150	0.5	75

采光质量

减小眩光措施

5.0.2 采光设计时，应采取下列减小窗的不舒适眩光的措施：

1 作业区应减少或避免直射阳光。

2 工作人员的视觉背景不宜为窗口。

3 可采用室内外遮挡设施。

4 窗结构的内表面或窗周围的内墙面，宜采用浅色饰面

特殊情况

5.0.8 博物馆建筑的天然采光设计，对光有特殊要求的场所，宜消除紫外辐射、限制天然光照度值和减少曝光时间。陈列室不应有直射阳光进入

6.4-24［2022（12）-95］下列功能房间中采光设计要求最高的是（　　）。

A. 餐厅　　B. 教室　　C. 病房　　D. 起居室

答案：B

解析：采光设计要求总结如下：

Ⅱ级，4%，600lx：设计室、绘图室。

Ⅲ级，3%，450lx：教室；办公室、会议室；诊室、药房、治疗室、化验室；阅览室、开架书库；展厅。

Ⅳ级，2%，300lx：卧室、起居室和一般病房；厨房；大堂、客房、餐厅、健身房。

Ⅴ级，1%，150lx：卫生间、过道、餐厅、楼梯间。

故采光设计等级排序为：教室＞餐厅＝起居室＝病房，因此选项 B 正确。

考点 38：《民用建筑工程室内环境污染控制标准》（GB 50325—2020）【★★】

<table>
<tr><td rowspan="2">总则</td><td>污染物种类</td><td colspan="2">1.0.3 本标准控制的室内环境污染物包括氡、甲醛、氨、苯、甲苯、二甲苯和总挥发性有机化合物</td></tr>
<tr><td>标准划分</td><td colspan="2">1.0.4 民用建筑工程的划分应符合下列规定：【2021、2019】
1 Ⅰ类民用建筑应包括住宅、居住功能公寓、医院病房、老年人照料房屋设施、幼儿园、学校教室、学生宿舍等。
2 Ⅱ类民用建筑应包括办公楼、商店、旅馆、文化娱乐场所、书店、图书馆、展览馆、体育馆、公共交通等候室、餐厅等</td></tr>
<tr><td rowspan="5">材料</td><td>无机非金属建筑主体材料和装饰装修材料</td><td colspan="2">3.1.3 当民用建筑工程使用加气混凝土制品和空心率（孔洞率）大于 25%的空心砖、空心砌块等建筑主体材料时，其放射性限量应符合表 3.1.3（表 6.4-32）的规定

表 6.4-32　加气混凝土制品和空心率（孔洞率）大于 25%的建筑主体材料放射性限量
<table><tr><th>测定项目</th><th>限量</th></tr><tr><td>表面氡析出率［Bq/（m^2·s）］</td><td>≤0.015</td></tr><tr><td>内照射指数 I_{Ra}</td><td>≤1.0</td></tr><tr><td>外照射指数 I_{γ}</td><td>≤1.3</td></tr></table></td></tr>
<tr><td rowspan="4">人造木板及其制品</td><td>测定内容</td><td>3.2.1 民用建筑工程室内用人造木板及其制品应测定游离甲醛释放量</td></tr>
<tr><td>测定方法</td><td>3.2.2 人造木板及其制品可采用环境测试舱法或干燥器法测定甲醛释放量，当发生争议时应以环境测试舱法的测定结果为准</td></tr>
<tr><td rowspan="2">测定标准</td><td>3.2.3 环境测试舱法测定的人造木板及其制品的游离甲醛释放量不应大于 0.124mg/m^3，测定方法应按本标准附录 B 执行</td></tr>
<tr><td>3.2.4 干燥器法测定的人造木板及其制品的游离甲醛释放量不应大于 1.5mg/L，测定方法应符合现行国家标准《人造板及饰面人造板理化性能试验方法》（GB/T 17657）的规定</td></tr>
</table>

6.4-25［2021-96］根据《民用建筑工程室内环境污染控制标准》（GB 50325—2020），属于Ⅱ类民用建筑的是（　　）。

A. 图书馆　　B. 医院病房楼　　C. 幼儿园　　D. 住宅

答案：A

解析：依据《民用建筑工程室内环境污染控制标准》（GB 50325—2020）第1.0.4条可知，Ⅱ类民用建筑应包括办公楼、商店、旅馆、文化娱乐场所、书店、图书馆、展览馆、体育馆、公共交通等候室、餐厅等，因此选项A属于Ⅱ类民用建筑。

6.4-26［2019-100］下列不属于控制室内环境污染Ⅱ类的民用建筑类型是（　　）。

A. 旅馆　　B. 办公　　C. 幼儿园　　D. 图书馆

答案：C

解析：依据《民用建筑工程室内环境污染控制标准》（GB 50325—2020）第1.0.4条可知，Ⅰ类民用建筑应包括住宅、居住功能公寓、医院病房、老年人照料房屋设施、幼儿园、学校教室、学生宿舍等，选项C属于Ⅰ类民用建筑。

考点39：《民用建筑太阳能热水系统应用技术标准》（GB 50364—2018）【★★】

建筑设计	日照时数	4.2.2　建筑的体形和空间组合应避免安装太阳能集热器部位受建筑自身及周围设施和绿化树木的遮挡，并应满足太阳能集热器有不少于4h日照时数的要求
	平屋面构造要求	4.2.5　设置太阳能集热器的平屋面应符合下列规定： 1　太阳能集热器支架应与屋面固定牢固，当使用地脚螺栓连接时，应在地脚螺栓周围做防水和密封处理。 2　当在屋面防水层上放置集热器时，屋面防水层应上翻至基座上部，并应在基座下部增设附加防水层。 3　集热器周围屋面、检修通道、屋面出入口和集热器之间的人行通道上部应铺设保护层。 4　当集热器设置在屋面构架或屋面飘板上时，构架和飘板下的净空高度应满足系统检修和使用功能要求
	坡屋面构造要求	4.2.6　设置太阳能集热器的坡屋面应符合下列规定：【2022（12）】 1　屋面的坡度宜结合集热器接收阳光的最佳倾角确定，即当地纬度±10°。 2　集热器宜采用顺坡镶嵌或顺坡架空设置。 3　集热器支架应与埋设在屋面板上预埋件固定牢固，并应采取防水措施。 4　集热器与屋面结合处雨水排放应通畅。 5　顺坡镶嵌的集热器与周围屋面连接部位应做好防水构造处理。 6　集热器顺坡镶嵌在屋面上，不得降低屋面整体的保温、隔热、防水等性能。 7　顺坡架空在坡屋面上的集热器与屋面间空隙不宜大于100mm
	储热水箱	4.2.9　储热水箱的设置应符合下列规定： 1　储热水箱宜靠近用水部位。 2　储热水箱宜设置在室内。 3　储热水箱设置在阳台时，不应影响建筑外观。 4　设置储热水箱的位置应采取相应的排水、防水措施。 5　储热水箱上方及周围应留有安装、检修空间，净空不宜小于700mm

6.4-27［2022（12）-103］关于太阳能集热器的设置错误的是（　　）。

A. 太阳能集热板做阳台栏杆

B. 集热器采用顺坡架空设置

C. 屋面的坡度宜结合集热器接收阳光的最佳倾角确定

D. 坡屋面上的集热器与屋面间隙不宜小于 100mm

答案：D

解析：依据《民用建筑太阳能热水系统应用技术标准》（GB 50364—2018）第 4.2.6 条第 7 款规定，顺坡架空在坡屋面上的集热器与屋面间空隙不宜大于 100mm，因此选线 D 错误。

6.4-28［2017-126］依据《民用建筑太阳能热水系统应用技术标准》（GB 50364—2018），太阳能集热器无论安装在建筑任何位置，均应满足全天的日照时数不少于（　　）。

A. 4h　　B. 3.5h　　C. 3h　　D. 2.5h

答案：A

解析：依据《民用建筑太阳能热水系统应用技术标准》（GB 50364—2018）第 4.2.2 条。

考点 40：《近零能耗建筑技术标准》（GB/T 51350—2019）【★★】

<table>
<tr><td rowspan="3">室内环境参数</td><td>热湿环境参数</td><td>4.0.1　建筑主要房间室内热湿环境参数应符合表 4.0.1（表 6.4-33）规定

表 6.4-33　建筑主要房间室内热湿环境参数
<table><tr><th>室内热湿环境参数</th><th>冬季</th><th>夏季</th></tr><tr><td>温度（℃）</td><td>≥20</td><td>≤20</td></tr><tr><td>相对湿度（%）</td><td>≥20</td><td>≤60</td></tr></table>注：1. 冬季室内相对湿度不参与设备选型和能效指标的计算。
2. 当严寒地区不设置空调设施时，夏季室内热湿环境参数可不参与设备选型和能效指标的计算；当严寒地区不设置空调设施时，当夏热冬暖和温和地区不设置供暖设施时，冬季室内热湿环境参数可不参与设备选型和能效指标的计算。</td></tr>
<tr><td>新风量</td><td>4.0.2　居住建筑主要房间的室内新风量不应小于 30m³/（h·人）</td></tr>
<tr><td>噪声</td><td>4.0.3　居住建筑室内噪声昼间不应大于 40dB（A），夜间不应大于 30dB（A）</td></tr>
<tr><td>技术参数</td><td>围护结构</td><td>6.1.4　外门窗气密性能应符合下列规定：【2022（5）】
1　外窗气密性能不宜低于 8 级。
2　外门、分隔供暖空间与非供暖空间的户门气密性能不宜低于 6 级</td></tr>
</table>

6.4-29［2022（5）-104］根据《近零能耗建筑技术标准》（GB/T 51350—2019），关于近零能耗的说法错误的是（　　）。

A. 外门、分隔供暖空间与非供暖空间的户门气密性能不宜低于 6 级

B. 建筑外窗气密性不宜低于 7 级

C. 居住建筑主要房间的室内新风量不应小于 $30m^3$/（h·人）

D. 建筑本体和周边可再生能源产能量不应小于建筑年终端能源消耗量

答案：B

解析：依据《近零能耗建筑技术标准》（GB/T 51350—2019）第 6.1.4 条规定，外门窗气密性能应符合下列规定：1.外窗气密性能不宜低于 8 级；2.外门、分隔供暖空间与非供暖空间的户门气密性能不宜低于 6 级。

考点 41：《民用建筑绿色设计规范》（JGJ/T 229—2010）【★★】

术语	被动措施	2.0.2 被动措施： 直接利用阳光、风力、气温、湿度、地形、植物等现场自然条件，通过优化建筑设计，采用非机械、不耗能或少耗能的方式，降低建筑的采暖、空调和照明等负荷，提高室内外环境性能。通常包括天然采光、自然通风、围护结构的保温、隔热、遮阳、蓄热、雨水入渗等措施
	主动措施	2.0.3 主动措施： 通过采用消耗能源的机械系统，提高室内舒适度，实现室内外环境性能。通常包括采暖、空调、机械通风、人工照明等措施
	绿色建筑增量成本	2.0.4 绿色建筑增量成本： 因实施绿色建筑理念和策略而产生的投资成本的增加值或减少值
	建筑全寿命周期	2.0.5 建筑全寿命周期： 建筑从建造、使用到拆除的全过程。包括原材料的获取，建筑材料与构配件的加工制造，现场施工与安装，建筑的运行和维护，以及建筑最终的拆除与处置
基本规定	3.0.5 方案和初步设计阶段的设计文件应有绿色设计专篇，施工图设计文件中应注明对绿色建筑施工与建筑运营管理的技术要求	
场地与室外环境	一般要求	5.1.4 场地规划应考虑室外环境的质量，优化建筑布局并进行场地环境生态补偿【2019】
	场地要求	5.2.2 城市已开发用地或废弃地的利用应符合下列要求： 1 对原有的工业用地、垃圾填埋场等可能存在健康安全隐患的场地，应进行土壤化学污染检测与再利用评估。【2019】 2 应根据场地及周边地区环境影响评估和全寿命周期成本评价，采取场地改造或土壤改良等措施。 3 改造或改良后的场地应符合国家相关标准的要求
	场地资源利用与生态环境保护	5.3.1 场地规划与设计时应对场地内外的自然资源、市政基础设施和公共服务设施进行调查与评估，确定合理的利用方式，并应符合下列要求：【2019】 1 宜保持和利用原有地形、地貌，当需要进行地形改造时，应采取合理的改良措施，保护和提高土地的生态价值。 2 应保护和利用地表水体，禁止破坏场地与周边原有水系的关系，并应采取措施，保持地表水的水量和水质。 3 应调查场地内表层土壤质量，妥善回收、保存和利用无污染的表层土。 4 应充分利用场地及周边已有的市政基础设施和公共服务设施。 5 应合理规划和适度开发地下空间，提高土地利用效率，并应采取措施保证雨水的自然入渗

场地与室外环境	场地规划与室外环境	5.4.4 场地设计时，宜采取下列措施改善室外热环境： 1 种植高大乔木为停车场、人行道和广场等提供遮阳。 2 建筑物表面宜为浅色，地面材料的反射率宜为 0.3～0.5，屋面材料的反射率宜为 0.3～0.6。 3 采用立体绿化、复层绿化，合理进行植物配置，设置渗水地面，优化水景设计。 4 室外活动场地、道路铺装材料的选择除应满足场地功能要求外，宜选择透水性铺装材料及透水铺装构造

6.4-30［2019-95］在绿色建筑中，下列对于场地的概念错误的是（　　）。

A. 建筑场地不应设在工业建筑废弃地

B. 建筑场地应保留原有河道

C. 建筑场地应保留利用没有污染的表面土层

D. 建筑场地应还原或补偿原场地周边生态

答案：A

解析：依据《民用建筑绿色设计规范》（JGJ/T 229—2010）第 5.1.4 条、第 5.2.2 条和第 5.3.1 条，应充分利用场地及周边已有的市政基础设施和公共服务设施；对原有的工业用地、垃圾填埋场等可能存在健康安全隐患的场地，应进行土壤化学污染检测与再利用评估，因此选项 A 符合题意。

6.4-31［2018-99］下列绿色设计选项中属于被动式措施的是（　　）。

① 置换通风加冷却顶板空调系统；② 地源热泵空调系统；③ 蒸发冷却空调系统；④ 利用有组织的自然通风；⑤ 控制太阳辐射；⑥ 结合绿化；⑦ 保证雨水自然渗入。

A. ①②③　　B. ④⑤⑥⑦　　C. ①②⑤　　D. ②④⑥⑦

答案：B

解析：依据《民用建筑绿色设计规范》（JGJ/T 229—2010）第 2.0.2 和 2.0.3 条可知，被动措施：直接利用阳光、风力、气温、湿度、地形、植物等现场自然条件，通过优化建筑设计，采用非机械、不耗能或少耗能的方式，降低建筑的采暖、空调和照明等负荷，提高室内外环境性能。通常包括天然采光、自然通风、围护结构的保温、隔热、遮阳、蓄热、雨水入渗等措施。主动措施：通过采用消耗能源的机械系统，提高室内舒适度，实现室内外环境性能。通常包括采暖、空调、机械通风、人工照明等措施。因此④⑤⑥⑦属于被动式措施。

考点 42：《严寒和寒冷地区居住建筑节能设计标准》（JGJ 26—2018）【★★】

建筑与围护结构	一般规定	4.1.1 建筑群的总体布置，单体建筑的平面、立面设计，应考虑冬季利用日照并避开冬季主导风向，严寒和寒冷 A 区建筑的出入口应考虑防风设计，寒冷 B 区应考虑夏季通风【2018】
		4.1.2 建筑物宜朝向南北或接近朝向南北。建筑物不宜设有三面外墙的房间，一个房间不宜在不同方向的墙面上设置两个或更多的窗【2018】
		4.1.12 建筑的可再生能源利用设施应与主体建筑同步设计、同步施工

续表

建筑与围护结构	围护结构热工设计	4.2.5 严寒地区除南向外不应设置凸窗，其他朝向不宜设置凸窗；寒冷地区北向的卧室、起居室不应设置凸窗，北向其他房间和其他朝向不宜设置凸窗。当设置凸窗时，凸窗凸出（从外墙面至凸窗外表面）不应大于400mm；凸窗的传热系数限值应比普通窗降低15%，且其不透光的顶部、底部、侧面的传热系数应小于或等于外墙的传热系数。当计算窗墙面积比时，凸窗的窗面积应按窗洞口面积计算【2018】

6.4-32［2018-50］有关严寒地区住宅的设计要求，下列说法错误的是（　　）。

A. 建筑群的总体布置应考虑冬季利用日照并避开冬季主导风向

B. 建筑物宜朝向南北或接近朝向南北

C. 建筑物不宜设有三面外墙的房间

D. 宜采用凸窗

答案：D

解析：依据《严寒和寒冷地区居住建筑节能设计标准》（JGJ 26—2018）第4.1.1、4.1.2条和4.2.5条规定，建筑群的总体布置应考虑冬季利用日照并避开冬季主导风向，建筑物宜朝向南北或接近朝向南北。建筑物不宜设有三面外墙的房间，一个房间不宜在不同方向的墙面上设置两个或更多的窗。严寒地区除南向外不应设置凸窗，其他朝向不宜设置凸窗；寒冷地区北向的卧室、起居室不应设置凸窗，北向其他房间和其他朝向不宜设置凸窗。另依据《住宅设计规范》（GB 50096—2011）第5.8.2条第三款规定，严寒和寒冷地区不宜设置凸窗，因此选项D符合题意。

第五节　其他建筑设计标准及规范

考点43：《装配式建筑评价标准》（GB 51129—2017）【★】

术语	装配式建筑	2.0.1 装配式建筑：由预制部品部件在工地装配而成的建筑 【条文说明：装配式建筑是一个系统工程，是将预制部品部件通过系统集成的方法在工地装配，实现建筑主体结构构件预制，非承重围护墙和内隔墙非砌筑并全装修的建筑。装配式建筑包括装配式混凝土建筑、装配式钢结构建筑、装配式木结构建筑及装配式混合结构建筑等】
	装配率	2.0.2 装配率：单体建筑室外地坪以上的主体结构、围护墙和内隔墙、装修和设备管线等采用预制部品部件的综合比例
基本规定	计算和评价单元	3.0.1 装配率计算和装配式建筑等级评价应以单体建筑作为计算和评价单元，并应符合下列规定： 1 单体建筑应按项目规划批准文件的建筑编号确认。 2 建筑由主楼和裙房组成时，主楼和裙房可按不同的单体建筑进行计算和评价。 3 单体建筑的层数不大于3层，且地上建筑面积不超过500m²时，可由多个单体建筑组成建筑组团作为计算和评价单元
	装配式建筑评价	3.0.2 装配式建筑评价应符合下列规定： 1 设计阶段宜进行预评价，并应按设计文件计算装配率。 2 项目评价应在项目竣工验收后进行，并应按竣工验收资料计算装配率和确定评价等级

续表

基本规定	装配式建筑要求	3.0.3 装配式建筑应同时满足下列要求： 1 主体结构部分的评价分值不低于 20 分。 2 围护墙和内隔墙部分的评价分值不低于 10 分。 3 采用全装修。 4 装配率不低于 50%
评价等级划分	基本要求	5.0.1 当评价项目满足本标准第 3.0.3 条规定，且主体结构竖向构件中预制部品部件的应用比例不低于 35%时，可进行装配式建筑等级评价
	评价等级	5.0.2 装配式建筑评价等级应划分为 A 级、AA 级、AAA 级，并应符合下列规定： 1 装配率为 60%～75%时，评价为 A 级装配式建筑。 2 装配率为 76%～90%时，评价为 AA 级装配式建筑。 3 装配率为 91%及以上时，评价为 AAA 级装配式建筑

考点 44：《装配式住宅建筑设计标准》（JGJ/T 398—2017）【★★】

基本规定		3.0.3 装配式住宅建筑设计宜采用住宅建筑通用体系，以集成化建造为目标实现部件部品的通用化、设备及管线的规格化。 3.0.7 装配式住宅建筑设计应遵循模数协调原则，并应符合现行国家标准《建筑模数协调标准》（GB/T 50002）的有关规定
建筑设计【2023】	平面与空间	4.1.2 装配式住宅建筑设计应符合建筑全寿命期的空间适应性要求。平面宜简单规整，宜采用大空间布置方式。 4.1.3 装配式住宅平面设计宜将用水空间集中布置，并应结合功能和管线要求合理确定厨房和卫生间的位置。 4.1.4 装配式住宅设备及管线应集中紧凑布置，宜设置在共用空间部位
	模数协调	4.2.2 装配式住宅建筑设计应采用基本模数或扩大模数，部件部品的设计、生产和安装等应满足尺寸协调的要求。 4.2.5 装配式住宅的建筑结构体宜采用扩大模数 2nM、3nM 模数数列。 4.2.6 装配式住宅的建筑内装体宜采用基本模数或分模数，分模数宜为 M/2、M/5。 4.2.7 装配式住宅层高和门窗洞口高度宜采用竖向基本模数和竖向扩大模数数列，竖向扩大模数数列宜采用 *n*M
	设计协同	4.3.5 装配式住宅的施工图设计文件应满足部件部品的生产施工和安装要求，在建筑工程文件深度规定基础上增加部件部品设计图
建筑结构体与主体部件	主体部件	5.2.2 装配式住宅宜采用在工厂或现场预制完成的主体部件。 5.2.6 装配式混凝土结构住宅的楼板宜采用叠合楼板。 5.2.7 钢结构住宅宜优先采用钢-混凝土组合楼板或混凝土叠合楼板，并应符合国家现行标准的相关规定
	建筑内装体	6.1.4 建筑内装体的设计宜满足干式工法施工的要求。 6.1.8 内装部品、设备及管线应便于检修更换，且不影响建筑结构体的安全性

6.5-1［2023-82］依据《装配式住宅建筑设计标准》（JGJ/T 398—2017），下列关于装配式住宅设计的说法正确的是（　　）。

A. 设备管线设置在结构体中
B. 平面宜采用大空间布置方式
C. 隔墙可采用加气混凝土砌块
D. 施工图无需提供部品设计图

答案：B

解析：参见《装配式住宅建筑设计标准》（JGJ/T 398—2017）第 4.1.2 条。

考点 45：《铝合金门窗》（GB/T 8478—2020）【★】

要求	铝合金型材	5.1.2.1.2 门、窗用主型材基材壁厚（附件功能槽口处的翅壁壁厚除外）公称尺寸除应满足 5.1.2.1.1 要求外，尚应符合下列规定：【2022（12）】 a）外门不应小于 2.2mm，内门不应小于 2.0mm。 b）外窗不应小于 1.8mm，内窗不应小于 1.4mm
	玻璃	5.1.3.1 中空玻璃应符合 GB/T 11944 的规定，且外门窗用中空玻璃气体层厚度不应小于 9.0mm，单腔中空玻璃厚度允许偏差值宜采用 ±1.5mm。 5.1.3.4 耐火型门窗用玻璃应符合 GB/T 31433 的规定，其耐火完整性不应小于 30min
	钢材	5.1.5.3 耐火型门窗用密封胶应采用符合 GB/T 24267 规定的阻燃密封胶，且其耐火性能应达到 GB 23864 规定的耐火完整性不小于 1.0h
	性能	5.6.5 保温性能：门窗的保温性能分级应符合 GB/T 31433 的规定。保温型门窗的传热系数 K 应小于 2.5W/（m^2·K）

6.5-2［2022（12）-100］根据《铝合金门窗》（GB/T 8478—2020）的规定，外窗铝合金型材最小壁厚为（　　）。

A. 1.4mm
B. 1.8mm
C. 2.0mm
D. 2.2mm

答案：B

解析：依据《铝合金门窗》（GB/T 8478—2020）第 5.1.2.1.2 条规定，铝合金门窗型材截面主要受力部位基材最小实测壁厚，外门≥2.2mm，内门≥2.0mm。外窗≥1.8mm，内窗≥1.4mm。

考点 46：《建筑幕墙、门窗通用技术条件》（GB/T 31433—2015）【★】

要求	一般要求	5.1.2 建筑幕墙、门窗面板、型材等主要构配件的设计使用年限不应低于 25 年	
	性能	安全性	抗风压性能；平面内变形性能；耐撞击性能；抗风携碎物冲击性能；抗爆炸冲击波性能；耐火完整性（外门窗的耐火完整性不应低于 30min）【2022（12）】
		节能性	气密性能；保温性能；遮阳性能
		适用性	启闭力；水密性能；空气声隔声性能；采光性能；防沙尘性能；耐垂直荷载性能；抗静扭曲性能；抗扭曲变形性能；抗对角线变形性能；抗大力关闭性能；开启限位；撑挡试验
		耐久性	反复启闭性能（门的反复启闭次数不应小于 10 万次，窗、幕墙的开启部位启闭次数不应小于 1 万次）；热循环性能

6.5-3［2022（12）-101］根据《建筑幕墙、门窗通用技术条件》（GB/T 31433—2015），下列不属于铝合金门窗安全性指标的是（　　）。

A. 气密性能　　B. 抗风压性能　　C. 耐撞击性能　　D. 耐火完整性

答案：A

解析：依据《建筑幕墙、门窗通用技术条件》（GB/T 31433—2015）第 5.2.1 和 5.2.2 条规定，安全性包括抗风压性能、平面内变形性能、耐撞击性能、抗风携碎物冲击性能、抗爆炸冲击波性能、耐火完整性；节能性包括气密性能。

考点 47：《玻璃幕墙光热性能》（GB/T 18091—2015）【★】

一般规定	4.3　玻璃幕墙应采用可见光反射比不大于 0.30 的玻璃。 4.4　在城市快速路、主干道、立交桥、高架桥两侧的建筑物 20m 以下及一般路段 10m 以下的玻璃幕墙，应采用可见光反射比不大于 0.16 的玻璃。【2022（5）】 4.5　在 T 形路口正对直线路段处设置玻璃幕墙时，应采用可见光反射比不大于 0.16 的玻璃。 4.6　构成玻璃幕墙的金属外表面，不宜使用可见光反射比大于 0.30 的镜面和高光泽材料。 4.8　以下情况应进行玻璃幕墙反射光影响分析： a）在居住建筑、医院、中小学校及幼儿园周边区域设置玻璃幕墙时。 b）在主干道路口和交通流量大的区域设置玻璃幕墙时。 4.9　玻璃幕墙的反射光分析应选择典型日进行。 4.10　玻璃幕墙反射光对周边建筑的影响分析应选择日出后至日落前太阳高度角不低于 10°的时段进行。 4.11　在与水平面夹角 0°～45°的范围内，玻璃幕墙反射光照射在周边建筑窗台面的连续滞留时间不应超过 30min。 4.12　在驾驶员前进方向垂直角 20°，水平角±30°内，行车距离 100m 内，玻璃幕墙对机动车驾驶员不应造成连续有害反射光

6.5-4［2022（5）-98］根据《玻璃幕墙光热性能》（GB/T 18091—2015），临主干道高度为 18m 办公楼，其玻璃幕墙的可见反射光为（　　）。

A. 0.16　　B. 0.20　　C. 0.26　　D. 0.30

答案：A

解析：依据《玻璃幕墙光热性能》（GB/T 18091—2015）第 4.4 条规定，在城市快速路、主干道、立交桥、高架桥两侧的建筑物 20m 以下及一般路段 10m 以下的玻璃幕墙，应采用可见光反射比不大于 0.16 的玻璃，故选项 A 正确。

考点 48：《安全标志及其使用导则》（GB 2894—2008）【★】

标志类型	禁止标志	4.1.1　禁止标志的基本形式是带斜杠的圆边框，如图 6.5-1 所示	 图 6.5-1　禁止标志的基本形式

续表

标志类型			
	禁止标志	4.1.3 禁止标志部分举例，如图 6.5-2 所示	 禁止吸烟  禁止烟火 图 6.5-2 禁止标志部分举例
	警告标志	4.2.1 警告标志的基本型式是正三角形边框，如图 6.5-3 所示	 图 6.5-3 警告标志的基本型式
		4.2.3 警告标志部分举例，如图 6.5-4 所示	 注意安全  当心火灾 图 6.5-4 警告标志部分举例
	指令标志	4.3.1 指令标志的基本型式是圆形边框，如图 6.5-5 所示	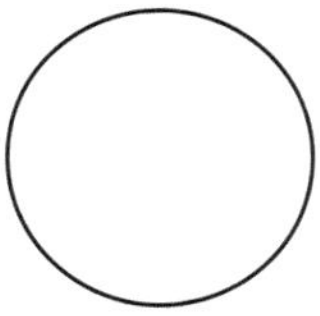 图 6.5-5 指令标志的基本型式
		4.3.3 指令标志部分举例，如图 6.5-6 所示	 必须带防护眼镜 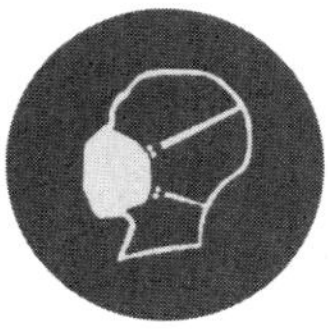 必须戴防尘口罩 图 6.5-6 指令标志部分举例
	提示标志	4.4.1 提示标志的基本型式是正方形边框，如图 6.5-7 所示【2022（5）】	图 6.5-7 提示标志的基本型式

续表

<table>
<tr><td rowspan="2">标志类型</td><td rowspan="2">提示标志</td><td>4.4.3　提示标志部分举例，如图 6.5-8 所示</td><td>
紧急出口

避险处
图 6.5-8　提示标志部分举例</td></tr>
<tr><td>4.4.4　提示标志的方向辅助标志：提示标志提示目标的位置时要加方向辅助标志。按实际需要指示左向时，辅助标志应放在图形标志的左方；如指示右向时，则应放在图形标志的右方，如图 6.5-9 所示</td><td>

图 6.5-9　应用方向辅助标志示例</td></tr>
</table>

6.5-5［2022（5）-99］如图 6.5-10 所示，该标志属于（　　）。

A. 警告标志　　B. 指令标志

C. 禁止标志　　D. 提示标志

图 6.5-10

答案：D

解析：依据《安全标志及其使用导则》（GB 2894—2008）第 4.4.1 条规定，提示标志的基本型式是正方形边框，故题中标志属于提示标志。

考点 49：《建筑地面工程防滑技术规程》（JGJ/T 331—2014）【★★】

<table>
<tr><td>地面防滑技术要求</td><td>室外及室内潮湿地面工程防滑性能</td><td>4.2.1　室外及室内潮湿地面工程防滑性能应符合表 4.2.1（表 6.5-1）的规定

表 6.5-1　室外及室内潮湿地面工程防滑性能要求
<table>
<tr><th>工程部位</th><th>防滑等级</th></tr>
<tr><td>坡道、无障碍步道等</td><td rowspan="3">A_w</td></tr>
<tr><td>楼梯踏步等</td></tr>
<tr><td>公交、地铁站台等</td></tr>
<tr><td>建筑出口平台</td><td rowspan="2">B_w</td></tr>
<tr><td>人行道、步行街、室外广场、停车场等</td></tr>
<tr><td>人行道支干道、小区道路、绿地道路及室内潮湿地面（超市肉食部、菜市场、餐饮操作间、潮湿生产车间等）</td><td>C_w</td></tr>
<tr><td>室外普通地面</td><td>D_w</td></tr>
</table>
注：A_w、B_w、C_w、D_w 分别表示潮湿地面防滑安全程度为高级、中高级、中级、低级。</td></tr>
</table>

续表

<table>
<tr>
<td>地面防滑技术要求</td>
<td>室内干态地面工程防滑性能</td>
<td>
4.2.2　室内干态地面工程防滑性能应符合表 4.2.2（表 6.5-2）的规定【2022（5）、2020】
表 6.5-2　　室内干态地面工程防滑性能要求
<table>
<tr><th>工程部位</th><th>防滑等级</th></tr>
<tr><td>站台、踏步及防滑坡道等</td><td>A_d</td></tr>
<tr><td>室内游泳池、厕浴室、建筑出入口等</td><td>B_d</td></tr>
<tr><td>大厅、候机厅、候车厅、走廊、餐厅、通道、生产车间、电梯廊、门厅、室内平面防滑地面等（含工业、商业建筑）</td><td>C_d</td></tr>
<tr><td>室内普通地面</td><td>D_d</td></tr>
</table>
注：A_d、B_d、C_d、D_d 分别表示干态地面防滑安全程度为高级、中高级、中级、低级。
</td>
</tr>
</table>

6.5-6［2022（5）-101］ 下列室内干态地面的防滑等级要求，最高的是（　　）。

A. 建筑出入口　　B. 踏步　　C. 候车厅　　D. 电梯廊

答案：B

解析：依据《建筑地面工程防滑技术规程》（JGJ/T 331—2014）第 4.2.2 条中表 4.2.2 可知，踏步的防滑等级最高。

考点 50：《电动汽车分散充电设施工程技术标准》（GB/T 51313—2018）【★】

<table>
<tr>
<td>规划选址</td>
<td>分散充电设施的类型和规模要求</td>
<td>
3.0.2　分散充电设施的类型和规模宜结合电动汽车的充电需求和停车位分布进行规划，并应符合下列规定：
1　新建住宅配建停车位应 100%建设充电设施或预留建设安装条件。
2　大型公共建筑物配建停车场，社会公共停车场建设充电设施或预留建设安装条件的车位比例不应低于 10%。
3　既有停车位配建分散充电设施，宜结合电动汽车的充电需求和配电网现状合理规划、分步实施
</td>
</tr>
<tr>
<td>配套设施</td>
<td>消防</td>
<td>
6.1.5　新建汽车库内配建的分散充电设施在同一防火分区内应集中布置，并应符合下列规定：【2022（5）】
1　布置在一、二级耐火等级的汽车库的首层、二层或三层。当设置在地下或半地下时，宜布置在地下车库的首层，不应布置在地下建筑四层及以下。
2　设置独立的防火单元，每个防火单元的最大允许建筑面积应符合表 6.1.5（表 6.5-3）的规定。
表 6.5-3　　集中布置的充电设施区防火单元最大允许建筑面积　（m²）
<table>
<tr><th>耐火等级</th><th>单层汽车库</th><th>多层汽车库</th><th>地下汽车库或高层汽车库</th></tr>
<tr><td>一、二级</td><td>1500</td><td>1250</td><td>1000</td></tr>
</table>
3　每个防火单元应采用耐火极限不小于 2.0h 的防火隔墙或防火卷帘、防火分隔水幕等与其他防火单元和汽车库其他部位分隔。当采用防火分隔水幕时，应符合现行国家标准《自动喷水灭火系统设计规范》（GB 50084）的有关规定。
</td>
</tr>
</table>

续表

配套设施	消防	4 当防火隔墙上需开设相互连通的门时，应采用耐火等级不低于乙级的防火门。 5 当地下、半地下和高层汽车库内配建分散充电设施时，应设置火灾自动报警系统、排烟设施、自动喷水灭火系统、消防应急照明和疏散指示标志

6.5-7［2022（5）-110］根据《电动汽车分散充电设施工程技术标准》（GB/T 51313—2018），地下车库设置集中充电设施的独立防火分区面积为（　　）。

A. 1000m² B. 1250m² C. 1500m² D. 2000m²

答案：A

解析：依据《电动汽车分散充电设施工程技术标准》（GB/T 51313—2018）第 6.1.5 条及表 6.1.5。

考点 51：《建筑玻璃应用技术规程》（JGJ 113—2015）【★★★】

建筑玻璃防人体冲击规定	一般规定	7.1.1 安全玻璃的最大许用面积应符合表 7.1.1-1（表 6.5-4）的规定；有框平板玻璃、真空玻璃和夹丝玻璃的最大许用面积应符合表 7.1.1-2（表 6.5-5）的规定

表 6.5-4 安全玻璃最大许用面积

玻璃种类	公称厚度（mm）	最大许用面积（m²）
钢化玻璃	4	2.0
	5	2.0
	6	3.0
	8	4.0
	10	5.0
	12	6.0
夹层玻璃	6.38 6.76 7.52	3.0
	8.38 8.76 9.52	5.0
	10.38 10.76 11.52	7.0
	12.38 12.76 13.52	8.0

表 6.5-5 有框平板玻璃、超白浮法玻璃和真空玻璃的最大许用面积

玻璃种类	公称厚度（mm）	最大许用面积（m²）
平板玻璃 超白浮法玻璃 真空玻璃	3	0.1
	4	0.3
	5	0.5
	6	0.9
	8	1.8
	10	2.7
	12	4.5

续表

建筑玻璃防人体冲击规定	玻璃的选择【2023】	7.2.1 活动门玻璃、固定门玻璃和落地窗玻璃的选用应符合下列规定： 1 有框玻璃应使用符合本规程表 7.1.1-1（表 6.5-6）规定的安全玻璃。 2 无框玻璃应使用公称厚度不小于 12mm 的钢化玻璃
		7.2.3 人群集中的公共场所和运动场所中装配的室内隔断玻璃应符合下列规定： 1 有框玻璃应使用符合本规程表 7.1.1-1（表 6.5-6）的规定，且公称厚度不小于 5mm 的钢化玻璃或公称厚度不小于 6.38mm 的夹层玻璃。 2 无框玻璃应使用符合本规程表 7.1.1-1（表 6.5-6）的规定，且公称厚度不小于 10mm 的钢化玻璃
		7.2.5 室内栏板用玻璃应符合下列规定： 1 设有立柱和扶手，栏板玻璃作为镶嵌面板安装在护栏系统中，栏板玻璃应使用符合本规程表 7.1.1-1（表 6.5-6）规定的夹层玻璃。 2 栏板玻璃固定在结构上且直接承受人体荷载的护栏系统，其栏板玻璃应符合下列规定。 1）当栏板玻璃最低点离一侧楼地面高度不大于 5m 时，应使用公称厚度不小于 16.76mm 钢化夹层玻璃。 2）当栏板玻璃最低点离一侧楼地面高度大于 5m 时，不得采用此类护栏系统
		7.2.7 室内饰面用玻璃应符合下列规定： 1 室内饰面玻璃可采用平板玻璃、釉面玻璃、镜面玻璃、钢化玻璃和夹层玻璃等，其许用面积应分别符合本规程表 7.1.1-1（表 6.5-6）和表 7.1.1-2（表 6.5-7）的规定。 2 当室内饰面玻璃最高点离楼地面高度在 3m 或 3m 以上时，应使用夹层玻璃。 3 室内饰面玻璃边部应进行精磨和倒角处理，自由边应进行抛光处理。 4 室内消防通道墙面不宜采用饰面玻璃。 5 室内饰面玻璃可采用点式幕墙和隐框幕墙安装方式。龙骨应与室内墙体或结构楼板、梁牢固连接。龙骨和结构胶应通过结构计算确定
屋面玻璃设计	活荷载的要求	8.2.5 不上人屋面的活荷载除应符合现行国家标准《建筑结构荷载规范》（GB 50009）的规定外，尚应符合下列规定： 1 与水平面夹角小于 30° 的屋面玻璃，在玻璃板中心点直径为 150mm 的区域内，应能承受垂直于玻璃为 1.1kN 的活荷载标准值。 2 与水平面夹角大于或等于 30° 的屋面玻璃，在玻璃板中心直径为 150mm 的区域内，应能承受垂直玻璃为 0.5kN 的活荷载标准值
	集中活荷载	8.2.6 当屋面玻璃采用中空玻璃时，集中活荷载应只作用于中空玻璃上片玻璃

6.5-8［2023-87］ 下列选项中的玻璃，可不采用夹层玻璃的是（　　）。

A. 运动场的室内玻璃隔断　　B. 镶在护栏系统中的玻璃栏板

C. 离地面 3m 以上室内饰面玻璃　　D. 离地面 3m 以下玻璃雨棚

答案：A

解析：依据《建筑玻璃应用技术规程》（JGJ 113—2015）第 7.2.3 条、第 7.2.5 条、第 7.2.7 条和《建筑环境通用规范》（GB 55016—2021）第 6.1.3 条。

6.5-9［2018-100］ 下列有关玻璃栏板的表述正确的是（　　）。

A. 室内栏板有立柱扶手，栏板玻璃作为镶嵌玻璃，应使用钢化玻璃

B. 室外栏板有立柱扶手，栏板玻璃作为镶嵌玻璃，应使用夹层玻璃

C. 当室内栏板临空高度小于或等于 6m 时，可以用钢化夹层玻璃固定在结构上且直接承受人体荷载的栏杆系统

D. 室外栏板不能采用钢化夹层玻璃固定在结构上直接承受人体荷载

答案：B

解析：依据《建筑玻璃应用技术规程》（JGJ 113—2015）第 7.2.5、7.1.1-1 和 7.2.6 条可知，设有立柱和扶手，栏板玻璃作为镶嵌面板安装在护栏系统中，栏板玻璃应使用符合本规程表 7.1.1-1 规定的夹层玻璃，故选项 B 正确。

6.5-10［2018-119］ 下列关于屋顶玻璃的构造做法错误的是（　　）。

A. 两边支承的屋面玻璃，应支撑在玻璃的长边

B. 屋面玻璃必须使用夹层玻璃

C. 当屋面玻璃采用中空玻璃时，集中活荷载应同时作用于中空玻璃上片玻璃和下片玻璃

D. 上人屋面玻璃应按地板玻璃进行设计

答案：C

解析：依据《建筑玻璃应用技术规程》（JGJ 113—2015）第 8.2.6 条可知，当屋面玻璃采用中空玻璃时，集中活荷载应只作用于中空玻璃上片玻璃，故选项 C 错误。

考点 52：《房屋建筑制图统一标准》（GB/T 50001—2017）【★】

定位轴线	8.0.4 英文字母作为轴线号时，应全部采用大写字母，不应用同一个字母的大小写来区分轴线号。英文字母的 I、O、Z 不得用作轴线编号。当字母数量不够使用时，可增用双字母或单字母加数字注脚。【2020】 8.0.6 附加定位轴线的编号应以分数形式表示，并应符合下列规定： 1 两根轴线的附加轴线，应以分母表示前一轴线的编号，分子表示附加轴线的编号，编号宜用阿拉伯数字顺序编写。 2 1 号轴线或 A 号轴线之前的附加轴线的分母应以 01 或 0A 表示。 8.0.8 通用详图中的定位轴线，应只画圆，不注写轴线编号

6.5-11［2020-22］ 下列选项中，哪几个字母或数字不能用于建筑轴线编排？（　　）

A. 0、1、2　　B. S、U、T　　C. A、B、C　　D. I、O、Z

答案：D

解析：依据《房屋建筑制图统一标准》（GB/T 50001—2017）第 8.0.4 条可知，英文字母作为轴线号时，应全部采用大写字母，不应用同一个字母的大小写来区分轴线号。英文字母的 I、O、Z 不得用作轴线编号。

考点 53：《建筑工程设计文件编制深度规定》（2016 年版）【★★】

初步设计	一般要求	3.1.1 初步设计文件。 1 设计说明书，包括设计总说明、各专业设计说明。对于涉及建筑节能、环保、绿色建筑、人防、装配式建筑等，其设计说明应有相应的专项内容。 2 有关专业的设计图纸。 3 主要设备或材料表。 4 工程概算书。【2019】 5 有关专业计算书（计算书不属于必须交付的设计文件，但应按本规定相关条款的要求编制）

施工图设计	一般要求	4.1.1 施工图设计文件。【2021】 1 合同要求所涉及的所有专业的设计图纸（含图纸目录、说明和必要的设备、材料表，见第4.2节至第4.8节）以及图纸总封面；对于涉及建筑节能设计的专业，其设计说明应有建筑节能设计的专项内容；涉及装配式建筑设计的专业，其设计说明及图纸应有装配式建筑专项设计内容。 2 合同要求的工程预算书。 注：对于方案设计后直接进入施工图设计的项目，若合同未要求编制工程预算书，施工图设计文件应包括工程概算书。 3 各专业计算书。计算书不属于必须交付的设计文件，但应按本规定相关条款的要求编制并归档保存
	总平面图	4.2.4 总平面图。【2020】 1 保留的地形和地物。 2 测量坐标网、坐标值。 3 场地范围的测量坐标（或定位尺寸），道路红线、建筑控制线、用地红线等的位置。 4 场地四邻原有及规划的道路、绿化带等的位置（主要坐标或定位尺寸），周边场地用地性质以及主要建筑物、构筑物、地下建筑物等的位置、名称、性质、层数。 5 建筑物、构筑物（人防工程、地下车库、油库、贮水池等隐蔽工程以虚线表示）的名称或编号、层数、定位（坐标或相互关系尺寸）。 6 广场、停车场、运动场地、道路、围墙、无障碍设施、排水沟、挡土墙、护坡等的定位（坐标或相互关系尺寸）。如有消防车道和扑救场地，需注明。 7 指北针或风玫瑰图。 8 建筑物、构筑物使用编号时，应列出“建筑物和构筑物名称编号表”。 9 注明尺寸单位、比例、建筑正负零的绝对标高、坐标及高程系统（如为场地建筑坐标网时，应注明与测量坐标网的相互关系）、补充图例等
	建筑平面图	4.3.4 平面图。 1 承重墙、柱及其定位轴线和轴线编号，轴线总尺寸（或外包总尺寸）、轴线间尺寸（柱距、跨度）、门窗洞口尺寸、分段尺寸。 2 内外门窗位置、编号，门的开启方向，注明房间名称或编号，库房（储藏）注明储存物品的火灾危险性类别。 3 墙身厚度（包括承重墙和非承重墙），柱与壁柱截面尺寸（必要时）及其与轴线关系尺寸，当围护结构为幕墙时，标明幕墙与主体结构的定位关系及平面凹凸变化的轮廓尺寸；玻璃幕墙部分标注立面分格间距的中心尺寸。 4 变形缝位置、尺寸及做法索引。 5 主要建筑设备和固定家具的位置及相关做法索引，如卫生器具、雨水管、水池、台、橱、柜、隔断等。 6 电梯、自动扶梯、自动步道及传送带（注明规格）、楼梯（爬梯）位置，以及楼梯上下方向示意和编号索引。 7 主要结构和建筑构造部件的位置、尺寸和做法索引，如中庭、天窗、地沟、地坑、重要设备或设备基础的位置尺寸、各种平台、夹层、人孔、阳台、雨篷、台阶、坡道、散水、明沟等。 8 楼地面预留孔洞和通气管道、管线竖井、烟囱、垃圾道等位置、尺寸和做法索引，以及墙体（主要为填充墙，承重砌体墙）预留洞的位置、尺寸与标高或高度等。 9 车库的停车位、无障碍车位和通行路线。 10 特殊工艺要求的土建配合尺寸及工业建筑中的地面荷载、起重设备的起重量、行车轨距和轨顶标高等。 11 建筑中用于检修维护的天桥、栅顶、马道等的位置、尺寸、材料和做法索引。 12 室外地面标高、首层地面标高、各楼层标高、地下室各层标高。 13 首层平面标注剖切线位置、编号及指北针或风玫瑰。 14 有关平面节点详图或详图索引号。

续表

施工图设计	建筑平面图	15　每层建筑面积、防火分区面积、防火分区分隔位置及安全出口位置示意，图中标注计算疏散宽度及最远疏散点到达安全出口的距离（宜单独成图）；当整层仅为一个防火分区，可不注防火分区面积，或以示意图（简图）形式在各层平面中表示。 16　住宅平面图中标注各房间使用面积、阳台面积。 17　屋面平面应有女儿墙、檐口、天沟、坡度、坡向、雨水口、屋脊（分水线）、变形缝、楼梯间、水箱间、电梯机房、天窗及挡风板、屋面上人孔、检修梯、室外消防楼梯、出屋面管道井及其他构筑物，必要的详图索引号、标高等；表述内容单一的屋面可缩小比例绘制。 18　根据工程性质及复杂程度，必要时可选择绘制局部放大平面图。 19　建筑平面较长较大时，可分区绘制，但须在各分区平面图适当位置上绘出分区组合示意图，并明显表示本分区部位编号。 20　图纸名称、比例。 21　图纸的省略：如系对称平面，对称部分的内部尺寸可省略，对称轴部位用对称符号表示，但轴线号不得省略；楼层平面除轴线间等主要尺寸及轴线编号外，与首层相同的尺寸可省略；楼层标准层可共用同一平面，但需注明层次范围及各层的标高。 22　装配式建筑应在平面中用不同图例注明预制构件（如预制夹心外墙、预制墙体、预制楼梯、叠合阳台等）位置，并标注构件截面尺寸及其与轴线关系尺寸；预制构件大样图，为了控制尺寸及一体化装修相关的预埋点位

6.5-12［2021-24］在施工图设计阶段，建筑专业需要提供的设计文件包含（　　）。

A. 封皮、图纸目录、设计图纸、计算书、预算图纸

B. 图纸目录、设计图纸、计算书、预算图纸

C. 封皮、图纸目录、设计图纸、计算书

D. 封皮、图纸目录、计算书、预算图纸

答案：C

解析：依据《建筑工程设计文件编制深度规定》(2016年版）第4.1.1条规定，施工图设计文件中不包含预算图纸。

6.5-13［2020-21］关于施工图设计图纸中总平面图标的说法错误的是（　　）。

A. 不需要标识人防工程的隐蔽工程　　B. 需要标示场地四界测量坐标

C. 不需要标示建筑屋顶标高　　D. 需要标示指北针或风玫瑰

答案：A

解析：依据《建筑工程设计文件编制深度规定》(2016年版）第4.2.4条可知，总平面图需要表达建筑物、构筑物（人防工程、地下车库、油库、贮水池等隐蔽工程以虚线表示）的名称或编号、层数、定位(坐标或相互关系尺寸)；需要表达场地范围的测量坐标(或定位尺寸)；需要表达指北针或风玫瑰图；需要表达建筑正负零的绝对标高、坐标及高程系统（如为场地建筑坐标网时，应注明与测量坐标网的相互关系），故选项A错误。

6.5-14［2019-22］在工程设计中，编制概算书属于下列的哪个阶段？（　　）

A. 方案设计　　B. 技术设计　　C. 初步设计　　D. 施工图设计

答案：C

解析：依据《建筑工程设计文件编制深度规定》(2016年版）第3.1.1条规定，初步设计应提供工程概算书。

6.5-15［2017-38］在施工图设计阶段，建筑平面中不需要标注标高的是（　　）。

A. 底层平面　　　　B. 各楼层平面　　　　C. 墙体窗洞口　　　　D. 室外地面

答案：C

解析：依据《建筑工程设计文件编制深度规定》（2016 年版）第 4.3.4 条第 12 款可知，平面图需要表达室外地面标高、首层地面标高、各楼层标高、地下室各层标高，故选项 C 正确。

考点 54：《建筑日照计算参数标准》（GB/T 50947—2014）【★★】

建模要求	4.0.2　建模应符合下列规定： 1　所有模型应采用统一的平面和高程基准。 2　所有建筑的墙体应按外墙轮廓线建立模型。 3　遮挡建筑的阳台、檐口、女儿墙、屋顶等造成遮挡的部分均应建模，被遮挡建筑的上述部分如需分析自身遮挡或对其他建筑造成遮挡，也应建模。 4　构成遮挡的地形、建筑附属物应建模。 5　进行窗户分析时，应对被遮挡建筑外墙面上的窗进行定位。 6　遮挡建筑、被遮挡建筑及窗应有唯一的命名或编号
计算参数	5.0.1　日照计算的预设参数应符合下列规定： 1　日照基准年应选取公元 2001 年。 2　采样点间距应根据计算方法和计算区域的大小合理确定，窗户宜取 0.30～0.60m；建筑宜取 0.60～1.00m，场地宜取 1.00～5.00m。 3　当需设置时间间隔时，不宜大于 1.0min。 5.0.5　日照计算应采用真太阳时，时间段可累积计算，可计入的最小连续日照时间不应小于 5.0min
计算起点	5.0.6　日照时间的计算起点应符合现行国家标准《城市居住区规划设计规范》（GB 50180）的有关规定，并应符合下列规定：【2023】 1　落地窗、凸窗和落地凸窗应以虚拟的窗台面位置为计算起点（图 5.0.6-1，即图 6.5-11）。 2　直角转角窗和弧形转角窗应以窗洞口所在的虚拟窗台面位置为计算起点（图 5.0.6-2，即图 6.5-12）。 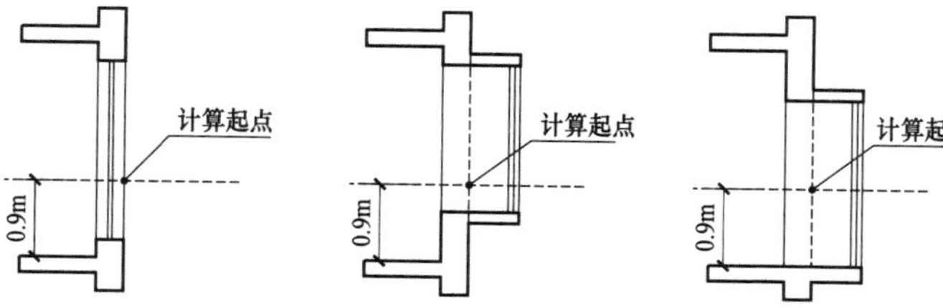 计算起点　0.9m　(a) 落地窗　(b) 凸窗　(c) 落地凸窗 图 6.5-11　落地窗和凸窗的计算起点 计算起点 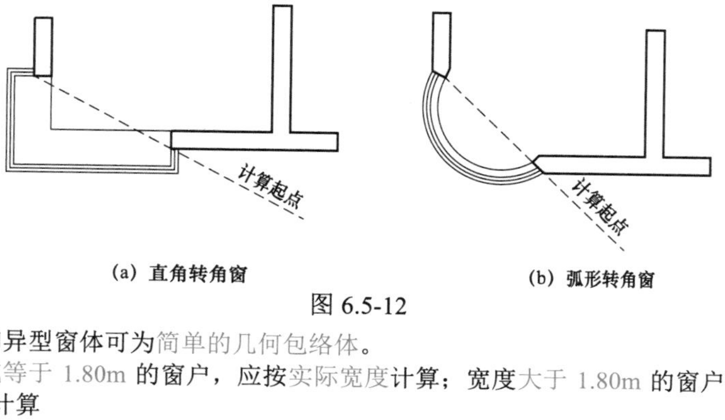　(a) 直角转角窗　(b) 弧形转角窗 图 6.5-12 3　异型外墙和异型窗体可为简单的几何包络体。 4　宽度小于或等于 1.80m 的窗户，应按实际宽度计算；宽度大于 1.80m 的窗户，可选取日照有利的 1.80m 宽度计算

6.5-16［2023-100］下列关于含有凸窗的首层住宅建筑的日照标准起算点的位置正确的是（　　）。

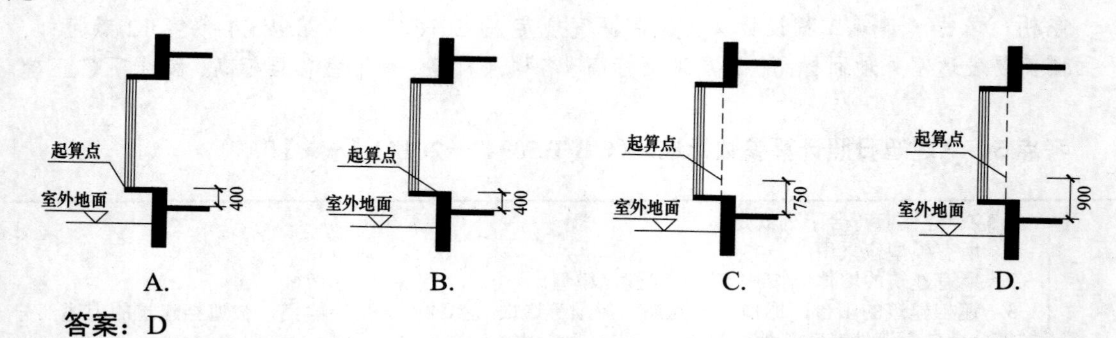

答案： D

解析： 依据《建筑日照计算参数标准》（GB/T 50947—2014）第 5.0.6 条可知，落地窗、凸窗和落地凸窗应以虚拟的窗台面位置为计算起点，因此选项 D 符合题意。

参　考　文　献

［1］张文忠. 公共建筑设计原理［M］. 4版. 北京：中国建筑工业出版社，2008.
［2］刘云月. 公共建筑设计原理［M］. 北京：中国建筑工业出版社，2012.
［3］朱昌廉，魏宏杨，龙灏. 住宅建筑设计原理［M］. 3版. 北京：中国建筑工业出版社，2011.
［4］彭一刚. 建筑空间组合论［M］. 2版. 北京：中国建筑工业出版社，1998.
［5］陈易. 室内设计原理［M］. 北京：中国建筑工业出版社，2006.
［6］张文忠，胡正凡，林玉莲. 环境心理学［M］. 4版. 北京：中国建筑工业出版社，2018.
［7］中国建筑学会. 建筑设计资料集［M］. 3版. 北京：中国建筑工业出版社，2017.
［8］潘谷西. 中国建筑史［M］. 6版. 北京：中国建筑工业出版社，2010.
［9］吴志强，李德华. 城市规划原理［M］. 4版. 北京：中国建筑工业出版社，2010.
［10］陈志华. 外国建筑史（19世纪末叶以前）［M］. 4版. 北京：中国建筑工业出版社，2010.
［11］罗小未. 外国近现代建筑史［M］. 北京：中国建筑工业出版社，2004.
［12］罗小未，蔡琬英. 外国建筑历史图说［M］. 上海：同济大学出版社，1986.
［13］克鲁克香克. 弗莱彻建筑史［M］. 北京：知识产权出版社，1996.
［14］吴志强，李德华. 城市规划原理［M］. 4版. 北京：中国建筑工业出版社，2010.
［15］吴志强. 国土空间规划原理. 上海：同济大学出版社，2023.
［16］清华大学建筑学院，同济大学建筑与城市规划学院，重庆大学建筑城规学院，西安建筑科技大学建筑学院. 建筑设计资料集 第1分册 建筑总论［M］. 3版. 北京：中国建筑工业出版社，2017.
［17］中南建筑设计院股份有限公司. 建筑工程设计文件编制深度规定［M］. 北京：中国建材工业出版社，2017.